08章

矢量工具与路径
使用钢笔工具抠图合成水之恋
视频位置:
光盘/教学视频/第08章

11章

蒙版
使用图层蒙版制作迷你城堡
视频位置:
光盘/教学视频/第11章

09章

图像颜色调整
色相饱和度打造秋季变夏季效果
视频位置:
光盘/教学视频/第09章

10章

图层的操作
使用混合模式制作粉绿色调
视频位置:
光盘/教学视频/第10章

19 章

精通人像照片精修
柔和淡雅水彩画效果
视频位置:
光盘/教学视频/第19章

04章

图像的基本编辑方法
使用再次变换命令制作重叠花朵
视频位置:
光盘/教学视频/第04章

10章

图层的操作
娱乐包装风格艺术字
视频位置：光盘/教学视频/第10章

05章

选区与抠图常用工具
绘制、羽化选区 与 新建选区 的命令与技巧
视频位置：光盘/教学视频/第05章

06章

图像绘制与修饰
使用减淡工具清理背景
视频位置：光盘/教学视频/第06章

06章

图像绘制与修饰
制作绚丽光诞
视频位置：光盘/教学视频/第06章

11章

蒙版
使用快速蒙版制作儿童版式
视频位置：光盘/教学视频/第11章

06章

图像绘制与修饰
使用模糊工具模拟景深效果
视频位置：光盘/教学视频/第06章

10章

图层的操作
制作奇妙的豌豆
视频位置：光盘/教学视频/第10章

10章

图层的操作
制作杂志风格空心字
视频位置：光盘/教学视频/第10章

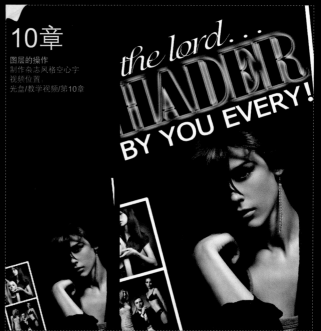

22章 精通视觉创意设计
机械美女
视频位置：光盘/教学视频/第22章

06章 图像绘制与修饰
海底创意葡萄酒广告
视频位置：光盘/教学视频/第06章

09章 图像颜色调整
使用照片滤镜打造胶片相机效果
视频位置：光盘/教学视频/第09章

10章 图层的操作
烟雾特效人像合成
视频位置：光盘/教学视频/第10章

精通人像照片精修
应幻风书彩妆
视频位置：光盘/教学视频/第19章

19章

Frountain Villa

精通人像照片精修
奇幻金鱼彩妆
视频位置：光盘/教学视频/第19章

19章

11章

蒙版
从图像生成图层蒙版
视频位置：
光盘/教学视频/第11章

09章

图像颜色调整
使用曲线快速打造反转片
效果
视频位置：
光盘/教学视频/第09章

06章

图像绘制与修饰
使用传递选项绘制飘雪
效果
视频位置：
光盘/教学视频/第06章

09章

图像颜色调整
使用通道混合器打造复古
效果
视频位置：
光盘/教学视频/第09章

DREAM

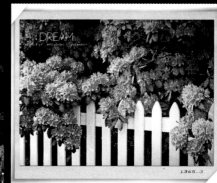

1365.3

09

图像颜色调整
使用色相/饱和度还原真彩图像
视频位置：光盘/教学视频/第09章

LET ME HEAR YOUR VOICE

09

图像颜色调整
打造梦幻炫彩效果
视频位置：光盘/教学视频/第09章

COLOR
BRAY DESIGN STUDIO

20

精通特效合成
逼真的素描效果
视频位置：光盘/教学视频/第20章

09章

图像颜色调整
使用可选颜色制作
LOMO色调照片
视频位置：
光盘/教学视频/第09章

08章

矢量工具与路径
使用钢笔工具绘制人像选区
视频位置：
光盘/教学视频/第08章

06章

图像绘制与修饰
制作照片散景效果
视频位置：
光盘/教学视频/第06章

08章

矢量工具与路径
使用磁性钢笔工具提取人像
视频位置：
光盘/教学视频/第08章

19章

精通人像照片精修
塑造S型优美曲线
视频位置：
光盘/教学视频/第19章

22章

精通视觉创意设计
系带的苹果
视频位置：
光盘/教学视频/第22章

10章 图层的操作
使用混合模式制作阳光麦田
视频位置：光盘/教学视频/第10章

13章 滤镜与增效工具的使用
渐隐滤镜效果
视频位置：光盘/教学视频/第13章

04章 图像的基本编辑方法
使用操控变形制作美女的分身
视频位置：光盘/教学视频/第04章

12章 通道的应用
通道错位制作奇幻海报
视频位置：光盘/教学视频/第12章

09章
图像颜色调整
制作层次丰富的黑白
照片

13章
滤镜与增效工具的使用
使用"液化"滤镜为
美女瘦身

19章
精通人像照片精修
增加眼睛神采

09章
图像颜色调整
粉树林

06章
图像绘制与修饰
使用历史记录画笔工
具为人像磨皮

09章
图像颜色调整
使用色彩平衡快速改
变画面色温

09章
图像颜色调整
使用曝光度校正图像
曝光问题

06章
图像绘制与修饰
使用颜色替换工具改
变环境颜色

09章
图像颜色调整
使用调整图层更改服
装颜色

06章
图像绘制与修饰
使用加深工具增加人
像神采

09章
图像颜色调整
打造复古灰黄调

06章
图像绘制与修饰
使用修补工具去除瑕
疵

06章
图像绘制与修饰
使用污点修复画笔工具去斑

06章
图像绘制与修饰
使用海绵工具将背景变为灰调

12章
通道的应用
使用通道抠图为长发美女换背景

06章
像绘制与修饰
使用修复画笔工具消除眼袋

19章
精通人像照片精修
还原粉嫩肌肤

19章
精通人像照片精修
打造淡雅彩妆

12章
通道的应用
使用通道校正偏色图像

19章
精通人像照片精修
校正宝宝大小眼

13章
滤镜与增效工具的使用
使用"液化"滤镜雕琢完美脸形

09章
图像颜色调整
使用亮度对比度校正偏灰的图像

19章
精通人像照片精修
打造超细腻质感肌肤

19章
精通人像照片精修
美白皮肤

09章
图像颜色调整
图像快速调整命令

06章
图像绘制与修饰
去除照片中的红眼

12章
通道的应用
将通道中的内容粘贴到图像中

19章
精通人像照片精修
还原洁白牙齿

12章
通道的应用
保留细节的通道计算点染法

19章
精通人像照片精修
去除较多的青少年斑点

09章
图像颜色调整
用阴影/高光还原暗部细节

06章
图像绘制与修饰
使用背景橡皮擦工具

09章
图像颜色调整
使用替换颜色命令更改颜色

选区与抠图常用工具
使用快速选择工具为照片换背景

矢量工具与路径
使用描边路径制作精灵的光斑

图像绘制与修饰
使用散布画笔可变气泡

选区与抠图常用工具
收缩选区去掉多余的边缘像素

图像的基本编辑方法
使用"合并拷贝"命令

滤镜与增效工具的使用
使用"动感模糊"滤镜制作极速赛车

滤镜与增效工具的使用
制作趣味拼图

图像的基本编辑方法
使用变换制作形态各异的蝴蝶

滤镜与增效工具的使用
使用"光照效果"滤镜

滤镜与增效工具的使用
使用外挂滤镜快速打造复古色调

选区与抠图常用工具
使用多边形套索工具制作刃切画效果

图层的操作
使用混合模式制作霓虹都市

图层的操作
使用内阴影样式

滤镜与增效工具的使用
使用"表面模糊"滤镜模拟绘画效果

图层的操作
替换智能对象内容

选区与抠图常用工具
定义蝴蝶画笔

文件的基本操作
完成又件处理的学个流程

滤镜与增效工具的使用
使用"高斯模糊"滤镜模拟微距效果

09章 图像颜色调整
使用"变化"命令制作淡色海景

08章 矢量工具与路径
使用画笔知形工具制作LOMO风格照片

05章 选区与抠图常用工具
使用磁性套索工具去除灰色背景

06章 图像绘制与修饰
使用油漆桶工具填充不同图案

09章 图像颜色调整
使用色相/饱和度矫正偏色图像

04章 图像的基本编辑方法
使用自由变换为电视机换频道

12章 通道的应用
"计算"命令

04章 图像的基本编辑方法
利用"历史记录"面板还原错误操作

06章 图像绘制与修饰
使用图像及照工具

06章 图像绘制与修饰
使用颜色动态选项绘制多彩雪花

09章 图像颜色调整
利用"渐隐"命令调整图像色相

06章 图像绘制与修饰
使用锐化工具优化人像

09章 图像颜色调整
打造奇幻外观青色调

05章 选区与抠图常用工具
使用描边制作艺术签招贴

06章 图像绘制与修饰
使用形状动态绘制大小不同的心形

13章 滤镜与增效工具的使用
使用"添加杂色"滤镜制作雪天效果

13章 滤镜与增效工具的使用
使用"镜头模糊"滤镜使图像主题更突出

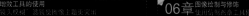

06章 图像绘制与修饰
使用仿制图章工具修补草地

第04章 图像的基本编辑方法
利用海绵抠笔功能保护特定对象

第13章 滤镜与增效工具的使用
使用"置换"滤镜制作水晶心

第19章 精通人像照片精修
打造完美身段完美比例

第04章 图像的基本编辑方法
使用裁切工具去除照片中的留白

第04章 图像的基本编辑方法
使用"自动对齐图层"命令连接多溪风照片

第04章 图像的基本编辑方法
使用大容量图层创建特殊融合背景

第04章 图像的基本编辑方法
使用"自动对齐图层"命令连接两张风景照

第13章 滤镜与增效工具的使用
使用滤镜制作油画风格照片

第04章 图像的基本编辑方法
利用保护肤色功能循环放大人像

第04章 图像的基本编辑方法
使用"自动混合"命令快速着色

第15章 视频与动画
制作闪光效果动画

第15章 视频与动画
制作不透明度动画

第15章 视频与动画
创建动画路径案例组

第08章 矢量工具与路径
使用自定形状制作心形按钮

第08章 矢量工具与路径
使用钢笔工具为建筑照片换背景

第15章 视频与动画
使用 查找边缘 滤镜模拟线描效果

第04章 图像的基本编辑方法

第15章 视频与动画

第05章 选区与抠图常用工具
使用磁性工具去除背景

图像绘制与修饰
使用图案图章工具制作印花服装

10章 图层的操作
使用内发光制作水晶字

06章 图像绘制与修饰
使用新变容器制作按钮

13章 滤镜与增效工具的使用
使用通道 滤镜制作LED屏幕效果

08章 矢量工具与路径
制作灯泡环保招贴

10章 图层的操作
使用渐变容器制作按钮

10章 图层的操作
使用图层制作彩条文字

10章 图层的操作
使用斜面与浮雕样式制作玻璃文字

16章 3D功能的应用
3D炫彩立体文字

13章 滤镜与增效工具的使用
使用 滤镜制作金币

05章 选区与拖图常用工具
中消选区制作卡通文字

06章 图像绘制与修饰
使用新效工具制作折纸字

07章 文字的艺术
栅格化文字制作玻璃字

08章 矢量工具与路径
使用钢笔工具制作卡通字

10章 图层的操作
使用马赛克图层样式

10章 图层的操作
添加图层样式制作钻石效果

22章　精通视觉创意设计
创意饮品合成
视频位置：光盘/教学视频/第22章

22章　精通视觉创意设计
童话季节
视频位置：光盘/教学视频/第22章

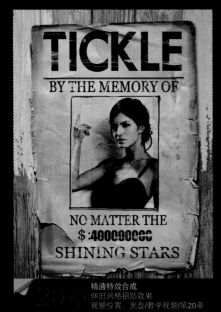

精通特效合成
怀旧风格招贴效果
视频位置：光盘/教学视频/第20章

文字的艺术
使用文字形状图层制作影楼艺术字
视频位置：光盘/教学视频/第07章

文字的艺术
使用点文字制作人像海报
视频位置：光盘/教学视频/第07章

06章

图像绘制与修饰
使用魔术橡皮擦工具为图像
换背景
视频位置:
光盘/教学视频/第06章

07章

文字的艺术
创建路径文字
视频位置:
光盘/教学视频/第07章

08章

矢量工具与路径
使用描边路径绘制头发
视频位置:
光盘/教学视频/第08章

12章

通道的应用
使用通道为婚纱照片换背景
视频位置:
光盘/教学视频/第12章

13章

滤镜与增效工具的使用
使用"球面化"滤镜制
作气球
视频位置:
光盘/教学视频/第13章

06章

图像绘制与修饰
利用混合器画笔工具制
作水粉画效果
视频位置:
光盘/教学视频/第06章

10章

图层的操作
混合模式制作手掌怪兽
视频位置:
光盘/教学视频/第10章

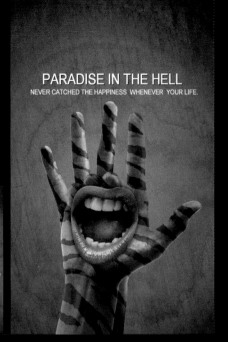

PARADISE IN THE HELL
NEVER CATCHED THE HAPPINESS WHENEVER YOUR LIFE.

16章

3D功能的应用
创建3D立体字海报
视频位置:
光盘/教学视频/第16章

ERAY STUDIO

07章

文字的艺术
使用文字路径制作云朵文字
视频位置:
光盘/教学视频/第07章

03章

文件的基本操作
为图像加入头冠花纹
视频位置:
光盘/教学视频/第03章

05章

选区与抠图常用工具
使用矩形选框工具制作儿童相框
视频位置:
光盘/教学视频/第05章

08章

矢量工具与路径
使用矢量工具制作水晶苹果
视频位置:
光盘/教学视频/第08章

10章

图层的操作
使用内阴影模拟石壁刻字
视频位置:
光盘/教学视频/第10章

05章

选区与抠图常用工具
抽出滤镜选择头发
视频位置:
光盘/教学视频/第05章

21章 精通平面设计
文艺精装书装帧设计
视频位置：光盘/教学视频/第21章

11章

蒙版
使用剪贴蒙版制作撕纸
图像
视频位置：
光盘/教学视频/第11章

05章

选区与抠图常用工具
使用羽化选区制作光晕
效果
视频位置：
光盘/教学视频/第05章

22章

精通视觉创意设计
数码产品创意广告
视频位置：光盘/教学视频/第22章

13章

滤镜与增效工具的使用
使用"抽出"滤镜为人像
换背景
视频位置：
光盘/教学视频/第13章

13章

滤镜与增效工具的使用
打造塑料质感人像
视频位置：
光盘/教学视频/第13章

ERAY
ERAY VISION & DESIGN STUDIO

20章　精通特效合成
炙热的火焰人像
视频位置：光盘/教学视频/第20章

21章　精通平面设计
欧美风格招贴设计
视频位置：光盘/教学视频/第21章

10章　图层的操作
制作立体字母
视频位置：光盘/教学视频/第10章

香飘

21章 精通平面设计
婚纱摄影版式设计
视频位置：光盘/教学视频/第21章

08章 矢量工具与路径
使用钢笔工具绘制炫彩光线效果
视频位置：光盘/教学视频/第08章

20章 精通特效合成
立拍得LOMO照片效果
视频位置：光盘/教学视频/第20章

Art ERAY

Take away love, and our earth is a tomb
My heart is with you
am too happy to stand faint

22章
精通视觉创意设计
森林魔法师
视频位置：光盘/教学视频/第22章

04章
图像的基本编辑方法
渐隐滤镜效果
视频位置：光盘/教学视频/第04章

03章
文件的基本操作
从Illustrator中复制元素到
Photoshop
视频位置：
光盘/教学视频/第03章

06章
图像绘制与修饰
使用涂抹工具制作炫彩妆面
视频位置：光盘/教学视频/第06章

11章
蒙版
使用图层蒙版制作梨子公主
视频位置：
光盘/教学视频/第11章

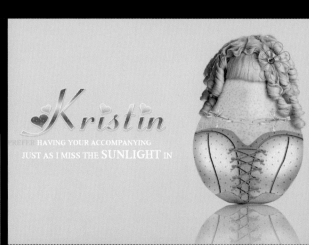

Kristin

HAVING YOUR ACCOMPANYING
JUST AS I MISS THE SUNLIGHT IN

21章 精通平面设计
茗茶广告设计
视频位置：光盘/教学视频/第21章

07章
文字的艺术
使用文字工具制作欧美风海报
视频位置：
光盘/教学视频/第07章

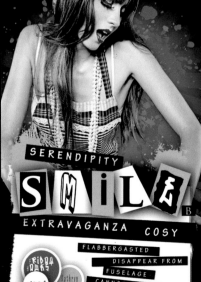

20章
精通特效合成
炫彩霓虹光效人像
视频位置：
光盘/教学视频/第20章

至IN摩登潮品大集結

WOEDWORKING
MYSELF GARDEN
FLOWER

I PREFER HAVING YJJR
ACCOMPANYING FOR LIFE-LONG TIME TO THE SHORT-TIME TENDE

LOST SOUL And passa
Words ca
IN YOU

22章 精通视觉创意设计
创意奢侈品海报
视频位置：光盘/教学视频/第22章

10章 图层的操作
编辑智能对象
视频位置：光盘/教学视频/第10章

10章 图层的操作
使用混合颜色带混合光效
视频位置：光盘/教学视频/第10章

Photoshop CC入门与实战经典

（实例版）

唯美映像　编著

清华大学出版社

北　京

内 容 简 介

《Photoshop CC入门与实战经典（实例版）》一书共分为22个章节，在内容安排上基本涵盖了日常工作所使用到的全部工具与命令。其中前18章主要从Photoshop的安装和基础使用方法开始讲起，循序渐进详细讲解Photoshop的基本操作，文件和图像的基本操作，选区的创建和编辑，图像的绘制和调整，文本的输入与编辑，路径与矢量工具的应用，图层、蒙版和通道的应用，滤镜的使用，自动化操作以及打印与输出等核心功能与应用技巧。后4个章节则从Photoshop的实际应用出发，着重针对人像照片精修、特效合成、平面设计以及视觉创意合成这四个方面进行案例式的针对性和实用性实战练习，不仅使读者巩固了前面学到的Photoshop中的技术技巧，更是为读者在以后实际学习工作进行提前"练兵"。

本书适合于Photoshop的初学者，同时对具有一定Photoshop使用经验的读者也有很好的参考价值，还可作为学校、培训机构的教学用书，以及各类读者自学Photoshop的参考用书。

本书和光盘有以下显著特点：

1. 213节大型配套视频讲解，让老师手把手教您。（最快的学习方式）
2. 213个中小实例循序渐进，从实例中学、边用边学更有兴趣。（提高学习兴趣）
3. 会用软件远远不够，会做商业作品才是硬道理，本书列举了许多实战案例。（积累实战经验）
4. 专业作者心血之作，经验技巧尽在其中。（实战应用、提高学习效率）
5. 千余项配套资源极为丰富，素材效果一应俱全。（方便深入和拓展学习）

6大不同类型的笔刷、图案、样式等库文件；15类经常用到的设计素材，总计700多个；《色彩设计搭配手册》和常用颜色色谱表。

本书封面贴有清华大学出版社防伪标签，无标签者不得销售。

版权所有，侵权必究。侵权举报电话：010-62782989 13701121933

图书在版编目（CIP）数据

Photoshop CC入门与实战经典：实例版/唯美映像编著. —北京：清华大学出版社，2014

ISBN 978-7-302-36476-4

I. ①P… II. ①唯… III. ①图像处理软件 IV. ①TP391.41

中国版本图书馆CIP数据核字（2014）第099266号

责任编辑：赵洛育
封面设计：刘洪利
版式设计：文森时代
责任校对：马军令
责任印制：王静怡
出版发行：清华大学出版社
　　　　　　网　　　址：http://www.tup.com.cn，http://www.wqbook.com
　　　　　　地　　　址：北京清华大学学研大厦A座　　　　　邮　　编：100084
　　　　　　社 总 机：010-62770175　　　　　　　　　　　　邮　　购：010-62786544
　　　　　　投稿与读者服务：010-62776969，c-service@tup.tsinghua.edu.cn
　　　　　　质量反馈：010-62772015，zhiliang@tup.tsinghua.edu.cn

印 装 者：北京天颖印刷有限公司
经　　销：全国新华书店
开　　本：203mm×260mm　　　印　　张：35.25　　　插　　页：16　　　字　　数：1462千字
　　　　　　（附DVD光盘1张）
版　　次：2014年11月第1版　　　　　　　　　　　　　　　　印　　次：2014年11月第1次印刷
印　　数：1～4000
定　　价：99.00元

产品编号：058915-01

前 言
Preface

Photoshop（简称"PS"）软件是Adobe公司研发的世界顶级、最著名、使用最广泛的图像设计与制作软件。她的每一次版本更新都会引起万众瞩目。十年前，Photoshop 8版本改名为Adobe Photoshop CS（Creative Suite，创意性的套件），此后几年里CS版本不断升级，直到CS6。2013年，Adobe公司推出了最新版本Photoshop CC（Creative Cloud，创意性的云）。据了解，Adobe公司已经宣布不再销售盒装版的CS，而是将工作的重心放在Creative Cloud云服务上，这意味着大家熟悉的CS系列就要被CC取代了。

Photoshop主要应用在如下领域：

■ 平面设计

平面设计是Photoshop应用最为广泛的领域，无论您是在大街小巷，还是在日常生活中见到的所有广告、招牌、海报、招贴、包装、图书封面等各类平面印刷品，几乎都要用到Photoshop。可以说，没有Photoshop，设计师们简直无从下手。

■ 数码照片处理

无论是广告摄影、婚纱摄影、个人写真等专业数码照片，还是日常生活中的各类数码照片，几乎都要经过Photoshop的修饰才能达到令人满意的效果。

■ 网页设计制作

铺天盖地的网页页面，各类门户网站、新闻网站、购物网站、社交网站、娱乐网站……光彩夺目、绚烂多彩的网页，几乎都是Photoshop处理后的结果。

■ 效果图修饰

各类建筑楼盘、景观规划、室内外效果图、3d效果图、工业设计效果图几乎都会用到Photoshop。

■ 影像创意

影像创意是Photoshop的特长，通过Photoshop的处理，可以将不同的对象组合在一起，产生各类绚丽多姿、光怪陆离的效果。

■ 视觉创意

视觉创意与设计是设计艺术的一个分支，通常没有非常明显的商业目的，但由于为设计爱好者提供了广阔的设计空间，因此越来越多的设计爱好者开始学习Photoshop，并进行具有个人特色与风格的视觉创意。

■ 界面设计

界面设计是一个新兴的领域，受到越来越多的软件企业及开发者的重视。在当前还没有用于做界面设计的专业软件，绝大多数设计者使用的都是Photoshop。

本书内容编写特点

1.完全从零开始

本书以完全入门者为主要读者对象，通过对基础知识细致入微的介绍，辅助以对比图示效果，结合中小实例，对常用工具、命令、参数等做了详细的介绍，同时给出了技巧提示，确保读者零起点、轻松快速入门。

2.内容极为详细

本书内容涵盖了Photoshop CC几乎所有工具、命令常用的相关功能，是市场上内容最为全面的图书之一，可以说是入门者的百科全书、有基础者的参考手册。

3.例子丰富精美

本书的实例极为丰富，致力于边练边学，这也是大家最喜欢的学习方式。另外，例子力求在实用的基础上精美、漂亮，一方面熏陶读者朋友的美感，一方面让读者在学习中享受美的世界。

4.注重学习规律

本书在讲解过程中采用了"知识点+理论实践+实例练习+综合实例+技术拓展+技巧提示"的模式，符合轻松易学的学习规律。

本书显著特色

1.大型配套视频讲解，让老师手把手教您

光盘配备与书同步的自学视频，涵盖全书几乎所有实例，如同老师在身边手把手教您，让学习更轻松、更高效！

2.中小实例循序渐进，边用边学更有兴趣

中小实例极为丰富，通过实例讲解，让学习更有兴趣，而且读者还可以多动手，多练习，只有如此才能深入理解、灵活应用！

3.配套资源极为丰富，素材效果一应俱全

不同类型的笔刷、图案、样式等库文件；经常用到的设计素材700多个；另外赠送《色彩设计搭配手册》和常用颜色色谱表。

4.会用软件远远不够，商业作品才是王道

仅仅学会软件使用远远不能适应社会需要，本书后边给出不同类型的综合商业案例，以便积累实战经验，为工作就业搭桥。

5.专业作者心血之作，经验技巧尽在其中

作者系艺术学院讲师，设计、教学经验丰富，大量的经验技巧融在书中，可以提高学习效率，少走弯路。

本书服务

1.　Photoshop CC软件获取方式

本书提供的光盘文件包括教学视频和素材等，教学视频可以演示观看。要按照书中实例操作，必须安装Photoshop CC软件之后，才可以进行。您可以通过如下方式获取Photoshop CC简体中文版：

（1）登录官方网站http://www.adobe.com/cn/咨询。

（2）可到当地电脑城的软件专卖店咨询。

（3）可到网上咨询、搜索购买方式。

2.　关于本书光盘的常见问题

（1）本书光盘需在电脑DVD格式光驱中使用。其中的视频文件可以用播放软件进行播放，但不能在家用DVD播放机上播放，也不能在CD格式光驱的电脑上使用（现在CD格式的光驱已经很少）。

（2）如果光盘仍然无法读取，建议多换几台电脑试试看，绝大多数光盘都可以得到解决。

（3）盘面有胶、有脏物建议要先行擦拭干净。

（4）光盘如果仍然无法读取的话，请将光盘邮寄给：北京清华大学（校内）出版社白楼201 编辑部，电话：010-62791977-278。我们查明原因后，予以调换。

（5）如果读者朋友在网上或者书店购买此书时光盘缺失，建议向该网站或书店索取。

3.　交流答疑QQ群

为了方便解答读者提出的问题，我们特意建立了如下QQ群：

Photoshop技术交流QQ群：185468056。（如果群满，我们将会建其他群，请留意加群时的提示）

4.　YY语音频道教学

为了方便与读者进行语音交流，我们特意建立了YY语音教学频道：62327506。（YY语音是一款可以实现即时在线交流的聊天软件）

5. 留言或关注最新动态

为了方便读者，我们会及时发布与本书有关的信息，包括读者答疑、勘误信息，读者朋友可登录本书官方网站（www.eraybook.com）进行查询。

关于作者

本书由唯美映像组织编写，唯美映像是一家由十多名艺术学院讲师组成的平面设计、动漫制作、影视后期合成的专业培训机构。瞿颖健和曹茂鹏讲师参与了本书的主要编写工作。另外，由于本书工作量巨大，以下人员也参与了本书的编写工作，他们是：杨建超、马啸、李路、孙芳、李化、葛妍、丁仁雯、高歌、韩雷、瞿吉业、杨力、张建霞、瞿学严、杨宗香、董辅川、杨春明、马扬、王萍、曹诗雅、朱于振、于燕香、曹子龙、孙雅娜、曹爱德、曹玮、张效晨、孙丹、李进、曹元钢、张玉华、鞠闯、艾飞、瞿学统、李芳、陶恒斌、曹明、张越、瞿云芳、解桐林、张琼丹、解文耀、孙晓军、瞿江业、王爱花、樊清英等，在此一并表示感谢。

特别说明

本书是在原来CS6的版本上修改而来，适合于CC和CS6两种版本，极少数内容和界面稍有区别，不会影响到对本书内容的学习。

衷心感谢

在编写的过程中，得到了吉林艺术学院副院长郭春方教授的悉心指导，得到了吉林艺术学院设计学院院长宋飞教授的大力支持，在此向他们表示衷心的感谢。本书项目负责人及策划编辑刘利民先生对本书出版做了大量工作，谢谢！

寄语读者

亲爱的读者朋友，千里有缘一线牵，感谢您在茫茫书海中找到了本书，希望她架起你我之间学习、友谊的桥梁，希望她带您轻松步入五彩斑斓的设计世界，希望她成为您成长道路上的铺路石。

唯美映像

目 录
Contents

213节大型高清同步视频讲解

Photoshop CC
入门与实战经典(实例版)

目 录

Photoshop CC
入门与实战经典（实例版）
目 录

Chapter 01

第1章

进入Photoshop CC的世界

Photoshop是Adobe公司旗下最为著名的图像处理软件之一，诞生于1990年2月，最初的Photoshop 1.0版本只能在苹果机（Mac）上运行。2013年6月Photoshop CC问世，此时Photoshop早已成为图像处理行业中的绝对霸主。Photoshop是集图像扫描、编辑修改、图像制作、广告创意、图像输入与输出于一体的图形图像处理软件，深受广大平面设计人员和电脑美术爱好者的喜爱。

本章学习要点：

- 了解Photoshop的发展史
- 了解Photoshop的应用领域
- 熟悉Photoshop的工作界面
- 掌握图像窗口的查看与调整方式
- 熟悉Photoshop的常用设置

1.1 初识Photoshop CC

知识精讲：关于 Photoshop CC

Photoshop是Adobe公司旗下最为出名的、集图像扫描、编辑修改、图像制作、广告创意，图像输入与输出于一体的图形图像处理软件，深受广大平面设计人员和电脑美术爱好者的喜爱。在2013年6月，Adobe推出了最新版本的Photoshop CC（Creative Cloud）。Photoshop CC的新功能包括：相机防抖动功能、Camera RAW功能改进、图像提升采样、属性面板改进等。Adobe Creative Cloud是一种数字中枢，用户可以通过它访问每个 Adobe Creative Suite 6 桌面应用程序、联机服务以及其他新发布的应用程序。Adobe Creative Cloud 的目的是将原本困难且不相干的工作流程转换成一种直觉式的自然体验，让用户充分享受创作的自由，将作品发布至任何台式计算机、平板电脑或手持设备。如图1-1所示为Photoshop CC启动界面。

图1—1

知识精讲：Photoshop的应用领域

作为Adobe公司旗下最出名的图像处理软件之一，Photoshop的应用领域非常广泛，覆盖平面设计、数字出版、网络传媒、视觉媒体、数字绘画、先锋艺术创作等领域。

- 平面设计：平面设计师应用最多的软件莫过于Photoshop了。在平面设计中，Photoshop可应用的领域非常广阔，无论是书籍装帧、招贴海报、杂志封面，或是LOGO设计、VI设计、包装设计，都可以使用Photoshop制作或辅助处理，如图1-2所示。

图1—2

- 数码照片处理：在当今数字时代，Photoshop的功能不仅局限于对照片进行简单的图像修复，更多的时候是用于商业片的编辑、创意广告的合成、婚纱写真照片的制作。毫无疑问，Photoshop是数码照片处理必备"利器"，它具有强大的图像修补、润饰、调色、合成等功能，通过这些功能可以快速修复数码照片上的瑕疵或者制作艺术效果，如图1-3所示。

图1—3

◎ **网页设计**：在网页设计中，除了著名的"网页三剑客"——Dreamweaver、Flash、Fireworks外，网页中的很多元素也需要在Photoshop中进行制作，如图1-4所示。因此，Photoshop也是美化网页必不可少的工具。

◎ **数字绘画**：Photoshop不仅可以针对已有图像进行处理，还可以帮助艺术家创造新的图像。Photoshop中也包含众多优秀的绘画工具，使用它们可以绘制各种风格的数字绘画，如图1-5所示。

图1—4 图1—5

◎ **界面设计**：界面设计也就是通常所说的UI（User Interface，用户界面），如图1-6所示。界面设计虽然是设计中的新兴领域，但越来越受到重视。使用Photoshop进行界面设计制作是非常好的选择。

◎ **三维设计**：三维设计比较常见的几种形态有室内外效果图、三维动画电影、广告包装、游戏制作、CG插画设计等。其 中Photoshop主要用来绘制编辑三维模型表面的贴图，另外还可以对静态的效果图或CG插画进行后期修饰，如图1-7所示。

图1—6 图1—7

◎ **新锐视觉艺术**：这里所说的视觉艺术是近年来比较流行的一种创意表现形态，可以作为设计艺术的一个分支。此类设计通常没有非常明显的商业目的，但由于它为广大设计爱好者提供了无限的设计空间，受到越来越多设计爱好者的关注和喜爱，并逐渐形成属于自己的一套创作风格，如图1-8所示。

图1—8

文字设计：文字设计也是当今新锐设计师比较青睐的一种表现形态，利用Photoshop中强大的合成功能可以制作出各种质感和特效文字，如图1-9所示。

图1-9

1.2 如何安装与卸载Photoshop CC

想要学习和使用Photoshop CC，首选需要学习如何正确安装该软件。Photoshop CC的安装与卸载过程并不复杂，与其他应用软件的安装与卸载方法大致相同。由于Photoshop CC是制图类设计软件，所以对硬件设备会有相应的配置需求。

知识精讲：安装Photoshop CC的系统要求

Windows

- Intel® Pentium® 4 或 AMD Athlon® 64 处理器 （2GHz 或更快）
- Microsoft® Windows® 7 Service Pack 1，Windows 8 或 Windows 8.1
- 1GB 内存
- 2.5GB 的可用硬盘空间以进行安装；安装期间需要额外可用空间（无法安装在可抽换存储装置上）
- 1024×768 显示器（建议使用 1280×800），具 OpenGL® 2.0、16 位颜色和512MB 的 VRAM （建议使用1GB）

Mac OS

- 多核心 Intel 处理器，具 64 位元支援
- Mac OS X v10.7、 v10.8 或 v10.9
- 1GB 内存
- 3.2GB 的可用硬盘空间以进行安装；安装期间需要额外可用空间（无法安装在使用区分大小写的文件系统的文件系统卷或可移动闪存设备上）
- 1024×768 显示器 （建议使用 1280×800），具 OpenGL 2.0、16 位颜色和512MB 的 VRAM （建议使用1GB）

001 理论——安装Photoshop CC

Photoshop CC的全名为Photoshop Creative Cloud，是2013年6月Adobe公司推出的最新版本。升级后的Photoshop已经进入了云时代，安装方式与以往的版本不同，是采用一种"云端"付费方式。在安装使用Photoshop CC前，用户可以按月或按年付费订阅，也可以订阅全套产品。如图1-10和图1-11所示为Adobe Creative Cloud图标和Creative Cloud界面。

图1-10

Adobe Creative Cloud是一种基于订阅的服务，用户需要通过Adobe Creative Cloud将Photoshop CC下载下来。在Adobe Creative Cloud中还包括除Photoshop以外的多个软件，如Illustrator CC、InDesign CC、Dreamweaver、Premiere pro CC等便捷的设计方便用户的下载使用。

图1-11

操作步骤

步骤01 打开Adobe的官方网站"www.adobe.com"，单击导航栏的"Products"（产品）按钮，然后选择"Adobe Creative Cloud"选项，如图1-12所示。在打开的页面中选择产品的使用方式，单击"Join"为进行购买，单击"Try"为免费试用，试用期为30天。在这里单击"Try"，如图1-13所示。

图1-12

图1-13

步骤02 在打开的页面中单击 Creative Cloud右侧的"下载"按钮，如图1-14所示。在接下来打开的窗口中继续单击"下载"按钮，如图1-15所示。

图1-14

图1-15

步骤03 下面会弹出一个登录界面，如图1-16所示。在这里需要用户登录Adobe ID，如果没有也可以免费注册一个。登录Adobe ID后就可以开始下载并安装Creative Cloud，启动Creative Cloud即可看见Adobe的各类软件，可以直接选择【安装】或【试用】软件，也可以更新已有软件。单击相应的按钮后即可自动完成软件的安装，如图1-17所示。

图1-16

图1-17

读书笔记

002 理论——卸载Photoshop CC

执行"开始>控制面板"命令，在打开的"控制面板"窗口中，单击"程序和功能"选项，如图所示。在打开的"程序和功能"窗口中，单击选择Photoshop CC安装程序然后单击"卸载"按钮，即可将其卸载，如图1-18所示。

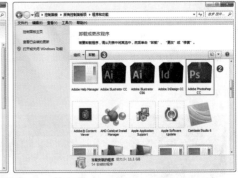

图1—18

1.3 启动与退出Photoshop CC

003 理论——启动Photoshop CC

成功安装Photoshop CC之后可以单击桌面左下角的"开始"按钮，执行"程序>Adobe Photoshop CC"命令，或者双击桌面上的Adobe Photoshop CC快捷方式图标，即可启动Photoshop CC，如图1-19所示。

004 理论——退出Photoshop CC

若要退出Photoshop CC，可以像退出其他应用程序一样，单击窗口右上角的 ✕ 按钮，或执行"文件>退出"命令，还可以按Ctrl+Q组合键，如图1-20所示。

图1—19　　　　　　　　　图1—20

1.4 熟悉Photoshop CC的界面与工具

知识精讲：Photoshop CC的界面

随着版本的不断升级，Photoshop的工作界面布局也更加合理、更加人性化。Photoshop CC的工作界面由菜单栏、选项栏、标题栏、工具箱、状态栏、文档窗口以及各式各样的面板组成，如图1-21所示。

- 菜单栏：单击相应的菜单，即可显示该菜单下的命令。
- 标题栏：打开一个文件以后，Photoshop会自动创建一个标题栏。在标题栏中会显示这个文件的名称、格式、窗口缩放比例以及颜色模式等信息。
- 文档窗口：文档窗口是显示打开图像的地方。

图1—21

技巧提示

如果只打开了一张图像，则只有一个文档窗口，如图1-22所示。

如果打开了多张图像，则文档窗口会按选项卡的方式进行显示。单击一个文档窗口的标题栏即可将其设置为当前工作窗口，如图1-23所示。

图1-22   图1-23

按住鼠标左键拖曳文档窗口的标题栏，可以将其设置为浮动窗口，如图1-24所示；按住鼠标左键将浮动文档窗口的标题栏拖曳到选项卡中，文档窗口会停放到选项卡中，如图1-25所示。

图1-24   图1-25

- 工具箱：工具箱中集合了Photoshop CC的大部分工具，其可以折叠显示或展开显示。单击工具箱顶部的 ▶▶ 按钮，可以将其折叠为双栏；单击 ◀◀ 按钮，即可还原回展开的单栏模式。将光标放置在 ▶▶ 图标上，然后使用鼠标左键进行拖曳，可以将工具箱设置为浮动状态。

- 选项栏：主要用来设置工具的参数选项，不同工具的选项栏也不同。例如，选择移动工具 ▶ 时，选项栏会显示如图1-26所示的内容。

- 状态栏：位于工作窗口的最底部，可以显示当前文档的大小、文档尺寸、当前工具和窗口缩放比例等信息，单击状态栏中的三角形图标 ▶，可以设置要显示的内容，如图1-27所示。

图1-26   图1-27

技术拓展：状态栏菜单详解

- Adobe Drive：显示当前文档的Version Cue工具组状态。
- 文档大小：显示当前文档中图像的数据量信息。左侧的数值表示合并图层并保存文件后的大小；右侧的数值表示不合并图层与不删除通道的近似大小。
- 文档配置文件：显示当前图像所使用的颜色模式。
- 文档尺寸：显示当前文档的尺寸。
- 暂存盘大小：显示图像处理的内存与Photoshop暂存盘的内存信息。

- 效率：显示操作当前文档所花费时间的百分比。
- 计时：显示完成上一步操作所花费的时间。
- 当前工具：显示当前选择的工具名称。
- 32位曝光：这是Photoshop 提供的预览调整功能，以使显示器显示的HDR图像的高光和阴影不会太暗或出现褪色现象。该选项只有在文档窗口中显示HDR图像时才可用。
- 存储进度：显示当前文件储存的进度百分比。

- 面板：选择菜单栏中的"窗口"菜单，在展开的菜单中可以看到Photoshop 所包含的面板，这些面板主要用来配合图像的编辑、对操作进行控制以及设置参数等。每个面板的右上角都有一个 图标，单击该图标可以打开该面板的菜单选项，如图1-28所示。

图1-28

技术拓展：展开与折叠面板

在默认情况下，面板都处于展开状态。单击面板右上角的 图标，可以将该面板折叠起来，同时 图标会变成 图标（单击该图标可以展开面板）。单击 按钮，可以关闭面板。如图1-29所示为面板展开与折叠的效果。

图1-29

技术拓展：拆分与组合面板

在默认情况下，面板是以面板组的方式显示在工作窗口中的，如"颜色"面板、"样式"面板和"色板"面板就是组合在一起的。如果要将其中某个面板拖曳出来形成一个单独的面板，可以将光标放置在面板名称上，然后使用鼠标左键，将其拖曳出面板组即可，如图1-30所示。

如果要将一个单独的面板与其他面板组合在一起，可以将光标放置在该面板的名称上，然后使用鼠标左键将其拖曳到要组合的面板名称上，如图1-31所示。

图1-30

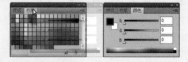

图1-31

知识精讲：Photoshop CC工具详解

使用鼠标左键单击一个工具，即可选择该工具。如果工具的右下角带有三角形图标，表示这是一个工具组，在工具上单击鼠标右键即可弹出隐藏的工具。如图1-32所示是工具箱中所有隐藏的工具。各工具的说明及快捷键如表1-1所示。

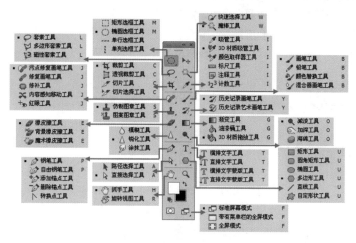

图1—32

下面介绍各工具的功能，如表1-1所示。

表1-1　工具说明及快捷键

工 具 组	按　　　钮	工具名称	说　　　明	快 捷 键
		移动工具	移动图层、参考线、形状或选区内的像素	V
选框工具组		矩形选框工具	创建矩形选区，按住Shift键可以创建正方形选区	M
		椭圆选框工具	制作椭圆选区，按住Shift键可以创建正圆选区	M
		单行选框工具	创建高度为1像素的选区，常用来制作网格效果	无
		单列选框工具	创建宽度为1像素的选区，常用来制作网格效果	无
套索工具组		套索工具	自由地绘制出形状不规则的选区	L
		多边形套索	创建转角比较强烈的选区	L
		磁性套索工具	能够以颜色上的差异自动识别对象的边界，特别适用于快速选择与背景对比强烈且边缘复杂的对象	L
快速选择工具组		快速选择工具	利用可调整的圆形笔尖迅速地绘制出选区	W
		魔棒工具	使用魔棒工具在图像中单击可选取颜色差别在容差值范围之内的区域	W
裁剪与切片工具组		裁剪工具	以任意尺寸裁剪图像	C
		透视裁剪工具	使用透视裁剪工具可以在需要裁剪的图像上制作出带有透视感的裁剪框，在应用裁剪后可以使图像带有明显的透视感	C
		切片工具	从一张图像创建切片图像	C
		切片选择工具	为改变切片的各种设置而选择切片	C
吸管与辅助工具组		吸管工具	拾取图像中的任意颜色作为前景色，按住Alt键进行拾取可将当前拾取的颜色作为背景色	I
		颜色取样器工具	在信息浮动窗口显示取样的RGB值	I
		3D材质吸管工具	使用该工具可以快速地吸取3D模型中各个部分的材质	I
		标尺工具	在信息浮动窗口显示拖曳的对角线距离和角度	I
		注释工具	在图像内加入附注。PSD、TIFF、PDF文件都支持此功能	I
		计数工具	在选择的数据点上显示计算的项目数	I

工 具 组	按 钮	工具名称	说 明	快 捷 键
修复画笔工具组		污点修复画笔工具	不需要设置取样点，自动从所修饰区域的周围进行取样，消除图像中的污点	J
		修复画笔工具	用图像中的像素作为样本进行绘制	J
		修补工具	利用样本或图案来修复所选图像区域中不理想的部分	J
		内容感知移动工具	在用户整体移动图片中选中的某物体时，智能填充物体原来的位置	J
		红眼工具	可以去除由闪光灯导致的瞳孔红色反光	J
画笔工具组		画笔工具	使用前景色绘制出各种线条，同时也可以利用它来修改通道和蒙版	B
		铅笔工具	用无模糊效果的画笔进行绘制	B
		颜色替换工具	将选定的颜色替换为其他颜色	B
		混合器画笔工具	可以像传统绘画过程中混合颜料一样混合像素	B
图章工具组		仿制图章工具	将图像的一部分绘制到同一图像的另一个位置上，或绘制到具有相同颜色模式的任何打开的文档中，也可以将一个图层的一部分绘制到另一个图层上	S
		图案图章工具	使用预设图案或载入的图案进行绘画	S
历史记录画笔工具组		历史记录画笔工具	将标记的历史记录状态或快照用作源数据对图像进行修改	Y
		历史记录艺术画笔工具	可以在历史记录画笔设置各种绘画样式来进行绘制	Y
橡皮擦工具组		橡皮擦工具	以类似画笔描绘的方式将像素更改为背景色或透明	E
		背景橡皮擦工具	基于色彩差异的智能化擦除工具	E
		魔术橡皮擦工具	清除与取样区域类似的像素范围	E
渐变与填充工具组		渐变工具	以渐变方式填充拖曳的范围，在渐变编辑器内可以设置渐变模式	G
		油漆桶工具	可以在图像中填充前景色或图案	G
		3D材质拖放工具	在选项栏中选择一种材质，在选中模型上单击可以为其填充材质	G
模糊锐化工具组		模糊工具	柔化硬边缘或减少图像中的细节	无
		锐化工具	增强图像中相邻像素之间的对比，以提高图像的清晰度	无
		涂抹工具	模拟手指划过湿油漆时所产生的效果。可以拾取鼠标单击处的颜色，并沿着拖曳的方向展开这种颜色	无
加深减淡工具组		减淡工具	可以对图像进行减淡处理	O
		加深工具	可以对图像进行加深处理	O
		海绵工具	增加或降低图像中某个区域的饱和度。如果是灰度图像，则该工具将通过灰阶远离或靠近中间灰色来增加或降低对比度	O
钢笔工具组		钢笔工具	以锚点方式创建区域路径，主要用于绘制矢量图形和选取对象	P
		自由钢笔工具	用于绘制比较随意的图形，使用方法与套索工具非常相似	P
		添加锚点工具	将光标放在路径上，单击即可添加一个锚点	无
		删除锚点工具	删除路径上已经创建的锚点	无
		转换点工具	用来转换锚点的类型（角点和平滑点）	无
文字工具组		横排文字工具	创建横排文字图层	T
		直排文字工具	创建直排文字图层	T
		横排文字蒙版	创建水平文字形状的选区	T
		直排文字蒙版	创建垂直文字形状的选区	T
选择工具组		路径选择工具	在路径浮动窗口内选择路径，可以显示出锚点	A
		直接选择工具	只移动两个锚点之间的路径	A

工 具 组	按　　钮	工 具 名 称	说　　　　明	快 捷 键
形状工具组		矩形工具	创建长方形路径、形状图层或填充像素区域	U
		圆角矩形工具	创建圆角矩形路径、形状图层或填充像素区域	U
		椭圆工具	创建正圆或椭圆形路径、形状图层或填充像素区域	U
		多边形工具	创建多边形路径、形状图层或填充像素区域	U
		直线工具	创建直线路径、形状图层或填充像素区域	U
		自定义形状工具	创建事先存储的形状路径、形状图层或填充像素区域	U
视图调整工具		抓手工具	拖曳并移动图像显示区域	H
		旋转视图工具	拖曳及旋转视图	R
		缩放工具	放大、缩小显示的图像	Z
颜色设置工具		前景色/背景色	单击打开拾色器，设置前景色/背景色	无
		切换前景色和背景	切换所设置的前景色和背景色	X
		默认前景色和背景色	恢复默认的前景色和背景色	D
快速蒙版		以快速蒙版模式编辑	切换快速蒙版模式和标准模式	Q
更改屏幕模式		标准屏幕模式	标准屏幕模式可以显示菜单栏、标题栏、滚动条和其他屏幕元素	F
		带有菜单栏的全屏模式	带有菜单栏的全屏模式可以显示菜单栏、50%的灰色背景、无标题栏和滚动条的全屏窗口	F
		全屏模式	全屏模式只显示黑色背景和图像窗口，如果要退出全屏模式，可以按Esc键。如果按Tab键，将切换到带有面板的全屏模式	F

知识精讲：Photoshop CC面板概述

- "颜色"面板：采用类似于美术调色的方式来混合颜色，如果要编辑前景色，可单击前景色块；如果要编辑背景色，则单击背景色块，如图1-33所示。

- "色板"面板："色板"面板中的颜色都是预先设置好的，单击一个颜色样本，即可将其设置为前景色；按住Ctrl键单击，则可将其设置为背景色，如图1-34所示。

- "样式"面板：提供了Photoshop提供的以及载入的各种预设的图层样式，如图1-35所示。

图1-33

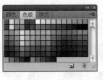
图1-34

图1-35

- "字符"面板：可额外设置文字的字体、大小、样式。此外，文字设置可与功能列或"注释"面板合并使用，如图1-36所示。

- "段落"面板：可以设置文字的段落、位置、缩排、版面，以及避头尾法则和字间距组合，如图1-37所示。

- "字符样式"面板：在"字符样式"面板中可以创建字符样式，更改字符属性，并将字符属性储存在字符样式面板中。在需要使

图1-36

图1-37

用时，只需要选中文字图层，并单击相应字符样式即可。如图1-38所示。

- "段落样式"面板："段落样式"面板与"字符样式"面板的使用方法相同，都可以进行样式的定义、编辑与调用。字符样式主要用于类似标题文字的较少文字的排版，而段落样式的设置选项多应用于类似正文的大段文字的排版。如图1-39所示。

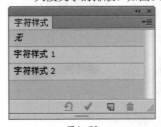
图1-38

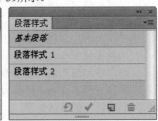
图1-39

- "图层"面板：用于创建、编辑和管理图层，以及为图层添加样式。面板中列出了所有的图层、图层组和图层效果，如图1-40所示。

- "通道"面板：可以创建、保存和管理通道，如图1-41所示。

- "路径"面板：用于保存和管理路径，其中显示了每条存储的路径、当前工作路径和当前矢量蒙版的名称及缩览图，如图1-42所示。

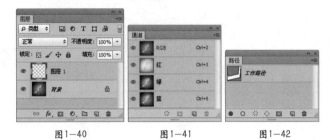

图1-40　　　　　　图1-41　　　　　　图1-42

- "调整"面板：其中包含用于调整颜色和色调的工具，如图1-43所示。

- "属性"面板："属性"面板可以用于调整所选图层中的图层蒙版和矢量蒙版属性，以及光照效果滤镜、调整图层参数。如图1-44所示。

- "画笔预设"面板：其中提供了各种预设的画笔。预设画笔带有诸如大小、形状和硬度等定义的特性，如图1-45所示。

图1-43　　　　　　图1-44　　　　　　图1-45

- "画笔"面板：它可以设置绘画工具（如画笔、铅笔、历史记录画笔等）以及修饰工具（涂抹、加深、减淡、模糊、锐化等）的笔尖种类、画笔大小和硬度，还可以创建自己需要的特殊画笔，如图1-46所示。

- "仿制源"面板：使用仿制图章工具或修复画笔工具时，可以通过"仿制源"面板设置不同的样本源、显示样本源的叠加，以帮助在特定位置仿制源。此外，还

图1-46

可以缩放或旋转样本源以更好地匹配目标的大小和方向，如图1-47所示。

- "导航器"面板：其中包含图像的缩览图和各种窗口缩放工具，如图1-48所示。

- "直方图"面板：直方图用图形表示了图像的每个亮度级别的像素数量，展现了像素在图像中的分布情况，如图1-49所示。通过观察直方图，可以判断出照片的阴影、中间调和高光中包含的细节是否足，以便对其做出正确的调整。

图1-47　　　　　　图1-48　　　　　　图1-49

- "信息"面板：显示图像相关信息，例如选区大小、光标所在位置的颜色及方位等。另外，还能显示颜色取样器工具和标尺工具等的测量值，如图1-50所示。

- "图层复合"面板：图层复合可保存图层状态，"图层复合"面板用来创建、编辑、显示和删除图层复合，如图1-51所示。

- "注释"面板：可以在静态画面上新建、存储注释，如图1-52所示。注释的内容以图标方式显示在画面中，即不是以图层方式显示，而是直接贴在图像上。

图1-50　　　　　　图1-51　　　　　　图1-52

- "动画"面板：用于制作和编辑动态效果，包括"帧动画"面板和"时间轴"动画面板两种模式，如图1-53所示为"时间轴"动画面板。

图1-53

- "测量记录"面板：可以测量以套索工具或魔棒工具定义区域的高度、宽度和面积，如图1-54所示。

图1-54

- "历史记录"面板：在编辑图像时，每进行一步操作，Photoshop都会将其记录在"历史记录"面板中，如图1-55所示。通过该面板可以将图像恢复到操作过程中的某一步状态，也可以再次回到当前的操作状态，或者将处理结果创建为快照或是新的文件。
- "工具预设"面板：用来存储工具的各项设置以及载入、编辑和创建工具预设库，如图1-56所示。
- "3D"面板：选择3D图层后，"3D"面板中会显示

与之关联的3D文件组件，面板顶部列出了文件中的网格、材料和光源，面板底部显示了在面板顶部选择的3D组件的相关选项，如图1-57所示。

图1-55

图1-56　　　　　　　图1-57

1.5 工作区域的设置

Photoshop中工作区包括文档窗口、工具箱、菜单栏和各种面板。Photoshop提供了适合于不同任务的预设工作区，并且可以存储适合于个人的工作区布局，如图1-58所示。

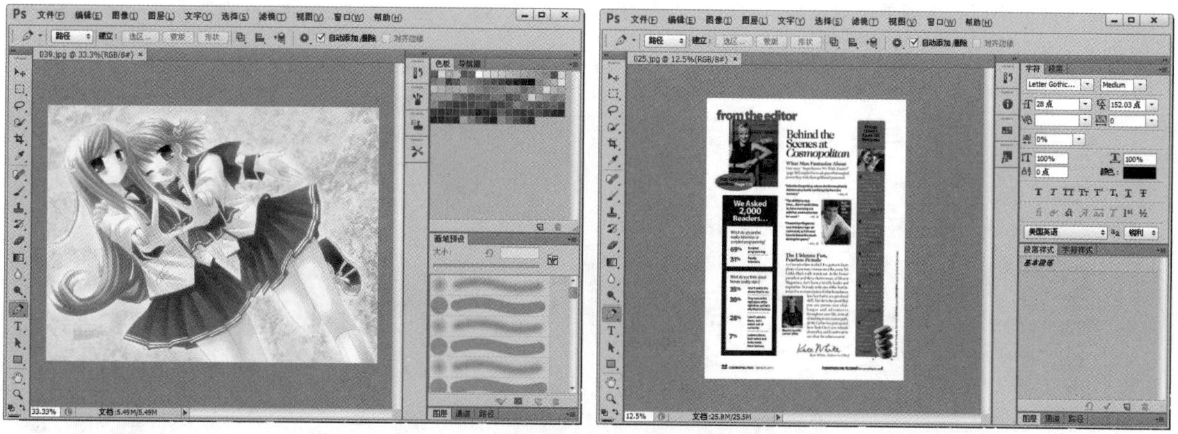

图1-58

基本功能工作区是Photoshop默认的工作区。在该工作区中，Photoshop包括了一些很常用的面板，如"图层"面板、"路径"面板、"通道"面板和"颜色"面板等，如图1-59所示。

执行"窗口>工作区"命令，在该菜单中可以选择系统预设的一些工作区，如CC新功能工作区、基本功能工作区、动感工作区、绘画工作区、摄影工作区、排版规则工作区，用户可以选择适合自己的一个工作区，如图1-60所示。

图1-59 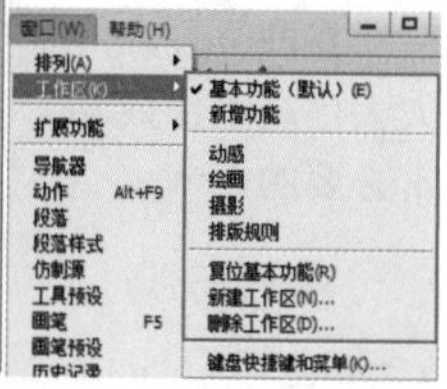　　　　　　　　　　图1-60

13

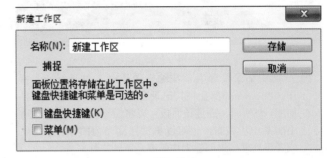

图1—61

006 理论——定义工作区

在进行一些操作时，部分面板几乎是用不到的，而操作界面中存在过多的面板会大大影响操作的空间，从而影响工作效率。所以可以定义一个适合用户自己的工作区，以符合个人的操作习惯。调整好合适的工作区后执行"窗口>工作区>新建工作区"菜单命令，然后在弹出的对话框中为工作区设置一个名称，接着单击"存储"按钮，即可将当前工作区存储为预设工作区。如图1-61所示。在"窗口>工作区"菜单下就可以选择前面自定义的工作区。执行"窗口>工作区>删除工作区"菜单命令即可删除自定义的工作区。

007 理论——为常用菜单命令定义颜色

对于初级用户来说，全部为单一颜色的菜单命令可能不够醒目。在Photoshop中，用户可以为一些常用的命令自定义颜色，这样可以快速查找到它们，如图1-62所示。

操作步骤

步骤01 执行"编辑>菜单"菜单命令或按Shift+Ctrl+Alt+M组合键，打开"键盘快捷键和菜单"对话框，然后在"应用程序菜单命令"选项组单击"图像"菜单组，展开其子命令，如图1-63所示。

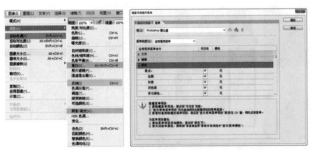

图1—62   图1—63

步骤02 选择一个需要更改颜色的命令，这里选择"曲线"命令，如图1-64所示。

步骤03 单击"曲线"命令后的"无"，然后在下拉列表中选择一个合适的颜色，接着单击"确定"按钮关闭对话框，如图1-65所示，此时在"图像>调整"菜单下就可以观察到

"曲线"命令的颜色已经变成了所选择的颜色，如图1-66所示。

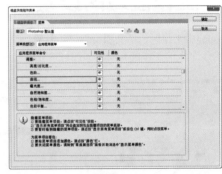

图1—64

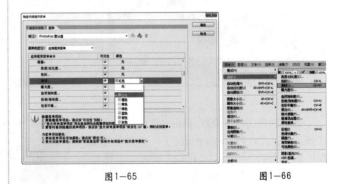

图1—65   图1—66

008 理论——自定义命令快捷键

在Photoshop中，可以对默认的快捷键进行更改，也可以为没有配置快捷键的常用命令和工具设置一个快捷键，这样可以大大提高工作效率。以常用的"亮度/对比度"命令为例，在默认情况下是没有配置快捷键的，因此为其配置一个快捷键是非常必要的。

操作步骤

步骤01 执行"编辑>键盘快捷键"菜单命令，打开"键盘快捷键和菜单"对话框，然后在"图像>调整"菜单下选择"亮度/对比度"命令，此时会出现一个用于定义快捷键的文本框，如图1-67所示。

步骤02 同时按住Ctrl键和/键，此时文本框中会出现Ctrl+/组合键，然后单击"确定"按钮完成操作，如图1-68所示。

步骤03 为"亮度/对比度"命令配置Ctrl+/组合键后，在"图像>调整"菜单下就可以观察到"亮度/对比度"命令后面出现一个快捷键Ctrl+/，如图1-69所示。

图1-67

图1-68 图1-69

009 理论——自定义预设工具

使用Photoshop进行编辑创作过程中，经常会用到一些外置素材，例如渐变库、图案库、笔刷库等。用户还可以自定义预设工具。如图1-70所示分别为渐变库、图案库和笔刷库。

图1-70

执行"编辑>预设>预设管理器"命令，打开"预设管理器"窗口，如图1-71所示。在"预设管理器"窗口中可

以对Photoshop自带的预设画笔、色板、渐变、样式、图案、等高线、自定形状和预设工具进行管理。在"预设管理器"窗口中载入某个库以后，就能够在选项栏、面板或对话框等位置访问该库的项目。同时，可以使用"预设管理器"来更改当前的预设项目集或创建新库。

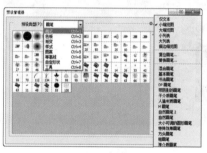

图1-71

1.6 查看与调整图像窗口

在Photoshop中打开多个文件时，选择合理的方式查看图像窗口可以更好地对图像进行编辑。查看图像窗口的方式包括图像的缩放级别、多种图像的排列形式、多种屏幕模式、使用导航器查看图像、使用抓手工具查看图像等，如图1-72所示。

图1-72

010 理论——调整图像的“缩放级别”

使用缩放工具可以将图像的显示比例进行放大和缩小，如图1-73所示为缩放工具的选项栏。

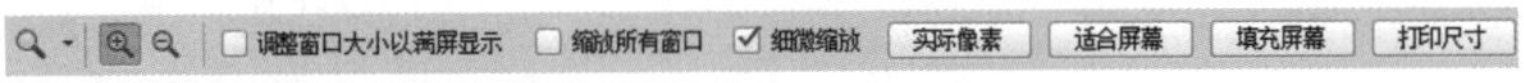

图1—73

011 理论——调整文档的排列形式

在Photoshop中打开多个文档时，用户可以选择文档的排列方式。在“窗口>排列”菜单下可以选择一个合适的排列方式，如图1-74所示。

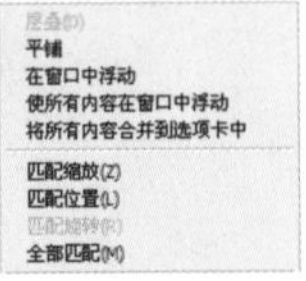

图1—74

- “层叠”方式是从屏幕的左上角到右下角以堆叠和层叠的方式显示未停放的窗口，如图1-75所示。

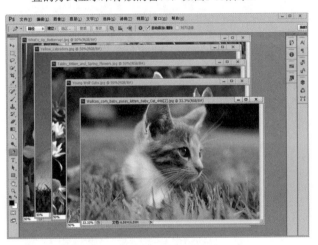

图1—75

- 当选择“平铺”方式时，窗口会自动调整大小，并以平铺的方式填满可用的空间，如图1-76所示。

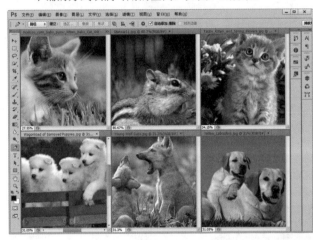

图1—76

- 当选择“在窗口中浮动”方式时，图像可以自由浮动，并且可以任意拖曳标题栏来移动窗口，如图1-77所示。
- 当选择“使所有内容在窗口中浮动”方式时，所有文档窗口都将变成浮动窗口，如图1-78所示。
- 当选择“将所有内容合并到选项卡中”方式时，窗口中只显示一个图像，其他图像将最小化到选项卡中，如图1-79所示。

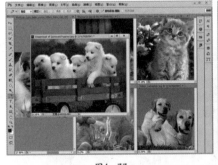

图1—77

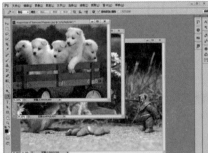

图1—78

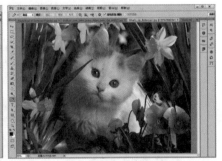

图1—79

012 理论——切换多种屏幕模式

在工具箱中单击“屏幕模式”按钮，在弹出的菜单中可以选择屏幕模式，其中包括标准屏幕模式、带有菜单栏的全屏模式和全屏模式3种，如图1-80所示。

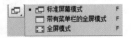

图1—80

- 标准屏幕模式可以显示菜单栏、标题栏、滚动条和其他屏幕元素，如图1-81所示。
- 带有菜单栏的全屏模式可以显示菜单栏、50%的灰色背景、无标题栏和滚动条的全屏窗口，如图1-82所示。
- 全屏模式只显示黑色背景和图像窗口，如图1-83所示。

图1-81   图1-82   图1-83

013 理论——使用导航器查看图像

在"导航器"面板中，通过滑动鼠标可以查看图像的某个区域。执行"窗口>导航器"菜单命令，可以调出"导航器"面板，如果要在"导航器"面板中移动画面，可以将光标放置在缩览图上，当光标变成🖐形状时（只有图像的缩放比例大于全屏显示比例时，才会出现🖐图标），拖曳鼠标即可移动图像画面，如图1-84所示。

图1-84

操作步骤

步骤01 可以在缩放数值文本框 `50%` 中输入缩放数值，然后按Enter键确认操作，如图1-85所示。

图1-85

步骤02 单击"缩小"按钮 可以缩小图像的显示比例，单击"放大"按钮 可以放大图像的显示比例，如图1-86所示。

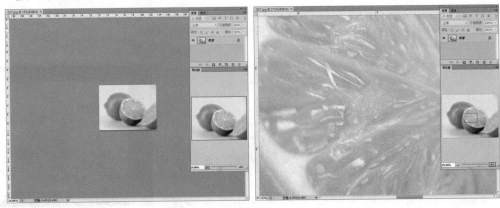

图1—86

步骤03 拖曳缩放滑块 可以放大或缩小窗口，如图1-87所示。

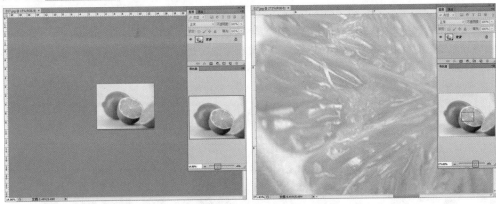

图1—87

014 理论——使用缩放工具

缩放工具在实际工作中的使用频率相当高，如果想要查看图像某个区域中的图像细节，就需要使用缩放工具。

操作步骤

步骤01 执行"文件>打开"菜单命令，然后在弹出的对话框中选择本书配套光盘中的素材文件，如图1-88所示。

步骤02 在工具箱中单击缩放工具或按Z键，然后在选项栏中单击"放大"按钮，接着在画布中连续单击鼠标左键，可以不断地放大图像的显示比例，如图1-89所示。

步骤03 在选项栏中单击"缩小"按钮，然后在画布中连续单击鼠标左键，可以不断地缩小图像的显示比例，如图1-90所示。

图1—88

图1—89

图1—90

步骤04 如果要以实际像素显示图像的缩放比例，可以在选项栏中单击"实际像素"按钮，或在画布中单击鼠标右键，然后在弹出的菜单中选择"实际像素"命令，如图1-91所示。

图1-91

步骤05 如果要以适合屏幕的方式显示图像，可以在选项栏中单击"适合屏幕"按钮，或在画布中单击鼠标右键，然后在弹出的快捷菜单中选择"按屏幕大小缩放"命令，如图1-92所示。

图1-92

步骤06 如果要在屏幕范围内最大化显示完整的图像，可以在选项栏中单击"填充屏幕"按钮，如图1-93所示。

图1-93

步骤07 如果要以实际打印尺寸显示图像，可以在选项栏中单击"打印尺寸"按钮，或在画布中单击鼠标右键，然后在弹出的快捷菜单中选择"打印尺寸"命令，如图1-94所示。

图1-94

015 理论——使用抓手工具

抓手工具与缩放工具一样，在实际工作中的使用频率相当高。当放大一个图像后，可以使用抓手工具将图像移动到特定的区域内查看图像。

操作步骤

步骤01 执行"文件>打开"菜单命令，然后在弹出的对话框中选择本书配套光盘中的素材文件，如图1-95所示。

步骤02 在工具箱中单击缩放工具按钮 或按Z键，然后在画布中单击鼠标左键，将图像放大，如图1-96所示。

图1-95　　　　　　图1-96

步骤03 在工具箱中单击抓手工具按钮 或按H键，激活抓手工具，此时光标在画布中会变成 形状，按住鼠标左键拖曳到其他位置即可查看相应区域的图像，如图1-97所示。

图1-97

1.7 辅助工具的使用

常用的辅助工具包括标尺、参考线、网格和注释工具等，借助这些辅助工具可以进行参考、对齐、对位等操作。

016 理论——使用标尺与参考线

参考线以浮动的状态显示在图像上方，可以帮助用户精确地定位图像或元素，并且在输出和打印图像时，参考线都不会显示出来。同时，可以移动、删除以及锁定参考线。标尺在实际工作中经常用来定位图像或元素位置，从而让用户更精确地处理图像。

操作步骤

步骤01 执行"文件>打开"菜单命令，然后在弹出的对话框中选择本书配套光盘中的素材文件，如图1-98所示。

图1-98

步骤02 执行"视图>标尺"菜单命令或按Ctrl+R组合键，此时可以看到窗口顶部和左侧出现标尺，如图1-99所示。

图1-99

步骤03 默认情况下，标尺的原点位于窗口的左上方，用户可以修改原点的位置。将光标放置在原点上，然后使用鼠标左键拖曳原点，画面中会显示出十字线，释放鼠标左键，释放处便成了原点的新位置，并且此时的原点数字也会发生变化，如图1-100所示。

图1-100

步骤04 如果要将原点复位到初始状态，即（0，0）位置，可以将光标放置在原点上，双击即可将原点复位到初始位置，如图1-101所示。

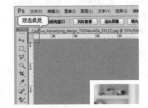

图1-101

 读书笔记

参考线在实际工作中应用得非常广泛，特别是在平面设计中。使用参考线可以快速定位图像中的某个特定区域或某个元素的位置，以方便用户在这个区域或位置内进行操作。

操作步骤

步骤01 执行"文件>打开"菜单命令，然后在弹出的对话框中选择本书配套光盘中的素材文件，接着按Ctrl+R组合键显示出标尺，如图1-102所示。

图1-102

步骤02 将光标放置在水平标尺上，然后使用鼠标左键向下拖曳即可拖出水平参考线，如图1-103所示。

图1-103

步骤03 将光标放置在左侧的垂直标尺上，然后使用鼠标左键向右拖曳即可拖出垂直参考线，如图1-104所示。

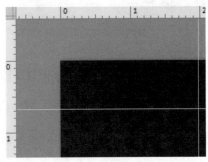

图1-104

步骤04 如果要移动参考线，可以在工具箱中单击移动工具 ▶，然后将光标放置在参考线上，当光标变成分隔符形状 ✚ 时，使用鼠标左键拖曳即可移动参考线，如图1-105所示。

图1-105

步骤05 如果使用移动工具 ▶ 将参考线拖曳出画布之外，则可以删除这条参考线，如图1-106所示。

图1-106

步骤06 如果要隐藏参考线，可以执行"视图>显示额外内容"菜单命令或按Ctrl+H组合键，如图1-107所示。

图1-107

步骤07 如果需要删除画布中的所有参考线，可以执行"视图>清除参考线"菜单命令，如图1-108所示。

图1-108

017 理论——使用智能参考线

智能参考线可以帮助对齐形状、切片和选区。启用智能参考线后，当绘制形状、创建选区或切片时，智能参考线会自动出现在画布中。执行"视图>显示>智能参考线"菜单命令，可以启用智能参考线，如图1-109所示为使用智能参考线和切片工具 ✂ 进行操作时的画布状态。

018 理论——使用网格

网格主要用来对称排列图像。网格在默认情况下显示为不打印出来的线条，但也可以显示为点。执行"视图>显示>网格"菜单命令，即可在画布中显示出网格，如图1-110所示。

019 理论——使用标尺工具

标尺工具主要用来测量图像中点到点之间的距离、位置和角度等。在工具箱中单击标尺工具 ▭，在选项栏中可以观察到标尺工具的相关参数，如图1-111所示。

图1-109

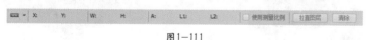

图1-111

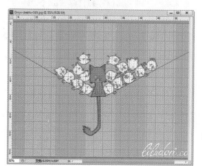

图1-110

标尺工具在实际工作中不是很常用，但在需要测量一些精确距离时就会使用到该工具。下面介绍一些该工具的使用方法。

操作步骤

步骤01 执行"文件>打开"菜单命令，然后在弹出的对话框中选择本书配套光盘中的素材文件，如图1-112所示。

步骤02 在工具箱中单击标尺工具 ▭ 或者执行"分析>标尺工具"菜单命令，当光标变成 ✎ 形状时，从起始点A拖曳鼠标左键

21

到结束点B，此时在选项栏和"信息"面板中将显示出倾斜角度和测量长度，如图1-113所示。

步骤03 如果要继续测量长度和角度，可以按住Alt键，当光标变成 形状时，从起始点B（也可以从起始点A）拖曳鼠标左键到结束点C，此时在选项栏和"信息"面板中将显示出两个长度之间的夹角度数和两个长度值，如图1-114所示。

图1-112

图1-113

图1-114

020 理论——使用注释工具

使用注释工具可以在图像中添加文字注释、内容等，可以利用这种功能来协同制作图像、备忘录等。

操作步骤

步骤01 执行"文件>打开"菜单命令，然后在弹出的对话框中选择本书配套光盘中的素材文件，如图1-115所示。

步骤02 在工具箱中单击注释工具 ，然后在图像上单击鼠标，此时会出现记事本图标 ，并且系统会自动弹出"注释"面板，如图1-116所示。

步骤03 下面开始注释文件，即在"注释"面板中输入文字，如图1-117所示。

图1-115

图1-116

图1-117

步骤04 如果想在上一个注释中继续注释文件，可以在"注释"面板中单击"选择上一注释"按钮 ，切换到上一个注释页面，继续为图像进行注释，如图1-118所示。

图1-118

021 理论——使用计数工具

使用计数工具可以对图像中的元素进行计数，也可以自动对图像中的多个选定区域进行计数。执行"分析>计数工具"菜单命令，或在工具箱中单击计数工具 都可以激活计数工具。计数工具的选项栏中包含了显示计数的数目、颜色、标记大小等选项，如图1-119所示。

图1-119

计数工具在实际工作中并不常用，只有在图像中拥有很多相同的元素，并需要知道其数量时才会使用到该工具。

操作步骤

步骤01 打开素材文件，在工具箱中单击计数工具 ，然后依次单击图片中的颜色，此时Photoshop会跟踪单击的次数，并将计数数目显示在颜色上以及选项栏中，如图1-120所示。

图1-120

图1-121

步骤02 执行"分析>记录测量"菜单命令，可以将计数数目记录到"测量记录"面板中，如图1-121所示。

022 理论——使用对齐工具

对齐工具有助于精确地放置选区以及裁剪选框、切片、形状和路径等。在"视图>对齐到"菜单下可以观察到对象可对齐到参考线、网格、图层、切片、文档边界等，如图1-122所示。

023 理论——显/隐额外内容工具

Photoshop中的辅助工具都可以进行显示/隐藏的控制，执行"视图>显示额外内容"菜单命令（使该选项处于选中状态），然后执行"视图>显示"菜单下的命令，可以在画布中显示出图层边缘、选区边缘、目标路径、网格、参考线、数量、智能参考线、切片等额外内容，如图1-123所示。

图1-122

图1-123

1.8 了解Photoshop常用设置

执行"编辑>首选项>常规"菜单命令或按Ctrl+K组合键，可以打开"首选项"对话框，在该对话框中可以进行Photoshop CC常规、界面、文件处理、性能、光标、透明度与色域等参数的修改，如图1-124所示。设置好首选项以后，每次启动Photoshop都会按照该设置来运行。

图1-124

技巧提示

在开启"首选项"对话框时按住Alt键，"取消"按钮将变为"复位"按钮，单击该按钮即可将首选项设置恢复为默认设置，如图1-125所示。

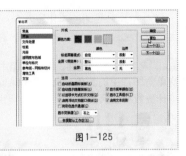

图1-125

知识精讲：常规设置

在"常规"面板中，可以进行常规设置的修改，如图1-126所示。

图1-126

- 拾色器：包含Windows和Adobe两种拾色器图。
- HUD拾色器：选择"色相条纹"，可显示垂直拾色器；选择"色相轮"，可显示圆形拾色器。
- 图像插值：当改变图像的大小时，Photoshop会按这里设置的插值方法来增加或删除图像的像素。选择"邻近"方式，可以以低精度的方法来生成像素；选择"两次线性"方式，可以通过平均化图像周围像素颜色值的方法来生成像素；选择"两次立方"方式，可以根据周围像素分析依据来生成像素。
- 选项：在该选项组中可以设置Photoshop的一些常规选项。
- 历史记录：在该选项组中可以设置存储及编辑历史记录的方式。
- 复位所有警告对话框：在执行某些命令时，Photoshop会弹出一个警告对话框，选中"不再显示"复选框，下一次执行相同的操作时就不会显示警告对话框。如果要恢复警告对话框的显示，可以单击"复位所有警告对话框"按钮。

知识精讲：界面设置

在"首选项"对话框左侧选择"界面"选项，可以切换到"界面"面板，如图1-127所示。

- 外观：在该选项组中可以对标准屏幕模式的显示、全屏显示、通道显示、图标显示、菜单颜色显示，以及工具提示等进行设置。
- 选项：在该选项组中可以设置面板和文档的显示，其中包含面板的折叠方式、是否隐藏面板、面板位置、打开文档的方式，以及是否启用浮动文档窗口停放等。
- 文本：在该选项组中可以设置界面的语言和用户界面的字体大小。

知识精讲：文件处理设置

在"首选项"对话框左侧选择"文件处理"选项，可以切换到"文件处理"面板，如图1-128所示。

- 文件存储选项：在该选项组中可以设置图像在预览时文件的存储方法，以及文件扩展名的写法。
- 文件兼容性：在该选项组中可以设置Camera Raw首选项，以及文件兼容性的相关选项。
- Adobe Drive：简化工作组文件管理。选中"启用Adobe Drive"复选框，可以提高上传/下载文件的效率。

图1-127   图1-128

知识精讲：性能设置

在"首选项"对话框左侧选择"性能"选项，可以切换到"性能"面板，如图1-129所示。

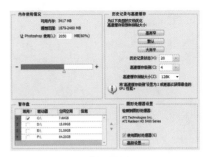

- 内容使用情况：在该选项组中可以设置Photoshop使用内存的大小。
- 暂存盘：暂存盘是当运行Photoshop时，文件暂存的空间。选择的暂存盘的空间越大，可以打开的文件也越大。在这里可以设置作为暂存盘的计算机驱动器。

图1-129

- 历史记录与高速缓存：在该选项组中可以设置历史记录的次数和高速缓存的级别。"历史记录状态"和"高速缓存级别"的数值不宜设置得过大，否则会减慢计算机的运行，一般保持默认设置即可。
- 图形处理器设置：选中"使用图形处理器"复选框，可以加速处理大型的文件和复杂的图像（比如3D文件）。

知识精讲：光标设置

在"首选项"对话框左侧选择"光标"选项，可以切换到"光标"面板，如图1-130所示。

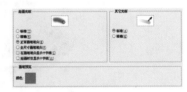

- 绘画光标：设置使用画笔、铅笔、橡皮擦等绘画工具时光标的显示效果。
- 其他光标：设置除绘画工具以外的其他工具的光标显示效果。
- 画笔预览：设置预览画笔时的颜色。

图1-130

1.9 内存清理——为Photoshop"提速"

执行"编辑>清理"菜单下的命令可以清理历史记录，可以清理的对象包括还原操作、历史记录、剪贴板以及全部的内存，这样可以缓解因编辑图像的操作过多导致的Photoshop运行速度变慢的问题，如图1-131所示。

在执行"清理"命令时，系统会弹出一个警告对话框，提醒用户该操作会将缓冲区所存储的记录从内存中永久清除，无法还原，如图1-132所示。例如，执行"编辑>清理>历史记录"菜单命令，将从"历史记录"面板中删除全部的操作历史记录，如图1-133所示。

图1-131

图1-132

图1-133

Chapter 02

第2章

图像处理的基础知识

在计算机图像世界中存在两种图像类型，分别是位图与矢量图像。而图像的尺寸及清晰度则是由图像的像素与分辨率来控制的。图像处理是指对位图图像进行修饰、合成以及校色等处理。通常情况下所说的在Photoshop中进行图像处理的基础知识。

本章学习要点：
- 了解位图与矢量图像的差异
- 了解像素与分辨率
- 掌握颜色模式特性与切换方法
- 了解色域与溢色

2.1 位图与矢量图像

知识精讲：什么是位图图像

如果将一张图像放大到原图的8倍，可以发现图像会发虚，而放大到更多倍时，就可以清晰地观察到图像中有很多小方块，这些小方块就是构成图像的像素，这就是位图最显著的特征，如图2-1所示。位图图像在技术上被称为栅格图像，也就是通常所说的"点阵图像"或"绘制图像"。位图图像由像素组成，每个像素都会被分配一个特定位置和颜色值。相对于矢量图像，在处理位图图像时所编辑的对象是像素而不是对象或形状。

图2-1

位图图像是连续色调图像，最常见的有数码照片和数字绘画，位图图像可以更有效地表现阴影和颜色的细节层次。如图2-2所示分别为位图、矢量图与矢量图的路径模式，可以发现位图图像表现出的效果非常细腻真实，而矢量图像相对于位图的过渡则显得有些生硬。

图2-2

> **技巧提示**
>
> 位图图像与分辨率有关，也就是说，位图包含了固定数量的像素。缩放位图尺寸会使原图变形，因为这是通过减少像素来使整个图像变小或变大的。因此，如果在屏幕上以高缩放比率对位图进行缩放或以低于创建时的分辨率来打印位图时，会丢失其中的细节，并且会出现锯齿现象。

知识精讲：什么是矢量图像

矢量图像也称为矢量形状或矢量对象，在数学上定义为一系列由线连接的点。比较有代表性的矢量软件有Adobe Illustrato 、CorelDRAW、CAD等。与位图图像不同，矢量文件中的图形元素称为矢量图像的对象，每个对象都是一个自成一体的实体，它具有颜色、形状、轮廓、大小和屏幕位置等属性，所以矢量图形与分辨率无关，任意移动或修改矢量图形的大小都不会丢失细节或影响其清晰度。当调整矢量图形的大小、将矢量图形打印到任何尺寸的介质上、在PDF文件中保存矢量图形或将矢量图形导入到基于矢量的图形应用程序中时，矢量图形都将保持清晰的边缘。如图2-3所示是将矢量图像放大5倍以后的效果，可以发现图像仍然保持清晰的颜色和锐利的边缘。

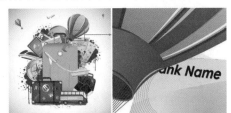

图2-3

 答疑解惑——矢量图像主要应用在哪些领域？

矢量图像在设计中应用得比较广泛。例如常见的室外大型喷绘，为了保证放大数倍后的喷绘质量，又需要在设备能够承受的尺寸内进行制作，所以使用矢量软件进行制作非常合适。另一种是网络中比较常见的Flash动画，因其独特的视觉效果以及较小的空间占用量而广受欢迎。矢量图像的每一点都有自己的属性，因此放大后不会失真，而位图图像由于受到像素的限制，因此放大后会失真模糊。

2.2 像素与分辨率

在计算机图像世界中存在两种图像类型，分别是位图与矢量图像。通常情况下所说的在Photoshop中进行图像处理是指对位图图像进行修饰、合成以及校色等处理。而图像的尺寸及清晰度则是由图像的像素与分辨率来控制的。

知识精讲：什么是像素

像素又称为点阵图或光栅图，是构成位图图像的最基本单位。通常情况下，一张普通的数码照片必然有连续的色相和明暗过渡。如果把数字图像放大数倍，则会发现这些连续色调是由许多色彩相近的小方点所组成，这些小方点就是构成图像的最小单位——"像素"，如图2-4所示。

构成一幅图像的像素点越多，色彩信息越丰富，效果就越好，当然文件所占的空间也就更大。在位图中，像素的大小是指沿图像的宽度和高度测量出的像素数目，如图2-5所示的3张图像的像素大小分别为1000×726像素、600×435像素和400×290像素。

图2-4

像素大小为1000×726　　像素大小为600×435　　像素大小为400×290

图2-5

知识精讲：什么是分辨率

在这里所说的分辨率是指图像分辨率。图像分辨率用于控制位图图像中的细节精细度，测量单位是像素/英寸（ppi），每英寸的像素越多，分辨率越高。一般来说，图像的分辨率越高，印刷出来的质量就越好。如在图2-6中，这是两张尺寸相同、内容相同的图像，左图的分辨率为300ppi，右图的分辨率为72ppi，可以观察到这两张图像的清晰度有着明显的差异，即左图的清晰度明显要高于右图。

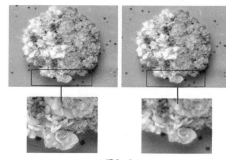

图2-6

 技术拓展："分辨率"的相关知识

其他行业里也经常会用到"分辨率"这样的概念，分辨率（Resolution）是衡量图像品质的一个重要指标，它有多种单位和定义。

- **图像分辨率**：它指的是一幅具体作品的品质高低，通常都用像素点（Pixel）多少来加以区分。在图片内容相同的情况下，像素点越多、品质就越高，但相应的记录信息量也成正比增加。

- **显示分辨率**：显示分辨率是表示显示器清晰程度的指标，通常是以显示器的扫描点"Pixel"多少来加以区分。如800×600、1024×768、1280×1024、1920×1200等，它与屏幕尺寸无关。

- **扫描分辨率**：扫描分辨率指的是扫描仪的采样精度或采样频率，一般用PPI或DPI来表示。PPI值越高，图像的清晰度就越高。但扫描仪通常有光学分辨率和插值分辨率两个指标，光学分辨率是指扫描仪感光器件固有的物理精度；而插值分辨率仅表示扫描仪对原稿的放大能力。

- **打印分辨率**：它指的是打印机在单位距离上所能记录的点数，因此，一般也用 PPI 来表示分辨率的高低。

001 理论——查看图像的大小和分辨率

图像的分辨率和尺寸一起决定文件的大小及输出质量。一般情况下，分辨率和尺寸越大，图形文件所占用的磁盘空间也就越多。另外，图像分辨率以及比例关系也会影响文件的大小，即文件大小与图像分辨率的平方成正比。如果保持图像尺寸不变，将图像分辨率提高一倍，那么文件大小将变成原来的4倍。

在 Photoshop 中，可以通过执行"图像>图像大小"菜单命令打开"图像大小"对话框，在该对话框中就可以查看图像的大小及分辨率，如图2-7所示。

图2-7

2.3 图像的颜色模式

使用计算机处理数码照片经常会涉及"颜色模式"这一概念。图像的颜色模式是指将某种颜色表现为数字形式的模型，或者说是一种记录图像颜色的方式。在Photoshop中，颜色模式分为位图模式、灰度模式、双色调模式、索引颜色模式、RGB颜色模式、CMYK颜色模式、Lab颜色模式和多通道模式。在画布上方的名称栏中可以查看图像的颜色模式及颜色深度信息，如图2-8所示。各种色彩模式之间的对比效果如图2-9所示。

图2-8

位图模式	灰度模式	双色调模式	索引颜色模式
RGB颜色模式	CMYK颜色模式	Lab颜色模式	多通道模式

图2-9

知识精讲：认识位图模式

位图模式使用黑色、白色两种颜色值来表示图像中的像素，如图2-10所示。将图像转换为位图模式会使图像减少到两种颜色，从而大大简化了图像中的颜色信息，同时也减小了文件的大小。由于位图模式只能包含黑白两种颜色，所以将一幅彩色图像转换为位图模式时，需要先将其转换为灰度模式，这样就可以先删除像素中的色相和饱和度信息，从而只保留亮度值。由于在位图模式图像只有很少的编辑命令可用，因此需要在灰度模式下编辑图像，然后再将其转换为位图模式。

图2-10

技术拓展：位图的5种模式

在"位图"对话框中可以观察到转换位图的方法有5种，如图2-11所示。

图2-11

● **50%阈值**：将灰色值高于中间灰阶128的像素转换为白色，将灰色值低于该灰阶的像素转换为黑色，结果将是高对比度的黑白图像，如图2-12所示。

图2-12

● **图案仿色**：通过将灰阶组织成白色和黑色网点的几何配置来转换图像，如图2-13所示。

图2-13

● **扩散仿色**：从位于图像左上角的像素开始通过使用误差扩散来转换图像，如图2-14所示。

图2-14

● **半调网屏**：用来模拟转换后的图像中半调网点的外观，如图2-15所示。

图2-15

● **自定图案**：模拟转换后的图像中自定半调网屏的外观，所选图案通常是一个包含各种灰度级的图案，如图2-16所示。

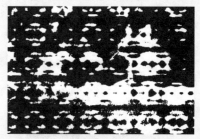

图2-16

知识精讲：认识灰度模式

灰度模式是用单一色调来表现图像，在图像中可以使用不同的灰度级，如图2-17所示。在8位图像中，最多有256级灰度，灰度图像中的每个像素都有一个0（黑色）~ 255（白色）之间的亮度值；在16位和32位图像中，图像的级数比8位图像要大得多。

RGB模式

灰度模式

图2-17

002 练习——将图像转换为灰度模式

案例文件	练习实例——将图像转换为灰度模式.psd
视频教学	练习实例——将图像转换为灰度模式.flv
难易指数	★★★★★
技术掌握	掌握如何将图像转换为灰度模式

案例效果

本例的原始素材是一张RGB模式的图像，下面就来学习如何将这张图像转换为灰度模式的图像，对比效果如图2-18所示。

图2-18

操作步骤

步骤01 执行"文件>打开"菜单命令，然后在弹出的对话框中选择本书配套光盘中的素材文件，如图2-19所示。

步骤02 执行"图像>模式>灰度"菜单命令，然后在弹出的"信息"对话框中单击"扔掉"按钮（扔掉所有的颜色信息），如图2-20所示。效果如图2-21所示。

步骤03 从前面的操作中可以发现，在转换为灰度模式的过程中不能够控制图像颜色的亮度。所以，在转换之前可以通过调整图像的黑白关系来控制图像最终的明暗效果。按Ctrl+Z组合键执行撤销操作，返回初始状态，然后执行"图层>新建调整图层>黑白"命令，在弹出的"调整"面板中设置"红色"为﹣42、"黄色"为104、"绿色"为93、"青色"为﹣200、"蓝色"为20、"洋红"为80，如图2-22所示。效果如图2-23所示。

 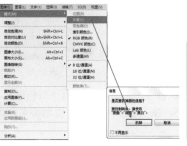   

图2-19　　　　　　　　图2-20　　　　　　　　图2-21　　　　　　　　图2-22　　　　　　　　图2-23

 技巧提示

调整完成之后需要将调整图层与素材图像合并为一个图层，否则在包含调整图层的状态下直接执行"图像>模式>灰度"菜单命令会弹出如图2-24所示的对话框，单击"拼合"按钮即可。

图2-24

步骤04 执行"图像>模式>灰度"菜单命令，然后在弹出的"信息"对话框中单击"扔掉"按钮，如图2-25所示。最终效果如图2-26所示，可以看出调整图像的黑白关系之后，图像的明暗层次发生了明显的变化。

图2-25　　　　　　　　图2-26

知识精讲：认识双色调模式

在Photoshop中，双色调模式并不是指由两种颜色构成图像的颜色模式，而是通过1~4种自定油墨创建的单色调、双色调、三色调和四色调的灰度图像。单色调是用非黑色的单一油墨打印的灰度图像，双色调、三色调和四色调分别是用2种、3种和4种油墨打印的灰度图像，如图2-27所示。

RGB模式　　　　　**单色调模式**　　　　　**双色调模式**

图2-27

 技巧提示

在Photoshop中，双色调图像属于单通道、8位深度的灰度图像。所以在双色调模式中，不能针对个别的图像通道进行调整，而是通过在"双色调选项"对话框中调节曲线来控制各个颜色通道，如图2-28所示。

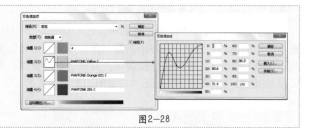

图2-28

003 理论——转换为双色调模式

本例的原始素材是一张色彩丰富的图片,下面将利用这张素材来制作灰度图像、双色调图像、三色调图像和四色调图像,如图2-29所示。

图2-29

操作步骤

步骤01 执行"文件>打开"菜单命令,然后在弹出的对话框中选择本机存储的任意需转换为双色调模式的素材文件,如图2-30所示。

步骤02 执行"图像>模式>灰度"菜单命令,然后在弹出的"信息"对话框中单击"扔掉"按钮,效果如图2-31所示。

图2-30　　　　　　　　　图2-31

步骤03 下面制作单色调图像。执行"图像>模式>双色调"菜单命令,然后在弹出的"双色调选项"对话框中设置"类型"为"单色调",接着设置"油墨1"的颜色为(R:218,G:85,B:125),最后设置油墨名称为a,如图2-32所示,效果如图2-33所示。

步骤04 下面制作双色调图像。由于在之前的步骤已经将图像转换为双色调模式,所以在这里只需要重复执行"图像>模式>双色调"菜单命令,然后在弹出的"双色调选项"对话框中设置"类型"为"双色调",接着设置"油墨2"的颜色为(R:249,G:238,B:136),如图2-34所示,效果如图2-35所示。

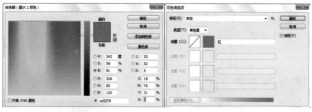

图2-32　　　　　　　　图2-33　　　　　　图2-34　　　　　　图2-35

步骤05 采用相同的方法制作出三色调图像和四色调图像,具体参数设置如图2-36所示。

图2-36

知识精讲:认识索引颜色模式

索引颜色是位图图像的一种编码方法,需要基于RGB、CMYK等更基本的颜色编码方法。可以通过限制图像中的颜色总数来实现有损压缩,如图2-37所示。如果要将图像转换为索引颜色模式,那么这张图像必须是8位/通道的图像、灰度图像或是RGB颜色模式的图像。

图2-37

技巧提示

索引颜色模式的位图较其他模式的位图占用更少的空间，所以该模式位图广泛用于网络图形、游戏制作中，常见的格式有GIF、PNG-8等。

索引颜色模式可以生成最多256种颜色的8位图像文件。将图像转换为索引颜色模式后，Photoshop将构建一个颜色查找表（CLUT），用以存放并索引图像中的颜色。如果原始图像中的某种颜色没有出现在该表中，则程序将选取最接近的一种，或使用仿色以及现有颜色来模拟该颜色。执行"调整>模式>索引颜色"菜单命令，打开"索引颜色"对话框，如图2-38所示。

图2-38

- 调板：用于设置索引颜色的调板类型。

- 颜色：对于"平均"、"局部（可感知）"、"局部（可选择）"和"局部（随样性）"调板，可以通过输入"颜色"值来指定要显示的实际颜色数量。

- 强制：将某些颜色强制包含在颜色表中，包含"黑白"、"三原色"、Web、"自定"4种选项。"黑白"表示将纯黑色和纯白色添加到颜色表中；"三原色"表示将红色、绿色、蓝色、青色、洋红、黄色、黑色和白色添加到颜色表中；Web表示将216种Web安全色添加到颜色表中；"自定"表示用户自行选择要添加的颜色。

- 透明度：指定是否保留图像的透明区域。选中该复选框后将在颜色表中为透明色添加一条特殊的索引项；取消选中该复选框后将用杂边颜色填充透明区域，或用白色填充。

- 杂边：指定用于填充与图像的透明区域相邻的消除锯齿边缘的背景色。如果选中"透明度"复选框，则对边缘区域应用杂边；如果取消选中"透明度"复选框，则对透明区域不应用杂边。

- 仿色：若要模拟颜色表中没有的颜色，可以采用仿色。

- 数量：当设置"仿色"为"扩散"方式时，该选项才可用，主要用来设置仿色数量的百分比值。该值越高，所仿颜色越多，但是可能会增加文件大小。

 技巧提示

将颜色模式转换为索引颜色模式后，所有可见图层都将被拼合，处于隐藏状态的图层将被扔掉。对于灰度图像，转换过程将自动进行，不会出现"索引颜色"对话框；对于RGB图像，将出现"索引颜色"对话框。

知识精讲：认识RGB模式

RGB颜色模式是进行图像处理时最常使用到的一种模式，它是一种发光模式（也叫"加光"模式）。RGB分别代表Red（红色）、Green（绿色）、Blue（蓝），在"通道"面板中可以查看到3种颜色通道的状态信息，如图2-39所示。RGB颜色模式下的图像只有在发光体上才能显示出来，例如显示器、电视等，该模式所包括的颜色信息（色域）有1670多万种，是一种真色彩颜色模式。

图2-39

知识精讲：认识CMYK模式

CMYK颜色模式是一种印刷模式，CMY是3种印刷油墨名称的首字母，C代表Cyan（青色）、M代表Magenta（洋红）、Y代表Yellow（黄色），而K代表Black（黑色）。CMYK模式也叫"减光"模式，该模式下的图像只有在印刷体上才可以观察到，例如纸张。CMYK颜色模式包含的颜色总数比RGB模式少很多，所以在显示器上观察到的图像要比印刷出来的图像亮丽一些。在"通道"面板中可以查看到4种颜色通道的状态信息，如图2-40所示。

图2-40

技巧提示

在制作需要印刷的图像时就需要使用到CMYK颜色模式。将RGB图像转换为CMYK图像会产生分色。如果原始图像是RGB图像，那么最好先在RGB颜色模式下进行编辑，在编辑结束后再转换为CMYK颜色模式。在RGB模式下，可以通过执行"视图>校样设置"菜单下的子命令来模拟转换CMYK后的效果，如图2-41所示。

图2-41

知识精讲：认识Lab颜色模式

Lab颜色模式是由照度（L）和有关色彩的a、b这3个要素组成，L表示Luminosity（照度），相当于亮度；a表示从红色到绿色的范围；b表示从黄色到蓝色的范围，如图2-42所示。Lab颜色模式的亮度分量（L）范围是从0~100；在Adobe拾色器和"颜色"面板中，a分量（绿色-红色轴）和b分量（蓝色-黄色轴）的范围是从+127~-128。

技巧提示

Lab颜色模式是最接近真实世界颜色的一种色彩模式，它同时包括RGB颜色模式和CMYK颜色模式中的所有颜色信息。所以在将RGB颜色模式转换成CMYK颜色模式之前，要先将RGB颜色模式转换成Lab颜色模式，再将Lab颜色模式转换成CMYK颜色模式，这样就不会丢失颜色信息。

图2-42

知识精讲：认识多通道模式

多通道颜色模式图像在每个通道中都包含256个灰阶，对于特殊打印时非常有用。将一张RGB颜色模式的图像转换为多通道模式的图像后，之前的红、绿、蓝3个通道将变成青色、洋红、黄色3个通道，如图2-43所示。多通道模式图像可以存储为PSD、PSB、EPS和RAW格式。

RGB颜色模式

多通道颜色模式

图2-43

技巧提示

如果图像处于RGB、CMYK或Lab模式时，删除其中某个颜色通道，图像将会自动转换为多通道颜色模式。

2.4 图像的位深度

"位深度"主要用于指定图像中的每个像素可以使用的颜色信息数量，每个像素使用的信息位数越多，可用的颜色就越多，色彩的表现就越逼真。"图像>模式"菜单下的"8位/通道"、"16位/通道"和"32位/通道"3个子命令就是通常所说的"位深度"，如图2-44所示。

图2-44

知识精讲：认识8位、16位、32位通道模式

8位/通道的RGB图像中的每个通道可以包含256种颜色，这就意味着这张图像可能拥有1600万个以上的颜色值。

16位/通道的图像的位深度为16位，每个通道包含65000种颜色信息，所以图像中的色彩通常会更加丰富与细腻。

32位/通道的图像也称为高动态范围（HDRI）图像。它是一种亮度范围非常广的图像，与其他模式的图像相比，32位/通道的图像有着更大亮度的数据存储，而且它记录亮度的方式与传统的图片不同，不是用非线性的方式将亮度信息压缩到8位或16位的颜色空间内，而是用直接对应的方式记录亮度信息，它记录了图片环境中的照明信息，因此通常可以使用这种图像来"照亮"场景。有很多HDRI文件是以全景图的形式提供的，同样也可以用它作为环境背景来产生反射与折射，如图2-45所示。

图2-45

② 2.5 色域与溢色

知识精讲：什么是色域

色域是另一种形式上的色彩模型，它具有特定的色彩范围。例如，RGB色彩模型就有多个色域，即Adobe RGB、sRGB和ProPhoto RGB等。在现实世界中，自然界中可见光谱的颜色组成了最大的色域空间，该色域空间中包含了人眼所能见到的所有颜色。

为了能够直观地表示色域这一概念，CIE国际照明协会制定了一个用于描述色域的方法，即CIE-xy色度图，如图2-46所示。在这个坐标系中，各种显示设备能表现的色域范围用RGB三点连线组成的三角形区域来表示，三角形的面积越大，表示这种显示设备的色域范围越大。

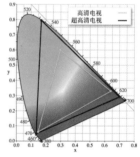

图2-46

知识精讲：什么是溢色

在计算机中，显示的颜色超出了CMYK颜色模式的色域范围，就会出现"溢色"。在RGB颜色模式下，在图像窗口中将鼠标指针放置到溢色上，"信息"面板中的CMYK值旁会出现一个感叹号，如图2-47所示。

当用户选择了一种溢色时，"拾色器"对话框和"颜色"面板中都会出现一个"溢色警告"的黄色三角形感叹号▲，同时色块中会显示与当前所选颜色最接近的CMYK颜色，单击黄色三角形感叹号▲即可选定色块中的颜色，如图2-48所示。

图2-47

图2-48

004 理论——查找溢色区域

执行"视图>色域警告"菜单命令，图像中溢色的区域将被高亮显示出来，默认为灰色显示，如图2-49所示。

未开启色域警告　　　　　　　　　　　开启色域警告

图2-49

005 理论——自定义色域警告颜色

默认的色域警告颜色为灰色，当图像颜色与默认的色域警告颜色相近时，可以通过更改色域警告颜色的方法来查找溢色区域。执行"编辑>首选项>透明度与色域"菜单命令，打开"首选项"对话框，在"色域警告"选项组中即可更改色域警告的颜色，如图2-50所示。

将色域警告颜色设置为绿色之后，执行"视图>色域警告"菜单命令，图像中溢色的区域就会显示为绿色，如图2-51所示。

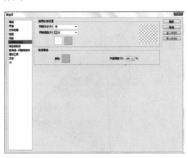

图2-50　　　　　　　　　　　　　　　　　　图2-51

技术拓展：透明度与色域设置详解

在"首选项"对话框左侧选择"透明度与色域"选项，即可在对话框左侧设置"透明度与色域"，如图2-52所示。

● 透明区域设置：在该选项组中可以设置网格的大小以及网格的颜色。当文档中出现透明区域时，通过这里的设置可以改变透明区域的显示效果。

● 色域警告：设置当图像中含有不能使用的颜色时出现的警告颜色和不透明度。

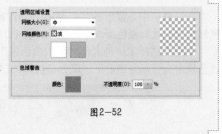

图2-52

 **读书笔记**

Chapter 03

第3章

文件的基本操作

在学习任何一种软件时都必须熟练掌握文件的基本操作，这是灵活运用软件进行创作的前提，Photoshop作为一款著名的图像处理软件也不例外。本章将介绍Photoshop中文件的基本操作。

本章学习要点：

熟练掌握文件的新建、打开、存储、关闭等操作

掌握置入文件的方法

掌握导入与导出文件的方法

掌握复制文件的方法

3.1 新建文件

在处理已有的图像时，可以直接在Photoshop中打开相应文件。如果需要从零开始进行制作则需要创建新文件。

知识精讲：使用"文件>新建"命令新建文件

执行"文件>新建"菜单命令或按Ctrl+N组合键，打开"新建"对话框，如图3-1所示。在"新建"对话框中可以设置文件的名称、尺寸、分辨率、颜色模式等。

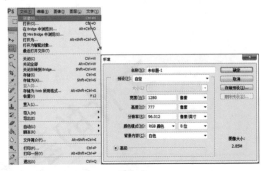

图3—1

- 名称：设置文件的名称，默认情况下的文件名为"未标题-1"。如果在新建文件时没有对文件进行命名，这时可以通过执行"文件>存储为"菜单命令对文件进行名称的修改。

- 预设：选择一些内置的常用尺寸，包括"剪贴板"、"默认Photoshop大小"、"美国标准纸张"、"国际标准纸张"、"照片"、Web、"移动设备"、"胶片和视频"和"自定"9个选项，如图3-2所示。

- 大小：用于设置预设类型的大小，在设置"预设"为"美国标准纸张"、"国际标准纸张"、"照片"、Web、"移动设备"或"胶片和视频"时，"大小"选项才可用，以"国际标准纸张"预设为例，如图3-3所示。

- 宽度/高度：设置文件的宽度和高度，其单位有"像素"、"英寸"、"厘米"、"毫米"、"点"、"派卡"和"列"7种，如图3-4所示。

图3—2

图3—3

图3—4

- 分辨率：用来设置文件的分辨率大小，其单位有"像素/英寸"和"像素/厘米"两种，如图3-5所示。一般情况下，图像的分辨率越高，印刷出来的质量就越好。

- 颜色模式：设置文件的颜色模式以及相应的颜色深度，如图3-6所示。

- 背景内容：设置文件的背景内容，包括"白色"、"背景色"和"透明"3个选项，如图3-7所示。

图3—5

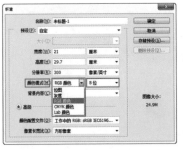

图3—6

图3—7

如果设置"背景内容"为"白色",那么新建出来的文件的背景色就是白色;如果设置"背景内容"为"背景色",那么新建出来的文件的背景色就是背景色,也就是Photoshop当前的背景色;如果设置"背景内容"为"透明",那么新建出来的文件的背景色就是透明的,如图3-8所示。

图3-8

- 颜色配置文件:用于设置新建文件的颜色配置,如图3-9所示。
- 像素长宽比:用于设置单个像素的长宽比例,如图3-10所示。通常情况下保持默认的"方形像素"即可,如果需要应用于视频文件,则需要进行相应的更改。

图3-9　　　　　　图3-10

技巧提示

完成设置后,可以单击"存储预设"按钮,将这些设置存储到预设列表中。

操作步骤

步骤01 如果需要制作一个A4大小的印刷品,首先需要在Photoshop中创建一个新的文件。执行"文件>新建"菜单命令,或按Ctrl+N组合键,如图3-11所示。

步骤02 打开"新建"对话框,在"预设"下拉列表中选择"国际标准纸张",在"大小"下拉列表中选择A4,此时"宽度"和"高度"数值自动出现,设置图像的分辨率为300像素/英寸,设置"颜色模式"为适用于印刷模式的8位CMYK颜色,设置"背景内容"为白色,如图3-12所示。

步骤03 此时出现一个新的空白文档,之后可以在文档中进行相应的操作,例如导入素材等,如图3-13所示。

图3-11

图3-12

图3-13

3.2 打开文件

在Photoshop中打开文件的方法很多,执行"文件>打开"菜单命令,然后在弹出的对话框中选择需要打开的文件,接着单击"打开"按钮或双击文件即可在Photoshop中打开该文件,如图3-14所示。

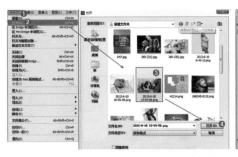

图3—14

技巧提示

在灰色的Photoshop程序窗口中双击或按Ctrl+O组合键，都可以弹出"打开"对话框。

答疑解惑——为什么在打开文件时不能找到需要文件？

如果发生这种现象，可能有两个原因。第1个原因是Photoshop不支持这个文件格式；第2个原因是"文件类型"没有设置正确，如设置"文件类型"为"JPEG格式"，那么在"打开"对话框中就只能显示这种格式的图像文件，这时设置"文件类型"为"所有格式"即可查看到相应的文件（前提是计算机中存在该文件）。

- 查找范围：可以通过此处设置打开文件的路径。
- 文件名：显示所选文件的文件名。
- 文件类型：显示需要打开文件的类型，默认为"所有格式"。

003 理论——使用"在Bridge中浏览"命令打开文件

执行"文件>在Bridge中浏览"菜单命令，可以运行Adobe Bridge，在Bridge中选择一个文件，双击该文件即可在Photoshop中将其打开，如图3-15所示。

004 理论——使用"打开为"命令打开文件

执行"文件>打开为"菜单命令，打开"打开为"对话框，在该对话框中可以选择需要打开的文件，并且可以设置所需要的文件格式，如图3-16所示。

图3—15

图3—16

技巧提示

如果使用与文件的实际格式不匹配的扩展名文件（例如用扩展名为GIF的文件存储PSD文件），或者文件没有扩展名，则Photoshop可能无法打开该文件，选择正确的格式才能让Photoshop识别并打开该文件。

005 理论——使用"打开为智能对象"命令打开文件

"智能对象"是包含栅格图像或矢量图像的数据的图层。智能对象将保留图像的源内容及其所有原始特性，因此对该图层无法进行破坏性编辑。执行"文件>打开为智能对象"菜单命令，然后在弹出的对话框中选择一个文件将其打开，此时该文件将以智能对象的形式被打开，如图3-17所示。

另外，如果拖曳导入素材文件到已经打开的文档中，当前文件会自动生成智能对象，如图3-18所示。

图3-17

图3-18

006 理论——使用"最近打开文件"命令打开文件

Photoshop可以记录最近使用过的10个文件，执行"文件>最近打开文件"菜单命令，在其子菜单中选择相应文件名即可将其在Photoshop中打开，选择底部的"清除最近的文件列表"命令可以删除历史打开记录，如图3-19所示。

 技巧提示

首次启动Photoshop时，或者在运行Photoshop期间已经执行过"清除最近的文件列表"命令，都会导致"最近打开文件"命令处于灰色不可用状态，如图3-20所示。

图3-20

图3-19

007 理论——使用快捷方式打开文件

利用快捷方式打开文件的方法主要有以下3种。

方法01 选择一个需要打开的文件，然后将其拖曳到Photoshop的应用程序图标上，如图3-21所示。

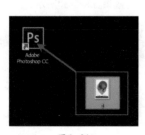

图3-21

方法02 选择一个需要打开的文件，然后单击鼠标右键，接着在弹出的快捷菜单中选择"打开方式>Adobe Photoshop CC"命令，如图3-22所示。

图3-22

方法03 如果已经运行了Photoshop，这时可以直接在Windows资源管理器中将文件拖曳到Photoshop窗口中，如图3-23所示。

图3-23

3.3 置入文件

置入文件是将照片、图片或任何Photoshop支持的文件作为智能对象添加到当前操作的文档中。执行"文件>置入"菜单命令，然后在弹出的对话框中选择好需要置入的文件即可将其置入到Photoshop中，如图3-24所示。

在置入文件时，置入的文件将自动放置在画布的中间，同时文件会保持其原始长宽比。但是如果置入的文件比当前编辑的图像大，那么该文件将被重新调整到与画布相同大小的尺寸。

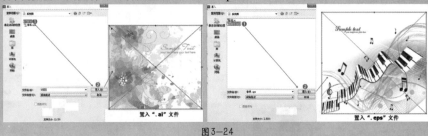

图3-24

技巧提示

在置入文件之后，可以对作为智能对象的图像进行缩放、定位、斜切、旋转或变形操作，并且不会降低图像的质量。操作完成之后可以将智能对象栅格化以减少硬件设备负担。

008 练习——为图像置入矢量花纹

案例文件	练习实例——为图像置入矢量花纹.psd
视频教学	练习实例——为图像置入矢量花纹.flv
难易指数	★★★★★
技术要点	置入命令

案例效果

本案例处理前后对比效果如图3-25所示。

图3-25

操作步骤

步骤01 原始素材是一张没有任何装饰元素的图片，下面就利用"置入"功能为其置入一张矢量花纹作为装饰效果。执行"文件>打开"菜单命令，然后在弹出的对话框中选择本书配套光盘中的素材文件，如图3-26所示。

图3-26

步骤02 执行"文件>置入"菜单命令，然后在弹出的对话框中选择本书配套光盘中的矢量文件，接着单击"置入"按钮，如图3-27所示，最后在弹出的"置入PDF"对话框中单击"确定"按钮，如图3-28所示。

 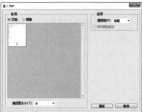

图3-27　　　　　　　图3-28

技巧提示

如果置入的是PDF或Illustrator文件（即AI文件），系统才会弹出"置入PDF"对话框。

步骤03 将置入的文件放置在画布的中间位置，如图3-29所示，接着双击确定操作，最终效果如图3-30所示。

图3-29　　　　　　　图3-30

009 练习——从Illustrator中复制元素到Photoshop

案例文件	练习实例——从Illustrator中复制元素到Photoshop.psd
视频教学	练习实例——从Illustrator中复制元素到Photoshop.flv
难易指数	★★★★★
技术要点	Illustrator与Photoshop的结合使用

案例效果

在进行图像编辑合成的过程中经常会使用到矢量文件中的部分素材，直接将整个文件置入到Photoshop中显然不合适。下面讲解一种比较简便的解决方法。

本案例处理前后对比效果如图3-31所示。

图3-31

图3-32　　　　　　　图3-33

步骤03 回到Photoshop中，打开所需背景图像，并按Ctrl+V组合键粘贴，需要注意的是，将AI元素粘贴到Photoshop中时，系统会弹出"粘贴"对话框，在该对话框中可以选择粘贴的方式，如图3-34所示。

图3-34

步骤04 粘贴完成之后适当调整矢量对象大小以及摆放位置，如图3-35所示。

步骤05 按Enter键完成当前操作，最终效果如图3-36所示。

图3-35　　　　　　　图3-36

操作步骤

步骤01 除了使用"置入"功能置入AI和EPS文件以外，还可以直接从Illustrator中复制部分元素，然后将其粘贴到Photoshop文档中。首先在Adobe Illustrator中打开矢量文件"矢量素材.ai"，如图3-32所示

步骤02 选择需要的矢量元素，并按Ctrl+C组合键复制，如图3-33所示。

 技术拓展：粘贴选项详解

● **智能对象**：将元素作为矢量智能对象粘贴到Photoshop中。

● **像素**：将元素作为像素粘贴到Photoshop中。

● **路径**：将元素作为路径粘贴到Photoshop中，可以使用钢笔工具、路径选择工具或直接选择工具对其进行编辑。

● **形状图层**：将元素作为新的形状（该图层包含填充了前景色的路径）粘贴到Photoshop中。

3.4 导入与导出文件

010 理论——导入文件

Photoshop可以编辑变量数据组、视频帧到图层、注释和WIA支持等内容。当新建或打开图像文件以后，可以通过执行"文件>导入"菜单中的子命令，将这些内容导入到Photoshop中进行编辑，如图3-37所示。

图3-37

将数码相机与计算机连接，在Photoshop中执行"文件>导入>WIA支持"菜单命令，可以将照片导入到 Photoshop中。如果计算机配置有扫描仪并安装了相关的软件，则可以在"导入"菜单中选择扫描仪的名称，使用扫描仪制造商的软件扫描图像，并将其存储为TIFF、PICT、BMP格式，然后在Photoshop中即可打开这些图像。

011 理论——导出文件

在Photoshop中创建和编辑好图像以后，可以将其导出到Illustrator或视频设备中。执行"文件>导出"菜单命令，可以在其子菜单中选择导出类型，如图3-38所示。

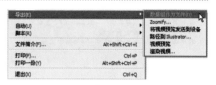

图3-38

- 数据组作为文件：可以按批处理模式使用数据组值将图像输出为PSD文件。
- Zoomify：可以将高分辨率的图像发布到Web上，利用Viewpoint Media Player，用户可以平移或缩放图像以查看它的不同部分。在导出时，Photoshop会创建JPEG和HTML文件，用户可以将这些文件上传到Web服务器。
- 将视频预览发送到设备：可以将视频预览发送到设备上。
- 路径到Illustrator：将路径导出为AI格式，在Illustrator中可以继续对路径进行编辑。
- 视频预览：可以在预览之前设置输出选项，也可以在视频设备上查看文档。

- 渲染视频：可以将视频导出为QuickTime影片。在Photoshop CC中，还可以将时间轴动画与视频图层一起导出。

(3.5) 保存文件

与Word等软件相同，Photoshop文档编辑完成后就需要对文件进行保存关闭。当然在编辑过程中也需要经常保存。当Photoshop出现程序错误、计算机出现程序错误以及发生断电等情况时，所有的操作都将丢失。如果在编辑过程中及时保存则会避免很多不必要的损失。

012 理论——利用"存储"命令保存文件

存储时将保留所做的更改，并且会替换掉上一次保存的文件，同时会按照当前格式和名称进行保存。执行"文件>存储"菜单命令或按Ctrl+S组合键可以对文件进行保存，如图3-39所示。

技巧提示

如果是新建的文件，那么在执行"文件>存储"菜单命令时，系统会弹出"存储为"对话框。

图3-39

013 理论——利用"存储为"命令保存文件

执行"文件>存储为"菜单命令或按Shift+Ctrl+S组合键，将打开"存储为"对话框，可以将文件保存到另一个位置或使用另一文件名进行保存，如图3-40所示。

- 文件名：设置保存的文件名。
- 格式：选择文件的保存格式。
- 作为副本：选中该复选框时，可以另外保存一个副本文件。
- 注释/Alpha通道/专色/图层：可以选择是否存储注释、Alpha通道、专色和图层。
- 使用校样设置：将文件的保存格式设置为EPS或PDF时，该选项可用。选中该复选框后可以保存打印用的校样设置。

图3-40

◉ ICC配置文件：可以保存嵌入在文档中的ICC配置文件。　　◉ 使用小写扩展名：将文件的扩展名设置为小写。

◉ 缩览图：为图像创建并显示缩览图。

知识精讲：文件保存格式

不同类型的文件其格式也不相同，例如可执行文件后缀名为".exe"，Word文档后缀名为".doc"。图像文件格式就是存储图像数据的方式，它决定了图像的压缩方法、支持何种Photoshop功能以及文件是否与一些文件相兼容等属性。保存图像时，可以在弹出的对话框中选择图像的保存格式，如图3-41所示。

◉ PSD：PSD格式是Photoshop的默认存储格式，能够保存图层、蒙版、通道、路径、未栅格化的文字、图层样式等。一般情况下，保存文件都采用这种格式，以便随时进行修改。

 技巧提示

PSD格式应用非常广泛，可以直接将这种格式的文件置入到Illustrator、InDesign和Premiere等Adobe软件中。

图3-41

◉ PSB：PSB格式是一种大型文档格式，可以支持最高达到300000像素的超大图像文件。它支持Photoshop所有的功能，可以保存图像的通道、图层样式和滤镜效果不变，但是只能在Photoshop中打开。

◉ BMP：BMP格式是微软开发的固有格式，这种格式被大多数软件所支持。BMP格式采用了一种叫RLE的无损压缩方式，对图像质量不会产生什么影响。

 技巧提示

BMP格式主要用于保存位图图像，支持RGB、位图、灰度和索引颜色模式，但是不支持Alpha通道。

◉ GIF格式：GIF格式是输出图像到网页最常用的格式。GIF格式采用LZW压缩，它支持透明背景和动画，被广泛应用在网络中。

◉ Dicom：Dicom格式通常用于传输和保存医学图像，如超声波和扫描图像。Dicom格式文件中包含图像数据和标头，其中存储了有关医学图像的信息。

◉ EPS：EPS是为PostScript打印机上输出图像而开发的文件格式，是处理图像工作中最重要的格式，它被广泛应用在Mac和PC环境下的图形设计和版面设计中，几乎所有的图形、图表和页面排版程序都支持这种格式。

 技巧提示

如果仅是保存图像，建议不要使用EPS格式。如果文件要打印到无PostScript的打印机上，为避免出现打印错误，最好也不要使用EPS格式，可以用TIFF格式或JPEG格式来代替。

◉ IFF格式：IFF格式是一种通用文件格式，最先由艺电（Electronic AHS）游戏公司和Amiga公司联合推出。这种格式是为了在不同软件中交换文件。

◉ DCS格式：DCS格式是Quark开发的EPS格式的变种，主要在支持这种格式的QuarkXPress、PageMaker和其他应用软件上工作。DCS便于分色打印，Photoshop在使用DCS格式时，必须转换成CMYK颜色模式。

◉ JPEG：JPEG格式是平时最常用的一种图像格式。它是一个最有效、最基本的有损压缩格式，被绝大多数的图形处理软件所支持。

 技巧提示

对于要求进行输出打印的图像，最好不使用JPEG格式，因为它是以损坏图像质量的方式而提高压缩质量的，即有损压缩。

◉ PCX：PCX格式是DOS格式下的古老程序PC PaintBrush固有格式的扩展名，目前并不常用。

◉ PDF：PDF格式是由Adobe Systems创建的一种文件格式，允许在屏幕上查看电子文档。PDF文件还可被嵌入到Web的HTML文档中。

◉ RAW：RAW格式是一种灵活的文件格式，主要用于在应用程序与计算机平台之间传输图像。RAW格式支持具有Alpha通道的CMYK、RGB和灰度模式，以及无Alpha通道的多通道、Lab、索引颜色和双色调模式。

◉ PXR：PXR格式是专门为高端图形应用程序设计的文件格式，它支持具有单个Alpha通道的RGB和灰度图像。

◉ PNG：PNG格式是专门为Web开发的，它是一种将图像压缩到Web上的文件格式。PNG格式与GIF格式不同的是，PNG格式支持24位图像并产生无锯齿状的透明背景。

技巧提示

PNG格式由于可以实现无损压缩，并且背景部分是透明的，因此常用来存储背景透明的素材。

- SCT：SCT格式支持灰度图像、RGB图像和CMYK图像，但是不支持Alpha通道，主要用于Scitex计算机上的高端图像处理。
- TGA：TGA格式专用于使用Truevision视频板的系统，它支持一个单独Alpha通道的32位RGB文件，以及无Alpha通道的索引颜色、灰度模式，并且支持16位和24位的RGB文件。
- TIFF：TIFF格式是一种通用的文件格式，所有的绘画、图像编辑和排版程序都支持该格式，而且几乎所有的桌面扫描仪都可以产生TIFF图像。TIFF格式支持具有Alpha通道的CMYK、RGB、Lab、索引颜色和灰度图像，以及没有Alpha通道的位图模式图像。Photoshop可以在TIFF文件中存储图层和通道，但是如果在另外一个应用程序中打开该文件，那么只有拼合图像才是可见的。
- 便携位图格式PBM：PBM格式支持单色位图（即1位/像素），可以用于无损数据传输。因为许多应用程序都支持这种格式，所以可以在简单的文本编辑器中编辑或创建这类文件。

3.6 关闭文件

当编辑完图像以后，首先需要将该文件进行保存，然后关闭文件。Photoshop中提供了4种关闭文件的方法，如图3-42所示。

图3-42

014 理论——使用"关闭"命令

执行"文件>关闭"菜单命令、按Ctrl+W组合键或者单击文档窗口右上角的"关闭"按钮，可以关闭当前处于激活状态的文件，如图3-43所示。使用这种方法关闭文件时，其他文件将不受任何影响。

015 理论——使用"关闭全部"命令

执行"文件>关闭全部"菜单命令或按Alt +Ctrl + W组合键，可以关闭所有的文件，如图3-44所示。

016 理论——使用"关闭并转到Bridge"命令

执行"文件>关闭并转到Bridge"菜单命令，可以关闭当前处于激活状态的文件，然后转到Bridge中，如图3-45所示。

图3-43

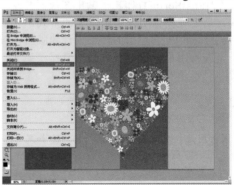

图3-44

017 理论——退出Photoshop

执行"文件>退出"菜单命令或者单击程序窗口右上角的"关闭"按钮 ，可关闭所有的文件并退出Photoshop，如图3-46所示。

图3—45

图3—46

3.7 复制文件

018 理论——复制文件

在Photoshop中，执行"图像>复制"菜单命令可以将当前文件复制一份，复制的文件将作为一个副本文件单独存在，如图3-47所示。

图3—47

019 综合——完成文件处理的整个流程

案例文件	综合实例——完成文件处理的整个流程.psd
视频教学	综合实例——完成文件处理的整个流程.flv
难易指数	★★★★★
技术要点	新建、导入、储存

案例效果

本案例处理效果如图3-48所示。

操作步骤

步骤01 执行"文件>新建"菜单命令，设置文件"宽度"为3000像素，"高度"为2000像素，设置"分辨率"为300，"颜色模式"为RGB颜色，"背景内容"为白色，如图3-49所示。

图3—48　　　　　　　　　　　　　图3—49

步骤02 设置前景色为紫色（R：144，G：27，B：152），按Alt+Delete组合键填充画布为紫色，如图3-50所示。

图3—50

步骤03 执行"文件>置入"菜单命令，选择人像素材，放置在画布的右侧，如图3-51所示。

图3—51

步骤04 按Enter键确定图像的置入，如图3-52所示。

步骤05 拖曳PNG格式的艺术字素材到画布中，放在左下角，同样按Enter键确定，如图3-53所示。

步骤06 制作完成后执行"文件>存储为"菜单命令或按Shift+Ctrl+S组合键，打开"存储为"对话框，在其中设置文件存储位置、名称以及格式，首先设置格式为可保存分层文件信息的PSD格式，如图3-54所示。

图3—52　　　　　　　　　　图3—53　　　　　　　　　　　　图3—54

步骤07 再次执行"文件>存储为"菜单命令或按Shift+Ctrl+S组合键，打开"存储为"对话框，选择格式为方便预览和上传至网络的JPEG格式，在存储位置即可看到保存的两个不同格式的文件，如图3-55所示。

步骤08 最后执行"文件>关闭"菜单命令，关闭当前文件，如图3-56所示。

图3—55　　　　　　　　图3—56

 读书笔记

Chapter 04
第4章

图像的基本编辑方法

对于图像最关注的属性主要是尺寸、大小及分辨率。通常情况下，尺寸大小相同的同一图像，像素大小分别是600×600像素与200×200像素的同一图像，分辨率越高，图像越清晰，占用计算机空间也越大。

本章学习要点：

掌握图像尺寸、分辨率修改的方法
掌握撤销与返回操作的方法
掌握图像的多种变换方法
掌握定义工具预设的方法

4.1 像素尺寸及画布大小

通常情况下,对于图像最关注的属性主要是尺寸、大小及分辨率。如图4-1所示为像素大小分别是600×600像素与200×200像素的同一图片的对比效果,像素大小大的图像所占计算机空间也要相对的大一些。

执行"图像>图像大小"菜单命令或按Alt+Ctrl+I组合键,打开"图像大小"对话框,在"像素大小"选项组中即可修改图像的像素大小,如图4-2所示。更改图像的像素大小不仅会影响图像在屏幕上的大小,还会影响图像的质量及其打印特性(图像的打印尺寸和分辨率)。

图4-1   图4-2

知识精讲:像素大小

"像素大小"选项组中的参数主要用来设置图像的尺寸。顶部显示了当前图像的大小,括号内显示的是旧文件大小。修改图像的宽度和高度数值,像素大小也会发生变化,如图4-3所示。

图4-3

答疑解惑——缩放比例与像素大小有什么区别?

当使用缩放工具缩放图像时,改变的是图像在屏幕中的显示比例,也就是说,无论怎么放大或缩小图像的显示比例,图像本身的大小和质量并没有发生任何改变,如图4-4所示。

当调整图像的大小时,改变的是图像的像素大小和分辨率等,因此图像的大小和质量都有可能发生改变,如图4-5所示。

使用"缩放"工具缩放为50%   使用"缩放"工具缩放为20%

图4-4

图4-5

知识精讲:文档大小

"文档大小"选项组中的参数主要用来设置图像的打印尺寸。当选中"重新采样"复选框时,如果减小图像的大小,就会减少像素数量,此时图像虽然变小了,但是画面质量仍然保持不变,如图4-6所示。

图4-6

如果增大图像大小或提高分辨率，则会增加新的像素，此时图像尺寸虽然变大了，但是画面的质量会下降。如果一张图像的分辨率比较低，并且图像比较模糊，即使提高图像的分辨率也不能使其变得清晰。因为Photoshop只能在原始数据的基础上进行调整，无法生成新的原始数据。

当取消选中"重定图像像素"复选框时，即使修改图像的宽度和高度，图像的像素总量也不会发生变化，也就是说，减少宽度和高度时，会自动提高分辨率；当增大宽度和高度时，会自动降低分辨率。

技巧提示

当取消选中"重定图像像素"复选框时，无论是增大或减小宽度和高度值，图像的视觉大小看起来都不会发生任何变化，画面的质量也没有变化。

知识精讲：缩放样式

当文档中的某些图层包含图层样式的时候，执行"窗口>图像大小"命令，在"图像大小"对话框中可以看到图像的大小，如图4-7所示。单击右上角的按钮，可以显示"缩放样式"选项。默认情况下该选项是非选中状态的。

当未选中"缩放样式"命令，更改画布的"宽度"和"高度"时。图层样式效果如图4-8所示。

当选中"缩放样式"命令时，在更改图像大小以后，图层样式也会进行缩放，如图4-9所示。

图4-7　　　　　　　　　　　　　　　　　　　　　图4-8　　　　　　　　　　　　图4-9

ⓞⓞ① 理论——修改图像的尺寸以及分辨率

很多时候图像素材的尺寸与需要使用时用到的尺寸不符，例如制作成计算机桌面壁纸、个性化虚拟头像或传输到个人网络空间等，此时就需要修改图像的大小以适合不同的要求。一般来说，图像的分辨率越高，印刷出来的质量就越好。当然，凭空增大分辨率数值并不会使图像变得更精细。

操作步骤

步骤01 执行"文件>打开"菜单命令，然后在弹出的对话框中选择本书配套光盘中的素材文件，如图4-10所示。

步骤02 执行"图像>图像大小"菜单命令或按Alt +Ctrl+I组合键，打开"图像大小"对话框，从该对话框中可以观察到图像的宽度为2200像素，高度为1341像素，图像默认的"分辨率"为72，如图4-11所示。

大了，如图4-13所示。

图4-12

图4-10　　　　　　　图4-11

步骤03 在"图像大小"对话框中设置图像的"宽度"为1500像素，"高度"为914像素，并将"分辨率"更改为35，此时在图像窗口中可以明显观察到图像变小了，如图4-12所示。

步骤04 按Ctrl+Z或按Ctrl+Alt+Z组合键，返回到修改图像大小之前的状态，然后在"图像大小"对话框中设置图像的"宽度"为4000像素，"高度"为2438像素，然后将"分辨率"更改为350，此时在图像窗口中可以明显观察到图像变

图4-13

技巧提示

如果在"图像大小"对话框中选中"约束比例"复选框，那么只需要修改"宽度"和"高度"其中一个参数值，另外一个参数会跟着发生相应的变化。

知识精讲：约束比例

当选中"约束比例"复选框时，可以在修改图像的宽度或高度时，保持宽度和高度的比例不变。在一般情况下对数码照片进行处理时都应该选中该复选框。如图4-14所示分别为选中了"约束比例"复选框与取消选中"约束比例"复选框的对比效果。

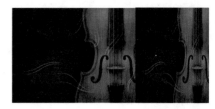

图4—14

002 理论——修改图像比例

当选中"约束比例"复选框时，可以在修改图像的宽度或高度时，保持宽度和高度的比例不变；当取消选中"约束比例"复选框时，修改图像的宽度或高度就会导致图像发生变形，如图4-15所示为本例的效果。

图4—15

操作步骤

步骤01 打开素材文件，在"图像大小"对话框中可以观察到图像的"宽度"为2500像素，"高度"为1583像素，如图4-16所示。

步骤02 在"图像大小"对话框中取消选中"重新采样"复选框，然后设置"宽度"为3200像素，此时可以观察到图像变宽了，如图4-17所示。

图4—17

步骤03 按Ctrl+Z或按Ctrl+Alt+Z组合键，返回到修改宽度之间的状态，在"图像大小"对话框中设置"高度"为3500像素，此时可以观察到图像变高了，如图4-18所示。

图4—18

图4—16

知识精讲：插值方法

修改图像的像素大小时在Photoshop中称为"重新取样"。当减少像素的数量时，就会从图像中删除一些信息；当增加像素的数量或增加像素取样时，则会增加一些新的像素。在"图像大小"对话框最底部的下拉列表中提供6种插值方法来确定添加或删除像素的方式，分别是"邻近（保留硬边缘）"、"两次线性"、"两次立方（适用于平滑渐变）"、"两次立方较平滑（适用于扩大）"、"两次立方（自动）"和"两次立方较锐利（适用于缩小）"，如图4-19所示。

知识精讲：自动

单击"图像大小"对话框右侧的"自动"按钮可以打开"自动分辨率"对话框，如图4-20所示。在该对话框中输入"挂网"的线数以后，Photoshop可以根据输出设备的网频来确定建议使用的图像分辨率。

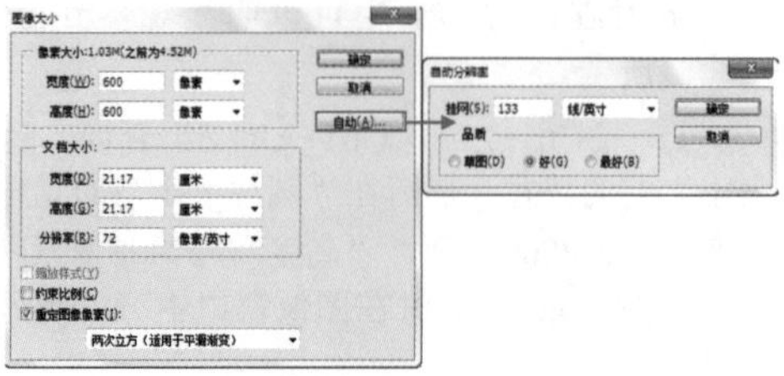

图4—20

图4—19

修改画布大小

执行"图像>画布大小"菜单命令,打开"画布大小"对话框,在该对话框中可以对画布的宽度、高度、定位和扩展背景颜色进行调整。增大画布大小,原始图像大小不会发生变化,而增大的部分则使用选定的填充颜色进行填充;减小画布大小,图像则会被裁切掉一部分,如图4-21所示。

图4-21

 ### 答疑解惑——画布大小和图像大小有区别吗?

画布大小与图像大小有着本质的区别。画布大小只是工作区域的大小,它包含图像和空白区域;图像大小是指图像的"像素大小"。如图4-22所示为原图与增大画布的对比效果。

图4-22

003 理论——设置当前大小

"当前大小"选项组中显示的是文档的实际大小,以及图像的宽度和高度的实际尺寸,如图4-23所示。

004 理论——设置新建大小

"新建大小"是指修改画布尺寸后的大小。

操作步骤

步骤01 当输入的"宽度"和"高度"数值大于原始画布尺寸时,会增大画布大小,如图4-24所示。

步骤02 当输入的"宽度"和"高度"数值小于原始画布尺寸时,Photoshop会裁切超出画布区域的图像,如图4-25所示。

图4-23

图4-24

图4-25

步骤03 选中"相对"复选框时，"宽度"和"高度"数值将代表实际增加或减小的区域的大小，而不再代表整个文档的大小。输入正值就表示增加画布，如设置"宽度"为2厘米，那么画布就在宽度方向上增加了2厘米，如图4-26所示。

步骤04 如果输入负值就表示减小画布，如设置"高度"为－2厘米，那么画布就在高度方向上减小2厘米，如图4-27所示。

步骤05 "定位"选项主要用来设置当前图像在新画布上的位置，如图4-28所示。

图4-26

图4-27

图4-28

005 理论——设置画布扩展颜色

"画布扩展颜色"是指填充新画布的颜色。如果图像的背景是透明的，那么"画布扩展颜色"选项将不可用，新增加的画布也是透明的，如图4-29所示。

图4-29

006 练习——制作特定尺寸的网络头像

案例文件	练习实例——制作特定尺寸的网络头像.psd
视频教学	练习实例——制作特定尺寸的网络头像.flv
难易指数	
技术要点	调整画布大小

案例效果

本案例处理前后对比效果如图4-30所示。

图4-30

操作步骤

步骤01 打开素材文件，在"画布大小"对话框中可以观察到图像的宽度为293像素，高度为220像素，如图4-31所示。图像长宽比不符合要求，所以需要对画布大小进行调整。

图4—31

步骤02 下面进行"新建大小"的设置，设置"宽度"为140像素，"高度"为220像素，如图4-32所示。

图4—32

步骤03 此时可以看到图像变小，而且被裁掉了一部分，最后导入花边素材文件，完成效果如图4-33所示。

图4—33

步骤04 按Shift+Ctrl+S组合键，打开"存储为"对话框，选择适合网络传输的JPEG格式，并在弹出的"JPEG选项"对话框中设置"品质"为8，单击"确定"按钮完成设置，再单击"保存"按钮完成存储，在桌面上便可以看到刚刚存储的文件尺寸及大小都符合要求，如图4-34所示。

图4—34

4.3 裁剪与裁切画布

使用数码相机拍摄照片经常会出现构图上的问题，在Photoshop中使用裁剪工具、"裁剪"命令和"裁切"命令可以轻松去掉画面多余的部分。如图4-35所示为裁剪之前与裁剪之后的效果。

图4—35

知识精讲：裁剪图像

裁剪是指移去部分图像，以突出或加强构图效果的过程。使用"裁剪工具"可以裁剪掉多余的图像，并重新定义画布的大小。选择"裁剪工具"后，在画面中调整裁切框，以确定需要保留的部分，如图4-36和图4-37所示。或拖曳出一个新的裁切区域，然后按Enter键或双击鼠标左键即可完成裁剪，如图4-38所示。

选择"裁剪工具"后，其工具栏如图4-39所示。

图4—36

图4—37

图4—38

● 约束方式：在下拉列表中可以选择多种裁切的约束比例。

● 约束比例▢▢▢▢▢：在这里可以输入自定的约束比例数值。

● 旋转▢：单击旋转按钮，将光标定位到裁切框以外的区域单击并拖动光标即可旋转裁切框。

● 拉直▢：通过在图像上画一条直线来拉直图像。

● 视图：在下拉列表中可以选择裁剪的参考线的方式，例如"三等分"、"网格"、"对角"、"三角形"、"黄金比例"、"金色螺线"。也可以设置参考线的叠加显示方式。

● 设置其他裁切选项▢：在这里可以对裁切的其他参数进行设置，例如可以使用经典模式，或设置裁剪屏蔽的颜色、透明度等参数。

● 删除裁剪的像素：确定是否保留或删除裁剪框外部的像素数据。如果取消选中该复选框，多余的区域可以处于隐藏状态，如果想要还原裁切之前的画面只需要再次选择"裁剪工具"，然后随意操作即可看到原文档。

图4-39

知识精讲：透视裁剪工具

使用"透视裁剪工具"▢可以在需要裁剪的图像上制作出带有透视感的裁剪框，在应用裁剪后可以使图像带有明显的透视感。打开一张图像，如图4-40（左）所示。单击工具箱中的"透视裁剪工具"▢按钮，在画面中绘制一个裁剪框，如图4-40（右）所示。

将光标定位到裁剪框的一个控制点上，单击并向内拖动，如图4-41所示。

图4-40

图4-41

同样的方法调整其他的控制点，如图4-42所示。调整完成后单击控制栏中的"提交当前裁剪操作"按钮▢，即可得到带有透视感的画面效果，如图4-43所示。

读书笔记

图4-42

图4-43

007 练习——使用裁剪工具修改图像构图

案例文件	练习实例——使用裁剪工具修改图像构图.psd
视频教学	练习实例——使用裁剪工具修改图像构图.flv
难易指数	★★★★★
知识掌握	掌握裁剪工具的使用方法

案例效果

裁剪工具在实际工作中的使用频率相当高，经常用来裁剪掉多余的图像，以突出画面中的重要元素，如图4-44所示分别是原始素材和将多余内容裁剪掉以后的效果。

图4-44

操作步骤

步骤01 按Ctrl+O组合键，打开本书配套光盘中的素材文件，如图4-45所示。

步骤02 在工具箱中单击裁剪工具 或按C键，然后在图像上拖曳出一个矩形定界框，如图4-46所示。

图4-45　　　　　　　图4-46

步骤03 为了突出画面中的人物，可以将光标放置在定界框中，然后拖曳光标，将裁剪框移动到合适的位置，如图4-47所示。

步骤04 如果要调整定界框的高度，可以拖曳定界框上的控制点，如图4-48所示。

图4-47　　　　　　　图4-48

步骤05 确定裁剪区域以后，可以按Enter键、双击鼠标左键或在选项栏中单击"提交当前裁剪操作"按钮 ，完成裁剪操作，最终效果如图4-49所示。

图4-49

知识精讲：裁切图像

使用"裁切"命令可以基于像素的颜色来裁剪图像。执行"编辑>裁切"命令，打开"裁切"对话框，如图4-50所示。

- 透明像素：可以裁剪掉图像边缘的透明区域，只将非透明像素区域的最小图像保留下来。该选项只有图像中存在透明区域时才可用。
- 左上角像素颜色：从图像中删除左上角像素颜色的区域。
- 右下角像素颜色：从图像中删除右下角像素颜色的区域。
- 顶/底/左/右：设置修正图像区域的方式。

图4-50

读书笔记

008 练习——使用裁切工具去除照片中的留白

案例文件	练习实例——使用裁切工具去除照片中的留白.psd
视频教学	练习实例——使用裁切工具去除照片中的留白.flv
难易指数	★★★★★
知识掌握	掌握"裁切"命令的使用方法

案例效果

在很多时候,使用扫描仪扫描照片会出现不同程度的留白问题,一定程度上影响了照片的美观,因此裁切掉留白区域是非常必要的。如图4-51所示分别是原始素材与使用"裁切"命令裁切掉留白区域后的效果。

图4-51

操作步骤

步骤01 按Ctrl+O组合键,打开本书配套光盘中的素材文

件,可以观察到这张图像有很多留白区域,如图4-52所示。

步骤02 执行"图像>裁切"命令,然后在弹出的"裁切"对话框设置"基于"为"左上角像素颜色"或"右下角像素颜色",如图4-53所示。最终效果如图4-54所示。

图4-52　　　　　图4-53　　　　　图4-54

技巧提示

因为这张图像的四周都是白色,无论选择何种方式,裁切模式都是基于白色像素。

4.4 旋转画布

执行"图像>图像旋转"命令,在该菜单下提供了6种旋转画布的命令,分别为"180度"、"90度(顺时针)"、"90度(逆时针)"、"任意角度"、"水平翻转画布"和"垂直翻转画布",如图4-55所示。在执行这些命令时,可以旋转或翻转整个图像。如图4-56所示为原图以及执行"垂直翻转画布"命令后的图像效果。

图4-55　　　　　　　　　　　图4-56

答疑解惑——如何任意角度旋转画布?

在"图像>图像旋转"菜单下提供了一个"任意角度"命令,这个命令主要以任意角度旋转画布。

在执行"任意角度"命令时,系统会弹出"旋转画布"对话框,在该对话框中可以设置旋转的角度和旋转的方式(顺时针和逆时针),如图4-57所示是将图像顺时针旋转45°后的效果。

图4-57

009 练习——矫正数码相片的方向

案例文件	练习实例——矫正数码相片的方向.psd
视频教学	练习实例——矫正数码相片的方向.flv
难易指数	★★★★★
知识掌握	图像旋转命令

案例效果

在拍摄数码照片时由于构图的原因,很多时候都需要将相机旋转之后进行拍摄,这样就会造成数码相片的方向发生错误。在Photoshop中只需要旋转或翻转照片的方向即可,如图4-58所示为本例的对比效果。

图4-58

操作步骤

步骤01 执行"文件>打开"菜单命令，打开素材文件，如图4-59所示。

图4-59

步骤02 执行"图像>图像旋转>90度（逆时针）"菜单命令，此时图像的方向将被矫正过来，效果如图4-60所示。

步骤03 还可以执行"图像>图像旋转>水平翻转画布"菜单命令，将两个人像的位置相互调换，如图4-61所示。

图4-60　　　　　　图4-61

> **技巧提示**
>
> "图像旋转"命令只适合于旋转或翻转画布中的所有图像，不适用于单个图层或图层的一部分、路径以及选区边界。如果要旋转选区或图层，就需要使用到本章即将讲到"变换"或"自由变换"功能。

4.5 撤销/返回/恢复文件

在传统的绘画过程中，出现错误的操作时只能选择擦除或覆盖。而在Photoshop中进行数字化编辑时，出现错误操作则可以撤销或返回所做的步骤，然后重新编辑图像，这也是数字编辑的优势之一。

010 理论——还原与重做

执行"编辑>还原"菜单命令或按Ctrl+Z组合键，可以撤销最近的一次操作，将其还原到上一步操作状态；如果想要取消还原操作，可以执行"编辑>重做"菜单命令，如图4-62所示。

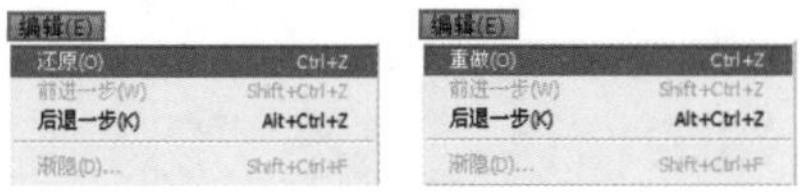

图4-62

011 理论——前进一步与后退一步

由于"还原"命令只可以还原一步操作，而实际操作中经常需要还原多个操作，这时就需要使用到"编辑>后退一步"菜单命令，或连续使用Alt+Ctrl+Z组合键来逐步撤销操作；如果要取消还原的操作，可以连续执行"编辑>前进一步"菜单命令，或连续按Shift+Ctrl+Z组合键来逐步恢复被撤销的操作，如图4-63所示。

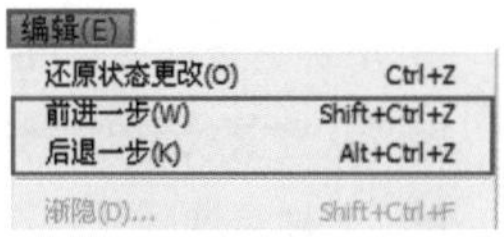

图4-63

012 理论——恢复文件到初始状态

执行"文件>恢复"菜单命令（或按F12键），可以直接将文件恢复到最后一次保存时的状态，或返回到刚打开文件时的状态。

操作步骤

步骤01 执行"文件>打开"命令，打开任意素材文件，如图4-64所示。

图4—64

步骤02 执行"图像>调整>照片滤镜"菜单命令，设置"滤镜"为"冷却滤镜（80）"，"浓度"为35%，如图4-65所示。

图4—65

步骤03 执行"滤镜>滤镜库"命令，选择"海报边缘"滤镜，设置"边缘厚度"为2，"边缘强度"为1，"海报化"为2，如图4-66所示。

图4—66

步骤04 执行"文件>恢复"菜单命令，此时可以发现图像恢复到了打开时的状态，如图4-67所示。

图4—67

 技巧提示

"恢复"命令只能针对已有图像的操作进行恢复。如果是新建的空白文件，"恢复"命令将不可用。

4.6 使用"历史记录"面板还原操作

"历史记录"面板是用于记录编辑图像过程中所进行的操作步骤。也就是说，通过"历史记录"面板可以恢复到某一步的状态，同时也可以再次返回到当前的操作状态。

知识精讲：熟悉"历史记录"面板

执行"窗口>历史记录"菜单命令，打开"历史记录"面板，如图4-68所示。

● "设置历史记录画笔的源"图标：使用历史记录画笔时，该图标所在的位置代表历史记录画笔的源图像。

● 快照缩览图：被记录为快照的图像状态。

● 历史记录状态：Photoshop记录的每一步操作的状态。

● "从当前状态创建新文档"按钮：以当前操作步骤中图像的状态创建一个新文档。

● "创建新快照"按钮：以当前图像的状态创建一个新快照。

● "删除当前状态"按钮：选择一个历史记录后，单击该按钮可以将记录以及后面的记录删除掉。

图4—68

知识精讲：设置历史记录选项

在"历史记录"面板右上角单击 图标，接着在弹出的菜单中选择"历史记录选项"命令，打开"历史记录选项"对话框，如图4-69所示。

- 自动创建第一幅快照：打开图像时，图像的初始状态自动创建为快照。
- 存储时自动创建新快照：在编辑的过程中，每保存一次文件，都会自动创建一个快照。
- 允许非线性历史记录：选中该复选框，然后选择一个快照，当更改图像时将不会删除历史记录的所有状态。
- 默认显示新快照对话框：强制Photoshop提示用户输入快照名称。
- 使图层可见性更改可还原：保存对图层可见性的更改。

图4-69

013 练习——利用"历史记录"面板还原错误操作

案例文件	练习实例——利用历史记录面板还原错误操作.psd
视频教学	练习实例——利用历史记录面板还原错误操作.flv
难易指数	
技术要点	"历史记录"面板

案例效果

在实际工作中，经常会遇到操作失误的情况，这时就可以在"历史记录"面板中恢复到想要的状态。如图4-70所示为将图像效果恢复到"总体不透明度更改"状态的前后对比效果。

图4-70

操作步骤

步骤01 执行"文件>打开"菜单命令，然后在弹出的对话框中选择素材文件，如图4-71所示。

图4-71

步骤02 执行"图像>调整>曲线"菜单命令，在弹出的对话框中调整曲线形状提亮图像，如图4-72所示。

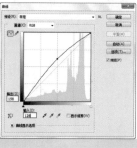

图4-72

步骤03 导入光效素材文件，将该图层的混合模式设置为"滤色"，调整"不透明度"为85%，并添加图层蒙版，使用黑色画笔涂抹人像部分，如图4-73所示。

图4-73

步骤04 创建新图层，单击渐变工具 ，在选项栏中单击渐变，在弹出的"渐变编辑器"窗口中拖动滑块调整渐变颜色为七彩渐变，设置类型为"线性"，为画布绘制出渐变，如图4-74所示。

图4-74

步骤05 将该图层的混合模式设置为"滤色",调整"不透明度"为41%,如图4-75所示。

图4-75

步骤06 执行"窗口>历史记录"菜单命令,打开"历史记录"面板,在"历史记录"面板中可以观察到之前所进行的所有操作,如图4-76所示。

图4-76

步骤07 如果想要回到之前某一步操作的效果,可以在历史记录面板中单击该步骤,图像就会返回到该步骤的效果,如图4-77所示。

图4-77

014 理论——创建快照

在"历史记录"面板中,默认状态下可以记录20步操作,超过限定数量的操作将不能够返回。通过创建"快照"可以在图像编辑的任何状态创建副本,也就是说,可以随时返回到快照所记录的状态。为某一状态创建新的快照,可以采用以下两种方法中的一种。

方法01 在"历史记录"面板中选择需要创建快照的状态,然后单击"创建新快照"按钮 ,此时Photoshop会自动为其命名,如图4-78所示。

图4-78

方法02 选择需要创建快照的状态,然后在"历史记录"面板右上角单击 图标,接着在弹出的菜单中选择"新建快照"命令,如图4-79所示。

图4-79

技巧提示

在使用第2种方法创建快照时,系统会弹出一个"新建快照"对话框,在该对话框中可以为快照进行命名,并且可以选择需要创建快照的对象类型,如图4-80所示。

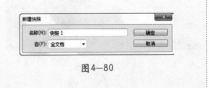

图4-80

015 理论——删除快照

删除快照的方法有以下两种:

方法01 在"历史记录"面板中选择需要删除的快照,然后单击"删除当前状态"按钮 或将快照拖曳到该按钮上,接着在弹出的对话框中单击"是"按钮,如图4-81所示。

图4-81

方法02 选择要删除的快照,然后在"历史记录"面板右上角单击 图标,接着在弹出的菜单中选择"删除"命令,最后在弹出的对话框中单击"是"按钮,如图4-82所示。

图4-82

016 理论——利用快照还原图像

"历史记录"面板只能记录20步操作，但是如果使用画笔、涂抹等绘画工具编辑图像时，每单击一次鼠标，Photoshop就会自动记录为一个操作步骤，这样势必会出现历史记录不够用的情况。例如在如图4-83所示的"历史记录"面板中，记录的全是"画笔工具"的操作步骤，根本无法辨别哪个步骤是自己需要的状态，这就使"历史记录"面板的还原能力非常有限。

解决以上问题的方法主要有以下两种：

方法01 执行"编辑>首选项>性能"菜单命令，然后在弹出的"首选项"对话框中增大"历史记录状态"的数值，如图4-84所示。但是如果将"历史记录状态"数值设置得过大，会占用很多的系统内存。

方法02 绘制完一个比较重要的效果时，就在"历史记录"面板中单击"创建新快照"按钮 ，将当前画面保存为一个快照，如图4-85所示。这样无论以后绘制了多少步，都可以通过单击这个快照将图像恢复到快照记录效果。

图4-83　　　　　图4-84　　　　　图4-85

4.7 渐隐调整结果

执行"编辑>渐隐"菜单命令可以修改操作结果的不透明度和混合模式。该操作的效果相当于"图层"面板中包含"原始效果"与"调整后效果"两个图层（"调整后效果"图层在顶部），"渐隐"命令就相当于修改"调整后效果"图层的不透明度与混合模式后得到的效果，如图4-86所示。

当使用画笔、滤镜编辑图像，或进行了填充、颜色调整、添加了图层样式等操作以后，"编辑>渐隐"菜单命令才可用。如图4-87所示是选择该命令后弹出的"渐隐"对话框。

图4-86　　　　　图4-87

017 练习——渐隐滤镜效果

案例文件	练习实例——渐隐滤镜效果.psd
视频教学	练习实例——渐隐滤镜效果.flv
难易指数	
技术要点	"渐隐"命令

案例效果

本案例处理前后对比效果如图4-88所示。

图4-88

操作步骤

步骤01 执行"文件>打开"菜单命令，然后在弹出的对话框中选择本书配套光盘中的素材文件，如图4-89所示。

步骤02 执行"滤镜>渲染>分层云彩"菜单命令，效果如图4-90所示。

步骤03 执行"编辑>渐隐色相/饱和度"菜单命令，然后在弹出的"渐隐"对话框中设置"不透明度"为45%、"模式"为"划分"，如图4-91所示。

步骤04 导入前景素材文件，效果如图4-92所示。

图4-89　　　图4-90　　　图4-91　　　图4-92

4.8 剪切/拷贝/粘贴图像

与Windows下的剪切、拷贝、粘贴命令相同，都可以快捷的完成复制粘贴任务。但是，在Photoshop中，还可以对图像进行原位置粘贴、合并拷贝等特殊操作。

018 理论——剪切与粘贴

操作步骤

步骤01 创建选区后，执行"编辑>剪切"菜单命令或按Ctrl+X组合键，可以将选区中的内容剪切到剪贴板上，如图4-93所示。

步骤02 继续执行"编辑>粘贴"菜单命令或按Ctrl+V组合键，可以将剪切的图像粘贴到画布中，并生成一个新的图层，如图4-94所示。

图4-93

图4-94

知识精讲：拷贝

创建选区后，执行"编辑>拷贝"菜单命令或按Ctrl+C组合键，可以将选区中的图像拷贝到剪贴板中，然后执行"编辑>粘贴"菜单命令或按Ctrl+V组合键，可以将拷贝的图像粘贴到画布中，并生成一个新的图层，如图4-95所示。

知识精讲：合并拷贝

当文档中包含很多图层时，执行"选择>全选"菜单命令或按Ctrl+A组合键全选当前图像，然后执行"编辑>合并拷贝"菜单命令或按Shift+Ctrl+C组合键，将所有可见图层拷贝并合并到剪贴板中。最后按Ctrl+V组合键可以将合并拷贝的图像粘贴到当前文档或其他文档中，如图4-96所示。

图4-95

图4-96

019 练习——使用"合并拷贝"命令

案例文件	练习实例——使用"合并拷贝"命令.psd
视频教学	练习实例——使用"合并拷贝"命令.flv
难易指数	★★★★★
技术要点	"合并拷贝"命令

案例效果

本案例处理前后对比效果如图4-97所示。

操作步骤

步骤01 执行"文件>打开"菜单命令，然后在弹出的对话框中选择本书配套光盘中的素材文件，如图4-98所示。

步骤02 使用横排文字工具T输入文字，如图4-99所示。

图4-97

图4-98

图4-99

步骤03 用同样的方法嵌入其他文字，然后按Ctrl+A组合键全选图像，执行"编辑>合并拷贝"菜单命令或按Shift+Ctrl+C组合键，如图4-100所示。

图4-100

步骤04 再次打开前景素材文件，接着按Ctrl+V组合键，将拷贝的图像粘贴到画布中并放在下层，如图4-101所示。

图4-101

020 理论——清除图像

当选中的图层为包含选区状态下的普通图层，那么执行"编辑>清除"菜单命令，可以清除选区中的图像。

选中图层为"背景"图层时，被清除的区域将填充背景色，如图4-102所示分别为创建选区、清除"背景"图层上的图像与清除普通图层上的图像对比效果。

图4-102

4.9 选择与移动对象

移动工具位于工具箱的最顶端，是最常用的工具之一，无论是在文档中移动图层、选区中的图像，还是将其他文档中的图像拖曳到当前文档，都需要使用到移动工具，如图4-103所示是移动工具的选项栏。

图4-103

- **自动选择**：如果文档中包含了多个图层或图层组，可以在后面的下拉列表中选择要移动的对象。如果选择"图层"选项，使用移动工具在画布中单击时，可以自动选择移动工具下面包含像素的最顶层的图层，如图4-104(a)所示；如果选择"组"选项，在画布中单击时，可以自动选择移动工具下面包含像素的最顶层的图层所在的图层组，如图4-104(b)所示。

- **显示变换控件**：选中该复选框以后，当选择一个图层时，就会在图层内容的周围显示定界框，如图4-105(a)所示。用户可以拖曳控制点来对图像进行变换操作，如图4-105(b)所示。

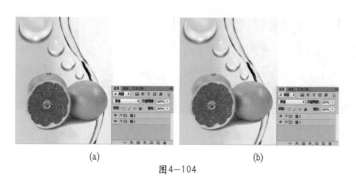

(a)　　　　(b)

图4-104

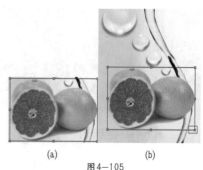

(a)　　(b)

图4-105

● 对齐图层：当同时选择了两个或两个以上的图层时，单击相应的按钮可以将所选图层进行对齐。对齐方式包括"顶对齐" 、"垂直居中对齐" 、"底对齐" 、"左对齐" 、"水平居中对齐" 和"右对齐" 。

● 分布图层：如果选择了3个或3个以上的图层时，单击相应的按钮可以将所选图层按一定规则进行均匀分布排列。分布方式包括"按顶分布" 、"垂直居中分布" 、"按底分布" 、"按左分布" 、"水平居中分布" 和"按右分布" 。

021 理论——在同一个文档中移动图像

在"图层"面板中选择要移动的对象所在的图层，然后在工具箱中单击移动工具 ，接着在画布中拖曳鼠标左键即可移动选中的对象，如图4-106所示。

如果需要移动选区中的内容，可以在包含选区的状态下将光标放置在选区内，拖曳鼠标左键即可移动选中的图像，如图4-107所示。

图4-106

图4-107

 技巧提示

在使用移动工具移动图像时，按住Alt键拖曳图像，可以复制图像，同时会产生一个新的图层。

022 理论——在不同的文档间移动图像

若要在不同的文档间移动图像，首先需要使用移动工具将光标放置在其中一个画布中，拖曳到另外一个文档的标题栏上，停留片刻后即可切换到目标文档，接着将图像移动到画面中释放鼠标左键即可将图像拖曳到文档中，同时Photoshop会生成一个新的图层，如图4-108所示。

图4-108

4.10 图像变换

移动、旋转、缩放、扭曲、斜切等是处理图像的基本方法。其中移动、旋转和缩放称为变换操作，而扭曲和斜切称为变形操作。通过执行"编辑"菜单下的"自由变换"和"变换"命令，可以改变图像的形状。

知识精讲：认识定界框、中心点和控制点

在执行"自由变换"或"变换"操作时，当前对象的周围会出现一个用于变换的定界框，定界框的中间有一个中心点，

四周还有控制点，如图4-109所示。在默认情况下，中心点位于变换对象的中心，用于定义对象的变换中心，拖曳中心点可以移动它的位置；控制点主要用来变换图像。

图4—109

知识精讲：使用"变换"命令

在"编辑>变换"菜单中提供了多种变换命令，如图4-110所示。使用这些命令可以对图层、路径、矢量图形，以及选区中的图像进行变换操作。另外，还可以对矢量蒙版和Alpha应用变换。

图4—110

- 缩放：使用"缩放"命令可以相对于变换对象的中心点对图像进行缩放。如果不按住任何快捷键，可以任意缩放图像，如图4-111(a)所示；如果按住Shift键，可以等比例缩放图像，如图4-111(b)所示；如果按住Shift+Alt组合键，可以以中心点为基准等比例缩放图像，如图4-111(c)所示。

- 旋转：使用"旋转"命令可以围绕中心点转动变换对象。如果不按住任何快捷键，可以任意角度旋转图像，如图4-112(a)所示；如果按住Shift键，可以以15°为单位旋转图像，如图4-112(b)所示。

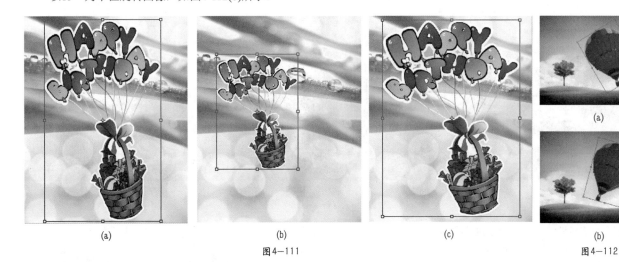

(a)　　　　　　　(b)　　　　　　　(c)　　　　　　　(a)

(b)

图4—111　　　　　　　　　　　　　　　　　　图4—112

- 斜切：使用"斜切"命令可以在任意方向、垂直方向或水平方向上倾斜图像。如果不按住任何快捷键，可以在任意方向上倾斜图像，如图4-113(a)所示；如果按住Shift键，可以在垂直或水平方向上倾斜图像，如图4-113(b)所示。

- 扭曲：使用"扭曲"命令可以在各个方向上伸展变换对象。如果不按住任何快捷键，可以在任意方向上扭曲图像，如图4-114(a)所示；如果按住Shift键，可以在垂直或水平方向上扭曲图像，如图4-114(b)所示。

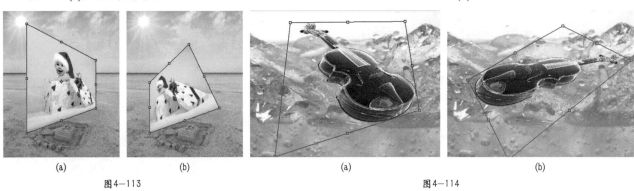

(a)　　　　　　　(b)　　　　　　　(a)　　　　　　　(b)

图4—113　　　　　　　　　　　　　　　　　图4—114

● 透视：使用"透视"命令可以对变换对象应用单点透视。拖曳定界框4个角上的控制点，可以在水平或垂直方向上对图像应用透视，如图4-115所示分别为应用水平透视和应用垂直透视对比效果。

● 变形：如果要对图像的局部内容进行扭曲，可以使用"变形"命令来操作。执行该命令时，图像上将会出现变形网格和锚点，拖曳锚点或调整锚点的方向线可以对图像进行更加自由和灵活的变形处理，如图4-116所示。

图4-115

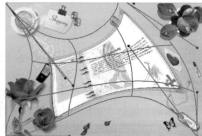

图4-116

● 旋转180度/旋转90度（顺时针）/旋转90度（逆时针）：这3个命令非常简单，原图如图4-117(a)所示，执行"旋转180度"命令，可以将图像旋转180°，如图4-117(b)所示；执行"旋转90度（顺时针）"命令可以将图像顺时针旋转90°，如图4-117(c)所示；执行"旋转90度（逆时针）"命令可以将图像逆时针旋转90°，如图4-117(d)所示。

(a)　　　　　　　　(b)　　　　　　　　(c)　　　　　　　　(d)

图4-117

● 水平/垂直翻转：这两个命令也非常简单，执行"水平翻转"命令可以将图像在水平方向上进行翻转，如图4-118(a)所示；执行"垂直翻转"命令可以将图像在垂直方向上进行翻转，如图4-118(b)所示。

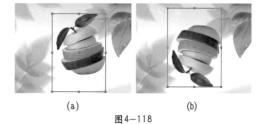

(a)　　　　(b)

图4-118

023 练习——使用变换制作形态各异的蝴蝶

案例文件	练习实例——使用变换制作形态各异的蝴蝶.psd
视频教学	练习实例——使用变换制作形态各异的蝴蝶.flv
难易指数	
技术要点	缩放、旋转、斜切、扭曲

案例效果

本例使用"变换"功能制作形态各异的蝴蝶，如图4-119所示。

图4-119

操作步骤

步骤01 ▶ 按Ctrl+O组合键，打开本书配套光盘中的素材文件，如图4-120所示。

步骤02 ▶ 创建一个"蝴蝶"图层组，导入蝴蝶素材文件，如图4-121所示。

步骤03 ▶ 接着执行"编辑>变换>缩放"菜单命令，此时蝴蝶四周出现方形定界框，按住Shift键单击右上角的控制点并向内拖动，等比例缩放蝴蝶，如图4-122所示。

图4—120

图4—121

图4—122

步骤04 ▶ 执行"编辑>变换>旋转"菜单命令或单击鼠标右键执行"旋转"命令，然后将光标移动到右上角外侧，此时光标变为圆滑的双箭头形，单击并向右下方拖动光标旋转蝴蝶，如图4-123所示。

步骤05 ▶ 再次单击鼠标右键执行"水平翻转"命令，按Enter键完成变换，并将其移动到合适位置，如图4-124所示。

步骤06 ▶ 多次按下Ctrl+J复制蝴蝶图层，然后对其进行变换调整，制作出形态各异的蝴蝶摆放在天空中，效果如图4-125所示。

图4—123

图4—124

图4—125

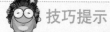 技巧提示

为了模拟出蝴蝶的远近关系，不仅需要在大小上进行调整，还可以将较远处的蝴蝶图层的不透明度降低，如图4-126所示。

图4—126

图4—127

步骤07 ▶ 再次导入另外一个蝴蝶素材，用同样的方法复制多个并变换形状，最终效果如图4-127所示。

知识精讲：使用"自由变换"命令

"自由变换"命令其实也是变换中的一种，按Ctrl+T组合键可以使所选图层或选区内的图像进入自由变换状态。"自由变换"命令与"变换"命令非常相似，但是"自由变换"命令可以在一个连续的操作中应用旋转、缩放、斜切、扭曲、透视和变形（如果是变换路径，"自由变换"命令将自动切换为"自由变换路径"命令；如果是变换路径上的锚点，"自由变换"命令将自动切换为"自由变换点"命令），并且可以不必选取其他变换命令，如图4-128所示分别为缩放操作、移动操作和旋转操作。

熟练掌握自由变换可以大大提高工作效率，在自由变换状态下，Ctrl键、Alt键和Shift键将经常一起搭配使用。Ctrl键可以使变换更加自由；Shift键主要用来控制方向、旋转角度和等比例缩放；Alt键主要用来控制中心对称。

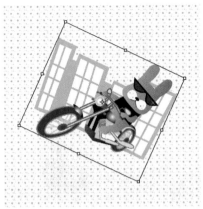

图4—128

024 理论——在没有按任何快捷键的情况下

使用鼠标左键拖曳定界框4个角上的控制点，可以形成以对角不变的自由矩形方式变换，也可以反向拖曳形成翻转变形。

使用鼠标左键拖曳定界框边上的控制点，可以形成以对边不变的等高或等宽的自由变换。

使用鼠标左键在定界框外拖曳可以自由旋转图像，精确至0.1°，也可以直接在选项栏中定义旋转角度。

025 理论——按Shift键

使用鼠标左键拖曳定界框4个角上的控制点，可以等比例放大或缩小图像，也可以反向拖曳形成翻转变换，如图4-129所示。

使用鼠标左键在定界框外拖曳，可以以15°为单位顺时针或逆时针旋转图像，如图4-130所示。

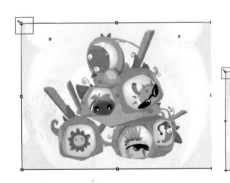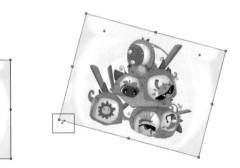

图4—129 　　　　　　　　　　　　　　　　图4—130

026 理论——按Ctrl键

使用鼠标左键拖曳定界框4个角上的控制点，可以形成以对角为直角的自由四边形方式变换，如图4-131所示。

使用鼠标左键拖曳定界框边上的控制点，可以形成以对边不变的自由平行四边形方式变换，如图4-132所示。

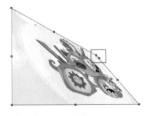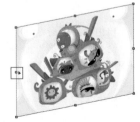

图4—131 　　　　　　　　　图4—132

027 理论——按Alt键

使用鼠标左键拖曳定界框4个角上的控制点，可以形成以中心对称的自由矩形方式变换，如图4-133所示。

使用鼠标左键拖曳定界框边上的控制点，可以形成以中心对称的等高或等宽的自由矩形方式变换，如图4-134所示。

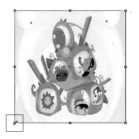 

图4-133　　　　　　　图4-134

028 理论——按Shift+Ctrl组合键

使用鼠标左键拖曳定界框4个角上的控制点，可以形成以对角为直角的直角梯形方式变换，如图4-135所示。

使用鼠标左键拖曳定界框边上的控制点，可以形成以对边不变的等高或等宽的自由平行四边形方式变换，如图4-136所示。

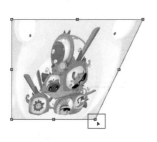 

图4-135　　　　　　　图4-136

029 理论——按Ctrl+Alt组合键

使用鼠标左键单击并拖曳定界框4个角上的控制点，可以形成以相邻两角位置不变的中心对称自由平行四边形方式变换，如图4-137所示。

使用鼠标左键单击并拖曳定界框边上的控制点，可以形成以相邻两边位置不变的中心对称自由平行四边形方式变换，如图4-138所示。

图4-137　　　　　　　图4-138

030 理论——按Shift+Alt组合键

使用鼠标左键拖曳定界框4个角上的控制点，可以形成以中心对称的等比例放大或缩小的矩形方式变换，如图4-139所示。

使用鼠标左键拖曳定界框边上的控制点，可以形成以中心对称的对边不变的矩形方式变换，如图4-140所示。

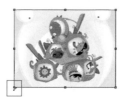

图4-139　　　　　　　图4-140

031 理论——按Shift+Ctrl+Alt组合键

使用鼠标左键拖曳定界框4个角上的控制点，可以形成等腰梯形、三角形或相对等腰三角形方式变换，如图4-141所示。

使用鼠标左键拖曳定界框边上的控制点，可以形成以中心对称等高或等宽的自由平行四边形方式变换，如图4-142所示。

 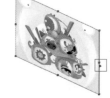

图4-141　　　　　　　图4-142

032 理论——自由变换并复制图像

在Photoshop中，可以边变换图像，边复制图像，这个功能在实际工作中的使用频率非常高。例如在图4-143(a)所示的图像中，选中圆形按钮图层，按Ctrl+Alt+T组合键进入自由变换并复制状态，将中心点定位在右上角，如图4-143(b)所示，然后将其缩小并向右移动一段距离，接着按Enter键确认操作，结果如图4-143(c)所示。通过这一系列的操作，就奠定了一个变换规律，同时Photoshop会生成一个新的图层。

确定变换规律以后，就可以按照这个规律继续变换并复制图像。如果要继续变换并复制图像，可以连续按Shift+Ctrl+Alt+T组合键，直到达到要求为止，如图4-144所示。

(a)

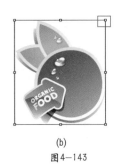
(b)

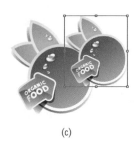
(c)

图4—143

图4—144

033 练习——使用再次变换命令制作重叠花朵

案例文件	练习实例——使用再次变换命令制作重叠花朵.psd
视频教学	练习实例——使用再次变换命令制作重叠花朵.flv
难度级别	★★★☆☆
技术要点	自由变换工具，再次变换命令

案例效果

本案例效果如图4-145所示。

操作步骤

步骤01 按Ctrl+N组合键，在弹出的"新建"对话框中设置"宽度"为1783像素，"高度"为2363像素，"背景内容"为"白色"，如图4-146所示。

图4—145

图4—146

步骤02 创建新组，并命名为"复制变换"，创建新图层，选择自定形状工具，在选项栏的下拉列表中选择"雨滴"形状，如图4-147所示。

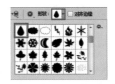

图4—147

步骤03 按"Ctrl+T"组合键调用"自由变换"命令，在选项栏中设置参考点位置和旋转，如图4-148所示。

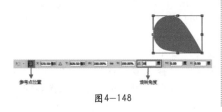
参考点位置　　　　　　旋转角度
图4—148

步骤04 按Ctrl +D组合键取消选择，然后按Ctrl + Alt + T组合键进行复制，如图4-149(a)所示。同理，按Shift+Ctrl+Alt+T组合键进行多次复制即可，如图4-149(b)所示。

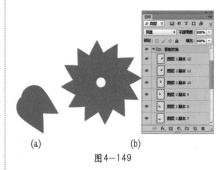
(a)　　　　　　(b)
图4—149

步骤05 下面创建新组并命名为"大花"。复制"复制变换"组，建立副本，打开图层，按住Ctrl键分别每隔一行单击一下，然后集体降低不透明度为10%，如图4-150(a)所示。然后重新按住Ctrl键分别单击刚刚没有被单击过的另一组图层，然后集体降低不透明度为15%，如图4-150(b)所示。

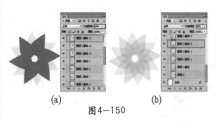
(a)　　　　　　(b)
图4—150

步骤06 右键单击"复制变换副本"组，合并组，然后按Ctrl+U组合键，打开"色相/饱和度"对话框，设置"色相"为27，"饱和度"为－100，"明度"为－100，如图4-151(a)所示。调整颜色是为了下面制作花朵过渡而做的，此时效果如图4-151(b)所示。

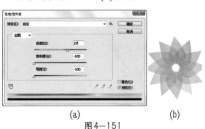
(a)　　　　　　(b)
图4—151

步骤07 同理，再次复制"复制变换"组，建立"复制变换副本2"组，隔层降低不透明度为20%，另外隔层降低不透明度为25%，合并组并在"色相/饱和度"对话框中调整颜色，按Ctrl+T组合键，然后等比例缩小图像，如图4-152(a)所示。下面以此类推，制作6层即可，颜色也由低饱和度向高饱和度提升，如图4-152(b)所示。

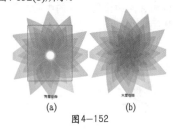
(a)　　　　　　(b)
图4—152

步骤08 创建新组，命名为"小花"，复制"复制变换"组，建立副本，建立选区，填充颜色为（R：206，G：92，B：100），如图4-153所示。

步骤09 添加图层样式，选中"描边"复选框，设置"大小"为3像素，"位置"为"外部"，"颜色"为白色，如图4-154所示。

步骤10 按Ctrl + J组合键复制图层，然后按自由变换快捷键Ctrl+T调整位置，按Shift+Alt组合键由中心向四周等比例缩放，如图4-155所示。

步骤11 最后导入人像素材文件，最终效果如图4-156所示。

图4-153

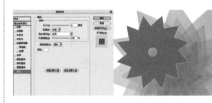

图4-154

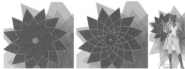

图4-155　图4-156

⓪③④ 练习——使用自由变换为电视机换频道

案例文件	练习实例——使用自由变换为电视机换频道.psd
视频教学	练习实例——使用自由变换为电视机换频道.flv
难度级别	★★★★★
技术要点	自由变换工具

案例效果

本案例效果如图4-157所示。

图4-157

操作步骤

步骤01 按Ctrl+O组合键，打开本书配套光盘中的室内效果图素材文件，并导入电影截图，如图4-158所示。

图4-158

步骤02 按Ctrl+T组合键执行"自由变换"命令，按住Shift键等比例缩小图像，并放在电视的位置，如图4-159所示。

图4-159

步骤03 为了便于观察，可以在"图层"面板中降低该图层不透明度。继续在图层上单击鼠标右键执行"扭曲"命令，单击右上角控制点并拖曳到电视机屏幕的右上角位置，然后用同样的方法拖动右下角的点到合适位置，如图4-160所示。

图4-160

步骤04 此时可以看到屏幕素材与电视机产生相同的透视感。按Enter键或单击选项栏中的 ✓ 按钮完成变换操作。为了使画面与电视屏幕融合得更好，需要设置其图层的"不透明度"为75%，最终效果如图4-161所示。

图4-161

知识精讲：使用内容识别比例

"内容识别比例"是Photoshop中一个非常实用的缩放功能，它可以在不更改重要可视内容（如人物、建筑、动物等）的情况下缩放图像大小。常规缩放在调整图像大小时会统一影响所有像素，而"内容识别比例"命令主要影响没有重要可视内容区域中的像素，如图4-162所示为原图、使用"自由变换"命令进行常规缩放以及使用"内容识别比例"命令进行缩放的对比效果。

图4-162

执行"内容识别比例"命令，调出该命令的选项栏，如图4-163所示。

图4-163

- "参考点位置"图标▦：单击其他的白色方块，可以指定缩放图像时要围绕的固定点。在默认情况下，参考点位于图像的中心。

- "使用参考点相对定位"按钮△：单击该按钮，可以指定相对于当前参考点位置的新参考点位置。

- X/Y：设置参考点的水平和垂直位置。

- W/H：设置图像按原始大小的缩放百分比。

- 数量：设置内容识别缩放与常规缩放的比例。在一般情况下，都应该将该值设置为100%。

- 保护：选择要保护的区域的Alpha通道。如果要在缩放图像时保留特定的区域，"内容识别比例"命令允许在调整大小的过程中使用Alpha通道来保护内容。

- "保护肤色"按钮▨：激活该按钮后，在缩放图像时，可以保护人物的肤色区域。

> **技巧提示**
>
> "内容识别比例"命令适用于处理图层和选区，图像可以是RGB、CMYK、Lab和灰度颜色模式以及所有位深度。注意，"内容识别比例"命令不适用于处理调整图层、图层蒙版、各个通道、智能对象、3D图层、视频图层、图层组，或者同时处理多个图层。

035 练习——使用内容识别比例缩短照片背景

案例文件	练习实例——利用内容识别比例缩放图像.psd
视频教学	练习实例——利用内容识别比例缩放图像.flv
难易指数	★★★★★
知识掌握	掌握"内容识别比例"命令的使用方法

案例效果

本案例处理前后对比效果如图4-164所示。

图4-164

操作步骤

步骤01 按Ctrl+O组合键，打开本书配套光盘中的素材文件，如图4-165所示。

步骤02 按Ctrl+J组合键复制一个图层，然后执行"编辑>内容识别比例"菜单命令，自左向右拖曳定界框，此时可以发现图像宽度缩短，但是人像并没有发生变形，如图4-166所示。

图4-165　　　　　　　图4-166

036 练习——利用保护肤色功能缩放人像

案例文件	练习实例——利用保护肤色功能缩放人像.psd
视频教学	练习实例——利用保护肤色功能缩放人像.flv
难易指数	★★★★★
知识掌握	掌握"保护肤色"功能的使用方法

案例效果

使用"内容识别比例"命令的"保护肤色"功能可以保护人物的肤色不发生变形，如图4-167所示分别是原始素材与使用"保护肤色"功能缩放图像的效果对比。

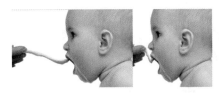
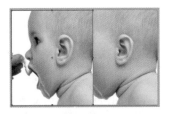

图4-167

图4-169

操作步骤

步骤01 按Ctrl+O组合键，打开本书配套光盘中的素材文件，如图4-168所示。

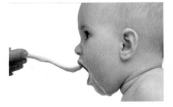

图4-168

步骤02 按Ctrl+J组合键复制一个图层，然后执行"编辑>内容识别比例"菜单命令，向右拖曳定界框，此时可以发现人像发生了变形，如图4-169所示。

步骤03 在选项栏中单击"保护肤色"按钮，此时人物的手部比例就会恢复正常，如图4-170所示。

步骤04 最终效果如图4-171所示。

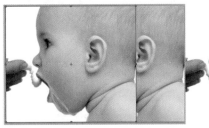
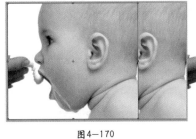

图4-170　　　　　　图4-171

037 练习——利用通道保护功能保护特定对象

案例文件	练习实例——利用通道保护功能保护特定对象.psd
视频教学	练习实例——利用通道保护功能保护特定对象.flv
难易指数	★★★★★
知识掌握	掌握"通道保护"功能的使用方法

案例效果

使用"内容识别比例"命令的"通道保护"功能可以保护通道区域中的图像不会变形，如图4-172所示分别是原始素材与使用"通道保护"功能缩放图像后的效果对比。

图4-172

操作步骤

步骤01 按Ctrl+O组合键，打开包含通道的PSD素材文件，如图4-173所示。

步骤02 按Ctrl+J组合键复制一个图层，然后切换到"通道"面板，其最底部有一个事先制作好的Alpha1通道，如图4-174所示。

 **技巧提示**

这个Alpha1通道存储的是人像的选区，主要用来保护人像对象在变换时不发生变形。Alpha1通道的创建方法属于通道章节的内容，具体创建方法在相应的章节中会进行详细讲解。

图4-173　　　　　　图4-174

步骤03 执行"编辑>内容识别比例"菜单命令，然后在选项栏中设置"保护"为Alpha 1通道，接着向右拖曳定界框右侧中间的控制点，此时可以发现无论怎么缩放图像，人像的形态始终都保持不变，如图4-175所示。

步骤04 最终效果如图4-176所示。

图4-175　　　　　　图4-176

4.11 操控变形

"操控变形"是Photoshop CC非常重要的一项图像变形功能，与3ds Max的骨骼系统有相似之处，它是一种可视网格。借助该网格，可以随意地扭曲特定图像区域，并保持其他区域不变。"操控变形"通常用来修改人物的动作、发型等。执行"编辑>操控变形"菜单命令，图像上将会布满网格，通过在图像中的关键点上添加"图钉"，可以修改人物的一些动作，如图4-177所示是修改腿部动作前后的效果对比。

图4—177

 技巧提示

除了图像图层、形状和文字图层之外，还可以对图层蒙版和矢量蒙版应用操控变形。如果要以非破坏性的方式变形图像，需要将图像转换为智能对象。

如图4-178所示为"操控变形"明亮的选项栏。

图4—178

● 模式：共有"刚性"、"正常"和"扭曲"3种模式。选择"刚性"模式时，变形效果比较精确，但是过渡效果不是很柔和，如图4-179(a)所示；选择"正常"模式时，变形效果比较准确，过渡也比较柔和，如图4-179(b)所示；选择"扭曲"模式时，可以在变形的同时创建透视效果，如图4-179(c)所示。

(a)　　　　　(b)　　　　　(c)

图4—179

● 浓度：共有"较少点"、"正常"和"较多点"3个选项。选择"较少点"选项时，网格点数量就比较少，如图4-180(a)所示，同时可添加的图钉数量也较少，并且图钉之间需要间隔较大的距离；选择"正常"选项时，网格点数量比较适中，如图4-180(b)所示；选择"较多点"选项时，网格点非常细密，如图4-180(c)所示，当然可添加的图钉数量也更多。

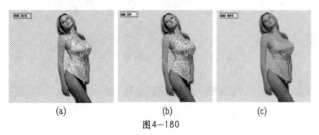

(a)　　　　　(b)　　　　　(c)

图4—180

● 扩展：用来设置变形效果的衰减范围。设置较大的像素值以后，变形网格的范围也会相应地向外扩展，变形之后，图像的边缘会变得更加平滑，如图4-181(a)所示是将"扩展"设置为20像素时的效果；设置较小的像素值以后（可以设置为负值），图像的边缘变化效果会变得很生硬，如图4-181(b)所示是将"扩展"设置为－20像素时的效果。

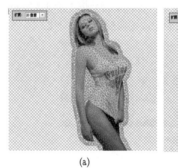

(a)　　　　　　　　　　(b)

图4—181

● 显示网格：控制是否在变形图像上显示出变形网格。

● 图钉深度：选择一个图钉以后，单击"将图钉前移"按钮，可以将图钉向上层移动一个堆叠顺序；单击"将图钉后移"按钮，可以将图钉向下层移动一个堆叠顺序。

● 旋转：共有"自动"和"固定"两个选项。选择"自动"选项时，在拖曳图钉变形图像时，系统会自动对图像进行旋转处理，如图4-182(a)所示（按Alt键，将光标放置在图钉范围之外即可显示出旋转变形框）；

如果要设定精确的旋转角度，可以选择"固定"选项，然后在后面的文本框中输入旋转度数即可，如图4-182(b)所示。

 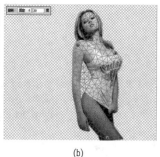

(a)   (b)

图4-182

038 练习——使用操控变形制作美女的分身

案例文件	练习实例——使用操控变形制作美女的分身.psd
视频教学	练习实例——使用操控变形制作美女的分身.flv
难易指数	★★★★★
知识掌握	掌握"操控变形"命令的使用方法

案例效果

本例使用"操控变形"功能修改美少女动作前后的对比效果如图4-183所示。

图4-183

操作步骤

步骤01 按Ctrl+O组合键，打开本书配套光盘中的素材文件，如图4-184所示。

图4-184

步骤02 按Ctrl+J组合键复制出一个人像副本，隐藏原始人像图层，如图4-185(a)所示。使用钢笔工具 ✐ 勾勒出人像的轮廓，单击鼠标右键执行"建立选区"命令，按Ctrl+Shift+I组合键进行反选，然后按Delete键，人像即被完整抠出来了。执行"编辑>操控变形"菜单命令，可以看到人像上出现了密布的网格，在人像的重要位置添加一些图钉，如图4-185(b)所示。

(a)   (b)

图4-185

答疑解惑——怎么在图像上添加与删除图钉？

执行"编辑>操控变形"菜单命令以后，光标会变成✐形状，在图像上单击鼠标左键即可在单击处添加图钉。如果要删除图钉，可以选择该图钉，然后按Delete键，或者按Alt键单击要删除的图钉；如果要删除所有的图钉，可以在网格上单击鼠标右键，然后在弹出的菜单中选择"移去所有图钉"命令。

步骤03 将光标放置在图钉上，然后使用鼠标左键单击并仔细调节图钉的位置，此时图像也会随之发生变形，如图4-186所示。

图4-186

技巧提示

"操作变形"命令类似于三维软件中的骨骼绑定系统，使用起来非常方便，可以通过控制几个图钉来快速调节图像的变形效果。

步骤04 变形调整完成后按Enter键完成操作，按Ctrl+T组合键调用"自由变换"命令，然后单击鼠标右键执行"水平翻转"命令，接着显示出原始人像图层，最终效果如图4-187所示。

图4-187

4.12 自动对齐图层

很多时候为了节约成本，拍摄全景图像时经常需要拍摄多张后在后期软件中进行拼接。使用"自动对齐图层"命令可以根据不同图层中的相似内容（如角和边）自动对齐图层。可以指定一个图层作为参考图层，也可以让Photoshop自动选择参考图层，其他图层将与参考图层对齐，以便使匹配的内容能够自动进行叠加，如图4-188所示。

在"图层"面板中选择两个或两个以上的图层，然后执行"编辑>自动对齐图层"菜单命令，打开"自动对齐图层"对话框，如图4-189所示。

图4-188　　　　　　　　　　　　　　　　　　图4-189

- 自动：通过分析源图像并应用"透视"或"圆柱"版面。
- 透视：通过将源图像中的一张图像指定为参考图像来创建一致的复合图像，然后变换其他图像，以匹配图层的重叠内容。
- 圆柱：通过在展开的圆柱上显示各个图像来减少在"透视"版面中会出现的"领结"扭曲，同时图层的重叠内容仍然相互匹配。
- 球面：将图像与视角对齐（垂直和水平）。指定某个源图像（默认情况下是中间图像）作为参考图像以

后，对其他图像执行球面变换，以匹配重叠的内容。
- 拼贴：对齐图层并匹配重叠内容，并且不更改图像中对象的形状（例如，圆形将仍然保持为圆形）。
- 调整位置：对齐图层并匹配重叠内容，但不会变换（伸展或斜切）任何源图层。
- 晕影去除：对导致图像边缘（尤其是角落）比图像中心暗的镜头缺陷进行补偿。
- 几何扭曲：补偿桶形、枕形或鱼眼失真。

 技巧提示

自动对齐图像之后，可以执行"编辑>自由变换"菜单命令来微调对齐效果。

---

039 练习——使用"自动对齐图层"命令连接多幅图片

案例文件	练习实例——使用"自动对齐图层"命令连接多幅图片.psd
视频教学	练习实例——使用"自动对齐图层"命令连接多幅图片.flv
难易指数	★★★★★
知识掌握	掌握"自动对齐图层"命令的使用方法

案例效果

本例使用"自动对齐图层"命令将多张图片对齐后的效果如图4-190所示。

图4-190

操作步骤

步骤01 按Ctrl+N组合键，打开"新建"对话框，然后设置"宽度"为2000像素，"高度"为1370像素，"分辨率"为72像素/英寸，如图4-191所示。

图4-191

步骤02▶ 按Ctrl+O组合键，打开本书配套光盘中的四张素材文件，然后按照顺序将素材分别拖曳到操作界面中，如图4-192所示。

图4-192

步骤03▶ 在"图层"面板中选择"图层1"，然后按住Ctrl键的同时分别单击"图层2"、"图层3"和"图层4"的名称（注意，不能单击图层的缩略图，因为这样会载入图层的选区），这样可以同时选中这些图层，如图4-193所示。

图4-193

技巧提示

在这里也可以先选择"图层1"，然后按住Shift键的同时单击"图层4"的名称或缩略图，这样也可以同时选中这4个图层。使用Shift键选择图层时，可以选择多个连续的图层，而使用Ctrl键选择图层时，可以选择多个连续或间隔开的图层。

步骤04▶ 执行"编辑>自动对齐图层"菜单命令，在弹出的"自动对齐图层"对话框选中"自动"单选按钮，如图4-194所示。

图4-194

步骤05▶ 使用裁剪工具，把图剪切整齐。此时可以观察到这4张图像已经对齐了，并且图像之间毫无间隙，最终效果如图4-195所示。

图4-195

技巧提示

如果"自动"投影方式不能完全套准图层，可以尝试使用"调整位置"投影方式。

4.13 自动混合图层

使用"自动混合图层"命令可以缝合或者组合图像，从而在最终图像中获得平滑的过渡效果，如图4-196所示。"自动混合图层"功能是根据需要对每个图层应用图层蒙版，以遮盖过度曝光或曝光不足的区域或内容差异。"自动混合图层"功能仅适用于RGB或灰度图像，不适用于智能对象、视频图层、3D图层或"背景"图层。

选择两个或两个以上的图层，然后执行"编辑>自动混合图层"菜单命令，打开"自动混合图层"对话框，如图4-197所示。

图4-196　　　　　　　　　　　　　　　　　　　　　　图4-197

● 全景图：将重叠的图层混合成全景图。

● 堆叠图像：混合每个相应区域中的最佳细节。该选项最适合用于已对齐的图层。

040 练习——使用"自动混合图层"命令连接两张风景照

案例文件	练习实例——使用"自动混合图层"命令连接两张风景照.psd
视频教学	练习实例——使用"自动混合图层"命令连接两张风景照.flv
难易指数	★★★★★
技术要点	"自动混合图层"命令

案例效果

本案例效果如图4-198所示。

操作步骤

步骤01 按Ctrl+N组合键，打开"新建"对话框，然后设置"宽度"为1900像素、"高度"为1200像素，如图4-199所示。

图4-198　　　　　　　　　图4-199

步骤02 按Ctrl+O组合键，打开本书配套光盘中的两张素材文件，如图4-200所示。

图4-200

步骤03 在"图层"面板中同时选择"图层0"和"图层1"图层，然后执行"编辑>自动混合图层"菜单命令，在弹出的"自动混合图层"对话框中选中"全景图"单选按钮，单击"确定"按钮后可以看到两个图层上分别出现了图层蒙版，并且两张图片交界处的分界线消失了，如图4-201所示。

图4-201

步骤04 使用裁剪工具 ⚁ ，在画面中裁剪掉多余区域，最终效果如图4-202所示。

图4-202

041 练习——使用"自动混合"命令快速溶图

案例文件	练习实例——使用"自动混合"命令快速溶图.psd
视频教学	练习实例——使用"自动混合"命令快速溶图.flv
难易指数	★★★★★
技术要点	"自动混合"命令

案例效果

本案例效果如图4-203所示。

图4-203

操作步骤

步骤01 按Ctrl+O组合键，打开本书配套光盘中的两张素材文件，如图4-204所示。为了凳子融合到当前图像中，可以

使用抠图的方法，但是比较麻烦，本案例中将使用"自动混合"命令进行快速的溶图。

图4-204

步骤02 将"凳子"图层放在"图层"面板的上方，并在"图层"面板中同时选择"背景"图层和"凳子"图层，然后执行"编辑>自动混合图层"菜单命令，在弹出的"自

动混合图层"对话框中选中"堆叠图像"单选按钮，如图4-205所示。

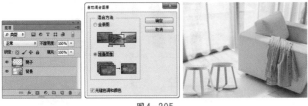

图4-205

步骤03 导入文字素材文件，效果如图4-206所示。

图4-206

4.14 定义工具预设

Photoshop中内置了大量的形状库、画笔库、渐变库、样式库、图案库等设计资源。当然，在不同类型的设计作品中，内置的工具预设未必最适合当前操作，这时就需要用户自己制作相应的样式来完成设计工作。

042 理论——定义画笔预设

预设画笔是一种存储的画笔笔刷，带有大小、形状和硬度等特性。如果要自己定义一个笔刷样式，可以先选择要定义成笔刷的图像，然后执行"编辑>定义画笔预设"菜单命令，接着在弹出的"画笔名称"对话框中为笔刷样式命名，如图4-207所示。

定义好笔刷样式以后，在工具箱中单击画笔工具 ，然后在选项栏中单击倒三角形图标 ，在弹出的"画笔预设"管理器中即可选择自定义的画笔笔刷，并可以像使用系统预设的笔刷一样进行绘制，如图4-208所示。

图4-207   图4-208

 技巧提示

当更改预设画笔的大小、形状或硬度时，Photoshop会把这些设置保存下来，在下一次使用画笔工具时，就会套用这些设置。

043 练习——定义蝴蝶画笔

案例文件	练习实例——定义蝴蝶画笔.psd
视频教学	练习实例——定义蝴蝶画笔.flv
难易指数	
知识掌握	掌握如何定义画笔预设

案例效果

本案例效果如图4-209所示。

图4-209

操作步骤

步骤01 按Ctrl+O组合键，打开本书配套光盘中的素材文件，如图4-210所示。

步骤02 在工具箱中单击魔棒工具 ，然后在白色区域单击鼠标左键，这样可以选择除了蝴蝶以外的区域，如图4-211所示。

图4-210   图4-211

技巧提示

注意，在使用魔棒工具选择白色区域时，一定要在选项栏中选中"连续"复选框，如图4-212所示，否则会选择整个图像中的所有白色区域，如图4-213所示。

图4-212

图4-213

步骤03 按Shift+Ctrl+I组合键反向选择选区，这样就选择了蝴蝶，接着执行"选择>修改>平滑"菜单命令，最后在弹出的"平滑选区"对话框中设置"取样半径"为1像素，如图4-214所示。

图4-214

步骤04 按Ctrl+J组合键将选区中的图像复制到一个新的图层中，接着单击"背景"图层前面的"指示图层可见性"图标 ，将该图层隐藏起来，如图4-215所示。

图4-215

步骤05 执行"编辑>定义画笔预设"菜单命令，然后在弹出的对话框中为画笔命名，如图4-216所示。

图4-216

步骤06 打开本书配套光盘中的背景文件，如图4-217所示。

步骤07 在工具箱中单击画笔工具 ，然后在画布中单击鼠标右键，接着在弹出的"画笔预设"拾取器中选择前面定义的"蝴蝶"笔刷，如图4-218所示。

图4-217　　　　　　　　　　图4-218

步骤08 在"图层"面板中单击"创建新图层"按钮 ，新建一个图层，然后设置前景色为红色，接着在画布中单击鼠标即可绘制红色的蝴蝶，如图4-219所示。

图4-219

答疑解惑——为什么绘制出来的蝴蝶特别大?

如果绘制出来的蝴蝶特别大，如图4-220所示，这就说明笔刷的半径过大了，此时可以在"画笔预设"管理器中修改"大小"数值来修改笔刷的半径大小，如图4-221所示。

图4-220　　　　　　　　　　图4-221

步骤09 利用自由变换功能调整一下蝴蝶的角度，如图4-222所示。

步骤10 继续新建图层，并设置不同的前景色，然后绘制出其他的蝴蝶，接着调整好这些蝴蝶的角度，最终效果如图4-223所示。

图4-222　　　　　　　　　　图4-223

044 理论——定义图案预设

操作步骤

步骤01 在Photoshop中可以将打开的图像文件定义为图案，也可以将选区中的图像定义为图案。打开需要定义为图案的素材，执行"编辑>定义图案"菜单命令，就可以将其定义为预设图案，如图4-224所示。

图4-224

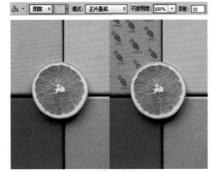

步骤02 单击工具箱中的油漆桶工具，在选项栏中设置填充区域的源为"图案"，"模式"为"正片叠底"，"不透明度"为"100%"，"容差"为"32"，如图4-225所示。

步骤03 继续用同样的方法为其他方格填充出不同图案，最终效果如图4-226所示。

图4-225   图4-226

技巧提示

也可以绘制出需要填充的区域选区后执行"编辑>填充"菜单命令，然后在弹出的"填充"对话框中设置"使用"为"图案"，接着单击"自定图案"选项后面图标，在弹出的"图案"拾取器中选择自定义的图案，如果不绘制选区则会以当前设置填充整个图像，如图4-227所示。

图4-227

---

045 理论——定义形状预设

操作步骤

步骤01 按Ctrl+O组合键打开任意素材文件，使用钢笔工具勾勒出图像的轮廓，如图4-228所示。

步骤02 执行"编辑>定义自定形状"菜单命令，如图4-229所示。

图4-230

步骤04 在工具箱中单击自定形状工具，然后在选项栏中单击"形状"选项后面的倒三角形图标，在弹出的"自定形状"面板中就可以选择刚才定义的形状预设，打开任意背景素材即可在其中进行绘制，如图4-231所示。

图4-228   图4-229

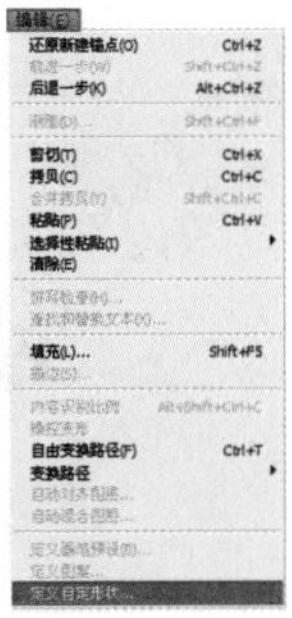

步骤03 在弹出的"形状名称"对话框中为形状命名，如图4-230所示。

图4-231

Chapter 05
第5章

选区与抠图常用工具

在Photoshop中处理图像时，经常需要针对局部效果进行调整，这时就需要为图像指定一个有效的编辑区域，这个区域就是选区。通过选择特定区域，可以对该区域进行编辑并保持未选定区域不会被改动。

本章学习要点：
- 掌握选区工具的使用方法
- 掌握常用抠图工具的使用方法与技巧
- 掌握选区的编辑方法
- 掌握填充与描边选区的应用

I miss you

5.1 认识选区

在Photoshop中处理图像时，经常需要针对局部效果进行调整，这时就需要为图像指定一个有效的编辑区域，这个区域就是选区。通过选择特定区域，可以对该区域进行编辑并保持未选定区域不会被改动。

以图5-1为例，若只需要改变文字部分区域的颜色，就可以使用磁性套索工具或钢笔工具等绘制出需要调色的区域选区，然后对这些区域进行单独调色即可。

选区的另外一项重要功能是图像局部的分离，也就是抠图。以图5-2为例，要将图中的前景物体分离出来，就可以使用快速选择工具或磁性套索工具制作主体部分选区，接着将选区中的内容复制、粘贴到其他合适的背景文件中并添加其他合成元素，即可完成一个合成作品。

图5-1

图5-2

5.2 制作选区常用技法

Photoshop中包含多种用于制作选区的工具和命令，不同图像需要使用不同的工具来制作选区。

知识精讲：选框选择法

对于比较规则的圆形或方形对象，可以使用选框工具组。选框工具组是Photoshop中最常用的选区工具，适合于形状比较规则的图案（如圆形、椭圆形、正方形、长方形等），如图5-3所示即为使用矩形选区工具以及椭圆选区工具创建的矩形选区和圆形选区。

对于不规则选区，则可以使用套索工具组。对于转折处比较强烈的图案，可以使用多边形套索工具 来进行选择，如图5-4(a)所示；对于转折比较柔和图案的可以使用套索工具 ，如图5-4(b)所示。

 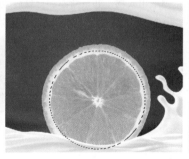  

(a) (b)

图5-3　　　　　　　　　　　　　　　　图5-4

知识精讲：路径选择法

Photoshop中的钢笔工具 属于典型的矢量工具，通过钢笔工具可以绘制出平滑或者尖锐的任何形状路径，绘制完成后可以将其转换为相同形状的选区，从而选出对象，如图5-5所示。

图5-5

 技巧提示

钢笔工具组中包含另外一个钢笔工具——自由钢笔工具，使用自由钢笔工具可以更加随意地绘制路径形状，并且自由钢笔具包含"磁性的"可选功能，如图5-6所示。磁性钢笔工具可以根据色调差异进行路径的绘制，与磁性套索工具的绘制方法相似，在后面的章节中将进行详细讲解。

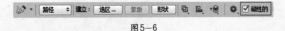

图5-6

知识精讲：色调选择法

魔棒工具、快速选择工具、磁性套索工具和"色彩范围"命令都可以基于色调之间的差异来创建选区。如果需要选择的对象与背景之间的色调差异比较明显，就可以使用这些工具和命令来进行选择。如图5-7所示是使用磁性套索工具 将前景对象抠选出来，并更换背景后的效果。

图5-7

知识精讲：通道选择法

通道选择法主要利用具体图像的色相差别或者明度差别用不同的方法建立选区。通道选择法非常适合于半透明与毛发类对象选区的制作，例如，如果要抠取毛发、婚纱、烟雾、玻璃以及具有运动模糊的物体，使用前面介绍的工具就很难保留精细的半透明选区，这时就需要使用通道来进行抠图，如图5-8所示。

图5-8

知识精讲：快速蒙版选择法

在快速蒙版状态下，可以使用各种绘画工具和滤镜对选区进行细致的处理。例如，如果要将图中的前景对象抠选出来，就可以进入快速蒙版状态，然后使用画笔工具 在快速蒙版中的背景部分上进行绘制（绘制出的选区为红色状态），绘制完成后按Q键退出快速蒙版状态，Photoshop会自动创建选区，这时就可以删除背景，也可以为前景对象重新添加背景，如图5-9所示。

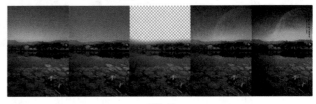

图5-9

知识精讲："抽出"滤镜选择法

"抽出"滤镜是Photoshop中非常强大的一个抠图滤镜，适合抠取细节比较丰富的对象。如图5-10所示是使用"抽出"滤镜抠选出人物，并重新添加背景后的效果。

图5-10

 技巧提示

"抽出"滤镜将在后面的滤镜章节中进行详细讲解。

5.3 选区的基本操作

"选区"作为一个非实体对象，也可以对其进行运算（包括新选区、添加到选区、从选区减去与选区交叉）、全选与反选、取消选择与重新选择、移动与变换、存储与载入等操作。

001 理论——选区的运算

如果当前图像中包含选区，在使用任何选框工具、套索工具或魔棒工具创建选区时，选项栏中就会出现选区运算的相关工具，如图5-11所示。

图5-11

操作步骤

步骤01 打开素材文件，然后使用矩形选框工具█绘制一个矩形选框，创建新选区，如图5-12所示。

步骤02 在选项栏中单击"添加到选区"按钮█，可以将当前创建的选区添加到原来的选区中（按住Shift键也可以实现相同的操作），如图5-13所示。

图5-12   图5-13

步骤03 单击"从选区减去"按钮█，可以将当前创建的选区从原来的选区中减去（按住Alt键也可以实现相同的操作），如图5-14所示。

步骤04 单击"与选区交叉"按钮█，新建选区时只保留原有选区与新创建选区相交的部分（按住Shift+Alt组合键也可以实现相同的操作），如图5-15所示。

图5-14   图5-15

002 理论——全选

全选图像常用于复制整个文档中的图像。执行"选择>全部"菜单命令或按Ctrl+A组合键，可以选择当前文档边界内的所有图像，如图5-16所示。

图5-16

003 理论——反选

创建选区以后，执行"选择>反选"菜单命令或按Shift+Ctrl+I组合键，可以选择反相的选区，也就是选择图像中没有被选择的部分，如图5-17所示。

图5-17

004 理论——取消选择

执行"选择>取消选择"菜单命令或按Ctrl+D组合键，可以取消选择选区，如图5-18所示。

图5-18

005 理论——重新选择

如果要恢复被取消的选区，可以执行"选择>重新选择"菜单命令，如图5-19所示。

图5-19

006 理论——隐藏与显示选区

　　执行"视图>显示>选区边缘"菜单命令可以切换选区的显示与隐藏。创建选区以后，执行"视图>显示>选区边缘"菜单命令或按Ctrl+H组合键，可以隐藏选区（注意，隐藏选区后，选区仍然存在）；如果要将隐藏的选区显示出来，可以再次执行"视图>显示>选区边缘"菜单命令或按Ctrl+H组合键。

007 理论——移动选区

　　使用选框工具创建选区时，在释放鼠标左键之前，按住Space键（即空格键）拖曳光标，可以移动选区，如图5-20所示。将光标放置在选区内，当光标变为▷形状时，拖曳光标也可以移动选区，如图5-21所示。

图5-20　　　　　　　　　　　　　　　　图5-21

 答疑解惑——如果要小幅度移动选区，该怎么操作？

　　如果要小幅度移动选区，可以按键盘上的→、←、↑、↓键来进行移动。

008 练习——使用"变换选区"命令制作投影

案例文件	练习实例——使用"变换选区"命令制作投影.psd
视频教学	练习实例——使用"变换选区"命令制作投影.flv
难易指数	★★★★★
技术要点	"变换选区"命令

案例效果

　　本例主要针对如何变换选区进行练习，如图5-22所示。

图5-22

操作步骤

步骤01 打开本书配套光盘中的素材文件，如图5-23所示。

步骤02 导入卡通前景素材放置在界面中，作为图层"1"，如图5-24所示。

图5-23　　　　　　　图5-24

步骤03 新建"投影"图层，然后将其放置在图层"1"的下一层然后按住Ctrl键并使用鼠标左键单击卡通素材图层缩略图载入选区，如图5-25所示。

步骤04 接着执行"选择>变换选区"菜单命令或按Alt+S+T组合键，或在画面中单击鼠标右键执行"变换选区"命令，

此时选区上出现与自由变换相同的定界框，单击鼠标右键执行"透视"命令，横向调整选区透视，如图5-26所示。

图5-25　　　　　　　图5-26

步骤05 再次单击鼠标右键执行"缩放"命令，自上而下将选区适当缩放，如图5-27所示。

步骤06 变换完成后按Enter键完成操作，如图5-28所示。

图5-27　　　　　　　图5-28

步骤07 选中新建的"投影"图层，设置前景色为黑色，按Alt+Delete组合键填充当前选区，如图5-29所示。

步骤08 为了使阴影效果柔和一些，可以在"图层"面板中选中"投影"图层，并调整图层"不透明度"为35%，如图5-30所示。

图5-29　　　　　　　　　　　　图5-30

009 理论——存储选区

在Photoshop中，选区可以作为通道进行存储。执行"选择>存储选区"菜单命令，或在"通道"面板中单击"将选区存储为通道"按钮 ，可以将选区存储为Alpha通道蒙版，如图5-31所示。

当执行"选择>存储选区"菜单命令时，Photoshop会弹出"存储选区"对话框，如图5-32所示。

图5-31　　　　　　　　　　　　图5-32

- 文档：选择保存选区的目标文件。默认情况下将选区保存在当前文档中，也可以将其保存在一个新建的文档中。
- 通道：选择将选区保存到一个新建的通道中，或保存到其他Alpha通道中。
- 名称：设置选区的名称。
- 操作：选择选区运算的操作方式，包括4种。"新建通道"是将当前选区存储在新通道中；"添加到通道"是将选区添加到目标通道的现有选区中；"从通道中减去"是从目标通道中的现有选区中减去当前选区；"与通道交叉"是从与当前选区和目标通道中的现有选区交叉的区域中存储一个选区。

010 理论——载入选区

执行"选择>载入选区"菜单命令，或在"通道"面板中按住Ctrl键的同时单击存储选区的通道蒙版缩略图，即可重新载入存储的选区，如图5-33所示。

当执行"选择>载入选区"菜单命令时，Photoshop会弹出"载入选区"对话框，如图5-34所示。

图5-33　　　　　　　　　　　　图5-34

- 文档：选择包含选区的目标文件。
- 通道：选择包含选区的通道。
- 反相：选中该复选框后，可以反转选区，相当于载入选区后执行"选择>反向"菜单命令。
- 操作：选择选区运算的操作方式，包括4种。"新建选区"是用载入的选区替换当前选区；"添加到选区"是将载入的选区添加到当前选区中；"从选区中减去"是从当前选区中减去载入的选区；"与选区交叉"可以得到载入的选区与当前选区交叉的区域。

技巧提示

如果要载入单个图层的选区，可以按住Ctrl键的同时单击该图层的缩略图。

011 练习——使用"存储选区"与"载入选区"命令制作人像招贴

案例文件	练习实例——使用"存储选区"与"载入选区"命令制作人像招贴.psd
视频教学	练习实例——使用"存储选区"与"载入选区"命令制作人像招贴.flv
难易指数	★★★★★
技术要点	"存储选区"和"载入选区"命令

案例效果

本例主要针对如何存储选区与载入选区进行练习，如图5-35所示。

图5-35

步骤01 打开本书配套光盘中的背景素材文件，然后导入中景素材作为"图层2"，导入人像素材作为"图层1"，如图5-36所示。

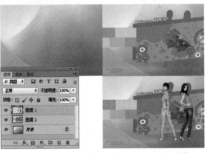

图5-36

步骤02 按住Ctrl键的同时单击"图层1"（即人物所在的图层）的缩略图，载入该图层的选区，如图5-37所示。

图5-37

步骤03 执行"选择>存储选区"菜单命令，然后在弹出的"存储选区"对话框中设置"名称"为"人物选区"，如图5-38所示。

图5-38

步骤04 按住Ctrl键的同时单击"图层2"的缩略图，载入该图层的选区，如图5-39所示。

图5-39

步骤05 执行"选择>载入选区"菜单命令，然后在弹出的"载入选区"对话框中设置"通道"为"人物选区"，接着设置"操作"为"添加到选区"，此时即可得到人像和中景相加的选区，如图5-40所示。

图5-40

步骤06 创建"图层3"，然后执行"编辑>描边"菜单命令，在弹出的"描边"对话框中设置"宽度"为15像素、"颜色"为黄色（R：255，G：246，B：0），"位置"为"居外"，选区上出现黄色描边，如图5-41所示。

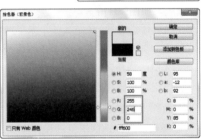

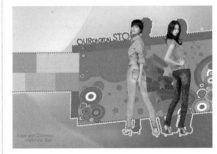

图5-41

5.4 基本选择工具

Photoshop中包含多种方便快捷的选择工具组，基本选择工具组包括选框工具组、套索工具组、快速选择工具组，每个工具组中又包含多种工具。熟练掌握这些基本工具的使用方法，可以快速地选择需要的选区。

知识精讲：矩形选框工具

矩形选框工具█主要用于创建矩形选区，按住Shift键可以创建正方形选区，如图5-42所示为矩形选框、正方形选区和矩形选区工具选项栏。

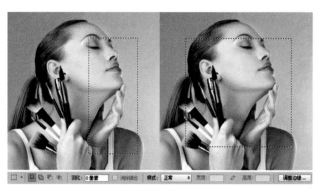

图5-42

技巧提示

　　当设置的"羽化"数值过大，以至于任何像素都不大于50%选择，Photoshop会弹出一个警告对话框，提醒用户羽化后的选区将不可见（选区仍然存在），如图5-44所示。

图5-44

第5章 选区与抠图常用工具

◉ **羽化**：主要用来设置选区的羽化范围，如图5-43(a)"羽化"值为0像素时的边界效果，如图5-43(b)所示是"羽化"值为20像素时的边界效果。

◉ **消除锯齿**：矩形选框工具的"消除锯齿"选项是不可用的，因为矩形选框没有不平滑效果，只有在使用椭圆选框工具时"消除锯齿"选项才可用。

◉ **样式**：用来设置矩形选区的创建方法。当选择"正常"选项时，可以创建任意大小的矩形选区；当选择"固定比例"选项时，可以在右侧的"宽度"和"高度"文本框中输入数值，以创建固定比例的选区。比如设置"宽度"为1、"高度"为2，那么创建出来的矩形选区的高度就是宽度的2倍；当选择"固定大小"选项时，可以在右侧的"宽度"和"高度"文本框中输入数值，然后单击鼠标左键即可创建一个固定大小的选区（单击"高度和宽度互换"按钮 可以切换"宽度"和"高度"的数值）。

◉ **调整边缘**：单击该按钮可以打开"调整边缘"对话框，在该对话框中可以对选区进行平滑、羽化等处理。

(a)　图5-43　(b)

012 练习——使用矩形选框工具制作儿童相册

案例文件	练习实例——使用矩形选框工具制作儿童相册.psd
视频教学	练习实例——使用矩形选框工具制作儿童相册.flv
难易指数	★★★★★
知识掌握	掌握如何制作矩形选区

图5-45　　　　图5-46

案例效果

本例主要针对矩形选框工具的用法进行练习，如图5-45所示。

操作步骤

步骤01 打开本书配套光盘中的素材文件，如图5-46所示。下面需要为空白相框添加照片。

步骤02 导入一张图片素材文件，如图5-47所示。

步骤03 为了将照片与背景相框更好地结合，需要去除相片中多余的部分。首先需要将"照片"图层的不透明度降低以便观察，单击工具箱中的矩形选框工具，在相框中心部分绘制一个矩形选区，如图5-48所示。

步骤04 将照片图层不透明度调整为100%，单击鼠标右键执行"选择反向"命令，选择反向的选区，然后按Delete键删除选区内的照片部分，效果如图5-49所示。

图5-47　　　　图5-48

图5-49

 答疑解惑——如何降低图层不透明度

　　在"图层"面板中选中该图层，然后在"图层"面板右上角的"不透明度"文本框中输入较小的数值即可，如图5-50所示。

图5-50

知识精讲：椭圆选框工具

椭圆选框工具 ◯ 主要用来创建椭圆选区，按住Shift键可以创建正圆选区。如图5-51所示为椭圆选区、正圆选区和椭圆选框工具选项栏。

图5-51

其中"消除锯齿"复选框的功能是通过柔化边缘像素与背景像素之间的颜色过渡效果，来使选区边缘变得平滑，如图5-52(a)所示是选中"消除锯齿"复选框时的图像边缘效果，如图5-52(b)所示是取消选中"消除锯齿"复选框时的图像边缘效果。由于"消除锯齿"只影响边缘像素，因此不会丢失细节，在剪切、复制和粘贴选区图像时非常有用。

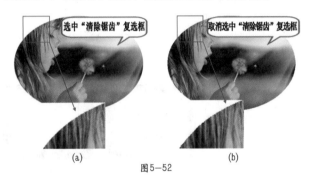

(a)　　　　　　　　　　　(b)

图5-52

 技巧提示

其他选项的用法与矩形选框工具中的相同，因此这里不再讲解。

知识精讲：单行/单列选框工具

单行选框工具 ▭ 和单列选框工具 ▯ 主要用来创建高度或宽度为1像素的选区，常用来制作网格效果，如图5-53所示。

图5-53

013 理论——使用套索工具

使用套索工具 ◯ 可以非常自由地绘制出形状不规则的选区。单击套索工具 ◯ 后，在图像上拖曳光标绘制选区边界，当释放鼠标左键时，选区将自动闭合。

操作步骤

步骤01 打开一张素材文件，如图5-54所示。

步骤02 在工具箱中单击套索工具 ◯，然后在图像上单击鼠标左键，确定起点位置，接着拖曳光标绘制选区，如图5-55所示。

图5-54　　　　　　　　图5-55

 技巧提示

如果在绘制中途释放鼠标左键，Photoshop会在该点与起点之间建立一条直线以封闭选区。

步骤03 当要结束绘制时释放鼠标左键，选区会自动闭合，效果如图5-56所示。

图5-56

技巧提示

当使用套索工具绘制选区时，如果在绘制过程中按住Alt键，释放鼠标左键以后（不松开Alt键），Photoshop会自动切换到多边形套索工具。

知识精讲：多边形套索工具

多边形套索工具 与套索工具 使用方法类似。多边形套索工具 适合于创建一些转角比较强烈的选区，如图5-57所示。

图5-57

014 练习——使用多边形套索工具制作剪切画效果

案例文件	练习实例——使用多边形套索工具制作剪切画效果.psd
视频教学	练习实例——使用多边形套索工具制作剪切画效果.flv
难度级别	★★★★★
技术要点	文字工具、平滑选区、图层样式

案例效果

本案例效果如图5-58所示。

图5-58

操作步骤

步骤01 打开本书配套光盘中的素材文件，如图5-59所示。

图5-59

步骤02 使用多边形套索工具勾勒出一个轮廓，执行"编辑>复制"和"编辑>粘贴"菜单命令，将选区中的部分复制为一个新的图层，并适当向上移动，如图5-60所示。

图5-60

步骤03 接着执行"图层>图层样式>投影"命令，添加投影效果，具体参数设置及效果如图5-61所示。

图5-61

步骤04 继续使用多边形套索工具在右下角艺术字处绘制选区并复制、粘贴为一个独立图层，并对图层执行"编辑>自由变换>旋转"菜单命令，将其适当旋转，如图5-62所示。

步骤05 用同样的方法赋予右下角的图块投影样式，如图5-63所示。

图5-62   图5-63

步骤06 复制原素材图像作为新的图层，使用多边形套索工具绘制多个选区并删除，如图5-64所示。

图5-64

技巧提示

为了绘制多个选区，可以在选项栏中单击"添加到选区"按钮，如图5-65所示。

图5-65

图5-66

步骤07 用同样的方法为其添加投影图层样式，最终效果如图5-66所示。

015 练习——使用多边形套索工具制作现代版式

案例文件	练习实例——使用多边形套索工具制作现代版式.psd
视频教学	练习实例——使用多边形套索工具制作现代版式.flv
难易指数	★★★★★
技术要点	多边形套索工具

案例效果

本案例效果如图5-67所示。

操作步骤

步骤01 按Ctrl+N组合键新建一个大小为2000×1360像素的文档，导入卡通素材文件，并将其放置在界面的最右侧，如图5-68所示。

图5-67

图5-68

步骤02 单击多边形套索工具，然后在边角上单击鼠标左键确定起点，按住Shift键并拖动光标可以保持绘制水平或垂直的点，依次绘制其他点，确定选区范围如图5-69所示

步骤03 设置前景色为灰色，按Alt+Delete组合键填充选区为灰色，如图5-70所示。

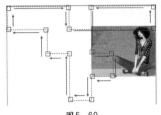
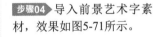

图5-69

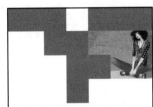

图5-70

步骤04 导入前景艺术字素材，效果如图5-71所示。

图5-71

知识精讲：磁性套索工具

磁性套索工具能够以颜色上的差异自动识别对象的边界，特别适合于快速选择与背景对比强烈且边缘复杂的对象。使用磁性套索工具时，套索边界会自动对齐图像的边缘，如图5-72所示。当选中完比较复杂的边界时，还可以按住Alt键切换到多边形套索工具，以选中转角比较强烈的边缘。

宽度： "宽度"值决定了以光标中心为基准，光标周围有多少个像素能够被磁性套索工具检测到。如果对象的边缘比较清晰，可以设置较大的值；如果对象的边缘比较模糊，可以设置较小的值。如图5-74所示分别是"宽度"值为20和200时检测到的边缘。

图5-72

磁性套索工具的选项栏如图5-73所示。

图5-73

图5-74

◎ 对比度:该选项主要用来设置磁性套索工具感应图像边缘的灵敏度。如果对象的边缘比较清晰,可以将该值设置得高一些;如果对象的边缘比较模糊,可以将该值设置得低一些。

◎ 频率:在使用磁性套索工具勾画选区时,Photoshop会生成很多锚点,"频率"选项就是用来设置锚点的数量。数值越高,生成的锚点越多,捕捉到的边缘越准确,但是可能会造成选区不够平滑。如图5-75所示分别是"频率"为10和100时生成的锚点。

◎ "钢笔压力"按钮 :如果计算机配有数位板和压感笔,可以激活该按钮,Photoshop会根据压感笔的压力自动调节磁性套索工具的检测范围。

图5-75

016 练习——使用磁性套索工具去除灰色背景

案例文件	练习实例——使用磁性套索工具去除灰色背景.psd
视频教学	练习实例——使用磁性套索工具去除灰色背景.flv
难易指数	★★★★★
知识掌握	掌握磁性套索工具的使用方法

案例效果

　　本例主要针对磁性套索工具的用法进行练习,案例效果如图5-76所示。

图5-76

操作步骤

步骤01 ▶打开本书配套光盘中的素材文件,如图5-77所示。

图5-77

步骤02 ▶ 在工具箱中单击磁性套索工具 ,然后在素材人物手臂的边缘单击鼠标左键,确定起点,如图5-78(a)所示,接着沿着人像边缘移动光标,此时Photoshop会生成很多锚点,如图5-78(b)所示,当勾画到起点处时按Enter键闭合选区,如图5-78(c)所示。

(a)　　(b)　　(c)

图5-78

步骤03 ▶单击鼠标右键执行"选择反向"命令,按Delete键删除选区,再按Ctrl+D组合键取消选择,如图5-79所示。

图5-79

步骤04 ▶手臂内部仍有背景颜色没有被删除,因此再次使用磁性套索工具勾画手臂内部建立选区然后直接按Delete键删除,如图5-80所示。

图5-80

答疑解惑——如果在勾画过程中生成的锚点位置远离了人像该怎么办?

　　如果遇到这种情况,可以按Delete键删除最近生成的一个锚点,然后继续绘制。

步骤05 导入背景素材，并放置在最底层，如图5-81(a)所示。使用魔棒工具单击背景中白色圆形部分载入选区，单击鼠标右键执行"选择反向"命令，然后使用橡皮擦工具擦除人像底部圆形以外的区域，如图5-81(b)所示。

步骤06 最后导入前景素材，最终效果如图5-82所示。

(a)　　　　　　　　　　　　　　(b)

图5-81　　　　　　　　　　　　图5-82

知识精讲：使用快速选择工具

使用快速选择工具可以利用可调整的圆形笔尖迅速地绘制出选区。当拖曳笔尖时，选取范围不但会向外扩张，而且还可以自动寻找并沿着图像的边缘来描绘边界。快速选择工具的选项栏如图5-83所示。

- 选区运算按钮：激活"新选区"按钮，可以创建一个新的选区；激活"添加到选区"按钮，可以在原有选区的基础上添加新创建的选区；激活"从选区减去"按钮，可以在原有选区的基础上减去当前绘制的选区。

- "画笔"拾取器：单击按钮，可以在弹出的"画笔"拾取器中设置画笔的大小、硬度、间距、角度以及圆度，如图5-84所示。在绘制选区的过程中，可以按]键和[键增大或减小画笔的大小。

- 对所有图层取样：如果选中该复选框，Photoshop会根据所有的图层建立选取范围，而不仅是只针对当前图层，如图5-85所示分别是取消选中该复选框与选中该复选框时的选区效果。

- 自动增强：选中该复选框可降低选取范围边界的粗糙度与区块感。

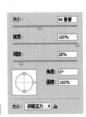

图5-83　　　　　　　　图5-84　　　　　　　　　　图5-85

017 练习——使用快速选择工具为照片换背景

案例文件	练习实例——使用快速选择工具为照片换背景.psd
视频教学	练习实例——使用快速选择工具为照片换背景.flv
难易指数	★★★★★
技术要点	快速选择工具

案例效果

本例主要是针对快速选择工具进行练习，效果如图5-86所示。

图5-86

操作步骤

步骤01 打开本书配套光盘中的素材文件，如图5-87(a)所示；再导入人像素材文件，如图5-87(b)所示。

(a)　　　　　　　　(b)

图5-87

步骤02▶使用快速选择工具单击白色背景并进行拖动，可以将白色背景完全选择出来如图5-88所示。

步骤03▶按Delete键删除白色背景，如图5-89所示。

步骤04▶最后导入前景光斑素材文件，如图5-90所示。

图5-88

图5-89　　　　　图5-90

知识精讲：使用魔棒工具

魔棒工具在实际工作中的使用频率较高，使用魔棒工具在图像中单击就能选取颜色差别在容差值范围之内的区域，其选项栏如图5-91所示。

图5-91

● **容差**：决定所选像素之间的相似性或差异性，其取值范围为0~255。数值越小，对像素的相似程度的要求越高，所选的颜色范围就越小，如图5-92(a)所示为"容差"为30时的选区效果；数值越大，对像素的相似程度的要求越低，所选的颜色范围就越广，如图5-92(b)所示为"容差"为60时的选区效果。

(a)　　　　　　　(b)

图5-92

● **连续**：当选中该复选框时，只选择颜色连接的区域，如图5-93(a)所示；当取消选中该复选框时，可以选择与所选像素颜色接近的所有区域，当然也包含颜色没有连接的区域，如图5-93(b)所示。

(a)　　　　　　　(b)

图5-93

● **对所有图层取样**：如果文档中包含多个图层，当选中该复选框时，可以选择所有可见图层上颜色相近的区域，当取消选中该复选框时，仅选择当前图层上颜色相近的区域。

018 练习——使用魔棒工具去除背景

案例文件	练习实例——使用魔棒工具去除背景.psd
视频教学	练习实例——使用魔棒工具去除背景.flv
难易指数	★★★★★
技术要点	魔棒工具

案例效果

本例主要针对魔棒工具进行练习，效果如图5-94所示。

操作步骤

步骤01▶打开本书配套光盘中的素材文件，如图5-95所示。

步骤02▶导入人像素材文件，如图5-96所示。

步骤03▶单击魔棒工具，在选项栏中设置"类型"为"添加到选区"，"容差"值为20，选中"消除锯齿"和"连续"复选框，如图5-97(a)所示。单击背景选区，第一次单击背景时可能会有遗漏的部分，可以再次单击没有被选区连接到的地方，如图5-97(b)所示。

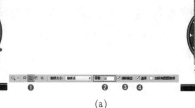

(a)

图5-94　　　　图5-95　　　　图5-96　　　　图5-97　　　　(b)

步骤04 按Shift +Ctrl + I组合键反向选择，然后为图像添加图层蒙版，则人像背景被自动抠出，如图5-98所示。

步骤05 单击工具箱中的椭圆选框工具，绘制一个与背景中的圆相吻合的圆形选区，然后单击鼠标右键，执行"选择反向"命令，再使用工具箱中的橡皮擦工具擦除底部圆形以外的区域，如图5-99所示。

步骤06 最终效果如图5-100所示。

图5-98　　　　　图5-99　　　　　图5-100

知识精讲："色彩范围"命令

"色彩范围"命令与魔棒工具 相似，可根据图像的颜色范围创建选区，但是该命令提供了更多的控制选项，因此该命令的选择精度也要高一些。需要注意的是，"色彩范围"命令不可用于 32 位/通道的图像。执行"选择>色彩范围"菜单命令，可打开"色彩范围"对话框，如图5-101所示。

图5-101

○ **选择**：用来设置选区的创建方式。选择"取样颜色"选项时，光标会变成 形状，将光标放置在画布中的图像上，或在"色彩范围"对话框中的预览图像上单击，可以对颜色进行取样；选择"红色"、"黄色"、"绿色"、"青色"等选项时，可以选择图像中特定的颜色；选择"高光"、"中间调"和"阴影"选项时，可以选择图像中特定的色调；选择"溢色"选项时，可以选择图像中出现的溢色，如图5-102所示。

图5-102

技术拓展：取样颜色的添加与减去

当选择"取样颜色"选项时，可以对取样颜色进行添加或减去。

如果要添加取样颜色，可以单击"添加到取样"按钮 ，然后在预览图像上单击，以添加其他取样颜色，如图5-103所示。

如果要减去取样颜色，可以单击"从取样中减去"按钮 ，然后在预览图像上单击，以减去其他取样颜色，如图5-104所示。

图5-103　　　　　图5-104

○ **本地化颜色簇**：选中"本地化颜色簇"复选框后，拖曳"范围"滑块可以控制要包含在蒙版中的颜色与取样点的最大和最小距离，如图5-105所示。

○ **颜色容差**：用来控制颜色的选择范围。数值越大，包含的颜色越广；数值越小，包含的颜色越窄，如图5-106所示。

图5-105

图5-106

○ **选区预览图**：选区预览图下面包含"选择范围"和"图像"两个选项。当选中"选择范围"单选按钮时，预览区域中的白色代表被选择的区域，黑色代表未选择的区域，灰色代表被部分选择的区域（即有羽化效果的区域）；当选中"图像"单选按钮时，预览区域内会显示彩色图像，如图5-107所示。

图5-107

- 选区预览：用来设置文档窗口中选区的预览方式。选择"无"选项时，表示不在窗口中显示选区；选择"灰度"选项时，可以按照选区在灰度通道中的外观来显示选区；选择"黑色杂边"选项时，可以在未选择的区域上覆盖一层黑色；选择"白色杂边"选项时，可以在未选择的区域上覆盖一层白色；选择"快速蒙版"选项时，可以显示选区在快速蒙版状态下的效果，如图5-108所示。

图5-108

- 存储/载入：单击"存储"按钮，可以将当前的设置状态保存为选区预设；单击"载入"按钮，可以载入存储的选区预设文件。

- 反相：将选区进行反转，也就是说创建选区以后，相当于执行了"选择>反向"菜单命令。

019 理论——使用"色彩范围"命令

操作步骤

步骤01 打开一张素材文件，如图5-109所示。

步骤02 执行"选择>色彩范围"菜单命令，然后在弹出的"色彩范围"对话框中设置"选择"为"取样颜色"，接着在圆球上单击，并设置"颜色容差"为67，选区效果如图5-110所示。

步骤03 执行"图像>调整>色相/饱和度"菜单命令，打开"色相/饱和度"对话框，然后设置"色相"为-34，"明度"为-8，最终效果如图5-111所示。

图5-109

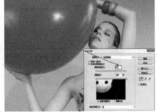

图5-110

图5-111

5.5 使用快速蒙版选择

"以快速蒙版模式编辑"工具 □ 是一种用于创建和编辑选区的工具，其功能非常实用，可调性也非常强。在快速蒙版状态下，可以使用任何Photoshop的工具或滤镜来修改蒙版，如图5-112所示。

图5-112

双击工具箱中的"以快速蒙版模式编辑"按钮◙，打开"快速蒙版选项"对话框，如图5-113所示。

- ◐ 色彩指示：当选中"被蒙版区域"单选按钮时，选中的区域将显示为原始图像，而未选中的区域将会被覆盖蒙版颜色，如图5-114(a)所示；当选中"所选区域"单选按钮时，选中的区域将会被覆盖蒙版颜色，如图5-114(b)所示。
- ◑ 颜色/不透明度：单击颜色色块，可以在弹出的"拾色器"对话框中设置蒙版的颜色。如果对象的颜色与蒙版颜色非常接近，可以适当修改蒙版颜色加以区别。"不透明度"选项主要用来设置蒙版颜色的不透明度。

图5-113

(a)   (b)

图5-114

020 理论——从当前图像创建蒙版

在没有选区的状态下，在工具箱中单击"以快速蒙版模式编辑"按钮◙，接着使用绘画工具在快速蒙版状态下进行绘制，按Q键退出快速蒙版模式以后，红色以外的区域就会被选中，如图5-115所示。

图5-115

技巧提示

使用绘画工具绘制蒙版时，只有设置前景色为黑色，才能绘制出选区；如果设置前景色为白色，就相当于擦除蒙版。

021 理论——从当前选区创建蒙版

保持当前选区，在工具箱中单击"以快速蒙版模式编辑"按钮◙，此时选区会自动转换为蒙版，默认情况下，选区以外的区域被覆盖上半透明的红色效果，如图5-116所示。

图5-116

5.6 选区的编辑

选区的编辑包括调整选区边缘、创建边界选区、平滑选区、扩展与收缩选区、羽化选区、扩大选取、选取相似等，熟练掌握这些操作对于快速选择需要的选区非常重要，如图5-117所示。

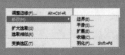

图5-117

知识精讲：调整边缘

"调整边缘"命令可以对选区的半径、平滑度、羽化、对比度、边缘位置等属性进行调整，从而提高选区边缘的品质，并且可以在不同的背景下查看选区。创建选区以后，在选项栏中单击"调整边缘"按钮，或执行"选择>调整边缘"菜单命令（快捷键为Alt+Ctrl+R组合键），可打开"调整边缘"对话框，如图5-118所示。

视图模式

在"视图模式"选项组中提供了多种可以选择的显示模式，可以更加方便地查看选区的调整结果，如图5-119所示。

图5-118　　　　　图5-119

- 闪烁虚线：可以查看具有闪烁虚线的标准选区，如图5-120所示。

图5-120

技巧提示

如果是羽化后的选区，边界将围绕被选中50%以上的像素。

- 叠加：在快速蒙版模式下查看选区效果，如图5-121所示。
- 黑底：在黑色的背景下查看选区，如图5-122所示。

图5-121　　　　　图5-122

- 白底：在白色的背景下查看选区，如图5-123所示。
- 黑白：以黑白模式查看选区，如图5-124所示。

图5-123　　　　　图5-124

- 背景图层：可以查看被选区蒙版的图层。
- 显示图层：可以在未使用蒙版的状态下查看整个图层。
- 显示半径：显示以半径定义的调整区域。
- 显示原稿：可以查看原始选区。
- 缩放工具：使用该工具可以缩放图像，与工具箱中的缩放工具的使用方法相同。
- 抓手工具：使用该工具可以调整图像的显示位置，与工具箱中的抓手工具的使用方法相同。

 读书笔记

边缘检测

使用"边缘检测"选项组中的选项可以轻松地抠出细密的毛发，如图5-125所示。

图5-125

- 调整半径工具☑/抹除调整工具☑：使用这两个工具可以精确地调整发生边缘调整的边界区域。

 技巧提示

可以使用调整半径工具柔化区域（如头发或毛皮），以向选区中加入更多的细节。

- 智能半径：自动调整边界区域中发现的硬边缘和柔化边缘的半径。

- 半径：确定发生边缘调整的选区边界的大小。对于锐边，可以使用较小的半径；对于较柔和的边缘，可以使用较大的半径。

调整边缘

"调整边缘"选项组主要用来对选区进行平滑、羽化和扩展等处理，如图5-126所示。

- 平滑：减少选区边界中的不规则区域，以创建较平滑的轮廓。

图5-126

- 羽化：模糊选区与周围像素之间的过渡效果。

- 对比度：锐化选区边缘并消除模糊的不协调感。在通常情况下，配合"智能半径"选项调整出来的选区

效果会更好。

- 移动边缘：当设置为负值时，可以向内收缩选区边界；当设置为正值时，可以向外扩展选区边界。

输出

"输出"选项组主要用来消除选区边缘的杂色以及设置选区的输出方式，如图5-127所示。

图5-127

- 净化颜色：将彩色杂边替换为附近完全选中的像素颜色。颜色替换的强度与选区边缘的羽化程度是成正比的。

- 数量：更改净化彩色杂边的替换程度。

- 输出到：设置选区的输出方式。

知识精讲：创建边界选区

创建选区以后，执行"选择>修改>边界"菜单命令，可以将选区的边界向内或向外进行扩展，扩展后的选区边界将与原来的选区边界形成新的选区。如图5-128所示分别是原图、在"边界选区"对话框中设置"宽度"为20像素和50像素时的选区对比。

图5-128

知识精讲：平滑选区

对选区执行"选择>修改>平滑"菜单命令，可以将选区进行平滑处理。如图5-129所示分别是设置"取样半径"为10像素和100像素时的选区效果。

图5-129

022 练习——平滑选区制作卡通文字

案例文件	练习实例——平滑选区制作卡通文字.psd
视频教学	练习实例——平滑选区制作卡通文字.flv
难度级别	★★★★
技术要点	文字工具、平滑选区、图层样式

案例效果

本案例的效果如图5-130所示。

操作步骤

步骤01▶ 打开本书配套光盘中的素材文件，如图5-131所示。

图5-130

步骤02▶ 新建"文字"图层，单击工具箱中的横排文字工具T，设置前景色为黑色，选择合适的字体及大小，输入"早"字，如图5-132所示。

图5-131

图5-132

步骤03 按住Ctrl键单击图层"早"，载入文字选区，如图5-133所示。

步骤04 执行"选择>修改>平滑"菜单命令，设置"取样半径"为20像素，单击"确定"按钮得到圆滑选区，然后新建图层，填充黄色渐变，如图5-134所示。

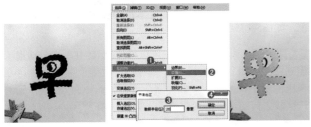

图5-133　　　　图5-134

步骤05 选择黄色的"早"图层，单击"图层"面板中的"添加图层样式"按钮，在弹出的菜单中选择"投影"样式，在打开的对话框中设置其"混合模式"为"正片叠底"，颜色为深一点的黄色，"不透明度"为100%，"角度"为120°，"距离"为16像素，"大小"为0像素，单击"确定"按钮结束操作，如图5-135所示。

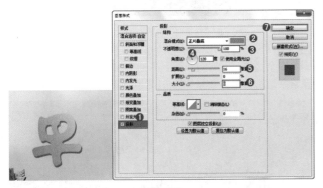

图5-135

步骤06 使用同样的方法，分别输入其他文字，如图5-136所示。

图5-136

步骤07 合并文字图层并命名为"合并"，单击"图层"面板中的"添加图层样式"按钮，在弹出的菜单中选择"投影"样式，在打开的对话框中设置其"混合模式"为"正常"，颜色为褐色，"不透明度"为100%，"角度"为120°，"距离"为20像素，"扩展"为100%，"大小"为3像素；选中"描边"样式，设置其"大小"为3像素，单击"确定"按钮结束操作，如图5-137所示。

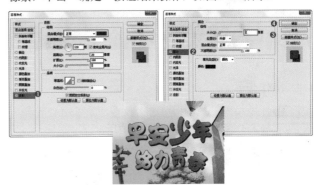

图5-137

步骤08 新建图层，单击工具箱中的画笔工具，设置前景色为白色，在文字上方绘制出高光效果，最终效果如图5-138所示。

图5-138

知识精讲：扩展与收缩选区

对选区执行"选择>修改>扩展"菜单命令，可以将选区向外扩展，设置"扩展量"为100像素，效果如图5-139所示。

如果要向内收缩选区，可以执行"选择>修改>收缩"菜单命令，如图5-140所示为原始选区以及设置"收缩量"为100像素后的选区效果。

图5-139

图5-140

023 练习——收缩选区去掉多余的边缘像素

案例文件	练习实例——收缩选区去掉多余的边缘像素.psd
视频教学	练习实例——收缩选区去掉多余的边缘像素.flv
难易指数	★★★★★
技术要点	收缩选区

案例效果

本案例效果如图5-141所示。

图5-141

操作步骤

步骤01 打开本书配套光盘中的素材文件，如图5-142所示。

步骤02 导入卡通素材文件，如图5-143所示。

图5-142

图5-143

步骤03 单击工具箱中的魔棒工具，在选项栏中单击"添加到选区"按钮，设置"容差"为20，选中"连续"复选框，在图像中多次单击选择背景部分，如图5-144所示。

图5-144

步骤04 此时按Delete键删除背景后放大图像，可以看到卡通形象边缘处仍有多余杂色，如图5-145所示。

图5-145

步骤05 为了去除这些杂边，可以按住Ctrl键并单击卡通形象缩略图载入选区，执行"选择>修改>收缩"菜单命令，在弹出的对话框中设置"收缩量"为2像素，可以看到得到的选区较之前的选区向内收缩了，如图5-146所示。

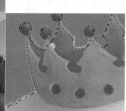

图5-146

步骤06 单击鼠标右键，执行"选择反向"命令，按Delete键删除多余边界，此时可以看到卡通形象边缘已经没有多余的像素杂边了，最终效果如图5-147所示。

图5-147

知识精讲：羽化选区

羽化选区是通过建立选区和选区周围像素之间的转换边界来模糊边缘，这种模糊方式将丢失选区边缘的一些细节。对选区执行"选择>修改>羽化"菜单命令或按Shift+F6组合键，接着在弹出的"羽化选区"对话框中定义选区的"羽化半径"，如图5-148所示是设置"羽化半径"为50像素后的图像效果。

 技巧提示

如果选区较小，而"羽化半径"又设置得很大，Photoshop会弹出一个警告对话框，如图5-149所示。单击"确定"按钮以后，代表确认当前设置的"羽化半径"，此时选区可能会变得非常模糊，以至于在画面中观察不到，但是选区仍然存在。

图5-149

图5-148

Photoshop CC 入门与实战经典（实例版）

024 练习——使用羽化选区制作光晕效果

案例文件	练习实例——使用羽化选区制作光晕效果.psd
视频教学	练习实例——使用羽化选区制作光晕效果.flv
难易指数	★★★★★
技术要点	羽化选区

案例效果

本例主要针对羽化选区进行练习，效果如图5-150所示。

操作步骤

步骤01 打开本书配套光盘中的PSD分层素材文件，其中人像与背景是可分离的两个图层，如图5-151所示。

图5-150　　　　图5-151

步骤02 创建新图层，然后在工具箱中单击渐变工具，在"渐变编辑器"对话框中编辑一种七彩渐变色，从画布的左上角向右下角拉出渐变，效果如图5-152所示。

图5-152

步骤03 将渐变图层放在人像图层的下方，载入"人像"图层选区，然后执行"选择>修改>边界"菜单命令，接着在弹出的"边界选区"对话框中设置"宽度"为50像素，可以得到一个边界选区，效果如图5-153所示。

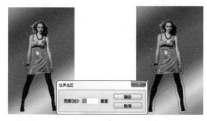

图5-153

步骤04 选择"图层1"图层，然后按Ctrl+J组合键将选区内的图像复制到一个新的"图层2"图层中，并隐藏渐变图层"图层1"，效果如图5-154所示。

图5-154

步骤05 执行"滤镜>模糊>高斯模糊"菜单命令，在弹出的"高斯模糊"对话框中设置"半径"为22像素，此时可以看到人像边缘出现光晕效果，如图5-155所示。

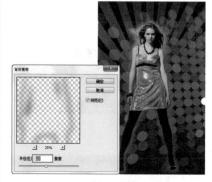

图5-155

步骤06 导入前景素材，最终效果如图5-156所示。

图5-156

025 理论——扩大选取

"扩大选取"命令是基于魔棒工具选项栏中指定的"容差"范围来决定选区的扩展范围。例如，图中只选择了一部分粉色背景，执行"选择>扩大选取"菜单命令后，Photoshop会查找并选择那些与当前选区中像素色调相近的像素，从而扩大选择区域，如图5-157所示。

图5-157

"选取相似"命令与"扩大选取"命令相似，都是基于魔棒工具选项栏中指定的"容差"范围来决定选区的扩展范围。例如，图中只选择了一部分粉色背景，执行"选择>选取相似"菜单命令后，Photoshop同样会查找并选择那些与当前选区中像素色调相近的像素，从而扩大选择区域，如图5-158所示。

图5-158

答疑解惑——"扩大选取"命令和"选取相似"命令的共同点与区别分别是什么？

这两个命令的最大共同之处就在于它们都可以扩大选择区域。但是"扩大选取"命令只针对当前图像中连续的区域，非连续的区域不会被选择；而"选取相似"命令针对的是整张图像，即该命令可以选择整张图像中处于"容差"范围内的所有像素。

如果执行一次"扩大选取"和"选取相似"命令不能达到预期的效果，可以多执行几次来扩大选区范围。

5.7 填充与描边选区

在处理图像时，经常需要将选区内的图像改变成其他颜色、图案等，这时就需要用到"填充"命令；如果需要对选区描绘可见的边缘，就需要用到"描边"命令。"填充"和"描边"命令在选区操作中的应用非常广泛。

知识精讲：填充选区

利用"填充"命令可以在当前图层或选区内填充颜色或图案，同时也可以设置填充时的不透明度和混合模式。执行"编辑>填充"菜单命令或按Shift+F5组合键，可打开"填充"对话框，如图5-159所示。需要注意的是，文字图层和被隐藏的图层不能使用"填充"命令。

图5-159

- 内容：用来设置填充的内容，包括"前景色"、"背景色"、"颜色"、"内容识别"、"图案"、"历史记录"、"黑色"、"50%灰色"和"白色"等选项。如图5-160(a)所示是一个蛋糕的选区，如图5-160(b)所示是使用图案填充选区后的效果。
- 模式：用来设置填充内容的混合模式，如图5-161所示是设置"模式"为"叠加"后的填充效果。
- 不透明度：用来设置填充内容的不透明度，如图5-162所示是设置"不透明度"为50%后的填充效果。
- 保留透明区域：选中该复选框后，只填充图层中包含像素的区域，而透明区域不会被填充。

(a)   (b)

图5-160

图5-161   图5-162

Photoshop CC 入门与实战经典（实例版）

027 理论——使用内容识别智能填充

本例将使用内容识别的填充方式快速去除左侧墙壁上的物体。

操作步骤

步骤01 打开素材文件，如图5-163所示。

图5-163

图5-164

步骤02 使用套索工具 ⌇ 在左侧绘制出选区，如图5-164所示。

步骤03 执行"编辑>填充"菜单命令，在弹出的对话框中设置"使用"为"内容识别"，单击"确定"按钮，可以看到选区部分被填充上与附近相似的像素，如图5-165所示。

图5-165

知识精讲：描边选区

使用"描边"命令可以在选区、路径或图层周围创建彩色或者花纹的边框效果。打开一张素材图片，并创建出选区，然后执行"编辑>描边"菜单命令或按Alt+E+S组合键，可打开"描边"对话框，如图5-166所示。

图5-166

 技巧提示

在有选区的状态下也可以使用"描边"命令。

⊙ 描边：该选项组主要用来设置描边的宽度和颜色，如图5-167所示分别是不同"宽度"和"颜色"的描边效果。

图5-167

⊙ 位置：设置描边相对于选区的位置，包括"内部"、"居中"和"居外"3个选项，如图5-168所示。

居内　　　　居中　　　　居外

图5-168

⊙ 混合：用来设置描边颜色的混合模式和不透明度。如果选中"保留透明区域"复选框，则只对包含像素的区域进行描边。

028 练习——使用描边制作艺术字招贴

案例文件	练习实例——使用描边制作艺术字招贴.psd
视频教学	练习实例——使用描边制作艺术字招贴.flv
难易指数	★★★★★
技术要点	"描边"命令

案例效果

本案例主要使用"描边"命令为文字等添加艺术效果，如图5-169所示。

图5-169

操作步骤

步骤01 按Ctrl+O组合键，打开本书配套光盘中的素材文件，如图5-170所示。

步骤02 单击横排文字工具 **T.**，在选项栏中选择一种字体，设置颜色为蓝色，在画面中单击并输入文字，效果如图5-171所示。

图5-170   图5-171

步骤03 新建图层，按住Ctrl键并单击文字图层缩略图载入文字选区，执行"编辑>描边"菜单命令，设置"宽度"为4像素，"颜色"为白色，如图5-172所示。

步骤04 接着创建新图层，放在白色描边图层的下一层，执行"编辑>描边"菜单命令，在弹出的对话框中设置"宽度"为9像素，"颜色"为粉色，此时文字出现粉色和白色两层描边，如图5-173所示。

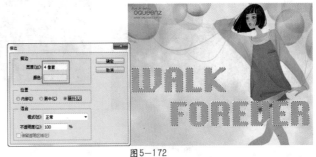

图5-172

图5-173

029 综合——制作现代感宣传招贴

案例文件	综合实例——制作现代感宣传招贴.psd
视频教学	综合实例——制作现代感宣传招贴.flv
难度级别	
技术要点	矩形选框工具、椭圆选框工具、套索工具、多边形套索工具、"填充"命令、"描边"命令

案例效果

本案例的效果如图5-174所示。

操作步骤

步骤01 按Ctrl+N组合键新建一个大小为2000×3000像素的文档，如图5-175所示。

图5-174   图5-175

步骤02 单击渐变工具 **■.**，在选项栏中单击"渐变"选项打开"渐变编辑器"对话框，拖动滑块调整渐变从白色到蓝色，设置类型为线性，然后在图层自上而下填充渐变颜色，如图5-176所示。

图5-176

步骤03 创建新图层，使用套索工具 **P.**，在底部单击确定一个起点，按住鼠标左键并拖动绘制出一个选区，然后设置前景色为浅蓝色，按Alt+Delete组合键填充选区为浅蓝色，如图5-177所示。

图5-177

步骤04 使用同样的方法，再次使用套索工具绘制波纹选区并填充更浅的蓝色，如图5-178所示。

步骤05 新建图层，单击工具箱中的多边形套索工具，在画布中单击确定一个起点，然后移动鼠标并确定另外一个点，依此类推绘制出一个箭头选区，然后设置前景色为蓝色，按Alt+Delete组合键填充选区为蓝色，如图5-179所示。

图5-178　　　　　　　　　　图5-179

步骤06 单击选择工具选择箭头图层，按住Alt键拖曳复制出一个副本，然后使用"自由变换"命令将其等比例缩小，并摆放到其他位置，如图5-180所示。

图5-180

步骤07 按照同样的方法多次复制并缩小，制作出其他箭头，效果如图5-181所示。

步骤08 新建图层，单击工具箱中的椭圆选框工具，按住Shift键拖曳绘制一个正圆形，设置前景色为白色，按Alt+Delete组合键填充选区为白色，并调整该图层的"不透明度"为40%，如图5-182所示。

步骤09 接着新建图层，使用椭圆选框工具在白圆上绘制出一个正圆选区，然后设置前景色为紫色，按Alt+Delete组合键填充选区为紫色，如图5-183所示。

图5-181　　　　　　图5-182　　　　　　图5-183

技巧提示

为了保证前后绘制的两个圆形的中心重合，可以在"图层"面板中按住Alt键选中这两个图层，然后执行"图层>对齐>垂直居中"和"图层>对齐>水平居中"菜单命令，如图5-184所示。

图5-184

步骤10 按照上述同样的方法继续绘制正圆形，并将其填充为不同的颜色，放置在不同位置，如图5-185所示。

步骤11 制作卡通人物剪影部分，使用椭圆选框工具绘制一个正圆并填充为黑色，如图5-186所示。

步骤12 使用矩形选框工具绘制一个矩形选框，将选区填充为黑色。再使用"自由变换"命令调整选框大小和角度，使之与圆形相接，如图5-187所示。

图5-185　　　　图5-186　　　　图5-187

步骤13 选中黑色矩形，在使用移动工具状态下按住Alt键拖曳复制出一个副本，然后使用"自由变换"命令将其等比例缩小并调整位置，作为手臂，如图5-188所示。

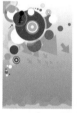 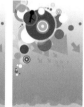

图5-188

技巧提示

卡通人物的身体部分也可以使用多边形套索工具进行制作。

步骤14 选中小矩形选框，多次按住Alt键拖曳复制选框，然后使用"自由变换"命令调整大小，放置在适当的位置上，如图5-189所示。

步骤15 按照同样的方法制作出一个白色卡通人物，如图5-190所示。

步骤16 最后使用横排文字工具输入文字，然后设置文字大小、字体，并添加投影效果，如图5-191所示。

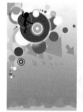 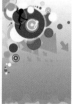 

图5-189　　　　图5-190　　　　图5-191

技巧提示

文字部分的制作将在后面章节进行详解。

图像绘制与修饰

任何图像都离不开颜色，使用Photoshop的画笔、文字、渐变、填充、蒙版、描边等工具修饰图像时，都需要设置相应的颜色。在Photoshop中提供了很多种选取颜色的方法，可以针对前景色与背景色进行设置，也可以通过"颜色"面板和"色板"面板选取适合的颜色，或者可以更快捷地直接从图形中拾取颜色。

本章学习要点：
- 掌握前景色、背景色的设置方法
- 熟练掌握画笔工具与擦除工具的使用方法
- 掌握多种画笔工具与擦除工具的使用方法
- 掌握多种画笔设置与应用
- 掌握图像修复工具的特性与使用方法
- 掌握图像润饰工具的使用方法

6.1 颜色设置

任何图像都离不开颜色，使用Photoshop的画笔、文字、渐变、填充、蒙版、描边等工具修饰图像时，都需要设置相应的颜色。在Photoshop中提供了很多种选取颜色的方法，可以针对前景色与背景色进行设置，也可以通过"颜色"面板和"色板"面板选取适合的颜色，或者可以更快捷地直接从图形中拾取颜色。如图6-1所示为使用多种颜色绘制制作的作品。

图6-1

知识精讲：什么是前景色与背景色

在Photoshop中，前景色通常用于绘制图像、填充和描边选区等，如图6-2(a)所示；背景色常用于生成渐变填充和填充图像中已抹除的区域，如图6-2(b)所示。一些特殊滤镜也需要使用前景色和背景色，例如"纤维"滤镜和"云彩"滤镜等。

(a)

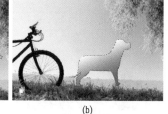
(b)

图6-2

在Photoshop工具箱的底部有一组前景色和背景色设置按钮。在默认情况下，前景色为黑色，背景色为白色，如图6-3所示。

图6-3

- 前景色：单击前景色图标，可以在弹出的"拾色器"对话框中选取一种颜色作为前景色。
- 背景色：单击背景色图标，可以在弹出的"拾色器"对话框中选取一种颜色作为背景色。
- 切换前景色和背景色：单击 🔄 图标可以切换所设置的前景色和背景色（快捷键为X键），如图6-4所示。
- 默认前景色和背景色：单击 ◼ 图标可以恢复默认的前景色和背景色（快捷键为D键），如图6-5所示。

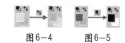

图6-4　　图6-5

001 理论——使用拾色器选取颜色

在Photoshop中经常会使用拾色器来设置颜色。在拾色器中，可以选择用HSB、RGB、Lab和CMYK 4种颜色模式来指定颜色，如图6-6所示。

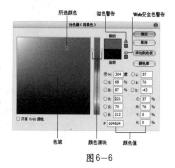

图6-6

- 色域/所选颜色：在色域中拖曳鼠标可以改变当前拾取的颜色。
- 新的/当前："新的"颜色块中显示的是当前所设置的颜色；"当前"颜色块中显示的是上一次使用过的颜色。
- 溢色警告 ⚠：由于HSB、RGB以及Lab颜色模式中的一些颜色在CMYK印刷模式中没有等同的颜色，所以无法准确印刷出来，这些颜色就是常说的"溢色"。出现警告以后，可以单击警告图标下面的小颜色块，将颜色替换为CMYK颜色中与其最接近的颜色。
- 非Web安全色警告 ⬤：这个警告图标表示当前所设置的颜色不能在网络上准确显示出来。单击警告图标下面的小颜色块，可以将颜色替换为与其最接近的Web安全颜色。
- 颜色滑块：拖曳颜色滑块可以更改当前可选的颜色范围。在使用色域和颜色滑块调整颜色时，对应的颜色数值会发生相应的变化。
- 颜色值：显示当前所设置颜色的数值。可以通过输入数值来设置精确的颜色。

第 6 章 图像绘制与修饰

111

- 只有Web颜色：选中该复选框后，只在色域中显示Web安全色，如图6-7所示。
- 添加到色板：单击该按钮，可以将当前所设置的颜色添加到"色板"面板中。

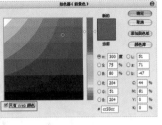

图6-7

- 颜色库：单击该按钮，可以打开"颜色库"对话框。

技术拓展：认识颜色库

"颜色库"对话框中提供了多种内置的色库供用户选择，如图6-8所示。下面简单介绍一下这些内置色库。

图6-8

- ANPA颜色：通常应用于报纸。
- DIC颜色参考：在日本通常用于印刷项目。
- FOCOLTONE：由763种CMYK颜色组成，通过显示补偿颜色的压印。FOCOLTONE颜色有助于避免印前陷印和对齐问题。
- HKS色系：这套色系主要应用在欧洲，通常用于印刷项目。每种颜色都有指定的CMYK颜色。可以从HKS E（适用于连续静物）、HKS K（适用于光面艺术纸）、HKS N（适用于天然纸）和HKS Z（适用于新闻纸）中选择。
- PANTONE色系：这套色系用于专色重现，可以渲染1114种颜色。PANTONE颜色参考和样本簿会印在涂层、无涂层和哑面纸样上，以确保精确显示印刷结果并更好地进行印刷控制。可在CMYK下印刷PANTONE纯色。
- TOYO COLOR FINDER：由基于日本最常用的印刷油墨的1000多种颜色组成。
- TRUMATCH：提供了可预测的CMYK颜色。这种颜色可以与2000多种可实现的、计算机生成的颜色相匹配。

002 理论——在工具箱中选取颜色并填充

操作步骤

步骤01 单击工具箱中自定形状工具，在选项栏中选择一个汽车图形，在画布中绘制路径，然后按Ctrl+Enter组合键将路径转换为选区，如图6-9所示。

 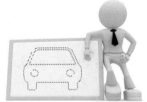

图6-9

步骤02 在工具箱中单击前景色图标，在弹出的拾色器中首先在颜色滑块中单击青绿色，然后到色板中滑动鼠标到合适的颜色上单击，设置前景色颜色为绿色，如图6-11所示。

步骤03 按Alt+Delete组合键填充选区，效果如图6-12所示。

技巧提示

在选项栏中单击自定义形状的下拉按钮，打开形状选取器。再单击图标，选择"全部"命令载入全部图形，并选择其中适合的图形即可，如图6-10所示。

图6-10

图6-11　　　　　　　　　　图6-12

知识精讲：吸管工具

使用吸管工具可以拾取图像中的任意颜色作为前景色，按住Alt键进行拾取可将当前拾取的颜色作为背景色。可以在打开图像的任何位置采集色样来作为前景色或背景色，如图6-13所示。

图6-13

技巧提示：**吸管工具使用技巧**

方法01 如果在使用绘画工具时需要暂时使用吸管工具拾取前景色，可以按住Alt键将当前工具切换到吸管工具，松开Alt键后即可恢复到之前使用的工具。

方法02 使用吸管工具拾取颜色时，按住鼠标左键并将光标拖曳到画布之外，可以拾取Photoshop的界面和界面以外的颜色信息。

吸管工具的选项栏如图6-14所示。

图6-14

⬤ 取样大小：设置吸管取样范围的大小。选择"取样点"选项时，可以选择像素的精确颜色，如图6-15(a)

所示；选择"3×3 平均"选项时，可以选择所在位置3个像素区域以内的平均颜色，如图6-15(b)所示；选择"5×5平均"选项时，可以选择所在位置5个像素区域以内的平均颜色，如图6-15(c)所示。其他选项以此类推。

⬤ 样本：可以从"当前图层"或"所有图层"中采集颜色。

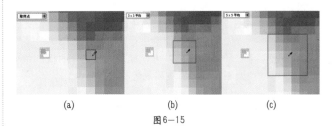

(a)   (b)   (c)

图6-15

⬤ 显示取样环：选中该复选框后，可以在拾取颜色时显示取样环，如图6-16所示。

图6-16

答疑解惑——为什么"显示取样环"复选框处于不可用状态？

　　在默认情况下，"显示取样环"复选框处于不可用状态，需要启用OpenGL功能后才能激活"显示取样环"复选框。执行"编辑>首选项>性能"菜单命令，打开"首选项"对话框，然后在"图形处理器设置"选项组下选中"使用图形处理器"复选框，如图6-17所示。开启该功能后无需重启Photoshop，在下一次打开文档时就可以选中"显示取样环"复选框。

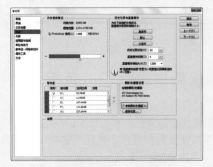

图6-17

003 理论——使用吸管工具选取颜色

操作步骤

步骤01 打开一张图像文件，在工具箱中单击吸管工具，然后在选项栏中设置"取样大小"为"取样点"，"样本"为"所有图层"，并选中"显示取样环"复选框，然后使用吸管工具在人像嘴唇区域单击，此时拾取的红色将作为前景色，如图6-18所示。

步骤02 按住Alt键，然后单击图像中衣服上的蓝色叶子区域，此时拾取的蓝色将作为背景色，如图6-19所示。

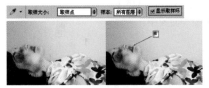

图6-18   图6-19

知识精讲：认识"颜色"面板

　　"颜色"面板中显示了当前设置的前景色和背景色，也可以在该面板中设置前景色和背景色。执行"窗口>颜色"菜单命令，打开"颜色"面板，如图6-20所示。

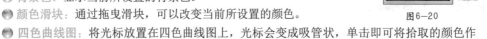

图6-20

图6-21

- 前景色：显示当前所设置的前景色。
- 背景色：显示当前所设置的背景色。
- 颜色滑块：通过拖曳滑块，可以改变当前所设置的颜色。
- 四色曲线图：将光标放置在四色曲线图上，光标会变成吸管状，单击即可将拾取的颜色作为前景色。如果是按住Alt键进行拾取，那么拾取的颜色将作为背景色。
- 面板菜单：单击 ▤ 图标，可以打开"颜色"面板的菜单，如图6-21所示。通过这些菜单命令可以切换不同模式滑块和色谱。

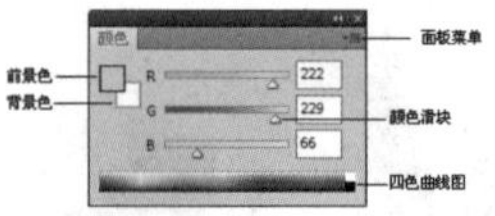

004 理论——利用"颜色"面板设置颜色

操作步骤

步骤01 执行"窗口>颜色"菜单命令，打开"颜色"面板。如果要在四色曲线图上拾取颜色，可以将光标放置在四色曲线图上，当光标变成吸管形状时，单击即可拾取颜色，此时拾取的颜色将作为前景色，如图6-22所示。

步骤02 如果按住Alt键拾取颜色，此时拾取的颜色将作为背景色，如图6-23所示。

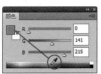
图6-22

图6-23

步骤03 如果要直接设置前景色，可以单击前景色图标，在弹出的"拾色器"对话框中进行设置，如图6-24所示。如果要直接设置背景色，操作方法也是一样的。

图6-24

步骤04 如果要通过颜色滑块来设置颜色，可以分别拖曳R、G、B这3个颜色滑块，如图6-25所示。

步骤05 如果要通过输入数值来设置颜色，可以先单击前景色或背景色图标，然后在R、G、B后面的文本框中输入相应的数值即可，如输入（R：0，G：149，B：255），所设置的颜色就是白色，如图6-26所示。

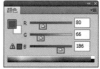
图6-25 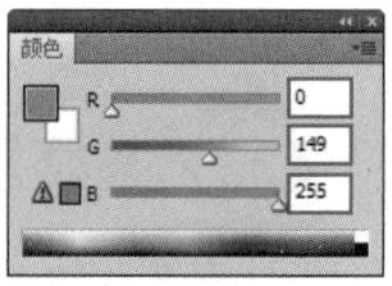　　　　图6-26

知识精讲：认识"色板"面板

　　"色板"面板中默认情况下包含一些系统预设的颜色，单击相应的颜色即可将其设置为前景色。执行"窗口>色板"菜单命令，打开"色板"面板，如图6-27所示。

图6-27

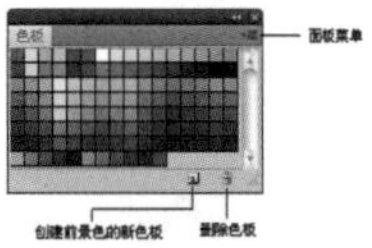

- 创建前景色的新色板：使用吸管工具 ☑ 拾取一种颜色以后，单击"创建前景色的新色板"按钮 ▣ 可以将其添加到"色板"面板中。

　　如果要修改新色板的名称，可以双击添加的色板，然后在弹出的"色板名称"对话框中进行设置，如图6-28所示。

图6-28

- 删除色板：如果要删除一个色板，只需按住鼠标左键的同时将其拖曳到"删除色板"按钮 🗑 上即可，如图6-29(a)所示；或者按

住Alt键的同时将光标放置在要删除的色板上，当光标变成剪刀形状时，单击该色板即可将其删除，如图6-29(b)所示。

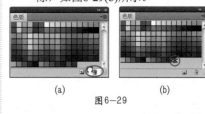
(a)　　　　　　(b)
图6-29

- 面板菜单：单击 ▤ 图标，可以打开"色板"面板的菜单。

知识精讲："色板"面板菜单详解

　　"色板"面板的菜单命令非常多，但是可以将其分为6大类，如图6-30所示。

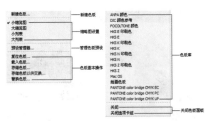

图6-30

- 新建色板：执行该命令可以用当前选择的前景色来新建一个色板。
- 缩略图设置：设置色板在"色板"面板中的显示方式，如图6-31所示分别是大缩略图和小列表显示方式。

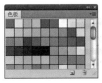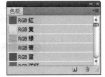

图6-31

- 预设管理器：执行该命令可以打开"预设管理器"对话框，在该对话框中可以对色板进行存储、重命名和删除操作，同时也可以载入外部色板资源，如图6-32所示。

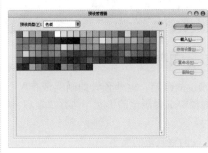

图6-32

- 色板基本操作：这一组命令主要是对色板进行基本操作，其中"复位色板"命令可以将色板复位到默认状态；"存储色板以供交换"命令是将当前色板储存为

.ase的可共享格式，并且可以在Photoshop、Illustrator和InDesign中调用。

- 色板库：这一组命令是系统预设的色板。执行这些命令时，Photoshop会弹出一个提示对话框，如果单击"确定"按钮，载入的色板将替换到当前的色板；如果单击"追加"按钮，载入的色板将追加到当前色板的后面，如图6-33所示。

图6-33

- 关闭"色板"面板：如果执行"关闭"命令，只关闭"色板"面板；如果执行"关闭选项卡组"命令，将关闭"色板"面板以及同组内的其他面板。

005 理论——将图像中的颜色添加到色板中

操作步骤

步骤01 打开一张图像文件，在工具箱中单击吸管工具，然后在图像上拾取粉色，如图6-34所示。

步骤02 在"色板"面板中单击"创建前景色的新色板"按钮，此时所选择的前景色就会被添加到色板中，如图6-35所示。

技巧提示

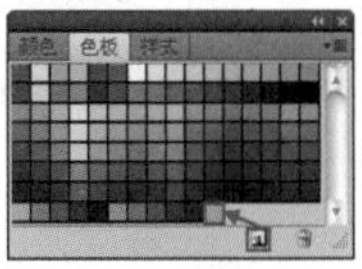

在"拾色器"对话框中单击"添加到色板"按钮，也可以将所选颜色添加到色板中，如图6-36所示。

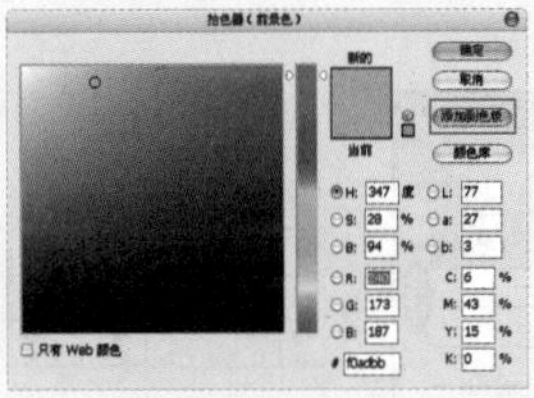

图6-36

步骤03 在"色板"面板中双击添加的色板，然后在弹出的"色板名称"对话框中为该色板取一个名字，如图6-37(a)所示。设置好名字以后，将光标放置在色板上，就会显示出该色板的名字，如图6-37(b)所示。

图6-34　　　　　　　　　　图6-35

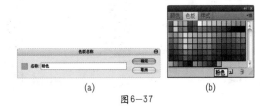

(a)　　　　　　　　　　(b)

图6-37

6.2 画笔面板

本节将着重讲解"画笔预设"面板与"画笔"面板。这两个面板并不是只针对画笔工具属性的设置，而是针对于大部分以画笔模式进行工作的工具。这两个面板主要控制各种笔尖属性的设置，例如画笔工具、铅笔工具、仿制图章工

具、历史记录画笔工具、橡皮擦工具、加深工具、模糊工具等。使用"画笔"面板对画笔属性进行不同的设置可以绘制出满足于绘画和修饰的多种多样效果，如图6-38所示。

图6-38

知识精讲：认识"画笔预设"面板

"画笔预设"面板中提供了各种系统预设的画笔，这些预设的画笔带有大小、形状和硬度等属性。用户在使用绘画工具、修饰工具时，都可以从"画笔预设"面板中选择画笔的形状。执行"窗口>画笔预设"菜单命令，打开"画笔预设"面板，如图6-39所示。

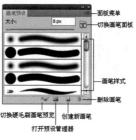

- 大小：通过输入数值或拖曳下面的滑块以调整画笔的大小。
- 切换画笔面板：单击"切换画笔面板"按钮，可以打开"画笔"面板。
- 切换硬毛刷画笔预览：使用毛刷笔尖时，在画布中实时显示笔尖的样式。
- 打开预设管理器：打开"预设管理器"对话框。
- 创建新画笔：将当前设置的画笔保存为一个新的预设画笔。
- 删除画笔：选中画笔以后，单击"删除画笔"按钮，可以将该画笔删除。将画笔拖曳到"删除画笔"按钮上，也可以删除画笔。
- 画笔样式：显示预设画笔的笔刷样式。
- 面板菜单：单击图标，可以打开"画笔预设"面板的菜单。

图6-39

知识精讲："画笔预设"面板菜单详解

"画笔预设"面板的菜单分为7大部分，如图6-40所示。

- 新建画笔预设：将当前设置的画笔保存为一个新的预设画笔。
- 重命名画笔/删除画笔：选择一个画笔以后，执行相应的命令可以对其进行重命名或删除操作。
- 缩略图设置：设置画笔在"画笔预设"面板中的显示方式，默认显示方式为描边缩览图。执行"仅文本"命令以后，将只显示画笔的名称，如图6-41所示。
- 预设管理器：执行该命令可以打开"预设管理器"对话框，在该对话框中可以对画笔进行存储、重命名和删除操作，同时也可以载入外部画笔资源，如图6-42所示。

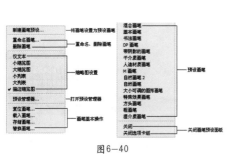

图6-40

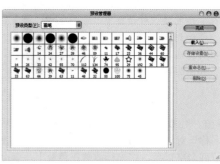

图6-41　　　　　　　　图6-42

- 画笔基本操作：当进行了添加或删除画笔操作以后，执行"复位画笔"命令，可以将面板恢复到默认的画笔状态；执行"载入画笔"命令，可以载入外部的画笔资源；执行"存储画笔"命令，可以将"画笔预设"面板中的画笔保存为一个画笔库；执行"替换画笔"命令，可以从弹出的"载入"对话框中选择一个外部画笔库来替换掉面板中的画笔。
- 预设画笔：这一组菜单是系统预设的画笔库。执行这些命令时，Photoshop会弹出一个提示对话框，如果单击"确定"按钮，载入的画笔将替换当前的画笔；如果单击"追加"按钮，载入的画笔将追加到当前画笔的后面。
- 关闭"画笔预设"面板：如果执行"关闭"命令，将只关闭"画笔预设"面板；如果执行"关闭选项卡组"命令，将关闭"画笔预设"面板以及同组内的其他面板。

知识精讲：认识"画笔"面板

在认识其他绘制及修饰工具之前首先需要掌握"画笔"面板。"画笔"面板是最重要的面板之一，它可以设置绘画工具、修饰工具的笔刷种类、画笔大小和硬度等属性。"画笔"面板如图6-43所示。

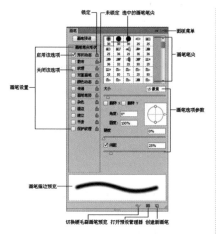

图6-43

○ **画笔预设**：单击该按钮，可以打开"画笔预设"面板。

○ **画笔设置**：单击这些画笔设置选项，可以切换到与该选项相对应的内容。

○ **启用/关闭选项**：处于选中状态的选项代表启用状态；处于未选中状态的选项代表关闭状态。

○ **锁定/未锁定**：图标代表该选项处于锁定状态；图标代表该选项处于未锁定状态。锁定与解锁操作可以相互切换。

○ **选中的画笔笔尖**：当前处于选择状态的画笔笔尖。

○ **画笔笔尖形状**：显示Photoshop提供的预设画笔笔尖。

○ **面板菜单**：单击图标，可以打开"画笔"面板的菜单。

○ **画笔选项参数**：用来设置画笔的相关参数。

○ **画笔描边预览**：选择一个画笔以后，可以在预览框中预览该画笔的外观形状。

○ **切换硬毛刷画笔预览**：使用毛刷笔尖时，在画布中实时显示笔尖的样式。

○ **打开预设管理器**：打开"预设管理器"对话框。

○ **创建新画笔**：将当前设置的画笔保存为一个新的预设画笔。

技巧提示

打开"画笔"面板的4种方法：

方法01 在工具箱中单击画笔工具，然后在选项栏中单击"切换画笔面板"按钮。

方法02 执行"窗口>画笔"菜单命令。

方法03 按F5键。

方法04 在"画笔预设"面板中单击"切换画笔面板"按钮。

知识精讲："画笔笔尖形状"选项的设置

在"画笔笔尖形状"选项中可以设置画笔的形状、大小、硬度和间距等属性，如图6-44所示。

○ **大小**：控制画笔的大小，可以直接输入像素值，也可以通过拖曳大小滑块来设置画笔大小，如图6-45所示。

○ **"恢复到原始大小"按钮**：将画笔恢复到原始大小。

○ **翻转X/翻转Y**：将画笔笔尖在其X轴或Y轴上进行翻转，如图6-46所示。

○ **角度**：指定椭圆画笔或样本画笔的长轴在水平方向旋转的角度，如图6-47所示。

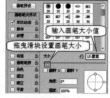

图6-44　　　　图6-45

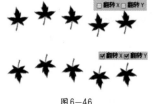

图6-46　　　　图6-47

○ **圆度**：设置画笔短轴和长轴之间的比率。当"圆度"值为100%时，表示圆形画笔；当"圆度"值为0%时，表示线性画笔；介于0%~100%之间的"圆度"值，表示椭圆画笔（呈"压扁"状态），如图6-48所示。

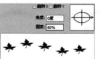

图6-48

○ **硬度**：控制画笔硬度中心的大小。数值越小，画笔的柔和度越高，如图6-49所示。

○ **间距**：控制描边中两个画笔笔迹之间的距离。数值越高，笔迹之间的间距越大，如图6-50所示。

图6-49　　　　图6-50

技术拓展：笔尖的种类

Photoshop提供了3种类型的画笔笔尖，分别是圆形笔尖（可以设置为非圆形笔尖）、样本笔尖和毛刷笔尖，如图6-51所示。

圆形笔尖包含柔边和硬边两种类型。使用柔边画笔绘制出来的边缘比较柔和；使用硬边画笔绘制出来的边缘比较清晰，如图6-52所示。

毛刷画笔的笔尖呈毛刷状，可以绘制出类似于毛笔字效果的边缘，如图6-53所示。

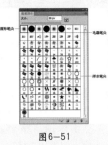

图6-51

图6-52　　　图6-53

样本画笔是属于比较特殊的一种画笔。这种画笔是利用图像定义出来的画笔，其硬度不能调节，如图6-54所示。

图6-54

知识精讲："形状动态"选项的设置

在"形状动态"选项中可以决定描边中画笔笔迹的变化，它可以使画笔的大小、圆度等产生随机变化的效果，如图6-55所示。

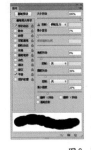

图6-55

- 大小抖动：指定描边中画笔笔迹大小的改变方式。数值越大，图像轮廓越不规则，如图6-56所示。
- 控制："控制"下拉列表中可以设置"大小抖动"的方式，其中"关"选项表示不控制画笔笔迹的大小变换，如图6-57(a)所示；"渐隐"选项是按照指定数量的步长在初始直径和最小直径之间渐隐画笔笔迹的大小，使笔迹产生逐渐淡出的效果，如图6-57(b)所示；如果计算机配置有绘图板，可以选择"钢笔压力"、"钢笔斜度"、"光笔轮"或"旋转"选项，然后根据钢笔的压力、斜度、钢笔位置或旋转角度来改变初始直径和最小直径之间的画笔笔迹大小。

图6-56 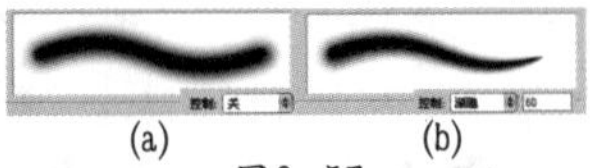　　　(a)　　图6-57　　(b)

- 最小直径：当启用"大小抖动"选项以后，通过该选项可以设置画笔笔迹缩放的最小缩放百分比。数值越高，笔尖的直径变化越小，如图6-58所示。
- 倾斜缩放比例：当"大小抖动"设置为"钢笔斜度"选项时，该选项用来设置在旋转前应用于画笔高度的比例因子。
- 角度抖动/控制：用来设置画笔笔迹的角度，如图6-59所示。如果要设置"角度抖动"的方式，可以在下面的"控制"下拉列表中进行选择。

图6-58　　　　　图6-59

- 圆度抖动/控制/最小圆度：用来设置画笔笔迹的圆度在描边中的变化方式，如图6-60所示。如果要设置"圆度抖动"的方式，可以在下面的"控制"下拉列表中进行选择。另外，"最小圆度"选项可以用来设置画笔笔迹的最小圆度。
- 翻转X抖动/翻转Y抖动：将画笔笔尖在其X轴或Y轴上进行翻转。

图6-60

- 画笔投影：可应用光笔倾斜和旋转来产生笔尖形状。使用光笔绘画时，需要将光笔更改为倾斜状态并旋转光笔以改变笔尖形状。

006 练习——使用形状动态绘制大小不同的心形

案例文件	练习实例——使用形状动态绘制大小不同的心形.psd
视频教学	练习实例——使用形状动态绘制大小不同的心形.flv
难易指数	★★★★
技术掌握	形状动态

案例效果

本案例效果如图6-61所示。

图6-61

操作步骤

步骤01 打开本书配套光盘中的背景素材文件，如图所6-62示。

图6-62

步骤02 创建新图层，设置前景色为白色，在工具箱中单击画笔工具，然后按F5键打开"画笔"面板，接着选择一个心形画笔，设置"大小"为74像素，"间距"为182%，如图6-63所示。

图6-63

步骤03 选中"形状动态"选项，然后设置"大小抖动"为86%，"最小直径"为19%，在"画笔"面板底部的画笔描边预览中可以看到当前画笔出现大小不同的效果，在天空进行绘制，效果如图6-64所示。

图6-64

 技巧提示

没有心形笔刷可以使用其他笔刷代替，也可以自行定义一个心形笔刷。关于定义自定义画笔的知识在前面的章节已经讲解过了，这里不做重复叙述。

知识精讲："散布"选项的设置

在"散布"选项中可以设置描边中笔迹的数目和位置，使画笔笔迹沿着绘制的线条扩散，如图6-65所示。

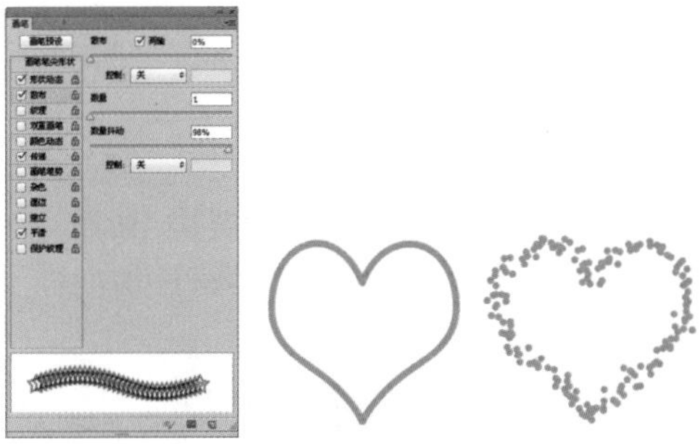

- 散布/两轴/控制：指定画笔笔迹在描边中的分散程度，该值越大，分散的范围越广，如图6-66所示。当选中"两轴"复选框时，画笔笔迹将以中心点为基准，向两侧分散。如果要设置画笔笔迹的分散方式，可以在下面的"控制"下拉列表中进行选择。

- 数量：指定在每个间距间隔应用的画笔笔迹数量。数值越大，笔迹重复的数量越大，如图6-67所示。

图6-65

- 数量抖动/控制：指定画笔笔迹的数量如何针对各种间距间隔产生变化，如图6-68所示。如果要设置"数量抖动"的方式，可以在下面的"控制"下拉列表中进行选择。

图6-66

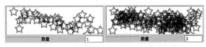

图6-67

图6-68

---

007 练习——使用散布制作可爱气泡

案例文件	练习实例——使用散布制作可爱气泡.psd
视频教学	练习实例——使用散布制作可爱气泡.flv
难易指数	★★★★★
技术掌握	掌握如何使用画笔工具描边路径

案例效果

本案例效果如图6-69所示。

图6-69

操作步骤

步骤01 打开本书配套光盘中的背景素材文件，如图6-70所示。

图6-70

步骤02 创建新图层，单击画笔工具，设置前景色为白色，按F5键打开"画笔"面板，单击"画笔笔尖形状"选项，选择一种合适的笔尖形状，设置"大小"为144像素，"间距"为238%，如图6-71所示。

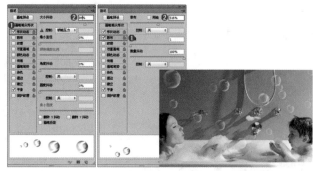

图6-71

技巧提示

如果画笔预设中没用适合的笔刷，可以执行"编辑>预设>预设管理器"菜单命令，在打开的"预设管理器"对话框中选择"画笔"选项，并单击"载入"按钮，选择素材文件中的气泡笔刷文件即可，如图6-72所示。

图6-72

步骤03 选中"形状动态"选项，设置其"大小抖动"为84%，如图6-73所示。

步骤04 选中"散布"选项，设置其"散布"为516%，"数量"为1，拖曳绘制出泡泡，如图6-74所示。

图6-73　　　　图6-74

步骤05 按Ctrl+J组合键复制出一个泡泡副本图层。执行"图层>图层样式>渐变叠加"菜单命令，打开"图层样式"对话框，然后设置"混合模式"为"强光"，"不透明度"为60%，"渐变"为七彩渐变，"样式"为"线性"，"角度"为90，单击"确定"按钮完成，可以看到气泡上出现七彩效果，最终效果如图6-75所示。

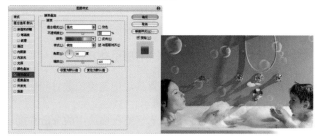

图6-75

知识精讲：设置"纹理"选项

使用"纹理"选项可以绘制出带有纹理质感的笔触，例如在带纹理的画布上绘制效果等，如图6-76所示。

图6-76

● 设置纹理/反相：单击图案缩略图右侧的倒三角图标，可以在弹出的"图案"拾色器中选择一个图案，并将其设置为纹理。如果选中"反相"复选框，可以基于图案中的色调来反转纹理中的亮点和暗点，如图6-77所示。

图6-77

● 缩放：设置图案的缩放比例。数值越小，纹理越多，如图6-78所示。

图6-78

● 为每个笔尖设置纹理：将选定的纹理单独应用于画笔描边中的每个画笔笔迹，而不是作为整体应用于画笔描边。如果取消选中"为每个笔尖设置纹理"复选框，下面的"深度抖动"选项将不可用。

● 模式：设置用于组合画笔和图案的混合模式，如图6-79所示分别是"正片叠底"和"线性高度"模式。

图6-79

● 深度：设置油彩渗入纹理的深度。数值越大，渗入的深度越大，如图6-80所示。

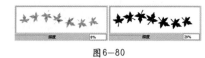

图6-80

- 最小深度：当"深度抖动"下面的"控制"选项设置为"渐隐"、"钢笔压力"、"钢笔斜度"或"光笔轮"选项，并且选中了"为每个笔尖设置纹理"复选框时，"最小深度"选项用来设置油彩可渗入纹理的最小深度。
- 深度抖动/控制：当选中"为每个笔尖设置纹理"复选框时，"深度抖动"选项用来设置深度的改变方式，如图6-81所示。如果要指定如何控制画笔笔迹的深度变化，可以从下面的"控制"下拉列表中进行选择。

图6-81

知识精讲：设置"双重画笔"选项

启用"双重画笔"选项可以使绘制的线条呈现出两种画笔的效果。首先设置"画笔笔尖形状"选项中主画笔参数属性，然后启用"双重画笔"选项，并从"双重画笔"选项中选择另外一个笔尖（即双重画笔）。

其参数非常简单，大多与其他选项中的参数相同。最顶部的"模式"是指选择主画笔和双重画笔组合画笔笔迹时要使用的混合模式，如图6-82所示。

图6-82

知识精讲：设置"颜色动态"选项

选中"颜色动态"选项，可以通过设置选项绘制出颜色变化的效果，如图6-83所示。

图6-83

- 前景/背景抖动/控制：用来指定前景色和背景色之间的油彩变化方式，如图6-84所示。数值越小，变化后的颜色越接近前景色；数值越大，变化后的颜色越接近背景色。如果要指定如何控制画笔笔迹的颜色变化，可以在下面的"控制"下拉列表中进行选择。
- 色相抖动：设置颜色变化范围。数值越小，颜色越接近前景色；数值越大，色相变化越丰富，如图6-85所示。

- 饱和度抖动：设置颜色的饱和度变化范围。数值越小，饱和度越接近前景色；数值越大，色彩的饱和度越高，如图6-86所示。
- 亮度抖动：设置颜色的亮度变化范围。数值越小，亮度越接近前景色；数值越大，颜色越亮，如图6-87所示。

图6-86

图6-87

- 纯度：用来设置颜色的纯度。数值越小，笔迹的颜色越接近于黑白色；数值越大，颜色饱和度越高，如图6-88所示。

图6-84

图6-85

图6-88

008 练习——使用颜色动态选项绘制多彩雪花

<table>

案例文件	练习实例——使用颜色动态绘制多彩雪花.psd
视频教学	练习实例——使用颜色动态绘制多彩雪花.flv
难易指数	★★★★★
技术要点	定义画笔预设、形状动态、颜色动态

案例效果

本例主要是针对"颜色动态"选项进行练习，效果如图6-89所示。

操作步骤

步骤01 打开本书配套光盘中的素材文件，然后执行"编辑>定义画笔预设"菜单命令，接着在弹出的"画笔名称"对话框中为画笔取一个名字，如图6-90所示。

图6-89　　　　　　　　　图6-90

步骤02 打开本书配套光盘中的背景素材，设置前景色为浅紫色，背景色为青蓝色，如图6-91所示。

步骤03 单击画笔工具 ，在选项栏中单击"切换画笔面板"按钮 ，打开"画笔"面板，然后选择前面定义的"雪花画笔"，接着设置"大小"为58像素，"间距"为177%，如图6-92所示。

图6-91　　　　　　　　　图6-92

步骤04 选中"形状动态"选项，然后设置"大小抖动"为70%，"角度抖动"为50%，"圆度抖动"为70%，"最小圆角"为25%，如图6-93所示。

步骤05 选中"散布"选项，然后设置其"散布"为121%，"数量"为1，如图6-94所示。

步骤06 选中"颜色动态"选项，然后设置"前景/背景抖动"为100%，"色相抖动"为100%，如图6-95所示。

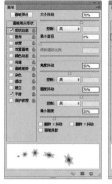

图6-93　　　　　图6-94　　　　　图6-95

步骤07 在"画笔"面板上方单击"画笔预设"按钮，打开"画笔预设"面板，然后单击"创建新画笔"按钮 ，接着在弹出的"画笔名称"对话框中为画笔取一个名字，以便以后调用，如图6-96所示。

图6-96

步骤08 在"画笔预设"或"画笔"面板中选择创建的"雪花1"画笔，在图像上拖曳光标进行多次绘制，最终效果如图6-97所示。

图6-97

知识精讲：设置"传递"选项

"传递"选项中包含不透明度、流量、湿度、混合等抖动的控制，可以用来确定油彩在描边路线中的改变方式，如图6-98所示。

图6-98

- **不透明度抖动/控制**：指定画笔描边中油彩不透明度的变化方式，最大值是选项栏中指定的不透明度值。如果要指定如何控制画笔笔迹的不透明度变化，可以从下面的"控制"下拉列表中进行选择。
- **流量抖动/控制**：用来设置画笔笔迹中油彩流量的变化程度。如果要指定如何控制画笔笔迹的流量变化，可以从下面的"控制"下拉列表中进行选择。

- **湿度抖动/控制**：用来控制画笔笔迹中油彩湿度的变化程度。如果要指定如何控制画笔笔迹的湿度变化，可以从下面的"控制"下拉列表中进行选择。
- **混合抖动/控制**：用来控制画笔笔迹中油彩混合的变化程度。如果要指定如何控制画笔笔迹的混合变化，可以从下面的"控制"下拉列表中进行选择。

知识精讲：画笔笔势

"画笔笔势"选项是用于调整毛刷画笔笔尖、侵蚀画笔笔尖的角度。如图6-99所示。

- **倾斜X/倾斜Y**：使笔尖沿X轴或Y轴倾斜。
- **旋转**：设置笔尖旋转效果。
- **压力**：压力数值越高绘制速度越快，线条效果越粗犷。

图6-99

009 练习——使用传递选项绘制飘雪效果

案例文件	练习实例——使用传递选项绘制飘雪效果.psd
视频教学	练习实例——使用传递选项绘制飘雪效果.flv
难易指数	★★★★★
技术要点	"传递"选项

案例效果

本案例处理前后对比效果如图6-100所示。

图6-100

操作步骤

步骤01 打开本书配套光盘中的背景素材文件，如图6-101所示。

步骤02 创建新图层，单击画笔工具 ，设置前景色为白色，按F5键打开"画笔"面板，单击"画笔笔尖形状"选项，选择一种圆形画笔，设置"大小"为30像素，"角度"为45度，"圆度"为45%，"间距"为260，如图6-102所示。

步骤03 选中"形状动态"选项，设置其"大小抖动"为100%，"最小直径"为1%，如图6-103所示。

图6-101　　　　　图6-102　　　　　图6-103

步骤04 选中"散布"选项，设置其"散布"为286%，"数量"为1，如图6-104所示。

步骤05 选中"传递"选项，设置"不透明度抖动"为62%，"流量抖动"为57%，在画面中涂抹绘制出飘雪效果，如图6-105所示。

图6-104　　　　　　　　图6-105

知识精讲：其他选项

"画笔"面板中还有"杂色"、"湿边"、"建立"、"平滑"和"保护纹理"这5个选项，如图6-106所示。这些选项不能调整参数，如果要启用其中某个选项，将其选中即可。

- 杂色：为个别画笔笔尖增加额外的随机性，如图6-107所示分别是关闭与开启"杂色"选项时的笔迹效果。当使用柔边画笔时，该选项最能出效果。

图6-106　　　　　　图6-107

- 湿边：沿画笔描边的边缘增大油彩量，从而创建出水彩效果，如图6-108所示分别是关闭与开启"湿边"项时的笔迹效果。

图6-108

- 建立：模拟传统的喷枪技术，根据鼠标按键的单击程度确定画笔线条的填充数量。
- 平滑：在画笔描边中生成更加平滑的曲线。当使用压感笔进行快速绘画时，该选项最有效。
- 保护纹理：将相同图案和缩放比例应用于具有纹理的所有画笔预设。选中该选项后，在使用多个纹理画笔绘画时，可以模拟出一致的画布纹理。

010 练习——制作照片散景效果

案例文件	练习实例——制作照片散景效果.psd
视频教学	练习实例——制作照片散景效果.flv
难易指数	★★★★★
技术要点	"形状动态"、"散布"、"颜色动态"、"湿边"选项

案例效果

本案例处理前后对比效果如图6-109所示。

操作步骤

步骤01 打开本书配套光盘中的背景素材文件,设置前景色为粉色,背景色为紫色,如图6-110所示。

图6-109　　　　　　图6-110

步骤02 创建新图层,单击画笔工具 ✍,在选项栏中设置画笔不透明度与流量均为50%。按F5键快速打开画笔预设面板,单击"画笔笔尖形状",选择一种圆形画笔,设置"大小"为160像素,"间距"为326%,如图6-111所示。

步骤03 选中"形状动态"选项,设置其"大小抖动"为100%,"最小直径"为1%,如图6-112所示。

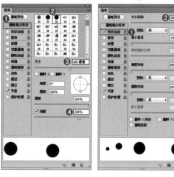

图6-111　　　　　　图6-112

步骤04 选中"散布"选项,设置其"散布"为1000%,如图6-113所示。

步骤05 选中"颜色动态"选项,设置前景背景抖动为100%,如图6-114所示。

图6-113　　　　　　图6-114

步骤06 选中"传递"选项,设置"不透明度抖动"为100%。并选中"湿边"选项,如图6-115所示,在画面中绘制即可出现光斑效果,如图6-116所示。

步骤07 最后输入艺术文字,最终效果如图6-117所示。

图6-115　　　　　图6-116　　　　　图6-117

6.3 绘画工具

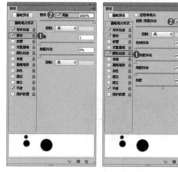

　　Photoshop中的绘画工具有很多种,包括画笔工具、铅笔工具、颜色替换工具和混合器画笔工具。使用这些工具不仅能够绘制出传统意义上的插画,还能够对数码相片进行美化处理,同时还能够对数码相片制作各种特效,如图6-118所示。

图6-118

知识精讲:画笔工具

　　画笔工具 ✍是使用频率最高的工具之一,它可以使用前景色绘制出各种线条,同时也可以利用它来修改通道和蒙版。如图6-119所示是画笔工具 ✍的选项栏。

图6-119

　　◉ "画笔预设"选取器:单击倒三角形图标 ·,可以打开"画笔预设"选取器,在这里面可以选择笔尖、设置画笔的大小和硬度。

　　◉ 模式:设置绘画颜色与下面现有像素的混合方法。如图6-120所示分别是使用"正片叠底"模式和"强光"模式绘制的笔迹效果。可用模式将根据当前选定工具的不同而变化。

技巧提示

在英文输入法状态下,可以按[键和]键来减小或增大画笔笔尖的大小。

图6-120

● **不透明度**：设置画笔绘制出来的颜色的不透明度。数值越大，笔迹的不透明度越高；数值越小，笔迹的不透明度越低，如图6-121所示。

图6-121

 技巧提示

在使用画笔工具绘画时，可以按数字键0~9来快速调整画笔的"不透明度"，数字1代表10%，数字9代表90%，数字0代表100%。

● **流量**：设置当将光标移到某个区域上方时应用颜色的速率。在某个区域上方进行绘画时，如果一直按住鼠标左键，颜色量将根据流动速率增大，直至达到"不透明度"设置。

技巧提示

"流量"设置也有自己的快捷键，按住Shift+0~9的数字键即可快速设置流量。

● **启用喷枪模式** ：激活该按钮以后，可以启用喷枪功能，Photoshop会根据鼠标左键的单击程度来确定画笔笔迹的填充数量。例如，关闭喷枪功能时，每单击一次会绘制一个笔迹；而启用喷枪功能以后，按住鼠标左键不放，即可持续绘制笔迹，如图6-122所示。

● **绘图板压力控制大小** ：单击该按钮可以使用压感笔压力覆盖"画笔"面板中的"不透明度"和"大小"设置。

图6-122

 **技巧提示**

如果使用绘图板绘画，则可以在"画笔"面板和选项栏中通过设置钢笔压力、角度、旋转或光笔轮来控制应用颜色的方式。

011 练习——制作绚丽光斑

案例文件	练习实例——制作绚丽光斑.psd
视频教学	练习实例——制作绚丽光斑.flv
难易指数	★★★★★
知识掌握	掌握"画笔工具"的使用方法

案例效果

本案例处理前后对比效果如图6-123所示。

图6-123

操作步骤

步骤01 打开背景素材，单击工具箱中的画笔工具，打开"画笔预设"选取器，单击小三角符号，选择"载入画笔"命令，选择画笔笔刷素材，如图6-124所示。

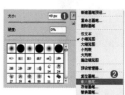

图6-124

步骤02 打开"画笔"面板,找到新载入的星星笔刷,然后单击画笔笔尖形状,设置"大小"为55像素,"间距"为153%,如图6-125所示。

步骤03 选中"形状动态"选项,设置"大小抖动"为100%,"最小直径"为53%,如图6-126所示。

步骤04 选中"散布"选项,设置"散布"为220%,如图6-127所示。

步骤05 设置前景色为白色,在图像上单击并拖曳绘制,如图6-128所示。

步骤06 导入光效素材文件,设置混合模式为"滤色",最终效果如图6-129所示。

图6-125

图6-126

图6-127

图6-128

图6-129

012 练习—使用画笔与钢笔工具制作飘逸头饰

案例文件	练习实例——使用画笔与钢笔工具制作飘逸头饰.psd
视频教学	练习实例——使用画笔与钢笔工具制作飘逸头饰.flv
难易指数	★★★★★
知识掌握	掌握画笔工具和钢笔工具的使用方法

案例效果

本案例处理前后对比效果如图6-130所示。

图6-130

操作步骤

步骤01 打开本书配套光盘中的人像素材文件,如图6-131所示。

图6-131

步骤02 新建图层,隐藏人像背景。设置前景色为黑色,单击画笔工具并设置画笔"大小"为2像素,然后使用钢笔工具 ,绘制一条路径,单击鼠标右

键执行"描边路径"命令,设置"工具"为"画笔",此时画面中出现黑色的曲线,如图6-132所示。

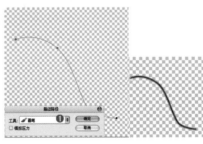
图6-132

步骤03 下面需要将这条曲线定义为画笔,执行"编辑>定义画笔预设"菜单命令,在弹出的对话框中将其命名为"画笔",如图6-133所示。

图6-133

步骤04 回到原文档中。新建"飘带"图层组,并在其中创建新图层。首先使用钢笔工具 绘制出一个路径,如图6-134所示。

图6-134

步骤05 接着设置前景色为紫色,打开"画笔"面板,在"画笔笔尖形状"选项中,找到上一步定义的曲线笔刷,设置"大小"为142像素,"角度"为36度。"间距"为5%。回到画面中按Enter键以当前画笔设置进行描边路径,并设置图层"不透明度"为62%,如图6-135所示。

图6-135

技巧提示

在使用钢笔工具状态下单击鼠标右键执行"描边路径"命令也可以进行描边。

步骤06 采用同样的方法继续使用钢笔工具绘制路径，设置不同的前景色，单击画笔工具并按Enter键进行快速描边，绘制出多条飘带来，如图6-136所示。

步骤07 导入光效素材文件，并将该图层的"混合模式"设置为"滤色"，如图6-137所示。

步骤08 导入前景装饰放在"图层"面板顶部，导入花纹文字素材放在"背景"图层上方，如图6-138所示。

步骤09 最后创建一个"亮度/对比度"调整图层，设置"对比度"为30，最终效果如图6-139所示。

图6-136　　　　　　图6-137

图6-138　　　　　　图6-139

知识精讲：铅笔工具

铅笔工具 ✐ 与画笔工具 ✐ 相似，但是铅笔工具更善于绘制出硬边线条，例如近年来比较流行的像素画以及像素游戏都可以使用铅笔工具进行绘制，如图6-140所示。

图6-140

铅笔工具的选项栏如图6-141所示。

图6-141

- **"画笔预设"选取器**：单击倒三角形图标 ，可以打开"画笔预设"选取器，在这里面可以选择笔尖、设置画笔的大小和硬度。

- **模式**：设置绘画颜色与下面现有像素的混合方法，如图6-142所示分别是使用"正常"模式和"正片叠底"模式绘制的笔迹效果。

图6-142

- **不透明度**：设置铅笔绘制出来的颜色的不透明度。数

值越大，笔迹的不透明度越高；数值越小，笔迹的不透明度越低，如图6-143所示。

图6-143

- **自动抹除**：选中该复选框后，如果将光标中心放置在包含前景色的区域上，可以将该区域涂抹成背景色，如图6-144(a)所示；如果将光标中心放置在不包含前景色的区域上，则可以将该区域涂抹成前景色，如图6-144(b)所示。

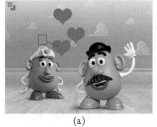

(a)　　　　　　　　　(b)

图6-144

 技巧提示

注意，"自动抹除"选项只适用于原始图像，也就是说，只能在原始图像上才能绘制出设置的前景色和背景色。如果是在新建的图层中进行涂抹，则"自动抹除"选项不起作用。

013 练习——使用铅笔工具绘制像素画

案例文件	练习实例——使用铅笔工具绘制像素画.psd
视频教学	练习实例——使用铅笔工具绘制像素画.flv
难易指数	★★★★★
技术要点	铅笔工具

案例效果

本案例效果如图6-145所示。

图6-145

操作步骤

步骤01 按Ctrl+N组合键新建一个大小为81×81像素的文档，如图6-146所示。

图6-146

> **技巧提示**
>
> 由于像素画所需要的画布相当小，所以可以使用"放大工具" 🔍 将画布放大数倍，或者直接更改画布左下角的缩放数值。也可以按Ctrl++组合键放大画布和按Ctrl+-组合键缩小画布。另外，按住Alt键的同时滚动鼠标滚轮也可以缩放画布。

步骤02 为了在绘制像素画过程中便于管理和修改，需要创建多个图层，并按照类型将图层放置在图层组中。首先创建一个"身体"图层组，并在其中新建图层，设置前景色为褐色，使用铅笔工具 ✏️ 在画布中绘制出熊耳朵的边线，如图6-147所示。

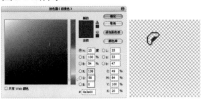

图6-147

步骤03 继续绘制出卡通熊的外部轮廓线效果，如图6-148所示。

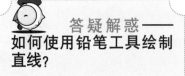

图6-148

> **答疑解惑——**
> **如何使用铅笔工具绘制直线？**
>
> 使用画笔工具、铅笔工具、钢笔工具等绘制线条时，按住Shift键可以绘制出水平、垂直或者45°的直线。

步骤04 创建新图层，设置前景色为橘色，使用铅笔工具绘制出熊的暗部，如图6-149所示。

图6-149

步骤05 使用相同的方法依次使用较浅的颜色绘制出卡通熊的身体的中间调和高光区域，如图6-150所示。

图6-150

步骤06 继续创建"围巾"与"衣服"图层组，分别使用较深和较浅的青色绘制衣服部分，使用粉色、红色和白色绘制围巾部分，如图6-151所示。

图6-151

步骤07 最后导入背景素材文件，放置在最底层位置，如图6-152所示。

图6-152

Photoshop CC 入门与实战经典(实例版)

答疑解惑——什么是像素画？

像素画也属于点阵式图像，但它是一种图标风格的图像（如图6-153所示），更强调清晰的轮廓、明快的色彩，几乎不用混叠方法来绘制光滑的线条，所以常常采用GIF格式，同时它的造型比较卡通，而当今像素画更是成为了一门艺术而存在，得到很多朋友的喜爱。

作为像素画来说应用范围相当广泛，从多年前家用红白机的画面直到今天的GBA掌机；从黑白的手机图片直到今天全彩的掌上电脑；以及当前电脑中也无处不充斥着各类软件的像素图标。

图6-153

知识精讲：颜色替换工具

颜色替换工具 可以将选定的颜色替换为其他颜色，如图6-154所示。其选项栏如图6-155所示。

图6-154

图6-155

- ● **模式**：选择替换颜色的模式，包括"色相"、"饱和度"、"颜色"和"明度"模式。当选择"颜色"模式时，可以同时替换色相、饱和度和明度。
- ● **取样**：用来设置颜色的取样方式。激活"取样：连续"按钮 以后，在拖曳光标时，可以对颜色进行取样；激活"取样：一次"按钮 以后，只替换包含第1次单击的颜色区域中的目标颜色；激活"取样：背景色板"按钮 以后，只替换包含当前背景色的区域。
- ● **限制**：当选择"不连续"选项时，可以替换出现在光标下任何位置的样本颜色；当选择"连续"选项时，只替换与光标下的颜色接近的颜色；当选择"查找边缘"选项时，可以替换包含样本颜色的连接区域，同时保留形状边缘的锐化程度。
- ● **容差**：用来设置颜色替换工具的容差。数值越大，在绘制时影响的颜色范围越大。
- ● **消除锯齿**：选中该复选框后，可以消除颜色替换区域的锯齿效果，从而使图像变得平滑。

014 练习——使用颜色替换工具改变环境颜色

案例文件	练习实例——使用颜色替换工具改变环境颜色.psd
视频教学	练习实例——使用颜色替换工具改变环境颜色.flv
难易指数	★★★★★
技术要点	颜色替换工具

案例效果

本例主要是针对颜色替换工具的使用方法进行练习，效果如图6-156所示。

图6-156

操作步骤

步骤01 打开本书配套光盘中的素材文件，如图6-157所示。

步骤02 单击工具箱中的颜色替换工具 ，按Ctrl+J组合键复制一个"背景副本"图层，然后在颜色替换工具的选项栏中设置画笔的"大小"为400像素，"硬度"为100%，"容差"为50%，"模式"为"色相"，如图6-158所示。

 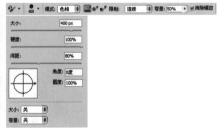

图6-157   图6-158

步骤03 设置前景色为粉紫色，使用颜色替换工具 在图像中阶梯部分进行涂抹，注意不要涂抹到人像上，这样红色阶梯变成粉紫色的了，如图6-159所示。

图6-159

答疑解惑——为什么要复制"背景"图层?

由于使用颜色替换工具必须在原图上进行操作，而在操作中可能会造成不可恢复的错误。为了在错误操作时避免破坏原图像，以备后面进行修改，所以制作出原图的副本是一个非常好的习惯。

技巧提示

在替换颜色的同时可适当减小画笔大小以及画笔间距，这样在绘制小范围时，比较准确。

知识精讲：混合器画笔工具

混合器画笔工具 可以像传统绘画过程中混合颜料一样混合像素。所以使用混合器画笔工具可以轻松模拟真实的绘画效果，并且可以混合画布颜色和使用不同的绘画湿度，如图6-160所示，其选项栏如图6-161所示。

图6-160

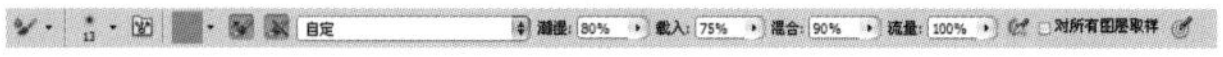

图6-161

- 潮湿：控制画笔从画布拾取的油彩量。较高的设置会产生较长的绘画条痕。
- 载入：指定储槽中载入的油彩量。载入速率较低时，绘画描边干燥的速度会更快。
- 混合：控制画布油彩量与储槽油彩量的比例。当混合比例为100%时，所有油彩将从画布中拾取；当混合比例为0%时，所有油彩都来自储槽。
- 流量：控制混合画笔的流量大小。
- 对所有图层取样：拾取所有可见图层中的画布颜色。

015 练习——利用混合器画笔工具制作水粉画效果

案例文件	练习实例——利用混合器画笔工具制作水粉画效果.psd
视频教学	练习实例——利用混合器画笔工具制作水粉画效果.flv
难易指数	★★★★★
知识掌握	掌握混合器画笔工具的使用方法

案例效果

本例主要使用混合画笔工具，将数码照片转换为手绘效果。原图与效果图如图6-162所示。

图6-162

操作步骤

步骤01 打开本书配套光盘中的素材，按Ctrl+J组合键复制一个"背景副本"图层，然后将该图层更名为"天空"，在绘制的过程中我们选择分层绘制的方法，也就是说，将每一部分作为单独的一个图层进行绘制，这样操作可以避免绘制的不同颜色区域相互影响，如图6-163所示。

图6-163

步骤02 隐藏"背景"图层，使用套索工具框选天空部分的选区，按Shift+Ctrl+I组合键反选选区，然后按Delete键删除多余部分，如图6-164所示。

图6-164

步骤03 在工具箱中单击混合器画笔工具，然后在选项栏中选择一种毛刷画笔，并设置"大小"为146像素，接着选择"潮湿，深混合"模式，如图6-165所示。

图6-165

步骤04 设置前景色为（R：152，G：222，B：255），然后使用混合器画笔工具涂抹天空的大体轮廓和走向，如图6-166所示。

图6-166

步骤05 在选项栏中更改画笔的类型和大小，然后细致绘制大树的走向，如图6-167所示。

图6-167

步骤06 设置画笔的"大小"为50像素，然后细致涂抹颜色的过渡部分，使颜色的过渡更加柔和，效果如图6-168所示。

图6-168

步骤07 隐藏"天空"图层，然后选择"背景"图层，接着使用钢笔工具选中出草地轮廓，再单击鼠标右键，并在弹出的快捷菜单中选择"建立选区"命令，使用复制和粘贴的功能复制出一个单独的草地选区，然后将该图层命名为"草地"，接着隐藏"背景"图层，效果如图6-169所示。

图6-169

步骤08 在混合器画笔工具的选项栏中选择一种毛刷画笔，并设置"大小"为33像素，接着设置前景色为白色，最后绘制出风吹草地的色块效果，如图6-170所示。

图6-170

步骤09 在选项栏中更改画笔的类型和大小，然后细致涂抹过渡区域，如图6-171所示。

图6-171

步骤10 将"草地"图层放置在"天空"图层的下面，然后显示出"天空"图层，效果如图6-172所示。

步骤11 选择"背景"图层，然后暂时隐藏其他图层，接着使用钢笔工具选出人像和气球的轮廓，按Ctrl+Enter组合键载入路径的选区，按Ctrl+J组合键将选区内的图像复制到一个新的图层中，然后将该图层命名为"人像"，接着将其放置到最上层，并暂时隐藏其他图层，如图6-173所示。

图6-172　　　　图6-173

步骤12 在混合器画笔工具的选项栏中选择一种毛刷画笔，并设置"大小"为50像素，绘制气球区域的油画效果，如图6-174所示。

图6-174

步骤13 设置前景色为白色,然后在选项栏中更改画笔的类型和大小,接着仔细绘制出人像的头发及裙子,效果如图6-175所示。

图6-175

步骤14 显示出"草地"、"天空"和"人像"3个图层,为了增强艺术效果,可以使用柔边白色画笔(具体设置如图6-176(a)所示)。在气球上面、人像手臂上绘制一些白色线条,当作白色油彩效果,最终效果如图6-176(b)所示。

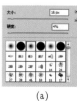

(a)   (b)

图6-176

6.4 图像擦除工具

Photoshop提供了3种擦除工具,分别是橡皮擦工具、背景橡皮擦工具和魔术橡皮擦工具。

知识精讲:橡皮擦工具

橡皮擦工具可以将像素更改为背景色或透明,在普通图层中进行擦除,则擦除的像素将变成透明;使用该工具在"背景"图层或锁定了透明像素的图层中进行擦除,则擦除的像素将变成背景色,如图6-177所示。其选项栏如图6-178所示。

图6-178

图6-177

- 模式:选择橡皮擦的种类。选择"画笔"选项时,可以创建柔边擦除效果;选择"铅笔"选项时,可以创建硬边擦除效果;选择"块"选项时,擦除的效果为块状。
- 不透明度:用来设置橡皮擦工具的擦除强度。设置为100%时,可以完全擦除像素。当设置"模式"为"块"时,该选项将不可用。
- 流量:用来设置橡皮擦工具的涂抹速度。
- 抹到历史记录:选中该复选框以后,橡皮擦工具的作用相当于历史记录画笔工具。

016 练习——使用橡皮擦工具

案例文件	练习实例——使用橡皮擦工具.psd
视频教学	练习实例——使用橡皮擦工具.flv
难易指数	★★★★★
技术要点	橡皮擦工具

案例效果

本案例处理前后对比效果如图6-179所示。

图6-179

操作步骤

步骤01 打开本书配套光盘中的素材文件,按住Alt键双击"背景"图层将其转换为普通图层,如图6-180所示。

图6-180

步骤02 单击工具箱中的橡皮擦工具 ，在选项栏中选择一个柔角橡皮擦，设置"大小"为168像素，在图像中涂抹去除背景部分，如图6-181所示。

图6-181

步骤03 接着导入背景素材文件，调整果盘大小，将背景素材放置在底层位置，如图6-182所示。

图6-182

步骤04 在"背景"图层上方新建图层"影子"，单击工具

箱中的画笔工具 ，设置前景色为黑色，选择一种柔边圆画笔，适当调整大小，在果盘边缘处绘制出阴影，如图6-183所示。

图6-183

步骤05 最后导入前景素材文件，效果如图6-184所示。

图6-184

知识精讲：背景橡皮擦工具

背景橡皮擦工具 是一种基于色彩差异的智能化擦除工具。它的功能非常强大，除了可以使用它来擦除图像以外，最重要的方面是主要运用在抠图中。设置好背景色以后，使用该工具可以在抹除背景的同时保留前景对象的边缘，如图6-185所示。其选项栏如图6-186所示。

图6-185

(a)   (b)

(c)

图6-187

图6-186

● **取样**：用来设置取样的方式。激活"取样：连续"按钮 ，在拖曳鼠标时可以连续对颜色进行取样，凡是出现在光标中心十字线以内的图像都将被擦除，如图6-187(a)所示；激活"取样：一次"按钮 ，只擦除包含第1次单击处颜色的图像，如图6-187(b)所示；激活"取样：背景色板"按钮 ，只擦除包含背景色的图像，如图6-187(c)所示。

● **限制**：设置擦除图像时的限制模式。选择"不连续"选项时，可以擦除出现在光标下任何位置的样本颜色；选择"连续"选项时，只擦除包含样本颜色并且相互连接的区域；选择"查找边缘"选项时，可以擦除包含样本颜色的连接区域，同时更好地保留形状边缘的锐化程度。

● **容差**：用来设置颜色的容差范围。

● **保护前景色**：选中该复选框后，可以防止擦除与前景色匹配的区域。

017 练习——使用背景橡皮擦工具

案例文件	练习实例——使用背景橡皮擦工具.psd
视频教学	练习实例——使用背景橡皮擦工具.flv
难易指数	★★★★★
技术要点	背景橡皮擦工具

案例效果

本案例处理前后对比效果如图6-188所示。

图6-188

操作步骤

步骤01 打开本书配套光盘中的素材文件，按住Alt键双击"背景"图层将其转换为普通图层。单击工具箱中的吸管工具，单击采集蓝色圆环的颜色为前景色，并按住Alt键单击蓝色圆环附近的棕色作为背景色，如图6-189所示。

图6-189

步骤02 单击工具箱中的背景橡皮擦工具，在选项栏打开"画笔预设"选取器，设置"大小"为264像素，"硬度"为0%，单击"取样：背景色板"按钮，设置其"容差"为50%，选中"保护前景色"复选框，如图6-190所示。

步骤03 回到图像中心部分开始涂抹，注意光标的十字部分不要移动到蓝色圆环上，可以看到背景部分变为透明，而蓝

色圆环部分完全被保留下来，如图6-191所示。

图6-190 图6-191

步骤04 继续吸取花朵上的淡橙色为前景色，附近的黄绿色为背景色，并继续涂抹去除花朵附近的背景，并设置"容差"为20，继续涂抹去除附近的背景色，如图6-192所示。

图6-192

步骤05 继续使用同样的方法进行涂抹擦除，需要注意的是当擦除到图像中颜色与当前的前景色和背景色不匹配时需要重新按照步骤01的方法进行颜色的重新设置，擦除效果如图6-193所示。

步骤06 导入背景人像素材，最终效果如图6-194所示。

图6-193 图6-194

知识精讲：魔术橡皮擦工具

使用魔术橡皮擦工具在图像中单击时，可以将所有相似的像素更改为透明（如果在已锁定了透明像素的图层中工作，这些像素将更改为背景色），如图6-195所示。其选项栏如图6-196所示。

图6-196

- 容差：用来设置可擦除的颜色范围。
- 消除锯齿：可以使擦除区域的边缘变得平滑。

图6-195

◉ 连续：选中该复选框时，只擦除与单击点像素邻近的像素；取消选中该复选框，可以擦除图像中所有相似的像素。

◉ 不透明度：用来设置擦除的强度。值为100%时，将完全擦除像素；较低的值可以擦除部分像素。

018 练习——使用魔术橡皮擦工具为图像换背景

案例文件	练习实例——使用魔术橡皮擦工具为图像换背景.psd
视频教学	练习实例——使用魔术橡皮擦工具为图像换背景.flv
难易指数	★★★★★
技术要点	魔术橡皮擦工具

案例效果

本案例处理前后对比效果如图6-197所示。

图6-197

图6-198　　　　　　　图6-199

步骤01 ▶ 打开素材文件，按住Alt键并双击"背景"图层将其转换为普通图层，如图6-198所示。

步骤02 ▶ 单击工具箱中的魔术橡皮擦工具 ，在选项栏中设置"容差"为15，选中"消除锯齿"和"连续"复选框，在图像顶部单击，可以看到顶部的天空被去除，如图6-199所示。

步骤03 ▶ 使用同样的方法依次向下进行单击可以顺利擦除其余部分，如图6-200所示。

步骤04 ▶ 导入背景素材，最终效果如图6-201所示。

图6-200　　　　　　　图6-201

6.5 图像修复工具

在传统摄影中，很多元素都需要"一次成型"，不仅对操作人员以及设备提出很高的要求，并且诸多问题瑕疵也是在所难免的。图像的数字化处理则解决了这个问题，Photoshop的图像修复工具组包括污点修复画笔工具 、修复画笔工具 、修补工具 和红眼工具 。使用这些工具能够方便快捷地解决数码照片中的瑕疵，例如人像面部的斑点、皱纹、红眼、环境中多余的人以及不合理的杂物等，如图6-202所示。

图6-202

知识精讲：认识"仿制源"面板

使用图章工具或图像修复工具时，都可以通过"仿制源"面板来设置不同的样本源（最多可以设置5个样本源），并且可以查看样本源的叠加，以便在特定位置进行仿制。另外，通过"仿制源"面板还可以缩放或旋转样本源，以更好地匹配仿制目标的大小和方向。执行"窗口>仿制源"菜单命令，打开"仿制源"面板，如图6-203所示。

图6-203

> 💡 **技巧提示**
>
> 对于基于时间轴的动画，"仿制源"面板还可以用于设置样本源视频/动画帧与目标视频/动画帧之间的帧关系。

- **仿制源**：激活"仿制源"按钮🖼后，按住Alt键的同时使用图章工具或图像修复工具在图像上单击，可以设置取样点，如图6-204所示。单击下一个"仿制源"按钮🖼，还可以继续取样。
- **位移**：指定X轴和Y轴的像素位移，可以在相对于取样点的精确位置进行仿制。
- **W/H**：输入 W（宽度）或 H（高度）值，可以缩放所仿制的源，如图6-205所示。

图6-204 　　　　　图6-205

- **旋转**：在文本框中输入旋转角度，可以旋转仿制的源，如图6-206所示。

- **翻转**：单击"水平翻转"按钮🔄，可以水平翻转仿制源，如图6-207(a)所示；单击"垂直翻转"按钮🔄，可以垂直翻转仿制源，如图6-207(b)所示。

(a) 　　　　　　　　(b)

图6-206 　　　　　　图6-207

- **"复位变换"按钮🔄**：将W、H、角度值和翻转方向恢复到默认的状态。
- **帧位移/锁定帧**：在"帧位移"文本框中输入帧数，可以使用与初始取样的帧相关的特定帧进行仿制，输入正值时，要使用的帧在初始取样的帧之后；输入负值时，要使用的帧在初始取样的帧之前。如果选中"锁定帧"复选框，则总是使用初始取样的相同帧进行仿制。
- **显示叠加**：选中"显示叠加"复选框，并设置了叠加方式以后，可以在使用图章工具或图像修复工具时，更好地查看叠加以及下面的图像，如图6-208所示。"不透明度"用来设置叠加图像的不透明度；"自动隐藏"复选框可以在应用绘画描边时隐藏叠加；"已剪切"复选框可将叠加剪切到画笔大小；如果要设置叠加的外观，可以从下面的叠加下拉列表中进行选择；"反相"复选框可反相叠加中的颜色。

图6-208

知识精讲：仿制图章工具

仿制图章工具🖼可以将图像的一部分绘制到同一图像的另一个位置上，或绘制到具有相同颜色模式的任何打开的文档的另一部分，当然也可以将一个图层的一部分绘制到另一个图层上。仿制图章工具🖼对于复制对象或修复图像中的缺陷非常有用，其选项栏如图6-209所示。

图6-209

- **"切换画笔面板"按钮🖼**：打开或关闭"画笔"面板。

- **"切换仿制源面板"按钮🖼**：打开或关闭"仿制源"面板。
- **对齐**：选中该复选框以后，可以连续对像素进行取样，即使释放鼠标以后，也不会丢失当前的取样点。
- **样本**：从指定的图层中进行数据取样。

> 💡 **技巧提示**
>
> 如果取消选中"对齐"复选框，则会在每次停止并重新开始绘制时使用初始取样点中的样本像素。

019 练习——使用仿制图章工具修补草地

案例文件	练习实例——使用仿制图章工具修补草地.psd
视频教学	练习实例——使用仿制图章工具修补草地.flv
难易指数	★★★★★
技术要点	仿制图章工具

案例效果

本案例处理前后对比效果如图6-210所示。

图6-210

操作步骤

步骤01 打开本书配套光盘中的素材文件，如图6-211所示。

步骤02 单击仿制图章工具▲，在选项栏中设置一种柔边圆图章，设置其"大小"为100，"模式"为"正常"，"不

图6-211

透明度"为100%，"流量"为100%，选中"对齐"复选框，设置"样本"为"当前图层"，如图6-212所示。

图6-212

步骤03 按住Alt键，单击吸取草地部分，再在左下角单击，遮盖多余的花朵，如图6-213所示。

图6-213

步骤04 最终效果如图6-214所示。

图6-214

知识精讲：图案图章工具

图案图章工具▲可以使用预设图案或载入的图案进行绘画，其选项栏如图6-215所示。

图6-215

- 对齐：选中该复选框后，可以保持图案与原始起点的连续性，即使多次单击鼠标也不例外，如图6-216(a)所示；取消选中该复选框后，则每次单击鼠标都重新应用图案，如图6-216(b)所示。
- 印象派效果：选中该复选框后，可以模拟出印象派效果的图案。如图6-217所示分别是取消选中和选中"印象派效果"复选框的效果。

(a)　　　　　　　　　(b)

图6-216

图6-217

020 练习——使用图案图章工具制作印花服装

案例文件	练习实例——使用图案图章工具制作印花服装.psd
视频教学	练习实例——使用图案图章工具制作印花服装.flv
难易指数	★★★★★
技术要点	图案图章工具

案例效果

本案例处理前后对比效果如图6-218所示。

图6-218

操作步骤

步骤01 打开本书配套光盘中的素材文件，如图6-219所示。

步骤02 单击图案图章工具，在选项栏中选择一个圆形柔角画笔，设置画笔"大小"为40像素，设置"混合模式"为"划分"，"不透明度"为75%，选择一个花朵图案，并选中"对齐"复选框。设置完毕后在红色服装上进行涂抹，可以看到花朵图案出现在衣服上，如图6-220所示。

图6-219　　　　　　　　图6-220

步骤03 继续涂抹其他部分，在涂抹细节区域时需要减小画笔大小，最终效果如图6-221所示。

图6-221

知识精讲：污点修复画笔工具

使用污点修复画笔工具可以消除图像中的污点和某个对象，如图6-222所示。污点修复画笔工具不需要设置取样点，因为它可以自动从所修饰区域的周围进行取样，其选项栏如图6-223所示。

图6-222

图6-223

● **模式**：用来设置修复图像时使用的混合模式。除"正常"、"正片叠底"等常用模式以外，还有一个"替换"模式，该模式可以保留画笔描边的边缘处的杂色、胶片颗粒和纹理。

● **类型**：用来设置修复的方法。选中"近似匹配"单选按钮时，可以使用选区边缘周围的像素来查找要用作选定区域修补的图像区域；选中"创建纹理"单选按钮时，可以使用选区中的所有像素创建一个用于修复该区域的纹理；选中"内容识别"单选按钮时，可以使用选区周围的像素进行修复。

021 练习——使用污点修复画笔工具去斑

案例文件	练习实例——使用污点修复画笔工具去斑.psd
视频教学	练习实例——使用污点修复画笔工具去斑.flv
难易指数	★★★★★
技术要点	污点修复画笔工具

案例效果

本例主要是针对如何使用污点修复画笔工具进行练习，效果如图6-224所示。

图6-224

操作步骤

步骤01 打开本书配套光盘中的背景素材文件，可以看到人像面颊处有多个较小的斑点，如图6-225所示。

图6-225

步骤02 单击工具箱中的污点修复画笔工具 ✐，在人像左边面部斑点的地方单击进行修复，如图6-226所示。

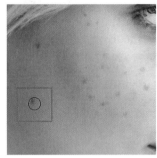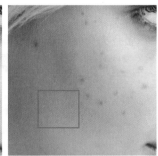

图6-226

步骤03 同样在人像左边面部有斑点的地方单击进行修复，最终效果如图6-227所示。

图6-227

知识精讲：修复画笔工具

与仿制图章工具 ▣ 相似，修复画笔工具 ✐ 可以修复图像的瑕疵。修复画笔工具也可以用图像中的像素作为样本进行绘制，不同的是修复画笔工具还可以将样本像素的纹理、光照、透明度和阴影与所修复的像素进行匹配，从而使修复后的像素不留痕迹地融入图像的其他部分，如图6-228所示。其选项栏如图6-229所示。

图6-228

- 源：设置用于修复像素的源。选中"取样"单选按钮时，可以使用当前图像的像素来修复图像；选中"图案"单选按钮时，可以使用某个图案作为取样点。
- 对齐：选中该复选框后，可以连续对像素进行取样，即使释放鼠标也不会丢失当前的取样点；取消选中该复选框以后，则会在每次停止并重新开始绘制时使用初始取样点中的样本像素。

图6-229

022 练习——使用修复画笔工具消除眼袋

案例文件	练习实例——使用修复画笔工具消除眼袋.psd
视频教学	练习实例——使用修复画笔工具消除眼袋.flv
难易指数	★★★★★
技术要点	修复画笔工具

案例效果

本案例主要使用修复画笔工具去除人像眼袋，效果如图6-230所示。

图6-230

操作步骤

步骤01 打开本书配套光盘中的背景素材文件，可以看到人像眼袋比较明显，如图6-231所示。

步骤02 单击工具箱中的修复画笔工具，执行"窗口>仿制源"菜单命令，在打开的"仿制源"面板中单击"仿制源"按钮，设置"源"的X数值为1900像素，Y数值为1500像素，如图6-232所示。

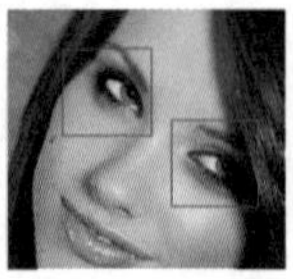

图6-231　　　　图6-232

步骤03 在选项栏中设置画笔大小，按住Alt键单击左键吸取眼部周围的皮肤，在眼部皱纹处单击以遮盖眼袋，如图6-233所示。

步骤04 使用同样方法去掉左眼眼袋，最终效果如图6-234所示。

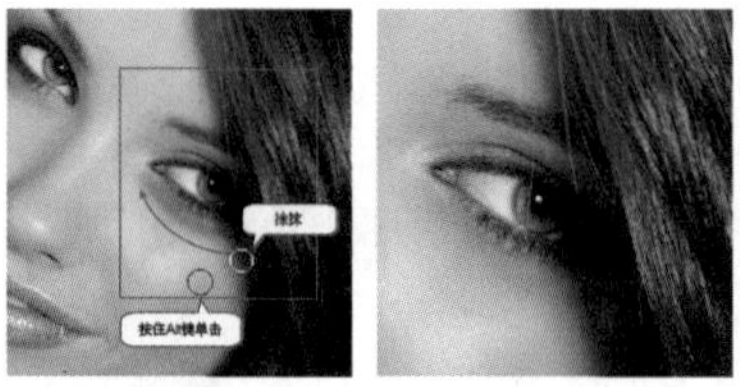

图6-233　　　　　　图6-234

知识精讲：修补工具

修补工具可以利用样本或图案来修复所选图像区域中不理想的部分，如图6-235所示。其选项栏如图6-236所示。

图6-235

图6-236

● 选区创建方式：激活"新选区"按钮，可以创建一个新选区（如果图像中存在选区，则原始选区将被新选区替代）；激活"添加到选区"按钮，可以在当前选区的基础上添加新的选区；激活"从选区减去"按钮，可以在原始选区中减去当前绘制的选区；激活"与选区交叉"按钮，可以得到原始选区与当前创建的选区相交的部分。

 技巧提示

添加到选区的快捷键为Shift键；从选区减去的快捷键为Alt键；与选区交叉的快捷键为Shift+Alt组合键。

● 修补：创建选区以后，选中"源"单选按钮，将选区拖曳到要修补的区域以后，松开鼠标左键就会用当前选区中的图像修补原来选中的内容，如图6-237(a)所示；选中"目标"单选按钮，则会将选中的图像复制到目标区域，如图6-237(b)所示。

(a)　　　　　　　　(b)

图6-237

● 透明：选中该复选框以后，可以使修补的图像与原始图像产生透明的叠加效果，该选项适用于修补清晰分明的纯色背景或渐变背景。

● 使用图案：使用修补工具创建选区以后，单击"使用图案"按钮，可以使用图案修补选区内的图像，如图6-238所示。

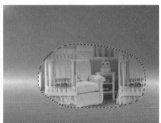

图6-238

023 练习——使用修补工具去除瑕疵

案例文件	练习实例——使用修补工具去除瑕疵.psd
视频教学	练习实例——使用修补工具去除瑕疵.flv
难易指数	★★★★★
技术要点	修补工具

案例效果

本案例主要使用修补工具去除图像地面的瑕疵，效果如图6-239所示。

操作步骤

步骤01 打开本书配套光盘中的素材文件，可以看到影棚地面上有很多裂痕，影响整体效果，如图6-240所示。

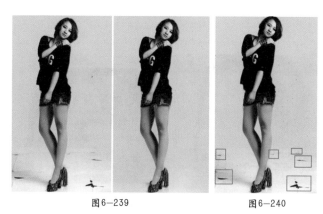

图6-239　　　　　　　图6-240

痕部分的选区，按住鼠标左键向平整的地面部分拖动，如图6-241所示。

步骤03 松开鼠标后能够看到需要修复的瑕疵部分与正常的地面进行了很好的混合，如图6-242所示。

步骤04 使用同样的方法修补其他瑕疵，最终效果如图6-243所示。

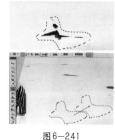

图6-241　　　　　　图6-242　　　　　　图6-243

步骤02 单击工具箱中的修补工具 ，在选项栏中单击"新选区"按钮 ，选中"源"单选按钮，拖曳鼠标绘制地面裂

知识精讲：内容感知移动工具

使用"内容感知移动工具" 可以在无需复杂图层或慢速精确的选择选区的情况下快速地重构图像。"内容感知移动工具" 的选项栏与"修补工具" 的选项栏用法相似，如图6-244所示。首先单击工具箱中的"内容感知移动工具"，在图像上绘制区域，并将影像任意的移动到指定的区块中，这时Photoshop CC就会自动将影像，与四周的影物融合在一块，而原始的区域则会进行智能填充。如图6-245所示。

图6-244

图6-245

知识精讲：红眼工具

在光线较暗的环境中照相时，由于主体的虹膜张开得很宽，经常会出现"红眼"现象。红眼工具 可以去除由闪光灯导致的红色反光，如图6-246所示。其选项栏如图6-247所示。

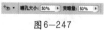

图6-247

图6-246

答疑解惑——如何避免"红眼"的产生？

"红眼"是由于相机闪光灯在主体视网膜上反光引起的。为了避免出现红眼，除了可以在Photoshop中进行矫正以外，还可以使用相机的红眼消除功能来消除红眼。

● **瞳孔大小**：用来设置瞳孔的大小，即眼睛暗色中心的大小。
● **变暗量**：用来设置瞳孔的暗度。

练习——去除照片中的红眼

案例文件	练习实例——去除照片中的红眼.psd
视频教学	练习实例——去除照片中的红眼.flv
难易指数	★★★★★
技术要点	红眼工具

案例效果

本案例处理前后对比效果如图6-248所示。

图6-248

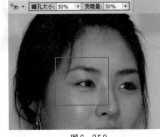

图6-249　　　　　　图6-250

步骤03 使用同样的方法对人像右眼进行修复，最终效果如图6-251所示。

操作步骤

步骤01 打开素材文件，如图6-249所示。

步骤02 单击工具箱中的红眼工具 ，在选项栏中设置"瞳孔大小"为50%，"变暗量"为50%，在人像左眼单击，可以看到左眼红色的瞳孔变为黑色，如图6-250所示。

图6-251

知识精讲：历史记录画笔工具

历史记录画笔工具 可以理性、真实地还原某一区域的某一步操作，可以将标记的历史记录状态或快照用作源数据对图像进行修改。历史记录画笔工具的选项与画笔工具的选项基本相同，因此这里不再进行讲解。如图6-252所示为原始图像以及使用历史记录画笔工具还原"拼贴"的效果图像。

图6-252

技巧提示

历史记录画笔工具通常是与"历史记录"面板一起使用，关于"历史记录"面板的内容请参考前面章节中的相关部分。

练习——使用历史记录画笔工具为人像磨皮

案例文件	练习实例——使用历史记录画笔工具为人像磨皮.psd
视频教学	练习实例——使用历史记录画笔工具为人像磨皮.flv
难易指数	★★★★★
技术要点	历史记录画笔工具

案例效果

本案例主要介绍如何使用历史记录画笔工具还原局部效果，如图6-253所示。

图6-253

操作步骤

步骤01 打开本书配套光盘中的素材文件，如图6-254所示。

图6-254

步骤02 首先去除面部斑点，单击工具箱中的污点修复画笔工具，在人像面部斑点的地方单击进行修复，如图6-255所示。

图6-255

步骤03 下面执行"滤镜>模糊>高斯模糊"菜单命令，在弹出的"高斯模糊"对话框中设置"半径"为4像素，可以看到图像整体都被模糊了，如图6-256所示。

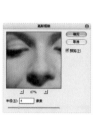

图6-256

步骤04 进入"历史记录"面板，在最后一步"高斯模糊"前的方框中单击，标记该步骤，并选择上一步骤"污点修复画笔"。回到图像中，此时可以看到图像被还原到原始效果，单击工具箱中的历史记录画笔工具，适当调整画笔大小，对人像皮肤进行涂抹，如图6-257所示。

图6-257

步骤05 最终效果如图6-258所示。

图6-258

知识精讲：历史记录艺术画笔工具

与历史记录画笔工具相似，历史记录艺术画笔工具也可以将标记的历史记录状态或快照用作源数据对图像进行修改。不同的是历史记录艺术画笔工具在使用原始数据的同时，还可以为图像创建不同的颜色和艺术风格，如图6-259所示。其选项栏如图6-260所示。

图6-259

图6-260

技巧提示

历史记录艺术画笔工具在实际工作中的使用频率并不高。因为它属于任意涂抹工具，很难有规整的绘画效果，不过它提供了一种全新的创作思维方式，可以创作出一些独特的效果。

样式：选择一个选项来控制绘画描边的形状，包括"绷紧短"、"绷紧中"和"绷紧长"等。如图6-261所示分别为"紧绷中"、

"松散长"、"松散卷曲"样式的效果。

图6-261

区域：用来设置绘画描边所覆盖的区域。数值越大，覆盖的区域越大，描边的数量也越多。

容差：限定可应用绘画描边的区域。低容差可以用于在图像中的任何地方绘制无数条描边；高容差会将绘画描边限定在与源状态或快照中的颜色明显不同的区域。

143

案例文件	练习实例——制作特殊绘画效果.psd
视频教学	练习实例——制作特殊绘画效果.flv
难易指数	★★★★★
技术要点	历史记录艺术画笔工具

案例效果

本例主要是针对历史记录艺术画笔工具的使用方法进行练习，如图6-262所示。

图6-262

操作步骤

步骤01 打开本书配套光盘中的素材文件，如图6-263所示。

步骤02 单击工具箱中的历史记录艺术画笔工具，在选项栏中设置画笔的"大小"为21像素，然后设置"样式"为"绷紧短"，"区域"为30像素，在水果杯区域进行绘制，如图6-264所示。

图6-263 图6-264

步骤03 接着在选项栏中调整大小、样式、区域等参数，继续对盘子与背景进行绘制，如图6-265所示。

图6-265

步骤04 导入前景素材，设置混合模式为"正片叠底"，最终效果如图6-266所示。

图6-266

6.6 图像润饰工具

图像润饰工具组包括两组6个工具：模糊工具、锐化工具和涂抹工具，可以对图像进行模糊、锐化和涂抹处理；减淡工具、加深工具和海绵工具，可以对图像局部的明暗、饱和度等进行处理。

知识精讲：模糊工具

模糊工具可柔化硬边缘或减少图像中的细节。使用该工具在某个区域上方绘制的次数越多，该区域就越模糊，如图6-267所示。模糊工具的选项栏如图6-268所示。

- 模式：用来设置模糊工具的混合模式，包括"正常"、"变暗"、"变亮"、"色相"、"饱和度"、"颜色"和"明度"等模式。
- 强度：用来设置模糊工具的模糊强度。

图6-267

图6-268

027 练习——使用模糊工具模拟景深效果

案例文件	练习实例——使用模糊工具模拟景深效果.psd
视频教学	练习实例——使用模糊工具模拟景深效果.flv
难易指数	★★★★★
技术要点	模糊工具

案例效果

本案例效果如图6-269所示。

操作步骤

步骤01 打开本书配套光盘中的素材文件，由于前景和背景清晰程度基本相同，所以画面缺少空间感，如图6-270所示。

图6-269 　　　　图6-270

步骤02 单击工具箱中的模糊工具，在选项栏中选择比较大的圆形柔角笔刷，设置"强度"为100%，在图像中单击并拖曳绘制远处背景与餐桌部分，如图6-271所示。

知识精讲：锐化工具

锐化工具 与模糊工具 相反，可以增强图像中相邻像素之间的对比，以提高图像的清晰度，如图6-274所示。

锐化工具 与模糊工具 的大部分选项相同，如图6-275所示。选中"保护细节"复选框后，在进行锐化处理时，将对图像的细节进行保护。

图6-275

028 练习——使用锐化工具锐化人像

案例文件	练习实例——使用锐化工具锐化人像.psd
视频教学	练习实例——使用锐化工具锐化人像.flv
难易指数	★★★★★
技术要点	锐化工具

案例效果

本例主要是针对锐化工具的基本使用方法进行练习，效果如图6-276所示。

操作步骤

步骤01 打开本书配套光盘中的素材文件，如图6-277所示。

步骤03 为了模拟过渡真实效果，降低选项栏中"强度"为50%，然后绘制小动物周围的中景部分，如图6-272所示。

图6-271 　　　　图6-272

步骤04 保持前景小动物的清晰程度，此时其他背景部分均被模糊，不仅产生了空间感，还突出了画面的重点，最后导入前景边框艺术字素材，最终效果如图6-273所示。

图6-273

图6-274

图6-276

图6-277

步骤02 单击工具箱中的锐化工具 ，在选项栏中选择一个圆形柔角画笔，设置合适的大小，"强度"设置为50%，并对人像面部五官轮廓进行涂抹锐化，注意不要涂抹在平滑的皮肤上，以免造成皮肤部分噪点过多，如图6-278所示。

图6-278

步骤03 下面增大画笔大小，增大"强度"为80%，并涂抹锐化头发的部分，如图6-279所示。

图6-279

步骤04 最后再锐化出人像其他部位，需要注意的是边缘处不宜过度涂抹，否则会出现像素杂点，影响画面效果，如图6-280所示。

图6-280

知识精讲：涂抹工具

涂抹工具 可以模拟手指划过湿油漆时所产生的效果。该工具可以拾取鼠标单击处的颜色，并沿着拖曳的方向展开这种颜色，如图6-281所示。

原图　　　　　　使用涂抹工具涂抹

图6-281

涂抹工具 的选项栏如图6-282所示。

图6-282

- 模式：用来设置涂抹工具 的混合模式，包括"正常"、"变暗"、"变亮"、"色相"、"饱和度"、"颜色"和"明度"等模式。
- 强度：用来设置涂抹工具 的涂抹强度。
- 手指绘画：选中该复选框后，可以使用前景颜色进行涂抹绘制。

029 练习——使用涂抹工具制作炫彩妆面

案例文件	练习实例——使用涂抹工具制作炫彩妆面.psd
视频教学	练习实例——使用涂抹工具制作炫彩妆面.flv
难易指数	★★★★★
技术要点	涂抹工具

案例效果

本例主要是针对涂抹工具的基本使用方法进行练习，效果如图6-283所示。

图6-283

操作步骤

步骤01 打开本书配套光盘中的素材文件，如图6-284所示。

图6-284

步骤02 首先创建新图层，使用矩形选框工具，绘制一个矩形选框。然后使用渐变工具，在选项栏中单击"渐变"选项打开"渐变编辑器"窗口，拖动滑块调整渐变颜色为七彩渐变，设置类型为线性，拖曳为选区绘制出渐变，如图6-285所示。

图6-285

步骤03 按Ctrl+T组合键执行"自由变换"命令，调整角度和位置，将该图层的混合模式设置为"颜色加深"。接着单击涂抹工具 ，在选项栏中设置画笔"大小"为53像素，"强度"为50%，进行上下涂抹，并适当擦除，如图6-286所示。

技巧提示

为了使妆面更加灵活，可以先对渐变图层进行自由变换
—变形操作。

图6-286

步骤04 为图层添加一个图层蒙版，使用黑色画笔绘制涂抹遮住五官的部分，如图6-287所示。

步骤05 创建新图层，单击画笔工具 ，设置前景色为黑色，在选项栏中单击"画笔预设"拾取器，选择睫毛笔刷，为人像绘制出睫毛效果，如图6-288所示。

步骤06 导入蝴蝶素材文件，如图6-289所示。

图6-287

图6-288

图6-289

知识精讲：减淡工具

减淡工具 可以对图像"亮部"、"中间调"、"暗部"分别进行减淡处理，在某个区域上方绘制的次数越多，该区域就会变得越亮。其选项栏如图6-290所示。

图6-290

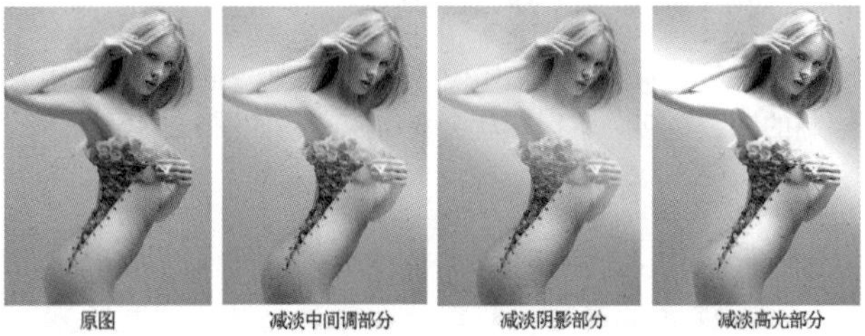

原图　　减淡中间调部分　　减淡阴影部分　　减淡高光部分

图6-291

⊕ 范围：选择要修改的色调。选择"中间调"选项时，可以更改灰色的中间范围；选择"阴影"选项时，可以更改暗部区域；选择"高光"选项时，可以更改亮部区域，如图6-291所示。

⊕ 曝光度：用于设置减淡的强度。

⊕ 保护色调：可以保护图像的色调不受影响。

030 练习——使用减淡工具清理背景

案例文件	练习实例——使用减淡工具清理背景.psd
视频教学	练习实例——使用减淡工具清理背景.flv
难易指数	★★★★★
技术要点	减淡工具

案例效果

本案例效果如图6-292所示。

操作步骤

步骤01 打开本书配套光盘中的素材文件，可以看到画面背景整体为灰白色，但是有许多杂物比较脏乱，如图6-293所示。

图6-292

图6-293

步骤02 单击减淡工具 ，在选项栏中设置"大小"为600像素，"范围"为"中间调"，"曝光度"为100%，选中"保护色调"复选框。在画面中涂抹地面部分，如图6-294所示。

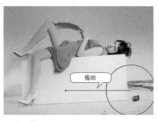

图6-294

步骤03 单击工具箱中的修补工具 ，在选项栏中单击"新选区"按钮 ，选中"源"单选按钮，使用修补工具在地面上的杂物处绘制选区，向左下拖曳到正常的地面处，使之溶合，效果如图6-295所示。

图6-295

知识精讲：加深工具

加深工具 可以对图像进行加深处理，在某个区域上方绘制的次数越多，该区域就会变得越暗，如图6-298所示。

技巧提示

加深工具的选项栏与减淡工具的选项栏完全相同，因此这里不再讲解。

031 练习——使用加深工具增加人像神采

案例文件	练习实例——使用加深工具增加人像神采.psd
视频教学	练习实例——使用加深工具增加人像神采.flv
难易指数	★★★★★
技术要点	加深工具

案例效果

本例主要是针对加深工具的基本使用方法进行练习，效果如图6-299所示。

图6-299

步骤04 使用同样方法使用修补工具修补其他杂物区域，此时背景显得非常整洁，如图6-296所示。

图6-296

步骤05 导入文字素材文件装饰画面，效果如图6-297所示。

图6-297

图6-298

操作步骤

步骤01 打开本书配套光盘中的素材文件，如图6-300所示。很多时候拍摄的人像照片发灰、面部对比度不强、瞳孔颜色过淡等原因都会造成人像"目光呆滞、无精打采"的错觉。解决的方法很简单，强化五官轮廓部分对比即可。

图6-300

步骤02 单击工具箱中的加深工具 ，在选项栏中设置合适的大小，选择一个圆形柔角画笔，再设置"范围"为"阴影"，"曝光度"为22%，在人像双眼处单击加深，加深眼睛的暗部区域，使眼部对比度增强，如图6-301所示。

步骤03 减小"曝光度"数值，适当涂抹五官轮廓，最后输入艺术字，最终效果如图6-302所示。

图6-301　　　　　　图6-302

知识精讲：海绵工具

海绵工具 可以增加或降低图像中某个区域的饱和度。如果是灰度图像，该工具将通过灰阶远离或靠近中间灰色来增加或降低对比度。如图6-303所示分别为原图、降低下面蝴蝶饱和度、增强上面蝴蝶饱和度的对比效果。其选项栏如图6-304所示。

- 模式：选择"饱和"选项时，可以增加色彩的饱和度；选择"降低饱和度"选项时，可以降低色彩的饱和度。
- 流量：可以为海绵工具指定流量。数值越大，海绵工具的强度越大，效果越明显。

- 自然饱和度：选中该复选框以后，可以在增加饱和度的同时防止颜色过度饱和而产生溢色现象。

图6-303

图6-304

032 练习——使用海绵工具将背景变为灰调

案例文件	练习实例——使用海绵工具将背景变为灰调.psd
视频教学	练习实例——使用海绵工具将背景变为灰调.flv
难易指数	★★★★★
技术要点	海绵工具

案例效果

本案例效果如图6-305所示。

图6-305

操作步骤

步骤01 打开本书配套光盘中的素材文件，如图6-306所示。

图6-306

步骤02 单击海绵工具 ，在选项栏中选择柔角圆形画笔，设置较大的笔刷大小，并设置其"模式"为"降低饱和度"，"流量"为100%，取消选中"自然饱和度"复选框，以便快速将背景饱和度去除，如图6-307所示。

图6-307

步骤03 参数设置完毕之后对图像左侧比较大的背景区域进行多次涂抹以降低饱和度，如图6-308所示。

图6-308

步骤04 下面可以适当减小画笔大小，对背景部分的细节进行精细的涂抹，如图6-309所示。

图6-309

步骤05 输入艺术字，最终效果如图6-310所示。

图6-310

6.7 图像填充工具

填充是Photoshop中最常用到的操作之一。Photoshop提供了两种图像填充工具，分别是渐变工具▣和油漆桶工具▲。通过这两种填充工具可在指定区域或整个图像中填充纯色、渐变或者图案等，如图6-311所示。

图6-311

知识精讲：渐变工具

渐变工具▣的应用非常广泛，它不仅可以填充图像，还可以用来填充图层蒙版、快速蒙版和通道等。渐变工具▣可以在整个文档或选区内填充渐变色，并且可以创建多种颜色间的混合效果，其选项栏如图6-312所示。

图6-312

- ⬤ 渐变颜色条：显示了当前的渐变颜色，单击右侧的倒三角图标▾，可以打开"渐变"拾色器，如图6-313(a)所示。如果直接单击渐变颜色条，则会弹出"渐变编辑器"窗口，在该窗口中可以编辑渐变颜色，或者保存渐变等，如图6-313(b)所示。

(a)　　　　　(b)

图6-313

- ⬤ 渐变类型：激活"线性渐变"按钮▣，可以以直线方式创建从起点到终点的渐变，如图6-314(a)所示；激活"径向渐变"按钮▣，可以以圆形方式创建从起点到终点的渐变，如图6-314(b)所示；激活"角度渐变"按钮▣，可以创建围绕起点以逆时针扫描方式的渐变，如图6-314(c)所示；激活"对称渐变"按钮▣，可以使用均衡的线性渐变在起点的任意一侧创建渐变，如图6-314(d)所示；激活"菱形渐变"按钮▣，可以以菱形方式从起点向外产生渐变，终点定义菱形的一个角，如图6-314(e)所示。

- ⬤ 模式：用来设置应用渐变时的混合模式。
- ⬤ 不透明度：用来设置渐变色的不透明度。
- ⬤ 反向：转换渐变中的颜色顺序，得到反方向的渐变结果，如图6-315所示分别是正常渐变和反向渐变效果。
- ⬤ 仿色：选中该复选框时，可以使渐变效果更加平滑。主要用于防止打印时出现条带化现象，但在计算机屏幕上并不能明显地体现出来。

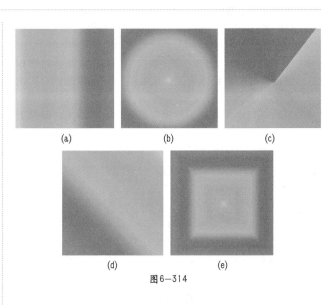

(a)　　　　　　　(b)　　　　　　　(c)

(d)　　　　　　　(e)

图6-314

- ⬤ 透明区域：选中该复选框时，可以创建包含透明像素的渐变，如图6-316所示。

图6-315　　　　　　　图6-316

 技巧提示

需要特别注意的是，渐变工具不能用于位图或索引颜色图像。在切换颜色模式时，有些方式观察不到任何渐变效果，此时就需要将图像再切换到可用模式下进行操作。

知识精讲：详解"渐变编辑器"

"渐变编辑器"窗口主要用来创建、编辑、管理、删除渐变，如图6-317所示。

- 预设：显示Photoshop预设的渐变效果。单击▶图标，可以载入Photoshop预设的一些渐变效果，如图6-318所示；单击"载入"按钮，可以载入外部的渐变资源；单击"存储"按钮，可以将当前选择的渐变存储起来，以备以后调用。

图6-317

图6-318

- 名称：显示当前渐变色名称。
- 渐变类型：包含"实底"和"杂色"两种。"实底"渐变是默认的渐变色；"杂色"渐变包含了在指定范围内随机分布的颜色，其颜色变化效果更加丰富。
- 平滑度：设置渐变色的平滑程度。
- 不透明度色标：拖曳不透明度色标可以移动它的位置。在"色标"选项组中可以精确设置色标的不透明度和位置，如图6-319所示。
- 不透明度中点：用来设置当前不透明度色标的中心点位置。也可以在"色标"选项组中进行设置，如图6-320所示。
- 色标：拖曳色标可以移动它的位置。在"色标"选项

组中可以精确设置色标的颜色和位置，如图6-321所示。

图6-319

图6-320

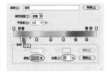
图6-321

- 删除：删除不透明度色标或者色标。

下面讲解"杂色"渐变。设置"渐变类型"为"杂色"，如图6-322所示。

- 粗糙度：控制渐变中的两个色带之间逐渐过渡的方式。
- 颜色模型：选择一种颜色模型来设置渐变色，包含RGB、HSB和LAB，如图6-323所示。

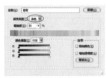
图6-322

图6-323

- 限制颜色：将颜色限制在可以打印的范围以内，以防止颜色过于饱和。
- 增加透明度：选中该复选框后，可以增加随机颜色的透明度，如图6-324所示。
- 随机化：每单击一次该按钮，Photoshop就会随机生成一个新的渐变色，如图6-325所示。

图6-324　　　　　　　　图6-325

033 练习——使用渐变工具制作质感按钮

案例文件	练习实例——使用渐变工具制作质感按钮.psd
视频教学	练习实例——使用渐变工具制作质感按钮.flv
难易指数	☆☆☆☆☆
技术要点	渐变工具

案例效果

本例主要是针对渐变工具的基本使用方法进行练习，效果如图6-326所示。

操作步骤

步骤01 打开本书配套光盘中的背景素材文件，如图6-327所示。

步骤02 创建新的图层，首先使用椭圆选框工具按住Shift键绘制一个正圆选框。接着单击渐变工具■，在选项栏中打开"渐变编辑器"窗口，调整渐变为灰色系渐变，设置类型为线性，倾斜拖曳为选区填充渐变，如图6-328所示。

图6-326　　　　　　　　图6-327

图6-328

步骤03 接着执行"图层>图层样式>投影"菜单命令，打开"图层样式"对话框，然后设置"混合模式"为"正片叠底"，"不透明度"为75%，"角度"为120，"距离"为42，"大小"为59，如图6-329所示。

图6-329

步骤04 再次绘制正圆选区，单击渐变工具，编辑一种由白到青色到深蓝的渐变，由于按钮是凸起效果的，所以类型设置为径向，然后在正圆选区中心处向外拖曳鼠标填充选区，如图6-330所示。

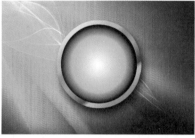

图6-330

步骤05 下面继续使用钢笔工具 勾勒出路径轮廓，然后按Ctrl+Enter组合键将路径转换为选区。设置前景色为白色，单击工具箱中的渐变工具，选择一种前景色到透明的渐变，在选项栏中将渐变类型设置为径向并填充选区，如图6-331所示。

图6-331

步骤06 在选项栏中设置该图层"不透明度"为45%，如图6-332所示。

步骤07 最后使用横排文字工具输入文字并添加投影效果，最终效果如图6-333所示。

图6-332   图6-333

技巧提示

按钮上的文字属于变形文字，首先使用横排文字工具输入相应文字后，单击选项栏中的变形文字按钮，在打开的对话框中选择样式并设置参数即可，如图6-334所示。

图6-334

034 练习——使用渐变工具制作折纸字

案例文件	练习实例——使用渐变工具制作折纸字.psd
视频教学	练习实例——使用渐变工具制作折纸字.flv
难易指数	★★★★★
技术要点	渐变工具、多边形套索工具

操作步骤

步骤01 打开素材文件，新建图层，首先制作字母"S"，单击工具箱中的多边形套索工具绘制一个梯形选区，在需要绘制直角时可以按住Shift键，如图6-336所示。

案例效果

本案例效果如图6-335所示。

图6-335

图6-336

步骤02 单击工具箱中的渐变工具，打开"渐变编辑器"窗口，编辑一种淡黄色系的渐变，并在选项栏中设置渐变类型为线性渐变，回到画面中，在新建图层的选区中自左向右拖曳填充，如图6-337所示。

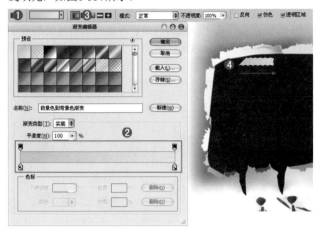

图6-337

步骤03 再次新建图层，单击工具箱中的矩形选框工具绘制一个矩形选区，如图6-338所示。

步骤04 同样需要为其填充渐变，单击工具箱中的渐变工具，在选项栏中编辑一种淡黄到土黄的渐变，设置渐变类型为对称渐变，并自上而下填充，如图6-339所示。

图6-338　　　　　　　图6-339

步骤05 新建图层，使用矩形选框工具绘制一个矩形选区，单击鼠标右键执行"变换选区"命令，再单击鼠标右键执行"斜切"命令，然后拖曳定界框底部的线向右移动制作出平行四边形选区，如图6-340所示。

图6-340

步骤06 单击渐变工具，在选项栏中编辑一种淡黄到黄色的渐变，设置渐变类型为对称渐变，并自左向右填充，如图6-341所示。

步骤07 单击工具箱中的移动工具，在"图层"面板中选中左侧的竖线图层，按住Alt键进行移动复制，并摆放到右下角的位置，如图6-342所示。

步骤08 使用同样的方法，复制顶部的横线到底部，如图6-343所示。

图6-341　　　　　图6-342　　　　　图6-343

步骤09 单击鼠标右键执行"自由变换"命令，再单击鼠标右键执行"水平翻转"和"垂直翻转"命令，如图6-344所示。

步骤10 此时第一个字母"S"制作完成，如图6-345所示。

步骤11 使用同样的方法制作其他字母，需要注意的是每个字母上所使用的渐变颜色要同色系，只在明度上进行改变即可模拟出折纸的阴影效果，如图6-346所示。

图6-344　　　　　图6-345　　　　　图6-346

知识精讲：油漆桶工具

油漆桶工具可以在图像中填充前景色或图案，如果创建了选区，填充的区域为当前选区；如果没有创建选区，填充的就是与鼠标单击处颜色相近的区域。如图6-347所示分别为原图、有选区填充与无选区填充的对比效果。

油漆桶工具的选项栏如图6-348所示。

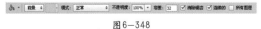

图6-348

图6-347

● 填充方式：选择填充的方式，包含"前景"和"图案"两种方式，如图6-349所示。

图6-349

● 模式：用来设置填充内容的混合模式。

● 不透明度：用来设置填充内容的不透明度。

● 容差：用来定义必须填充的像素的颜色的相似程度。设置较低的"容差"值会填充颜色范围内与鼠标单击处像素非常相似的像素；设置较高的"容差"值会填充更大范围的像素。

● 消除锯齿：平滑填充选区的边缘。

● 连续的：选中该复选框后，只填充图像中处于连续范围内的区域；取消选中该复选框后，可以填充图像中的所有相似像素。如图6-350所示分别为选中该复选框和取消选中该复选框的对比效果。

● 所有图层：选中该复选框后，可以对所有可见图层中的合并颜色数据像素；取消选中该复选框后，仅填充当前选择的图层。

图6-350

035 练习——使用油漆桶工具填充不同图案

案例文件	练习实例——使用油漆桶工具填充不同图案.psd
视频教学	练习实例——使用油漆桶工具填充不同图案.flv
难易指数	★★★★★
技术要点	油漆桶工具

案例效果

本例主要是针对油漆桶工具的基本使用方法进行练习，效果如图6-351所示。

图6-351

操作步骤

步骤01 打开本书配套光盘中的素材文件，如图6-352所示。

步骤02 首先创建新图层，使用钢笔工具 勾勒出左侧小盆的轮廓，然后按Ctrl+Enter组合键载入路径的选区，接着单击油漆桶工具 ，在选项栏中设置填充方式为"图案"，选择一种适当的图案，设置"混合模式"为"颜色加深"，"容差"为110，在最左侧的白色容器上单击填充图案，如图6-353所示。

图6-352

图6-353

步骤03 更换图案，其他采用同样的参数设置，为第二个白色容器填充图案，如图6-354所示。

步骤04 使用同样的方法填充最后一个白色容器，最终效果如图6-355所示。

图6-354

图6-355

技巧提示

执行"编辑>预设>预设管理器"菜单命令，在打开的"预设管理器"中设置"预设类型"为"图案"，单击"载入"按钮，在弹出的对话框中选择图案素材文件即可载入，如图6-356所示。

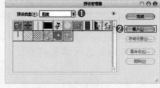

图6-356

036 综合——海底创意葡萄酒广告

案例文件	综合实例——海底创意葡萄酒广告.psd
视频教学	综合实例——海底创意葡萄酒广告.flv
难易指数	★★★★★
技术要点	画笔工具、定义画笔、画笔工具的设置

案例效果

本案例运用所学知识，制作出海底锁链效果，如图6-357所示。

操作步骤

步骤01 打开本书配套光盘中的背景素材文件，如图6-358所示。

图6-357　　　　　　　　　图6-358

步骤02 导入葡萄酒瓶素材文件。按Ctrl+T组合键执行"自由变换"命令，将酒瓶适当旋转，接着执行"图层>调整图层>照片滤镜"菜单命令，创建一个"照片滤镜"调整图层，在"属性"面板中设置滤镜为"冷却滤镜（82）"，"浓度"为30%。在图层上单击鼠标右键执行"创建剪贴蒙版"命令，使该调整图层只对当前酒瓶图层作调整，如图6-359所示。

步骤03 导入前景鱼素材文件，放在酒瓶附近的位置，如图6-360所示。

图6-359　　　　　　　　　图6-360

步骤04 下面开始绘制海底的光效果。新建"光"图层组，在其中创建新的图层，设置前景色为白色，单击工具箱中的画笔工具，在选项栏中选择一个圆形柔角画笔，设置"画笔大小"为93像素，"不透明度"与"流量"均为80%，在新建图层的左上角按住Shift键绘制一条白色边缘柔和的半透明光带，如图6-361所示。

步骤05 对该图层执行"编辑>自由变换"菜单命令，单击鼠标右键执行"扭曲"命令，然后调整每个控制点的位置，如图6-362所示。

图6-361　　　　　　　　　图6-362

步骤06 完成变换后按下Enter键，移动到合适位置并设置该图层"不透明度"为62%，如图6-363所示。

步骤07 采用同样的方法绘制出多条光线，并根据远近虚实的关系将光线调整为不同的透明度与大小，如图6-364所示。

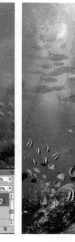

图6-363　　　　　　　　　图6-364

步骤08 下面开始创建围绕在酒瓶底部的锁链，这部分主要采用定义画笔并描边路径的方法进行制作。新建一个组，命名为"锁链"，导入"锚"素材文件，放在海底礁石处，单击工具箱中的魔棒工具，设置"容差"为20，取消选中"连续"复选框，在白色背景处单击载入背景部分选区。单击鼠标右键执行"选择反向"命令，并在"图层"面板中为"锚"图层添加一个图层蒙版，使背景部分隐藏，如图6-365所示。

图6-365

步骤09 下面打开一个锁链素材，首先双击"背景"图层，在弹出的"新建图层"对话框中单击"确定"按钮，将其解锁。使用钢笔工具勾勒出锁链轮廓，单击鼠标右键执行"建立选区"命令，按Ctrl+Shift+I组合键反选该选区，再按Delete键，删除背景抠出锁链。并使用柔角橡皮擦工具涂抹去掉两侧边缘部分，如图6-366所示。

图6-366

步骤10 执行"编辑>定义画笔预设"菜单命令，将当前锁链定义为画笔，如图6-367所示。

步骤11 回到原来文档中，创建新图层。单击画笔工具，设置前景色为黑色，按F5键打开"画笔"面板，在"画笔笔尖形状"选项中，找到定义的锁链笔刷，设置"大小"为25像素，"角度"为0度，"间距"为199%，此时在预览窗口中已经可以看到锁链环环相连的效果。设置完成后，新建图层在酒瓶底部的位置绘制出连续的锁链，如图6-368所示。

图6-367 图6-368

步骤12 为了使锁链呈现出立体感，执行"图层>图层样式>斜面和浮雕"菜单命令，然后在弹出对话框的"结构"选项组中设置"样式"为"内斜面"，"方法"为平滑，"深度"为90%，"大小"为1像素，接着在"阴影"选项组中设置"角度"为120度，"高度"为30度，高光的"不透明度"为75%，阴影的"不透明度"为75%，如图6-369所示。

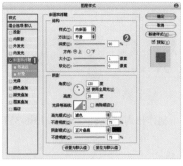

图6-369

步骤13 采用同样的方法绘制出另外两条锁链，如图6-370所示。

步骤14 创建新的"曲线"调整图层，在"调整"面板中调整好曲线形状，然后在曲线调整图层的蒙版上使用黑色柔角画笔涂抹去掉对中心部分的影响，模拟出暗角效果，如图6-371所示。

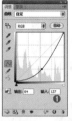

图6-370 图6-371

步骤15 继续创建一个"曲线"调整图层，在"属性"面板中调整曲线形状，使画面变亮，然后使用黑色画笔工具涂抹四角部分，如图6-372所示。

步骤16 创建一个"自然饱和度"调整图层，在"属性"面板中设置"自然饱和度"为+64，将画面饱和度增强，如图6-373所示。

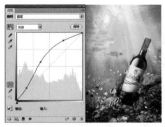

图6-372 图6-373

步骤17 导入气泡素材并输入文字，最终效果如图6-374所示。

图6-374

文字的艺术

本章学习要点：

- 掌握文字工具的使用方法
- 掌握路径文字与变形文字的制作
- 掌握段落版式的设置方法
- 掌握文字特效的制作思路与技巧

文字工具不只应用于排版方面，在平面设计与图像编辑中也占有非常重要的地位，Photoshop中的文字由基于矢量的文字轮廓组成。对已有的文字对象进行编辑时，任意缩放或调整文字大小都不会产生锯齿现象。

Photoshop提供了4种创建文字的工具，横排文字工具T和直排文字工具IT主要用来创建点文字、段落文字和路径文字；横排文字蒙版工具和直排文字蒙版工具IT主要用来创建文字选区。

7.1 认识文字工具与面板

　　文字工具不只应用于排版方面，在平面设计与图像编辑中也占有非常重要的地位，如图7-1所示。Photoshop中的文字由基于矢量的文字轮廓组成。对已有的文字对象进行编辑时，任意缩放或调整文字大小都不会产生锯齿现象。Photoshop提供了4种创建文字的工具，横排文字工具 T 和直排文字工具 IT 主要用来创建点文字、段落文字和路径文字；横排文字蒙版工具 T 和直排文字蒙版工具 IT 主要用来创建文字选区。

图7-1

知识精讲：认识文字工具

　　Photoshop中包括两种文字工具，分别是横排文字工具 T 和直排文字工具 IT。横排文字工具 T 可以用来输入横向排列的文字；直排文字工具 IT 可以用来输入竖向排列的文字，如图7-2所示。

　　文字工具与文字蒙版工具的选项栏参数基本相同（文字蒙版工具无法进行颜色设置），下面以横排文字工具为例来讲解文字工具的参数选项。在文字工具选项栏中可以设置文本的字体、样式、大小、颜色和对齐方式等，如图7-3所示。

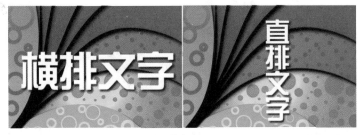

图7-2

图7-3

001 理论——设置文本方向

操作步骤

步骤01 单击工具箱中的横排文字工具 T，在选项栏中设置合适的字体，设置字号为150点，设置字体颜色为白色，并在视图中单击输入字母，输入完毕后单击选项栏中的"提交当前编辑"按钮 ✓ 或按Ctrl+Enter组合键完成当前操作，如图7-4所示。

步骤02 在选项栏中单击"切换文本取向"按钮 IT，可以将横向排列的文字更改为直向排列的文字，如图7-5所示。

步骤03 另外，执行"文字>取向>垂直/水平"菜单命令，也可以更改文字方向，如图7-6所示。

图7-4

图7-5

图7-6

002 理论——设置字体

操作步骤

步骤01 输入字体之前，可以在选项栏中选择合适的字体，当下次在文档中输入文字时会自动使用上次设置的字体。在文档中输入文字后，要更改整个文字图层的字体时，可以在"图层"面板中选中该文字图层，在选项栏中选择合适的字体即可，如图7-7所示。

步骤02 或者执行"窗口>字符"菜单命令，打开"字符"面板，并在"字符"面板中选择合适的字体，如图7-8所示。

步骤03 若要改变一个文字图层中的部分字符，可以使用文字工具在需要更改的字符后方单击，并向前拖动选择需要更改的字符，如图7-9所示。

图7-7

图7-8

图7-9

答疑解惑——如何为Photoshop添加其他字体？

在实际工作中，为了达到特殊效果，经常需要使用各种各样的字体，这时就需要用户自己安装额外的字体。Photoshop中所使用的字体其实是调用操作系统中的系统字体，所以用户只需要把字体文件安装在操作系统的字体文件夹下即可。目前比较常用的字体安装方法有以下几种。

● 光盘安装：打开光驱，放入字体光盘，光盘会自动运行安装字体程序，选中所需要安装的字体，按照提示即可安装到指定目录下。

● 自动安装：很多时候使用的字体文件是EXE格式的可执行文件，这种字库文件的安装比较简单，双击运行并按照提示进行操作即可。

● 手动安装：当遇到没有自动安装程序的字体文件时，需要执行"开始>设置>控制面板"菜单命令，打开"控制面板"窗口，然后双击"字体"项目，接着将外部的字体复制到打开的"字体"文件夹中即可。
安装好字体以后，重新启动Photoshop就可以在选项栏中的字体系列中查找到安装的字体。

003 理论——在选项栏中设置字体样式

字体样式只针对部分英文字体有效。输入字符后，可以在选项栏中设置字体的样式，包括Regular（规则）、Italic（斜体）、Bold（粗体）和Bold Italic（粗斜体），如图7-10所示。各种字体样式的效果如图7-11所示。

图7-10

图7—11

004 理论——设置文字大小

操作步骤

步骤01 输入文字后，如果要更改文字的大小，可以在选择文字对象的状态下直接在选项栏中输入数值，或在下拉列表中选择预设的文字大小，如图7-12所示。

步骤02 也可以在打开的"字符"面板中进行字号的设置，如图7-13所示。

步骤03 若要改变部分字符的大小，则需要选中需要更改的字符后进行设置，如图7-14所示。

图7—12

图7—13

图7—14

005 理论——在选项栏中设置消除锯齿方式

输入文字后，可以在选项栏中为文字指定一种消除锯齿的方式，其差别主要体现在文字的边缘处，这几种方式如图7-15所示。

图7—15

第一种 选择"无"方式时，Photoshop不会应用消除锯齿，如图7-16所示。

图7—16

第二种 选择"锐利"方式时，文字的边缘最为锐利，如图7-17所示。

图7—17

第三种 选择"犀利"方式时，文字的边缘比较锐利，如图7-18所示。

图7—18

第四种 选择"浑厚"方式时，文字会变粗一些，如图7-19所示。

图7—19

第五种 选择"平滑"方式时，文字的边缘会非常平滑，如图7-20所示。

图7—20

006 理论——在选项栏中设置文本对齐方式

文本对齐方式是根据输入字符时光标的位置来设置文本对齐方式。在文字工具的选项栏中提供了3种设置文本段落对齐方式的按钮，选择文本以后，单击所需要的对齐按钮，就可以使文本按指定的方式对齐。如图7-21所示分别为单击左对齐文本按钮▤、居中对齐文本按钮▤和右对齐文本按钮▤后的效果。

对多行文本进行对齐设置的效果比较明显，多用于文字排版的设置。如图7-22所示分别为左对齐文本、居中对齐文本和右对齐文本的效果。

图7-21

图7-22

技巧提示

如果当前使用的是直排文字工具，那么对齐按钮分别变成"顶对齐文本"按钮▥、"居中对齐文本"按钮▥和"底对齐文本"按钮▥。顶对齐文本、居中对齐文本和底对齐文本3种对齐方式的效果如图7-23所示。

图7-23

007 理论——在选项栏中设置文本颜色

输入文本时，文本颜色默认为前景色。如果要修改文本颜色，可以先在"图层"面板中选择文本图层，然后在选项栏中单击颜色块，接着在弹出的"选择文本颜色"对话框中设置所需要的颜色；如果要更改部分文字颜色，需要框选这部分文字后进行更改，如图7-24所示为更改文本颜色的效果。

图7-24

知识精讲：认识文字蒙版工具

使用文字蒙版工具可以创建文字选区，其中包含横排文字蒙版工具▥和直排文字蒙版工具▥两种。使用文字蒙版工具输入文字以后，文字将以选区的形式出现。在文字选区中，可以填充前景色、背景色以及渐变色等，如图7-25所示。

图7-25

技巧提示

在使用文字蒙版工具输入文字时，如果将光标移动到文字以外区域，光标会变为移动状态，这时单击并拖曳可以移动文字蒙版的位置，如图7-26所示。

按住Ctrl键，文字蒙版四周会出现类似自由变换的定界框，可以对该文字蒙版进行移动、旋转、缩放和斜切等操作，如图7-27所示。

图7-26

图7-27

操作步骤

步骤01 打开一张图像,单击工具箱中的横排文字蒙版工具 ,在选项栏中选择合适的字体,并设置合适的大小,然后在图像上单击输入字母,最后单击选项栏中的"提交当前编辑"按钮 或按Ctrl+Enter组合键完成当前操作,如图7-28所示。

图7-28

步骤02 文字将以选区的形式出现,如图7-29所示。

步骤03 在文字选区中,单击渐变工具 ,在弹出的"渐变编辑器"窗口中拖动滑块调整渐变颜色为从浅粉色到粉色渐变,"样式"为"线性",为选区绘制渐变颜色,如图7-30所示。

图7-29　　　　　图7-30

知识精讲:详解"字符"面板

在文字工具的选项栏中,可以快捷地对文本的部分属性进行修改。如果要对文本进行更多的设置,就需要使用"字符"面板。在"字符"面板中,除了包括常见的字体系列、文字样式、字号大小、文字颜色和消除锯齿等设置外,还包括行距、字距等常见设置,如图7-31所示。

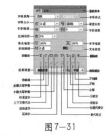

图7-31

● 设置行距 ：行距就是上一行文字基线与下一行文字基线之间的距离。选择需要调整的文字图层,然后在"设置行距"数值框中输入行距数值或在其下拉列表中选择预设的行距值,接着按Enter键即可。如图7-32所示分别是行距值为30点和60点时的文字效果。

图7-32

● 垂直缩放 /水平缩放 ：用于设置文字的垂直或水平缩放比例,以调整文字的高度或宽度。如图7-33所示是不同缩放比例的文字效果对比。

● 比例间距 ：比例间距是按指定的百分比来减少字符周围的空间。因此,字符本身并不会被伸展或挤压,而是字符之间的间距被伸展或挤压了。如图7-34所示是比例间距分别为0%和100%时的字符效果。

图7-33

图7-34

● 字距调整 ：字距用于设置文字的字符间距。输入正值时,字距会扩大,如图7-35(a)所示;输入负值时,字距会缩小,如图7-35(b)所示。

(a)　　　　　(b)

图7-35

● 字距微调 ：用于对两个字符之间的字距进行微调。在设置时,先要将光标插入到需要进行字距微调的两个字符之间,然后在数值框中输入所需的字距微调数量。输入正值时,字距会扩大;输入负值时,字距会缩小。如图7-36所示为插入光标、字距为200与 - 100的效果对比。

图7-36

- 基线偏移 ⚓：用来设置文字与文字基线之间的距离。输入正值时，文字会上移；输入负值时，文字会下移。如图7-37所示为基线偏移为0点、50点与－50点的效果对比。
- 文字样式：用于设置文字的效果，包括仿粗体、仿斜体、全部大写字母、小型大写字母、上标、下标、下

划线和删除线8种，其效果如图7-38所示。
- 语言设置：用于设置文本连字符和拼写的语言类型。

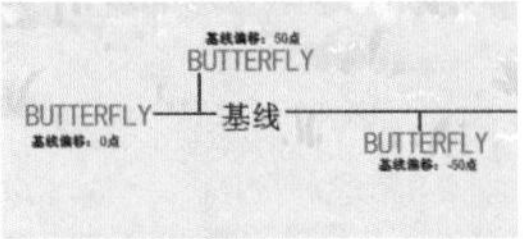

图7-38

图7-37

- 语言设置：用于设置文本连字符和拼写的语言类型。
- 消除锯齿方式：输入文字以后，可以在选项栏中为文字指定一种消除锯齿的方式。

知识精讲：详解"段落"面板

"段落"面板提供了用于设置段落编排格式的所有选项。通过"段落"面板，可以设置段落文本的对齐方式和缩进量等参数，如图7-39所示。

图7-39

知识精讲：字符/段落样式面板

在进行例如书籍、报刊杂志等的包含大量文字排版的任务时，经常会需要为多个文字图层赋予相同的样式，而在Photoshop CC中提供的"字符样式"面板功能为此类操作提供了便利的操作方式。在"字符样式"面板中可以创建字符样式，更改字符属性，并将字符属性储存在字符样式面板中。在需要使用时，只需要选中文字图层，并单击相应字符样式即可。如图7-40所示。

- 清除覆盖：单击即可清除当前字体样式。
- 通过合并覆盖重新定义字符样式：单击该按钮即可以所选文字合并覆盖当前字符样式。
- 创建新样式：单击该选项可以创建新的样式。
- 删除选项样式/组：单击该选项，可以将当前选中的新样式或新样式组删除。

"段落样式"面板与"字符样式"面板的使用方法相同，都可以进行样式的定义、编辑与调用。字符样式主要用于类似标题文字的较少文字的排版，而段落样式的设置选项多应用于类似正文的大段文字的排版。如图7-41所示。

图7-40 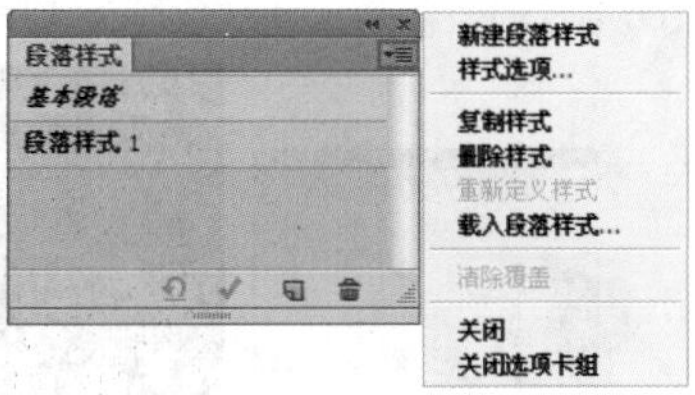　　　　　　　　　图7-41

009 理论——设置段落对齐

第一种 单击"左对齐文本"按钮▤可使文字左对齐，段落右端参差不齐，如图7-42所示。
第二种 单击"居中对齐文本"按钮▤可使文字居中对齐，段落两端参差不齐，如图7-43所示。

图7-42　　　　　　　　图7-43

第三种 单击"右对齐文本"按钮▤可使文字右对齐，段落左端参差不齐，如图7-44所示。
第四种 单击"最后一行左对齐"按钮▤可使最后一行左对

齐，其他行左右两端强制对齐，如图7-45所示。
第五种 单击"最后一行居中对齐"按钮▤可使最后一行居中对齐，其他行左右两端强制对齐，如图7-46所示。
第六种 单击"最后一行右对齐"按钮▤可使最后一行右对齐，其他行左右两端强制对齐，如图7-47所示。
第七种 单击"全部对齐"按钮▤可在字符间添加额外的间距，使文本左右两端强制对齐，如图7-48所示。

图7-44　　　　　　　　图7-45

图7-46　　　　　图7-47　　　　　图7-48

技巧提示

当文字为直排方式时，对齐按钮会发生一些变化，如图7-49所示。

图7-49

010 理论——设置段落缩进

第一种 左缩进：用于设置段落文本向右（横排文字）或向下（直排文字）的缩进量。如图7-50所示是设置"左缩进"为30点时的段落效果（红色箭头所示位置为光标所在位置）。

第二种 右缩进：用于设置段落文本向左（横排文字）或向上（直排文字）的缩进量。如图7-51所示是设置"右缩进"为30点时的段落效果。

第三种 首行缩进：用于设置段落文本中每个段落的第一行文字向右（横排文字）或第一列文字向下（直排文字）的缩进量。如图7-52所示是设置"首行缩进"为30点时的段落效果。

图7-50

图7-51

图7-52

011 理论——设置段落空格

第一种 段前添加空格：设置光标所在段落与前一个段落之间的间隔距离。如图7-53所示是设置"段前添加空格"为100点时的段落效果（红色箭头所示位置为光标所在位置）。

第二种 段后添加空格：设置当前段落与另外一个段落之间的间隔距离。如图7-54所示是设置"段后添加空格"为100点时的段落效果。

图7-53

图7-54

012 理论——避头尾法则设置

不能出现在一行的开头或结尾的字符称为避头尾字符。Photoshop提供了基于标准JIS的宽松和严格的避头尾集，宽松的避头尾设置忽略长元音字符和小平假名字符。选择"JIS宽松"或"JIS严格"选项时，可以防止在一行的开头或结尾出现不能使用的字母。

013 理论——间距组合设置

间距组合是为日语字符、罗马字符、标点、特殊字符、行开头、行结尾和数字的间距指定日语文本编排方式。选择"间距组合1"选项，可以对标点使用半角间距；选择"间距组合2"选项，可以对行中除最后一个字符外的大多数字符使用全角间距；选择"间距组合3"选项，可以对行中的

大多数字符和最后一个字符使用全角间距；选择"间距组合4"选项，可以对所有字符使用全角间距。

014 理论——设置连字

选中"连字"复选框后，在输入英文单词时，如果段落文本框的宽度不够，英文单词将自动换行，并在单词之间用连字符连接起来。如图7-55所示为取消选中"连字"复选框和选中"连字"复选框的对比效果。

图7-55

015 练习——使用点文字制作单页版式

案例文件	练习实例——使用点文字制作单页版式.psd
视频教学	练习实例——使用点文字制作单页版式.flv
难度级别	★★★★★
技术要点	文字工具、图层蒙版

案例效果

本案例效果如图7-56所示。

图7-56

操作步骤

步骤01 新建空白文件，单击工具箱中的渐变工具，在选项栏中设置渐变类型为线性渐变，在"渐变编辑器"窗口中编辑一种由粉色到白色的渐变，单击"确定"按钮结束设置，在画布中由上向下拖曳填充，如图7-57所示。

图7-57

步骤02 导入人像素材文件，调整大小，摆放在合适位置，如图7-58所示。

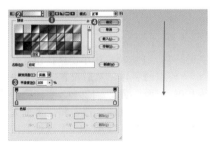

图7-58

步骤03 单击工具箱中的钢笔工具，在人像素材上绘制比较柔和的人像闭合路径，然后单击鼠标右键执行"建立选区"命令；单击"图层"面板中的"添加图层蒙版"按钮，隐藏选区以外的部分，如图7-59所示。

图7-59

步骤04 新建"文字"图层组，单击工具箱中的横排文字工具 T，设置前景色为黑色，选择一种适合的字体及大小，输入"Friday"，如图7-60所示。

步骤05 使用同样的方法，在选项栏中适当减小文字大小，输入下方的文字，如图7-61所示。

图7-60   图7-61

步骤06 再次单击工具箱中的横排文字工具，在标题文字下方单击创建文字起始点，在选项栏中更改字体并设置较小的字号，设置颜色为黑色，输入一行英文，如图7-62所示。

图7-62

步骤07 用同样的方法更改文字的字体、颜色、字号等属性，输入其他文字，如图7-63所示。

步骤08 新建图层组"1"，设置前景色为粉色，单击横排文字工具，选择一种较粗的字体并调整至合适大小，输入"1"，如图7-64所示。

步骤09 继续使用横排文字工具，设置合适字体及字号大小，分别输入3行文字，并依次调整位置，如图7-65所示。

图7-63   图7-64

步骤10 使用同样的办法，分别制作图层组"2"和"3"，如图7-66所示。

步骤11 新建图层，单击工具箱中的画笔工具，设置前景色为浅灰色，在3组文字中制作两条虚线，如图7-67所示。

图7-65   图7-66   图7-67

技巧提示

绘制虚线可以使用以下方法：单击画笔工具，在选项栏中设置一种画笔，按F5键打开"画笔预设"面板，调整合适的"大小"数值，然后增大"间距"数值，即可绘制出虚线。在画面中按住Shift键进行绘制可以绘制出笔直的虚线。

步骤12 最终效果如图7-68所示。

图7-68

7.2 创建文字

在平面设计中经常需要使用多种版式类型的文字,在Photoshop中将文字分为多个类型,如点文字、段落文字、路径文字和变形文字等。

知识精讲:点文字

点文字是一个水平或垂直的文本行,每行文字都是独立的。行的长度随着文字的输入而不断增加,不会自动换行,需要手动按Enter键进行换行,如图7-69所示。

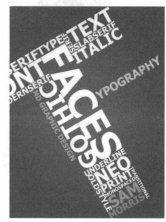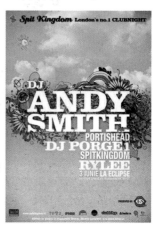

图7-69

016 练习——使用点文字制作人像海报

案例文件	练习实例——使用点文字制作人像海报.psd
视频教学	练习实例——使用点文字制作人像海报.flv
难度级别	★★★★☆
技术要点	创建点文字

案例效果

本案例效果如图7-70所示。

操作步骤

步骤01 打开本书配套光盘中的文件,如图7-71所示。

图7-70　　　　　　图7-71

步骤02 单击横排文字工具 T ,在选项栏中单击 按钮打开"字符"面板,选择一个较粗的字体,然后设置字体大小为132点,垂直缩放为130%,水平缩放为129%,字间距为 -80,字体颜色为白色,单击"仿粗体"按钮和"全部大写字母"按钮,在画布中间输入字母"LATALE",然后按Enter键另起一行按几下空格键后输入"VIGO"。如图7-72所示。

步骤03 按Ctrl+T组合键执行"自由变换"命令,调整文字的角度和位置,如图7-73所示。

图7-72　　　　　　图7-73

步骤04 执行"图层>图层样式>投影"菜单命令，在弹出的对话框中设置"混合模式"为"正片叠底"，"不透明度"为51%，"角度"为90度，"距离"为12像素，"大小"为21像素，为文字添加投影效果，如图7-74所示。

图7-74

步骤05 再次使用横排文字工具，打开"字符"面板，选择合适的字体，设置字体大小为16点，字体颜色为白色，单击"全部大写字母"按钮；然后打开"段落"面板，单击"左对齐文本"按钮。如图7-75所示。

图7-75

步骤06 接着在画面下半部分的黑色区域单击并输入文字，当第一行文字接近边缘处时，按Enter键在第二行继续输入文字，以此类推，效果如图7-76所示。

图7-76

步骤07 执行"图层>新建调整图层>可选颜色"菜单命令，设置颜色为黑色，调整相应数值，改变画面整体颜色，最终效果如图7-77所示。

图7-77

知识精讲：段落文字

段落文字在平面设计中应用得非常广泛，由于具有自动换行、可调整文字区域大小等优势，所以常用在大量的文本排版中，如海报、画册、杂志排版等，如图7-78所示。

图7-78

017 理论——创建段落文字

操作步骤

步骤01 设置前景色为白色，单击工具箱中的"横排文字"工具 T.，在选项栏中设置合适的字体及大小，在画布中拖曳创建出文本框，如图7-79所示。

步骤02 输入所需英文，然后打开"段落"面板，单击"右对齐文本"按钮 ■。最终效果如图7-80所示。

图7-79

图7-80

知识精讲：路径文字

路径文字常用于创建走向不规则的文字行。在Photoshop中为了制作路径文字需要先绘制路径，然后将文字工具指定到路径上，创建的文字会沿着路径排列，如图7-81所示。改变路径形状时，文字的排列方式也会随之发生改变。

图7-81

018 练习——创建路径文字

案例文件	练习实例——创建路径文字.psd
视频教学	练习实例——创建路径文字.flv
难易指数	★★★★★
技术要点	文字工具、钢笔工具

案例效果

本案例的效果如图7-82所示。

操作步骤

步骤01 打开素材文件，如图7-83所示。

步骤02 单击工具箱中的钢笔工具，在图像右上方的位置沿人像外轮廓边缘绘制一段弧形路径，如7-84图所示。

图7-82　　　　图7-83　　　图7-84

步骤03 单击工具箱中的横排文字工具，选择合适的字体及字号大小，将光标移动到路径的一端，当光标变为时，输入文字，如图7-85所示。

步骤04 输入文字后发现字符显示不全，这时需要将光标移动到路径上并按住Ctrl键，当光标变为时，单击并向路径的另一端拖曳，随着光标的移动，字符会逐个显现出来，如图7-86所示。

步骤05 用同样的办法，制作另外两排文字，如图7-87所示。

步骤06 如果想要更改某个路径文字的颜色，只需打开"字符"面板，并在"图层"面板中选中该文字图层，此时"字符"面板会显示相应的文字属性参数，单击"字符"面板中

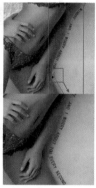

图7-85　　　　　　图7-86　　　　　　　图7-87

的颜色，将光标移动到画面中，此时可以看到光标变为颜色吸管的形状，单击画面中的颜色，文字颜色也会相应的发生变化，如图7-88所示。

步骤07 最后在画面底部输入点文字，降低其不透明度并添加投影样式，最终效果如图7-89所示。

图7-88　　　　　　　　图7-89

知识精讲：变形文字

在Photoshop中，文字对象可以进行一系列内置的变形效果，通过这些变形操作可以在不栅格化文字图层的状态下制作多种变形文字。输入文字以后，在文字工具的选项栏中单击"创建文字变形"按钮，打开"变形文字"对话框，在该对话框

中可以选择变形文字的方式，其效果如图7-90所示。

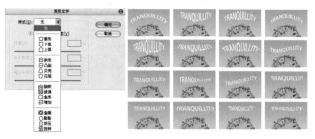

图7-90

创建变形文字后，可以调整其他参数选项来调整变形效果。每种样式都包含相同的参数选项，下面以"鱼形"样式为例来介绍变形文字的各项功能，如图7-91所示。

图7-91

 技巧提示

对带有"仿粗体"样式的文字进行变形会弹出如图7-92所示的对话框，单击"确定"按钮将去除文字的"仿粗体"样式。另外，经过变形操作的文字不能添加"仿粗体"样式。

图7-92

⊙ 水平/垂直：选中"水平"单选按钮时，文本扭曲的方向为水平方向，如图7-93(a)所示；选中"垂直"单选按钮时，文本扭曲的方向为垂直方向，如图7-93(b)所示。

(a)　　　　　　　　(b)

图7-93

⊙ 弯曲：用来设置文本的弯曲程度，如图7-94所示分别是"弯曲"设置为50%和-80%时的效果。

图7-94

⊙ 水平扭曲：设置水平方向的透视扭曲变形的程度，如图7-95所示分别是"水平扭曲"设置为-60%和80%时的效果。

图7-95

⊙ 垂直扭曲：用来设置垂直方向的透视扭曲变形的程度，如图7-96所示分别是"垂直扭曲"为-30%和30%时的效果。

图7-96

019 练习——使用点文字、段落文字制作杂志版式

案例文件	练习实例——使用点文字、段落文字制作杂志版式.psd
视频教学	练习实例——使用点文字、段落文字制作杂志版式.flv
难度级别	★★★★☆
技术要点	文字工具

案例效果

本案例效果如图7-97所示。

操作步骤

步骤01 新建空白文件，导入人像素材文件，并摆放在画面左侧，如图7-98所示。

图7-97

图7-98

步骤02 单击工具箱中的钢笔工具，绘制出需要保留区域的闭合路径，单击鼠标右键，执行"建立选区"命令，再单击"图层"面板中的"添加图层蒙版"按钮，如图7-99所示。

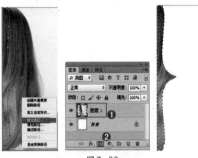

图7-99

步骤03 新建图层"段落文字"，导入花朵素材，单击工具箱中的横排文字工具，设置前景色为白色，并设置合适的字体及大小，在画布中单击并拖曳创建出文本框，如图7-100所示。

步骤04 输入所需英文，完成后选择该文字图层，打开"段落"面板，单击"左对齐文本"按钮，如图7-101所示。

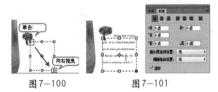

图7-100　　　　图7-101

步骤05 用同样的办法，分别输入其他英文，并适当修改其颜色，如图7-102所示。

步骤06 新建图层组"点文字"，单击工具箱中的横排文字工具，设置前景色为蓝色，选择一种适合的字体及大小，输入"liberty"，如图7-103所示。

图7-102　　　　图7-103

步骤07 单击"图层"面板中的"添加图层样式"按钮，在弹出的菜单中选择"内阴影"命令，在弹出的对话框中设置其"不透明度"为45%，"距离"为3像素，"大小"为3像素，单击"确定"按钮结束操作，如图7-104所示。

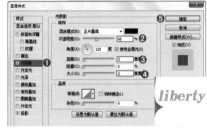

图7-104

步骤08 用同样的方法制作单词"smile"，并调整其位置，如图7-105所示。

步骤09 单击横排文字工具，选择合适的字体及字号大小，分别输入其他英文并调整位置，最终效果如图7-106所示。

图7-105　　　　图7-106

7.3 编辑文本

　　Photoshop的文字编辑与Microsoft Office Word类似，不仅可以对文字的大小写、颜色和行距等参数进行修改，还可以进行检查和更正拼写、查找和替换文本、更改文字的方向等操作。

020 理论——调整文字外框

　　在输入文字状态下，按住Ctrl键后文字四周将出现文本外框，拖曳变换文本框，可以改变文字大小、角度、方向等，如图7-107所示。

图7-107

021 理论——拼写检查

如果要检查当前文本中的英文单词拼写是否有误，可以先选择文本，然后执行"编辑>拼写检查"菜单命令，打开"拼写检查"对话框，Photoshop会提供修改建议，如图7-108所示。

图7-108

- 不在词典中：显示错误的单词。
- 更改为/建议：在"建议"列表中选择单词以后，"更改为"文本框中就会显示选中的单词。
- 忽略：单击该按钮将继续拼写检查而不更改文本。
- 全部忽略：单击该按钮将在剩余的拼写检查过程中忽略有疑问的字符。
- 更改：单击该按钮可以校正拼写错误的字符。
- 更改全部：单击该按钮将校正文档中出现的所有拼写错误。
- 添加：单击该按钮可以将无法识别的正确单词存储在词典中。这样后面再次出现该单词时，就不会被检查为拼写错误。
- 检查所有图层：选中该复选框后，可以对所有文字图层进行拼写检查。

022 理论——查找和替换文本

使用"查找和替换文本"命令能够快速地查找和替换指定的文字。执行"编辑>查找和替换文本"菜单命令，打开"查找和替换文本"对话框，如图7-109所示。

图7-109

- 查找内容：在这里输入要查找的内容。
- 更改为：在这里输入要更改的内容。
- 查找下一个：单击该按钮即可查找下一个需要更改的内容。
- 更改：单击该按钮即可将查找到的内容更改为指定的文字内容。
- 更改全部：若要替换所有要查找的文本内容，可以单击该按钮。
- 完成：单击该按钮可以关闭"查找和替换文本"对话框，完成查找和替换文本的操作。
- 搜索所有图层：选中该复选框后，可以搜索当前文档中的所有图层。
- 向前：从文本中的插入点向前搜索。如果取消选中该复选框，不管文本中的插入点在什么位置，都可以搜索图层中的所有文本。
- 区分大小写：选中该复选框后，可以搜索与"查找内容"文本框中的文本大小写完全匹配的一个或多个文字。
- 全字匹配：选中该复选框后，可以忽略嵌入在更长字中的搜索文本。

023 理论——点文本和段落文本的转换

点文本与段落文本也是可以相互转换的，如果当前选择的是点文本，执行"类型>转换为段落文本"菜单命令，可以将点文本转换为段落文本；如果当前选择的是段落文本，执行"类型>转换为点文本"菜单命令，可以将段落文本转换为点文本。如图7-110所示为相互转化的段落文本和点文本。

图7-110

024 理论——编辑段落文本

创建段落文本以后，可以根据实际需求来调整文本框的大小，文字会自动在调整后的文本框内重新排列。另外，通过文本框还可以旋转、缩放和斜切文字，如图7-111所示。

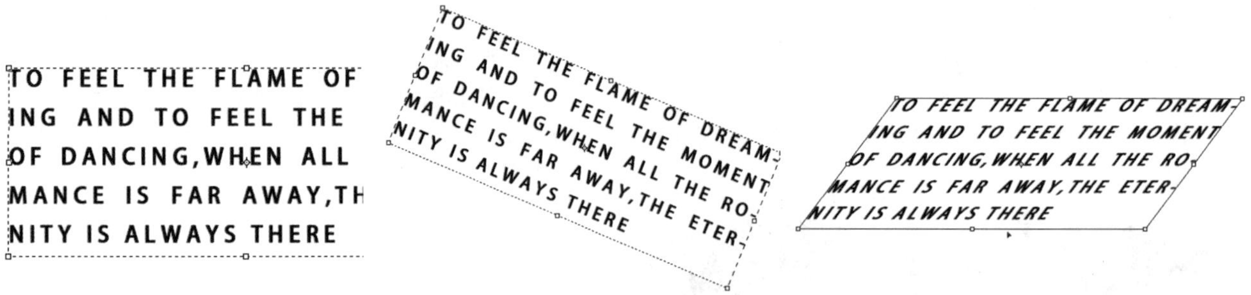

TO FEEL THE FLAME OF
ING AND TO FEEL THE
OF DANCING,WHEN ALL
MANCE IS FAR AWAY,TH
NITY IS ALWAYS THERE

图7—111

操作步骤

步骤01 使用横排文字工具T在段落文字中单击，可显示出文字的定界框，如图7-112所示。

TO FEEL THE FLAME OF DREAM
ING AND TO FEEL THE MOMENT
OF DANCING,WHEN ALL THE RO
MANCE IS FAR AWAY,THE ETER
NITY IS ALWAYS THERE

图7—112

步骤02 拖动控制点调整定界框的大小，文字会在调整后的定界框内重新排列，如图7-113所示。

TO FEEL THE FLAME
OF DREAMING AND
TO FEEL THE
MOMENT OF
DANCING,WHEN ALL
THE ROMANCE IS
FAR AWAY,THE
ETERNITY IS
ALWAYS THERE

图7—113

步骤03 当定界框较小而不能显示全部文字时，其右下角的控制点会变为形状，如图7-114所示。

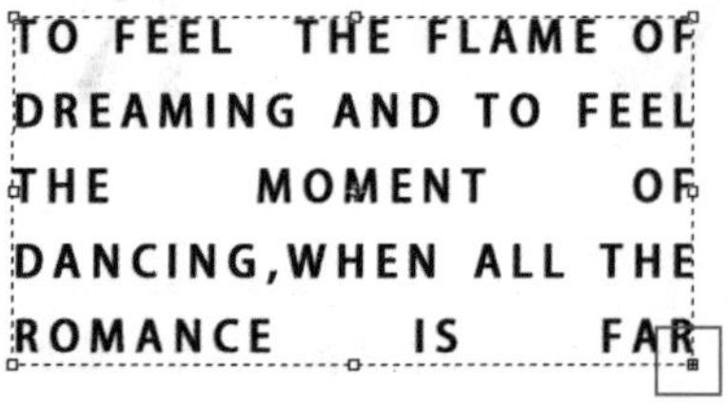

TO FEEL THE FLAME OF
DREAMING AND TO FEEL
THE MOMENT OF
DANCING,WHEN ALL THE
ROMANCE IS FAR

图7—114

步骤04 如果按住Shift键拖动控制点，可以等比缩放文字，如图7-115所示。

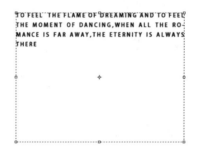

图7—115

步骤05 将光标移至定界框外，当光标变为弯曲的双向箭头时拖动鼠标可以旋转文字，如图7-116所示。

图7—116

步骤06 与旋转其他对象相同，在旋转过程中按住Shift键，能够以15°角为增量进行旋转，如图7-117所示。

图7—117

步骤07 在编辑的过程中按住Ctrl键，会出现类似自由变换的定界框，将光标移动到定界框边缘位置，当光标变为形状时拖动即可变换文字。需要注意的是，此时定界框与文字本身都会发生变换，如图7-118所示。

图7—118

步骤08 如果想要完成对文本的编辑操作，可以单击选项栏中的✔按钮或者按Ctrl+Enter组合键。如果要放弃对文字的修改，可以单击选项栏中的◎按钮或者按Esc键。

7.4 转换文字图层

在Photoshop中，文字图层作为特殊的矢量对象，不能像普通图层一样进行编辑。因此，为了进行更多操作，可以在编辑和处理文字时将文字图层转换为普通图层，或将文字转换为形状、路径。

025 理论——将文字图层转化为普通图层

Photoshop中的文字图层不能直接应用滤镜或进行涂抹绘制等变换操作，若要对文本应用这些滤镜或变换，就需要将其转换为普通图层，使矢量文字对象变成像素图像。

在"图层"面板中选择文字图层，然后在图层名称上单击鼠标右键，在弹出的快捷菜单中选择"栅格化文字"命令，就可以将文字图层转换为普通图层，如图7-119所示。

图7-119

026 练习——栅格化文字制作切开的文字

案例文件	练习实例——栅格化文字制作切开的文字.psd
视频教学	练习实例——栅格化文字制作切开的文字.flv
难度级别	★★★★★
技术要点	横排文字工具、栅格化文字、渐变工具、图层样式、高斯模糊

案例效果

本案例效果如图7-120所示。

图7-120

操作步骤

步骤01 按Ctrl+N组合键，新建一个大小为3000×2000像素的文档，如图7-121所示。

图7-121

步骤02 单击渐变工具，在"渐变编辑器"窗口中编辑一种从灰色到白色的渐变，设置渐变类型为"线性"，为背景填充灰色渐变效果，如图7-122所示。

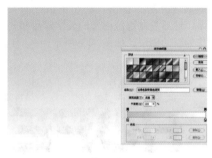

图7-122

步骤03 单击横排文字工具，在选项栏中选择一个较粗的字体，设置字号大小为902.79点，文字颜色为黑色，在画布中间输入文字"HOPE"，如图7-123所示。

图7-123

步骤04 执行"图层>图层样式>斜面和浮雕"菜单命令，然后在打开的对话框的"结构"选项组中设置"样式"为"内斜面"，"方法"为"平滑"，"深度"为100%，"大小"为5像素，接着在"阴影"选项组中设置"角度"为120度，"高度"为30度，高光的"不透明度"为75%，阴影的"不透明度"为75%，如图7-124所示。

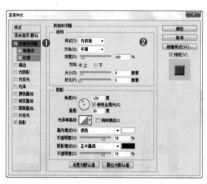

图7-124

步骤05 在"图层样式"对话框左侧选中"渐变叠加"样式，然后在"渐变编辑器"窗口中拖动滑块调整渐变颜色为灰色到黑色渐变，设置"样式"为"线性"，"角度"为90度，"缩放"为100%，如图7-125所示。

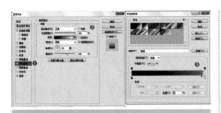

图7-125

步骤06 按Ctrl+J组合键复制出一个副本，然后在"图层"面板中单击鼠标右键执行"栅格化文字"命令，此时文字副本图层变为普通图层，如图7-126所示。

图7-126

步骤07 在文字下一层新建图层，使用黑色画笔绘制出阴影效果，并进行适当的高斯模糊操作，使阴影更加柔和，如图7-127所示。

图7-127

步骤08 使用多边形套索工具绘制出文字底部的选区，使用工具箱中的移动工具将其向右侧位移，并复制和粘贴出一个副本图层，如图7-128所示。

图7-128

步骤09 继续使用套索工具绘制文字上的选区并进行移动，制作出错位的文字，然后复制选区内部的文字碎片部分作为新的图层，如图7-129所示。

图7-129

步骤10 选择粘贴出的副本图层，执行"图层>图层样式>描边"菜单命令，打开"图层样式"对话框，然后设置"大小"为5像素，"位置"为"外部"，"颜色"为白色，可以看到底部的文字碎片出现描边效果，如图7-130所示。

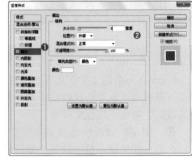

图7-130

步骤11 接着在该图层上单击鼠标右键执行"拷贝图层样式"命令，然后在另外的文字图层上单击鼠标右键，执行"粘贴图层样式"命令，其他的文字碎片图层也出现了同样的图层样式，如图7-131所示。

图7-131

步骤12 最后导入前景卡通人物素材，并调整好大小和位置，如图7-132所示。

图7-132

027 理论——将文字转化为形状

选择文字图层，然后在图层名称上单击鼠标右键，在弹出的快捷菜单中选择"转换为形状"命令，可以将文字转换为带有矢量蒙版的形状，如图7-133所示。执行"转换为形状"命令后，不会保留文字图层。

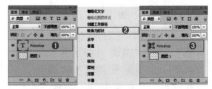

图7-133

028 练习——使用文字形状制作影楼艺术字

案例文件	练习实例——使用文字形状制作影楼艺术字.psd
视频教学	练习实例——使用文字形状制作影楼艺术字.flv
难易指数	
技术要点	将文字转换为形状，形状的编辑

案例效果

本案例效果如图7-134所示。

图7-134

操作步骤

步骤01 首先执行"文件>新建"菜单命令新建一个空白文档，然后使用文字工具 T 分别输入"维"、"尼"、"斯"、"情"、"人"几个字，如图7-135所示。

图7-135

步骤02 首先针对"维"字进行调整，右击该文字图层，执行"转换为形状"命令，如图7-136所示。

图7-136

步骤03 此时文字图层转换为形状，需要调整文字的形状，首先需要单击"维"字的矢量蒙版，文字上出现相应路径，如图7-137所示。

图7-137

步骤04 接着使用直接选择工具 选中左下角的锚点，并向左侧拖动，如图7-138所示。

图7-138

步骤05 继续使用添加锚点工具在路径上添加两个锚点，并移动到合适位置，使用转换锚点工具调整路径弧度，如图7-139所示。

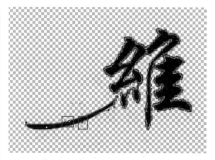

图7-139

技巧提示

形状的调节方法主要是通过使用钢笔工具组和选择工具组对路径进行调整，以达到调整形状的目的，具体路径工具的使用方法将在后面的章节进行详细讲解。

步骤06 接着对"人"字进行修改，调整左侧笔画的长度，效果如图7-140所示。

图7-140

步骤07 导入叶子和藤蔓素材，摆放在"维"字、"情"字和"人"字附近，作为笔画的延伸，如图7-141所示。

图7-141

步骤08 在艺术字右下角输入英文单词，并将所有文字图层合并为一个图层，如图7-142所示。

图7-142

步骤09 执行"编辑>预设>预设管理器"菜单命令，在弹出的预设管理器中切换至"样式"选项并单击"载入"按钮，选择素材文件中的样式素材进行载入。载入完毕后选中合并的艺术字图层，执行"窗口>样式"菜单命令，打开"样式"面板，单击新载入的金色样式，此时艺术字上出现该样式，如图7-143所示。

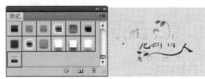

图7-143

步骤10 导入背景素材，最终效果如图7-144所示。

图7-144

029 理论——创建文字的工作路径

在"图层"面板中选择一个文字图层，然后执行"类型>创建工作路径"菜单命令，可以将文字的轮廓转换为工作路径，如图7-145所示。通过这种方法既能够得到文字路径，又不破坏文字图层。

图7-145

030 练习——使用文字路径制作云朵文字

案例文件	练习实例——使用文字路径制作云朵文字.psd
视频教学	练习实例——使用文字路径制作云朵文字.flv
难度级别	★★★★★
技术要点	横排文字工具，画笔面板，创建工作路径，自定形状工具

案例效果

本案例效果如图7-146所示。

图7-146

操作步骤

步骤01 打开背景素材文件，单击工具箱中的横排文字工具 T，选择一种合适的字体及字号大小，输入"sun"，如图7-147所示。

图7-147

步骤02 在"图层"面板中右击文字图层，执行"创建工作路径"命令，然后隐藏文字图层，此时画面出现文字路径，如图7-148所示。

图7-148

步骤03 单击工具箱中的画笔工具 ，然后在选项栏中选择一种柔角画笔，并设置"大小"为68像素，"硬度"为0%，如图7-149所示。

步骤04 按F5键打开"画笔"面板，然后选中"形状动态"复选框，接着设置"大小抖动"为100%，选中"散布"复选框，取消选中"两轴"复选框，并设置散布数值为181%，"数量"为4，如图7-150所示。

图7-149　　图7-150

步骤05 选中"传递"复选框,然后设置"不透明度抖动"为85%,"流量抖动"为40%;选中"双重画笔",然后选择一种柔角画笔,接着设置"模式"为"颜色加深","大小"为32像素,"间距"为56%,"散布"为0%,"数量"为1,如图7-151所示。

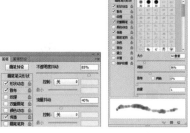

图7-151

步骤06 画笔属性设置完毕后,在"图层"面板上新建一个图层,设置前景色为白色,选择画笔工具并按Enter键,即可实现使用当前画笔设置描边钢笔路径的效果,如图7-152所示。

图7-152

技巧提示

在存在路径的状态下,选择画笔工具并按Enter键是以当前画笔预设描边路径的快捷方式,正常的方式是设置好画笔属性,在钢笔工具状态下单击鼠标右键,执行"描边路径"命令。

步骤07 在"画笔"面板中单击"画笔笔尖形状",在右侧设置框中设置画笔的"大小"为90像素,如图7-153所示。

步骤08 在"画笔"面板中选中"双重画笔"复选框,设置"大小"为100像素,如图7-154所示。

图7-153 图7-154

步骤09 在选项栏中设置"不透明度"为75%,"流量"为75%,如图7-155(a)所示。多次按Enter键使用当前画笔为路径描边,如图7-155(b)所示。

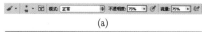

(a)

(b)

图7-155

步骤10 继续单击工具箱中的自定形状工具,并在选项栏中选择一个合适的自定义形状,在文字右侧绘制一个皇冠形状,如图7-156所示。

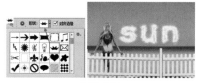

图7-156

步骤11 用同样的方法设置画笔属性,并描边路径,最终效果如图7-157所示。

图7-157

---

031 练习——质感炫彩立体文字

案例文件	练习实例——质感炫彩立体文字.psd
视频教学	练习实例——质感炫彩立体文字.flv
难度级别	★★★★
技术要点	渐变工具,选框工具,转换为形状,横排文字工具,钢笔工具,描边路径,图层样式

案例效果

本案例效果如图7-158所示。

图7-158

操作步骤

步骤01 按Ctrl+N组合键,在弹出的"新建"对话框中设置"宽度"为1839像素,"高度"为1338像素,如图7-159所示。

图7-159

步骤02 单击工具箱中的渐变工具,编辑一种紫灰色系的渐变,并填充画面,如图7-160所示。

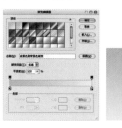

图7-160

步骤03 创建新图层并命名为"文字",单击工具箱中的横排文字工具,打开"字符"面板,选择一个手写感较强的英文字体,并设置合适大小,输入英文"butterfly",如图7-161所示。

图7-161

步骤04 右击文字图层执行"转换为形状"命令,然后使用钢笔工具在文字上添加锚点并调整文字形状,如图7-162所示。

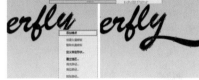

图7-162

步骤05 新建图层,单击工具箱中的钢笔工具,在首字母左侧及上方绘制飘逸的笔画轮廓,按Ctrl+Enter键将路径转换为选区后填充黑色,如图7-163所示。

图7-163

步骤06 复制两次"文字"组中的图层,分别合并图层组,并重命名为"底层"和"上层",如图7-164所示。

图7-164

步骤07 载入"底层"图层文字选区,填充粉红色(R:235,G:19,B:131);载入"底层"图层文字选区,填充紫红色(R:153,G:9,B:122),并向下和向左各位移2像素,此时文字出现立体效果,如图7-165所示。

图7-165

步骤08 创建新图层,使用画笔工具绘制文字笔画重叠处的阴影,如图7-166所示。

图7-166

步骤09 继续制作文字上的光泽效果。使用多边形套索工具绘制平行四边形选区,填充从粉色到白色的渐变。然后载入文字图层选区,并为该图层添加图层蒙版,使文字以外的部分隐藏。继续使用黑色画笔工具在蒙版上进行涂抹,使文字呈现光泽不均匀的状态,如图7-167所示。

图7-167

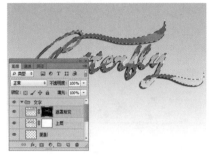

图7-167

步骤10 下面为文字添加彩色效果。新建"彩色"图层,设置前景色为黄色和紫色,使用柔角圆画笔分别在文字的左侧和右侧绘制彩色区域,如图7-168(a)所示。接着载入文字选区,为彩色图层添加图层蒙版,保留文字部分颜色,并且设置该图层的混合模式为"线性光",如图7-168(b)所示。

(a)

(b)

图7-168

步骤11 ▶ 新建图层"暗色描边"，载入顶层文字选区，执行"编辑>描边"菜单命令，在弹出的对话框中设置"宽度"为2像素，"颜色"为深紫色，作为文字暗部区域的转角颜色，如图7-169所示。

图7-169

步骤12 ▶ 新建图层"亮色描边"，再次载入文字选区，执行"编辑>描边"菜单命令，在弹出的对话框中设置"宽度"为2像素，"颜色"为白色，作为文字亮部区域的转角颜色，如图7-170所示。

图7-170

步骤13 ▶ 使用橡皮擦工具擦除"亮色描边"图层中每个字母右下角的部分，然后使用橡皮擦工具擦除"暗色描边"图层中每个字母左上角的部分，如图7-171所示。

图7-171

步骤14 ▶ 下面复制整体文字组，命名为"倒影"，按Ctrl+T组合键执行"自由变换"命令，将其垂直翻转，并为"倒影"组添加图层蒙版，使用黑色柔角画笔绘制倒影四周效果，并且降低图层"不透明度"为25%，如图7-172所示。

图7-172

步骤15 ▶ 创建新图层，使用椭圆选框工具绘制椭圆选区并填充黑色，然后执行"滤镜>模糊>高斯模糊"菜单命令，在弹出的对话框中设置"半径"为30像素，模拟出柔和的阴影，如图7-173所示。

图7-173

步骤16 ▶ 最后导入蝴蝶素材文件，最终效果如图7-174所示。

图7-174

032 练习——使用文字工具制作欧美风海报

案例文件	练习实例——使用文字工具制作欧美风海报.psd
视频教学	练习实例——使用文字工具制作欧美风海报.flv
难度级别	★★★★★
技术要点	文字工具，图层样式

案例效果

本案例效果如图7-175所示。

操作步骤

步骤01 ▶ 创建新的空白文件，新建图层组"主体"，单击工具箱中的

图7-175

矩形选框工具 [图]，绘制大小适合的矩形，新建图层并填充黑色，单击图层面板中的"添加图层样式"按钮，在弹出的菜单中选择"投影"样式，在打开的对话框中设置其"距离"为41像素，"大小"为21像素，单击"确定"按钮结束操作，如图7-176所示。

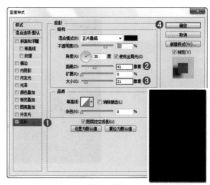

图7-176

步骤02 新建图层"光点",单击工具箱中的画笔工具 ⁄ ,设置前景色为蓝色,选择一种柔角圆画笔,在图层中绘制圆点,按Ctrl+T组合键执行"自由变换"命令,调整圆点的大小,如图7-177所示。

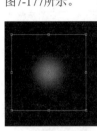

图7-177

步骤03 新建图层"放射",单击工具箱中的"钢笔"工具,绘制出放射性线条的闭合路径,单击鼠标右键执行"建立选区"命令,并将其填充为白色,如图7-178所示。

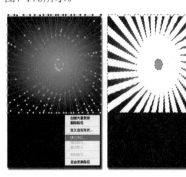

图7-178

步骤04 在"图层"面板中设置其"不透明度"为10%,单击"添加图层蒙版"按钮,单击画笔工具,设置前景色为黑色,在选项栏中调整其"不透明度"和"流量"均为20%,在蒙版上半部分进行适当的涂抹,如图7-179所示。

图7-179

步骤05 导入墨滴喷溅素材,摆放在上半部分,如图7-180所示。

图7-180

步骤06 导入人像素材文件,将素材放入相应位置,单击工具箱中的钢笔工具,绘制人像外轮廓路径,将其转换为选区并添加图层蒙版,使选区以外的部分隐藏,使用黑色柔角画笔工具在人像图层的蒙版上涂抹下半部分,如图7-181所示。

图7-181

步骤07 单击"图层"面板中的"添加图层样式"按钮,在弹出的菜单中选择"投影"样式,在打开的对话框中设置其"不透明度"为56%,"距离"为7像素,"大小"为73像素,单击"确定"按钮结束操作,此时人像出现阴影效果,如图7-182所示。

图7-182

步骤08 单击"图层"面板中的"创建新的填充或调整图层"按钮 ⬤ ,选择"曲线"命令,在弹出的"属性"面板中调节曲线将图像提亮,如图7-183所示。

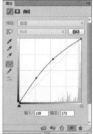

图7-183

步骤09 新建图层组"文字",单击多边形套索工具,绘制一个四边形选区,设置前景色为黄色并填充,如图7-184所示。

图7-184

步骤10 单击"图层"面板底部的"添加图层样式"按钮,在弹出的菜单中选择"投影"样式,在打开的对话框中设置其"不透明度"为100%,"角度"为30度,"距离"为15像素,"大小"为103像素,单击"确定"按钮结束操作,如图7-185所示。

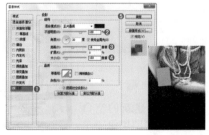

图7-185

步骤11 使用同样的方法继续创建其他白色和黑色的色块，如图7-186所示。

步骤12 新建图层"阴影"，单击工具箱中的画笔工具，选择一种圆边画笔，调整画笔"大小"为500，"不透明度"为65%，"流量"为40%，在色块后方绘制阴影效果，如图7-187所示。

图7-186　　　　　图7-187

步骤13 单击工具箱中的横排文字工具，选择合适的字体和大小，分别输入字母"S"和"L"，并将两个字母分别在黄色和白色的矩形上，在"字符"面板中设置字母S的颜色为白色，字母L的颜色为黑色，如图7-188所示。

步骤14 使用同样的办法分别在矩形里输入"M"、"i"、"E"和"B"，并调整合适的字体及大小，如图7-189所示。

图7-188　　　　　图7-189

步骤15 新建图层组"圆"，新建图层，单击椭圆选框工具，按住Shift键拖曳绘制正圆选区，并填充黄色，如图7-190所示。

图7-190

步骤16 单击"图层"面板底部的"添加图层样式"按钮，在弹出的菜单中选择"投影"样式，在打开的对话框中设置其"不透明度"为100%，"距离"数值为11像素，"大小"为106像素；选中"描边"样式，设置其"大小"为21像素，"颜色"为白色，单击"确定"按钮结束操作，如图7-191所示。

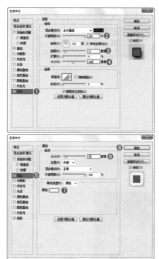

图7-191

步骤17 使用同样的方法分别绘制蓝色和白色圆，并调整其位置及大小，如图7-192所示。

步骤18 单击横排文字工具，选择合适的字体和字号大小，并设置颜色为红色，在白色的圆上输入单词，如图7-193所示。

图7-192　　　　　图7-193

步骤19 使用同样的办法，分别在黄色和蓝色中输入合适的文字，如图7-194所示。

步骤20 新建图层组"条形文字"，单击矩形选框工具，绘制合适大小的选区；新建图层"黑条"并填充为黑色，对黑框进行自由变换，调整其位置和角度，如图7-195所示。

图7-194　　　　　图7-195

步骤21 单击横排文字工具，设置前景色为白色，调整合适的字体与字号大小，在黑框上输入文字，并对文字图层执行"自由变换"命令，适当旋转使文字与黑条角度相同，如图7-196所示。

步骤22 使用同样的办法，在不同位置绘制黑框并输入文字，如图7-197所示。

图7-196　　　　　图7-197

步骤23 合并所有黑框以及文字，命名该图层为"阴影"，单击"图层"面板中的"添加图层样式"按钮，在弹出的菜单中选择"投影"样式，在打开的对话框中设置其"不透明度"为65%，"距离"为5像素，"大小"为5像素，单击"确定"按钮结束操作，如图7-198所示。

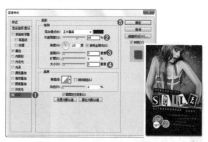

图7-198

步骤24 新建图层,使用套索工具在下半部分绘制出形状近似长方形的、边缘不规则的选区,并填充白色,如图7-199所示。

图7-199

步骤25 单击"添加图层样式"按钮,在弹出的菜单中选择"投影"样式,在打开的对话框中设置其"距离"为22像素,"大小"为59像素,单击"确定"按钮结束操作,如图7-200所示。

图7-200

步骤26 最后导入喷溅素材文件,最终效果如图7-201所示。

图7-201

033 练习——栅格化文字制作玻璃字

案例文件	练习实例——栅格化文字制作玻璃字.psd
视频教学	练习实例——栅格化文字制作玻璃字.flv
难度级别	★★★★★
技术要点	横排文字工具,图层样式

案例效果

本案例效果如图7-202所示。

图7-202

操作步骤

步骤01 打开背景素材文件,创建新组,命名为"文字",使用横排文字工具输入英文,如图7-203所示。

图7-203

步骤02 在文字上单击鼠标右键,执行"栅格化文字"命令,按Ctrl+T组合键执行"自由变换"命令,右击执行"透视"命令,调整文字定界框,制作出具有透视感的文字效果,如图7-204所示。

图7-204

步骤03 为文字图层添加图层样式,执行"图层>图层样式>渐变叠加"菜单命令,在弹出的"图层样式"对话框中设置渐变颜色为银灰色渐变,此时文字出现渐变效果,如图7-205所示。

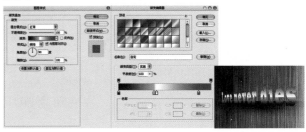

图7-205

步骤04 按Ctrl + J 组合键将"文字"图层复制一层,放在原文字图层下方模拟立面。在"图层样式"对话框中重新设置"渐变叠加"样式,设置渐变颜色为由黑色到白色渐变,再选中"外发光"样式,设置"混合模式"为"颜色减淡","不透明度"为75%,由黄色到透明渐变,图素扩展为5%,"大小"为79像素,如图7-206所示。

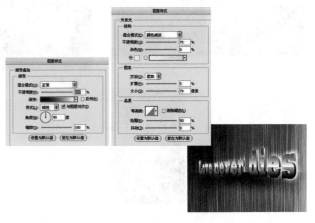

图7-206

步骤05 创建新图层，命名为"发光"，放置在文字下层，使用画笔工具绘制黄色的发光效果，如图7-207所示。

步骤06 复制"背景"图层，放置在最上方，按Ctrl+T组合键执行"自由变换"命令，并右击执行"透视"命令，如图7-208所示。

图7-207　　　　　　　　图7-208

步骤07 载入文字选区，回到"渐变副本"图层，为透视的背景图层添加图层蒙版，并设置"填充"值为50%，如图7-209所示。

图7-209

步骤08 载入文字选区，创建新图层并命名为"描边"，执行"编辑>描边"菜单命令，在弹出的对话框中设置"宽度"为1像素，"颜色"为白色，如图7-210所示。

图7-210

步骤09 执行"滤镜>模糊>高斯模糊"菜单命令，按Ctrl + J 组合键复制"描边"图层，向下位移1像素，向左位移1像素，如图7-211所示。

图7-211

步骤10 复制"文字"组并合并为一个图层用于模拟倒影。按Ctrl+T组合键执行"自由变换"命令，并单击鼠标右键执行"垂直翻转"命令，如图7-212所示。

步骤11 最后为倒影图层添加图层蒙版，使用黑色画笔工具擦除底部的一些阴影，最终效果如图7-213所示。

图7-212　　　　　　　　图7-213

读书笔记

183

矢量工具与路径

Photoshop中的矢量工具主要包括钢笔工具以及形状工具。钢笔工具主要用于绘制不规则的图形，而形状工具则是通过选取内置的图形样式绘制较为规则的图形，与画笔工具不同，使用钢笔工具和形状工具绘图主要是通过调整路径和锚点进行控制的，主要用于绘制矢量图形、获得选区、抠图等方面。

本章学习要点：

熟练掌握钢笔工具的使用方法

掌握路径的操作与编辑方法

掌握形状工具的使用方法

掌握路径与选区的相互转化

8.1 熟悉矢量绘图

　　Photoshop中的矢量工具主要包括钢笔工具以及形状工具。钢笔工具主要用于绘制不规则的图形，而形状工具则是通过选取内置的图形样式绘制较为规则的图形。与画笔工具不同，使用钢笔工具和形状工具绘图主要是通过调整路径和锚点进行控制的，主要用于绘制矢量图形、获得选区、抠图等方面。如图8-1所示为一些应用到矢量工具的作品。

图8—1

知识精讲：认识绘图模式

　　使用矢量工具绘图之前首先要在选项栏中选择绘图模式，包括形状、路径和像素3种类型，如图8-2所示。

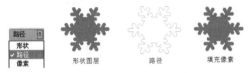

形状图层　　　路径　　　填充像素

图8-2

- 形状：在单独的图层中绘制一个或多个形状。形状包含定义形状颜色的填充图层以及定义形状轮廓的链接矢量蒙版。在形状创建完毕后通过调整该图层

的矢量蒙版上的路径就能够达到调整形状的目的。

- 路径：在当前图层中绘制一个临时工作路径，随后可使用它来创建选区、创建矢量蒙版，或者使用颜色填充和描边以创建栅格图形。绘制完成后可在"路径"面板中进行存储。
- 像素：直接在选中图层上绘制，与绘画工具的功能非常类似。在此模式下工作时，创建的是位图图像，而不是矢量图形。可以像处理任何栅格图像一样来处理绘制的形状。在此模式下只能使用形状工具。

001 理论——创建形状

操作步骤

步骤01 在工具箱中单击"自定义形状工具"按钮 ，然后设置绘制模式为"形状"后，可以在选项栏中设置填充类型，单击填充按钮在弹出的"填充"窗口中可以从"无颜色"、"纯色"、"渐变"、"图案"四个类型中选择一种。如图8-3所示。

图8-3

步骤02 描边也可以进行"无颜色"、"纯色"、"渐变"、"图案"四种类型的设置。在颜色设置的右侧可以

进行描边粗细的设置。还可以对形状描边类型进行设置，单击下拉表，在弹出的窗口中可以选择预设的描边类型，还可以对描边的对齐方式、端点类型以及角点类型进行设置，如图8-4所示。

步骤03 设置了合适的选项后，在画布中进行拖拽即可出现形状，绘制形状可以在单独的一个图层中创建形状，在"路径"面板中显示了这一形状的路径。如图8-5所示。

图8-4

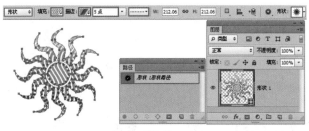

图8-5

002 理论——创建路径

单击工具箱中的形状工具，然后在选项栏中单击"路径"选项 路径 ，可以创建工作路径。工作路径不会出现在"图层"面板中，只出现在"路径"面板中。绘制完毕后可以在选项栏中快速的将路径转换为选区、蒙版或形状，如图8-6所示。

图8-6

知识精讲：认识路径

路径是一种不包含像素的轮廓，但是可以使用颜色填充或描边路径。路径可以作为矢量蒙版来控制图层的显示区域。路径可以被保存在"路径"面板中或者转换为选区。使用钢笔工具和形状工具都可以绘制路径，而且绘制的路径可以是开放式、闭合式或组合式，如图8-10所示。

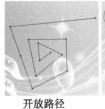 

开放路径　　　　闭合路径　　　　组合路径

图8-10

工作路径不会出现在"图层"面板中，只出现在"路径"面板中，如图8-7所示。

图8-7

003 理论——创建像素

在使用形状工具状态下可以选择"像素"方式，在选项栏中设置绘制模式为"像素"，如图8-8所示。设置合适的混合模式与不透明度，这种绘图模式会以当前前景色在所选图层中进行绘制，如图8-9所示。

图8-8　　　　　　　　　图8-9

知识精讲：认识锚点

路径由一个或多个直线段或曲线段组成，锚点标记路径段的端点。在曲线段上，每个选中的锚点显示一条或两条方向线，方向线以方向点结束，方向线和方向点的位置共同决定了曲线段的大小和形状。如图8-11所示，A表示曲线段；B表示方向点；C表示方向线；D表示选中的锚点；E表示未选中的锚点。

锚点分为平滑点和角点两种类型。由平滑点连接的路径段可以形成平滑的曲线；由角点连接起来的路径段可以形成直线或转折曲线，如图8-12所示。

图8-11　　　　　　　　　图8-12

8.2 钢笔工具组

钢笔工具组包括钢笔工具 、自由钢笔工具 、添加锚点工具 、删除锚点工具 、转换为点工具 五种，自由钢笔工具 又可以扩展为磁性钢笔工具。使用钢笔工具组可以绘制多种多样的矢量图形，如图8-13所示为一些可以使用钢笔工具组制作的作品。

图8-13

知识精讲：认识钢笔工具

钢笔工具 ◢ 是最基本、最常用的路径绘制工具，使用该工具可以绘制任意形状的直线或曲线路径，其选项栏如图8-14所示。

- 钢笔工具 ◢ 的选项栏中有一个"橡皮带"复选框，选中该复选框后，可以在移动光标时预览两次单击之间的路径段，如图8-15所示。

图8-14 　　　　　　　图8-15

- 选中"自动添加/删除"复选框后，将钢笔工具定位到

所选路径上方时，它会变成添加锚点工具；当将钢笔工具定位到锚点上方时，它会变成删除锚点工具。

- 通过单击选项栏中的工具按钮可以很快捷地在绘图工具之间切换。
- 选择路径区域选项用于确定重叠路径组件如何交叉。在使用形状工具绘制时，按住Shift键可临时选择"添加到路径区域"选项；按住Alt键可临时选择"从路径区域减去"选项。
- 添加到路径区域：将新区域添加到重叠路径区域。
- 从路径区域减去：将新区域从重叠路径区域移去。
- 交叉路径区域：将路径限制为新区域和现有区域的交叉区域。
- 重叠路径区域除外：从合并路径中排除重叠区域。

004 理论——使用钢笔工具绘制直线

操作步骤

步骤01 单击工具箱中的钢笔工具 ◢，在选项栏中单击"路径"按钮，将光标移至画面中，单击可创建一个锚点，如图8-16所示。

步骤02 将光标移至下一处位置单击创建第二个锚点，两个锚点会连接成一条由角点定义的直线路径，如图8-17所示。

步骤03 将光标放在路径的起点，当光标变为 状时，单击即可闭合路径，如图8-18所示。

步骤04 如果要结束一段开放式路径的绘制，可以按住Ctrl键并在画面的空白处单击，单击其他工具，或者按Esc键也可以结束路径的绘制，如图8-19所示。

图8-16

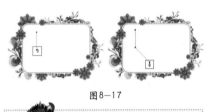

图8-17

> **技巧提示**
> 按住Shift键可以绘制水平、垂直或以45°角为增量的直线。

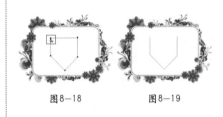

图8-18 　　　　　图8-19

005 理论——使用钢笔工具绘制波浪曲线

操作步骤

步骤01 单击钢笔工具 ◢，然后在选项栏中单击"路径"按钮，如图8-20所示，此时绘制出的将是路径。在画布中单击即可出现一个锚点，松开鼠标后移动光标到另外的位置拖动即可创建一个平滑点。

步骤02 将光标放置在下一个位置，然后拖动创建第2个平滑点，注意要控制好曲线的走向，如图8-21所示。

步骤03 继续绘制出其他的平滑点，如图8-22所示。

步骤04 单击直接选择工具 ◢，选择各个平滑点，并调节好其方向线，使其生成平滑的曲线，如图8-23所示。

图8-20

图8-21

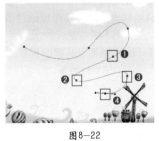

图8-22

图8-23

006 理论——使用钢笔工具绘制多边形

操作步骤

步骤01 选择钢笔工具 ，然后在选项栏中单击"路径"按钮 ；接着将光标放置在一个网格上，当光标变成 形状时单击鼠标左键，确定路径的起点，如图8-24所示。

步骤02 将光标移动到下一个网格处，然后单击创建一个锚点，两个锚点会连成一条直线路径，如图8-25所示。

步骤03 继续在其他的网格上创建出锚点，如图8-26所示。

技巧提示

为了便于绘制，执行"视图>显示>网格"菜单命令，画布中即可显示出网格，该网格只是作为辅助对象，在输出后是不可见的。

步骤04 将光标放置在起点上，当光标变成 形状时单击，闭合路径，隐藏网格，绘制的多边形如图8-27所示。

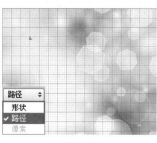
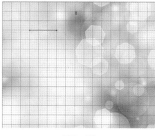
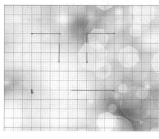

图8-24　　　　　　　图8-25　　　　　　　图8-26　　　　　　　图8-27

007 理论——使用自由钢笔工具

使用自由钢笔工具 绘图时，在画布中单击确定路径的起点，按住鼠标左键的同时拖动光标，画布中会自动以光标滑动的轨迹创建路径，期间将在路径上自动添加锚点，如图8-28所示。自由钢笔工具比较适合绘制比较随意的图形，就像用铅笔在纸上绘图一样，绘制完成后，可以对路径进行进一步的调整。

在自由钢笔工具设置选项中包含"曲线拟合"选项，该数值越大，创建的路径锚点越少，路径越简单；该数值越小，创建的路径锚点越多，路径细节越多，如图8-29所示。

图8-28

图8-29

008 理论——使用磁性钢笔工具

在自由钢笔工具 的选项栏中有一个"磁性的"复选框，选中该复选框，自由钢笔工具 将切换为磁性钢笔工具 ，使用该工具可以像使用磁性套索工具一样快速勾勒出对象的轮廓路径，如图8-30所示。两者都是常用的抠图工具，不过磁性钢笔工具优于磁性套索工具，主要在于使用磁性钢笔工具绘制出的路径还可以通过调整锚点的方式快速调整形状，而磁性套索工具则不具备这种功能。

在选项栏中单击 图标，打开磁性钢笔工具 的设置选项，这同时也是自由钢笔工具 的设置选项，如图8-31所示。

图8-30　　　　　　　图8-31

009 练习——使用磁性钢笔工具提取人像

案例文件	练习实例——使用磁性钢笔工具提取人像.psd
视频教学	练习实例——使用磁性钢笔工具提取人像.flv
难度级别	
技术要点	磁性钢笔工具

案例介绍

本案例主要使用磁性钢笔工具提取人像部分，并将背景部分变为黑白效果，如图8-32所示。

图8-32

操作步骤

步骤01 打开素材文件，复制背景图层，并将背景图层隐藏。从图中可以看出人像与背景颜色反差还是比较大的，所以可以使用磁性钢笔工具绘制背景选区并删除，如图8-33所示。

图8-33

步骤02 首先单击工具箱中的自由钢笔工具，并在选项栏中选中"磁性的"复选框，此时光标变为磁性钢笔工具效果，在人像手臂边缘沿交界处拖动鼠标，可以看到随着鼠标拖动即可创建出新的路径，如图8-34所示。

步骤03 如果一次绘制整个人像轮廓可能会造成偏离边界的效果，所以可以先绘制部分背景路径。继续沿人像与背景交界处拖动鼠标，绘制到手腕关节处时将鼠标移动到远离人像的区域，并从人像以外的区域与起点重合完成闭合路径的绘制，如图8-35所示。

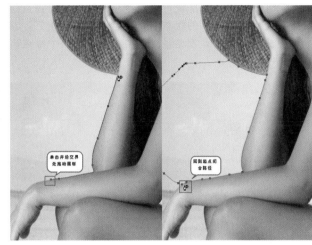

图8-34　　　　　　　　图8-35

步骤04 单击鼠标右键，执行"建立选区"命令，在弹出的对话框中单击"确定"按钮，建立选区，如图8-36所示。

步骤05 按Delete键删除选区内部分，如图8-37所示。

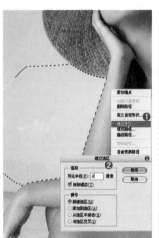

图8-36　　　　　　　　图8-37

步骤06 继续使用同样的方法绘制其他部分的路径，按Ctrl+Enter组合键快速建立选区并删除剩余背景部分，如图8-38所示。

步骤07 导入背景素材文件，最终效果如图8-39所示。

图8-38　　　图8-39

010 理论——使用添加锚点工具

使用添加锚点工具 可以直接在路径上添加锚点；或者在使用钢笔工具的状态下，将光标放在路径上，当光标变成 形状时，在路径上单击也可添加一个锚点，如图8-40所示。

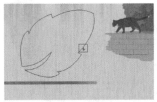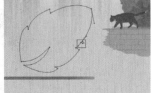

图8-40

011 理论——使用删除锚点工具

使用删除锚点工具 可以删除路径上的锚点。将光标放在锚点上，当光标变成 形状时，单击鼠标左键即可删除锚点；或者在使用钢笔工具的状态下直接将光标移动到锚点上，光标也会变为 形状，如图8-41所示。

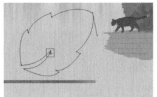

图8-41

012 理论——使用转换为点工具调整路径弧度

转换为点工具 主要用来转换锚点的类型。

在角点上单击，可以将角点转换为平滑点，如图8-42所示。

在平滑点上单击，可以将平滑点转换为角点，如图8-43所示。

图8-42

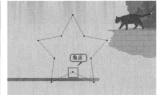

图8-43

013 练习——使用钢笔工具为建筑照片换背景

案例文件	练习实例——使用钢笔工具为建筑照片换背景.psd
视频教学	练习实例——使用钢笔工具为建筑照片换背景.flv
难度级别	
技术要点	钢笔工具、转换点工具、直接选择工具

案例效果

本实例主要通过钢笔工具、转换点工具和直接选择工具为建筑照片更换背景，其对比效果如图8-44所示。

图8-44

操作步骤

步骤01 打开素材文件，本案例中所选择的素材背景部分比较单调，如果想要使天空部分的细节更加丰富，就需要将建筑部分提取出来，并更换背景。首先按住Alt键双击背景图层将其转换为普通图层，如图8-45所示。

图8-45

步骤02 单击工具箱中的钢笔工具 ，首先从左侧高楼开始绘制，单击即可添加一个锚点，继续在另一处单击添加锚点即可出现一条直线路径，多次沿高楼转折处单击绘制建筑部分的闭合路径，回到起始点处并单击闭合路径，如图8-46所示。

步骤03 由于右侧的建筑边缘有弧形部分，为了将路径变为弧线形，就需要在直线路径的中间处单击添加一个锚点，此时添加的锚点并不是角点，所以直接使用。直接选择工具 在右侧高楼调整新添加的锚点的位置即可，如图8-47所示。

图8-48

步骤05 最后导入天空背景素材文件，将其放置在最底层位置，如图8-49所示。

图8-46　　　　　　图8-47

步骤04 单击鼠标右键执行"建立选区"命令，在弹出的对话框中设置"羽化半径"为0像素，单击"确定"按钮，将路径转换为选区，单击鼠标右键执行"选择反向"命令后按Delete键即可删除背景，如图8-48所示。

图8-49

014 练习——使用钢笔工具绘制人像选区

案例文件	练习实例——使用钢笔绘制人像选区.psd
视频教学	练习实例——使用钢笔绘制人像选区.flv
难度级别	★★★
技术要点	钢笔工具，添加与删除锚点，转换点工具，直接选择工具

案例效果

本案例主要使用钢笔工具绘制出人像精细路径，并通过转换为选区的方式去除背景，对比效果如图8-50所示。

操作步骤

步骤01 打开人像素材，按住Alt键双击背景图层将其转换为普通图层，如图8-51所示。

步骤02 单击工具箱中的钢笔工具 ，首先从人像胳膊部分开始绘制，单击即可添加一个锚点，继续在另一处单击添加锚点即可出现一条直线路径，多次沿人像转折处单击，如图8-52所示。

图8-50

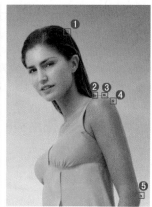

图8-51　　　　　　图8-52

步骤03 继续使用同样的方法沿人像边缘绘制，并最终回到起始点处单击闭合路径，如图8-53所示。

步骤04 路径闭合之后需要调整路径细节处的弧度，例如肩部的边缘处，之前绘制出的是直线路径，为了将路径变为弧线形就需要在直线路径的中间处单击添加一个锚点，并使用直接选择工具调整新添加的锚点的位置，如图8-54所示。

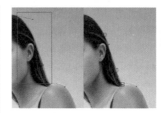

图8-57　　　　　　　　图8-58

步骤09 路径全部调整完毕之后可以单击鼠标右键执行"建立选区"命令，打开"建立选区"对话框，设置"羽化半径"值为0，单击"确定"按钮建立当前选区，如图8-59所示。

步骤10 由于当前选区为人像部分，所以需要执行"选择反向"命令制作出背景部分选区，按Delete键删除背景，如图8-60所示。

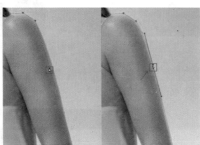

图8-53　　　　　　　　图8-54

步骤05 此处新添加的锚点即为平滑的锚点，所以直接拖曳调整两侧控制柄的长度即可调整这部分路径的弧度，如图8-55所示。

步骤06 同样的方法，缺少锚点的区域很多，可以继续使用钢笔工具移动到没有锚点的区域单击添加锚点，并且使用直接选择工具调整锚点的位置，如图8-56所示。

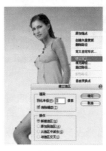

图8-59　　　　　　　　图8-60

步骤11 继续使用同样的制作去掉手臂与身体的间隙及两腿之间的多余的背景部分，如图8-61所示。

步骤12 最后导入背景素材放在人像图层底部，并使用裁剪工具去掉多余部分，最终效果如图8-62所示。

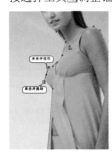

图8-55　　　　　　　　图8-56

步骤07 大体形状调整完成，下面需要放大图像显示比例，仔细观察细节部分。以右侧头发边缘为例，仍然需要添加锚点，并调整锚点位置，如图8-57所示。

步骤08 继续观察右侧边缘，虽然路径形状大体匹配，但是角点类型的锚点导致转折过于强烈，这里需要使用转换为点工具单击该锚点并向下拖动鼠标调出控制棒，然后单击并拖动一侧控制棒调整这部分路径的弧度，如图8-58所示。

图8-61　　　　　　　　图8-62

015 练习——使用钢笔工具绘制炫彩光线效果

案例文件	练习实例——使用钢笔工具绘制炫彩光线效果.psd
视频教学	练习实例——使用钢笔工具绘制炫彩光线效果.flv
难度级别	
技术要点	钢笔工具

案例效果

本案例效果如图8-63所示。

图8-63

操作步骤

步骤01 打开本书配套光盘中的素材文件，如图8-64所示。

图8-64

步骤02 创建新组，在组中创建"图层1"图层，使用钢笔工具勾出波浪形状，单击鼠标右键执行"建立选区"命令，设置"容差"值为0，并为该选区填充白色，如图8-65所示。

图8-65

步骤03 创建新图层并命名为"图层2"，使用钢笔工具，沿着白色块顶部边缘勾出轮廓，单击鼠标右键执行"建立选区"命令，设置"羽化半径"为3像素，得到选区后填充洋红（R：255，G：0，B：246）。载入"图层1"图层的选区，再回到"图层2"图层添加图层蒙版，使多余的部分隐藏，只显示两部分交叉的区域，如图8-66所示。

图8-66

步骤04 再次创建新图层并命名为"图层3"，使用同样的

方法在洋红色带下方再次制作出一条粉色柔和的色带，如图8-67所示。

步骤05 删除"图层1"图层，合并"图层2"和"图层3"图层并载入新图层选区。使用渐变工具为其填充彩色渐变，一条彩带制作完成，如图8-68所示。

图8-67　　　　　　　图8-68

步骤06 使用同样的方法制作出其他彩带，效果如图8-69所示。

步骤07 新建图层，放在"图层"面板的最顶部，设置前景色为黄色，单击工具箱中的画笔工具，选择一个圆形柔角画笔，在人像周围绘制多个黄色光斑，如图8-70所示。

图8-69　　　　　　　图8-70

步骤08 设置该图层的混合模式为"颜色减淡"，"不透明度"为79%，此时光斑与图像融为一体，如图8-71所示。

图8-71

8.3 路径的基本操作

可以对路径进行变换、定义为形状、建立选区、描边等操作，也可以像选区运算一样进行相加、相减、交叉等"运算"。

016 理论——什么是路径的运算

创建多个路径或形状时，可以在选项栏中单击相应的运算按钮，设置子路径的重叠区域会产生什么样的交叉结果，下面通过一个形状来讲解路径的运算方法。

● 单击"创建新的形状"按钮 🔳，新绘制的图形与之前的图形不进行运算，如图8-72所示。

● 单击"添加到形状区域"按钮 🔳，新绘制的图形将添加到原有的图形中，如图8-73所示。

● 单击"从形状区域减去"按钮 🔳，可以从原有的图形中减去新绘制的图形，如图8-74所示。

● 单击"交叉形状区域"按钮 🔳，可以得到新图形与原有图形的交叉区域，如图8-75所示。

● 单击"重叠形状区域除外"按钮 🔳，可以得到新图形与原有图形重叠部分以外的区域，如图8-76所示。

图8-72

图8-73

图8-74

图8-75

图8-76

017 理论——变换路径

在"路径"面板中选择路径，然后执行"编辑>变换路径"菜单下的命令即可对其进行相应的变换，如图8-77所示。变换路径与变换图像的方法完全相同，这里不再进行重复讲解。

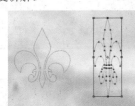 

图8-77

018 理论——对齐与分布路径

路径选择工具 🔳 与移动工具 🔳 的使用方法很相似，选择路径选择工具 🔳，在其选项栏中单击"路径对齐方式"按钮，在菜单栏中可以设置路径对齐与分布的方式，如图8-78所示。

图8-78

019 理论——定义为自定形状

定义形状与定义图案、样式画笔类似，可以保存到自定形状工具的形状预设中，以后如果需要绘制相同的形状，可以直接调用自定的形状。绘制路径以后，执行"编辑>定义自定形状"菜单命令可以将其定义为形状，如图8-79所示。

操作步骤

步骤01 首先选择工作路径或形状的矢量蒙版，如图8-79所示。

步骤02 然后执行"编辑>定义自定形状"菜单命令，如图8-80所示。

步骤03 在弹出的"形状名称"对话框中为形状命名，如图8-81所示。

步骤04 在工具箱中单击自定形状工具 🔳，然后在选项栏中单击"形状"选项后面的图标，在弹出的"自定形状"面板中就可以选择刚才定义的形状，如图8-82所示。

图8-79   图8-80

图8-81

图8-82

⓪②⓪ 练习——使用矢量工具制作水晶质感梨

案例文件	练习实例——使用矢量工具制作水晶质感梨.psd
视频教学	练习实例——使用矢量工具制作水晶质感梨.flv
难度级别	⭐⭐⭐⭐
技术要点	钢笔工具、渐变工具、选区工具

案例效果

本案例主要使用钢笔工具与形状工具进行绘制，效果如图8-83所示。

操作步骤

步骤01 打开本书配套光盘中的背景素材文件，如图8-84所示。

图8-83　　　　　　图8-84

步骤02 新建图层1，单击工具箱中的椭圆形状工具，在选项栏中设置绘制模式为"路径"，单击"添加到形状区域"按钮，然后在画布中心绘制一个椭圆形，并在下方绘制另外两个椭圆形，如图8-85所示。

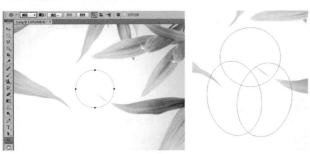

图8-85

步骤03 由于在选项栏中设置的绘制模式为"添加到形状区域"，所以此时可以直接按Ctrl+Enter组合键得到梨形选区。单击工具箱中的渐变工具，在选项栏中编辑一种绿色系的渐变，回到画面中填充图层1的当前选区，如图8-86所示。

图8-86

步骤04 复制图层1，按Ctrl+T组合键执行"自由变换"命令，并按住Shift键进行等比例缩放，命名为图层2，使形状出现立体感，如图8-87所示。

图8-87

步骤05 新建图层3，使用钢笔工具绘制出水晶梨底部阴影形状，并建立选区，设置前景色为草绿色，并按 Alt+Delete组合键填充前景色，如图8-88所示。

图8-88

步骤06 创建图层组并命名为"主体"，将图层1、2、3放入"主体"图层组中，如图8-89(a)所示。继续新建图层4，载入图层1选区并按Alt键，使用椭圆选框工具去掉底部多余部分并填充白色，在"图层"面板中调整其"不透明度"为45%，如图8-89(b)所示。

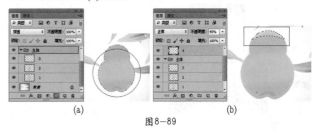

(a)　　　　　　　　(b)

图8-89

步骤07 新建图层5，同样载入图层1选区，使用椭圆选框工具去掉上半部分多余部分并填充白色，调整 "不透明度" 为15%，如图8-90所示。

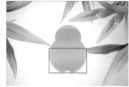

图8-90

步骤08 新建图层6，使用椭圆选框工具绘制出两个椭圆，建立选区后填充为白色，按Ctrl+T组合键执行 "自由变换" 命令调整椭圆的角度与大小，在 "图层" 面板中调整 "不透明度" 为50%，如图8-91所示。

图8-91

步骤09 新建图层7，使用钢笔工具绘制出水晶梨的侧面高光部分的闭合路径，单击鼠标右键执行 "建立选区" 命令并填充白色，在 "图层" 面板中调整 "不透明度" 为30%，如图8-92所示。

步骤10 创建图层组并命名为 "高光"，将图层4、5、6、7放入 "高光" 图层组中，如图8-93所示。

图8-92　　　　　　　　　图8-93

步骤11 新建图层 "梗"，使用钢笔工具绘制出水晶梨梗轮廓闭合路径，单击鼠标右键执行 "建立选区" 命令并填充浅绿色系渐变，如图8-94所示。

图8-94

步骤12 新建图层 "高光"，使用钢笔工具绘制出水晶梨梗高光闭合路径，单击鼠标右键执行 "建立选区" 命令并填充白色，在 "图层" 面板中调整 "不透明度" 为75%，如图8-95所示。

图8-95

步骤13 新建图层 "内"，使用钢笔工具绘制出水晶梨叶轮廓闭合路径，单击鼠标右键执行 "建立选区" 命令并填充绿色渐变，如图8-96所示。

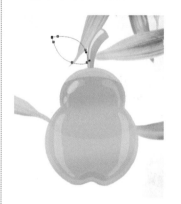

图8-96

步骤14 新建图层 "外"，载入图层 "内" 选区，执行 "选择>修改>边界" 菜单命令，在弹出的对话框中设置 "宽度" 为6像素，单击 "确定" 按钮得到边界选区。然后对当前编辑选区单击鼠标右键执行 "变换选区" 命令，适当放大选区，并在新建的图层中填充绿色系渐变，如图8-97所示。

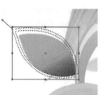

图8-97

步骤15 新建图层 "叶脉1"，使用钢笔工具绘制出水晶梨叶脉廓闭合路径，单击鼠标右键执行 "建立选区" 命令并填充绿色，如图8-98所示。

步骤16 复制图层 "叶脉1" 并命名为 "叶脉2"，使用移动工具将 "叶脉2" 调整到合适的位置，并填充浅绿色，如图8-99所示。

图8-98　　　　　　　图8-99

图8-100

步骤17 创建图层组并命名为"叶子"，将图层"梗"、"高光"、"内"、"外"、"叶脉1"、"叶脉2"放入"叶子"图层组中，最终效果图如图8-100所示。

021 理论——将路径转换为选区

将路径转换为选区有多种方式：

方法01 在路径上单击鼠标右键，然后在弹出的快捷菜单中选择"建立选区"命令，在弹出的对话框中设置参数后单击"确定"按钮，如图8-101所示。

方法02 按住Ctrl键在"路径"面板中单击路径的缩略图，或单击"将路径作为选区载入"按钮 ，如图8-102所示。

方法03 按Ctrl+Enter组合键也可以将路径转换为选区，如图8-103所示。

图8-102

图8-101

图8-103

022 理论——填充路径

步骤01 使用钢笔工具或形状工具（自定形状工具除外）状态下，在绘制完成的路径上单击鼠标右键，选择"填充路径"命令，如图8-104所示。

步骤02 打开"填充路径"对话框，对填充内容进行设置，这里包含多种类型的填充内容，并且可以设置当前填充内容的混合模式以及不透明度等属性，如图8-105所示。

步骤03 可以尝试使用"颜色"与"图案"填充路径，效果如图8-106所示。

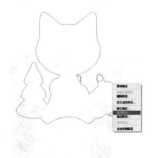

图8-104　　　　　　　图8-105　　　　　　　图8-106

023 理论——描边路径

"描边路径"命令能够以当前所使用的绘画工具沿任何路径创建描边。在Photoshop中可以使用多种工具进行描边路径，例如画笔、铅笔、橡皮擦、仿制图章等。选中"模拟压力"复选框可以模拟手绘描边效果，取消选中此复选框，描边为线性、均匀的效果。

操作步骤

步骤01 在描边之前需要先设置好描边工具的参数。使用钢笔工具 或形状工具绘制出路径，如图8-107所示。

步骤02 在路径上单击鼠标右键，在弹出的快捷菜单中选择"描边路径"命令，打开"描边路径"对话框，在该对话框中可以选择描边的工具，如图8-108所示是使用画笔描边路径的效果。

图8-107　　　　　　图8-108

技巧提示

设置好画笔的参数以后，在使用画笔状态下按Enter键可以直接为路径描边。

024 练习——使用描边路径制作精灵的光斑

案例文件	练习实例——使用描边路径制作精灵的光斑.psd
视频教学	练习实例——使用描边路径制作精灵的光斑.flv
难易指数	
技术要点	描边路径，画笔的设置

案例效果

本例主要是针对路径进行练习，效果如图8-109所示。

操作步骤

步骤01 打开本书配套光盘中的素材文件，效果如图8-110所示。

图8-109　　　　　　图8-110

步骤02 首先设置前景色为白色。按F5键打开"画笔"面板，在"画笔笔尖形状"中选择星形笔刷，设置"大小"为20像素，"间距"为90%。选中左侧的"形状动态"复选框，设置"大小抖动"为74%，选中"散步"复选框，设置"散布"为445%，"数量"为1。如图8-111所示。

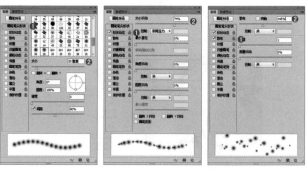

图8-111

步骤03 使用钢笔工具绘制出一个路径，然后单击鼠标右键执行"描边路径"命令，此时画面中出现围绕路径附近的光斑效果，最终效果如图8-112所示。

图8-112

025 练习——使用描边路径绘制头发

案例文件	练习实例——使用描边路径绘制头发.psd
视频教学	练习实例——使用描边路径绘制头发.flv
难易指数	
技术要点	自由钢笔工具，描边路径

案例效果

本例主要使用自由钢笔工具绘制，效果如图8-113所示。

操作步骤

步骤01 打开本书配套光盘中的素材文件，如图8-114所示。

图8-113　　　　　　图8-114

步骤02 为了使手绘人像的头发更加丰富，需要添加一些独立的发丝，这里使用自由钢笔工具绘制路径，然后进行描边路径即可得到飘逸的发丝。首先设置前景色为接近发色的棕灰色，接着需要对画笔属性进行设置，按F5键，打开"画笔"面板，在"画笔笔尖形状"中选择一个圆形画笔，设置"大小"为10像素，"硬度"为0；选中"形状动态"复选框，并设置"控制"为"钢笔压力"，如图8-115所示。

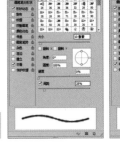

图8-115

步骤03 在工具箱中单击自由钢笔工具，在选项栏中单击图标，打开自由钢笔工具的设置选项，设置"曲线拟合"为10像素，并在头发的位置自上而下绘制曲线，由于这里设置的曲线拟合数值较大，所以绘制出的发丝路径非常平滑，如图8-116所示。

步骤04 用同样的方法继续使用自由钢笔工具绘制出更多随意的发丝路径，就像用画笔在纸上绘图一样。绘制完成后单击鼠标右键执行"描边路径"命令，在弹出的对话框中设置"工具"为"画笔"，选中"模拟压力"复选框，如图8-117所示。

图8-116　　　　　　　图8-117

步骤05 描边结束后可以看到路径上出现棕灰色描边，并且描边的线条两端较细，效果如图8-118所示。

步骤06 继续使用同样的方法绘制头发路径，更改前景色进行描边，制作出有层次的发丝，最终效果如图8-119所示。

图8-118　　　　　　　图8-119

8.4 路径选择工具组

路径选择工具组主要用来选择和调整路径的形状，包括路径选择工具和直接选择工具。

026 理论——使用路径选择工具

使用路径选择工具单击路径上的任意位置可以选择单个路径，按住Shift键单击可以选择多个路径，同时它还可以用来组合、对齐和分布路径，其选项栏如图8-120所示。按住Ctrl键并单击可以将当前工具转换为直接选择工具。

图8-120

- 显示定界框：选中该复选框后，用路径选择工具选择路径，可以显示出路径的定界框，如图8-121所示。

- 添加到形状区域：选择两个或多个路径，然后单击"组合"按钮，可以将当前路径添加到原有的路径中，如图8-122所示。

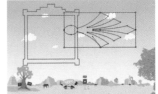
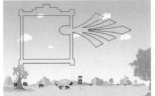

图8-121　　　　　　　图8-122

● 从形状区域减去 ：选择两个或多个路径，然后单击"组合"按钮，可以从原有的路径中减去当前路径，如图8-123所示。

● 交叉形状区域 ：选择两个或多个路径，然后单击"组合"按钮，可以得到当前路径与原有路径的交叉区域，如图8-124所示。

● 重叠形状区域除外 ：选择两个或多个路径，然后单击"组合"按钮，可以得到当前路径与原有路径重叠部分以外的区域，如图8-125所示。

图8-123　　　　图8-124　　　　图8-125

● 路径对齐方式 ：设置路径对齐与分布的选项。

● 路径排列 ：设置路径的层级排列关系。

027 理论——使用直接选择工具

直接选择工具 主要用来选择路径上的单个或多个锚点，可以移动锚点、调整方向线。单击可以选中其中某一个锚点，框选可以选中多个锚点，按住Shift键单击可以选择多个锚点，如图8-126所示。按住Ctrl键并单击可以将当前工具转换为路径选择工具 。

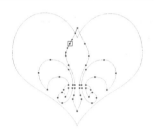
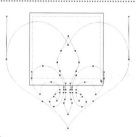

图8-126

8.5 "路径"面板

"路径"面板主要用来存储、管理以及调用路径，在面板中显示了存储的所有路径、工作路径和矢量蒙版的名称和缩览图。

知识精讲："路径"面板

执行"窗口>路径"菜单命令，打开"路径"面板，如图8-127所示，其面板菜单如图8-128所示。

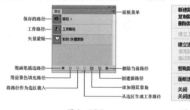

图8-127　　　　图8-128

● 用前景色填充路径 ：单击该按钮，可以用前景色填充路径区域。

● 用画笔描边路径 ：单击该按钮，可以用设置好的画笔工具对路径进行描边。

● 将路径作为选区载入 ：单击该按钮，可以将路径转换为选区。

● 从选区生成工作路径 ：如果当前文档中存在选区，单击该按钮，可以将选区转换为工作路径。

● 创建新路径 ：单击该按钮，可以创建一个新的路径。

● 删除当前路径 ：将路径拖曳到该按钮上，可以将其删除。

028 理论——存储工作路径

工作路径是临时路径，是在没有新建路径的情况下使用钢笔等工具绘制的路径，一旦重新绘制了路径，原有的路径将被当前路径所替代，如图8-129所示。

如果不想工作路径被替换掉，可以双击其缩略图，打开"存储路径"对话框，将其保存起来，如图8-130所示。

图8-129　　　　　　图8-130

029 理论——新建路径

在"路径"面板中单击"创建新路径"按钮，可以创建一个新路径层，此后使用钢笔等工具绘制的路径都将包含在该路径层中，如图8-131所示。

按住Alt键的同时单击"创建新路径"按钮，可以弹出"新建路径"对话框，并进行名称的设置，如图8-132所示。

图8-131　　　　　　图8-132

030 理论——复制/粘贴路径

如果要复制路径，在"路径"面板中拖曳需要复制的路径到"路径"面板中的"创建新路径"按钮上，即可复制出路径的副本，如图8-133所示。

如果要将当前文档中的路径复制到其他文档中，可以执行"编辑>拷贝"菜单命令，然后切换到其他文档，接着执行"编辑>粘贴"菜单命令即可，如图8-134所示。

图8-133　　　　　　图8-134

031 理论——删除路径

如果要删除某个不需要的路径，可以将其拖曳到"路径"面板中的"删除当前路径"按钮上，或者直接按Delete键将其删除。

032 理论——显示路径

如果要将路径在文档窗口中显示出来，可以在"路径"面板中单击该路径，如图8-135所示。

图8-135　　　　　　图8-136

033 理论——隐藏路径

在"路径"面板中单击路径以后，文档窗口中就会始终显示该路径，如果不希望它妨碍我们的操作，在"路径"面板的空白区域单击，即可取消对路径的选择，将其隐藏起来，如图8-136所示。

技巧提示

按Ctrl+H组合键也可以切换路径的显示与隐藏状态。

8.6 形状工具组

Photoshop中的形状工具包含多种矢量形状，例如矩形工具、圆角矩形工具、椭圆工具、多边形工具、直线工具和自定形状工具，而自定形状工具中又包含非常多的形状，并且用户可以自行定义其他形状。如图8-137所示为形状工具以及使用形状工具可以制作出的图形。

图8-137

034 理论——使用矩形工具

矩形工具的使用方法与矩形选框工具类似，可以绘制出正方形和矩形。绘制时按住Shift键可以绘制出正方形；按住Alt键可以以鼠标单击点为中心绘制矩形；按住Shift+Alt组合键可以以单击点为中心绘制正方形。在选项栏中单击图标，打开矩形工具的设置选项，如图8-138所示。

图8-138

● 不受约束：选中该单选按钮，可以绘制出任何大小的矩形。

● 方形：选中该单选按钮，可以绘制出任何大小的正方形。

● 固定大小：选中该单选按钮，可以在其后面的数值框中输入宽度（W）和高度（H），然后在图像上单击即可创建出矩形。

● 比例：选中该单选按钮，可以在其后面的数值框中输入宽度（W）和高度（H）比例，此后创建的矩形始终保持该比例。

● 从中心：以任何方式创建矩形时，选中该复选框，单击点即为矩形的中心。

● 对齐像素：选中该复选框，可以使矩形的边缘与像素的边缘相重合，这样图形的边缘就不会出现锯齿。

035 理论——使用圆角矩形工具

圆角矩形工具 可以创建出具有圆角效果的矩形，其创建方法与选项与矩形完全相同。选项栏中的"半径"选项用来设置圆角的半径，数值越大，圆角越大，如图8-139所示。

图8-139

036 练习——使用圆角矩形工具制作LOMO风格照片

案例文件	练习实例——使用圆角矩形工具制作LOMO风格照片.psd
视频教学	练习实例——使用圆角矩形工具制作LOMO风格照片.flv
难易指数	★★★★★
技术要点	圆角矩形工具

案例效果

本例主要是针对圆角矩形工具进行练习，效果如图8-140所示。

操作步骤

步骤01 打开素材文件，单击工具箱中的圆角矩形工具，在选项栏中设置绘制模式为"路径"，"半径"为50像素，并在画面中绘制一个较大的圆角矩形，如图8-141所示。

图8-140　　　　　　　图8-141

步骤02 接着单击鼠标右键执行"建立选区"命令，在弹出的对话框中单击"确定"按钮，然后按Shift+Ctrl+I组合键反选选区，选择出外边缘的选区，如图8-142所示。

图8-142

步骤03 设置前景色为白色，按Alt+Delete组合键填充选区为白色，如图8-143所示。

图8-143

037 理论——使用椭圆工具

使用椭圆工具 可以创建出椭圆和圆形，其设置选项与矩形工具相似，如图8-144所示。如果要创建椭圆，拖曳鼠标进行创建即可；如果要创建圆形，可以按住Shift键或Shift+Alt组合键（以单击点为中心）进行创建。

图8-144

038 理论——使用多边形工具

使用多边形工具█可以创建出正多边形（最少为3条边）和星形，其设置选项如图8-145所示。

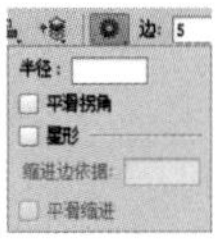

图8-145

- 边：设置多边形的边数，设置为3时，可以创建出正三角形；设置为4时，可以绘制出正方形；设置为5时，可以绘制出正五边形，如图8-146所示。
- 半径：用于设置多边形或星形的半径长度（单位为cm），设置好半径以后，在画面中拖曳鼠标即可创建出相应半径的多边形或星形。
- 平滑拐角：选中该复选框以后，可以创建出具有平滑拐角效果的多边形或星形，如图8-147所示。

图8-146　　　　　图8-147

- 星形：选中该复选框后，可以创建星形，下面的"缩进边依据"选项主要用来设置星形边缘向中心缩进的百分比，数值越大，缩进量越大。如图8-148所示分别是20%、50%和80%的缩进效果。
- 平滑缩进：选中该复选框后，可以使星形的每条边向中心平滑缩进，如图8-149所示。

缩进边依据: 20%　　缩进边依据: 50%　　缩进边依据: 80%

图8-148

图8-149

039 理论——使用直线工具

使用直线工具█可以创建出直线和带有箭头路径，其设置选项如图8-150所示。

图8-150

- 粗细：设置直线或箭头线的粗细，单位为"像素"，如图8-151所示分别是"粗细"为80像素、40像素和20像素的效果。
- 起点/终点：选中"起点"复选框，可以在直线的起点处添加箭头；选中"终点"复选框，可以在直线的终点处添加箭头；同时选中"起点"和"终点"复选框，则可以在两头都添加箭头，如图8-152所示。

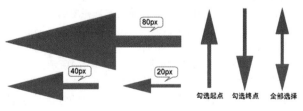

图8-151　　　　　图8-152

- 宽度：用来设置箭头宽度与直线宽度的百分比，范围从10%~1000%。如图8-153所示分别为使用200%、800%和1000%创建的箭头。
- 长度：用来设置箭头长度与直线宽度的百分比，范围从10%~5000%。如图8-154所示分别为使用100%、500%和1000%创建的箭头。

图8-153　　　　　　　图8-154

- 凹度：用来设置箭头的凹陷程度，范围为 -50%~50%。值为0%时，箭头尾部平齐；值大于0%时，箭头尾部向内凹陷；值小于0%时，箭头尾部向外凸出，如图8-155所示。

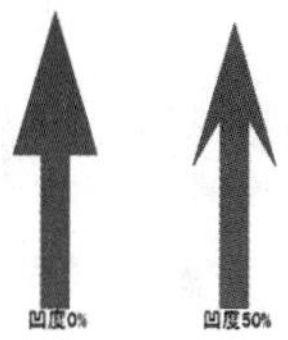

图8-155

040 理论——使用自定形状工具

使用自定形状工具█可以创建出非常多的形状，其设置选项如图8-156所示。这些形状既可以是Photoshop的预设，也可以是用户自定义或加载的外部形状。

第 8 章　矢量工具与路径

203

图8-156

答疑解惑——如何加载Photoshop预设形状和外部形状？

在选项栏中单击图标，打开"自定形状"选取器，可以看到Photoshop只提供了少量的形状，这时我们可以单击菜单按钮，然后在弹出的菜单中选择"全部"命令，这样可以将Photoshop预设的所有形状都加载到"自定形状"选取器中，如图8-157所示。如果要加载外部的形状，可以在选取器菜单中选择"载入形状"命令，然后在弹出的"载入"对话框中选择形状即可（形状的格式为.csh）。

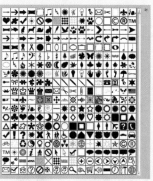

图8-157

041 练习——使用自定形状制作心形按钮

案例文件	练习实例——使用自定形状制作心形按钮.psd
视频教学	练习实例——使用自定形状制作心形按钮.flv
难度级别	
技术要点	自定形状工具、钢笔工具、图层样式

案例效果

本案例效果如图8-158所示。

操作步骤

步骤01 新建图层，单击工具箱中的自定义形状工具，在选项栏中设置绘制模式为"像素"，单击"形状"下拉列表中，选择一个心形，在图层中绘制合适大小的心形，如图8-159所示。

图8-158

图8-159

步骤02 载入心形图层选区，单击工具箱中的渐变工具，在选项栏中设置渐变方式为"线性渐变"，在渐变编辑器中编辑一种蓝色系渐变，单击"确定"按钮结束操作，在选区中并拖曳填充，如图8-160所示。

图8-160

步骤03 单击工具箱中的钢笔工具，绘制出高光形状，单击鼠标右键执行"建立选区"命令，如图8-161所示

步骤04 新建图层，设置背景色为白色，按Alt+Delete组合键填充选区，然后在"图层"面板中设置"不透明度"为15%，如图8-162所示。

图8-161   图8-162

步骤05 单击工具箱中的横排文字工具按钮，设置合适的字体与大小，输入"INITIAL"，单击选项栏中的"创建文字变形"按钮，在弹出的对话框中设置"样式"为"增加"，"弯曲"为+22%，"水平扭曲"为+4%，"垂直扭曲"为-1%，单击"确定"按钮结束操作，如图8-163所示。

步骤06 单击"图层"面板中的"添加图层样式"按钮，在弹出的菜单中选择"投影"样式，在打开的对话框中设置其"不透明度"为35%，"距离"为8像素，"大小"为6像素，单击"确定"按钮结束操作，如图8-164所示。

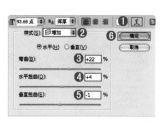

图8-163

图8-164

步骤07 用同样的方法制作"STAGE"和"！"，并调整位置，最终效果如图8-165所示。

图8-165

读书笔记

042 综合——使用钢笔工具抠图合成水之恋

案例文件	综合实例——使用钢笔工具抠图合成水之恋.psd
视频教学	综合实例——使用钢笔工具抠图合成水之恋.flv
难度级别	
技术要点	钢笔工具、添加与删除锚点、转换点工具、直接选择工具

案例效果

本案例主要使用钢笔工具绘制出人像精细路径，并通过转换为选区的方式去除背景，对比效果如图8-166所示。

操作步骤

步骤01 打开人像素材，按住Alt键双击背景图层将其转换为普通图层，如图8-167所示。

图8-166　　　　　图8-167

步骤02 单击工具箱中的钢笔工具按钮，首先从人像面部与胳膊部分开始绘制，单击即可添加一个锚点，继续在另一处单击添加锚点即可出现一条直线路径，多次沿人像转折处单击，如图8-168所示。

图8-168

技巧提示

在绘制复杂路径时，经常会为了绘制得更加精细而绘制很多锚点。但是路径上的锚点越多，编辑调整时就越麻烦。所以在绘制路径时可以先在转折处添加尖角锚点绘制出大体形状，之后再使用添加锚点工具增加细节或使用转换锚点工具调整弧度。

步骤03 继续使用同样的方法绘制，并最终回到起始点处单击闭合路径，如图8-169所示。

步骤04 路径闭合之后需要调整路径细节处的弧度，例如肩部的边缘在前面绘制的是直线路径，为了将路径变为弧线形就需要在直线路径的中间处单击添加一个锚点，并使用直接选择工具调整新添加的锚点的位置，如图8-170所示。

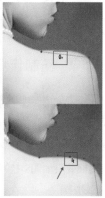

图8-169　　　　　图8-170

步骤05 此处新添加的锚点即为平滑的锚点，所以直接拖曳调整两侧控制棒的长度即可调整这部分路径的弧度，如图8-171所示。

步骤06 缺少锚点的区域很多，同样的方法，可以继续使用钢笔工具移动到没有锚点的区域单击添加锚点，并且使用直接选择工具调整锚点的位置，如图8-172所示。

步骤07 继续观察左侧腰部边缘，虽然路径形状大体匹配，但是角点类型的锚点导致转折过于强烈，这里需要使用转换为点工具单击该锚点并向下拖动鼠标调出控制柄，然后拖动一侧控制柄调整这部分路径的弧度，如图8-173所示。

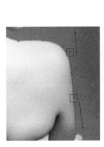  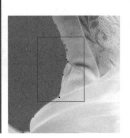

图8-171　　　　图8-172　　　　图8-173

步骤08 使用删除锚点工具或者直接使用钢笔工具移动到多余的锚点上单击即可删除多余的锚点，然后分别调整相邻的两个锚点的控制棒，如图8-174所示。

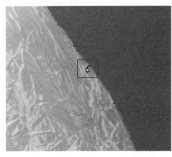 

图8-174

步骤09 路径全部调整完毕之后可以单击鼠标右键执行"建立选区"命令，或按Ctrl+Enter组合键打开"建立选区"对话框，设置"羽化半径"为0，单击"确定"按钮建立当前选区，如图8-175所示。

图8-175

步骤10 得到人像选区，单击"图层"面板中的"添加图层蒙版"按钮，为人像添加图层蒙版，使选区以外的部分隐藏，如图8-176所示。

步骤11 设置前景色为黑色，单击工具箱中的画笔工具，选择一个圆形柔角画笔，然后涂抹蒙版中人像底部的区域，使人像下半部分过渡更加柔和，如图8-177所示。

图8-176　　　　　　　　图8-177

步骤12 导入背景与前景素材，最终效果如图8-178所示。

图8-178

043 综合——制作灯泡环保招贴

案例文件	综合实例——制作环保灯泡招贴.psd
视频教学	综合实例——制作环保灯泡招贴.flv
难度级别	★★★★★
技术要点	钢笔工具、图层样式、渐变

案例效果

本案例效果如图8-179所示。

操作步骤

步骤01 打开本书配套光盘中的背景素材文件，如图8-180所示。

图8-179　　　　　　　　图8-180

步骤02 新建图层组"上",单击工具箱中的钢笔工具，绘制灯泡上轮廓的闭合路径，单击鼠标右键执行"建立选区"命令，新建图层并填充白色，如图8-181所示。

图8-181

步骤03 单击"图层"面板中的"添加图层样式"按钮，在弹出的菜单中选择"内发光"命令，在弹出的对话框中设置其"不透明度"为80%，"颜色"为黑色，设置一种由黑色到透明的渐变，"大小"为40像素，如图8-182所示。

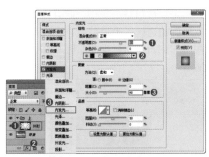

图8-182

步骤04 选中"颜色叠加"样式，设置"混合模式"为"正常"，颜色为白色，"不透明度"为5%，单击"确定"按钮结束操作，在"图层"面板中设置"填充"为0%，此时灯泡出现透明的玻璃质感，如图8-183所示。

图8-183

步骤05 同样的方法，绘制灯芯形状并添加同样的图层样式，如图8-184所示。

图8-184

步骤06 单击工具箱中的椭圆选区工具，在下方绘制椭圆选区，在灯芯图层下新建图层，填充深灰色，然后复制灰色椭圆，向下移动并填充白色，制造白边效果，如图8-185所示。

图8-185

步骤07 单击工具箱中的画笔工具，设置前景色为黑色，适当调整画笔大小及不透明度，新建图层，在灯芯上绘制黑色模拟出金属质感的细节部分，如图8-186所示。

图8-186

步骤08 新建图层组"下"，使用钢笔工具绘制灯下方的闭合路径，单击鼠标右键执行"建立选区"命令，单击工具箱中的渐变工具，单击选项栏中的"线性渐变"按钮，在弹出的渐变编辑器中设置一种黑白交错的渐变，单击"确定"按钮结束操作，新建图层，从左到右拖曳填充，如图8-187所示。

步骤09 用同样的方法绘制出底部螺旋部分的选区，并填充金属质感的灰色系渐变，如图8-188所示。

图8-187

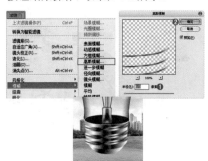

图8-188

步骤10 继续绘制较细的螺旋选区，填充渐变后，执行"滤镜>模糊>高斯模糊"菜单命令，在弹出的对话框中设置其"半径"为0.5像素，单击"确定"按钮结束操作，如图8-189所示。

图8-189

步骤11 使用钢笔工具绘制下面的半圆形的闭合路径，单击渐变工具，在选项栏中单击"径向渐变"按钮，在弹出的渐变编辑器中设置一种由蓝色到棕色的渐变，在弹出的渐变编辑器中单击"确定"按钮结束操作，由上到下拖曳填充，如图8-190所示。

图8-190

步骤12 下面开始制作灯泡上的高光部分，新建图层组"高光"，使用钢笔工具绘制灯泡上的高光闭合路径，单击渐变工具，在选项栏中单击"线性渐变"，设置一种由白色到透明的渐变，新建图层，进行拖曳填充，如图8-191所示。

步骤13 同样使用钢笔和渐变工具，分别制作右侧和中间的高光部分，如图8-192所示。

图8-191　　　　　图8-192

步骤14 新建图层"阴影"，使用椭圆选区工具在灯泡下方绘制椭圆并填充黑色，执行"滤镜>模糊>高斯模糊"菜单命令，在弹出的对话框中设置"半径"为20像素，单击"确定"按钮结束操作，如图8-193所示。

步骤15 导入地球素材，放在灯泡中，最终效果如图8-194所示。

图8-193　　　　　图8-194

044 综合——使用形状工具制作矢量招贴

案例文件	综合实例——使用形状工具制作矢量招贴.psd
视频教学	综合实例——使用形状工具制作矢量招贴.flv
难度级别	★★★★★
技术要点	圆角矩形工具、椭圆形状工具

案例效果

本案例效果如图8-195所示。

图8-195

操作步骤

步骤01 新建空白文件，单击工具箱中的渐变工具，在选项栏中设置渐变方式为"线性渐变"，在渐变编辑器中编辑一种黄色系渐变，由画面左上角向右下角拖曳填充，如图8-196所示。

图8-196

步骤02 单击工具箱中的"圆角矩形"工具按钮，在选项栏中单击"路径"按钮，设置"半径"为100像素，绘制大小适合的路径，如图8-197所示。

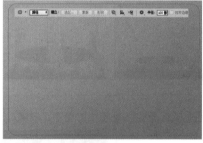

图8-197

步骤03 单击鼠标右键执行"建立选区"命令，单击渐变工具，在选项栏中设置渐变方式为"线性渐变"，在渐变编辑器中编辑一种为黄色系渐变，单击"确定"按钮结束操作，由上而下拖曳填充，如图8-198所示。

图8-198

步骤04 新建图层，载入前面绘制的圆角矩形选区，执行"选择>修改>边界"菜单命令，在弹出的对话框中设置"宽度"为5像素，得到边界选区，如图8-199所示。

图8-199

步骤05 单击鼠标右键执行"羽化"命令，在弹出的对话框中设置"羽化半径"为10像素，由于原始选区宽度小于10像素，所以会弹出警告对话框，单击"确定"按钮结束操作，此时得到看不见轮廓的选区，设置前景色为浅黄色，按Alt+Delete组合键填充即可，如图8-200所示。

图8-200

步骤06 同样使用圆角矩形工具，在选项栏中单击"路径"按钮，设置"半径"为400像素，绘制大小适合的圆角矩形，单击鼠标右键执行"建立选区"命令，单击渐变工具，在选项栏中设置渐变方式为"线性渐变"，在渐变编辑器中编辑一种为绿色系渐变，单击"确定"按钮结束操作，由上而下拖曳填充，如图8-201所示。

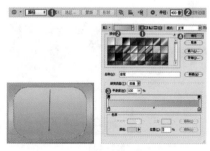

图8-201

步骤07 新建图层，载入绿色圆角矩形选区，单击鼠标右键执行"描边"命令，在弹出的对话框中设置描边"颜色"为黄色，"宽度"为13像素，"位置"为"内部"，单击"确定"按钮结束操作，如图8-202所示。

步骤08 新建图层，设置前景色为橙色，单击工具箱中的椭圆工具，在选项栏中单击"像素"按钮，绘制大小适合的椭圆，如图8-203所示。

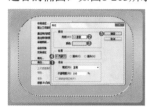 

图8-202　　　　　　　图8-203

步骤09 新建图层，用同样的方法制作绿色的椭圆，单击"图层"面板中的"添加图层样式"按钮，在弹出的菜单中选择"内发光"样式，在打开的对话框中设置"混合模式"为"正常"，颜色为绿色，在弹出的对话框中设置一种由绿色到透明的渐变，设置"大小"为125像素，单击"确定"按钮结束操作，如图8-204所示。

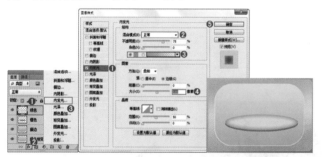

图8-204

步骤10 新建图层，单击工具箱中的椭圆选框工具，单击鼠标右键执行"羽化"命令，在打开的对话框中设置"羽化半径"为20像素，单击"确定"按钮结束操作；设置前景色为白色，单击鼠标右键执行"填充"命令，在打开的对话框中设置"使用"为"前景色"，单击"确定"按钮结束操作，如图8-205所示。

图8-205

步骤11 新建图层组"文字"，单击工具箱中的横排文字工具，在选项栏中选择合适的字体，输入"开"，在"图层"面板中单击鼠标右键执行"转换为形状"命令，单击工具箱中的直接选择工具按钮，对文字进行调点改变形状，如图8-206所示。

图8-206

步骤12 单击"图层"面板中的"添加图层样式"按钮，在弹出的菜单中选择"投影"样式，在打开的对话框中设置其"混合模式"为"正片叠底"，颜色为绿色，"角度"为42度，"距离"为272像素，"大小"为0像素；选中"叠加渐变"样式，设置其"渐变"为绿色系渐变，"样式"为"径向"，"角度"数值为﹣21度，如图8-207所示。

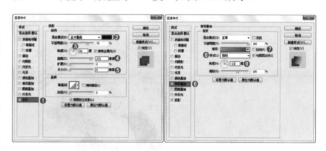

图8-207

步骤13 选中"描边"样式，设置其"大小"为38像素，"颜色"为白色，单击"确定"按钮结束操作，如图8-208所示。

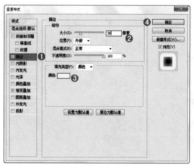

图8-208

步骤14 用同样的方法，分别输入其他文字，并进行变形和样式的添加，如图8-209所示。

步骤15 导入本书配套光盘中的前景素材文件，最终效果如图8-210所示。

图8-209　　　　　　　图8-210

图像颜色调整

调色技术是指将特定的色调加以改变，形成不同感觉的另一色调。调色技术纷繁复杂，但也是具有一定规律性的，在Photoshop中比较常用的工具有色阶、曲线、色彩平衡、色相/饱和度、可选颜色、通道混合器、渐变映射、"信息"面板、拾色器等。调色技术在实际应用中又分为两个方面：校正错误色彩和创造风格化色彩。

本章学习要点：

熟悉色彩的相关知识
掌握矫正问题图像的方法
熟练掌握常用调整命令
掌握多种风格化调色技巧

9.1 色彩与调色

调色技术是指将特定的色调加以改变，形成不同感觉的另一色调。调色技术在实际应用中又分为两个方面：校正错误色彩和创造风格化色彩。虽然调色技术纷繁复杂，但也是具有一定规律性的，主要涉及色彩构成理论、颜色模式转换理论、通道理论等。在Photoshop中比较常用的工具包括色阶、曲线、色彩平衡、色相/饱和度、可选颜色、通道混合器、渐变映射、"信息"面板、拾色器等。

知识精讲：色彩的构成要素

色彩在物理学中是不同波段的光在眼中的映射，对于人类而言，色彩是人的眼睛所感观的色的元素。而在计算机中则是用红、绿、蓝3种基色的相互混合来表现所有色彩，如图9-1所示。

色彩主要分为两类：无彩色和有彩色。无彩色包括白、灰、黑；有彩色则是灰、白、黑以外的颜色，分为彩色和其他一般彩色。色彩包含色相、明度、纯度3个方面的性质，又称色彩的3要素，如图9-2所示。当色彩间发生作用时，除了色相、明度、纯度这3个基本条件以外，各种色彩彼此间会形成色调，并显现出自己的特性。因此，色相、明度、纯度、色性及色调5项就构成了色彩的要素。

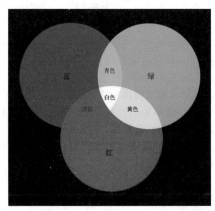

图9-1

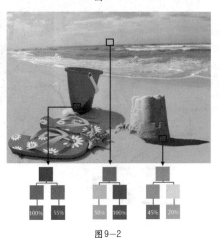

图9-2

- 色相：色彩的相貌，是区别色彩种类的名称，如图9-3所示。
- 明度：色彩的明暗程度，即色彩的深浅差别。明度差别即指同色的深浅变化，又指不同色相之间存在的明度差别，如图9-4所示。

图9-3　　　　　　　图9-4

- 纯度：色彩的纯净程度，又称彩度或饱和度。某一纯净色加上白色或黑色，可以降低其纯度，或趋于柔和、或趋于沉重，如图9-5所示。
- 色性：指色彩的冷暖倾向，如图9-6所示。
- 色调：画面中总是由具有某种内在联系的各种色彩组成一个完整统一的整体，形成画面色彩总的趋向就称为色调，如图9-7所示。

图9-5　　　　　　　图9-6

图9-7

读书笔记

知识精讲：调色中常用的色彩模式

在前面的章节中讲解过图像的颜色模式，但并不是所有的颜色模式都适合在后期软件中处理时使用。在处理数码照片时一般比较常用RGB颜色模式，涉及需要印刷的产品时需要使用CMYK颜色模式，而Lab颜色模式是色域最宽的色彩模式，也是最接近真实世界颜色的一种色彩模式。如图9-8所示分别为RGB、CMYK、Lab模式图像。

图9-8

知识精讲：认识"信息"面板

在"信息"面板中可以快速准确地查看多种信息，例如光标所处的坐标、颜色信息（RGB颜色值和CMYK颜色的百分比数值）、当前坐标选区大小和文档大小，如图9-9所示。执行"窗口>信息"菜单命令，可以打开"信息"面板。在"信息"面板的菜单中选择"面板选项"命令，可以打开"信息面板选项"对话框，在该对话框中可以设置更多的颜色信息和状态信息，如图9-10所示。

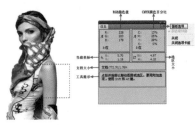

图9-9　　　　　　图9-10

"信息面板选项"对话框参数详解。

- 第一颜色信息/第二颜色信息：设置第1个/第2个吸管显示的颜色信息。选择"实际颜色"选项，将显示图像当前颜色模式下的颜色值；选择"校样颜色"选项，将显示图像的输出颜色空间的颜色值；选择"灰度"、"RGB颜色"、"Web颜色"、"HSB颜色"、"CMYK颜色"和"Lab颜色"选项，可以显示与之对应的颜色值；选择"油墨总量"选项，可以显示当前颜色所有CMYK油墨的总百分比；选择"不透明度"选项，可以显示当前图层的不透明度。
- 鼠标坐标：设置当前鼠标所处位置的度量单位。
- 状态信息：选中相应的复选框，可以在"信息"面板中显示出相应的状态信息。
- 显示工具提示：选中该复选框后，可以显示出当前工具的相关使用方法。

知识精讲：认识"直方图"面板

"直方图"是用图形来表示图像的每个亮度级别的像素数量，展示像素在图像中的分布情况。通过直方图可以快速浏览图像色调范围或图像基本色调类型，而色调范围有助于确定相应的色调校正。如图9-11所示的3张图分别是曝光过度、曝光正常以及曝光不足的图像，在直方图中可以清晰地看出其差别。

低色调图像的细节集中在阴影处，高色调图像的细节集中在高光处，而平均色调图像的细节集中在中间调处，全色调范围的图像在所有区域中都有大量的像素。执行"窗口>直方图"菜单命令，打开"直方图"面板，如图9-12所示。

图9-11

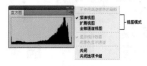

图9-12

技巧提示

在"直方图"面板菜单中有3种视图模式可以进行选择。

- 紧凑视图：这是默认的显示模式，显示不带控件或统计数据的直方图，如图9-13（a）所示，该直方图代表整个图像。
- 扩展视图：显示有统计数据的直方图，如图9-13（b）所示。
- 全部通道视图：除了显示扩展视图的所有选项外，还显示各个通道的单个直方图，如图9-13（c）所示。

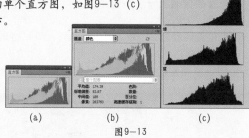

（a）　　　（b）　　　（c）

图9-13

当"直方图"面板视图方式为扩展视图时，可以看到"直方图"面板上显示的多种选项。

- 通道：包含RGB、"红"、"绿"、"蓝"、"明度"和"颜色"6个通道。选择相应的通道以后，在面板中就会显示该通道的直方图。
- 不使用高速缓存的刷新■：单击该按钮，可以刷新直方图并显示当前状态下的最新统计数据。
- 源：可以选择当前文档中的整个图像、图层和复合图像，选择相应的图像或图层后，在面板中就会显示出其直方图。
- 平均值：显示像素的平均亮度值（从0~255之间的平均

亮度）。直方图的波峰偏左，表示该图偏暗；直方图的波峰偏右，表示该图偏亮，如图9-14所示。

图9-14

- 标准偏差：这里显示出了亮度值的变化范围。数值越小，表示图像的亮度变化不明显；数值越大，表示图像的亮度变化很强烈。
- 中间值：这里显示出了图像亮度值范围以内的中间值。图像的色调越亮，其中间值就越大。
- 像素：这里显示出了用于计算直方图的像素总量。
- 色阶：显示当前光标下的波峰区域的亮度级别，如图9-15所示。
- 数量：显示当前光标下的亮度级别的像素总数，如图9-16所示。
- 百分位：显示当前光标所处的级别或该级别以下的像素累计数。
- 高速缓存级别：显示当前用于创建直方图的图像高速缓存的级别。

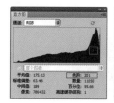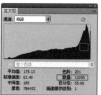

图9-15　　　　图9-16

9.2 使用调整图层

调整图层在Photoshop中既是一种非常重要的工具，又是一种特殊的图层，如图9-17所示。作为"工具"，它可以调整当前图像显示的颜色和色调，并且不会破坏文档中的图层，并且可以重复修改。作为"图层"，调整图层还具备图层的一些属性，例如不透明度、混合模式、图层蒙版、剪贴蒙版等属性的可调性。

图9-17

知识精讲：调整图层与调色命令的区别

在Photoshop中，图像色彩的调整共有两种方式。一种是直接执行"图像>调整"菜单下的调色命令进行调节，这种方式属于不可修改方式，也就是说，一旦调整了图像的色调，就不可以再重新修改调色命令的参数；另外一种方式就是使用调整图层，这种方式属于可修改方式，也就是说，如果对调色效果不满意，还可以重新对调整图层的参数进行修改，直到满意为止。

调整图层具有以下优点：

- 使用调整图层不会对其他图层造成破坏。
- 可以随时修改调整图层的相关参数值。
- 可以修改其混合模式与不透明度。

- 在调整图层的蒙版上绘画，可以将调整应用于图像的一部分。
- 创建剪贴蒙版时调整图层可以只对一个图层产生作用。
- 不创建剪贴蒙版时，则可以对下面的所有图层产生作用。

知识精讲：认识"调整"面板

调整图层与调整命令相似，都可以对图像进行颜色的调整。不同的是调整命令每次只能对一个图层进行操作，而调整图层则会影响在该图层下方所有图层的效果，可以重复修改参数并且不会破坏原图层。调整图层作为"图层"还具备图层的一些属性，例如可以像普通图层一样进行删除、切换显示隐藏、调整不透明度、混合模式，创建图层蒙版，剪贴蒙版等操作。执行"窗口>调整"菜单命令打开"调整"面板，在"调整"面板中提供了十六种调整工具，如图9-18所示。

在"调整"面板中单击一个调整图层图标，即可创建一个相应的调整图层。并且在弹出的"属性"面板中可以对调整图层的参数选项进行设置，单击右上角的"自动"按钮即可实现对图像的自动调整。在"图层"面板中单击"创建新的填充或调整图层"按钮，或执行"图层>新建调整图层"菜单下的调整命令也可以创建调整图层。如图9-19所示。

- 蒙版：单击即可进入该调整图层蒙版的设置状态。

- 此调整影响下面的所有图层：单击可剪切到图层。
- 切换图层可见性：单击该按钮，可以隐藏或显示调整图层。
- 查看上一状态：单击该按钮，可以在文档窗口中查看图像的上一个调整效果，以比较两种不同的调整效果。
- 复位到调整默认值：单击该按钮，可以将调整参数恢复到默认值。
- 删除此调整图层：单击该按钮，可以删除当前调整图层。

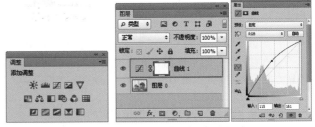

图9-18　　　　　　　　　　图9-19

001 理论——新建调整图层

新建调整图层的方法有以下3种。

第一种 执行"图层>新建调整图层"菜单下的调整命令，如图9-20所示。

第二种 在"图层"面板中单击"创建新的填充或调整图层"按钮，然后在弹出的菜单中选择相应的调整命令，如图9-21所示。

第三种 在"调整"面板中单击调整图层图标或调整预设，如图9-22所示。

图9-20　　　　　　　图9-21　　　　　　　图9-22

 **技巧提示**

因为调整图层包含的是调整数据而不是像素，所以它们增加的文件大小远小于标准像素图层。如果要处理的文件非常大，可以将调整图层合并到像素图层中来减少文件的大小。

002 理论——修改调整参数

第一种 创建好调整图层以后，在"图层"面板中单击调整图层的缩略图，在"属性"面板中可以显示其相关参数。如果要修改调整参数，重新输入相应的数值即可，如图9-23所示。

第二种 在"属性"面板没有打开的情况下，双击"图层"面板中的"调整"图层也可打开"属性"面板进行参数修改，如图9-24所示。

图9-23　　　　　　　　图9-24

图9-28　　　　　　　　图9-29

003 理论——删除调整图层

第一种 如果要删除调整图层，可以直接按Delete键，也可以将其拖曳到"图层"面板中的"删除图层"按钮 🗑 上，如图9-25所示。

第二种 在"属性"面板中单击"删除此调整图层"按钮 🗑，如图9-26所示。

第三种 如果要删除调整图层的蒙版，可以将蒙版缩略图拖曳到"图层"面板中的"删除图层"按钮 🗑 上，如图9-27所示。

步骤02 执行"图层>新建调整图层>色相/饱和度"菜单命令，创建出一个新的"色相/饱和度"调整图层，为了将衣服的红色更改为橙色，所以需要在"属性"面板中选择"红色"通道，设置"色相"数值为+17，此时可以看到服装变为了橙色，但是皮肤部分的颜色也发生了变化，如图9-30所示。

步骤03 设置前景色为黑色，单击工具箱中的画笔工具，在选项栏中选择一种圆形柔角画笔。在"图层"面板中单击新创建的"色相/饱和度"调整图层的图层蒙版，并使用画笔工具涂抹人像皮肤和身体部分，使画面中只有外套受到调整图层的影响，如图9-31所示。

图9-25　　　　　图9-26　　　　　图9-27

图9-30　　　　　　　　图9-31

步骤04 再次执行"图层>新建调整图层>曲线"菜单命令，创建新的"曲线"调整图层，在弹出的"属性"面板中调整曲线形状，增强画面对比度，如图9-32所示。

步骤05 最后使用文字工具输入艺术字，最终效果如图9-33所示。

004 练习——使用调整图层更改服装颜色

案例文件	练习实例——使用调整图层更改服装颜色.psd
视频教学	练习实例——使用调整图层更改服装颜色.flv
难易指数	★★★★★
知识掌握	掌握如何使用调整图层调整图像的色调

案例效果

本案例处理的前后对比效果如图9-28所示。

操作步骤

步骤01 打开本书配套光盘中的素材文件，如图9-29所示。

图9-32　　　　　　　　图9-33

9.3 渐隐颜色调整结果

执行"编辑>渐隐"菜单命令可以修改操作结果的不透明度和混合模式，该操作的效果相当于"图层"面板中包含"原始效果"与"调整后效果"两个图层（"调整后效果"图层在顶部），如图9-34所示。"渐隐"命令就相当于修改"调整后效果"图层的不透明度与混合模式后得到的效果。

图9-34   图9-35

当使用画笔、滤镜编辑图像，或进行了填充、颜色调整、添加了图层样式等操作以后，"编辑>渐隐"菜单命令才可用，选择后弹出如图9-35所示的"渐隐"对话框。

005 练习——利用"渐隐"命令调整图像色相

案例文件	练习实例——利用"渐隐"命令调整图像色相.psd
视频教学	练习实例——利用"渐隐"命令调整图像色相.flv
难易指数	★★★★★
技术要点	"渐隐"命令

案例效果

本例主要讲解如何使用"渐隐"命令来调整图像的校色效果，如图9-36所示分别是原始素材和实例效果。

图9-36

图9-38

操作步骤

步骤01 执行"文件>打开"菜单命令，然后在弹出的对话框中选择本书配套光盘中的素材文件，如图9-37所示。

图9-37

步骤03 执行"编辑>渐隐色相/饱和度"菜单命令，然后在弹出的"渐隐"对话框中设置"不透明度"为90%，"模式"为"叠加"，最终效果如图9-39所示。

图9-39

步骤02 执行"图像>调整>色相/饱和度"菜单命令或按Ctrl+U组合键，打开"色相/饱和度"对话框，然后设置"红色"通道的"色相"为－72，"饱和度"为+10；设置"蓝色"通道的"色相"为－106，图像效果如图9-38所示。

答疑解惑——如何恢复图像的原始效果？

如果要恢复图像的原始效果，除了可以执行"文件>恢复"菜单命令，或连续执行"编辑>后退一步"菜单命令或连续按Alt+Ctrl+Z组合键以外，还可以执行"编辑>渐隐色相/饱和度"菜单命令，然后在弹出的"渐隐"对话框中设置"不透明度"为0%，"模式"为"正常"，如图9-40所示。

图9-40

图像快速调整命令

"图像"菜单中包含大量的与调色相关的命令,其中包含多个可以快速调整图像颜色和色调的命令,例如"自动色调"、"自动对比度"、"自动颜色"、"照片滤镜"、"变化""去色"和"色彩均化"等命令。

知识精讲:自动调整色调/对比度/颜色

"自动色调"、"自动对比度"和"自动颜色"命令不需要进行参数设置,主要用于校正数码照片出现的明显的偏色、对比过低、颜色暗淡等常见问题。如图9-41所示分别为"发灰的图像"与"偏色图像"的校正效果。

图9-41

006 练习——快速校正偏色照片

案例文件	练习实例——快速校正偏色照片.psd
视频教学	练习实例——快速校正偏色照片.flv
难易指数	★★★★★
知识掌握	掌握"自动颜色"命令的使用方法

案例效果

本例主要是针对"自动颜色"命令的使用方法进行练习,对比效果如图9-42所示。

图9-42

操作步骤

步骤01 打开素材文件,从图像中能够直观地感受到图像整

体明显偏色,观察皮肤和牙齿部分,洋红的成分偏多,再观察本应是黑色的头发部分也明显偏向于紫色,如图9-43所示。

步骤02 进行整体颜色调整。执行"图像>自动颜色"菜单命令,Photoshop会自动进行处理,如图9-44所示。

图9-43

图9-44

步骤03 处理完成后观察皮肤、牙齿和头发部分颜色恢复正常,最终效果如图9-45所示。

图9-45

知识精讲:照片滤镜

"照片滤镜"调整命令可以模仿在相机镜头前面添加彩色滤镜的效果,使用该命令可以快速调整通过镜头传输的光的色彩平衡、色温和胶片曝光,以改变照片颜色倾向。执行"图像>调整>照片滤镜"菜单命令,打开"照片滤镜"对话框,如图9-46所示。

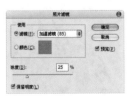

图9-46

技巧提示

在调色命令的对话框中，如果对参数的设置不满意，可以按住Alt键，此时"取消"按钮将变成"复位"按钮，单击该按钮可以将参数设置恢复到默认值，如图9-47所示。

图9-47

○ 颜色：选中"颜色"单选按钮，可以自行设置颜色，如图9-48所示。

图9-48

○ 浓度：设置滤镜颜色应用到图像中的颜色百分比。数值越大，应用到图像中的颜色浓度就越高；数值越

小，应用到图像中的颜色浓度就越低，如图9-49所示。

图9-49

○ 保留明度：选中该复选框后，可以保留图像的明度不变，如图9-50所示。

图9-50

007 练习——使用照片滤镜打造胶片相机效果

案例文件	练习实例——使用照片滤镜打造胶片相机效果.psd
视频教学	练习实例——使用照片滤镜打造胶片相机效果.flv
难易指数	★★★★★
知识掌握	掌握调整图层的使用方法

案例效果

本案例处理前后对比效果如图9-51所示。

图9-51

操作步骤

步骤01 打开本书配套光盘中的素材文件，如图9-52所示。

步骤02 创建新的"亮度/对比度"调整图层，在弹出的"属性"面板中设置"对比度"为100，如图9-53所示。

图9-52   图9-53

步骤03 创建新的"色相/饱和度"调整图层，在弹出的"属性"面板中设置"饱和度"为21，如图9-54所示。

图9-54

步骤04 创建新的"可选颜色"调整图层，在弹出的"属性"面板中设置"颜色"为白色，调整其"黑色"数值为-100%；设置"颜色"为黑色，调整其"洋红"数值为32%，"黄色"数值为-16%，"黑色"数值为4%；此时画面暗部倾向于紫色，如图9-55所示。

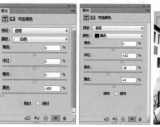

图9-55

步骤05 创建新的"照片滤镜"调整图层，在弹出的"属性"面板中设置类型为"颜色"，"浓度"为36%，使画面

整体倾向于淡橙色的暖调效果，如图9-56所示。

图9-56

步骤06 创建新的"色相/饱和度"调整图层，在弹出的"属性"面板中首先设置"全图"的"饱和度"为16；设置通道为"红色"，调整其"色相"为－8，"明度"为－9；设置通道为"绿色"，调整其"饱和度"为－73；设置通道为"青色"，调整其"饱和度"为51；设置通道为"蓝色"，调整其"色相"为－24。效果如图9-57所示。

图9-57

步骤07 为了模拟胶片相机拍摄效果，下面需要为图像添加颗粒状杂色。创建新图层，填充为黑色，执行"滤镜>杂色>添加杂色"菜单命令，在弹出的"添加杂色"对话框中，设置"数量"为8%，选中"高斯分布"单选按钮，如图9-58所示。

图9-58

步骤08 设置该图层混合模式为"滤色"，此时照片上出现彩色的杂点效果，如图9-59所示。

图9-59

步骤09 新建图层，设置前景色为黑色，单击工具箱中的画笔工具，选择一个圆形画笔，设置较大的画笔大小，设置"硬度"为0，在选项栏中设置画笔"不透明度"及"流量"为70%，设置完毕后在画面四角绘制，模拟暗角效果，如图9-60所示。

步骤10 最后导入文字和边框素材文件，最终效果如图9-61所示。

图9-60　　　　　　　　　图9-61

知识精讲：变化

　　"变化"命令提供了多种可供挑选的效果，可以通过简单的单击调整图像的色彩、饱和度和明度，同时还可以预览调色的整个过程，是一个非常简单直观的调色命令。并且在使用"变化"命令时，单击调整缩览图产生的效果是累积性的。执行"图像>调整>变化"菜单命令，打开"变化"对话框，如图9-62所示。

　　◉ 原稿/当前挑选：　"原稿"缩略图显示的是原始图像；"当前挑选"缩略图显示的是图像调整结果。

　　◉ 阴影/中间调/高光：可以分别对图像的阴影、中间调和高光进行调节。

　　◉ 饱和度/显示修剪：专门用于调节图像的饱和度。选中该单选按钮后，在对话框的下面会显示出"减少饱和度"、"当前挑选"和"增加饱和度"3个缩略图。单击"减少饱和度"缩略图可以减少图像的饱和度，单击"增加饱和度"缩略图可以增加图像的饱和度。另外，选中"显示修剪"复选框，可以警告超出了饱和度范围的最高限度。

- ○ 精细-粗糙：该选项用来控制每次进行调整的量。需要特别注意，每移动一个滑块，调整数量会双倍增加。
- ○ 各种调整缩略图：单击相应的缩略图，可以进行相应的调整，如单击"加深颜色"缩略图，可以应用一次加深颜色效果。

图9-62

008 练习——使用"变化"命令制作四色海景

案例文件	练习实例——使用"变化"命令制作四色海景.psd
视频教学	练习实例——使用"变化"命令制作四色海景.flv
难易指数	★★★★★
知识掌握	掌握"变化"命令的使用方法

案例效果

本例使用"变化"命令制作四色海景效果，如图9-63所示。

图9-63

操作步骤

步骤01 打开PSD格式的分层素材文件，其中包含4个图层组成的海景画面，如图9-64所示。

图9-64

步骤02 首先选择左上角的图层1，然后执行"图像>调整>变化"菜单命令，打开"变化"对话框，单击两次"加深绿色"缩略图，将绿色加深两个色阶，此时可以看到照片颜色明显的倾向于绿色，单击"确定"按钮后，效果如图9-65所示。

图9-65

步骤03 选择图层2，然后执行"图像>调整>变化"菜单命令，打开"变化"对话框，此时界面上会自动以上一次操作显示当前画面效果，所以需要按住Alt键，此时"取消"按钮变为"复位"按钮，单击即可恢复原始状态，如图9-66所示。

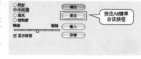

图9-66

步骤04 然后单击3次"加深青色"缩略图，将青色加深2个色阶，效果如图9-67所示。

步骤05 选择第三个图层，执行"变化"命令，然后单击3次"加深蓝色"缩略图，如图9-68所示；选择第四个图层，执行"变化"命令，然后单击两次"加深红色"缩略图，如图9-69所示。最终效果如图9-70所示。

图9-67　　　　图9-68　　　　图9-69　　　　图9-70

（左侧竖排）Photoshop CC 入门与实战经典（实例版）

009 理论——使用"去色"命令

对图像使用"去色"命令可以将图像中的颜色去掉，快速地使彩色图像变为灰度图像。

打开一张图像，如图9-71(a)所示，然后执行"图像>调整>去色"菜单命令或按Shift+Ctrl+U组合键，可以将其调整为灰度效果，如图9-71(b)所示。

(a)   (b)

图9—71

010 理论——使用"色调均化"命令

对图像使用"色调均化"命令是将图像中像素的亮度值进行重新分布，图像中最亮的值将变成白色，最暗的值将变成黑色，中间的值将分布在整个灰度范围内，使其更均匀地呈现所有范围的亮度级，如图9-72所示。

如果图像中存在选区，则执行"色调均化"命令时会弹出"色调均化"对话框，如图9-73所示。

图9—72

图9—73

选中"仅色调均化所选区域"单选按钮，则仅均化选区内的像素，如图9-74所示。

选中"基于所选区域色调均化整个图像"单选按钮，则可以按照选区内的像素均化整个图像的像素，如图9-75所示。

图9—74   图9—75

9.5 图像的影调调整命令

"影调"指画面的明暗层次、虚实对比和色彩的色相明暗等之间的关系。通过这些关系，使欣赏者感到光的流动与变化，如图9-76所示。而图像影调的调整主要是针对于图像的明暗、曝光度、对比度等属性的调整。在"图像"菜单下的"色阶"、"曲线"、"曝光度"等命令都可以对图像的影调进行调整。

图9—76

知识精讲：亮度/对比度

　　"亮度/对比度"命令可以对图像的色调范围进行简单的调整，是常用的影调调整命令，能够快速地校正图像"发灰"的问题。执行"图像>调整>亮度/对比度"菜单命令，或者使用Ctrl+/组合键，打开"亮度/对比度"对话框，如图9-77所示。

图9-77

技巧提示

　　在图像影调调整的对话框中，在修改参数之后如果需要还原成原始参数，可以按住Alt键，对话框中的"取消"按钮会变为"复位"按钮，单击该"复位"按钮即可还原原始参数，如图9-78所示。

图9-78

　　○ 亮度：用来设置图像的整体亮度。数值为负值时，表示降低图像的亮度；数值为正值时，表示提高图像的亮度，如图9-79所示。

图9-79

　　○ 对比度：用于设置图像亮度对比的强烈程度，如图9-80所示。

图9-80

　　○ 预览：选中该复选框后，在"亮度/对比度"对话框中调节参数时，可以在文档窗口中观察到图像的亮度变化。

　　○ 使用旧版：选中该复选框后，可以得到与Photoshop CS3以前的版本相同的调整结果。

011 练习——使用亮度对比度校正偏灰的图像

案例文件	练习实例——使用亮度对比度校正偏灰的图像.psd
视频教学	练习实例——使用亮度对比度校正偏灰的图像.flv
难度级别	★★★★★
技术要点	调整图层

案例效果

　　本案例处理前后对比效果如图9-81所示。

图9-81

操作步骤

　　步骤01 打开本书配套光盘中的素材文件，如图9-82所示。

　　步骤02 由于画面偏灰，所以需要首先对画面整体进行对比

度的调整，创建新的"亮度/对比度"调整图层，设置"对比度"为100，此时画面对比度恢复正常，如图9-83所示。

图9-82　　　　　　　　　图9-83

　　步骤03 创建新的"色相/饱和度"调整图层，首先选择"全图"，设置"饱和度"为+29；再选择"红色"通道，设置"色相"为+7，如图9-84所示。

　　步骤04 创建新的"曲线"调整图层，调整曲线形状，将画面提亮，然后需要在曲线图层的蒙版上使用黑色画笔涂抹出人像部分，使该曲线调整图层只针对背景部分起作用，如图9-85所示。

图9-84   图9-85

012 理论——使用"色阶"命令

"色阶"命令是一个非常强大的调整工具，不仅可以针对图像进行明暗对比的调整，还可以对图像的阴影、中间调和高光强度级别进行调整，以及分别对各个通道进行调整，以调整图像明暗对比或者色彩倾向。

执行"图像>调整>色阶"菜单命令或按Ctrl+L组合键，打开"色阶"对话框，如图9-86所示。

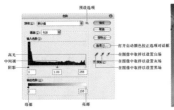

图9-86

- 预设：在"预设"下拉列表中，可以选择一种预设的色阶调整选项来对图像进行调整，如图9-87所示为预设效果。

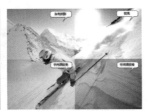

图9-87

- 预设选项：单击"预设选项"按钮，在弹出的菜单中选择相应命令可以对当前设置的参数进行保存以便以后调用，或载入一个已有的外部的预设调整文件，如图9-88所示。
- 通道：在"通道"下拉列表中可以选择一个通道来对图像进行调整，以校正图像的颜色，如图9-89所示。

图9-88   图9-89

- 输入色阶：在"输入色阶"选项组中可以通过拖曳滑块来调整图像的阴影、中间调和高光，也可以直接在对应的文本框中输入数值。将滑块向左拖曳，可以使图像变暗，如图9-90(a)所示；将滑块向右拖曳，可以使图像变亮，如图9-90(b)所示。

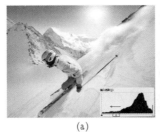
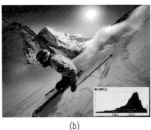

(a)   (b)

图9-90

- 输出色阶：在"输出色阶"中可以设置图像的亮度范围，从而降低对比度，如图9-91所示。

图9-91

- 自动：单击"自动"按钮，Photoshop会自动调整图像的色阶，使图像的亮度分布更加均匀，从而达到校正图像颜色的目的。
- 选项：单击"选项"按钮，可以打开"自动颜色校正选项"对话框，在该对话框中可以设置单色、每通道、深色与浅色的算法等，如图9-92所示。

● 在图像中取样以设置黑场▱：使用该吸管在图像中单击取样，可以将单击点处的像素调整为黑色，同时图像中比该单击点暗的像素也会变成黑色，如图9-93所示。

图9-92　　　　　　图9-93

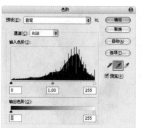

图9-94

● 在图像中取样以设置灰场▱：使用该吸管在图像中单击取样，可以根据单击点像素的亮度来调整其他中间调的平均亮度，如图9-94所示。

● 在图像中取样以设置白场▱：使用该吸管在图像中单击取样，可以将单击点处的像素调整为白色，同时图像中比该单击点亮的像素也会变成白色，如图9-95所示。

图9-95

知识精讲：曲线

　　"曲线"命令功能非常强大，不单单可以进行图像明暗的调整，更加具备了"亮度/对比度"、"色彩平衡"、"阈值"和"色阶"等命令的功能。通过调整曲线的形状，可以对图像的色调进行非常精确的调整，如图9-96所示。执行"曲线>调整>曲线"菜单命令或按Ctrl+M组合键，打开"曲线"对话框，如图9-97所示。

图9-96

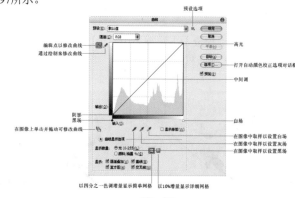
图9-97

曲线基本选项

● 预设/预设选项▱：在"预设"下拉列表中共有9种曲线预设效果，如图9-98所示。单击"预设选项"按钮▱，在弹出的菜单中选择相应命令可以对当前设置的参数进行保存，或载入一个外部的预设调整文件。

● 通道：在"通道"下拉列表中可以选择一个通道来对图像进行调整，以校正图像的颜色。

图9-98

● 编辑点以修改曲线▱：使用该工具在曲线上单击，可以添加新的控制点，通过拖曳控制点可以改变曲线的形状，从而达到调整图像的目的，如图9-99所示。

● 通过绘制来修改曲线▱：使用该工具可以以手绘的方式自由绘制出曲线，绘制好曲线后单击"编辑点以修改曲线"按钮▱，可以显示出曲线上的控制点，如图9-100所示。

平滑：使用"通过绘制来修改曲线"工具 ✏ 绘制出曲线以后，单击"平滑"按钮，可以对曲线进行平滑处理，如图9-101所示。

前的像素值；"输出"即"输出色阶"，显示的是调整以后的像素值。

自动：单击该按钮，可以对图像应用"自动色调"、"自动对比度"或"自动颜色"校正。

选项：单击该按钮，可以打开"自动颜色校正选项"对话框。在该对话框中可以设置单色、每通道、深色与浅色的算法等。

  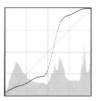

图9-99　　　　图9-100　　　　图9-101

在曲线上拖动可修改曲线 ✋：选择该工具以后，将光标放置在图像上，曲线上会出现一个圆圈，表示光标处的色调在曲线上的位置，如图9-102(a)所示；在图像上拖曳鼠标左键可以添加控制点以调整图像的色调，如图9-102(b)所示。

输入/输出："输入"即"输入色阶"，显示的是调整

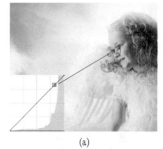 

(a)　　　　　　　　　(b)

图9-102

曲线显示选项

显示数量：包含"光（0 - 255）"和"颜料/油墨%"两种显示方式。

以四分之一色调增量显示简单网格 ▦/以10%增量显示详细网格 ▦：单击"以四分之一色调增量显示简单网格"按钮 ▦，可以以1/4（即25%）的增量来显示网格，这种网格比较简单，如图9-103所示；单击"以10%增量显示详细网格"按钮 ▦，可以以 10% 的增量来显示网格，这种网格更加精细，如图9-104所示。

通道叠加：选中该复选框，可以在复合曲线上显示颜色通道。

基线：选中该复选框，可以显示基线曲线值的对角线。

直方图：选中该复选框，可在曲线上显示直方图以作为参考。

交叉线：选中该复选框，可以显示用于确定点的精确位置的交叉线。

图9-103　　　图9-104

013 练习——使用曲线快速打造反转片效果

案例文件	练习实例——使用曲线快速打造反转片效果.psd
视频教学	练习实例——使用曲线快速打造反转片效果.flv
难度级别	★★★★★
技术要点	"曲线"命令

案例效果

本案例处理前后对比效果如图9-105所示。

图9-105

操作步骤

步骤01 打开素材文件，图像目前最明显的缺陷就在于画面

色感不足，对比度较低，显得整体偏灰，很难吸引人们的眼球，如图9-106所示。

图9-106

步骤02 执行"图层>新建调整图层>曲线"菜单命令，在弹出的"属性"面板中的曲线上添加两个点，并调整点的位置，使曲线形成S形，增强画面对比度，并且画面色感增强了一些，如图9-107所示。

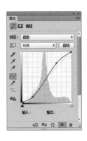

图9-107

步骤03 为了模拟反转片效果，需要针对画面颜色进行调整，在曲线中若需要调整画面颜色就需要单独针对某个颜色通道进行调整。首先将通道设置为"红"，同样调整"红"通道曲线为S型，此时画面暗部偏向青绿色，亮部倾向于红色，如图9-108所示。

图9-108

步骤04 再次将通道设置为"绿"，调整"绿"通道曲线为S型，此时画面暗部偏向青紫色，如图9-109所示。

图9-109

步骤05 导入前景素材，设置图层混合模式为"滤色"，最终效果如图9-110所示。

图9-110

014 练习——使用曲线打造清新风景照片

案例文件	练习实例——使用曲线打造清新风景照片.psd
视频教学	练习实例——使用曲线打造清新风景照片.flv
难度级别	★★★★★
技术要点	"曲线"命令

案例效果

本案例处理前后对比效果如图9-111所示。

图9-111

操作步骤

步骤01 首先执行"文件>新建"菜单命令，在弹出的对话框中设置图像像素尺寸，单击"确定"按钮创建一个新的空白文件，如图9-112所示。

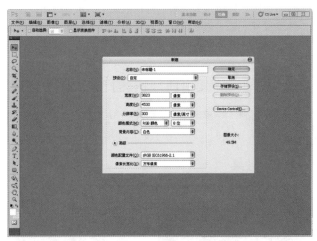

图9-112

步骤02 创建新图层，填充白色，按Ctrl+T组合键执行"自由变换"命令，按住Shift键等比例缩小一圈。执行"图层>图层样式>投影"菜单命令，在弹出的对话框中设置"混合模式"为"正片叠底"，"不透明度"为75%，"角度"为30度，"距离"为5像素，"大小"为57像素；选中"描边"样式，设置"大小"为24像素，"位置"为"内部"，"混合模式"为"正常"，"不透明度"为100%，"填充类型"为"颜色"，此时白色图层出现描边和投影样式，如图9-113所示。

图9-113

步骤03 创建新组，打开本书配套光盘中的素材文件，如图9-114所示。下面针对图片有瑕疵的地方进行修复。

步骤04 远处树林的边角处可见部分建筑，比较影响效果。如果使用仿制图章工具进行修复可能会造成边角不清晰、图像重复的问题。因此此处可以使用套索工具绘制出附近相似的图像区域，使用复制和粘贴的功能复制出一个单独的图层，如图9-115所示。

步骤05 把复制的图像向右移动，放置在需要挡住的物体上，并擦除遮挡前景花朵的部分，如图9-116所示。

图9-114　　　　图9-115　　　　图9-116

步骤06 下面修复前景枯萎的花。这部分需要使用附近的树叶进行遮挡，同样使用套索工具绘制出附近的叶子部分选区，并使用复制和粘贴功能复制出一个单独的叶子，如图9-117所示。

步骤07 将复制出的叶子移动到枯萎的花朵上进行遮挡。用同样的方法绘制其他叶子的选区，并复制粘贴，遮挡在枯萎的花朵上，如图9-118所示。

步骤08 去除了枯萎的花朵，但是底部残留的茎部显得有些孤立。这里使用套索工具绘制出旁边的茎部，并使用复制和粘贴功能复制出一个单独的茎图层，如图9-119所示。

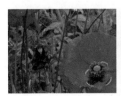

图9-117　　　　图9-118　　　　图9-119

步骤09 向左下残留的花茎部移动，摆放到合适位置并使用橡皮擦工具擦除多余部分，如图9-120所示。

步骤10 创建新的"曲线"调整图层，在弹出的"属性"面

板调整参数。并单击鼠标右键执行"创建剪贴蒙版"命令，使调整图层只针对复制出的花茎部进行调整，使其颜色与附近的植物相吻合，如图9-121所示。

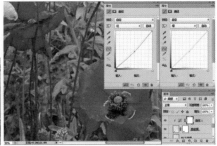

图9-120　　　　　　　　图9-121

步骤11 按下Ctrl + Alt + Shift + E 组合键盖印图层。并在盖印的图层上方创建新的"曲线"调整图层，在弹出的"属性"面板调整"绿"通道和RGB通道曲线形状，使画面提亮，并且增强画面的色感，如图9-122所示。

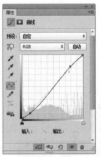

图9-122

步骤12 创建新的"可选颜色"调整图层，在弹出的"属性"面板中设置颜色为中性色，调整"黄色"数值为58，如图9-123所示。

步骤13 创建新图层，命名为"遮罩"。设置前景色为白色，单击工具箱中的渐变工具，在选项栏中选择一个前景色到透明的渐变，回到画布中自右上到左下拖曳填充，如图9-124所示。

步骤14 最后使用横排文字工具输入艺术字，最终效果如图9-125所示。

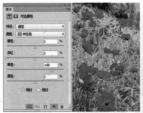

图9-123　　　　图9-124　　　　图9-125

知识精讲：曝光度

"曝光度"命令不是通过当前颜色空间而是通过在线性颜色空间执行计算而得出的曝光效果。使用"曝光度"命令可以通过调整曝光度、位移、灰度系数三个参数调整照片的对比反差，修复数码照片中常见的曝光过度与曝光不足等问题，如图9-126所示。执行"图像>调整>曝光度"菜单命令，打开"曝光度"对话框，如图9-127所示。

图9-126　　　　　　　　　　　图9-127

- 预设/预设选项：Photoshop预设了4种曝光效果，分别是"减1.0"、"减2.0"、"加1.0"和"加2.0"。单击"预设选项"按钮，在弹出的菜单中选择相应命令可以对当前设置的参数进行保存，或载入一个外部的预设调整文件。
- 曝光度：向左拖曳滑块，可以降低曝光效果；向右拖曳滑块，可以增强曝光效果。
- 位移：该选项主要对阴影和中间调起作用，可以使其变暗，但对高光基本不会产生影响。
- 灰度系数校正：使用一种乘方函数来调整图像灰度系数。

015 练习——使用曝光度校正图像曝光问题

案例文件	练习实例——使用曝光度校正图像曝光问题.psd
视频教学	练习实例——使用曝光度校正图像曝光问题.flv
难度级别	★★★★★
技术要点	曝光度

案例效果

本案例处理前后对比效果如图9-128所示。

操作步骤

步骤01　打开本书配套光盘中的素材文件，可以看到素材文件偏暗，很多细节都无法正常显示，如图9-129所示。

步骤02　执行"图层>新建调整图层>曝光度"菜单命令，在弹出的"属性"面板中首先需要增强曝光度，设置数值为+2.41，此时画面明显变亮，如图9-130所示。

步骤03　由于画面中暗部区域仍然偏暗，所以需要调整灰度系数校正，设置数值为1.31，此时画面曝光度恢复正常，如图9-131所示。

图9-130　　　　　　　　　　　图9-131

图9-128　　　　　　　　　图9-129

知识精讲：阴影/高光

"阴影/高光"命令常用于还原图像阴影区域过暗或高光区域过亮造成的细节损失。在调整阴影区域时，对高光区域的影响很小；而调整高光区域又对阴影区域的影响很小。"阴影/高光"命令可以基于阴影/高光中的局部相邻像素来校正每个像素，如图9-132所示分别为还原暗部细节与还原亮部细节的对比效果。

图9-132

打开一张图像，从图像中可以直观地看出人像服装部分为高光区域，背景部分为阴影区域，如图9-133所示。执行"图像>调整>阴影/高光"菜单命令，打开"阴影/高光"对话框，选中"显示更多选项"复选框以后，可以显示"阴影/高光"的完整选项，如图9-134所示。

图9-133　　　　　　　　　图9-134

🔵 阴影："数量"选项用来控制阴影区域的亮度，值越大，阴影区域就越亮，如图9-135所示；"色调宽度"选项用来控制色调的修改范围，值越小，修改的范围就只针对较暗的区域，如图9-136所示；"半径"选项用来控制像素是在阴影中还是在高光中，如图9-137所示。

图9-135　　　　　　　　　图9-136

🔵 高光："数量"选项用来控制高光区域的黑暗程度，值越大，高光区域越暗；"色调宽度"选项用来控制色调的修改范围，值越小，修改的范围就只针对较亮的区域；"半径"选项用来控制像素是在阴影中还是在高光中，如图9-138所示。

图9-137　　　　　　　　　图9-138

🔵 调整："颜色校正"选项用来调整已修改区域的颜色；"中间调对比度"选项用来调整中间调的对比度；"修剪黑色"和"修剪白色"选项决定了在图像中将多少阴影和高光修剪到新的阴影中。

🔵 存储为默认值：如果要将对话框中的参数设置存储为默认值，可以单击该按钮。存储为默认值以后，再次打开"阴影/高光"对话框时，就会显示该参数。

技巧提示

如果要将存储的默认值恢复为Photoshop的默认值，可以在"阴影/高光"对话框中按住Shift键，此时"存储为默认值"按钮会变成"复位默认值"按钮，单击即可复位为Photoshop的默认值。

📖 **读书笔记**

016 练习——用阴影/高光还原暗部细节

案例文件	练习实例——用阴影/高光调整灰暗人像.psd
视频教学	练习实例——用阴影/高光调整灰暗人像.flv
难易指数	★★★★★
知识掌握	掌握"阴影/高光"命令的使用方法

案例效果

本例主要是针对"阴影/高光"命令的使用方法进行练习，对比效果如图9-139所示。

操作步骤

步骤01 打开本书配套光盘中的素材文件，可以看出由于环境较暗，图像中很多细节都看不清楚，如图9-140所示。

步骤02 执行"图像>调整>阴影/高光"菜单命令，打开"阴影/高光"对话框，选中"显示更多选项"复选框，然后设置各项参数，如图9-141所示。

图9-139　　　　　　　　　图9-140

图9-141

步骤03 创建新的"曲线"调整图层，然后在"调整"面板中调整曲线形状，如图9-142所示。

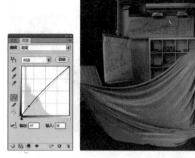

图9-142

步骤04 创建新的"可选颜色"调整图层，在"属性"面板中首先选择"白色"，调整"黄色"为+32%，选择"黑色"，调整"黄色"为-21%，"黑色"为+11%，如图9-143所示。

图9-143

步骤05 最终效果如图9-144所示。

图9-144

9.6 图像的色调调整命令

017 理论——使用"自然饱和度"命令

与"色相/饱和度"命令相似，"自然饱和度"命令也是针对图像饱和度进行调整，但是使用"自然饱和度"命令可以在增加图像饱和度的同时有效地防止颜色过于饱和而出现溢色现象，如图9-145所示分别为使用"自然饱和度"命令进行调整和使用色相/饱和度进行调整的对比图。

图9-145

执行"图像>调整>自然饱和度"菜单命令，打开"自然饱和度"对话框，如图9-146所示。

图9-146

调整"自然饱和度"滑块，向左拖曳滑块，可以降低颜色的饱和度；向右拖曳滑块，可以增加颜色的饱和度，如图9-147所示。

图9-147

技巧提示

调节"自然饱和度"选项，不会生成饱和度过高或过低的颜色，画面始终会保持一个比较平衡的色调，对于调节人像非常有用。

调整"饱和度"滑块，向左拖曳滑块，可以增加所有颜色的饱和度；向右拖曳滑块，可以降低所有颜色的饱和度。当数值为-100时，画面呈现完全黑白的效果，而数值为+100时，画面饱和度比"自然饱和度"设置为+100时稍高一些，如图9-148所示。

图9-148

知识精讲：色相/饱和度

执行"图像>调整>色相/饱和度"菜单命令或按Ctrl+U组合键，打开"色相/饱和度"对话框，在这里可以进行色相、饱和度、明度的调整，同时也可以选择某一单个通道进行调整，如图9-149所示。

图9-149

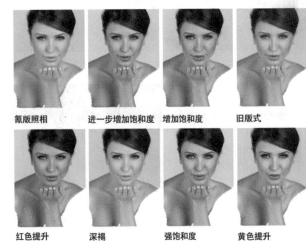

图9-150

- 预设/预设选项：在"预设"下拉列表中提供了8种色相/饱和度预设，如图9-150所示。单击"预设选项"按钮，在弹出的菜单中选择相应命令可以对当前设置的参数进行保存，或载入一个外部的预设调整文件。
- 通道下拉列表 全图：在通道下拉列表中可以选择全图、红色、黄色、绿色、青色、蓝色和洋红通道进行调整。选择好通道以后，拖曳下面的"色相"、"饱和度"和"明度"的滑块，可以对该通道的色相、饱和度和明度进行调整。

- 在图像上单击并拖动可修改饱和度：使用该工具在图像上单击设置取样点以后，向右拖曳鼠标可以增加图像的饱和度，向左拖曳鼠标可以降低图像的饱和度，如图9-151所示。
- 着色：选中该复选框后，图像会整体偏向于单一的红色调，还可以通过拖曳3个滑块来调节图像的色调，如图9-152所示。

图9-151

图9-152

018 练习——使用色相/饱和度矫正偏色图像

案例文件	练习实例——使用色相/饱和度矫正偏色图像.psd
视频教学	练习实例——使用色相/饱和度矫正偏色图像.flv
难易指数	★★★★★
知识掌握	"色相/饱和度"命令的使用

案例效果

本例的处理前后对比效果如图9-153所示。

图9-153

图9-155

图9-156

操作步骤

图9-154

步骤01 打开本书配套光盘中的素材文件，从图中可以看到本该是纯白色的皮毛上呈现出比较严重的偏色问题，如图9-154所示。

步骤02 创建新的"色相/饱和度"调整图层，在"属性"面板中首先选择"红色"通道，设置"饱和度"为+21，设置"明度"为+45；再选择"黄色"通道，设置"明度"为+100；再选择"绿色"通道，设置"明度"为+100，如图9-155所示。

步骤03 此时可以看到动物的毛色变白了，但是背景颜色也发生了变化，所以需要在图层蒙版上使用黑色画笔涂抹背景部分，使其颜色还原，如图9-156所示。

步骤04 创建新的"曲线"调整图层，在"属性"面板中调整曲线形状，对整体亮度进行调整，最终效果如图9-157所示。

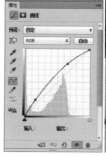

图9-157

019 练习——使用色相/饱和度还原真彩图像

案例文件	练习实例——使用色相/饱和度还原真彩图像.psd
视频教学	练习实例——使用色相/饱和度还原真彩图像.flv
难易指数	★★★★★
知识掌握	"色相/饱和度"命令的使用

案例效果

本案例的处理前后效果对比如图9-158所示。

图9-158

操作步骤

图9-159

步骤01 首先打开照片素材文件，可以看到照片整体偏灰，本应金黄色的麦田饱和度很低，远处的天空和森林明度偏低，如图9-159所示。

步骤02 执行"图层>新建调整图层>色相/饱和度"菜单命令，创建一个新的"色相/饱和度"调整图层，由于画面中主要包含黄色（地面的颜色）、绿色（远处森林的颜色）、蓝色（天空的颜色）这3种颜色，所以可以在"属性"面板中针对这3个颜色通道进行分别调整。首先选择"黄色"通道，调整其"饱和度"为49，此时可以看到地面部分颜色鲜艳了很多，如图9-160所示。

图9-160

步骤03 选择"绿色"通道，调整其"色相"为32，"饱和度"为59，此时可以看到森林部分颜色由原来偏黄的橄榄绿色调整为草绿色，而且饱和度有所提升，如图9-161所示。

图9-161

步骤04 选择"蓝色"通道，调整其"饱和度"为81，可以看到天空的蓝色更为明显，并且设置"明度"为36，提高了天空的亮度，如图9-162所示。

图9-162

步骤05 由于在前面的调整中提高了黄色的饱和度，不仅地面饱和度升高，人像的皮肤饱和度也发生了变化，所以需要使用黑色柔角画笔在"色相/饱和度"调整图层蒙版中涂抹人像皮肤的部分，还原正常肤色，如图9-163所示。

图9-163

步骤06 执行"图层>新建调整图层>曲线"菜单命令，创建一个新的"曲线"调整图层，在"属性"面板中调整曲线形状，使画面变亮，如图9-164所示。

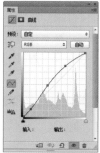

图9-164

步骤07 最后导入前景文字素材，最终效果如图9-165所示。

图9-165

---

020 练习——色相/饱和度打造秋季变夏季

案例文件	练习实例——色相/饱和度打造秋季变夏季.psd
视频教学	练习实例——色相/饱和度打造秋季变夏季.flv
难度级别	★★★★★
技术要点	色相/饱和度

案例效果

本案例处理前后对比效果如图9-166所示。

操作步骤

步骤01 打开本书配套光盘中的素材文件，如图9-167所示。

步骤02 创建新的"曲线"调整图层，在弹出的"属性"面板调整曲线形状，增强画面对比度与亮度，如图9-168所示。

图9-166

图9-167　　　　　　　图9-168

为14，"饱和度"为21，改变天空的颜色，如图9-170所示。

步骤05 最后导入边框与艺术字素材文件，最终效果如图9-171所示。

图9-169

步骤03 创建新的"色相/饱和度"调整图层，在弹出的"属性"面板调整颜色参数，首先调整"全图"的"饱和度"为43，增强画面整体饱和度；设置通道为"黄色"，设置"色相"为25，"饱和度"为28；设置通道为"绿色"，调整"饱和度"为52，"明度"为48，使草地部分变鲜艳；设置颜色为"青色"，调整其"饱和度"为51；设置通道为"蓝色"，设置其"色相"为-26，改变天空部分的颜色，如图9-169所示。

步骤04 创建新的"色相/饱和度2"调整图层，在弹出的"属性"面板调整颜色参数，设置通道为"青色"，调整其"色相"

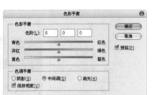

图9-170　　　　　　　图9-171

知识精讲：色彩平衡

使用"色彩平衡"命令调整图像的颜色时根据颜色的补色原理，要减少某个颜色就增加这种颜色的补色。该命令可以控制图像的颜色分布，使图像整体达到色彩平衡。执行"图像>调整>色彩平衡"菜单命令或按Ctrl+B组合键，打开"色彩平衡"对话框，如图9-172所示。

- 色彩平衡：用于调整"青色-红色"、"洋红-绿色"以及"黄色-蓝色"在图像中所占的比例，可以手动输入，也可以拖曳滑块进行调整。例如，向左拖曳"青色-红色"滑块，可以在图像中增加青色，同时减少其补色红色；向右拖曳"青色-红色"滑块，可以在图像中增加红色，同时减少其补色青色，如图9-173所示。

图9-172

- 色调平衡：选择调整色彩平衡的方式，包含"阴影"、"中间调"和"高光"3个选项，如图9-174所示分别是原图、向"阴影"、"中间调"和"高光"添加蓝色以后的效果。

图9-173

图9-174

- 保持明度：如果选中"保持明度"复选框，如图9-175 所示，还可以保持图像的色调不变，以防止亮度值随 着颜色的改变而改变。

图9-175

021 练习——使用色彩平衡快速改变画面色温

案例文件	练习实例——使用色彩平衡快速改变画面色温.psd
视频教学	练习实例——使用色彩平衡快速改变画面色温.flv
难易指数	★★★★★
技术要点	"色彩平衡"命令

案例效果

本案例处理前后对比效果如图9-176所示。

图9-176

操作步骤

步骤01 打开本书配套光盘中的素材文件，如图9-177所示，当前选择的素材文件整体色调偏向暖黄色，如果想要模拟出青蓝色系的冷调效果可以使用"色彩平衡"命令进行制作。

步骤02 执行"图层>新建调整图层>色彩平衡"菜单命令，创建新的"色彩平衡"调整图层，设置色调为中间调，"青色-红色"为－58，"黄色-蓝色"色阶为+62，此时可以看到画面整体色调倾向发生变化，如图9-178所示。

图9-177   图9-178

知识精讲：黑白

"黑白"命令具有两项功能："黑白"命令可把彩色图像转换为黑白图像的同时控制每一种色调的量；"黑白"命令还可以将黑白图像转换为带有颜色的单色图像。执行"图像>调整>黑白"菜单命令或按Shift+Ctrl+Alt+B组合键，打开"黑白"对话框，如图9-179所示。

- 预设：在"预设"下拉列表中提供了12种黑白图像效果，可以直接选择相应的预设来创建黑白图像。
- 颜色：这6个选项用来调整图像中特定颜色的灰色调。例如，在这张图像中，向左拖曳"红色"滑块，可以使由红色转换而来的灰度色变暗，如图9-180(a)所示；向右拖曳，则可以使灰度色变亮，如图9-180(b)所示。

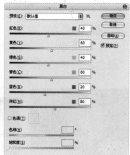

图9-179

(a)

(b)

图9-180

色调/色相/饱和度：选中"色调"复选框，可以为黑色图像着色，以创建单色图像，另外还可以调整单色图像的色相和饱和度，如图9-181所示。

图9-181

答疑解惑——"去色"命令与"黑白"命令有什么不同?

"去色"命令能简单地去掉所有颜色，只保留原图像中单纯的黑白灰关系，并且将丢失很多细节。而"黑白"命令则可以通过参数的设置调整各个颜色在黑白图像中的亮度，这是"去色"命令所不能够达到的，所以如果想要制作高质量的黑白照片则需要使用"黑白"命令。

022 练习——制作层次丰富的黑白照片

案例文件	练习实例——制作层次丰富的黑白照片.psd
视频教学	练习实例——制作层次丰富的黑白照片.flv
难易指数	★★★★★
技术要点	"黑白"命令

案例效果

本案例处理前后对比效果如图9-182所示。

操作步骤

步骤01 打开背景文件，导入照片素材并摆放到合适的位置，如图9-183所示。

图9-182　　　　　　　　图9-183

步骤02 首先为人像进行磨皮，执行"滤色>杂色>蒙尘与划痕"菜单命令，在弹出的对话框中设置"半径"为4像素，"阈值"为10色阶，如图9-184所示。

图9-184

步骤03 由于除了皮肤外，衣服、帽子等也被模糊了，所以需要打开"历史记录"面板，标记"蒙尘与划痕"操作，并回到上一步。然后单击历史记录画笔工具，回到人像图层中，只涂抹皮肤部分，使皮肤部分变光滑，如图9-185所示。

步骤04 执行"图层>新建调整图层>黑白"菜单命令，创建新的"黑白"调整图层，在"属性"面板中调整"红色"为62，"黄色"为85，"青色"为151，"蓝色"为-32，"洋红"为83，如图9-186所示。

图9-185　　　　　　　图9-186

步骤05 按Ctrl+Shift+Alt+E组合键盖印图层。由于原图背景有些偏灰，人像与背景对比度不够强烈，因此使用加深工具，将背景区域绘制成全黑色效果，如图9-187所示。

步骤06 最后使用横排文字工具，设置合适的字体和字号，在画面底部输入白色装饰文字，最终效果如图9-188所示。

图9-187　　　　　图9-188

知识精讲：通道混合器

对图像执行"图像>调整>通道混合器"命令可以对图像的某一个通道的颜色进行调整，以创建出各种不同色调的图像，同时也可以用来创建高品质的灰度图像，如图9-189所示。执行"通道混合器"菜单命令，弹出"通道混合器"对话框如图9-190所示。

图9-189

图9-190

- 预设/预设选项：Photoshop提供了6种制作黑白图像的预设效果；单击"预设选项"按钮，在弹出的菜单中选择相应命令可以对当前设置的参数进行保存，或载入一个外部的预设调整文件。
- 输出通道：在下拉列表中可以选择一种通道来对图像的色调进行调整。
- 源通道：用来设置源通道在输出通道中所占的百分比。将一个源通道的滑块向左拖曳，可以减小该通道

在输出通道中所占的百分比；向右拖曳，则可以增加百分比。
- 总计：显示源通道的计数值。如果计数值大于100%，则有可能会丢失一些阴影和高光细节。
- 常数：用来设置输出通道的灰度值，负值可以在通道中增加黑色，正值可以在通道中增加白色。
- 单色：选中该复选框后，图像将变成黑白效果。

⓿②③ 练习——使用通道混合器打造复古效果

案例文件	练习实例——使用通道混合器打造复古效果.psd
视频教学	练习实例——使用通道混合器打造复古效果.flv
难易指数	★★★★★
知识掌握	通道混合器

案例效果

本案例处理前后对比效果如图9-191所示。

操作步骤

步骤01 打开本书配套光盘中的背景素材文件，将其作为风景背景，如图9-192所示。

图9-191　　　　　　　图9-192

步骤02 导入风景素材图片文件，调整好大小和位置。然后执行"图层>图层样式>投影"菜单命令，打开"图层样式"对话框，然后设置"混合模式"为正片叠底，"不透明度"为75%，"角度"为113度，"距离"为2像素，"大小"为5像素，如图9-193所示。

　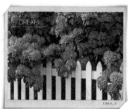

图9-193

技巧提示

"投影"样式可以为图层添加投影，使其产生立体感。角度用来设置投影应用于图层时的光照角度，指针方向为光源方向，相反方向为投影方向，在"投影"样式中作用极大。

步骤03 对整体颜色进行调整，执行"图层>新建调整图层>亮度/对比度"菜单命令，创建新的"亮度/对比度"调整图层，在"属性"面板中设置"亮度"为65。然后在该调整图层上单击鼠标右键执行"创建剪贴蒙版"命令，只对风景图层进行调整，如图9-194所示。

图9-194

步骤04 创建新的"可选颜色"调整图层，在"属性"面板中选择"红色"通道，设置"洋红"为+100%；选择"黄色"通道，调整"青色"为+81%，"洋红"为+60%；再选择"绿色"通道，调整"青色"为+100%。并单击鼠标右键执行"创建剪贴蒙版"命令，如图9-195所示。

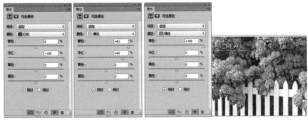

图9-195

步骤05 创建新的"通道混合器"调整图层，在"属性"面板中选择"红色"通道，设置"红色"为+76%，"常数"为+28%，并设置其图层的"不透明度"为40%，如图9-196所示。

图9-196

步骤06 创建新的"照片滤镜"调整图层，在"属性"面板中设置"滤镜"为"深黄"，"浓度"为79%。然后在该图层上单击鼠标右键执行"创建剪贴蒙版"命令，并设置其图层的"不透明度"为52%，如图9-197所示。

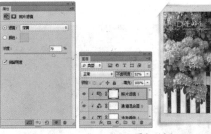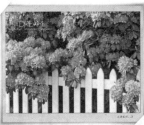

图9-197

步骤07 创建新的"色相/饱和度"调整图层，在"属性"面板中设置"饱和度"为-59，"明度"为-100。然后使用黑色画笔在蒙版中绘制一个圆点，按Ctrl+T组合键执行"自由变换"命令，将其放大变虚，使边角变暗，而中间变亮，如图9-198所示。

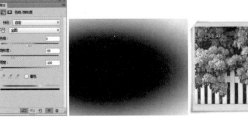

图9-198

步骤08 导入纹理素材图片，在"图层"面板中将混合模式设置为"叠加"，调整"不透明度"为70%，最终效果如图9-199所示。

图9-199

知识精讲：颜色查找

执行"图像>调整>颜色查找"命令，在弹出的窗口中可以从以下方式中选择用于颜色查找的方式：3DLUT文件，摘要，设备链接。并在每种方式的下拉列表中选择合适的类型，选择完成后可以看到图像整体颜色发生了风格化的效果，如图9-200所示。

图9-200

知识精讲：可选颜色

"可选颜色"命令可以在图像中的每个主要原色成分中更改印刷色的数量，也可以在不影响其他主要颜色的情况下有选择地修改任何主要颜色中的印刷色数量。

打开一张图像，执行"图像>调整>可选颜色"菜单命令，打开"可选颜色"对话框，如图9-201所示。

- 颜色：在下拉列表中选择要修改的颜色，然后在下面对颜色进行调整，可以调整该颜色中青色、洋红、黄色和黑色所占的百分比。
- 方法：选择"相对"方式，可以根据颜色总量的百分比来修改青色、洋红、黄色和黑色的数量；选择"绝对"方式，可以采用绝对值来调整颜色。

图9-201

第 9 章 图像颜色调整

024 练习——打造复古灰黄调

案例文件	练习实例——打造复古灰黄调.psd
视频教学	练习实例——打造复古灰黄调.flv
难易指数	★★★★★
知识掌握	掌握"可选颜色"、"亮度/对比度"、"色相/饱和度"调整图层的设置方法

案例效果

本案例处理前后对比效果如图9-202所示。

图9-202

操作步骤

步骤01 打开本书配套光盘中的素材文件，如图9-203所示。

步骤02 由于画面偏色问题严重，首先需要解决人像肤色偏暗的问题。创建新的"可选颜色"调整图层，由于人像皮肤中"红"的比例较大，所以在"调整"面板中将"颜色"设置为"红色"，调整"黑色"为－34%，如图9-204所示。

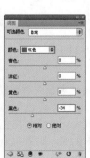

图9-203　　　　　图9-204

步骤03 创建新的"亮度/对比度"调整图层，在"属性"面板中设置"对比度"为100，增强画面对比度，如图9-205所示。

步骤04 创建"色相/饱和度"调整图层，在"属性"面板中设置"饱和度"为－50。使画面色调倾向于一种高雅的咖啡色调，如图9-206所示。

图9-205　　　　　图9-206

步骤05 创建新的"可选颜色"调整图层，在"属性"面板中选择"白色"，设置"黄色"为+11%，使画面亮调部分倾向于黄色；再选择"黑色"，设置"青色"为+8%，"黄色"为－13%，使画面暗调部分倾向于紫色，最终效果如图9-207所示。

图9-207

025 练习——使用可选颜色制作金色的草地

案例文件	练习实例——打造复古灰黄调.psd
视频教学	练习实例——打造复古灰黄调.flv
难易指数	★★★★★
知识掌握	"可选颜色"调整图层

案例效果

本案例处理前后对比效果如图9-208所示。

操作步骤

步骤01 打开本书配套光盘中的素材文件，如图9-209所示。

图9-208　　　　　图9-209

步骤02 对图像进行颜色调整，创建新的"可选颜色"调整图层，在"属性"面板中选择"黄色"，设置"青色"为－100%，"洋红"为+59%；选择"绿色"，设置"青色"为－100%，"洋红"为+100%，"黄色"为+100%，"黑色"为+100%；选择"青色"，设置"黄色"为+100%；选择"蓝色"，设置"青色"为+100%，"洋红"为+100%，"黑色"为+100%，如图9-210所示。

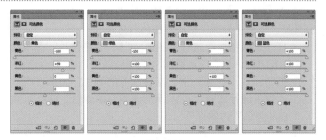

图9-210

步骤03 此时可以看到草地部分的颜色由之前的绿色变为土黄色，如图9-211所示。

步骤04 由于天空和草地部分饱和度偏低，需要创建新的"色相/饱和度"调整图层，在"属性"面板中设置"色相"为－6，"饱和度"为+56，并在图层蒙版中使用黑色画笔绘制涂抹人像部分，此时画面颜色非常鲜艳，如图9-212所示。

图9-211　　　　　　图9-212

026 练习——使用可选颜色制作LOMO色调照片

案例文件	练习实例——使用可选颜色制作LOMO色调照片.psd
视频教学	练习实例——使用可选颜色制作LOMO色调照片.flv
难易指数	★★★★★
知识掌握	"可选颜色"调整图层、圆角选框工具

案例效果

本案例处理前后对比效果如图9-213所示。

操作步骤

步骤01 打开本书配套光盘中的素材文件，如图9-214所示。

图9-213　　　　　图9-214

步骤02 对整体颜色进行调整。创建新的"色相/饱和度"调整图层，在"属性"面板中设置颜色通道为"绿色"，设置"色相"为－180，"饱和度"为－100，"明度"为+100，此时草地部分变为灰白效果，如图9-215所示。

图9-215

步骤03 创建新的"可选颜色"调整图层，在"属性"面板中选择"中性色"，设置"青色"为－36%，"洋红"为+7%，"黄色"为+10%；选择"黑色"，设置"青色"为－20%，"黄色"为－37%，如图9-216所示。

图9-216

步骤04 创建新的"曲线"调整图层,在"属性"面板中调整曲线形状,使画面变暗。并在"曲线"调整图层蒙版中使用黑色柔角画笔涂抹画面中心的部分,使调整图层只针对画面四角起作用,如图9-217所示。

图9-217

步骤05 单击工具箱中的圆角矩形工具 ,在选项栏中设置

绘制模式为"路径",在画面中绘制出一个圆角矩形,单击鼠标右键执行"建立选区"命令,并按Ctrl+Shift+I组合键进行反向区域的选择,得到边缘部分的选区,如图9-218所示。

步骤06 设置前景色为白色,按Alt+Delete组合键填充颜色为白色,如图9-219所示。

步骤07 单击工具箱中的横排文字工具,在选项栏中设置合适的字体、字号等属性,在画面顶部输入文字作为装饰,如图9-220所示。

图9-218   图9-219   图9-220

技巧提示

如果在图层蒙版中,怕使用画笔绘制涂抹出的效果不够均匀,也可以在图层蒙版上使用黑色柔角画笔绘制一个圆点,然后按Ctrl+T组合键执行"自由变换"命令,将圆点放大使边缘变虚。这样绘制出的效果更均匀。

027 练习——打造梦幻炫彩效果

案例文件	练习实例——打造梦幻炫彩效果.psd
视频教学	练习实例——打造梦幻炫彩效果.flv
难易指数	★★★★★
知识掌握	"可选颜色"调整图层

案例效果

本案例处理前后对比效果如图9-221所示。

操作步骤

步骤01 打开本书配套光盘中的素材文件,如图9-222所示。

图9-221   图9-222

步骤02 由于画面中人像肤色稍显暗淡,所以首先需要针对人像肤色区域进行颜色的调整。创建新的"可选颜色"调整图层,在"属性"面板中选择"红色",设置"黑色"为﹣64%;选择

"黄色",设置"黑色"为﹣100%;选择"洋红",设置"黑色"为+8%,如图9-223所示。

图9-223

步骤03 单击渐变工具 ,在选项栏中单击编辑渐变,在弹出的"渐变编辑器"窗口中调整渐变颜色为多彩渐变,设置渐变类 为线性渐变,由下而上拖曳绘制渐变,如图9-224所示。

步骤04 将该图层的混合模式设置为"滤色",如图9-225所示。

图9-224

图9-225

步骤05 制作艺术文字，放在渐变图层的下方，如图9-226所示。

图9-226

步骤06 导入光效素材文件，放在"图层"面板的最顶端，设置混合模式为"滤色"，可以看到光效素材中黑色的部分被隐藏，如图9-227所示。

步骤07 最终效果如图9-228所示。

图9-227　　　　　　　图9-228

技巧提示

（1）首先输入文字。（2）将文字栅格化后填充渐变色。（3）复制一个文字图层并填充白色，使用矩形选框工具框选下半部分后删除并设置图层"不透明度"为56%，放在渐变文字上方。（4）复制并合并两个文字图层，垂直翻转后摆放在底部。（5）降低倒影图层不透明度，并使用柔角橡皮擦工具擦除下半部分，制作出倒影效果。流程如图9-229所示。

图9-229

028 理论——使用"匹配颜色"命令

　　"匹配颜色"命令的原理是：将一个图像作为源图像，另一个图像作为目标图像，然后以源图像的颜色与目标图像的颜色进行匹配。源图像和目标图像可以是两个独立的文件，也可以匹配同一个图像中不同图层之间的颜色。

操作步骤

步骤01 打开两张图像，选中其中一个文档，执行"图像>调整>匹配颜色"菜单命令，打开"匹配颜色"对话框，如图9-230所示。

图9-230

步骤02 在"目标图像"选项中显示了要修改的图像的名称以及颜色模式。"应用调整时忽略选区"复选框用于控制如果目标图像（即被修改的图像）中存在选区，选中该复选框，Photoshop将忽视选区的存在，会将调整应用到整个图像，如图9-231(a)所示；如果不选中该复选框，那么调整只针对选区内的图像，如图9-231(b)所示。

　　　(a)　　　　　　　　(b)

图9-231

步骤03 "明亮度"选项用来调整图像匹配的明亮程度，数值越大画面亮度越高，数值越小画面越暗，如图9-232所示分别为数值为1、100、200的对比效果。

步骤04 "颜色强度"选项相当于图像的饱和度，因此它用来调整图像的饱和度，如图9-233所示分别是设置该值为1和200时的颜色匹配效果。

图9-232

图9-233

步骤05 "渐隐"选项有点类似于图层蒙版，它决定了有多少源图像的颜色匹配到目标图像的颜色中，如图9-234所示分别是设置该值为50和100（不应用调整）时的匹配效果。

图9-234

步骤06 选中"中和"复选框可以去除匹配后图像中的偏色现象，如图9-235所示。

图9-235

步骤07 当"目标图像"选择为源图像时，选中"使用源选区计算颜色"复选框可以使用源图像中的选区图像的颜色来计算匹配颜色，如图9-236所示。

图9-236

步骤08 选中"使用目标选区计算调整"复选框可以使用目标图像中的选区图像的颜色来计算匹配颜色，如图9-237所示分别为选中该复选框和取消选中该复选框的对比效果。

图9-237

步骤09 "源"选项用来选择源图像，即将颜色匹配到目标图像的图像；"图层"选项用来选择需要用来匹配颜色的图层。

步骤10 "载入统计数据"和"存储统计数据"选项主要用来载入已存储的设置与存储当前的设置。

 读书笔记

知识精讲：替换颜色

"替换颜色"命令可以修改图像中选定颜色的色相、饱和度和明度，从而将选定的颜色替换为其他颜色。打开一张图像，然后执行"图像>调整>替换颜色"菜单命令，打开"替换颜色"对话框，如图9-238所示。

○ 吸管：使用吸管工具 在图像上单击，可以选中单击点处的颜色，同时在"选区"缩略图中也会显示出选中的颜色区域（白色代表选中的颜色，黑色代表未选中的颜色），如图9-239所示；使用添加到取样 在图像上单击，可以将单击点处的颜色添加到选中的颜色中，如图9-240所示；使用从取样中减去 在图像上单击，可以将单击点处的颜色从选定的颜色中减去，如图9-241所示。

图9-238

图9-239

图9-240

图9-241

⚫ **本地化颜色簇：** 该选项主要用来在图像上选择多种颜色。例如，如果要选中图像中的红色和黄色，可以先选中该复选框，然后使用吸管工具 ▨ 在红色上单击，再使用添加到取样 ▨ 在黄色上单击，同时选中这两种颜色（如果继续单击其他颜色，还可以选中多种颜色），这样就可以同时调整多种颜色的色相、饱和度和明度。

029 练习——使用替换颜色替换天空颜色

案例文件	练习实例——使用替换颜色替换天空颜色.psd
视频教学	练习实例——使用替换颜色替换天空颜色.flv
难易指数	★★★★★
技术要点	"替换颜色"命令

案例效果

本案例处理前后对比效果如图9-245所示。

⚫ **颜色：** 显示选中的颜色，如图9-242所示。

图9-242

⚫ **颜色容差：** 该选项用来控制选中颜色的范围。数值越大，选中的颜色范围越广，如图9-243所示。

图9-243

⚫ **选区/图像：** 选择"选区"方式，可以以蒙版方式进行显示，其中白色表示选中的颜色，黑色表示未选中的颜色，灰色表示只选中了部分颜色，如图9-244(a)所示；选择"图像"方式，则只显示图像，如图9-244(b)所示。

(a)　　　　　(b)

图9-244

⚫ **色相/饱和度/明度：** 这3个选项与"色相/饱和度"命令的3个选项相同，可以调整选定颜色的色相、饱和度和明度。

图9-245

操作步骤

步骤01 打开素材图像，如图9-246所示。当前天空颜色为蓝色系渐变，若要将这部分颜色更换为其他颜色不仅可以使用"色相/饱和度"命令，也可以使用"替换颜色"命令。

图9-246

步骤02 为背景更换颜色，执行"图像>调整>替换颜色"菜单命令，打开"替换颜色"对话框，设置"颜色容差"为71，"色相"为-122，"饱和度"为+37，"明度"为+28，如图9-247所示。

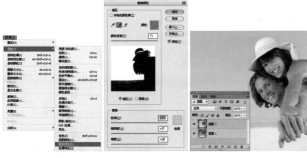

图9-247

步骤03 创建新的"可选颜色"调整图层，在"属性"面板中选择"红色"，设置"洋红"为-27%，"黄色"为-14%；选择"黄色"，设置"青色"为-35%，"洋红"为+35%，"黄色"为+100%，"黑色"为-34%，如图9-248所示。

图9-248

步骤04 导入前景素材，最终效果如图9-249所示。

图9-249

9.7 特殊色调调整的命令

030 理论——使用"反相"命令

"反相"命令可以将图像中的某种颜色转换为它的补色，即将原来的黑色变成白色，将原来的白色变成黑色，从而创建出负片效果，如图9-250所示。

执行"图层>调整>反相"菜单命令或按Ctrl+I组合键，即可得到反相效果。"反相"命令是一个可以逆向操作的命令，例如对一张图像执行"反相"命令，创建出负片效果，再次对负片图像执行"反相"命令，又会得到原来的图像。

图9-250

031 理论——使用"色调分离"命令

"色调分离"命令可以指定图像中每个通道的色阶数目或亮度值，然后将像素映射到最接近的匹配级别，如图9-251所示。

对图像执行"图像>调整>色调分离"菜单命令，打开"色调分离"对话框，在此可以进行"色阶"数量的设置，设置的"色阶"值越小，分离的色调越多；"色阶"值越大，保留的图像细节就越多。如图9-252所示分别为原图、色阶数为6和色阶数为2的对比效果。

图9-251

图9-252

⓪32 理论——使用"阈值"命令

"阈值"是基于图片亮度的一个黑白分界值。在Photoshop中使用"阈值"命令将删除图像中的色彩信息，将其转换为只有黑白两种颜色的图像，并且比阈值亮的像素将转换为白色，比阈值暗的像素将转换为黑色，如图9-253所示。

对图像执行"图像>调整>阈值"菜单命令，在弹出的"阈值"对话框中拖曳直方图下面的滑块或输入"阈值色阶"数值可以指定一个色阶作为阈值，如图9-254所示。

图9-253　　　　　　　图9-254

⓪33 理论——使用"渐变映射"命令

"渐变映射"命令的工作原理其实很简单，先将图像转换为灰度图像，然后将相等的图像灰度范围映射到指定的渐变填充色，即是将渐变色映射到图像上，如图9-255所示。

图9-255

操作步骤

步骤01 执行"图像>调整>渐变映射"菜单命令，打开"渐变映射"对话框，如图9-256所示。

图9-256

步骤02 单击"灰度映射所用的渐变"选项组中的渐变条，打开"渐变编辑器"窗口，在其中可以选择或重新编辑一种渐变应用到图像上，如图9-257所示。

图9-257

步骤03 选中"仿色"复选框以后，Photoshop会添加一些随机的杂色来平滑渐变效果。

步骤04 选中"反向"复选框以后，可以反转渐变的填充方向，映射出的渐变效果也会发生变化，如图9-258所示。

图9-258

知识精讲：HDR色调

HDR的全称是High Dynamic Range，即高动态范围。"HDR色调"命令可以用来修补太亮或太暗的图像，制作出高动态范围的图像效果，对于处理风景图像非常有用。HDR图像具有几个显而易见的特征：亮的地方可以非常亮，暗的地方可以非常暗，并且亮暗部的细节都很明显，如图9-259所示。

执行"图像>调整>HDR色调"菜单命令，打开"HDR色调"对话框，在该对话框中可以使用预设选项，也可以自行设定参数，如图9-260所示。

- 预设：在下拉列表中可以选择预设的HDR效果，既有黑白效果，也有彩色效果。
- 方法：选择调整图像采用何种HDR方法。
- 边缘光：该选项组用于调整图像边缘光的强度。
- 色调和细节：调节该选项组中的选项可以使图像的色

调和细节更加丰富细腻。

- 高级：该选项组可以用来调整图像的整体色彩。
- 色调曲线和直方图：该选项组的使用方法与"曲线"命令的使用方法相同。

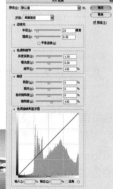

图9-259　　　　　　　图9-260

034 练习——模拟强烈对比的HDR效果

案例文件	练习实例——模拟强烈对比的HDR效果.psd
视频教学	练习实例——模拟强烈对比的HDR效果.flv
难易指数	★★★★★
技术掌握	HDR色调

案例效果

本例主要是利用"曲线"、"色相/饱和度"、"可选颜色"以及"颜色替换"命令制作红外线效果，对比效果如图9-261所示。

图9-261

操作步骤

步骤01 打开本书配套光盘中的素材文件，如图9-262所示。

图9-262

步骤02 按Ctrl+J组合键复制出一个风景副本，然后执行"滤镜>锐化>智能锐化"菜单命令，设置"数量"为45%，"半径"为3像素，使图像细节清晰了很多，如图9-263所示。

图9-263

步骤03 执行"图像>调整>阴影/高光"菜单命令，在打开的对话框中设置阴影"数量"为82%，"色调宽度"为49%，"半径"为30像素。高光"数量"为9%，"色调宽度"为66%，"半径"为30像素，调整"颜色校正"为+90，"中

间调对比度"为+55。此时画面中亮部区域和暗部区域的细节都明显了很多，如图9-264所示。

图9-264

步骤04 按Ctrl+J组合键，复制出图像副本，接着执行"图像>调整>HDR色调"菜单命令，在打开的对话框中设置具体参数，如图9-265所示。

图9-265

步骤05 将该图层混合模式设置为"叠加"，调整"不透明度"为85%，如图9-266所示。

图9-266

步骤06 创建新的"色相/饱和度"调整图层，在"属性"面板中选择"青色"，设置"色相"为+20，改变天空的颜色，最终效果如图9-267所示。

图9-267

035 综合——粉树林

案例文件	综合实例——粉树林.psd
视频教学	综合实例——粉树林.flv
难易指数	★★★★★
技术要点	"曲线"、"可选颜色"、"色相/饱和度"命令

案例效果

本案例处理前后对比效果如图9-268所示。

操作步骤

步骤01 打开素材文件，如图9-269所示。

图9-268　　　　　　　　　图9-269

步骤02 首先需要将画面中树林部分亮度提高，执行"图层>新建调整图层>曲线"菜单命令，在弹出的"属性"面板中调整曲线形状，模拟出S形曲线，如图9-270所示。

图9-270

步骤03 经过步骤02中的曲线调整后，画面中人像部分出现曝光过度的问题，单击工具箱中的画笔工具，设置前景色为黑色，使用圆形柔角画笔涂抹人像部分，使人像部分亮度还原，如图9-271所示。

图9-271

步骤04 再次创建一个"色相/饱和度"调整图层，用于改变背景树林的颜色。首先设置"全图"的"色相"为-41，"饱

和度"为52；设置通道为"黄色"，调整"色相"为-28；设置通道为"绿色"，设置"色相"为-85。并使用黑色画笔在图层蒙版中涂抹树林以外的部分，效果如图9-272所示。

图9-272

步骤05 继续执行"图层>新建曲线调整图层>可选颜色"菜单命令，设置"颜色"为"青色"，调整其"青色"为69%，"黄色"为-100%，"黑色"为100%，此时人像服装的颜色变为青色，如图9-273所示。

步骤06 为了强化衣服的颜色，可以复制一个"可选颜色"调整图层，并更改其数值，修改"青色"为100%，"黄色"为-47%，"黑色"为56%，如图9-274所示。

图9-273　　　　　　　　　图9-274

步骤07 最后导入艺术字素材，最终效果如图9-275所示。

图9-275

036 综合——打造奇幻外景青色调

案例文件	综合实例——打造奇幻外景青色调.psd
视频教学	综合实例——打造奇幻外景青色调.flv
难易指数	★★★★★
知识掌握	"色相/饱和度"、"可选颜色"与"曲线"调整图层的设置方法

案例效果

本案例处理前后对比效果如图9-276所示。

操作步骤

步骤01 打开本书配套光盘中的素材文件，如图9-277所示。

图9-276　　　　图9-277

步骤02 首先处理地面的污迹。单击工具箱中的画笔工具，设置前景色为灰色（R：136，G：133，B：130），在选项栏中单击"画笔预设"拾取器，选择一个柔角画笔。设置"大小"为110像素，降低画笔的"不透明度"为70%，在地面上进行绘制涂抹，去除地面上的污迹，如图9-278所示。

图9-278

步骤03 对天空及植物部分的颜色进行调整。创建新的"色相/饱和度"调整图层，在图层蒙版上使用黑色画笔涂抹人像与墙壁部分，使人物与地面不受影响，在"调整"面板中首先选择"全图"，设置"色相"为+2；再选择"黄色"，设置"色相"为+165，如图9-279所示。

图9-279

步骤04 创建新的"可选颜色"调整图层，在图层蒙版上使用黑色画笔涂抹人像部分，在"属性"面板中选择"青色"，设置"黑色"为+100%。选择"蓝色"，设置"青色"为+100%，"洋红"为-100%，"黄色"为-100%，"黑色"为+100%。选择"白色"，设置"黑色"为-100%，此时画面整体倾向于青蓝色，如图9-280所示。

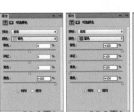

图9-280

步骤05 创建新的"曲线"调整图层，并在"曲线"调整图层的蒙版上填充黑色，使用白色画笔涂抹两边树的部分。在"属性"面板中调整曲线形状，提亮植物部分，使植物的细节更明确，如图9-281所示。

图9-281

步骤06 创建新的"色相/饱和度"调整图层，在"属性"面板中选择"蓝色"，设置"色相"为-69，只对图像中的蓝色作调整，使画面背景中的蓝色调转换为青色调，如图9-282所示。

图9-282

步骤07 创建新的"曲线"调整图层，首先使用黑色填充"曲线"调整图层的蒙版，然后使用白色柔角画笔涂抹四角处，使该调整图层只针对四角起作用。在"属性"面板中调整曲线形状，使画面中四角出现暗角效果，最终效果如图9-283所示。

图9-283

 **读书笔记**

图层的操作

相对于传统绘画的"单一平面操作"模式而言，以Photoshop为代表的"多图层"模式数字制图则大大的增强了图像编辑的扩展空间。在使用Photoshop制图时，有了"图层"这一功能不仅能够更加快捷地达到目的，更能够制作出意想不到的效果。在Photoshop中，图层是图像处理时必备的承载元素，通过图层的堆叠与混合可以制作出多种多样的效果。

本章学习要点：

掌握各种图层的创建和编辑方法

掌握图层样式的使用和编辑方法

掌握图层混合模式的使用方法

了解智能对象的运用

10.1 图层基础知识

图10-1

相对于传统绘画的"单一平面操作"模式而言，以Photoshop为代表的"多图层"模式数字制图则大大的增强了图像编辑的扩展空间。在使用Photoshop制图时，有了"图层"这一功能不仅能够更加快捷地达到目的，更能够制作出意想不到的效果。在Photoshop中，图层是图像处理时必备的承载元素，通过图层的堆叠与混合可以制作出多种多样的效果，如图10-1所示。

知识精讲：图层的原理

图层的原理其实非常简单，就像分别在多个透明的玻璃上绘画一样，在"玻璃1"上进行绘画不会影响到其他玻璃上的图像；移动"玻璃2"的位置时，那么"玻璃2"上的对象也会跟着移动；将"玻璃3"放在"玻璃2"上，那么"玻璃2"上的对象将被"玻璃3"覆盖；将所有玻璃叠放在一起则显现出图像最终效果，如图10-2所示。

图层的优势在于每一个图层中的对象都可以单独进行处理，既可以移动图层，也可以调整图层堆叠的顺序，而不会影响其他图层中的内容，如图10-3所示。

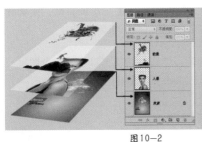

图10-2

调整图层堆叠顺序　　编辑某一图层　　移动图层位置　　调整图层不透明度

图10-3

 技巧提示

在编辑图层之前，首先需要在"图层"面板中单击该图层将其选中，所选图层将成为当前图层。绘画以及色调调整只能在一个图层中进行，而移动、对齐、变换或应用"样式"面板中的样式等则可以一次性处理所选的多个图层。

知识精讲：认识"图层"面板

"图层"面板是用于创建、编辑和管理图层以及图层样式的一种直观的"控制器"，如图10-4所示。在"图层"面板中，图层名称的左侧是图层的缩览图，它显示了图层中包含的图像内容，而缩览图中的棋盘格代表图像的透明区域，右侧则是名称的显示。

- 锁定透明像素◙：将编辑范围限制为只针对图层的不透明部分。
- 锁定图像像素☑：防止使用绘画工具修改图层的像素。
- 锁定位置✛：防止图层的像素被移动。
- 锁定全部🔒：锁定透明像素、图像像素和位置，处于这种状态下的图层将不能进行任何操作。

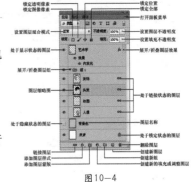

图10-4

 技巧提示

对于文字图层和形状，"锁定透明像素"按钮◙和"锁定图像像素"按钮☑在默认情况下处于不可用状态，而且不能更改，只有将其栅格化以后才能解锁透明像素和图像像素。

- 设置图层混合模式：用来设置当前图层的混合模式，使之与下面的图像产生混合。
- 不透明度：用来设置当前图层的不透明度。
- 填充：用来设置当前图层的填充不透明度。该选项与"不透明度"选项类似，但是不会影响图层样式效果。
- 处于显示/隐藏状态的图层 ：当该图标显示为眼睛形状时表示当前图层处于可见状态，而处于空白状态时则处于不可见状态。单击该图标可以在显示与隐藏之间进行切换。
- 展开/折叠图层组：单击该图标可以展开或折叠图层组。
- 展开/折叠图层效果：单击该图标可以展开或折叠图层效果，以显示出当前图层添加的所有效果的名称。
- 图层缩略图：显示图层中所包含的图像内容。其中棋盘格区域表示图像的透明区域，非棋盘格区域表示像素区域（即具有图像的区域）。

技术拓展：更改图层缩略图的显示方式

在默认状态下，缩略图的显示方式为小缩略图，如图10-5所示。在不同的操作情况下可以更改不同的图层显示方式以更好地配合操作。

图10-5

在图层缩略图上单击鼠标右键，然后在弹出的快捷菜单中选择相应的显示方式即可，如图10-6所示是相应缩略图显示方式。

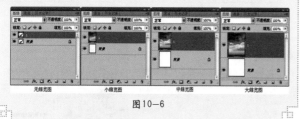

图10-6

- 链接图层 ∞：用来链接当前选择的多个图层。
- 处于链接状态的图层 ：当链接好两个或两个以上的图层以后，图层名称的右侧就会显示出链接标志。

技巧提示

被链接的图层可以在选中其中某一图层的情况下进行共同移动或变换等操作。

- 添加图层样式 ：单击该按钮，在弹出的菜单中选择一种样式，可以为当前图层添加一个图层样式。
- 添加图层蒙版 ：单击该按钮，可以为当前图层添加一个蒙版。

技巧提示

在没有选区的情况下单击该按钮，将为图层添加空白蒙版。在有选区的情况下单击此按钮，则选区内的部分在蒙版中显示白色，选区以外的区域则显示黑色。

- 创建新的填充或调整图层 ：单击该按钮，在弹出的菜单中选择相应的命令即可创建填充图层或调整图层。
- 创建新组 ：单击该按钮可以新建一个图层组，也可以使用按Ctrl+G组合键创建新图层组。

技巧提示

如果需要为所选图层创建一个图层组，可以将选中的图层拖曳到"创建新组"按钮 上。

- 创建新图层 ：单击该按钮可以新建一个图层，也可以使用按Ctrl+Shift+N组合键创建新图层。

技巧提示

将选中的图层拖曳到"创建新图层"按钮 上，可以为当前所选图层创建出相应的副本图层。

- 删除图层 ：单击该按钮可以删除当前选择的图层或图层组。也可以直接在选中图层或图层组的状态下按Delete键进行删除。
- 处于锁定状态的图层 ：当图层缩略图右侧显示有该图标时，表示该图层处于锁定状态。
- 打开面板菜单 ：单击该图标，可以打开"图层"面板的面板菜单，如图10-7所示。

图10-7

知识精讲：了解图层的类型

Photoshop中有多种类型的图层，例如视频图层、智能对象图层、3D图层等，而每种图层都有不同的功能和用途；也有处于不同状态的图层，例如选中状态、锁定状态、链接状态等，当然它们在"图层"面板中的显示状态也不相同，如图10-8所示。

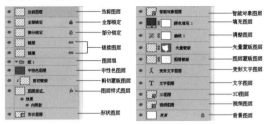

图10-8

- ⊙ 当前图层：当前所选择的图层。
- ⊙ 全部锁定图层：锁定了"透明像素"、"图像像素"、"位置"全部属性。
- ⊙ 部分锁定图层：锁定了"透明像素"、"图像像素"、"位置"属性中的一种或两种。
- ⊙ 链接图层：保持链接状态的多个图层。
- ⊙ 图层组：用于管理图层，以便于随时查找和编辑图层。

- ⊙ 中性色图层：填充了中性色的特殊图层，结合特定的混合模式可以用来承载滤镜或在上面绘画。
- ⊙ 剪贴蒙版图层：蒙版中的一种，可以使用一个图层中的图像控制它上面多个图层内容的显示范围。
- ⊙ 智能对象图层：包含有智能对象的图层。
- ⊙ 填充图层：通过填充纯色、渐变或图案创建的具有特殊效果的图层。
- ⊙ 调整图层：可以调整图像的色调，并且可以重复调整。
- ⊙ 矢量蒙版图层：带有矢量形状的蒙版图层。
- ⊙ 图层蒙版图层：添加了图层蒙版的图层，蒙版可以控制图层中图像的显示范围。
- ⊙ 图层样式图层：添加了图层样式的图层，通过图层样式可以快速创建出各种特效。
- ⊙ 变形文字图层：进行了变形处理的文字图层。
- ⊙ 文字图层：使用文字工具输入文字时所创建的图层。
- ⊙ 3D图层：包含有置入的3D文件的图层。
- ⊙ 视频图层：包含有视频文件帧的图层。
- ⊙ 背景图层：新建文档时创建的图层。"背景"图层始终位置面板的最底部，名称为"背景"两个字，且为斜体。

10.2 新建图层/图层组

新建图层/图层组的方法有很多种，可以通过执行"图层"菜单中的命令，也可以使用"图层"面板中的按钮，或者使用快捷键创建新的图层。当然也可以通过复制已有的图层来创建新的图层，还可以将图像中的局部创建为新的图层，当然也可以通过相应的命令来创建不同类型的图层。

001 理论——创建新图层

方法01 在"图层"面板底部单击"创建新图层"按钮 ，即可在当前图层上一层新建一个图层，如图10-9所示。

方法02 如果要在当前图层的下一层新建一个图层，可以按住Ctrl键单击"创建新图层"按钮 ，如图10-10所示。

图10-9

图10-10

方法03 如果要在创建图层的同时设置图层的属性，可以执行"图层>新建>图层"菜单命令，在弹出"新建图层"对话框可以设置图层的名称、颜色、混合模式和不透明度等，如图10-11所示。

图10-11

技巧提示

"背景"图层永远处于图层面板的最下方，即使按住Ctrl键也不能在其下方新建图层。

方法04 按住Alt键单击"创建新图层"按钮 或直接按Shift+Ctrl+N组合键也可以打开"新建图层"对话框，如图10-12所示。

图10—12

技巧提示

在图层过多时，为了便于区分查找，可以在"新建图层"对话框中设置图层的颜色，如设置"颜色"为"绿色"，如图10-13（a）所示，那么新建出来的图层就会被标记为绿色，这样有助于区分不同用途的图层，如图10-13（b）所示。

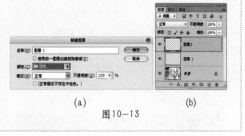

(a)　　　　　　　(b)

图10—13

002 理论——创建图层组

方法01 单击"图层"面板底部的"创建新组"按钮 ▣，即可在"图层"面板中出现新的图层组，如图10-14所示。

方法02 或者执行"图层>新建>组"菜单命令，在弹出的"新建组"对话框中可以对组的名称、颜色、模式、不透明度进行设置，设置结束之后单击"确定"按钮即可创建新组，如图10-15所示。

图10—14　　　　　　　图10—15

方法03 也可以从图层建立"图层组"，首先在"图层"面板中按住Alt键选择需要的图层，然后单击将其拖曳至"新建组"按钮上，如图10-16所示。

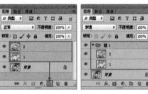

图10—16

方法04 也可以在选中图层的情况下执行"图层>新建>从图层建立组"菜单命令，然后在弹出的"从图层新建组"对话框中进行设置即可，如图10-17所示。

图10—17

003 理论——创建嵌套结构的图层组

嵌套结构的图层组就是在该组内还包含有其他的图层组，也就是"组中组"。创建方法是将当前图层组拖曳到"创建新组"按钮 ▣ 上，这样原始图层组将成为新组的下级组。或者创建新组，将原有的图层组拖曳放置在新创建的图层组中，如图10-18所示。

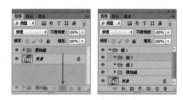

图10—18

004 理论——"通过拷贝的图层"命令创建图层

在对图像进行编辑的过程中经常需要将图像中的某一部分进行去除、复制或作为一个新的图层进行编辑。这种情况下就可以针对于选区内部的图像进行拷贝/剪切，并进行粘贴，粘贴之后的内容将作为一个新的图层出现。

方法01 选择一个图层以后，执行"图层>新建>通过拷贝的图层"菜单命令或按Ctrl+J组合键，可以将当前图层复制一份，如图10-19所示。

图10—19

方法02 如果当前图像中存在选区，使用"拷贝"、"粘贴"菜单命令或者执行"通过拷贝的图层"菜单命令都可以将选区中的图像复制到一个新的图层中，如图10-20所示。

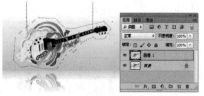

图10—20

005 理论——"通过剪切的图层"命令创建图层

在图像中创建了选区，然后执行"图层>新建>通过剪切的图层"菜单命令或按Shift+Ctrl+J组合键，可以将选区内的图像剪切到一个新的图层中，如图10-21所示。

图10—21

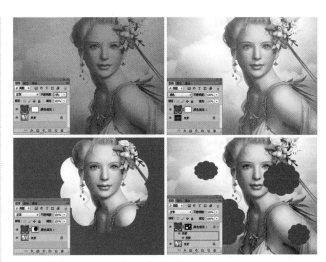

图10—24

006 理论——创建纯色填充图层

填充图层是一种比较特殊的图层，它可以使用纯色、渐变或图案填充图层。与普通图层相同，填充图层也可以设置混合模式、不透明度、图层样式以及编辑蒙版。纯色填充图层可以用一种颜色填充图层，并带有一个图层蒙版。

操作步骤

步骤01 执行"图层>新建填充图层>纯色"菜单命令，可以打开"新建图层"对话框，在该对话框中可以设置纯色填充图层的名称、颜色、混合模式和不透明度，并且可以为下一图层创建剪贴蒙版，如图10-22所示。

图10—22

步骤02 在"新建图层"对话框中设置好相关选项以后，单击"确定"按钮，打开"拾取实色"对话框，拾取一种颜色，单击"确定"按钮后即可创建一个纯色填充图层，如图10-23所示。

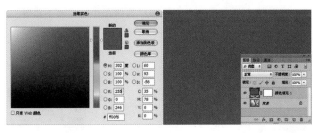

图10—23

步骤03 创建好纯色填充图层以后，可以对该填充图层进行混合模式、不透明度的调整或编辑其蒙版，当然也可以为其添加图层样式，如图10-24所示。

007 理论——创建渐变填充图层

渐变填充图层可以用一种渐变色填充图层，并带有一个图层蒙版。

步骤01 执行"图层>新建填充图层>渐变"菜单命令，可以打开"新建图层"对话框，在该对话框中可以设置渐变填充图层的名称、颜色、混合模式和不透明度，并且可以为下一图层创建剪贴蒙版，如图10-25所示。

图10—25

步骤02 在"新建图层"对话框中设置好相关选项以后，单击"确定"按钮，打开"渐变填充"对话框，在该对话框中可以设置渐变的颜色、样式、角度和缩放等，单击"确定"按钮后即可创建一个渐变填充图层，如图10-26所示。

图10—26

008 理论——创建图案填充图层

图案填充图层可以用一种图案填充图层，并带有一个图层蒙版。

步骤01 执行"图层>新建填充图层>图案"菜单命令，可以打开"新建图层"对话框，在该对话框中可以设置图案填充图层的名称、颜色、混合模式和不透明度，并且可以为下一图层创建剪贴蒙版，如图10-27所示。

步骤02 在"新建图层"对话框中设置好相关选项以后，单击"确定"按钮，打开"图案填充"对话框，在该对话框中可以选择一种图案，并且可以设置图案的缩放比例等，单击"确定"按钮后即可创建一个图案填充图层，如图10-28所示。

图10-27

图10-28

 技巧提示

填充图层也可以直接在"图层"面板中进行创建，单击"图层"面板下面的"创建新的填充或调整图层"按钮 ◢，在弹出的菜单中选择相应的命令即可，如图10-29所示。

图10-29

10.3 编辑图层

图层是Photoshop的核心之一，因为它具有很强的可编辑性，例如选择某一图层、复制图层、删除图层、显示与隐藏图层以及栅格化图层内容等。下面将进行图层编辑的详细讲解。

知识精讲：选择/取消选择图层

如果要对文档中的某个图层进行操作，就必须先选中该图层，如图10-30所示。在Photoshop中，可以选择单个图层，也可以选择连续或非连续的多个图层。

图10-30

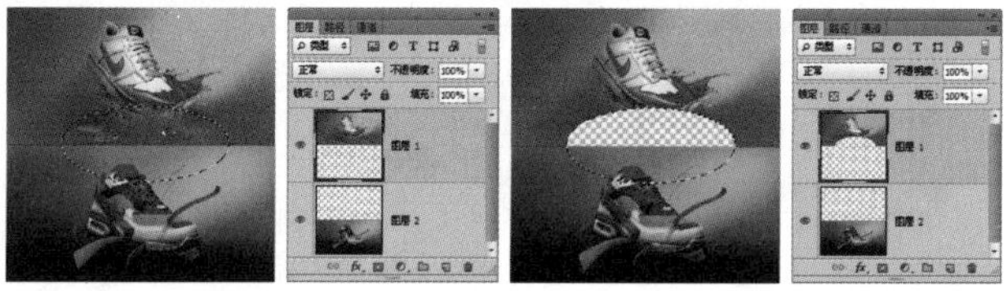

 技巧提示

在选中多个图层时，可以对多个图层进行删除、复制、移动、变换等。但是很多类似绘画以及调色等操作是不能够进行的。

009 理论——在"图层"面板中选择一个图层

在"图层"面板中单击该图层，即可将其选中，如图10-31所示。

 技巧提示

选择一个图层后，按Alt+]组合键可以将当前图层切换为与之相邻的上一个图层，按Alt+[组合键可以将当前图层切换为与之相邻的下一个图层。

图10-31

010 理论——在"图层"面板中选择多个连续图层

如果要选择多个连续的图层，可以先选择位于连续顶端的图层，然后按住Shift键单击位于连续底端的图层，即可选择这些连续的图层，如图10-32所示。当然也可以先选择位于连续底端的图层，然后按住Shift键单击位于连续顶端的图层。

011 理论——在"图层"面板中选择多个非连续图层

如果要选择多个非连续的图层，可以先选择其中一个图层，然后按住Ctrl键单击其他图层的名称，如图10-33所示。

 技巧提示

如果按住Ctrl键选择连续的多个图层，只能单击其他图层的名称，绝对不能单击图层缩略图，否则会载入图层的选区。

图10-32   图10-33

012 理论——选择所有图层

如果要选择所有图层，可以执行"选择>所有图层"菜单命令或按Ctrl+Alt+A组合键，如图10-34所示。使用该命令只能选择"背景"图层以外的图层，如果要选择包含"背景"图层在内的所有图层，可以按住Ctrl键单击"背景"图层的名称。

013 理论——在画布中快速选择某一图层

当画布中包含很多相互重叠图层，难以在"图层"面板中辨别某一图层时，可以在使用移动工具的状态下右击目标图像的位置，在显示出的当前重叠图层列表中选择需要的图层，如图10-35所示。

 技巧提示

在使用其他工具状态下可以按住Ctrl键暂时切换到移动工具状态下，并单击鼠标右键同样可以显示当前位置重叠的图层列表。

图10-34   图10-35

014 理论——快速选择链接的图层

如果要选择链接的图层，可以先选择一个链接图层，然后执行"图层>选择链接图层"菜单命令即可，如图10-36所示。

015 理论——取消选择图层

如果不想选择任何图层，执行"选择>取消选择图层"菜单命令，或者在"图层"面板中最下面的空白处单击鼠标左键即可，如图10-37所示。

图10-36   图10-37

016 理论——复制图层

复制图层有多种办法，可以通过"图层"菜单中的命令复制图层，也可以在"图层"面板中单击鼠标右键选择命令进行复制，或者使用快捷键。

方法01 选择一个图层，然后执行"图层>复制图层"菜单命令，打开"复制图层"对话框，接着单击"确定"按钮即可，如图10-38所示。

图10-38

方法02 选择要进行复制的图层，然后在其名称上单击鼠标右键，接着在弹出的快捷菜单中选择"复制图层"菜单命令，在弹出的"复制图层"对话框中，单击"确定"按钮即可，如图10-39所示。

方法03 还可以在"图层"面板中快速复制。将需要复制的图层拖曳到"创建新图层"按钮 ⬛ 上，即可复制出该图层的副本，如图10-40所示。

方法04 也可以在"图层"面板中选中某一图层，并按住Alt键向其他两个图层交接处移动，当鼠标变为双箭头时松开鼠标即可快捷地复制出所选图层，如图10-41所示。

方法05 选择需要进行复制的图层，然后直接按Ctrl+J组合键即可复制出所选图层，如图10-42所示。

图10—41　　　　　　　图10—42

图10—39　　　　　　　图10—40

017 理论——在不同文档中复制图层

方法01 使用移动工具 ⊹ 将需要复制的图像拖曳到目标文档中。注意，如果需要进行复制的文档的图像大小与目标文档的图像大小相同，按住Shift键使用移动工具 ⊹ 将图像拖曳到目标文档时，源图像与复制好的图像会被放在同一位置；如果图像大小不同，按住Shift键拖曳到目标文档时，图像将被放在画布的正中间，如图10-43所示。

图10—44

方法03 使用选框工具选择需要进行复制的图像，然后执行"编辑>拷贝"菜单命令或按Ctrl+C组合键，接着切换到目标文档，最后按Ctrl+V组合键即可，如图10-45所示。注意，该方法只能复制图像，不能复制图层的属性，如图层的混合模式。

图10—43

方法02 选择需要复制的图层，然后执行"图层>复制图层"或"图层>复制组"菜单命令，打开"复制图层"或"复制组"对话框，接着选择好目标文档即可，如图10-44所示。

图10—45

018 理论——删除图层

方法01 如果要删除一个或多个图层，可以选择该图层，然后执行"图层>删除>图层"菜单命令，即可将其删除，如图10-46所示。

方法02 如果要快速删除图层，可以将其拖曳到"删除图层"按钮 🗑 上，也可以直接按Delete键，如图10-47所示。

方法03 执行"图层>删除>隐藏图层"菜单命令，可以删除所有隐藏的图层，如图10-48所示。

图10—46　　　　　　图10—47　　　　　　图10—48

019 理论——将"背景"图层转换为普通图层

"背景"图层相信大家并不陌生，在Photoshop中打开一张数码照片时，"图层"面板通常只有一个"背景"图层，并且"背景"图层都处于锁定无法移动的状态。因此，如果要对"背景"图层进行操作，就需要将其转换为普通图层，如图10-49所示。同时也可以将普通图层转换为"背景"图层。

图10-49

方法01 在"背景"图层上单击鼠标右键，然后在弹出的快捷菜单中选择"背景图层"菜单命令，将打开"新建图层"对话框，然后单击"确定"按钮即可将其转换为普通图层，如图10-50所示。

图10-50

方法02 在"背景"图层的缩略图上双击鼠标左键，也可以打开"新建图层"对话框，进行设置后单击"确定"按钮即可，如图10-51所示。

图10-51

方法03 按住Alt键的同时双击"背景"图层的缩略图，"背景"图层将直接转换为普通图层，如图10-52所示。

图10-52

方法04 执行"图层>新建>背景图层"菜单命令，也可以将"背景"图层转换为普通图层，如图10-53所示。

图10-53

方法05 使用鼠标单击并拖动图层上的锁定按钮到图层面板底部的"删除图层"按钮上也可以将"背景"图层快速转换为普通图层，如图10-54所示。

图10-54

020 理论——将普通图层转换为"背景"图层

方法01 执行"图层>新建>背景图层"菜单命令，可以将普通图层转换为"背景"图层，如图10-55所示。

方法02 在图层名称上单击鼠标右键，然后在弹出的菜单中选择"拼合图像"菜单命令，此时图层将被转换为"背景"图层，如图10-56所示。

图10-55

图10-56

 技巧提示

　　在将图层转换为背景时，图层中的任何透明像素都会被转换为背景色，并且该图层将放置到图层堆栈的最底部。

 技巧提示

　　使用"拼合图像"菜单命令之后当前所有图层都会被合并到"背景"图层中。

021 理论——显示与隐藏图层/图层组

方法01 图层缩略图左侧的方块区域中用来控制图层的可见性。图标 👁 出现时，该图层为可见。图标 ▫ 出现时，该图层为隐藏，如图10-57所示。单击该方块区域可以在图层的显示与隐藏之间进行切换。

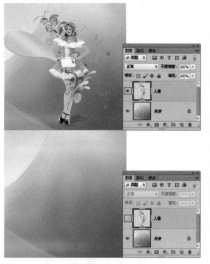

图10-57

方法02 如果同时选择了多个图层，执行"图层>隐藏图层"菜单命令，可以将这些选中的图层隐藏起来，如图10-58所示。

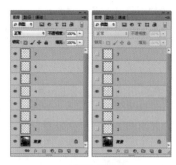

图10-58

方法03 将光标放在一个图层的眼睛图标 👁 上，然后按住鼠标左键垂直向上或垂直向下拖曳光标，可以快速隐藏多个相邻的图层，这种方法也可以快速显示隐藏的图层，如图10-59所示。

图10-59

方法04 如果文档中存在两个或两个以上的图层，按住Alt键单击眼睛图标 👁，可以快速隐藏该图层以外的所有图层，如图10-60所示。按住Alt键再次单击眼睛图标 👁，可以显示被隐藏的图层。

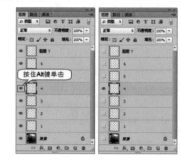

图10-60

方法05 如果想要隐藏图层组，需要将光标放在一个图层组的眼睛图标 👁 上，单击即可将图层组中的所有图层全部隐藏，如图10-61所示。

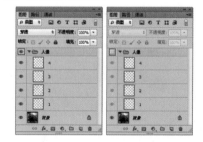

图10-61

022 理论——链接图层与取消链接

在进行编辑过程中经常会需要对某几个图层同时进行移动、应用变换或创建剪贴蒙版等操作（例如LOGO的文字和图形部分，包装盒的正面和侧面部分等）。如果每次操作都必须选中这些图层将会很麻烦，此时便可以将这些图层"链接"在一起，如图10-62所示。

图10-62

选择需要进行链接的图层（两个或多个图层），然后执行"图层>链接图层"菜单命令或单击"图层"面板底部的"链接图层"按钮 🔗，可以将这些图层链接起来，如图10-63所示。

如果要取消某一图层的链接，可以选择其中一个链接图层，然后单击"链接图层"按钮 🔗。

若要取消全部链接图层，需要选中全部链接图层并单击"链接图层"按钮 🔗。

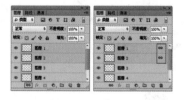

图10-63

023 理论——修改图层的名称与颜色

在图层较多的文档中，修改图层名称及其颜色有助于快速找到相应的图层。

操作步骤

步骤01 在图层名称上双击，激活名称输入框，然后输入名称即可修改图层名称，如图10-64所示。

步骤02 更改图层颜色也是一种便于快速找到图层的方法，在图层上单击鼠标右键，在弹出的菜单中可以看到多种颜色名称，选择其中一种即可更改当前图层前方的色块效果，选择"无颜色"即可去除颜色效果，如图11-65所示。

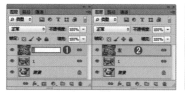

图10-64　　　　　　　　　图10-65

024 理论——锁定图层

在"图层"面板的上部有多个锁定按钮，用来保护图层透明区域、图像像素和位置的锁定功能，使用这些按钮可以根据需要完全锁定或部分锁定图层，以免因操作失误而对图层的内容造成破坏，如图10-66所示。

图10-66

● 激活"锁定透明像素"按钮 ：可以将编辑范围限定在图层的不透明区域，图层的透明区域会受到保护。锁定了图层的透明像素，使用画笔工具 在图像上进行涂抹时，只能在含有图像的区域进行绘画，如图10-67所示。

图10-67

技巧提示

当图层被完全锁定之后，图层名称的右侧会出现一个实心的锁图标 ；当图层只有部分属性被锁定时，图层名称的右侧会出现一个空心的锁图标 ，如图10-68所示。

图10-68

● 激活"锁定图像像素"按钮 ：只能对图层进行移动或变换操作，不能在图层上绘画、擦除或应用滤镜。

● 激活"锁定位置"按钮 ：图层将不能移动。这个功能对于设置了精确位置的图像非常有用。

● 激活"锁定全部"按钮 ：图层将不能进行任何操作。

025 理论——锁定图层组内的图层

在"图层"面板中选择图层组，然后执行"图层>锁定组内的所有图层"菜单命令，打开"锁定组内的所有图层"对话框，在该对话框中可以选择需要锁定的属性，如图10-69所示。

图10-69

026 理论——解除图层的锁定状态

方法01 当需要对锁定的图层进行编辑时，首先需要将图层的锁定状态去除，也就是解锁。在"图层"面板中选中锁定的图层，然后再次单击使用的锁定按钮，使按钮弹起后即可解除相应属性的锁定，如图10-70所示。

图10-70

方法02 另外，使用鼠标单击并拖动图层上的锁定按钮到"图层"面板底部的"删除图层"按钮 上，可以一次性去除所有锁定状态，如图10-71所示。

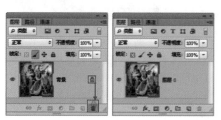

图10-71

027 理论——栅格化图层内容

文字图层、3D图层、形状、矢量蒙版图层或智能对象图层等包含矢量数据的图层是不能够直接进行编辑的，需要先将其栅格化以后才能进行相应的编辑。

方法01 选择需要栅格化的图层，然后执行"图层>栅格化"菜单下的子命令，可以将相应的图层栅格化，如图10-72所示。

方法02 或者在"图层"面板中选中该图层并单击鼠标右键执行相应的栅格化命令，如图10-73所示。

方法03 或者在图像上单击鼠标右键执行相应的栅格化命令，如图10-74所示。

图10-72　　　　　　图10-73　　　　　　图10-74

🐷 **技术拓展：多种栅格化命令详解**

🔵 **文字**：使文字变为光栅图像，栅格化文字图层以后，文字内容将不能再修改。

🔵 **形状**：执行"图层>栅格化>形状"菜单命令，可以栅格化形状。

🔵 **填充内容**：可以栅格化形状的填充内容，但会保留矢量蒙版。

🔵 **矢量蒙版**：可以栅格化形状的矢量蒙版，同时将其转换为图层蒙版。

🔵 **智能对象**：执行"图层>栅格化>智能对象"菜单命令，将栅格化智能对象图层，使其转换为像素。

🔵 **栅格化图层样式**：将当前图层的图层样式栅格化到当前图层中，栅格化的样式部分可以像普通图层的其他部分一样进行编辑处理，但是不再具有可以调整图层参数的功能。

🔵 **视频**：栅格化视频图层，选定的图层将拼合到"动画"面板中选定的当前帧的复合中。

🔵 **3D**：执行"图层>栅格化>3D"菜单命令，将栅格化3D图层，使3D图层变为普通像素图层。

🔵 **图层**：栅格化当前选定的图层。

🔵 **所有图层**：可以栅格化包含矢量数据、智能对象和生成的数据的所有图层。

---

028 理论——清除图像的杂边

在抠图过程中，尤其是针对人像头发部分的抠图，经常会残留一些多余的与前景颜色差异较大的像素，可以执行"图层>修边"菜单下的子命令去除这些多余的像素，如图10-75所示。

🔵 执行"颜色净化"菜单命令：可以去除一些彩色杂边。

🔵 执行"去边"菜单命令：可以用包含纯色（不包含背景色的颜色）的邻近像素的颜色替换任何边缘像素的颜色。

图10-75

🔵 执行"移去黑色杂边"菜单命令：可以去除从黑色背景上提取的带有锯齿边缘的图像上的黑色杂边。

🔵 执行"移去白色杂边"菜单命令：可以去除从白色背景上提取的带有锯齿边缘的图像上的白色杂边。

029 理论——导出图层

执行"文件>脚本>将图层导出到文件"菜单命令，可以将图层作为单个文件进行导出。在弹出的"将图层导出到文件"对话框中可以设置图层的保存路径、文件前缀名、保存类型等，同时还可以只导出可见图层，如图10-76所示。

图10-76

👾 **技巧提示**

如果要在导出的文件中嵌入工作区配置文件，可以选中"包含ICC配置文件"复选框。对于有色彩管理的工作流程，这一点很重要。

030 理论——图层过滤

图层过滤主要是通过对图层进行多种方法的分类、过滤与检索,帮助用户迅速找到复杂文件中的某个图层。在"图层"面板的顶部可以看到图层的过滤选项,包括"类型"、"名称"、"效果"、"模式"、"属性"和"颜色"6种过滤方式,如图10-77所示。在使用某种图层过滤时,单击右侧的"打开或关闭图层过滤"按钮即可显示出所有图层,如图10-78所示。

- 类型:设置过滤方式为"类型"时,可以从"像素图层滤镜"、"调整图层滤镜"、"文字图层滤镜"、"形状图层滤镜"、"智能对象滤镜"中选择一种或多种图层滤镜,可以看到图层面板中所选图层滤镜类型以外的图层全部被隐藏了,如果没有该类型的图层,则不显示任何图层。

- 名称:设置过滤方式为"名称"时,可以在右侧的文本框中输入关键字,所有包含该关键字的图层都将显示出来。

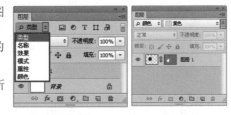

图10-77　　　　　图10-78

- 效果:设置过滤方式为"效果"时,在右侧的下拉列表中选中某种效果,所有包含该效果的图层将显示在"图层"面板中。

- 模式:设置过滤方式为"模式"时,在右侧的下拉列表中选中某种模式,使用该模式的图层将显示在"图层"面板中。

- 属性:设置过滤方式为"属性"时,在右侧的下拉列表中选中某种属性。含有该属性的图层将显示在"图层"面板中,如图10-79所示。

- 颜色:设置过滤方式为"颜色"时,在右侧的下拉列表中选中某种颜色,该颜色的图层将显示在"图层"面板中。

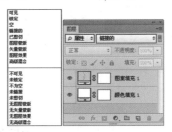

图10-79

10.4 排列与分布图层

在"图层"面板中排列着很多图层,排列位置靠上的图层优先显示,而排列在后面的图层则可能被遮盖住。所以在操作过程中经常需要调整"图层"面板中图层的顺序以配合操作需要,如图10-80所示。

如果将图层排列的调整看做是"纵向调整",那么图层的对齐与分布则可以看做是"横向调整",如图10-81所示。

图10-80　　　　　　　　　　　　　　　　図10-81

031 理论——在"图层"面板中调整图层的排列顺序

在一个包含多个图层的文档中,可以通过改变图层在堆栈中所处的位置来改变图像的显示状况。如果要改变图层的排列顺序,将该图层拖曳到另外一个图层的上面或下面,即可调整图层的排列顺序,如图10-82所示。

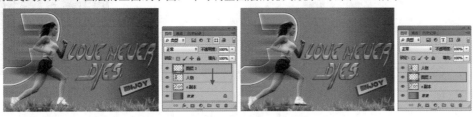

图10-82

032 理论——使用"排列"菜单命令调整图层的排列顺序

选择一个图层，然后执行"图层>排列"菜单下的子命令，可以调整图层的排列顺序，如图10-83所示。

图10-83

- 执行"置为顶层"菜单命令：可以将所选图层调整到最顶层，快捷键为Shift+Ctrl+]。
- 执行"前移一层/后移一层"菜单命令：可以将所选图层向上或向下移动一个堆叠顺序，快捷键分别为Ctrl+]和Ctrl+[。

- 执行"置为底层"菜单命令：可以将所选图层调整到最底层，快捷键为Shift+Ctrl+[。
- 执行"反向"菜单命令：可以将在"图层"面板中选中的多个图层反转排列顺序。

答疑解惑——如果图层位于图层组中，排列顺序会是怎样？

如果所选图层位于图层组中，执行"前移一层"、"后移一层"和"反向"菜单命令时，与图层在不在图层组中没有区别，但是执行"置为顶层"和"置为底层"菜单命令时，所选图层将被调整到当前图层组的最顶层或最底层。

033 理论——对齐图层

在"图层"面板中选择图层，然后执行"图层>对齐"菜单下的子命令，可以将多个图层进行对齐，如图10-84所示。

图10-84

技术提示

在使用移动工具状态下，选项栏中有一排对齐按钮分别与"图层>对齐"菜单下的子命令相对应，如图10-85所示。

另外，如果需要将多张图像进行拼合对齐，可以在移动工具的选项栏中单击"自动对齐图层"按钮，打开"自动对齐图层"对话框，然后选择相应的投影方法即可，如图10-86所示。

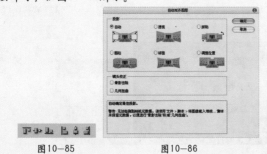

图10-85　　　　图10-86

- 在"图层"面板中选中需要对齐的图层，然后执行"图层>对齐>顶边"菜单命令：可以将选定图层上的顶端像素与所有选定图层上最顶端的像素进行对齐，如图10-87所示。

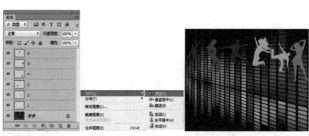

图10-87

- 执行"垂直居中"菜单命令：可以将每个选定图层上的垂直中心像素与所有选定图层的垂直中心像素进行对齐，如图10-88所示。

图10-88

● 执行"底边"菜单命令：可以将选定图层上的底端像素与所有选定图层上最底端的像素进行对齐，如图10-89所示。

图10-89

● 执行"左边"菜单命令：可以将选定图层上的左端像素与所有选定图层上的最左端像素进行对齐，如图10-90所示。

图10-90

● 执行"水平居中"菜单命令：可以将选定图层上的水平中心像素与所有选定图层的水平中心像素进行对齐，如图10-91所示。

图10-91

● 如果执行"右边"菜单命令：可以将选定图层上的右端像素与所有选定图层上的最右端像素进行对齐，如图10-92所示。

图10-92

 答疑解惑——如何以某个图层为基准来对齐图层？

如果要以某个图层为基准来对齐图层，首选要链接好这些需要对齐的图层，然后选择需要作为基准的图层，接着执行"图层>对齐"菜单下的子命令。

知识精讲：分布图层

当一个文档中包含多个图层（至少为3个图层，且"背景"图层除外）时，执行"图层>分布"菜单下的子命令可以将这些图层按照一定的规律均匀分布，如图10-93所示。

在使用移动工具状态下，选项栏中有一排分布按钮分别与"图层>分布"菜单下的子命令相对应，如图10-94所示。

图10-93　　　　图10-94

知识精讲：将图层与选区对齐

当画面中存在选区时，选择一个图层，如图10-95所示。

执行"图层>将图层与选区对齐"命令，在子菜单中即可选择一种对齐方法，所选图层即可选择的方法进行对齐，如图10-96所示。

图10—95

图10—96

034 练习——使用对齐与分布命令制作标准照

案例文件	练习实例——使用对齐与分布命令制作标准照.psd
视频教学	练习实例——使用对齐与分布命令制作标准照.flv
难易指数	★★★★★
技术要点	"对齐"命令、"分布"命令

案例效果

本案例效果如图10-97所示。

图10—97

操作步骤

步骤01 按Ctrl+N组合键，在弹出的"新建"对话框中设置"宽度"为5英寸，"高度"为3.5英寸，如图10-98所示。

图10—98

步骤02 导入本书配套光盘中的照片素材文件，将其放置在画布的左上角，如图10-99所示。

步骤03 按住Shift+Alt组合键的同时使用移动工具 水平向右移动复制出3张照片，如图10-100所示。

图10—99

图10—100

技巧提示

执行"视图>对齐"菜单命令后进行移动复制能够更容易地将复制出的图层对齐到同一水平线上。

步骤04 在"图层"面板选中这些图层，接着执行"图层>分布>水平居中"菜单命令，此时可以观察4张照片间距都相同，如图10-101所示。

步骤05 接着执行"图层>对齐>顶边"菜单命令，4张照片已经排列整齐，如图10-102所示。

步骤06 同时选择这4张照片，然后按住Shift+Alt组合键的同时使用移动工具 向下移动复制出4张照片，完成证件照的制作，最终效果如图10-103所示。

图10-101　　　　　　　　　　　图10-102　　　　　　　图10-103

10.5 使用图层组管理图层

在进行一些比较复杂的合成时，图层的数量往往会越来越多，要在如此之多的图层中找到需要的图层，将会是一件非常麻烦的事情。但是如果将这些图层分门别类地放在不同的"图层组"中进行管理就会更加有条理，寻找起来也更加方便快捷。

035 理论——将图层移入或移出图层组

选择一个或多个图层，然后将其拖曳到图层组内，就可以将其移入到该组中，如图10-104所示。

将图层组中的图层拖曳到组外，就可以将其从图层组中移出，如图10-105所示。

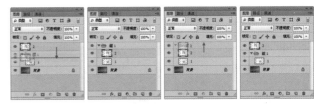

图10-104　　　　　　　图10-105

036 理论——取消图层编组

取消图层编组有三种常用的方法。

方法01　创建图层组以后，如果要取消图层编组，可以执行"图层>取消图层编组"菜单命令，或按Shift+Ctrl+G组合键，如图10-106所示。

方法02　在图层组名称上单击鼠标右键，然后在弹出的快捷菜单中选择"取消图层编组"菜单命令，如图10-107所示。

方法03　选中该图层组，单击"图层"面板底部的"删除图层"按钮，并在弹出的对话框中单击"仅组"按钮，如图10-108所示。

图10-106　　　　　　图10-107

图10-108

10.6 合并与盖印图层

在编辑过程中经常会需要将几个图层进行合并编辑或将文件进行整合以减少内存的浪费。这时就需要使用到合并与盖印图层命令。

037 理论——合并图层

如果要将多个图层合并为一个图层时，可以在"图层"面板中选择要合并的图层，然后执行"图层>合并图层"菜单命令或按Ctrl+E组合键，合并以后的图层使用上面图层的名称，如图10-109所示。

图10-109

038 理论——向下合并图层

执行"图层>向下合并"菜单命令或按Ctrl+E组合键，可以将一个图层与它下面的图层合并，合并以后的图层使用下面图层的名称，如图10-110所示。

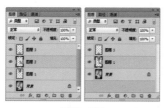

图10-110

039 理论——合并可见图层

执行"图层>合并可见图层"菜单命令或按Shift+Ctrl+E组合键，可以合并"图层"面板中的所有可见图层，如图10-111所示。

图10-111

040 理论——拼合图像

执行"图层>拼合图像"菜单命令可以将所有图层都拼合到"背景"图层中。如果有隐藏的图层则会弹出一个提示对话框，提醒用户是否要扔掉隐藏的图层，如图10-112所示。

图10-112

041 理论——盖印图层

"盖印"是一种合并图层的特殊方法，可以将多个图层的内容合并到一个新的图层中，同时保持其他图层不变，如图10-113所示。盖印图层在实际工作中经常用到，是一种很实用的图层合并方法。

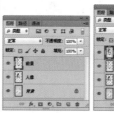

图10-113

- ● 向下盖印图层：选择一个图层，然后按Ctrl+Alt+E组合键，可以将该图层中的图像盖印到下面的图层中，原始图层的内容保持不变，如图10-114所示。
- ● 盖印多个图层：选择了多个图层并按Ctrl+Alt+E组合键，可以将这些图层中的图像盖印到一个新的图层中，原始图层的内容保持不变，如图10-115所示。

图10-114　　　　　　　图10-115

- ● 盖印可见图层：按Shift+Ctrl+Alt+E组合键，可以将所有可见图层盖印到一个新的图层中，如图10-116所示。
- ● 盖印图层组：选择图层组，然后按Ctrl+Alt+E组合键，可以将组中所有图层内容盖印到一个新的图层中，原始图层组中的内容保持不变，如图10-117所示。

图10-116　　　　　　　图10-117

10.7 图层复合

图层复合是"图层"面板状态的快照，它记录了当前文件中图层的可见性、位置和外观（例如图层的不透明度、混合模式以及图层样式）。通过图层复合可以快速地在文档中切换不同版面的显示状态。因此，当我们向客户展示方案的不同效果时，通过"图层复合"面板便可以在单个文件中创建、管理和查看方案的不同效果，如图10-118所示。

图10-118

知识精讲：认识"图层复合"面板

执行"窗口>图层复合"菜单命令，打开"图层复合"面板，在"图层复合"面板中，可以创建、编辑、切换和删除图层复合，如图10-119所示。

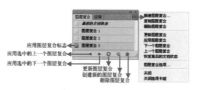

图10-119

- 应用图层复合标志 ▣：如果一个图层复合前面有该标志，表示该图层复合为当前使用的图层复合。
- 应用选中的上一图层复合 ◄：切换到上一个图层复合。
- 应用选中的下一图层复合 ►：切换到下一个图层复合。
- 更新图层复合 ◎：如果对图层复合进行了重新编辑，单击该按钮可以更新编辑后的图层复合。
- 创建新的图层复合 ▣：单击该按钮可以新建一个图层复合。
- 删除图层复合 ▒：将图层复合拖曳到该按钮上，可以将其删除。

答疑解惑——为什么图层复合后面有一个感叹号？

如果在图层复合的后面出现了 ⚠ 标志，说明该图层复合不能完全恢复，如图10-120所示。不能完全恢复的操作包括合并图层、删除图层、转换图层色彩模式等。

图10-120

如果要清除 ⚠ 标志，可以单击该标志，然后在弹出的对话框中单击"清除"按钮；也可以在标志上单击鼠标右键，在弹出的快捷菜单中选择"清除图层复合警告"命令或"清除所有图层复合警告"命令，如图10-121所示。

图10-121

042 理论——创建图层复合

当创建好一个图像时，单击"图层复合"面板底部的"创建新的图层复合"按钮 ▣，可以创建一个图层复合，新的复合将记录"图层"面板中图层的当前状态。

在创建图层复合时，Photoshop会弹出"新建图层复合"对话框，在该对话框中可以选择应用于图层的选项，包含"可见性"、"位置"和"外观"，同时也可以为图层复合添加文本注释，如图10-122所示。

图10-122

043 理论——应用并查看图层复合

在某一复合的前面单击，显示出 ▣ 图标以后，即可将当前文档应用该图层复合；如果需要查看多个图层复合的图像效果，可以在"图层复合"面板底部单击"应用选中的上一图层复合"按钮 ◄ 或"应用选中的下一图层复合"按钮 ► 进行查看，如图10-123所示。

图10-123

044 理论——更改与更新图层复合

如果要更改创建好的图层复合，可以在面板菜单中执行"图层复合选项"菜单命令，打开"图层复合选项"对话框进行设置；如果要更新重新设置的图层复合，可以在"图层复合"面板底部单击"更新图层复合"按钮。

045 理论——删除图层复合

如果要删除创建的图层复合，可以将其拖曳到"图层复合"底部的"删除图层复合"按钮上，如图10-124所示。

图10-124

技巧提示

删除图层复合不可按Delete键，按Delete键删除的将是被选中的图层本身。

10.8 图层不透明度

"图层"面板中有专门针对图层的不透明度与填充进行调整的选项，两者在一定程度上来讲都是针对透明度进行调整，数值为100%时为完全不透明，数值为50%时为半透明，数值为0%时为完全透明，如图10-125所示。

数值为100%时为完全不透明　　　　　　数值为50%时为半透明　　　　　　数值为0%时为完全透明

图10-125

技巧提示

按键盘上的数字键即可快速修改图层的不透明度，例如按一下7键，"不透明度"会变为70%。如果按两次7键，"不透明度"会变成77%。

"不透明度"选项控制着整个图层的透明属性，包括图层中的形状、像素以及图层样式，而"填充"选项只影响图层中绘制的像素和形状的不透明度。

046 理论——调整图层不透明度

"不透明度"选项控制着整个图层的透明属性，包括图层中的形状、像素以及图层样式。

操作步骤

步骤01 以图10-126为例，文档中包含一个"背景"图层与一个1图层，1图层包含"投影"样式与"描边"样式。此时该图层不透明度为100%，如图10-126所示。

步骤02 如果将"不透明度"调整为50%，可以观察文字部分变为半透明的效果，如图10-127所示。

047 理论——调整图层填充透明度

"填充"选项只影响图层中绘制的像素和形状的不透明度。

操作步骤

步骤01 仍以图10-126为例，此时该图层"填充"选项的数值为100%。

步骤02 与"不透明度"选项不同，将"填充"数值调整为50%，可以观察到文字部分变了半透明效果，而投影和描边效果则没有发生任何变化，如图10-128所示。

图10-126

图10-127

图10-128

048 练习——制作杂志风格空心字

案例文件	练习实例——制作杂志风格空心字.psd
视频教学	练习实例——制作杂志风格空心字.flv
难易指数	★★★★★
技术要点	调整图层的填充不透明度

案例效果

本案例效果如图10-129所示。

操作步骤

步骤01 打开本书配套光盘中的素材文件，如图10-130所示。

图10-129

图10-130

步骤02 创建一个"文字"图层组。单击工具箱中的横排文字工具 **T**，在选项栏中设置合适的字体及字号，在画面中输入"HADER"文字，然后按Ctrl+T组合键执行"自由变换"命令，调整文字角度，如图10-131所示。

步骤03 接着将"填充"数值调整为0%，此时文字部分完全被隐藏，如图10-132所示。

步骤04 执行"图层>图层样式>外发光"菜单命令，在弹出的对话框中设置混合模式为"滤色"，"不透明度"为

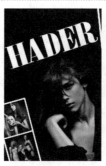
图10-131

图10-132

75%，"颜色"为浅黄色，"大小"为54像素，原始文字的边缘部分出现了黄色的外发光；选中"渐变叠加"样式，设置混合模式为"正常"，不透明度为7%，选择一种多彩渐变，设置角度为－11度，如图10-133所示。

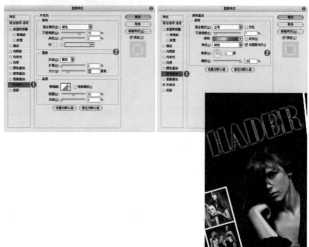
图10-133

步骤05 按Ctrl+J组合键复制出一个文字副本图层，并将其向右下位移，此时文字上的渐变效果由于叠加而增强，如图10-134所示。

步骤06 最后使用横排文字工具输入艺术装饰文字，最终效果如图10-135所示。

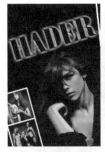 

图10-134　　　　　图10-135

10.9 图层的混合模式

所谓图层混合模式就是指一个图层与其下图层的色彩叠加方式，通常情况下新建图层的混合模式为正常，除了正常以外，还有很多种混合模式，它们可以产生迥异的合成效果。图层的混合模式是Photoshop的一项非常重要的功能，它不仅存在于"图层"面板中，甚至在绘画工具中决定着当前图像的像素与下面图像的像素的混合方式，可以用来创建各种特效，并且不会损坏原始图像的任何内容。在绘画工具和修饰工具的选项栏中，以及"渐隐"、"填充"、"描边"菜单命令和"图层样式"对话框中都包含有混合模式，如图10-136所示为一些使用到混合模式制作的作品。

图10-136

知识精讲：混合模式的类型

在"图层"面板中选择一个图层，单击面板顶部的 按钮，在弹出的下拉列表中可以选择一种混合模式。图层的混合模式分为6组，共27种，如图10-137所示。

- 组合模式组：该组中的混合模式需要降低图层的"不透明度"或"填充"数值才能起作用，这两个参数的数值越低，就越能看到下面的图像。

- 加深模式组：该组中的混合模式可以使图像变暗。在混合过程中，当前图层的白色像素会被下层较暗的像素替代。

- 减淡模式组：该组与加深模式组产生的混合效果完全相反，它们可以使图像变亮。在混合过程中，图像中的黑色像素会被较亮的像素替换，而任何比黑色亮的像素都可能提亮下层图像。

- 对比模式组：该组中的混合模式可以加强图像的差异。在混合时，50%的灰色会完全消

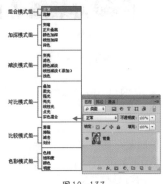

图10-137

失，任何亮度值高于50%灰色的像素都可能提亮下层的图像，亮度值低于50%灰色的像素则可能使下层图像变暗。

- 比较模式组：该组中的混合模式可以比较当前图像与下层图像，将相同的区域显示为黑色，不同的区域显示为灰色或彩色。如果当前图层中包含白色，那么白色区域会使下层图像反相，而黑色不会对下层图像产生影响。
- 色彩模式组：使用该组中的混合模式时，Photoshop会将色彩分为色相、饱和度和亮度3种成分，然后再将其中的一种或两种应用在混合后的图像中。

知识精讲：详解各种混合模式

下面以包含上下两个图层的文档来讲解图层的各种混合模式的特点。当前人像图层混合模式为正常，如图10-138所示。

- 正常：这种模式是Photoshop默认的模式。在正常情况

下（"不透明度"为100%），上层图像将完全遮盖住下层图像，只有降低"不透明度"数值以后才能与下层图像相混合，如图10-139所示是设置"不透明度"为70%时的混合效果。

图10-138

图10-139

- 溶解：在"不透明度"和"填充"数值为100%时，该模式不会与下层图像相混合，只有这两个数值中的任何一个低于100%时才能产生效果，使透明度区域上的像素离散，如图10-140所示。

图10-140

- 变暗：比较每个通道中的颜色信息，并选择基色或混合色中较暗的颜色作为结果色，同时替换比混合色亮的像素，而比混合色暗的像素保持不变，如图10-141所示。
- 正片叠底：任何颜色与黑色混合产生黑色，任何颜色与白色混合保持不变，如图10-142所示。

图10-141

图10-142

- 颜色加深：通过增加上下层图像之间的对比度来使像素变暗，与白色混合后不产生变化，如图10-143所示。

图10-143

- 线性加深：通过减小亮度使像素变暗，与白色混合不产生变化，如图10-144所示。

图10-144

273

● 深色：通过比较两个图像的所有通道的数值的总和，然后显示数值较小的颜色，如图10-145所示。

图10-145

● 变亮：比较每个通道中的颜色信息，并选择基色或混合色中较亮的颜色作为结果色，同时替换比混合色暗的像素，而比混合色亮的像素保持不变，如图10-146所示。

图10-146

● 滤色：与黑色混合时颜色保持不变，与白色混合时产生白色，如图10-147所示。

图10-147

● 颜色减淡：通过减小上下层图像之间的对比度来提亮底层图像的像素，如图10-148所示。

图10-148

● 线性减淡（添加）：与"线性加深"模式产生的效果相反，可以通过提高亮度来减淡颜色，如图10-149所示。

图10-149

● 浅色：通过比较两个图像的所有通道的数值的总和，然后显示数值较大的颜色，如图10-150所示。

图10-150

● 叠加：对颜色进行过滤并提亮上层图像，具体取决于底层颜色，同时保留底层图像的明暗对比，如图10-151所示。

● 柔光：使颜色变暗或变亮，具体取决于当前图像的颜色。如果上层图像比50%灰色亮，则图像变亮；如果上层图像比50%灰色暗，则图像变暗，如图10-152所示。

图10-151

图10-152

● 强光：对颜色进行过滤，具体取决于当前图像的颜色。如果上层图像比50%灰色亮，则图像变亮；如果上层图像比50%灰色暗，则图像变暗，如图10-153所示。

图10-153

● 亮光：通过增加或减小对比度来加深或减淡颜色，具体取决于上层图像的颜色。如果上层图像比50%灰色亮，则图像变亮；如果上层图像比50%灰色暗，则图像变暗，如图10-154所示。

● 线性光：通过减小或增加亮度来加深或减淡颜色，具体取决于上层图像的颜色。如果上层图像比50%灰色亮，则图像变亮；如果上层图像比50%灰色暗，则图像变暗，如图10-155所示。

图10-154

图10-155

● 点光：根据上层图像的颜色来替换颜色。如果上层图像比50%灰色亮，则替换比较暗的像素；如果上层图像比50%灰色暗，则替换比较亮的像素，如图10-156所示。

图10-156

● 实色混合：将上层图像的RGB通道值添加到底层图像的RGB值。如果上层图像比50%灰色亮，则使底层图像变亮；如果上层图像比50%灰色暗，则使底层图像变暗，如图10-157所示。
● 差值：上层图像与白色混合将反转底层图像的颜色，与黑色混合则不产生变化，如图10-158所示。
● 排除：创建一种与"差值"模式相似，但对比度更低的混合效果，如图10-159所示。

图10-157

图10-158

图10-159

● 减去：从目标通道中相应的像素上减去源通道中的像素值，如图10-160所示。

图10-160

● 划分：比较每个通道中的颜色信息，然后从底层图像中划分上层图像，如图10-161所示。

图10-161

● 色相：用底层图像的明度和饱和度以及上层图像的色相来创建结果色，如图10-162所示。

图10-162

● 饱和度：用底层图像的明度和色相以及上层图像的饱和度来创建结果色，在饱和度为0的灰度区域应用该模式不会产生任何变化，如图10-163所示。

图10-163

● 颜色：用底层图像的明度以及上层图像的色相和饱和度来创建结果色，这样可以保留图像中的灰阶，这种模式对于为单色图像上色或给彩色图像着色非常有用，如图10-164所示。

⊙ **明度**：用底层图像的色相和饱和度以及上层图像的明度来创建结果色，如图10-165所示。

图10-164

图10-165

049 练习——使用混合模式制作缤纷蝴蝶彩妆

案例文件	练习实例——使用混合模式制作缤纷蝴蝶彩妆.psd
视频教学	练习实例——使用混合模式制作缤纷蝴蝶彩妆.flv
难度级别	★★★★★
技术要点	混合模式、涂抹工具

案例效果

本案例处理效果如图10-166所示。

操作步骤

步骤01 打开本书配套光盘中的素材文件，如图10-167所示。

图10-166　　　　　　　图10-167

步骤02 新建图层，使用矩形选框工具在人像面部右侧区域绘制矩形选框。选择渐变工具，编辑一种七彩渐变，并在选区内由上向下进行填充，如图10-168所示。

图10-168

步骤03 单击工具箱中的涂抹工具 ，在渐变颜色上上下拖拉，涂抹出多种颜色混合的效果，如图10-169所示。

图10-169

步骤04 设置图层混合模式为"颜色加深"，并为该图层添加图层蒙版，使用黑色画笔绘制人像眼睛和鼻子的区域，使其隐藏，如图10-170所示。

步骤05 按Ctrl＋J组合键复制图层，命名为"左"，摆放在左侧眼睛部分，使用黑色画笔和白色画笔涂抹，使左侧眼睛四周部分被保留，如图10-171所示。

图10-170　　　　　　　图10-171

步骤06 单击画笔工具，在"画笔预设"选取器中单击小三角图标，在弹出的菜单中选择"载入画笔"命令，选择素材文件中的睫毛笔刷素材，如图10-172所示。

图10-172

步骤07 新建图层，设置前景色为黑色，单击画笔工具，选择新载入的睫毛笔刷，在右侧眼睛处绘制睫毛，并添加图层蒙版，擦除多余部分，如图10-173所示。

步骤08 按Ctrl＋J组合键复制图层，按Ctrl+T组合键执行"自由变换"命令，单击鼠标右键执行"水平翻转"菜单命令，摆放在左眼处，最终效果如图10-174所示。

图10-173

图10-174

050 练习——使用混合模式制作粉绿色调

案例文件	练习实例——使用混合模式制作粉绿色调.psd
视频教学	练习实例——使用混合模式制作粉绿色调.flv
难易指数	★★★★★
知识掌握	混合模式、通道抠图

案例效果

本案例处理前后对比效果如图10-175所示。

操作步骤

步骤01 打开本书配套光盘中的素材文件，如图10-176所示。

图10-175　　　　　图10-176

步骤02 创建新的"图层1"图层，单击工具箱中的渐变工具▣，在选项栏中设置渐变类型为放射性渐变，调整渐变颜色为从粉色到绿色的渐变，并在图层中自右上向左下填充渐变颜色，如图10-177所示。

图10-177

步骤03 在"图层"面板中，将该图层的混合模式设置为"颜色"，此时可以看见画面中出现粉绿色效果，如图10-178所示。

图10-178

步骤04 由于人像也绘制上了渐变颜色，所以需要为"图层1"图层添加图层蒙版，并使用黑色画笔涂抹人像部分，使其不受颜色影响，如图10-179所示。

图10-179

步骤05 由于头纱部分缺少透明的感觉，所有仍需要在图层蒙版中使用半透明的白色柔角画笔在头纱区域进行绘制涂抹，模拟出头纱半透明的效果，最终效果如图10-180所示。

图10-180

051 练习——使用混合模式制作阳光麦田

案例文件	练习实例——使用混合模式制作阳光麦田.psd
视频教学	练习实例——使用混合模式制作阳光麦田.flv
难易指数	★★★★★
知识掌握	"滤色"混合模式

案例效果

本案例处理前后对比效果如图10-181所示。

操作步骤

步骤01 打开本书配套光盘中的素材文件，如图10-182所示。

图10-181　　　　　　　图10-182

步骤02 首先需要进行画面亮度的调整。执行"图层>新建调整图层>亮度/对比度"菜单命令，创建新的"亮度/对比度"调整图层，在"属性"面板中设置"亮度"为93，"对比度"为13，此时画面变亮并且呈现出正午光照的效果，如图10-183所示。

图10-183

步骤03 接着创建新的"可选颜色"调整图层，在"属性"面板中选择"蓝色"，设置"青色"为-13%，"洋红"为-29%，"黄色"为-54%，如图10-184所示。

图10-184

步骤04 创建新的"图层1"图层，设置前景色为黑色，然后单击工具箱中的油漆桶工具，在选项栏中设置填充方式为"前景"，并在画面中单击，将"图层1"图层填充为黑色，如图10-185所示。

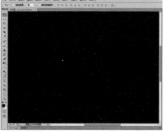

图10-185

步骤05 执行"滤镜>渲染>镜头光晕"菜单命令，在弹出的对话框中设置"亮度"为100%，选中"50-300毫米变焦"单选按钮，此时画面中出现光晕效果，如图10-186所示。

图10-186

步骤06 在"图层"面板中设置该图层的混合模式为"滤色"。如图10-187所示。

图10-187

步骤07 创建新的"图层2"图层，使用钢笔工具勾勒出光线的轮廓，然后按Ctrl+Enter组合键载入路径的选区，将其填充为白色；并执行"滤镜>模糊>镜头光晕"菜单命令，在弹出的对话框中设置"半径"为12像素；并调整不透明度为75%，如图10-188所示。

图10-188

步骤08 输入艺术字，最终效果如图10-189所示。

图10-189

052 练习——使用混合模式制作霓虹都市

案例文件	练习实例——使用混合模式制作霓虹都市.psd
视频教学	练习实例——使用混合模式制作霓虹都市.flv
难度级别	★★★★★
技术要点	混合模式

案例效果

本案例处理前后对比效果如图10-190所示。

操作步骤

步骤01 打开本书配套光盘中的素材文件，如图10-191所示。

步骤02 导入光斑素材文件，作为"光斑"图层，并将该图层的混合模式设置为"滤色"，此时光斑素材中的黑色部分被完全隐藏了，然后调整"不透明度"为85%，效果如图10-192所示。

图10-190　　　　　图10-191

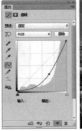

图10-193

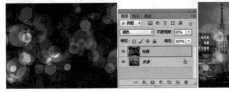

图10-192

步骤04 导入艺术字素材，最终效果如图10-194所示。

图10-194

步骤03 创建新的"曲线"调整图层，在"属性"面板中调整曲线形状，将画面压暗，单击工具箱中的画笔工具，设置前景色为黑色，使用圆形柔角画笔涂抹画布中心的部分，使画面中心部分不受"曲线"调整图层的影响，四角部分变暗，如图10-193所示。

053 练习——制作奇妙的豌豆

案例文件	练习实例——制作奇妙的豌豆.psd
视频教学	练习实例——制作奇妙的豌豆.flv
难度级别	★★★★
技术要点	图层不透明度、混合模式

案例效果

本案例效果如图10-195所示。

操作步骤

步骤01 打开本书配套光盘中的素材文件，调整大小，摆放合适位置，如图10-196所示。

图10-195　　　　　图10-196

步骤02 导入杨梅素材，放置在最底部豌豆的位置，使用套索工具，绘制豆荚中的一颗豌豆形状的选区，单击"图层"面板中的"添加图层蒙版"按钮，使多余的部分隐藏，如图10-197所示。

图10-197

技巧提示

为了能够准确地绘制蒙版选区的形状，可以将"杨梅"图层的不透明度降低后进行绘制，如图10-198所示。

图10-198

步骤03 导入榴莲素材，放在第二颗豌豆的位置，同样为其添加图层蒙版，去掉多余的部分。复制"榴莲"图层并命名为"榴莲2"，在"图层"面板中调整混合模式为"柔光"，"不透明度"为75%，如图10-199所示。

图10-199

步骤04 用同样的方法导入葡萄素材，去掉多余的部分并摆放在合适的位置，在"图层"面板中设置混合模式为"线性减淡（添加）"，如图10-200所示。

步骤05 用同样的方法制作草莓豌豆与橙子豌豆，分别设置其混合模式为"正常"与"叠加"，最终效果如图10-201所示。

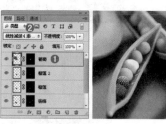

图10-200   图10-201

054 练习——混合模式制作手掌怪兽

案例文件	练习实例——混合模式制作手掌怪兽.psd
视频教学	练习实例——混合模式制作手掌怪兽.flv
难度级别	★★★★★
技术要点	混合模式，图层蒙版

案例效果

本案例效果如图10-202所示。

操作步骤

步骤01 打开背景素材文件，导入底纹素材文件，然后设置图层混合模式为"柔光"，调整"不透明度"为69%，如图10-203所示。

步骤02 导入手素材文件，调整好手的大小和位置，放在画布居中的位置，如图10-204所示。

图10-202   图10-203   图10-204

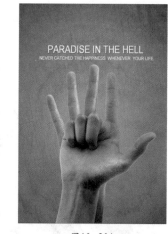

步骤03 新建图层"花纹"，在画面下半部分绘制一个矩形选区，设置前景色为蓝紫色，选择一个圆形硬角画笔，在画面下半部分绘制蓝色斑纹，如图10-205所示。

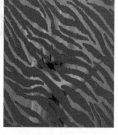

图10-205

步骤04 载入"手"图层选区，然后回到"花纹"图层上，为其添加一个图层蒙版，使手选区以外的部分被隐藏，并设置图层混合模式为"色相"，此时手上出现花纹效果，如图10-206所示。

步骤05 继续新建图层"花纹副本"，在下半部分绘制矩形选区，设置前景色为蓝色（R：52，G：222，B：242），填充为蓝色。然后载入"花纹"图层选区，回到"花纹副本"图层，按Delete键删除多余部分，如图10-207所示。

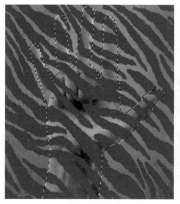

图10-206

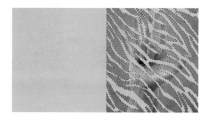

图10-207

步骤06 同样载入手的选区，为"花纹副本"图层添加一个图层蒙版，设置"花纹副本"图层的混合模式为"正片叠底"，如图10-208所示。

步骤07 导入嘴素材，摆放在手心处，最终效果如图10-209所示。

图10-208

图10-209

10.10 高级混合与混合颜色带

执行"图层>图层样式>混合选项"菜单命令，或者双击该图层，打开"图层样式"对话框，在"混合选项"选项组中可以设置常规混合、高级混合与混合颜色带，如图10-210所示。

图10-210

 技巧提示

"常规混合"选项中包含"混合模式"、"不透明度"选项以及"高级混合"选项中的"填充不透明度"选项与"图层"面板中的选项是完全相同的，如图10-211所示。

图10-211

知识精讲：通道混合设置

"通道"选项中的R、G、B分别代表红（R）、绿（G）和蓝（B）3个颜色通道，与"通道"面板中的通道相对应。RGB图像包含它们混合生成RGB复合通道，复合通道中的图像也就是我们在窗口中看到的彩色图像，如图10-212所示。

在这里取消某个通道的选中状态，并不是将某一通道隐藏，而是从复合通道中排除此通道，在"通道"面板中体现为该通道为黑色。此时我们看到的图像是另外两个通道混合生成的效果，如图10-213所示。

图10-212

图10-213

技巧提示

由于当前图像模式为"RGB模式",所以在"通道"选项里显示的是R、G、B3个通道。如果当前图像模式为CMYK,那么这里则显示C、M、Y、K4个通道,如图10-214所示。

图10-214

知识精讲:什么是"挖空"

通过"挖空"选项可以指定下面的图像全部或部分穿透上面的图层显示出来。创建挖空通常需要三部分的图层,分别是要挖空的图层、被穿透的图层、要显示的图层,如图10-215所示。

图10-215

技术拓展:"挖空"的选项

无:不挖空。

浅:将挖空到第一个可能的停止点,例如图层组之后的第一个图层或剪贴蒙版的基底图层,如图10-216所示。

深:将挖空到背景。如果没有背景,选择"深"会挖空到透明,如图10-217所示。

图层组之后的第一个图层　　剪贴蒙版的基底图层　　挖空效果

图10-216

图10-217

● 将内部效果混合成组:当为添加了"内发光"、"颜色叠加"、"渐变叠加"和"图案叠加"效果的图层设置挖空时,如果选中"将内部效果混合成组"复选框,则添加的效果不会显示;取消选中该复选框。则显示该图层样式,如图10-218所示。

● 将剪贴图层混合成组:该选项用来控制剪贴蒙版组中基底图层的混合属性。默认情况下,基底图层的混合模式影响整个剪贴蒙版组,取消选中该复选框,则基层图层的混合模式仅影响自身,不会对内容图层产生作用,如图10-219所示。

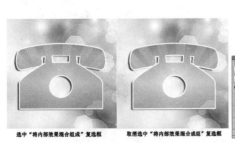

选中"将内部效果混合组成"复选框　　取消选中"将内部效果混合成组"复选框

图10-218

图10-219

- **透明形状图层**：该选项可以限制图层样式和挖空范围。默认情况下，该选项为选中状态，此时图层样式或挖空被限定在图层的不透明区域；取消选中该复选框，则可在整个图层范围内应用这些效果。
- **图层蒙版隐藏效果**：为添加了图层蒙版的图层应用图层样式，选中该复选框，蒙版中的效果不会显示；取消选中该复选框，则效果也会在蒙版区域内显示。
- **矢量蒙版隐藏效果**：如果为添加了矢量蒙版的图层应用图层样式，选中该复选框，矢量蒙版中的效果不会显示；取消选中该复选框，则效果也会在矢量蒙版区域内显示。

055 理论——创建挖空

首先将被挖空的图层放到要被穿透的图层上方，然后将需要显示出来的图层设置为"背景"图层，如图10-220所示。

图10-220

双击要挖空的图层，打开"图层样式"对话框，设置"填充不透明度"为0%，在"挖空"下拉列表中选择"浅"，单击"确定"按钮完成操作，如图10-221所示。

图10-221

技巧提示

这里的"填充不透明度"控制的是"要挖空图层"的不透明度，当数值为100%时没有挖空效果；50%则是半透明的挖空效果；0%则是完全挖空效果，如图10-222所示。

"填充不透明度"为0%　　　"填充不透明度"为50%　　　"填充不透明度"为100%

图10-222

由于当前文件包含"背景"图层，所以最终显示的是"背景"图层；如果文档中没有"背景"图层，则无论选择"浅"还是"深"，都会挖空到透明区域，如图10-223所示。

图10-223

知识精讲：什么是"混合颜色带"

混合颜色带是一种高级蒙版，用图像本身的灰度映射图像的透明度，用来混合上、下两个图层的内容。混合颜色带常用来混合云彩、光效、火焰、烟花、闪电等半透明素材，如图10-224所示。

使用混合颜色带可以快速隐藏像素，创建图像混合效果。需要注意的是在混合颜色带中进行设置是隐藏像素而不是删除像素。打开"图层样式"对话框后，将滑块拖回原来的起始位置，便可以将隐藏的像素显示出来，如图10-225所示。

图10-224

图10-225

● 混合颜色带：在该下拉列表中可以选择控制混合效果的颜色通道。选择"灰色"，表示使用全部颜色通道控制混合效果，也可以选择一个颜色通道来控制混合。

● 本图层："本图层"是指当前正在处理的图层，拖动本图层滑块，可以隐藏当前图层中的像素，显示出下面图层中的内容。例如，将左侧的黑色滑块移向右侧时，当前图层中所有比该滑块所在位置暗的像素都会被隐藏；将右侧的白色滑块移向左侧时，当前图层中所有比该滑块所在位置亮的像素都会被隐藏，如图10-226所示。

图10-226

● 下一图层："下一图层"是指当前图层下面的那个图层，拖动下一图层中的滑块，可以使下面图层中的像素穿透当前图层显示出来。例如，将左侧的黑色滑块移向右侧时，可以显示下面图层中较暗的像素；将右侧的白色滑块移向左侧时，可以显示下面图层中较亮的像素，如图10-227所示。

图10-227

056 练习——使用混合颜色带混合光效

案例文件	练习实例——使用混合颜色带混合光效.psd
视频教学	练习实例——使用混合颜色带混合光效.flv
难度级别	★★★★★
技术要点	图层样式、混合模式

案例效果

本案例效果如图10-228所示。

图10-228

操作步骤

步骤01 打开背景素材，并导入光效素材放在"图层"面板的顶端，如图10-229所示。

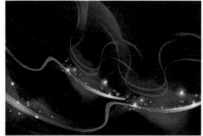

图10-229

步骤02 双击"光效"图层，在弹出的"图层样式"对话框中设置"混合模式"为"滤色"，此时"光效"图层的黑色部分被隐藏了，如图10-230所示。

图10-230

步骤03 在"混合颜色带"选项中按住Alt键单击"本图层"的黑色滑块，使其由 ▲ 变为 ◢ ◣ 的效果，然后向右拖动右侧的黑色滑块，可以看到光效图像显示范围变小了，最终效果如图10-231所示。

图10-231

10.11 使用图层样式

图层样式和效果的出现，是Photoshop一个划时代的进步。在Photoshop中，图层样式几乎是制作质感、效果的"绝对利器"，Photoshop中的图层样式以其使用简单、修改方便的特性广受用户的青睐，尤其是涉及创意文字或是LOGO设计时，图层样式更是必不可少的工具。如图10-232所示为一些使用多种图层样式制作的作品。

图10-232

057 理论——添加图层样式

如果要为一个图层添加图层样式，可以采样以下3种方法来完成。

方法01 执行"图层>图层样式"菜单下的子命令，此时将弹出"图层样式"对话框，调整好相应的设置后单击"确定"按钮即可，如图10-233所示。

方法02 在"图层"面板中单击"添加图层样式"按钮 fx，在弹出的菜单中选择一种样式即可打开"图层样式"对话框，如图10-234所示。

方法03 在"图层"面板中双击需要添加样式的图层缩览图，打开"图层样式"对话框，然后在对话框左侧选择要添加的样式即可，如图10-235所示。

图10-233

图10-234　　　　图10-235

 **技巧提示**

"背景"图层和图层组不能应用图层样式。如果要对"背景"图层应用图层样式，可以按住Alt键双击图层缩略图，将其转换为普通图层以后再进行添加；如果要为图层组添加图层样式，需要先将图层组合并为一个图层。

知识精讲：熟悉"图层样式"对话框

"图层样式"对话框的左侧列出了10种样式，样式名称前面的复选框内有✔标记，表示在图层中添加了该样式，如图10-236所示。

单击一个样式的名称，可以选中该样式，同时切换到该样式的设置面板，如图10-237所示。

技巧提示

如果单击样式名称前面的复选框，则可以应用该样式，但不会显示样式设置面板。

在"图层样式"对话框中设置好样式参数以后，单击"确定"按钮即可为图层添加样式，添加了样式的图层右侧会出现一个 *fx* 图标，如图10-238所示。

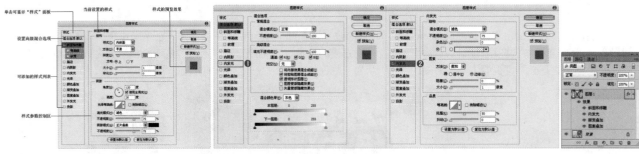

图10-236　　　　　　　　　图10-237　　　　　　　　　图10-238

058 理论——显示与隐藏图层样式

如果要隐藏一个样式，可以在"图层"面板中单击该样式前面的眼睛图标 👁，如图10-239所示。

如果要隐藏某个图层中的所有样式，可以单击"效果"前面的眼睛图标 👁，如图10-240所示。

图10-239

图10-240

 答疑解惑——怎样隐藏所有图层中的图层样式？

如果要隐藏整个文档中的图层的图层样式，可以执行"图层>图层样式>隐藏所有效果"菜单命令。

059 理论——修改图层样式

再次对图层执行"图层>图层样式"菜单命令或在"图层"面板中双击该样式的名称即可修改该图层样式的参数，在弹出的"图层样式"对话框中，如图10-241所示。

图10-241

060 理论——复制/粘贴图层样式

当文档中有多个需要使用同样样式的图层时，可以进行图层样式的复制。选择该图层，然后执行"图层>图层样式>拷贝图层样式"菜单命令，或者在图层名称上单击鼠标右键，在弹出的快捷菜单中选择"拷贝图层样式"菜单命令，接着选择目标图层，再执行"图层>图层样式>粘贴图层样式"菜单命令，或者在目标图层的名称上单击鼠标右键，在弹出的快捷菜单中选择"粘贴图层样式"菜单命令，如图10-242所示。

图10-242

 技巧提示

按住Alt键同时将"效果"拖曳到目标图层上，可以复制/粘贴所有样式，如图10-243所示。

按住Alt键同时将单个样式拖曳到目标图层上，可以复制/粘贴这个样式，如图10-244所示。

需要注意的是，如果没有按住Alt键，则是将样式移动到目标图层中，原始图层不再有样式。

图10-243　　　图10-244

061 理论——清除图层样式

将某一样式拖曳到"删除图层"按钮 ⬛ 上，就可以删除某个图层样式，如图10-245所示。

如果要删除某个图层中的所有样式，可以选择该图层，然后执行"图层>图层样式>清除图层样式"菜单命令，或在图层名称上单击鼠标右键，在弹出的快捷菜单中选择"清除图层样式"菜单命令，如图10-246所示。

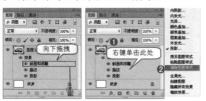

图10-245　　　　图10-246

062 理论——栅格化图层样式

执行"图层>栅格化>图层样式"命令，即可将当前图层的图层样式栅格化到当前图层中，栅格化的样式部分可以像普通图层的其他部分一样进行编辑处理，但是不再具有可以调整图层参数的功能，如图10-247所示。

图10-247

10.12 图层样式详解

在Photoshop CC中包含10种图层样式，分别为"投影"、"内阴影"、"外发光"、"内发光"、"斜面和浮雕"、"光泽"、"颜色叠加"、"渐变叠加"、"图案叠加"与"描边"，其效果如图10-248所示。从每种图层样式的名称上就能够了解这些"图层样式"基本包括"阴影"、"发光"、"突起"、"光泽"、"叠加"、"描边"等属性。当然，除了以上属性，多种图层样式共同使用还可以制作出更加丰富的奇特效果。

图10-248

063 理论——使用"投影"样式

使用"投影"样式可以为图层模拟出向后的投影效果，可增强某部分层次感以及立体感，在平面设计中常用于需要突显的文字中，如图10-249所示为添加"投影"样式前后对比以及投影样式的参数设置。

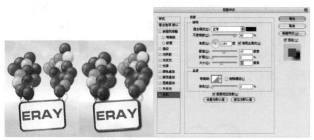

图10-249

技巧提示

这里的投影与现实中的投影有些差异。现实中的投影通常产生在物体的后方或者下方，并且随着光照方向的不同会产生透视的不同，而这里的投影只在后方产生，并且不具备真实的透视感。如图10-250分别为模拟真实的投影效果与"投影"样式的效果。

图10-250

- ● 混合模式：可以更改用来设置投影与下面图层的混合方式，默认设置为"正片叠底"模式。如图10-251所示，分别是混合模式为"正片叠底"和"颜色加深"模式的效果。
- ● 混合模式选项右侧的颜色块：可以设置阴影的颜色。
- ● 不透明度：可以设置投影的不透明度。数值越小，投影越淡。

● 角度：可以调整投影应用于图层时的光照角度，指针方向为光源方向，相反方向为投影方向，如图10-252所示分别是设置"角度"为47度和144度时的投影效果。

图10-251

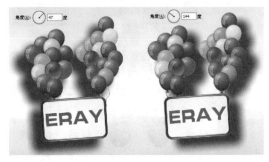

图10-252

● "使用全局光"复选框：可以保持所有光照的角度一致；取消选中该复选框时，可以为不同的图层分别设置光照角度。

● 距离：可以调整投影偏移图层内容的距离。

● 大小：用来设置投影的模糊范围，该值越大，模糊范围越广，反之投影越清晰。

● 扩展：可以调整投影的扩展范围，注意，该值会受到"大小"选项的影响。

● 等高线：以调整曲线的形状来控制投影的形状，可以手动调整曲线形状也可以选择内置的等高线预设，如图10-253所示。

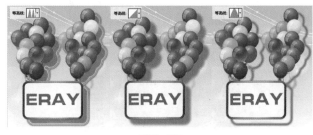

图10-253

● 消除锯齿：用于混合等高线边缘的像素，使投影更加平滑。该选项对于尺寸较小且具有复杂等高线的投影比较实用。

● 杂色：用来在投影中添加杂色的颗粒感效果，数值越大，颗粒感越强，如图10-254所示。

● 图层挖空投影：用来控制半透明图层中投影的可见性。选中该复选框后，如果当前图层的"填充"数值小于100%，则半透明图层中的投影不可见，如图10-255所示为图层"填充"为60%时，分别选中与取消选中"图层挖空投影"复选框时的投影效果。

图10-254　　　　　图10-255

知识精讲：详解"内阴影"样式

"内阴影"样式可以在紧靠图层内容的边缘内添加阴影，使图层内容产生凹陷效果，如图10-256所示为原始图像、添加了"内阴影"样式以后的图像以及"内阴影"样式的参数设置。

图10-256

"内阴影"样式与"投影"样式的参数设置基本相同，只不过"投影"样式是用"扩展"选项来控制投影边缘的柔化程度，而"内阴影"样式是通过"阻塞"选项来控制的。"阻塞"选项可以在模糊之前收缩内阴影的边界，如图10-257所示。另外，"大小"选项与"阻塞"选项是相互关联的，"大小"数值越大，可设置的"阻塞"范围就越大。

图10-257

064 练习——使用内阴影样式

案例文件	练习实例——使用内阴影样式.psd
视频教学	练习实例——使用内阴影样式.flv
难度级别	★★★★★
技术要点	图层样式、图层蒙版

案例效果

本案例效果如图10-258所示。

图10-258

操作步骤

步骤01 打开本书配套光盘中的素材文件，导入蝴蝶素材，如图10-259所示。

图10-259

步骤02 使用魔棒工具，设置"容差"值为20，选中"连续"复选框，单击蝴蝶上的白色背景部分，并选择"反向"命令，单击"图层"面板中的"添加图层蒙版"按钮，并设置"填充"为0%，"不透明度"为85%，此时蝴蝶图层被隐藏，如图10-260所示。

步骤03 单击"图层"面板中的"添加图层样式"按钮，在弹出的菜单中选择"内阴影"样式，在打开的对话框中设置

图10-260

其混合模式为"正片叠底"，颜色为"绿色"，"不透明度"为100%，"角度"为30度，"距离"为39像素，"阻塞"为26%，"大小"为177像素，单击"确定"按钮结束操作，如图10-261所示。

图10-261

步骤04 单击工具箱中的画笔工具 ✎，设置前景色为白色，在选项栏中设置一种柔边圆画笔，设置"不透明度"和"流量"选项，绘制出蝴蝶外轮廓，最终效果如图10-262所示。

图10-262

065 练习——使用内阴影模拟石壁刻字

案例文件	练习实例——使用内阴影模拟石壁刻字.psd
视频教学	练习实例——使用内阴影模拟石壁刻字.flv
难易指数	★★★★★
知识掌握	"内阴影"样式

案例效果

本案例效果如图10-263所示。

操作步骤

步骤01 打开本书配套光盘中的素材文件，如图10-264所示。

图10-263　　　　　　　　　　图10-264

步骤02 为了制作出石壁上的刻字效果，首先需要导入书法文字素材文件，然后将文字放置在岩石上面。按住Ctrl键单击文字图层缩略图，将文字载入选区。再选择"背景"图层，并使用复制和粘贴功能，复制出一个岩石纹理的文字图层"图层1"，如图10-265所示。

图10-265

步骤03 对复制出的"图层1"图层执行"图层>图层样式>内阴影"菜单命令，在弹出的对话框中设置混合模式为"正片叠底"，"不透明度"为83%，"角度"为28度，"距离"为2像素，"大小"为1像素，此时复制出的文字图层出现了向内凹陷的效果，如图10-266所示。

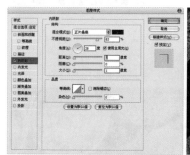

图10-266

步骤04 进行色调调整。创建新的"曲线"调整图层，在"属性"面板中压暗曲线。然后在该调整图层上单击鼠标右键执行"创建剪贴蒙版"命令，使"曲线"调整图层只对"图层1"图层进行调整，此时文字部分颜色变暗，如图10-267所示。

图10-267

步骤05 创建新的"色相/饱和度"调整图层，在"属性"面板中设置"色相"为－21，"饱和度"为+21，"明度"为+7。然后在该调整图层上单击鼠标右键执行"创建剪贴蒙版"菜单命令，此时刻字部分变为红色，如图10-268所示。

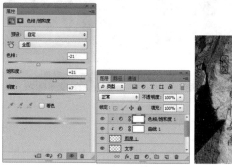

图10-268

步骤06 创建新的"曲线"调整图层，在"属性"面板中将全图适当提亮，最终效果如图10-269所示。

图10-269

知识精讲：详解"外发光"样式

"外发光"样式可以沿图层内容的边缘向外创建发光效果，可用于制作自发光效果以及人像或者其他对象的梦幻般的光晕效果，如图10-270所示为原始图像、添加了"外发光"样式以后的图像效果以及"外发光"样式参数设置。

- ● **混合模式/不透明度**：混合模式选项用来设置发光效果与下面图层的混合方式；"不透明度"选项用来设置发光效果的不透明度。如图10-271所示为"不透明度"为75%，混合模式分别为"正常"和"线性减淡（添加）"的效果。

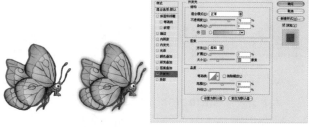

图10-270

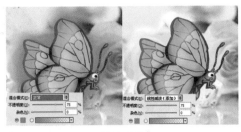

图10-271

● **杂色**：在发光效果中添加随机的杂色效果，使光晕产生颗粒感，如图10-272所示。

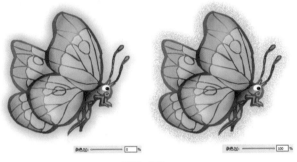

图10-272

● **发光颜色**：单击"杂色"选项下面的颜色块，可以设置发光颜色；单击颜色块后面的渐变条，可以在"渐变编辑器"窗口中选择或编辑渐变色，如图10-273所示。

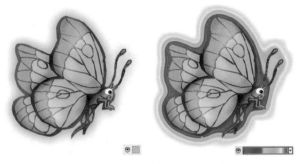

图10-273

● **方法**：用来设置发光的方式。选择"柔和"方法，发光效果比较柔和，如图10-274(a)所示；选择"精确"选项，可以得到精确的发光边缘，如图10-274(b)所示。

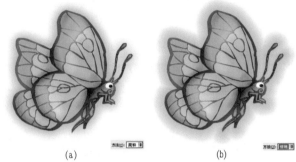

(a)　　　　　　　　(b)

图10-274

● **扩展/大小**："扩展"选项用来设置发光范围的大小；"大小"选项用来设置光晕范围的大小。

066 练习——娱乐包装风格艺术字

案例文件	练习实例——娱乐包装风格艺术字.psd
视频教学	练习实例——娱乐包装风格艺术字.flv
难度级别	★★★★★
技术要点	文字工具、图层样式

案例效果

本案例效果如图10-275所示。

操作步骤

步骤01 打开本书配套光盘中的背景素材文件，如图10-276所示。

图10-275

图10-276

步骤02 新建图层组"文字"，单击工具箱中的横排文字工具 T，设置合适字体及大小，输入"MIX娱乐派"，调整位置和角度，如图10-277所示。

图10-277

步骤03 单击"图层"面板中的"添加图层样式"按钮，在弹出的菜单中选择"投影"样式，设置其"混合模式"为"正常"，颜色为浅灰色，"不透明度"为100%，"角度"为-33度，"距离"为3像素，"大小"为3像素，如图10-278所示。

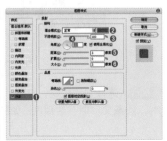

图10-278

步骤04 选中"外发光"样式，设置其混合模式为"强光"，"不透明度"为100%，颜色为紫色，设置一直由紫色到透明的渐变，设置"扩展"为5%，"大小"为16像素，"等高线"为半圆，"范围"为70%；选中"叠加渐变"样式，设置混合模式为"点光"，设置一种白色和紫色的渐变，设置"缩放"为138%，如图10-279所示。

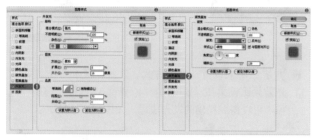

图10-279

步骤05 选中"图案叠加"样式，设置其"混合模式"为"明度"，选择一种合适的图案，设置"缩放"为58%；选中"描边"样式，设置其"大小"为2像素，"颜色"为白色，单击"确定"按钮结束操作，如图10-280所示。

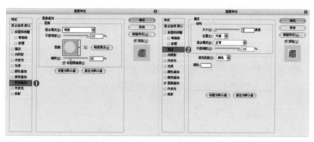

图10-280

执行"编辑>预设>预设管理器"菜单命令，在弹出的窗口中设置"预设类型"为"图案"，单击"载入"按钮，选择素材文件所在位置并载入，再单击"完成"按钮即可载入素材图案，如图10-281所示。

图10-281

步骤06 选择文字图层，设置"图层"面板中的"填充"为0%，隐藏文字原有的颜色，如图10-282所示。

图10-282

步骤07 使用横排文字工具输入"新鲜资讯 潮流生活 follow ME"，选择图层"MIX娱乐派"并单击鼠标右键执行"拷贝图层样式"命令，再选择图层"新鲜资讯 潮流生活 follow ME"并单击鼠标右键执行"粘贴图层样式"命令，如图10-283所示。

图10-283

步骤08 选择文字图层，设置"图层"面板中的"填充"为0%，如图10-284所示。

图10-284

步骤09 同样使用横排文字工具输入"Top"，单击"图层"面板中的"添加图层样式"按钮，在弹出的菜单中选择"投影"样式，在打开的对话框中单击"确定"按钮结束操作，如图10-285所示。

图10-285

步骤10 使用横排文字工具输入"我的Super"，单击"图层"面板中的"添加图层样式"按钮，在弹出的菜单中选择"内阴影"样式，在打开的对话框中设置其"混合模式"为"正常"，颜色为紫色，"距离"为6像素，"大小"为13像素，单击"确定"按钮结束操作，如图10-286所示。

步骤11 选择图层组"文字"，设置"图层"面板中的混合模式为"穿透"，单击"图层"面板中的"添加图层蒙版"按钮，单击工具箱中的画笔工具，设置前景色为黑色，对花朵上的文字进行涂抹，隐藏多余文字，最终效果如图10-287所示。

图10-286

图10-287

知识精讲：详解"内发光"样式

"内发光"样式可以沿图层内容的边缘向内创建发光效果，如图10-288所示为原始图像、添加了"内发光"样式以后的图像效果，以及"内发光"样式参数设置。

图10-288

技巧提示

"内发光"中除了"源"和"阻塞"外，其他选项都与"外发光"样式相同。"源"选项用来控制光源的位置；"阻塞"选项用来在模糊之前收缩内发光的杂边边界。

067 练习——使用内发光制作水晶字

案例文件	练习实例——使用内发光制作水晶字.psd
视频教学	练习实例——使用内发光制作水晶字.flv
难度级别	★★★★★
技术要点	内发光图层样式

案例效果

本案例效果如图10-289所示。

操作步骤

步骤01 打开本书配套光盘中的背景素材文件，如图10-290所示。

图10-289　　　　　图10-290

图10-291

步骤02 单击工具箱中的横排文字工具，设置前景色为浅绿色，选择一种合适的字体及大小，输入"Sweet"，单击"图层"面板中的"添加图层样式"按钮，在弹出的菜单中选择"内发光"样式，在打开的对话框中设置其"混合模式"为"正片叠底"，颜色为绿色，设置一种由绿色到透明的渐变，"大小"为43像素，如图10-291所示。

步骤03 选中"斜面和浮雕"样式，设置其"样式"为"浮雕效果"，"深度"为246%，"大小"为24像素，选择一种适合的"光泽等高线"，设置高光"不透明度"为100%，阴影"不透明度"为0%；选中"描边"样式，设置"大小"为8像素，"颜色"为绿色，单击"确定"按钮结束操作，如图10-292所示。

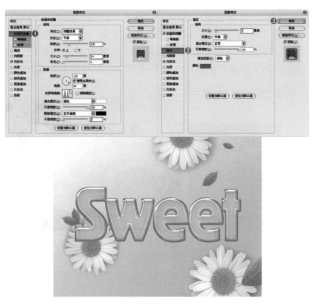

图10-292

步骤04 复制图层SWEET并放在原文字图层的下方，在复制出的文字图层上单击鼠标右键执行"清除图层样式"菜单命令，然后重新单击"添加图层样式"按钮，在弹出的菜单中选择"斜面和浮雕"样式，在打开的对话框中设置其"样式"为浮雕效果，"深度"数值为450%，"大小"数值为73像素，选择一种合适的"光泽等高线"，设置高光"不透明度"为100%，阴影"不透明度"为0%，单击"确定"按钮结束操作，最终效果如图10-293所示。

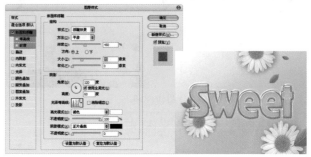

图10-293

知识精讲：详解"斜面和浮雕"样式

"斜面和浮雕"样式可以为图层添加高光与阴影，使图像产生立体的浮雕效果，常用于立体文字的模拟。如图10-294所示为原始图像、添加了"斜面和浮雕"样式以后的图像效果以及"斜面和浮雕"样式参数设置。

图10-294

🔹 设置斜面和浮雕

🔘 **样式**：选择斜面和浮雕的样式。选择"外斜面"，可以在图层内容的外侧边缘创建斜面；选择"内斜面"，可以在图层内容的内侧边缘创建斜面；选择"浮雕效果"，可以使图层内容相对于下层图层产生浮雕状的效果；选择"枕状浮雕"，可以模拟图层内容的边缘嵌入到下层图层中产生的效果；选择"描边浮雕"，可以将浮雕应用于图层的"描边"样式的边界（注意，如果图层没有"描边"样式，则不会产生效果），如图10-295所示。

图10-295

🔘 **方法**：用来选择创建浮雕的方法。选择"平滑"，可以得到比较柔和的边缘；选择"雕刻清晰"，可以得到最精确的浮雕边缘；选择"雕刻柔和"，可以得到中等水平的浮雕效果，如图10-296所示。

图10-296

● 深度：用来设置浮雕斜面的应用深大，该值越高，浮雕的立体感越强，如图10-297所示。

图10-297

● 方向：用来设置高光和阴影的位置，该选项与光源的角度有关。

● 大小：该选项表示斜面和浮雕的阴影面积的大小。

● 软化：用来设置斜面和浮雕的平滑程度，如图10-298所示。

● 角度/高度："角度"选项用来设置光源的发光角度；"高度"选项用来设置光源的高度，如图10-299所示。

图10-298　　　　　图10-299

● 使用全局光：如果选中该复选框，那么所有浮雕样式的光照角度都将保持在同一个方向。

● 光泽等高线：选择不同的等高线样式，可以为斜面和浮雕的表面添加不同的光泽质感，也可以自己编辑等高线样式，如图10-300所示。

图10-300

● 消除锯齿：当设置了光泽等高线时，斜面边缘可能会产生锯齿，选中该复选框可以消除锯齿。

● 高光模式/不透明度：这两个选项用来设置高光的混合模式和不透明度，后面的色块用于设置高光的颜色。

● 阴影模式/不透明度：这两个选项用来设置阴影的混合模式和不透明度，后面的色块用于设置阴影的颜色。

设置等高线

单击"斜面和浮雕"样式下面的"等高线"选项，切换到"等高线"设置面板。使用"等高线"可以在浮雕中创建凹凸起伏的效果。

设置纹理

单击"等高线"选项下面的"纹理"选项，切换到"纹理"设置面板，如图10-301所示。

● 图案：单击"图案"选项右侧的 图标，可以在弹出的"图案"拾取器中选择一个图案，并将其应用到斜面和浮雕上。

图10-301

● 从当前图案创建新的预设 ：单击该按钮，可以将当前设置的图案创建为一个新的预设图案，同时新图案会保存在"图案"拾取器中。

● 贴紧原点：将原点对齐图层或文档的左上角。

● 缩放：用来设置图案的大小。

● 深度：用来设置图案纹理的使用程度。

● 反相：选中该复选框后，可以反转图案纹理的凹凸方向。

● 与图层链接：选中该复选框后，可以将图案和图层链接在一起，这样在对图层进行变换等操作时，图案也会跟着一同变换。

068 练习——使用斜面与浮雕样式制作玻璃文字

案例文件	练习实例——使用斜面与浮雕样式制作玻璃文字.psd
视频教学	练习实例——使用斜面与浮雕样式制作玻璃文字.flv
难度级别	★★★★★
技术要点	"斜面与浮雕"样式

案例效果

本案例效果如图10-302所示。

操作步骤

步骤01 打开本书配套光盘中的背景素材文件，如图10-303所示。

图10-302　　　　　　图10-303

步骤02 单击工具箱中的横排文字工具，在"字符"面板中设置合适的文字大小、字体、颜色等属性，在画面中单击并输入文字"E"，如图10-304所示。

图10-304

步骤03 在"图层"面板设置"填充"为0%，如图10-305所示。

步骤04 为文字添加图层样式，执行"图层>图层样式>外发光"菜单命令，在打开的对话框中设置"混合模式"为"滤色"，"不透明度"为75%，"颜色"为白色，图素"方法"为"柔和"，"大小"为5像素，如图10-306所示。

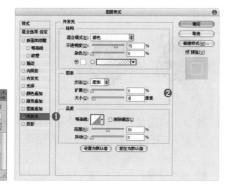

图10-305　　　　　　图10-306

步骤05 选中"斜面和浮雕"样式，设置"样式"为"内斜面"，"方法"为"平滑"，"深度"为800%，"大小"为9像素，"角度"为120度，"高度"为30度。"高光模式"为"滤色"，"不透明度"为75%，"阴影模式"为"正片叠底"，"不透明度"为75%，如图10-307所示。

步骤06 选中"渐变叠加"样式，设置"混合模式"为"正常"，"不透明度"为23%，"样式"为"线性"，"角度"为90度，"缩放"为100%，如图10-308所示。

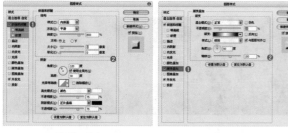

图10-307　　　　　　图10-308

步骤07 选中"图案叠加"样式，设置"混合模式"为"正常"，"不透明度"为20%，在"图案"下拉列表中选择一个适合图案，接着设置"缩放"为100%，如图10-309所示。

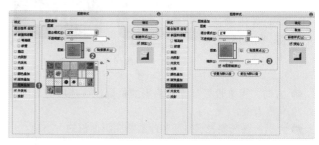

图10-309

 答疑解惑——如何模拟玻璃图案？

（1）创建新图层，执行"滤镜>渲染>云彩"菜单命令，如图10-310(a)所示。（2）执行"滤镜>扭曲>玻璃"菜单命令，在打开的对话框中设置"扭曲度"为20，"平滑度"为1，"纹理"为"小镜头"，"缩放"为55%，如图10-310(b)所示。（3）单击"确定"按钮后，执行"编辑>定义图案"菜单命令，在打开的"图案名称"对话框中重命名，单击"确定"按钮即可，如图10-310(c)所示。

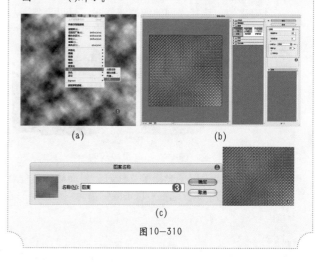

(a)　　　　　　　(b)

(c)

图10-310

步骤08 选中"描边"样式，设置"大小"为1像素，"位置"为"外部"，"混合模式"为"正常"，"不透明度"为100%，"填充类型"为"颜色"，设置"颜色"为绿色，如图10-311所示。

步骤09 用同样的方法输入剩余文字，并赋予相同的样式，如图10-312所示。

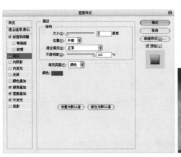

图10-311

(a)   (b)

图10-313

步骤11 为"倒影"图层添加图层蒙版，使用黑色柔角画笔涂抹蒙版下半部分，并且降低蒙版"不透明度"为75%，如图10-314所示。

图10-312

步骤10 下面按住Ctrl键复制4个文字图层，并按Ctrl+E组合键合并图层，命名为"倒影"，如图10-313(a)所示。再按Ctrl+T组合键执行"自由变换"命令，单击鼠标右键，执行"垂直翻转"命令，如图10-313(b)所示。

图10-314

知识精讲：详解"光泽"样式

"光泽"样式可以为图像添加光滑的、具有光泽的内部阴影，通常用来制作具有光泽质感的按钮和金属。如图10-315所示为原始图像、添加了"光泽"样式以后的图像效果以及"光泽"样式参数设置。

 技巧提示

"光泽"样式的参数没有特别的选项，这里不再重复讲解。

图10-315

069 练习——使用光泽制作彩条文字

案例文件	练习实例——使用光泽制作彩条文字.psd
视频教学	练习实例——使用光泽制作彩条文字.flv
难度级别	★★★★★
技术要点	文字工具、钢笔工具、图层样式

案例效果

本案例效果如图10-316所示。

图10-316

步骤01 新建空白文件,单击工具箱中的渐变工具 ■ ,在选项栏中设置渐变类型为线性渐变,在"渐变编辑器"窗口中编辑一种由白到棕色的渐变,单击"确定"按钮结束操作,在画布中由左上角向右下角拖曳填充,如图10-317所示。

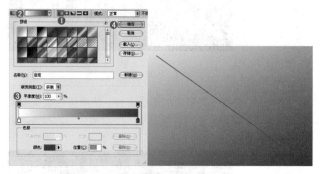

图10-317

步骤02 单击工具箱中的横排文字工具 **T**,设置前景色为洋红,设置合适的字体及大小,输入"Eray",如图10-318所示。

图10-318

步骤03 选择文字图层,按住Ctrl键载入文字选区,执行"选择>修改>平滑"菜单命令,在打开的对话框中设置"取样半径"为10像素,单击"确定"按钮结束操作,然后新建图层"平滑"并填充洋红,隐藏原文字图层,如图10-319所示。

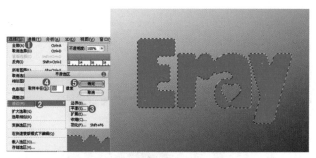

图10-319

步骤04 单击"图层"面板中的"添加图层样式"按钮,在弹出的菜单中选择"内阴影"样式,在打开的对话框中设置其"混合模式"为"柔光","不透明度"为100%,"距离"为35像素,"阻塞"为5%,"大小"为174像素;选中"外发光"样式,设置其"混合模式"为"叠加","不透明度"为82%,颜色为黑色,"扩展"为6%,"大小"为18像素,如图10-320所示。

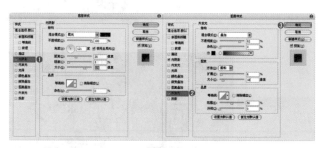

图10-320

步骤05 选中"内发光"样式,设置其"不透明度"为90%,颜色为淡粉,"大小"为29像素,"范围"为71%;选中"斜面和浮雕"样式,设置其"深度"为103%,"大小"为32像素,如图10-321所示。

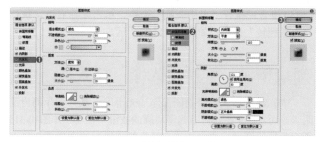

图10-321

步骤06 选中"光泽"样式,设置其"混合模式"为"正常",颜色为浅灰,"不透明度"为17%,"角度"为-138度,"距离"为97像素,"大小"为213像素,单击"确定"按钮结束操作,如图10-322所示。

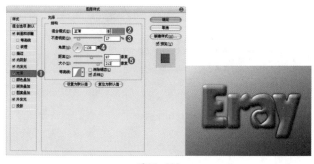

图10-322

步骤07 新建图层，单击工具箱中的钢笔工具，绘制彩条形状，单击鼠标右键选择"建立选区"菜单命令，设置前景色为浅蓝并填充，在"图层"面板中设置"混合模式"为"变亮"，如图10-323所示。

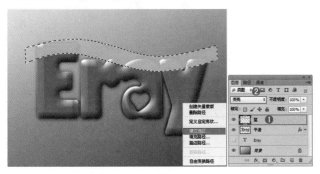

图10-323

步骤08 按住Ctrl键单击"平滑"图层的缩略图载入文字选区，选择图层"蓝"，单击面板中的"添加图层蒙版"按钮，文字以外的部分被隐藏，如图10-324所示。

步骤09 用同样的方法继续制作其他颜色的彩带，并通过设置混合模式使色块融合在凸起的文字上，如图10-325所示。

知识精讲：详解"颜色叠加"样式

"颜色叠加"样式可以在图像上叠加设置的颜色，并且可以通过模式的修改调整图像与颜色的混合效果。如图10-327所示为原始图像、叠加了"颜色叠加"样式以后的图像效果以及"颜色叠加"样式参数设置。

070 练习——制作立体字母

案例文件	练习实例——制作立体字母.psd
视频教学	练习实例——制作立体字母.flv
难度级别	★★★★★
技术要点	多种图层样式的使用

案例效果

本案例效果如图10-328所示。

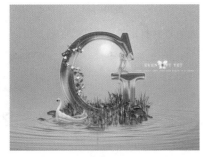

图10-328

步骤10 打开本书配套光盘中的彩带素材文件，摆放在合适位置，最终效果如图10-326所示。

图10-324

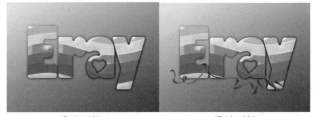

图10-325　　　　　图10-326

图10-327

操作步骤

步骤01 打开背景素材文件，单击工具箱中的横排文字工具，在选项栏中选择合适的英文字体，设置字体大小为1227点，设置文字颜色为浅绿色，如图10-329所示。

图10-329

步骤02 在图像中单击并输入字母"G",并按 Ctrl+Enter组合键完成操作,如图10-330所示。

图10-330

步骤03 执行"图层>图层样式>阴影"菜单命令,在打开的"图层样式"对话框中设置"混合模式"为"正片叠底","不透明度"为62%,"角度"为90度,"距离"为1像素,"大小"为10像素,如图10-331所示。

步骤04 选中"外发光"样式,设置"混合模式"为"正常","不透明度"为66%,颜色为黄色,图素"扩展"为0,"大小"为9像素,如图10-332所示。

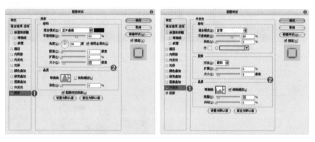

图10-331　　　　　　　　图10-332

步骤05 选中"内发光"样式,设置"混合模式"为"颜色减淡","不透明度"为44%,编辑一种由黑色到白色再到黑色的渐变,设置"方法"为"柔和",选中"边缘"单选按钮,设置"阻塞"为24%,"大小"为18像素,"范围"为53%,如图10-333所示。

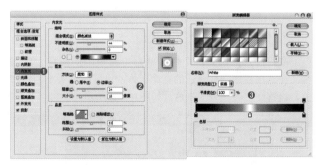

图10-333

步骤06 选中"斜面和浮雕"样式,设置"样式"为"内斜面","方法"为"平滑","深度"为388%,"大小"为79像素,"角度"为90度,"高度"为30度。"高光模式"为"滤色","不透明度"为43%,"阴影模式"为"点光","不透明度"为42%,如图10-334所示。

步骤07 选择"斜面和浮雕"样式下的"等高线"选项,设置"范围"71%,如图10-335所示。

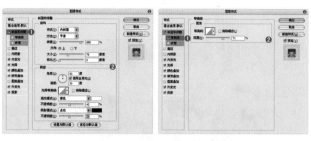

图10-334　　　　　　　　图10-335

步骤08 选中"光泽"样式,设置"混合模式"为"叠加","不透明度"为57%,"角度"90度,"距离"为10像素,"大小"100像素,如图10-336所示。

步骤09 选中"颜色叠加"样式,设置"混合模式"为"颜色",颜色为黄色,"不透明度"为46%,如图10-337所示。

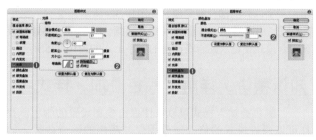

图10-336　　　　　　　　图10-337

步骤10 选中"渐变叠加"样式,设置"混合模式"为"正常","不透明度"为53%,设置渐变颜色由浅绿到深绿,"样式"为"线性","角度"为90度,"缩放"为100%,如图10-338所示。

图10-338

步骤11 导入前景素材,最终效果如图10-339所示。

图10-339

知识精讲：详解"渐变叠加"样式

　　"渐变叠加"样式可以在图层上叠加指定的渐变色，不仅能够制作带有多种颜色的对象，更能够通过巧妙的渐变颜色设置制作出凸起、凹陷等三维效果以及带有反光的质感效果，如图10-340所示为原始图像、添加了"渐变叠加"样式以后的图像效果以及"渐变叠加"样式参数设置。

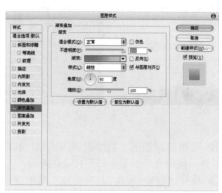

图10-340

071 练习——使用渐变叠加制作按钮

案例文件	练习实例——使用渐变叠加制作按钮.psd
视频教学	练习实例——使用渐变叠加制作按钮.flv
难度级别	★★★★★
技术要点	渐变叠加

案例效果

　　本案例效果如图10-341所示。

操作步骤

步骤01　按Ctrl+N组合键，在弹出的"新建"对话框中设置"宽度"为1471像素，"高度"为1000像素，如图10-342所示。

图10-341　　　　　　　　图10-342

步骤02　单击工具箱中的"渐变工具"，在选项栏中编辑一种灰色系渐变，并在画布中自上而下填充，如图10-343所示。

图10-343

步骤03　创建新图层"渐变"，单击工具箱中的矩形选框工具，在选项栏中设置"羽化"为2像素，在画布中绘制一个矩形选区，并填充黑色，如图10-344所示。

图10-344

步骤04　选择图层"渐变"，执行"图层>图层样式>渐变"菜单命令，在弹出的对话框中设置"混合模式"为"正常"，"不透明度"为100%，编辑一种粉紫色系渐变，设置"样式"为"径向"，取消选中"与图层对齐"复选框，设置"角度"为90度，"缩放"为150%，然后可以看到黑色矩形出现渐变效果，在画面中拖动调整渐变位置，如图10-345所示。

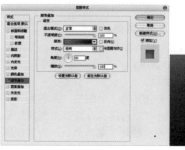

图10-345

步骤05 载入"渐变"图层选区，然后创建新图层，命名为"白色遮罩"，填充白色，执行"滤镜>模糊>高斯模糊"菜单命令，在弹出的对话框中设置半径为8像素，并在"图层"面板中降低图层"不透明度"为25%，如图10-346所示。

图10-346

步骤06 使用椭圆选框工具绘制椭圆选区，按Delete键删除多余部分，模拟光泽效果，如图10-347所示。

步骤07 执行"滤镜>模糊>高斯模糊"菜单命令，在弹出的对话框中设置"半径"为8像素，效果如图10-348所示。

图10-347　　　　　　　　图10-348

步骤08 单击横排文字工具，设置合适的字体及大小后输入文字，如图10-349所示。

图10-349

步骤09 执行"图层>图层样式>内阴影"菜单命令，在打开的对话框中设置"混合模式"为"正片叠底"，"不透明度"为75%，"角度"为120度，"距离"为5像素，"大小"为5像素，如图10-350所示。

步骤10 复制所有按钮图层并合并为一个图层，命名为"倒影"，对"倒影"图层按Ctrl+T组合键执行"自由变换"命令，再单击鼠标右键执行"垂直翻转"菜单命令，将其放置在按钮下方，如图10-351所示。

图10-350

步骤11 执行"滤镜>模糊>高斯模糊"菜单命令，在打开的对话框中设置"半径"为8像素，效果如图10-352所示。

图10-351　　　　　　　　图10-352

步骤12 为"倒影"图层添加图层蒙版，使用黑色柔边圆画笔涂抹下半部分，使其隐藏，如图10-353所示。

图10-353

步骤13 用同样的方法制作出另外一个按钮，最终效果如图10-354所示。

图10-354

知识精讲：详解"图案叠加"样式

"图案叠加"样式可以在图像上叠加图案，与"颜色叠加"、"渐变叠加"样式相同，也可以通过混合模式的设置使叠加的"图案"与原图像进行混合，如图10-355所示为原始图像、添加了"图案叠加"样式以后的图像效果以及"图案叠加"样式参数设置。

图10-355

072 练习——添加图层样式制作钻石效果

案例文件	练习实例——添加图层样式制作钻石效果.psd
视频教学	练习实例——添加图层样式制作钻石效果.flv
难度级别	★★★★★
技术要点	图案叠加样式、描边样式的使用

案例效果

本案例效果如图10-356所示。

操作步骤

步骤01 打开本书配套光盘中的背景素材，如图10-357所示。

图10-356　　　　　图10-357

步骤02 使用横排文字工具 T，输入"Adobe"文字，然后将图层的混合模式设置为"正片叠底"，如图10-358所示。

图10-358

步骤03 执行"图层>图层样式>投影"菜单命令，在打开的对话框中设置"混合模式"为"正片叠底"，颜色为灰色，"不透明度"为100%，"角度"为120度，"距离"为3像素，"大小"为2像素，如图10-359所示。

图10-359

步骤04 选中"斜面和浮雕"样式，设置"样式"为"内斜面"，"深度"为1%，"方向"为"上"，"角度"为90

度，"高度"为30度，高光的"不透明度"为75%、阴影的"不透明度"为40%，如图10-360所示。

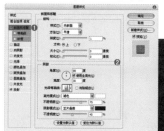

图10-360

步骤05 选中"图案叠加"样式，设置"图案"为砖石，"缩放"为8%，如图10-361所示。

图10-361

步骤06 最后选中"描边"样式，设置"大小"为2像素，"位置"为"外部"，"填充类型"为"渐变"，"渐变"为灰白色渐变，"样式"为"线性"，"角度"为90度，"缩放"为142%，如图10-362所示，最终效果如图10-363所示。

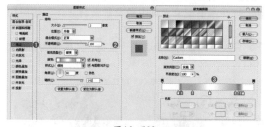

图10-362

图10-363

知识精讲：详解"描边"样式

"描边"样式可以使用颜色、渐变以及图案来描绘图像的轮廓边缘。如图10-364所示为原始图像、"描边"样式参数设置以及颜色描边、渐变描边、图案描边效果。

图10-364

073 练习——使用描边与投影制作卡通招贴

案例文件	练习实例——使用描边与投影制作卡通招贴.psd
视频教学	练习实例——使用描边与投影制作卡通招贴.flv
难度级别	★★★★★
技术要点	图层样式

案例效果

本案例效果如图10-365所示。

图10-365

操作步骤

步骤01 打开本书配套光盘中的背景素材文件，如图10-366所示。

步骤02 导入卡通素材，命名为"素材"，摆放到如图10-367所示的位置。

图10-366

图10-367

步骤03 单击"图层"面板中的"添加图层样式"按钮，在弹出的菜单中选择"投影"样式，在打开的对话框中设置其"距离"为21像素，"大小"为21像素，单击"确定"按钮结束操作，如图10-368所示。

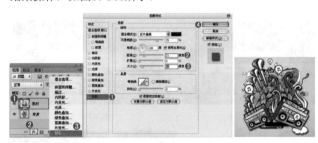

图10-368

步骤04 导入卡通兔子素材，放在画面中心的位置，如图10-369所示。

步骤05 单击工具箱中的魔棒工具，在选项栏中设置"容差"值为10，选中"连续"复选框，在蓝色背景处进行单击，并按Delete键删除背景，如图10-370所示。

图10-369   图10-370

步骤06 单击"图层"面板中的"添加图层样式"按钮，在弹出的菜单中选择"投影"样式，在打开的对话框中设置其"不透明度"为35%，"距离"为2像素，"大小"为43像素；选中"描边"样式，设置其"大小"为5像素，"颜色"为浅灰色，单击"确定"按钮结束操作，如图10-371所示。

步骤07 最终效果如图10-372所示。

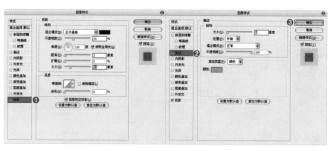

图10-371　　　　　　　　　　　　　　　　　　　图10-372

10.13 使用"样式"面板

在Photoshop中可以将创建好的图层样式存储为一个独立的文件，便于调用和传输。同样，图层样式也可以进行载入、删除、重命名等操作。

知识精讲：认识"样式"面板

执行"窗口>样式"菜单命令，打开"样式"面板，如图10-373所示。在"样式"面板中可以清除为图层添加的样式，也可以新建和删除样式。

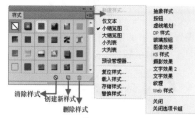

图10-373

074 练习——使用已有的图层样式

案例文件	练习实例——使用已有的图层样式.psd
视频教学	练习实例——使用已有的图层样式.flv
难易指数	★★★★★
知识掌握	掌握样式的快捷使用方法

案例效果

本案例效果如图10-374所示。

图10-374　　　　图10-375　　　　图10-376

操作步骤

步骤01 打开本书配套光盘中的背景素材，如图10-375所示。

步骤02 使用横排文字工具输入"ZING"文字，如图10-376所示。

步骤03 然后在"样式"面板中单击需要应用的样式，如图10-377所示。

 技巧提示

很多时候使用外挂样式时会出现与预期效果相差甚远的情况，这时可以检查当前样式参数对于当前图像是否适合，所以可以在图层样式上单击鼠标右键，使用"缩放样式"菜单命令进行调整。

图10-377

075 理论——将当前图层的样式创建为预设

在"图层"面板中选择图层，然后在"样式"面板中单击"创建新样式"按钮 ，接着在弹出的"新建样式"对话框中为样式设置一个名称，单击"确定"按钮后，新建的样式会保存在"样式"面板的末尾，如图10-378所示。如果在"新建样式"对话框中选中"包含图层混合选项"复选框，创建的样式将具有图层中的混合模式。

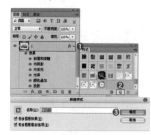

图10-378

076 理论——删除样式

将该样式拖曳到"样式"面板中的"删除样式"按钮上即可删除创建的样式，也可以在"样式"面板中按住Alt键，当鼠标变为剪刀形状时，单击需要删除的样式即可将其删除，如图10-379所示。

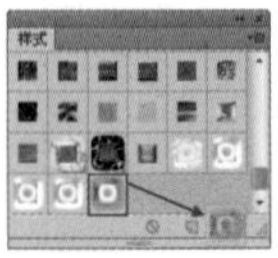

图10-379

077 理论——存储样式库

可以将设置好的样式保存到"样式"面板中，也可以在面板菜单中选择"存储样式"菜单命令，打开"存储"对话框，然后为其设置一个名称，将其保存为一个单独的样式库，如图10-380所示。

图10-380

078 理论——载入样式库

"样式"面板菜单的下半部分是Photoshop提供的预设样式库，选择一种样式库，系统会弹出一个提示对话框，如果单击"确定"按钮，可以载入样式库并替换掉"样式"面板中的所有样式；如果单击"追加"按钮，则该样式库会添加到原有样式的后面，如图10-381所示。

图10-381

 技巧提示

如果将样式库保存在Photoshop安装程序的Presets>Styles文件夹中，那么在重启Photoshop后，该样式库的名称会出现在"样式"面板菜单的底部。

079 理论——载入外挂样式

执行"编辑>预设>预设管理器"菜单命令，在打开的"预设管理器"对话框中设置"预设类型"为"样式"，单击"载入"按钮，选择".axl"格式的样式素材文件，最后单击"完成"按钮即可载入外挂样式，如图10-382所示。

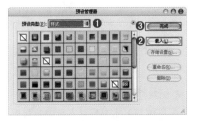

图10-382

 答疑解惑——如何将"样式"面板中的样式恢复到默认状态？

如果要将样式恢复到默认状态，可以在"样式"面板菜单中执行"复位样式"菜单命令，然后在弹出的对话框中单击"确定"按钮。

另外，在这里介绍一下如何载入外部的样式。执行面板菜单中的"载入样式"菜单命令，可以打开"载入"对话框，选择外部样式后即可将其载入到"样式"面板中。

10.14 智能对象图层

智能对象是包含栅格或矢量图像中的图像数据的图层。智能对象可以保留图像的源内容及其所有原始特性，因此对智能对象图层所执行的操作都是非破坏性操作。

080 理论——创建智能对象

创建智能对象的方法主要有以下3种。

方法01 执行"文件>打开为智能对象"菜单命令，可以选择一个图像作为智能对象打开。打开以后，在"图层"面板中的智能对象图层的缩略图右下角会出现一个智能对象图标，如图10-383所示。

方法02 先打开一个图像，然后执行"文件>置入"菜单命令，可以选择一个图像作为智能对象置入到当前文档中，如图10-384所示。

图10-385

还可以将Adobe Illustrator中的矢量图形作为智能对象导入到Photoshop中，或是将PDF文件创建为智能对象，如图10-386所示。

图10-383 　　　　　图10-384

方法03 在"图层"面板中选择一个图层，然后执行"图层>智能对象>转换为智能对象"菜单命令，或者单击鼠标右键执行"转换为智能对象"菜单命令，如图10-385所示。

图10-386

081 练习——编辑智能对象

案例文件	练习实例——编辑智能对象.psd
视频教学	练习实例——编辑智能对象.flv
难易指数	★★★★★
知识掌握	编辑智能对象

案例效果

创建智能对象以后，可以根据实际情况对其进行编辑。编辑智能对象不同于编辑普通图层，它需要在一个单独的文档中进行操作。本例主要是针对智能对象的编辑方法进行练习，效果如图10-387所示。

图10-387

操作步骤

步骤01 打开本书配套光盘中带有智能对象的素材文件，如图10-388所示。

步骤02 执行"图层>智能对象>编辑内容"菜单命令，或双击智能对象图层的缩略图，Photoshop会弹出一个对话框，

图10-388

单击"确定"按钮，可以将智能对象在一个单独的文档中打开，如图10-389所示。

图10-389

步骤03 按Ctrl+U组合键打开"色相/饱和度"对话框，然后设置"色相"为﹣180，效果如图10-390所示。

图10-390

行的修改,如图10-391所示。

图10-391

步骤04 单击文档右上角的"关闭"按钮⊠关闭文件,然后在弹出的提示对话框中单击"是"按钮保存对智能对象所进

082 理论——复制智能对象

方法01 在"图层"面板中选择智能对象图层,然后执行"图层>智能对象>通过拷贝新建智能对象"菜单命令,可以复制一个智能对象,如图10-392所示。

方法02 也可以将智能对象拖曳到"图层"面板中的"创建新图层"按钮 ⊡ 上,或者直接按Ctrl+J组合键复制智能对象,如图10-393所示。

图10-392　　　　图10-393

083 练习——替换智能对象内容

案例文件	练习实例——替换智能对象内容.psd
视频教学	练习实例——替换智能对象内容.flv
难易指数	★★★★★
知识掌握	替换智能对象

案例效果

本案例效果如图10-394所示。

图10-394

操作步骤

步骤01 打开一个包含智能对象的素材文件,如图10-395所示。

步骤02 选择智能对象图层,然后执行"图层>智能对象>替

换内容"菜单命令,打开"置入"对话框,选择一个PNG格式的素材文件,此时智能对象将被替换为新的智能对象,适当调整大小及位置,最终效果如图10-396所示。

图10-395

图10-396

> **技巧提示**
>
> 替换智能对象时,图像虽然发生变化,但是图层名称不会改变。

084 理论——导出智能对象

在"图层"面板中选择智能对象,然后执行"图层>智能对象>导出内容"菜单命令,可将智能对象以原始置入格式导出,如图10-397所示。如果智能对象是利用图层来创建的,那么导出时应以PSB格式导出。

图10-397

085 理论——将智能对象转换为普通图层

执行"图层>智能对象>栅格化"菜单命令可以将智能对象转换为普通图层，转换为普通图层以后，原始图层缩略图上的智能对象标志也会消失，如图10-398所示。

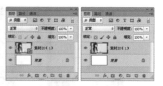

图10-398

086 理论——为智能对象添加智能滤镜

应用于智能对象的任何滤镜都是智能滤镜，智能滤镜属于"非破坏性滤镜"。由于智能滤镜的参数是可以调整的，因此可以调整智能滤镜的作用范围，或将其进行移除、隐藏等操作，如图10-399所示。智能滤镜的更多知识将在后面的章节中进行详细讲解。

图10-399

答疑解惑——哪些滤镜可以作为智能滤镜使用？

除了"抽出"滤镜、"液化"滤镜和"镜头模糊"滤镜以外，其他滤镜都可以作为智能滤镜应用，当然也包含支持智能滤镜的外挂滤镜。另外，"图像>调整"菜单下的"阴影/高光"和"变化"菜单命令也可以作为智能滤镜来使用。

087 综合——烟雾特效人像合成

案例文件	综合实例——烟雾特效人像合成.psd
视频教学	综合实例——烟雾特效人像合成.flv
难度级别	★★★★★
技术要点	魔棒工具，自然饱和度，色阶，曲线，可选颜色，去色

案例效果

本案例效果如图10-400所示。

图10-400

操作步骤

步骤01 按Ctrl+N组合键新建一个大小为2500×1800像素的文档。设置前景色为黑色，按Alt+Delete组合键填充画布为黑色，如图10-401所示。

图10-401

步骤02 新建一个"人像"图层组。导入人像素材文件，然后使用魔棒工具 选择背景区域，按Shift+Ctrl+I组合键反向选择选区，为其添加一个图层蒙版，接着使用黑色柔角画笔在图层蒙版中涂抹人像右侧边缘区域，如图10-402所示。

图10-402

步骤03 进行色调调整。创建新的"自然饱和度"调整图层，在"属性"面板中设置"自然饱和度"为+100，"饱和度"为+40，如图10-403所示。

图10-403

步骤04 创建新的"色阶"调整图层，在"属性"面板中设置"色阶"为11:1.00:215，然后在图层蒙版中使用黑色画笔涂抹手部，如图10-404所示。

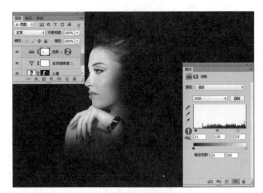

图10-404

步骤05 创建新的"可选颜色"调整图层,在"属性"面板中选择"红色",设置"洋红"为+38%,如图10-405所示。

图10-405

步骤06 复制"人像"图层,放置在"图层"面板最顶层。然后执行"图像>调整>去色"菜单命令,制作成黑白图片,接着在图层蒙版中使用黑色柔角画笔涂抹去除背景以及人像左半部分的区域,如图10-406所示。

图10-406

步骤07 创建新的"曲线"调整图层,在"属性"面板中调整好曲线形状,然后在"曲线"调整图层上单击鼠标右键执行"创建剪贴蒙版"菜单命令,使其只对黑白的人像副本图层做调整,加强黑白图层对比度,如图10-407所示。

图10-407

步骤08 下面开始制作烟雾部分,新建一个"烟雾"图层组,导入烟雾素材文件,设置图层的混合模式为"滤色",调整"不透明度"为45%,然后添加一个"图层蒙版",在图层蒙版中使用黑色画笔绘制涂抹多余部分,如图10-408所示。

图10-408

步骤09 导入剩下的烟雾素材文件,用同样的方法全部设置混合模式为"滤色",并摆放在手腕的右侧,如图10-409所示。

图10-409

步骤10 下面导入花朵火焰素材文件,放置在手指附近,设置图层的混合模式为"滤色",如图10-410所示。

图10-410

图10-411

图10-412

步骤11 使用横排文字工具输入白色文字，然后为文字图层添加一个图层蒙版，再使用渐变工具 ![] 在画面中自右向左填充黑白渐变，使文字隐藏一部分，如图10-411所示。

步骤12 最终效果如图10-412所示。

088 综合——狂野欧美风格海报

案例文件	综合实例——狂野欧美风格海报.psd
视频教学	综合实例——狂野欧美风格海报.flv
难度级别	★★★★★
技术要点	文字工具、图层样式

案例效果

本案例效果如图10-413所示。

操作步骤

步骤01 打开本书配套光盘中的城市风景素材文件，按住Alt键并双击"背景"图层将其解锁并命名为"城市"，新建图层组"背景"，将"城市"图层放入，在"图层"面板中设置其"不透明度"为70%，如图10-414所示。

图10-413

图10-414

步骤02 导入绿色底纹素材文件，在"图层"面板中设置其混合模式为"正片叠底"，使绿色底纹与城市风景混为一体，如图10-415所示。

步骤03 导入汽车的素材，放在画布右侧，在"图层"面板中设置其混合模式为"明度"，此时汽车也融合到画面中，如图10-416所示。

步骤04 新建图层组"斑点文字"，导入喷溅素材，调整位置及大小，放置在画面偏右的位置，如图10-417所示。

图10-415

图10-416

图10-417

步骤05 单击工具箱中的横排文字工具 T，设置合适的字体及大小，输入文字，使用"自由变换"命令对其进行适当旋转。设置其"填充"为85%，单击"图层"面板中的"添加图层样式"按钮，在弹出的菜单中选择"投影"样式，在打开的对话框中设置其"角度"为90度，"距离"为6像素，"大小"为43像素，如图10-418所示。

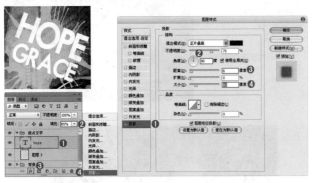

图10-418

步骤06 选中"内阴影"样式，设置其"混合模式"为"正片叠底"，颜色为黄色，"不透明度"为85%，"角度"为90度，"距离"为11像素，"阻塞"为25%，"大小"为23像素；选中"内发光"样式，设置其"混合模式"为"正片叠底"，"不透明度"为50%，颜色为棕色，"大小"为8像素，如图10-419所示。

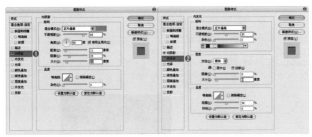

图10-419

步骤07 选中"斜面和浮雕"样式，设置其"大小"为11像素，"软化"为4像素，"角度"为90度，"高度"为67度；选中"等高线"样式，设置"等高线"为高斯，"范围"为90%，单击"确定"按钮结束操作，如图10-420所示。

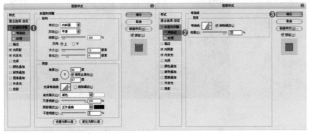

图10-420

步骤08 在文字图层上单击鼠标右键，执行"创建工作路径"命令，文字上出现相应的文字路径，如图10-421所示。

图10-421

步骤09 新建图层，设置前景色为深绿色，单击工具箱中的画笔工具，按F5键调出"画笔"面板，设置其"大小"为30像素，"间距"为155%，按Enter键描边当前路径，并使用加深工具进行适当加深，如图10-422所示。

图10-422

步骤10 载入文字选区，并为"斑点图层"图层添加图层蒙版，使文字以外的区域隐藏，并设置"混合模式"为"正片叠底"，如图10-423所示。

图10-423

步骤11 单击文字工具，调整大小及字体，输入白色英文，单击"添加图层样式"按钮，在弹出的菜单中选择"投影"样式，在打开的对话框中设置其"角度"为90度，"距离"为5像素，"大小"为5像素，单击"确定"按钮结束操作，放置在文字的右下角，如图10-424所示。

步骤12 新建图层组"顶部文字",单击工具箱中的套索工具 ，绘制矩形选区,新建为图层并填充绿色,如图10-425所示。

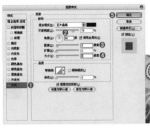

图10-424　　　　　　图10-425

步骤13 使用横排文字工具,输入"SERENDIPITY",单击鼠标右键执行"栅格化文字"命令,按Ctrl+T组合键执行"自由变换"命令,对文字形状进行适当调整,如图10-426所示。

图10-426

步骤14 单击"图层"面板中的"添加图层样式"按钮,在弹出的菜单中选择"投影"样式,在打开的对话框中设置其"不透明度"为100%,"角度"为90度,"距离"为23像素,"大小"为57像素;选中"内阴影"样式,设置其"不透明度"为100%,"角度"为90度,"距离"为5像素,"大小"为51像素,如图10-427所示。

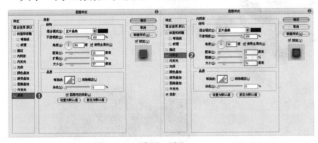

图10-427

步骤15 选中"外发光"样式,设置其"混合模式"为"滤色",颜色为黄色,"大小"为5像素;选中"斜面和浮雕"样式,设置其"大小"为35像素,"角度"为90度,单击"确定"按钮结束操作,如图10-428所示。

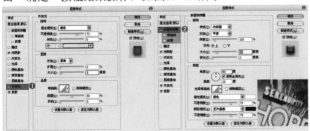

图10-428

步骤16 单击画笔工具,在选项栏中打开"画笔预设"选取器,单击右侧的 图标,执行"载入画笔"菜单命令,选择裂痕笔刷素材,单击"载入"按钮完成笔刷的载入。在选项栏中设置裂痕画笔,在文字上进行适当绘制,模拟出裂痕效果,如图10-429所示。

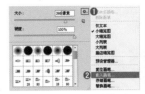

图10-429

步骤17 使用文字工具,调整大小及字体,再次输入白色英文,单击"添加图层样式"按钮,在弹出的菜单中选择"投影"样式,设置其"角度"为90度,"距离"为5像素,"大小"为5像素,单击"确定"按钮结束操作,如图10-430所示。

步骤18 同样使用文字工具,输入其他英文,调整位置及角度,如图10-431所示。

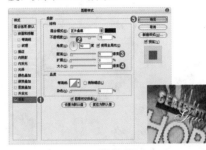

图10-430　　　　　　图10-431

步骤19 导入本书配套光盘中的人像素材文件,使用钢笔工具绘制人形的闭合路径,单击鼠标右键执行"建立选区"命令,再单击"添加图层蒙版"按钮,去除多余背景部分,最终效果如图10-432所示。

图10-432

Chapter 11

第11章

蒙版

"蒙版"在摄影中指用于控制照片不同区域曝光的传统暗房技术。在Photoshop中蒙版则是用于合成图像的必备利器,使用蒙版可以遮盖住部分图像,使用蒙版编辑图像,可以避免因为使用橡皮擦或剪切、删除等造成的失误操作。这种隐藏而非删除的编辑方式是一种非常方便的非破坏性编辑方式。使其避免受到操作的影响。另外,还可以对蒙版应用一些滤镜,以得到一些意想不到的特效。

本章学习要点:

掌握快速蒙版的使用方法
掌握剪贴蒙版的使用方法
掌握矢量蒙版的使用方法
掌握图层蒙版的使用方法

11.1 初识蒙版

"蒙版"在摄影中指用于控制照片不同区域曝光的传统暗房技术。在Photoshop中蒙版则是用于合成图像的必备利器，使用蒙版可以遮盖住部分图像，使其避免受到操作的影响。这种隐藏而非删除的编辑方式是一种非常方便的非破坏性编辑方式。使用蒙版编辑图像，可以避免因为使用橡皮擦或剪切、删除等造成的失误操作。另外，还可以对蒙版应用一些滤镜，以得到一些意想不到的特效。如图11-1所示是用蒙版合成的作品。

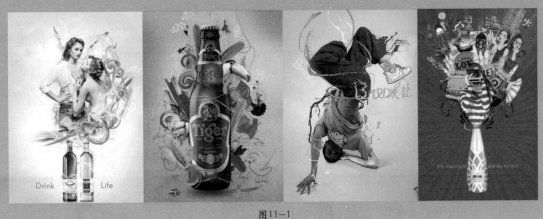

图11-1

知识精讲：蒙版的类型

在Photoshop中，蒙版有快速蒙版、剪贴蒙版、矢量蒙版和图层蒙版4种类型。

- 快速蒙版：用于创建和编辑选区。
- 剪贴蒙版：通过一个对象的形状来控制其他图层的显示区域。
- 矢量蒙版：通过路径和矢量形状来控制图像的显示区域。
- 图层蒙版：通过蒙版中的灰度信息来控制图像的显示区域。

知识精讲：认识属性面板

在"属性"面板中，我们可以对所选图层的图层蒙版以及矢量蒙版的不透明度和羽化进行调整。执行"窗口>属性"菜单命令，打开"属性"面板，如图11-2所示。

- 选择的蒙版：显示了当前在"图层"面板中选择的蒙版，如图11-3所示。

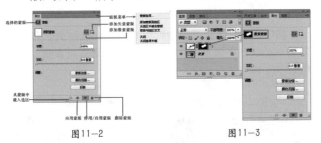

图11-2　　　　　　　图11-3

- 添加像素蒙版／添加矢量蒙版：单击"添加像素蒙版"按钮，可以为当前图层添加一个像素蒙版；单击"添加矢量蒙版"按钮，可以为当前图层添加一个矢量蒙版。

- 浓度：该选项类似于图层的不透明度，用来控制蒙版的不透明度，也就是蒙版遮盖图像的强度。

- 羽化：用来控制蒙版边缘的柔化程度。数值越大，蒙版边缘越柔和；数值越小，蒙版边缘越生硬。

- 蒙版边缘：单击该按钮，可以打开"调整蒙版"对话框。在该对话框中可以修改蒙版边缘，也可以使用不同的背景来查看蒙版，其使用方法与"调整边缘"对话框相同。

- 颜色范围：单击该按钮，可以打开"色彩范围"对话框。在该对话框中可以通过修改"颜色容差"来修改蒙版的边缘范围。

- 反相：单击该按钮，可以反转蒙版的遮盖区域，即蒙版中黑色部分会变成白色，而白色部分会变成黑色，未遮盖的图像将被调整为负片。

- 从蒙版中载入选区：单击该按钮，可以从蒙版中生成选区。另外，按住Ctrl键单击蒙版的缩略图，也可以载入蒙版的选区。

- 应用蒙版 ：单击该按钮可将蒙版应用到图像中，同时删除蒙版以及被蒙版遮盖的区域。
- 停用/启用蒙版 ：单击该按钮，可以停用或重新启用蒙版。停用蒙版后，在"属性"面板中的缩略图和"图层"面板中的蒙版缩略图中都会出现一个红色的交叉线。
- 删除蒙版 ：单击该按钮，可以删除当前选择的蒙版。

11.2 快速蒙版

在快速蒙版模式下，可以将选区作为蒙版进行编辑，并且可以使用几乎全部的绘画工具或滤镜对蒙版进行编辑。当在快速蒙版模式中工作时，"通道"面板中出现一个临时的快速蒙版通道。但是，所有的蒙版编辑都是在图像窗口中完成的。

001 理论——创建快速蒙版

打开图像，在工具箱中单击"以快速蒙版模式编辑"按钮 或按Q键，可以进入快速蒙版编辑模式，如图11-4所示。

此时在"通道"面板中可以观察到一个快速蒙版通道，如图11-5所示。

图11-4　　　　　　　　　　　　图11-5

002 理论——编辑快速蒙版

进入快速蒙版编辑模式以后，可以使用绘画工具（如画笔工具 ）在图像上进行绘制，绘制区域将以红色显示出来，如图11-6所示。

图11-6

红色的区域表示未选中的区域，非红色的区域表示选中的区域。在工具箱中单击"以快速蒙版模式编辑"按钮 或按Q键退出快速蒙版编辑模式，可以得到我们想要的选区，如图11-7所示。

图11-7

另外，在快速蒙版模式下，还可以使用滤镜来编辑蒙版，执行"滤镜>渲染>纤维"菜单命令，在弹出的对话框中设置参数，如图11-8所示。

图11-8

按Q键退出快速蒙版编辑模式后，可以得到具有纤维效果的选区，再添加一层彩色渐变，效果将更为明显，如图11-9所示。

图11-9

003 练习——使用快速蒙版制作儿童版式

案例文件	练习实例——使用快速蒙版制作儿童版式.psd
视频教学	练习实例——使用快速蒙版制作儿童版式.flv
难易指数	★★★★★
技术要点	快速蒙版、彩色半调、图层蒙版

案例效果

本案例处理前后对比效果如图11-10所示。

图11-10

操作步骤

步骤01 打开本书配套光盘中的素材文件，按住Alt键双击"背景"图层将其转换为普通图层"图层0"，按Q键进入快速蒙版编辑模式，设置前景色为黑色，接着单击画笔工具，在选项栏中选择一种圆形柔角画笔，在图像中右半部分涂抹绘制出不规则的区域，如图11-11所示。

图11-11

步骤02 执行"滤镜>像素化>彩色半调"菜单命令，设置"最大半径"为50像素，"通道1"为108，"通道2"为162，"通道3"为90，"通道4"为45，单击"确定"按钮完成操作，此时可以看到快速蒙版的边缘发生了变化，如图11-12所示。

步骤03 按Q键退出快速蒙版编辑模式，得到如图11-13所示的选区。

步骤04 在选区上单击鼠标右键执行"选择反向"菜单命令，得到图像部分的选区，如图11-14所示。

图11-12

图11-13 　　　　　　　　　　图11-14

步骤05 保留当前选区，在"图层"面板中单击底部的"添加图层蒙版"按钮，以当前选区为其添加图层蒙版，使背景部分隐藏，如图11-15所示。

图11-15

步骤06 单击"新建图层"按钮，创建新图层"图层1"，并为其填充白色，放置在"图层"面板的底部，如图11-16所示。

步骤07 导入前景素材，最终效果如图11-17所示。

图11-16 　　　　　　　　　　图11-17

11.3 剪贴蒙版

知识精讲：什么是剪贴蒙版

剪贴蒙版由两个部分组成：基底图层和内容图层，如图11-18所示。

基底图层只有一个，它决定了位于其上面的图像的显示范围。如果对基底图层进行移

图11-18

动、变换等操作,那么上面的图像也会随之受到影响,如图11-19所示。

内容图层可以是一个或多个。对内容图层的操作不会影响基底图层,但是对其进行移动、变换等操作时,其显示范围也会随之而改变。需要注意的是,剪贴蒙版虽然可以应用在多个图层中,但是这些图层不能是隔开的,必须是相邻的图层,如图11-20所示。

图11-19   图11-20

技巧提示

剪贴蒙版的内容图层不仅可以是普通的像素图层,还可以是调整图层、形状图层、填充图层等类型的图层,使用调整图层作为剪贴蒙版中的内容图层是非常常见的,主要可以用作对某一图层的调整而不影响其他图层,如图11-21所示。

图11-21

知识精讲:剪贴蒙版与图层蒙版的差别

从形式上看,普通的图层蒙版只作用于一个图层,给人的感觉好像是在图层上面进行遮挡一样。但剪贴蒙版却是对一组图层进行影响,而且是位于被影响图层的最下面。

普通的图层蒙版本身不是被作用的对象,而剪贴蒙版本身又是被作用的对象。

普通的图层蒙版仅是影响作用对象的不透明度,而剪贴蒙版除了影响所有顶层的不透明度外,其自身的混合模式及图层样式都将对顶层产生直接影响。

004 理论——创建剪贴蒙版

打开一个包含3个图层的文档,如图11-22所示。下面就以这个文档为例来讲解创建剪贴蒙版的3种方法。

贴蒙版以后,"图像"图层就只显示"形状"图层的区域,如图11-23所示。

图11-22

图11-23

方法01 首先把"图形"图层放在图像图层下面(即背景的左面),然后选择"图像"图层,执行"图层>创建剪贴蒙版"菜单命令或按Ctrl+Alt+G组合键,可以将"人像"图层和"图形"图层创建为一个剪贴蒙版。创建剪

方法02 在"图像"图层的名称上单击鼠标右键,然后在弹出的快捷菜单中选择"创建剪贴蒙版"菜单命令,即可将"图像"图层和"形状"图层创建为一个剪贴蒙版,如图11-24所示。

方法03 先按住Alt键,然后将光标放置在"图像"图层和"形状"图层之间的分隔线上,待光标变成形状时单击鼠标左键便可以将"图像"图层和"形状"图层创建为一个剪贴蒙版,如图11-25所示。

图11-24   图11-25

005 理论——释放剪贴蒙版

"释放剪贴蒙版"与"创建剪贴蒙版"相似，也有多种方法。

方法01 选择"图像"图层，然后执行"图层>释放剪贴蒙版"菜单命令或按Ctrl+Alt+G组合键，即可释放剪贴蒙版，如图11-26所示。释放剪贴蒙版后，"图像"图层就不再受"形状"图层的控制。

图11-26

方法02 在"图像"图层的名称上单击鼠标右键，然后在弹出的快捷菜单中选择"释放剪贴蒙版"菜单命令，如图11-27所示。

方法03 先按住Alt键，然后将光标放置在"图像"图层和"形状"图层之间的分隔线上，待光标变成 形状时单击鼠标左键，如图11-28所示。

图11-27

图11-28

006 理论——调整内容图层顺序

与调整普通图层顺序相同，单击并拖动即可调整内容图层的顺序，如图11-29所示。需要注意的是，一旦移动到基底图层的下方就相当于释放剪贴蒙版。

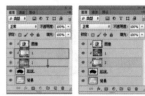

图11-29

007 理论——编辑内容图层

当对内容图层的不透明度和混合模式进行调整时，只与基底图层混合效果发生变化，不会影响到剪贴蒙版中的其他图层。

操作步骤

步骤01 打开已经制作完成的剪贴蒙版，如图11-30所示。

步骤02 在"图层"面板中设置"图像"图层的"混合模式"为"明度"，此时对内容图层进行的改变，不会影响到剪贴蒙版中的其他图层，而只与基底图层混合，如图11-31所示。

图11-30

图11-31

 技巧提示

剪贴蒙版虽然可以存在多个内容图层，但是这些图层不能是隔开的，必须是相邻的图层。

008 理论——编辑基底图层

当对基底图层的不透明度和混合模式调整时，整个剪贴蒙版中的所有图层都会以设置的不透明度数值以及混合模式进行混合。

操作步骤

步骤01 打开已经制作完成的剪贴蒙版，如图11-32所示。

步骤02 然后对基底图层进行不透明度和混合模式调整，如设置"形状"图层的"混合模式"为"线性光"，"不透明度"为90%此时整个剪贴蒙版中的所有图层都会以设置不透明度以及混合模式进行混合，如图11-33所示。

图11-32　　　　　　　　　　　图11-33

009 理论——为剪贴蒙版添加图层样式

若要为剪贴蒙版添加图层样式，需要在基底图层上添加，添加方式与为普通图层添加图层样式的方式相同，如图11-35所示。

如果错将图层样式添加在内容图层上，那么图层样式将属于内容图层的一部分，以原始内容图层的完整画面添加样式，所以在剪贴蒙版形状上可能会出现错误显示的问题。如图11-36所示的红框是内容图层的完整画面区域，只在右侧的黑框范围内能够看到图层样式。

技巧提示

"图层样式"对话框中的"将剪贴图层混合成组"选项用来控制剪贴蒙版组中基底图层的混合属性。默认情况下，基底图层的混合模式影响整个剪贴蒙版组，取消选中该复选框，则基底图层的混合模式仅影响自身，不会对内容图层产生作用，如图11-34所示。

图11-34

图11-35

图11-36

010 理论——加入剪贴蒙版

在已有剪贴蒙版的情况下，将一个图层拖动到基底图层上方，即可将其加入到剪贴蒙版组中作为新的内容图层，如图11-37所示。

图11-37

011 理论——移出剪贴蒙版

将内容图层移动到基底图层的下方就相当于移出剪贴蒙版组，即可释放该图层，如图11-38所示。

图11-38

012 练习——使用剪贴蒙版制作撕纸图像

案例文件	练习实例——使用剪贴蒙版制作撕纸图像.psd
视频教学	练习实例——使用剪贴蒙版制作撕纸图像.flv
难度级别	★★★★★
技术要点	剪贴蒙版、图层蒙版

案例效果

本案例处理前后对比效果如图11-39所示。

操作步骤

步骤01 打开本书配套光盘中的图像素材文件，如图11-40所示。

步骤02 单击工具箱中的矩形选框工具，框选眼睛部分，然

图11-39　　　　　　　　　　　图11-40

后将其复制和粘贴为一个独立的图层"黑白"，执行"图像>调整>黑白"菜单命令，在打开的对话框中设置"预设"为"默认值"，此时新图层变为黑白效果，如图11-41所示。

图11-41

步骤03 为图层"黑白"添加图层蒙版，首选使用黑色填充整个图层蒙版，然后使用白色硬角画笔擦出眼睛边缘参差不齐的效果，如图11-42所示。

步骤04 按住Ctrl键单击图层蒙版，载入蒙版的选区，创建新图层"白边"，执行"编辑>

图11-42

描边"菜单命令，在打开的对话框中设置"宽度"为10像素，"颜色"为白色，"位置"为居外，如图11-43所示。

图11-43

步骤05 为了使"白边"图层与"黑白"图层更好的融合，可以使用画笔工具绘制一些大小不一的白色碎边，并且使用半透明的橡皮擦工具适当擦除一些图像脸部转角处的白边，使"黑白"图层与白边相融合，如图11-44所示。

图11-44

步骤06 按Ctrl + J组合键复制"白边"图层，命名为"阴影"，载入选区后填充黑色。执行"滤镜>模糊>高斯模糊"菜单命令，在打开的对话框中设置"半径"为7像素，使阴影部分模糊一些，如图11-45所示。

图11-45

步骤07 降低图层的"不透明度"为48%，按Ctrl+T组合键执行"自由变换"命令，按住Shift键等比例缩小一部分，放置

在"白边"图层下方，模拟出撕纸的阴影效果，如图11-46所示。

图11-46

步骤08 导入卷页素材文件，使用套索工具绘制一部分选区，按下Shift +Ctrl + I反向选择选区，添加图层蒙版，多余的部分被隐藏了，如图11-47所示。

图11-47

步骤09 导入纸纹素材，放在卷叶上，在该图层上单击右键执行"创建剪贴蒙版"菜单命令（或者按Ctrl+Alt+G组合键创建剪贴蒙版），此时卷叶以外的纸纹素材被隐藏，如图11-48所示。

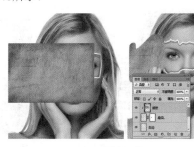

图11-48

步骤10 为了使"纸纹"图层融合到"卷叶"图层中，需要设置"纸纹"图层"混合模式"为"正片叠底"，"不透明度"为67%，如图11-49所示。

步骤11 最后为"纸纹"图层添加图层蒙版，使用半透明黑色柔角画笔擦除如图11-50(a)所示的部分，最终效果如图11-50(b)所示。

图11-49　　　　图11-50 (a)　　(b)

矢量蒙版

　　矢量蒙版是矢量工具，以钢笔或形状工具在蒙版上绘制路径形状控制图像的显示与隐藏。并且矢量蒙版可以调整路径节点，从而制作出精确的蒙版区域。

013 理论——创建矢量蒙版

　　如图11-51所示为一个包含两个图层的文档。下面就以这个文档为例来讲解如何创建矢量蒙版。

方法01 选择"风景"图层，在"属性"面板中单击"添加矢量蒙版"按钮 ▢ 即可为其添加一个矢量蒙版，如图11-52所示。添加矢量蒙版以后，我们可以使用"矩形工具" ▢ （在选项栏中单击"路径"按钮 路径 ，如图11-53所示）在矢量蒙版中绘制一个圆角矩形路径，如图11-53所示，此时矩形外的图像将被隐藏掉，如图11-54所示。

图11-51

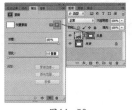
图11-52

图11-54

方法02 先使用圆角矩形工具 ▢ （在选项栏中单击"路径"按钮 路径 ）在图像上绘制一个矩形路径，然后执行"图层>矢量蒙版>当前路径"菜单命令，可以基于当前路径为图层创建一个矢量蒙版，如图11-55所示。

图11-55

> **技巧提示**
>
> 　　绘制出路径以后，按住Ctrl键在"图层"面板中单击"添加图层蒙版"按钮 ▢ ，也可以为图层添加矢量蒙版。

014 理论——在矢量蒙版中绘制形状

　　创建矢量蒙版以后，可以继续使用钢笔工具或形状工具在矢量蒙版中绘制形状，如图11-56所示。

> **技巧提示**
>
> 　　先选择图层，然后执行"图层>栅格化>矢量蒙版"菜单命令也可以将矢量蒙版转换为图层蒙版。

015 理论——将矢量蒙版转换为图层蒙版

　　在蒙版缩略图上单击鼠标右键，然后在弹出的快捷菜单中选择"栅格化矢量蒙版"命令即可将矢量蒙版转换为图层蒙版，如图11-57所示。

　　栅格化矢量蒙版后，蒙版就会转换为图层蒙版，不再有矢量形状存在，如图11-58所示。

图11-56

图11-57

图11-58

Photoshop CC 入门与实战经典（实例版）

016 理论——删除矢量蒙版

在蒙版缩略图上单击鼠标右键，然后在弹出的快捷菜单中选择"删除矢量蒙版"命令即可删除矢量蒙版，如图11-59所示。

执行"图层>矢量蒙版>删除"菜单命令，也可以删除矢量蒙版，如图11-60所示。

图11-59   图11-60

017 理论——编辑矢量蒙版

针对矢量蒙版的编辑主要是对矢量蒙版中路径的编辑，除了可以使用钢笔、形状工具在矢量蒙版中绘制形状以外，还可以通过调整路径锚点的位置改变矢量蒙版的外形，或者通过变换路径调整其角度大小等，如图11-61所示。具体路径编辑方法可以参考"第8章 矢量工具与路径"的讲解。

图11-61

018 理论——链接/取消链接矢量蒙版

在默认状态下，图层与矢量蒙版是链接在一起的（链接处有一个图标），当移动、变换图层时，矢量蒙版也会跟着发生变化。如果不想变换图层或矢量蒙版时影响对方，可以单击链接图标取消链接，如图11-62所示。如果要恢复链接，可以在取消链接的地方单击，或者执行"图层>矢量蒙版>链接"菜单命令。

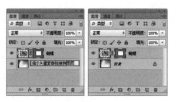

图11-62

019 理论——为矢量蒙版添加效果

可以像普通图层一样向矢量蒙版添加图层样式，只不过图层样式只对矢量蒙版中的内容起作用，对隐藏的部分不会有影响。

操作步骤

步骤01 单击工具箱中的自定形状工具，在选项栏中设置绘制模式为"路径"，选择一种枫叶形状的图形，单击矢量蒙版，并绘制多个枫叶，随着形状的绘制，可以看到形状内部出现了"风景"图层的内容，效果如图11-63所示。

图11-63

步骤02 为矢量图形添加图层蒙版，并添加"内阴影"样式，设置"混合模式"为"正片叠底"，"不透明度"为75%，"角度"为30度，"距离"为5像素，"大小"为5像素。如图11-64所示。

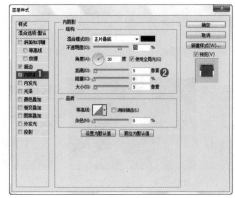

图11-64

步骤03 选中"描边"样式，设置"大小"为16像素，"位置"为"外部"，"混合模式"为"正常"，"不透明度"为100%，"填充类型"为"渐变"，"样式"为"线性"，"角度"为90度，"缩放"为100%，如图11-65所示。

步骤04 此时可以看到"风景"图层中显示出的区域出现了图层样式，最终效果如图11-66所示。

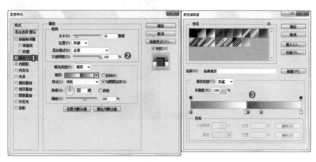

图11-65

图11-66

11.5 图层蒙版

知识精讲：图层蒙版的工作原理

图层蒙版与矢量蒙版相似，都属于非破坏性编辑工具。但是图层蒙版是位图工具，通过使用画笔工具、填充命令等处理蒙版的黑白关系，从而控制图像的显示与隐藏。在创建调整图层、填充图层以及为智能对象添加智能滤镜时，Photoshop会自动为图层添加一个图层蒙版，可以在图层蒙版中对调色范围、填充范围及滤镜应用区域进行调整。在Photoshop中，图层蒙版遵循"黑透明、白不透明"的工作原理。

打开一个包含两个图层的文件，其中"图层1"图层有一个图层蒙版，并且图层蒙版为白色的文档。按照图层蒙版"黑透明、白不透明"的工作原理，此时文档窗口中将完全显示"图层1"图层的内容，如图11-67所示。

如果要全部显示"背景"图层的内容，可以选择"图层1"图层的蒙版，然后用黑色填充蒙版，如图11-68所示。

如果要以半透明方式来显示当前图像，可以用灰色填充"图层1"图层的蒙版，如图11-69所示。

图11-67   图11-68   图11-69

除了可以在图层蒙版中填充颜色以外，还可以在图层蒙版中填充灰度渐变，如图11-70所示。

也可以使用不同的画笔工具来编辑蒙版，如图11-71所示。

还可以在图层蒙版中应用各种滤镜，如图11-72所示为应用"纤维"滤镜以后的蒙版状态与图像效果。

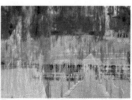

图11-70   图11-71   图11-72

⓪20 理论——创建图层蒙版

创建图层蒙版的方法有很多种，既可以直接在"图层"面板或"属性"面板中创建，也可以从选区或图像中生成图层蒙版。

方法01 选择要添加图层蒙版的图层，执行"图层>图层蒙版>从透明区域"菜单命令，可以为图层创建一个图层蒙版，如图11-73所示。

方法02 选择要添加图层蒙版的图层，然后在"图层"面板中单击"添加图层蒙版"按钮 ，可以为当前图层添加一个图层蒙版，如图11-74所示。

方法03 在"属性"面板中单击"添加像素蒙版"按钮 ，也可以为当前图层添加一个图层蒙版，如图11-75所示。

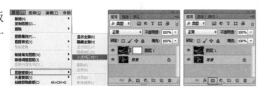

图11-73　　　图11-74　　　图11-75

⓪21 理论——从选区生成图层蒙版

如果当前图像中存在选区，单击"图层"面板中的"添加图层蒙版"按钮 ，可以基于当前选区为图层添加图层蒙版，选区以外的图像将被蒙版隐藏，如图11-76所示。

创建选区蒙版以后，可以在"属性"面板中调整"浓度"和"羽化"数值，以制作出朦胧的效果，如图11-77所示。

图11-76

图11-77

⓪22 练习——从图像生成图层蒙版

案例文件	练习实例——从图像生成图层蒙版.psd
视频教学	练习实例——从图像生成图层蒙版.flv
难易指数	★★★★★
知识掌握	从图像生成图层蒙版

案例效果

图层蒙版不仅可以使用画笔进行绘制，还可以将一张图像作为某个图层的图层蒙版。下面就来讲解如何将第2张图像创建为第1张图像的图层蒙版，如图11-78所示。

图11-78

操作步骤

步骤01 打开PSD格式的分层素材文件，选中图层2，按Ctrl+A组合键全选当前图像，再按Ctrl+C组合键进行复制，如图11-79所示。

图11-79

步骤02 复制完毕后将图层2隐藏，选择图层1，并单击"图层"面板底部的"添加图层蒙版"按钮，为其添加一个图层蒙版，如图11-80所示。

步骤03 按住Alt键单击蒙版缩略图，将图层蒙版在文档窗口中显示出来，此时图层蒙版为空白状态，如图11-81所示。

图11-80　　　　　　　　图11-81

步骤05 单击图层1缩略图即可显示图像效果，如图11-84所示。

图11-84

 技巧提示

这一步骤操作主要是为了更加便捷地显示出图层蒙版，也可以打开"通道"面板，显示出最底部的"图层0蒙版"通道并进行粘贴，如图11-82所示。

图11-82

步骤04 按Ctrl+V组合键将刚才复制的图层2的内容粘贴到蒙版中，如图11-83所示。

图11-83

步骤06 选中图层蒙版，按Ctrl+I组合键将蒙版中的黑白颠倒，此时图层1的透明部分也发生了变化，最终效果如图11-85所示。

图11-85

 技巧提示

由于图层蒙版只识别灰度图像，所以粘贴到图层蒙版中的内容将会自动转换为黑白效果。

023 理论——应用图层蒙版

应用图层蒙版是指将图像中对应蒙版中的黑色区域删除，白色区域保留，而灰色区域将呈透明效果，并且删除图层蒙版。

在图层蒙版缩略图上单击鼠标右键，在弹出的快捷菜单中选择"应用图层蒙版"命令，可以将蒙版应用在当前图层中，如图11-86所示。

应用图层蒙版以后，蒙版效果将会应用到图像上，也就是说，蒙版中的黑色区域将被删除，白色区域将被保留，而灰色区域将呈透明效果，如图11-87所示。

图11-86　　　　　　　　图11-87

024 练习——使用图层蒙版制作梨子公主

案例文件	练习实例——使用图层蒙版制作梨子公主 .psd
视频教学	练习实例——使用图层蒙版制作梨子公主 .flv
难度级别	★★★★★
技术要点	图层蒙版的使用

案例效果

本案例效果如图11-88所示。

操作步骤

步骤01 新建空白文件，设置前景色为淡绿，按Alt+Delete组合键将背景填充为淡绿色，如图11-89所示。

图11-88　　　　　　　　图11-89

步骤02 导入本书配套光盘中的梨素材文件，调整大小，摆放到合适位置，单击工具箱中的魔棒工具，在选项栏中单击"添加到选区"按钮，设置"容差"为35，在图像中背景部分多次单击选中背景部分，并单击鼠标右键执行"选择反向"菜单命令，得到梨子部分的选区，如图11-90所示。

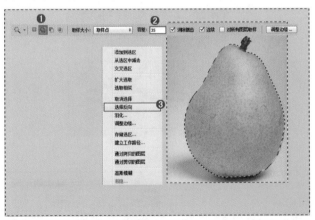

图11-90

步骤03 单击"图层"面板中的"添加图层蒙版"按钮，为梨添加图层蒙版，去掉背景部分，如图11-91所示。

图11-91

步骤04 导入本书配套光盘中的人像素材文件，本案例中将要使用到人像素材中的粉色头发部分。单击工具箱中的钢笔工具，绘制出头发的闭合路径，单击鼠标右键执行"建立选区"菜单命令，如图11-92所示。

步骤05 回到"图层"面板中单击"添加图层蒙版"按钮，此时背景部分被隐藏，并将素材摆放在相应位置，如图11-93所示。

图11-92　　　　　　　　图11-93

步骤06 下面需要对粉色的头发部分进行变形，在人像素材图层蒙版上单击鼠标右键，执行"应用蒙版"命令，然后按Ctrl+T组合键执行"自由变换"命令，再单击鼠标右键执行"变形"命令，适当调整头发的形状，如图11-94所示。

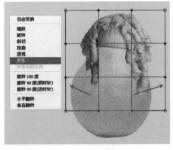 

图11-94

步骤07 新建图层"阴影"，载入头发部分的选区，填充黑色，并向下适当移动，执行"滤镜>模糊>高斯模糊"菜单命令，将阴影部分适当虚化，在"图层"面板中设置其"不透明度"为35%，效果如图11-95所示。

图11-95

步骤08 继续导入束身衣素材，放在梨子上。单击钢笔工具，绘制出需要保留区域的路径，单击鼠标右键执行"建立选区"命令，如图11-96所示。

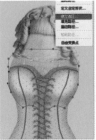 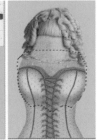

图11-96

第11章 蒙版

327

步骤09 单击"图层"面板中的"添加图层蒙版"按钮,隐藏多余部分。将图层"束身衣"放在"头发"图层下方,如图11-97所示。

步骤10 复制除"背景"外的其他图层,并合并图层,命名为"倒影",按Ctrl+T组合键执行"自由变换"命令,单击鼠标右键执行"垂直翻转"命令,然后将其摆放在底部,如图11-98所示。

步骤11 为"倒影"图层单击"添加图层蒙版"按钮,单击渐变工具,在选项栏中设置一种由黑到白的线性渐变,自下而上拖曳并填充,使投影出现渐变的半透明效果,如图11-99所示。

步骤12 导入头饰及文字素材,最终效果如图11-100所示。

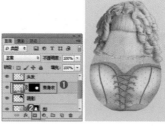
图11-97

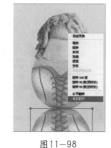
图11-98

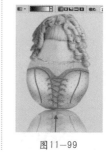
图11-99

图11-100

025 理论——停用图层蒙版

如果要停用图层蒙版,可以采用以下两种方法来完成。

方法01 执行"图层>图层蒙版>停用"菜单命令,或在图层蒙版缩略图上单击鼠标右键,然后在弹出的快捷菜单中选择"停用图层蒙版"菜单命令,如图11-101所示。停用蒙版后,在"属性"面板的缩略图和"图层"面板中的蒙版缩略图中都会出现一个红色的交叉线。

方法02 选择图层蒙版,然后在"属性"面板中单击"停用/启用蒙版"按钮 ,如图11-102所示。

图11-101

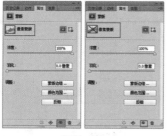
图11-102

 技巧提示

在对带有图层蒙版的图层进行编辑时,初学者经常会忽略当前操作的对象是图层还是蒙版。例如使用第二种方法停用图层蒙版时,如果选择的是"图层1"图层,那么"属性"面板中的"停用/启用蒙版"按钮 将变成不可单击的灰色状态 ,只有选择了"图层1"图层的蒙版后,才能使用该按钮,如图11-103所示。

图11-103

026 理论——启用图层蒙版

在停用图层蒙版以后,如果要重新启用图层蒙版,可以采用以下3种方法来完成。

方法01 执行"图层>图层蒙版>启用"菜单命令,或在蒙版缩略图上单击鼠标右键,然后在弹出的快捷菜单中选择"启用图层蒙版"菜单命令,如图11-104所示。

图11-104

方法02 在蒙版缩略图上单击鼠标左键，也可重新启用图层蒙版，如图11-105所示。

方法03 选择蒙版，然后在"属性"面板的下面单击"停用/启用蒙版"按钮，同样可以重新启用图层蒙版，如图11-106所示。

图11-105   图11-106

027 理论——删除图层蒙版

可以采用以下几种方法删除图层蒙板。

方法01 如果要删除图层蒙版，可以选中图层，执行"图层>图层蒙版>删除"菜单命令，如图11-107所示。

方法02 在蒙版缩略图上单击鼠标右键，然后在弹出的快捷菜单中选择"删除图层蒙版"菜单命令，也可以删除图层蒙版。如图11-108所示。

方法03 将蒙版缩略图拖曳到"图层"面板下方的"删除图层"按钮 上，如图11-109所示，然后在弹出的对话框中单击"删除"按钮也可以删除图层蒙版。

方法04 选择蒙版，然后直接在"属性"面板中单击"删除蒙版"按钮，也可以删除图层蒙版，如图11-110所示。

图11-107   图11-108   图11-109   图11-110

028 理论——转移图层蒙版

单击选中要转移的图层蒙版缩略图并将蒙版拖曳到其他图层上，即可将该图层的蒙版转移到其他图层上，如图11-111所示。

029 理论——替换图层蒙版

如果要用一个图层的蒙版替换掉另外一个图层的蒙版，可以将该图层的蒙版缩略图拖曳到另外一个图层的蒙版缩略图上，然后在弹出的对话框中单击"是"按钮即可，如图11-112所示。替换图层蒙版以后，"图层1"图层的蒙版将被删除，同时"背景"图层的蒙版会被换成"图层1"图层的蒙版，如图11-113所示。

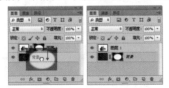

图11-111   图11-112   图11-113

030 理论——复制图层蒙版

如果要将一个图层的蒙版复制到另外一个图层上，可以按住Alt键将蒙版缩略图拖曳到另外一个图层上，如图11-114所示。

图11-114

031 理论——蒙版与选区的运算

在图层蒙版缩略图上单击鼠标右键，在弹出的快捷菜单中可以看到3个关于蒙版与选区运算的命令，如图11-115所示。

图11-115

如果当前图像中没有选区，单击鼠标右键执行"添加蒙版到选区"菜单命令，可以载入图层蒙版的选区，按住Ctrl键单击蒙版的缩略图，也可以载入蒙版的选区，如图11-116所示。

在图像中存在选区的状态下，单击鼠标右键执行"从选区中减去蒙版"命令，可以从当前选区中减去蒙版的选区，如图11-118所示。

图11-116

图11-118

如果当前图像中存在选区，执行"添加蒙版到选区"菜单命令，可以将蒙版的选区添加到当前选区中，如图11-117所示。

在图像中存在选区的状态下，执行"蒙版与选区交叉"菜单命令，可以得到当前选区与蒙版选区的交叉区域，如图11-119所示。

图11-117

图11-119

032 练习——使用图层蒙版制作迷你城堡

案例文件	练习实例——使用图层蒙版制作迷你城堡.psd
视频教学	练习实例——使用图层蒙版制作迷你城堡.flv
难度级别	★★★☆☆
技术要点	图层蒙版

案例效果

本案例效果如图11-120所示。

操作步骤

步骤01 打开本书配套光盘中的背景素材文件，如图11-121所示。

图11-120   图11-121

步骤02 导入本书配套光盘中的水面素材文件，摆放在画面的最底部，单击"图层"面板中的"添加图层蒙版"按钮为"水面"图层添加一个图层蒙版，单击工具箱中的渐变工具，在选项栏中编辑一种由黑到白的线性渐变，在蒙版中自上而下拖曳填充，使水面与背景素材更好地融合，如图11-122所示。

步骤03 导入本书配套光盘中的手素材，单击工具箱中的魔棒工具，在选项栏中设置"容差"为20，选中"连续"复选框，在白色背景处单击载入背景部分的选区，单击鼠标右键执行"选择反向"命令，同样单击"图层"面板中的"添加图层蒙版"按钮，使背景部分隐藏，如图11-123所示。

图11-122

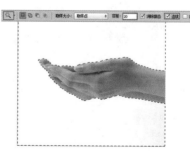

图11-123

步骤04 导入城堡素材文件，放在手上，单击"图层"面板中的"添加图层蒙版"按钮，单击工具箱中的画笔工具，设置前景色为黑色，在蒙版中遮挡住手的部分进行适当的涂抹，隐藏多余的部分，如图11-124所示。

图11-124

步骤06 导入云朵素材，隐藏其他图层，打开"通道"面板，选择一个黑白对比强烈的图层，在这里选择"红"通道，并将"红"通道拖曳至"复制通道"按钮上，复制出"红副本"通道，使用"曲线"调整命令适当增强"红副本"通道的对比度，再单击"将通道作为选区载入"按钮，得到云朵选区后回到"图层"面板，为"天空"图层添加图层蒙版，此时云朵部分被保留了下来，如图11-127所示。

图11-127

步骤07 用同样的方法制作其他云朵，最终效果如图11-128所示。

图11-128

技巧提示

在涂抹过程中由于观察不到手的形状，所以很难控制绘制的准确度，所以可以降低城堡图层的不透明度，如图11-125所示。

图11-125

步骤05 单击工具箱中的套索工具，在城堡底部石头的部分绘制选区，复制并粘贴所选区域为新的图层，模拟底部石子，并进行多次复制并合层，摆放在手部的下方，如图11-126所示。

图11-126

读书笔记

Chapter 12

第12章

通道的应用

通道是用于存储图像颜色信息和选区信息等不同类型信息的灰度图像。一个图像最多可有 56 个通道。所有的新通道都具有与原始图像相同的尺寸和像素数目。在Photoshop中包含3种类型的通道，分别是颜色通道、Alpha通道和专色通道。在Photoshop的灰度图像颜色模式的格式，都可以保留颜色通道；如果要保存专色通道，可以将文件存储为DCS 2.0 格式。只要是支持图像颜色模式的格式，都可以将文件存储为PDF、TIFF、PSB或 Raw 格式；如果要保存Alpha通道，可以将文件存储为PDF、TIFF、PSB或 Raw 格式。

本章学习要点：

掌握通道的基本操作方法

掌握通道调色思路与技巧

熟练掌握通道抠图法

12.1 初识"通道"

通道是用于存储图像颜色信息和选区信息等不同类型信息的灰度图像。一个图像最多可有 56 个通道。所有的新通道都具有与原始图像相同的尺寸和像素数目。在Photoshop中包含3种类型的通道，分别是颜色通道、Alpha通道和专色通道。在Photoshop中，只要是支持图像颜色模式的格式，都可以保留颜色通道；如果要保存Alpha通道，可以将文件存储为PDF、TIFF、PSB或Raw格式；如果要保存专色通道，可以将文件存储为DCS 2.0格式。

知识精讲：认识"颜色通道"

颜色通道是将构成整体图像的颜色信息整理并表现为单色图像的工具。根据图像颜色模式的不同，颜色通道的数量也不同。例如，RGB模式的图像有RGB、红、绿、蓝4个通道；CMYK颜色模式的图像有CMYK、青色、洋红、黄色、黑色5个通道；Lab颜色模式的图像有Lab、明度、a、共b4个通道；而位图和索引颜色模式的图像只有一个位图通道和一个索引通道，如图12-1所示。

在默认情况下，"通道"面板中所显示的单通道都为灰色。如果要以彩色来显示单色通道，可以执行"编辑>首选项>界面"菜单命令，打开"首选项"对话框，然后在"界面"选项组下选中"用彩色显示通道"复选框，如图12-2所示。

图12-1

图12-2

知识精讲：认识"Alpha通道"

Alpha通道主要用于选区的存储、编辑与调用。Alpha通道是一个8位的灰度通道，该通道用256级灰度来记录图像中的透明度信息，定义透明、不透明和半透明区域。其中黑色处于未选择的状态，白色处于完全选择状态，灰色则表示部分被选择状态（即羽化区域），如图12-3所示。使用白色涂抹Alpha通道可以扩大选区范围；使用黑色涂抹可以收缩选区；使用灰色涂抹可以增加羽化范围。

图12-3

知识精讲：认识"专色通道"

专色通道主要用来指定用于专色油墨印刷的附加印版。它可以保存专色信息，同时也具有Alpha通道的特点。每个专色通道只能存储一种专色信息，而且是以灰度形式来存储的。除了位图模式以外，其余所有的色彩模式图像都可以建立专色通道。

知识精讲：详解"通道"面板

打开任意一张图像，在"通道"面板中能够看到Photoshop自动为这张图像创建颜色信息通道。"通道"面板主要用于创建、存储、编辑和管理通道。执行"窗口>通道"菜单命令可以打开"通道"面板，如图12-4所示。

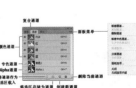

图12-4

- **颜色通道**：这4个通道用来记录图像颜色信息。
- **复合通道**：该通道用来记录图像的所有颜色信息。
- **Alpha通道**：用来保存选区和灰度图像的通道。
- **将通道作为选区载入**：单击该按钮，可以载入所选通道图像的选区。
- **将选区存储为通道**：如果图像中有选区，单击该按钮，可以将选区中的内容存储到通道中。
- **创建新通道**：单击该按钮，可以新建一个Alpha通道。
- **删除当前通道**：将通道拖曳到该按钮上，可以删除选择的通道。

答疑解惑——如何更改通道的缩略图大小？

在"通道"面板下面的空白处单击鼠标右键，然后在弹出的快捷菜单中选择相应的命令，即可改变通道缩略图的大小，如图12-5所示。

也可以在面板菜单中选择"面板选项"菜单命令，在弹出的"通道面板选项"对话框中修改通道缩略图的大小，如图12-6所示。

图12-5　　　　　　　　　　图12-6

12.2 通道的基本操作

在"通道"面板中可以选择某个通道进行单独操作，也可以切换某个通道的隐藏和显示，或对其进行复制、删除、分离、合并等操作。

001 理论——快速选择通道

方法01 在"通道"面板中单击即可选中某一通道，在每个通道后面有对应的"Ctrl+数字"格式快捷键，如图12-7所示中"红"通道后面有Ctrl+3组合键，这就表示按Ctrl+3组合键可以单独选择"红"通道。

方法02 在"通道"面板中按住Shift键并进行单击可以一次性选择多个颜色通道，或者多个Alpha通道和专色通道。但是颜色通道不能够与另外两种通道共同处于被选状态，如图12-8所示。

 技巧提示

选中Alpha通道或专色通道后可以直接使用移动工具进行移动，而想要移动整个颜色通道则需要进行全选后移动。

 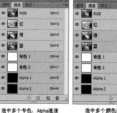

选中多个专色、Alpha通道　　　选中多个颜色通道

图12-7　　　　　　　　图12-8

002 练习——通道错位制作奇幻海报

案例文件	练习实例——通道错位制作奇幻海报.psd
视频教学	练习实例——通道错位制作奇幻海报.flv
难度级别	
技术要点	选择通道、移动通道

案例效果

本案例效果如图12-9所示。

操作步骤

步骤01 打开素材文件，进入"通道"面板，按Ctrl+3组合键或直接单击选中"红"通道，为了便于观察将RGB通道显示出来，如图12-10所示。

图12-9

图12-10

步骤02 按Ctrl+A组合键全选当前图像，此时可以使用图层变形的方法对通道进行调整，按Ctrl+T组合键执行"自由变换"菜单命令，再单击鼠标右键执行"水平翻转"命令，此时可以看到图像变为红色和青色，并且出现两个人像，如图12-11所示。

图12-11

步骤03 选择"蓝"通道，按Ctrl+A组合键全选当前图像，使用移动工具将"绿"通道向右移动，此时可以看到颜色边缘处出现由于"蓝"通道错位而造成的蓝色与绿色的晕影效果，如图12-12所示。

图12-12

步骤04 最终效果如图12-13所示。

图12-13

003 理论——显示/隐藏通道

通道的显示和隐藏与"图层"面板相同，每个通道的左侧都有一个眼睛图标，在通道上单击该图标，可以使该通道隐藏，单击隐藏状态的通道右侧的眼睛图标，可以恢复该通道的显示，如图12-14所示。

图12-14

> 🐵 **技巧提示**
>
> 在任何一个颜色通道隐藏的情况下，复合通道都被隐藏，并且在所有颜色通道显示的情况下，复合通道不能被单独隐藏。

004 理论——排列通道

如果"通道"面板中包含多通道，除了默认的颜色通道的顺序不能进行调整外，其他通道可以像调整图层位置一样调整通道的排列位置，如图12-15所示。

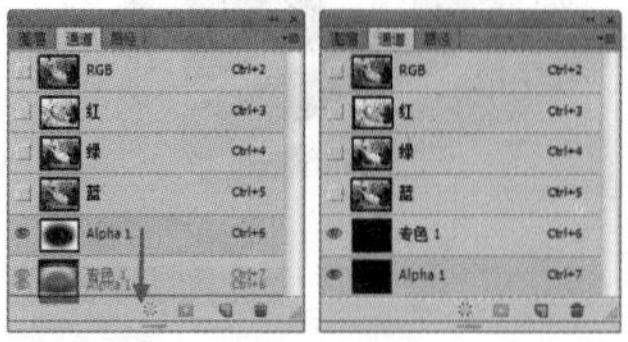

图12-15

005 理论——重命名通道

要重命名Alpha通道或专色通道，可以在"通道"面板中双击该通道的名称，激活输入框，然后输入新名称即可，如图12-16所示。默认的颜色通道的名称是不能进行重命名的。

图12-16

006 理论——新建Alpha通道

如果要新建Alpha通道，可以在"通道"面板中单击"创建新通道"按钮 ，如图12-17所示。

Alpha通道可以使用大多数绘制、修饰工具进行创建，也可以使用命令滤镜等进行编辑，如图12-18所示。

默认情况下，编辑Alpha通道时文档窗口中只显示通道中图像。为了能够更精确地编辑Alpha通道，可以将复合通道显示出来。在复合通道前单击使 图标显示出来，此时蒙版的白色区域将变为透明，黑色区域变为半透明的红色，类似于快速蒙版的状态，如图12-19所示。

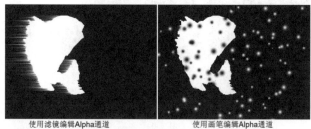

使用滤镜编辑Alpha通道　　　　使用画笔编辑Alpha通道

图12-18

图12-17

图12-19

007 理论——新建和编辑专色通道

专色印刷是指采用黄、品红、青和黑墨四色墨以外的其他色油墨来复制原稿颜色的印刷工艺。包装印刷中经常采用专色印刷工艺印刷大面积底色。

操作步骤

步骤01 打开素材文件，在本案例中需要将图像中的白色部分采用专色印刷，所以首先需要进入"通道"面板，选择"红"通道载入选区，如图12-20所示。

图12-20

步骤02 在"通道"面板的菜单中选择"新建专色通道"菜单命令，在弹出的"新建专色通道"对话框中首先设置"密度"为100%，并单击"颜色"色块，在弹出的"选择专色"对话框中单击"颜色库"按钮，在弹出的"颜色库"对话框中选择一个专色，并单击"确定"按钮回到"新建专色通道"对话框，单击"确定"按钮完成操作，如图12-21所示。

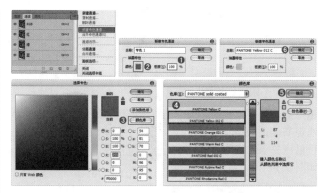

图12-21

步骤03 此时在"通道"面板最底部出现新建的专色通道，并且当前图像中的黑色部分被刚才所选的黄色专色填充，如图12-22所示。

图12-22

技巧提示

创建专色通道以后，也可以通过使用绘画或编辑工具在图像中以绘画的方式编辑专色。使用黑色绘制的为有专色的区域；使用白色涂抹的区域无专色；使用灰色绘画可添加不透明度较低的专色；绘制时该工具的"不透明度"复选框决定了用于打印输出的实际油墨浓度。

步骤04 如果要修改专色设置，双击专色通道的缩略图，即可打开"新建专色通道"对话框进行重新设置，如图12-23所示。

图12-23

008 理论——复制通道

在面板菜单中选择"复制通道"命令；或在通道上单击鼠标右键，然后在弹出的快捷菜单中选择"复制通道"命令；或者直接将通道拖曳到"创建新通道"按钮上，即可将当前通道复制出一个副本，如图12-24所示。

图12-24

009 练习——将通道中的内容粘贴到图像中

案例文件	练习实例——将通道中的内容粘贴到图像中.psd
视频教学	练习实例——将通道中的内容粘贴到图像中.flv
难易指数	★★★★★
技术要点	复制通道内容

案例效果

本案例效果如图12-25所示。

图12-25

操作步骤

步骤01 打开素材文件，在"通道"面板中选择"红"通道，画面中会显示该通道的灰度图像，按下Ctrl+A组合键全选，再按Ctrl+C组合键复制，如图12-26所示。

图12-26

步骤02 单击RGB复合通道显示彩色的图像，并回到"图层"面板，按Ctrl+V组合键将复制的通道粘贴到一个新的图层中，如图12-27所示。

图12-27

步骤03 设置该图层混合模式为"柔光"，可以看到图像整体偏色问题被解决了，而且画面冲击力有所增强，如图12-28所示。

图12-28

第12章 通道的应用

337

010 理论——将图像中的内容粘贴到通道中

操作步骤

步骤01 打开两个素材文件，如图12-29所示。

图12-29

步骤02 在其中一个素材的文档窗口中按Ctrl+A组合键全选图像，然后按Ctrl+C组合键复制图像，如图12-30所示。

图12-30

步骤03 切换到另外一个素材的文档窗口，进入"通道"面板，单击"创建新通道"按钮 ，新建一个Alpha1通道，接着按Ctrl+V组合键将复制的图像粘贴到通道中，如图12-31所示。

图12-31

步骤04 显示出RGB复合通道与Alpha通道，如图12-32所示。

图12-32

步骤05 选择Alpha通道，执行"图像>调整>反相"菜单命令，将通道的黑白进行反相，如图12-33所示。

图12-33

011 理论——Alpha通道与选区的相互转化

在包含选区的情况下，在"通道"面板中单击"将选区存储为通道"按钮 ，可以创建一个Alpha1通道，同时选区会存储到通道中，这就是Alpha通道存储选区的功能，如图12-34所示。

图12-34

将选区转化为Alpha通道后，单独显示Alpha通道可以看到一个黑白图像，这时可以对该黑白图像进行编辑从而达到编辑选区的目的，如图12-35所示。

图12-35

在"通道"面板中单击"将通道作为选区载入"按钮 ，或者按住Ctrl键单击Alpha通道缩略图，即可载入之前存储的Alpha1通道的选区，如图12-36所示。

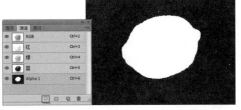

图12-36

012 理论——删除通道

复杂的Alpha通道会占用很大的磁盘空间，因此在保存图像之前，可以删除无用的Alpha通道和专色通道。如果要删除通道，可以采用以下两种方法来完成。

第一种 将通道拖曳到"通道"面板中的"删除当前通道"按钮 上，如图12-37所示。

第二种 在通道上单击鼠标右键，然后在弹出的快捷菜单中选择"删除通道"菜单命令，如图12-38所示。

图12-37　　　　图12-38

技巧提示

如果删除的是"红"、"绿"、"蓝"通道中的一个，那么RGB通道也会被删除，而且画面颜色会发生变化；如果删除的是RGB通道，那么将删除Alpha通道和专色通道以外的所有通道，如图12-39所示。

图12-39

013 理论——合并通道

在Photoshop中可以将多个灰度图像合并为一个图像的通道。要合并的图像必须为打开的已拼合的灰度模式图像，并且像素尺寸相同。如果不满足以上条件，"合并通道"菜单命令将不可用。

操作步骤

步骤01 已打开的灰度图像的数量决定了合并通道时可用的颜色模式。例如，4张图像可以合并为一个 RGB图像、CMYK图像、Lab图像或多通道图像。而打开3张图像则不能够合并出CMYK模式图像。如果想要合成一张RGB图像，首先需要打开3张素材文件，这3张素材的大小都为1920×1200像素，并且都是RGB图像，如图12-40所示。

图12-40

步骤02 对3张图像分别执行"图像>模式>灰度"菜单命令，在弹出对话框中单击"扔掉"按钮，将素材全部转换为灰度图像，如图12-41所示。

步骤03 在第1张图像的"通道"面板的菜单中选择"合并通

道"菜单命令，打开"合并通道"对话框，设置"模式"为"RGB颜色"，单击"确定"按钮，如图12-42所示。

图12-41

图12-42

步骤04 弹出"合并RGB通道"对话框，在该对话框中可以选择以哪个图像来作为红色、绿色、蓝色通道。选择好通道图像以后单击"确定"按钮，此时在"通道"面板中会出现一个RGB颜色模式的图像，最终效果如图12-43所示。

图12-43

014 理论——分离通道

打开一张RGB颜色模式的图像，在"通道"面板的菜单中选择"分离通道"命令，可以将"红"、"绿"、"蓝"3个通道单独分离成3张灰度图像并关闭彩色图像，同时每个图像的灰度都与之前的通道灰度相同，如图12-44所示。

图12-44

12.3 通道的高级操作

通道的功能非常强大，它不仅可以用来存储选区，还可以用来混合图像、制作选区、调色等。

知识精讲："应用图像"命令

打开包含两个图层的文档，选择"光斑"图层，如图12-45所示。然后执行"图像>应用图像"菜单命令，打开"应用图像"对话框可以将作为"源"的图像的图层或通道与作为"目标"的图像的图层或通道进行混合，效果如图12-46所示。

图12-45　　　　　　　　　　　　　　　　　　　　图12-46

- ● **源**：该复选框组主要用来设置参与混合的源对象。"源"选项用来选择混合通道的文件（必须是打开的文档才能进行选择）；"图层"选项用来选择参与混合的图层；"通道"选项用来选择参与混合的通道；"反相"选项可以使通道先反相，然后再进行混合。
- ● **目标**：显示被混合的对象。
- ● **混合**：该选项组用于控制"源"对象与"目标"对象的混合方式。"混合"选项用于设置混合模式，如图12-46所示为"滤色"混合效果；"不透明度"选项用来控制混合的程度；选中"保留透明区域"复选框，可以将混合效果限定在图层的不透明区域范围内；选中"蒙版"复选框，可以显示出"蒙版"的相关选项，可以选择任何颜色通道和Alpha通道来作为蒙版。

技术拓展：什么是"相加"与"减去"

在"混合"选项中有两种"图层"面板中不具备的混合模式，即"相加"与"减去"模式，这两种模式是通道独特的混合模式。

相加：这种混合模式可以增加两个通道中的像素值，如图12-47所示。"相加"模式是在两个通道中组合非重叠图像的好方法，因为较高的像素值代表较亮的颜色，所以向通道添加重叠像素使图像变亮。

减去：这种混合模式可以从目标通道中相应的像素上减去源通道中的像素值，如图12-48所示。

图12-47　　　　　　　图12-48

知识精讲："计算"命令

"计算"命令可以混合两个来自一个源图像或多个源图像的单个通道，得到的混合结果可以是新的灰度图像或选区、通道，如图12-49所示。执行"图像>计算"菜单命令，打开"计算"对话框，如图12-50所示。

- 源1：用于选择参与计算的第1个源图像、图层及通道。
- 源2：用于选择参与计算的第2个源图像、图层及通道。
- 图层：如果源图像具有多个图层，可以在这里进行图层的选择。

- 混合：与"应用图像"命令的"混合"选项相同。
- 结果：选择计算完成后生成的结果。选择"新建文档"方式，可以得到一个灰度图像；选择"新建通道"方式，可以将计算结果保存到一个新的通道中；选择"选区"方式，可以生成一个新的选区。

图12-49

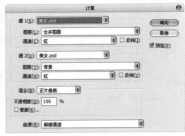

图12-50

015 练习——保留细节的通道计算磨皮法

案例文件	练习实例——保留细节的通道计算磨皮法.psd
视频教学	练习实例——保留细节的通道计算磨皮法.flv
难度级别	★★★★★
知识掌握	高反差保留滤镜，"计算"菜单命令的使用

案例效果

本例主要讲解时下比较流行的"通道计算磨皮法"。"通道计算磨皮法"具有不破坏原图像并且保留细节的优势。这种磨皮方法主要利用通道单一颜色的便利条件，并通过高反差保留滤镜与多次计算得到皮肤瑕疵部分的选区，然后针对选区进行亮度颜色的调整，减小瑕疵与正常皮肤颜色的差异从而达到磨皮的效果，如图12-51所示。

操作步骤

步骤01▶ 打开素材文件，打开"通道"面板，经过观察能够发现"蓝"通道中面部瑕疵比较明显，拖曳"蓝"通道到"创建新通道"按钮上创建"蓝 副本"通道，如图12-52所示。

图12-51

图12-52

 技巧提示

在通道中进行操作之前一定要复制通道后再进行编辑，避免原通道发生变化而导致图像颜色发生错误。

步骤02 对"蓝 副本"通道执行"滤镜>其他>高反差保留"菜单命令，在打开的对话框中设置"半径"为10.0像素，如图12-53所示。此处数值不固定，主要为了强化瑕疵区域与正常皮肤的反差，可根据实际情况调整。

图12-53

步骤03 继续执行"调整>计算"菜单命令，在弹出的"计算"对话框中设置"源1"、"源2"的"通道"均为"蓝副本"，"混合"为"叠加"，单击"确定"按钮完成计算，得到Alpha1通道，如图12-54所示。

图12-54

步骤04 继续对Alpha1通道执行"调整>计算"菜单命令，在弹出的"计算"对话框中设置"源1"、"源2"的"通道"均为Alpha1，"混合"为"叠加"，单击"确定"按钮完成计算，得到Alpha2通道，如图12-55所示。

 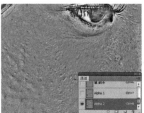

图12-55

步骤05 按住Ctrl键单击Alpha2通道缩略图，载入选区。单击通道中的RGB复合通道，回到"图层"面板中单击鼠标右键执行"选择反向"命令，此时选区包含瑕疵选区，如图12-56所示。

步骤06 创建新的"曲线"调整图层，在"属性"面板中调整曲线形状。随着曲线提亮人像整体变亮，并且瑕疵部分逐渐消失，如图12-57所示。

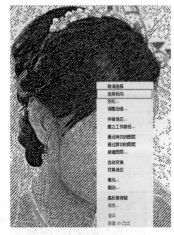

图12-56

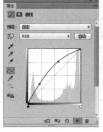 

图12-57

步骤07 由于在上一次调整曲线后人像偏亮，再次创建"曲线"调整图层适当将画面压暗，如图12-58所示。

图12-58

步骤08 经过两次曲线调整后，人像面部瑕疵少了很多，整体更加光滑柔美。但是人像轮廓有些模糊，这时可以将两个"曲线"调整图层放在一个图层组中并为图层组添加图层蒙版，使用黑色画笔在人像眉眼、鼻翼、嘴唇边缘、头发以及面部轮廓等过于模糊的部分涂抹，如图12-59所示。

图12-59

技巧提示

　　使用纯黑的画笔在图层蒙版中进行涂抹会完全去除对该部分的影响，为了过渡更加柔和需要使用柔角画笔，并且可以适当降低画笔不透明度和流量。

步骤09 盖印当前效果，观察全图能够发现腮部有些阴影，显得皮肤凹凸不平，如图12-60所示。

图12-60

步骤10 对于这部分可以使用套索工具，设置适当的羽化值，绘制出选区后执行"滤镜>模糊>高斯模糊"菜单命令，在弹出的对话框中设置适当的半径，使这部分颜色均匀也就去除的皮肤凹凸不平的感觉，如图12-61所示。

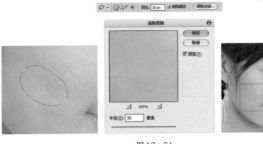

图12-61

步骤11 由于人像经过磨皮损失了部分细节，需要对图像执行"滤镜>锐化>智能锐化"菜单命令，在弹出的对话框中适当调整数值，为照片还原部分细节，最终效果如图12-62所示。

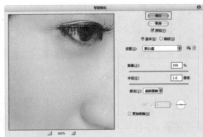

图12-62

知识精讲：使用通道调整颜色

　　通道是一种高级调色技术。我们可以对一张图像的单个通道应用各种调色命令，从而达到调整图像中单种色调的目的。打开一张图像，如图12-63所示，下面我们就用这张图像和"曲线"菜单命令来介绍下如何用通道调色。

图12-63

　　单独选择"红"通道，按Ctrl+M组合键打开"曲线"对话框，将曲线向上调节，可以增加图像中的红色数量，如图12-64(a)所示；将曲线向下调节，则可以减少图像中的红色，如图12-64(b)所示。

　　单独选择"绿"通道，将曲线向上调节，可以增加图像中的绿色数量，如图12-65(a)所示；将曲线向下调节，则可以减少图像中的绿色，如图12-65(b)所示。

(a) (b)

图12-64

(a) (b)

图12-65

单独选择"蓝"通道，将曲线向上调节，可以增加图像中的蓝色数量，如图12-66(a)所示；将曲线向下调节，则可以减少图像中的蓝色，如图12-66(b)所示。

(a)   (b)

图12-66

016 练习——使用通道校正偏色图像

案例文件	练习实例——使用通道校正偏色图像.psd	
视频教学	练习实例——使用通道校正偏色图像.flv	
难度级别	★★★★★	
技术要点	通道中的曲线调整	

案例效果

本案例处理前后对比效果如图12-67所示。

图12-67

操作步骤

步骤01 打开本书配套光盘中的素材文件，图像整体偏红，可以在"通道"面板中针对单个通道进行调整，如图12-68所示。

图12-68

步骤02 进入"通道"面板，单独选择"红"通道，按Ctrl+M组合键打开"曲线"对话框，调整曲线形状，使"红"通道变暗，减少图像中的红色所占比例，图12-69所示。

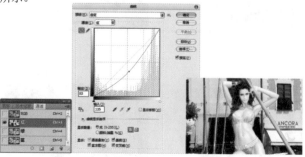

图12-69

步骤03 显示出RGB复合通道，可以看到当前图像中的红色被去除了很多，如图12-70所示。

图12-70

技巧提示

为了便于观察调整效果，可以在选中"红"通道的同时显示出RGB复合通道，如图12-71所示。

图12-71

步骤04 在"通道"面板中选择"蓝"通道，按Ctrl+M组合键打开"曲线"对话框，压暗曲线，减少图像中的蓝色数量，如图12-72所示。

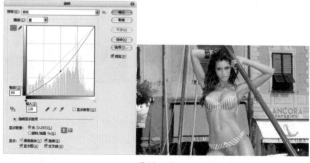

图12-72

步骤05 导入光效素材，将该图层的混合模式设置为"滤色"，然后添加图层蒙版，在图层蒙版中使用黑色画笔涂抹多余部分，如图12-73所示。

步骤06 最终效果如图12-74所示。

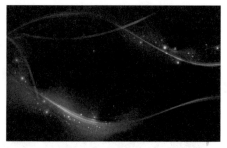

图12—73

图12—74

知识精讲：使用通道抠图

通道抠图主要是利用图像的色相差别或明度差别来创建选区，在操作过程中可以多次重复使用"亮度/对比度"、"曲线"、"色阶"等调整命令，以及画笔、加深、减淡等工具对通道进行调整，以得到最精确的选区。通道抠图法常用于抠选毛发、云朵、烟雾以及半透明的婚纱等对象，如图12-75所示。

图12—75

017 练习——使用通道抠图为长发美女换背景

案例文件	练习实例——使用通道抠图为长发美女换背景.psd
视频教学	练习实例——使用通道抠图为长发美女换背景.flv
难度级别	★★★★★
技术要点	通道抠图

案例效果

本案例处理前后对比效果如图12-76所示。

操作步骤

步骤01 打开本书配套光盘中的素材文件，如图12-77所示。

图12—76　　　　　　　　图12—77

步骤02 按Ctrl+J组合键复制出2个副本图层，分别命名为"图层1"和"图层2"。首先选择"图层1"图层，使用钢笔工具勾勒出头发以外的人像轮廓，单击鼠标右键执行"建立选区"命令建立选区，按Shift+Ctrl+I组合键选择出背景部分选区，再按Delete键删除，人像皮肤被完整的保留下来，如图12-78所示。

步骤03 选择"图层2"图层，使用矩形选框工具█绘制出头部的矩形选区，按Shift+Ctrl+I组合键进行反向选择，再按Delete键删除多余部分，如图12-79所示。

步骤04 下面需要开始针对头发部分进行抠图，隐藏其他图层，只显示出"图层2"图层，如图12-80所示。

图12—78　　　　图12—79　　　　图12—80

步骤05 下面进入"通道"面板，可以看出"蓝"通道中头发明度与背景明度差异最大，在"蓝"通道上单击鼠标右键执行"复制通道"命令，此时将会出现一个新的通道"蓝 副本"，如图12-81所示。

图12—81

步骤06 为了制作出头发部分的选区，需要尽量增大该通道中前景色与背景色的差距，此处首先使用"曲线"命令增强画面对比度，然后使用减淡工具和加深工具涂抹边缘部分，使背景变为全白，头发部分变为纯黑，如图12-82所示。

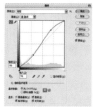

图12—82

步骤07 制作完成，按住Ctrl键并单击"蓝 副本"通道载入选区，回到"图层"面板后为"图层2"图层添加图层蒙版，此时可以看到虽然人像面部呈现半透明效果，但是头发部分从背景中完美的分离了出来，如图12-83所示。

图12-83

图12-84　　　　　　　图12-85

步骤10 导入背景素材文件，将其放置在"图层1"图层的下一层中，最终效果如图12-86所示。

步骤08 显示出被隐藏的"图层1"图层，可以看到整个人像部分被完整的"抠"出来了，如图12-84所示。

步骤09 为了便于后期对人像位置的调整，可以将两个图层合并或者进行链接，如图12-85所示。

图12-86

018 练习——使用通道为婚纱照片换背景

案例文件	练习实例——使用通道为婚纱照片换背景.psd
视频教学	练习实例——使用通道为婚纱照片换背景.flv
难度级别	★★★
技术要点	通道抠图

案例效果

本案例处理前后对比效果如图12-87所示。

操作步骤

步骤01 打开背景素材文件，如图12-88所示。

图12-87　　　　　　　图12-88

步骤02 按Ctrl+J组合键复制出一个副本。首先选择原图层，使用钢笔工具勾勒出人像的轮廓，然后按Ctrl+Enter组合键载入路径的选区，然后按Shift+Ctrl+I组合键反向选择选区，再按Delete键删除背景部分。如图12-89所示。

步骤03 接着选择副本图层，使用钢笔工具勾勒出婚纱头饰，按Ctrl+Enter组合键载入选区后单击鼠标右键执行"选择反向"命令反向选择选区之后删除背景部分，如图12-90所示。

图12-89　　　　　　　图12-90

步骤04 由于婚纱头饰部分的纱应该是半透明效果，所以需要对纱的部分进行进一步处理。隐藏其他图层只留下纱所在图层，如图12-91所示。

步骤05 进入"通道"面板，可以看出"蓝"通道中纱颜色与背景颜色差异最大，在"蓝"通道上单击鼠标右键，选择"复制通道"命令，此时将会出现一个新的通道"蓝 副本"通道，如图12-92所示。

图12-91　　　　　　　图12-92

步骤06 为了使纱部分更加透明，就需要尽量增大该通道中前景色与背景色的差距，按Ctrl+M组合键打开"曲线"对话框，建立2个控制点，调整好曲线形状，此时头纱部分黑白对比非常强烈，如图12-93所示。

步骤07 完成后按住Ctrl键并单击"蓝 副本"通道缩略图载入选区，如图12-94所示。

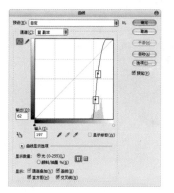

图12-93　　　　　　　　图12-94

步骤08 然后显示RGB复合通道，再回到"图层"面板，为图层添加一个图层蒙版，并显示隐藏的人像图层，如图12-95所示。

步骤09 导入背景素材文件，将其放置在最底层位置。并创建新图层，使用黑色画笔在婚纱底部进行涂抹，制作出阴影效果，如图12-96所示。

步骤10 创建新的"曲线"调整图层，在"属性"面板中分别调整蓝通道和RGB通道曲线形状，使图像整体倾向于梦幻的蓝紫色，如图12-97所示。

图12-95　　　　　　　　图12-96

图12-97

步骤11 导入光效素材，设置混合模式为"滤色"，最终效果如图12-98所示。

图12-98

读书笔记

滤镜与增效工具的使用

滤镜本身是一种摄影器材，安装在相机上用于改变光源的色温，使其符合摄影的目的及制作特殊艺术效果，例如素描、印象派绘画等，还可以创作出绚丽无比的创意图像。在Photoshop中，滤镜的功能非常强大，不仅可以制作一些常见的特殊艺术效果的需要。

本章学习要点：

- 掌握智能滤镜的使用方法
- 了解常用滤镜的适用范围
- 熟练掌握"液化"滤镜的使用
- 了解各个滤镜组的功能与特点
- 了解常用的外挂滤镜的安装与使用方法

13.1 初识滤镜

滤镜本身是一种摄影器材（如图13-1所示），安装在相机上用于改变光源的色温，使其符合摄影的目的及制作特殊效果的需要。在Photoshop中，滤镜的功能非常强大，不仅可以制作一些常见的特殊艺术效果，例如素描、印象派绘画等，还可以创作出绚丽无比的创意图像，如图13-2所示。

图13-1

Photoshop中的滤镜可以分为特殊滤镜、滤镜组和外挂滤镜。Adobe公司提供的内置滤镜显示在"滤镜"菜单中。第三方开发商开发的滤镜可以作为增效工具使用，在安装外挂滤镜后，这些增效工具滤镜将出现在"滤镜"菜单的底部。

Photoshop CC中的滤镜多达100余种，从功能上可以分为3大类，分别是修改类滤镜、创造类滤镜和复合类滤镜。修改类滤镜主要用于调整图像的外观，例如"画笔描边"滤镜、"扭曲"滤镜、"像素化"滤镜等；创造类滤镜可以脱离原始图像进行操作，例如"云彩"滤镜；复合类滤镜与前两种差别较大，它包含自己独特的工具，例如"液化"滤镜、滤镜等。

图13-2

知识精讲：认识滤镜库

在滤镜菜单中将滤镜分为三大类："滤镜库"、"自适应广角"、"Camera Raw滤镜"、"镜头校正"、"液化"、"油画"和"消失点"滤镜属于特殊滤镜，"风格化"、"模糊"、"扭曲"、"锐化"、"视频"、"像素化"、"渲染"、"杂色"和"其他"属于滤镜组，如果安装了外挂滤镜，在"滤镜"菜单的底部会显示出来，如图13-3所示。

滤镜库是一个集合了大部分常用滤镜的对话框，如图13-4所示。在滤镜库中，可以对一张图像应用一个或多个滤镜，或对同一图像多次应用同一滤镜。另外，还可以使用其他滤镜替换原有的滤镜。

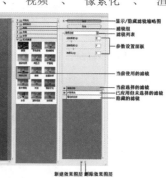

图13-3　　　　　　　　　　　图13-4

- 效果预览窗口：用来预览滤镜的效果。
- 缩放预览窗口：单击□按钮，可以缩小预览窗口的显示比例；单击□按钮，可以放大显示比例。另外，还可以在缩放列表中选择预设的缩放比例。
- 显示/隐藏滤镜缩略图☑：单击该按钮，可以显示/隐藏滤镜缩略图，以增大预览窗口。
- 滤镜列表：可以在该列表中选择一个滤镜。这些滤镜是按名称的汉语拼音的先后顺序排列的。
- 参数设置面板：单击滤镜组中的一个滤镜，可以将该滤镜应用于图像，同时在参数设置面板中会显示该滤镜的参数选项。
- 当前使用的滤镜：显示当前使用的滤镜。

● 滤镜组：滤镜库中共包含6组滤镜，单击滤镜组前面的▶图标，可以展开该滤镜组。

● "新建效果图层"按钮🔲：单击该按钮，可以新建一个效果图层，在该图层中可以应用一个滤镜。

● "删除效果图层"按钮🔲：选择一个效果图层以后，单击该按钮可以将其删除。

● 当前选择的滤镜：单击一个效果图层，可以选择该滤镜。

● 隐藏的滤镜：单击效果图层前面的👁图标，可以隐藏滤镜效果。

技巧提示

选择一个滤镜效果图层以后，使用鼠标左键可以向上或向下调整该图层的位置，如图13-5所示。效果图层的顺序会影响图像效果。

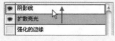

图13-5

技巧提示

滤镜库中只包含一部分滤镜，例如"模糊"滤镜组和"锐化"滤镜组就不在滤镜库中。

001 理论——使用滤镜的方法

打开素材照片，对其执行"滤镜>滤镜库"菜单命令，在滤镜库窗口中选择"彩色玻璃"滤镜，如图13-6所示。

图13-6

打开滤镜库，选择合适的滤镜组，然后单击相应的滤镜，在右侧的参数面板中可以调节参数，调整完成后单击"确定"按钮结束操作，如图13-7所示。

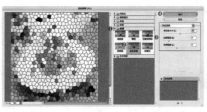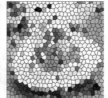

图13-7

技巧提示

滤镜在Photoshop中具有非常神奇的作用。使用时只需要从"滤镜"菜单中选择需要的滤镜，然后适当调节参数即可。在通常情况下，滤镜需要配合通道、图层等一起使用，才能获得最佳艺术效果。

在使用滤镜时，掌握其使用原则和使用技巧，可以大大提高工作效率。

● 使用滤镜处理图层中的图像时，该图层必须是可见图层。

● 如果图像中存在选区，则滤镜效果只应用在选区之内；如果没有选区，则滤镜效果将应用于整个图像，如图13-8所示。

● 滤镜效果以像素为单位进行计算，因此，相同参数处理不同分辨率的图像，其效果也不一样。

● 只有"云彩"滤镜可以应用在没有像素的区域，其余滤镜都必须应用在包含像素的区域（某些外挂滤镜除外）。

● 滤镜可以用来处理图层蒙版、快速蒙版和通道。

● 在CMYK颜色模式下，某些滤镜将不可用；在索引和位图颜色模式下，所有的滤镜都不可用。如果要对CMYK图像、索引图像和位图图像应用滤镜，可以执

滤镜应用于选区　　　　滤镜应用于整个图像

图13-8

行"图像>模式>RGB颜色"菜单命令，将图像模式转换为RGB颜色模式后，再应用滤镜。

● 当应用完一个滤镜以后，"滤镜"菜单下的第一行会出现该滤镜的名称。执行该命令或按Ctrl+F组合键，可以按照上一次应用该滤镜的参数配置再次对图像应用

该滤镜。另外，按Ctrl+Alt+F组合键可以打开该滤镜的对话框，对滤镜参数进行重新设置。

- 在任何一个滤镜对话框中按住Alt键，"取消"按钮都将变成"复位"按钮。单击"复位"按钮，可以将滤镜参数恢复到默认设置。

- 滤镜的顺序对滤镜的总体效果有明显的影响，如图13-9所示为"强化的边缘"滤镜位于"纹理化"滤镜之上与"纹理化"滤镜位于"强化的边缘"滤镜之上的效果比较。

- 在应用滤镜的过程中，如果要终止处理，可以按ESC键。

- 在应用滤镜时，通常会弹出该滤镜的对话框或滤镜库，在预览窗口中可以预览滤镜效果，同时可以拖曳图像，以观察其他区域的效果，如图13-10(a)所示。单击 − 按钮或 + 按钮可以缩放图像的显示比例。另外，在图像的某个点上单击，在预览窗口中就会显示出该区域的效果，如图13-10(b)所示。

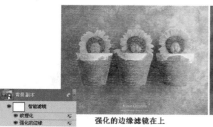

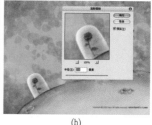

强化的边缘滤镜在上　　　　纹理化滤镜在上

图13-9　　　　　　　　　　　　　　　　(a)　　　　　　　　(b)

图13-10

002 理论——为图像添加多个滤镜

操作步骤

步骤01 打开分层素材文件，选择顶层风景画图层，执行"滤镜>滤镜库"命令，选择"玻璃"滤镜，设置"纹理"为画布，"扭曲度"为4，"平滑度"为2，如图13-11所示。

步骤02 单击"新建效果图层"按钮，在"画笔描边"滤镜组中选择"成角的线条"滤镜，设置其"方向平衡"为50，"描边长度"为15，"锐化程度"为3，如图13-12所示。

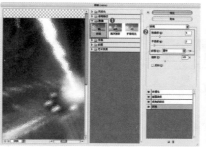

图13-11　　　　　　　　　　　　　　　　　　　　图13-12

步骤03 单击"新建效果图层"按钮，在"艺术效果"滤镜组中选择"绘画涂抹"滤镜，设置其"画笔大小"为6，"锐化程度"为7，如图13-13所示。

步骤04 继续单击"新建效果图层"按钮，在"纹理"滤镜组中选择"纹理化"滤镜，设置其"凸现"为4，单击"确定"按钮结束操作，最终效果如图13-14所示。

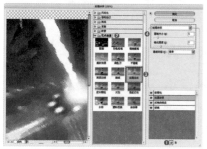
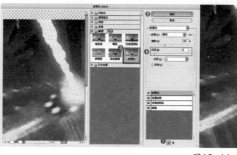

图13-13　　　　　　　　　　　　图13-14

知识精讲：认识"智能滤镜"

应用于智能对象的任何滤镜都是智能滤镜，智能滤镜属于"非破坏性滤镜"。由于智能滤镜的参数是可以调整的，因此可以调整智能滤镜的作用范围，或将其进行移除、隐藏等操作，如图13-15所示。

要使用智能滤镜，首先需要将普通图层转换为智能对象。在普通图层的缩略图上单击鼠标右键，在弹出的快捷菜单中选择"转换为智能对象"命令，即可将普通图层转换为智能对象，如图13-16所示。

图13-15　　　图13-16

答疑解惑——哪些滤镜可以作为智能滤镜使用？

除了"镜头模糊"滤镜以外，其他滤镜都可以作为智能滤镜应用，当然也包含支持智能滤镜的外挂滤镜。另外，"图像>调整"菜单下的"应用/高光"和"变化"菜单命令也可以作为智能滤镜来使用。

智能滤镜包含一个类似于图层样式的列表，因此可以隐藏、停用和删除滤镜，如图13-17(a)所示。另外，还可以设置智能滤镜与图像的混合模式，双击滤镜名称右侧的图标，可以在弹出的"混合选项"对话框中调节滤镜的"模式"和"不透明度"，如图13-17(b)所示。

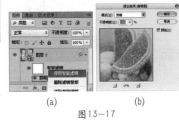

(a)　　　　(b)

图13-17

003 理论——添加智能滤镜

操作步骤

步骤01 打开素材文件，复制"背景"图层，在"背景副本"图层上单击鼠标右键，执行"转换为智能对象"命令，将该图层转换为智能图层，如图13-18所示。

图13-18

步骤02 执行"滤镜>滤镜库"命令，在弹出的滤镜库"艺术效果"滤镜组中选择"绘画涂抹"滤镜，设置"画笔大小"为5，"锐化程度"为3，单击"确定"按钮结束操作，如图13-19所示。

图13-19

步骤03 完成滤镜操作之后，在"图层"面板中"背景副本"图层下双击"滤镜库"，即可重新弹出滤镜库，并对参数进行调整，如图13-20所示。

图13-20

步骤04 在"背景副本"图层下方单击智能滤镜蒙版，并使用黑色画笔在图像中太阳伞的位置涂抹，即可为其去除滤镜效果，此时"智能滤镜"蒙版如图13-21所示。

图13-21

004 练习——渐隐滤镜效果

案例文件	练习实例——渐隐滤镜效果.psd
视频教学	练习实例——渐隐滤镜效果.flv
难易指数	★★★★☆
技术要点	"渐隐"命令

案例效果

"渐隐"菜单命令可以用于更改滤镜效果的不透明度和混合模式，相当于将滤镜效果图层放在原图层的上方，并调整滤镜图层的混合模式以及透明度得到的效果，如图13-22所示。

图13-22

操作步骤

步骤01 执行"文件>打开"菜单命令打开素材文件，执行"滤镜>滤镜库"菜单命令，如图13-23所示。

图13-23

步骤02 在滤镜库中选择"风格化"滤镜组，单击"照亮边缘"滤镜，设置其"边缘宽度"为2，"边缘亮度"为12，"平滑度"为5，单击"确定"按钮结束操作，如图13-24所示。

图13-24

技巧提示

"渐隐"命令必须是在进行了编辑操作之后立即执行，如果这中间又进行了其他操作，则该命令会发生相应的变化。

步骤03 执行"编辑>渐隐照亮边缘"菜单命令，在弹出的"渐隐"对话框中设置"模式"为"滤色"，如图13-25所示。

图13-25

步骤04 输入艺术字，最终效果如图13-26所示。

图13-26

知识精讲：如何提高滤镜性能

在应用某些滤镜时，例如"铬黄渐变"滤镜、"光照效果"滤镜等会占用大量的内存，特别是处理高分辨率的图像时，Photoshop的处理速度会更慢。遇到这种情况，可以尝试使用以下3种方法来提高处理速度。

- 关闭多余的应用程序。
- 在应用滤镜之前先执行"编辑>清理"菜单下的命令，释放部分内存。
- 将计算机内存多分配给Photoshop一些。执行"编辑>首选项>性能"菜单命令，打开"首选项"对话框，然后在"内存使用情况"选项组中将Photoshop的内容使用量设置得高一些，如图13-27所示。

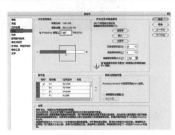

图13-27

13.2 特殊滤镜

特殊滤镜包括"自适应广角"滤镜、"Camera Raw"滤镜、"镜头校正"滤镜、"液化"滤镜、"油画"滤镜和"消失点"滤镜。这些滤镜都拥有自己的工具，功能相当强大。

知识精讲：详解"自适应广角"滤镜

执行"滤镜>自适应广角"命令，打开滤镜窗口。"自适应广角"滤镜可以对广角、超广角及鱼眼效果进行变形校正。在校正下拉列表中可以选择校正的类型，包含鱼眼、透视、自动、完整球面。如图13-28所示。

- 约束工具：单击图像或拖动端点可添加或编辑约束。按住Shift键单击可添加水平/垂直约束。按住Alt键单击可删除约束。
- 多边形约束工具：单击图像或拖动端点可添加或编辑约束。按住Shift键单击可添加水平/垂直约束。按住Alt键单击可删除约束。
- 移动工具：拖动以在画布中移动内容。
- 抓手工具：放大窗口的显示比例后，可以使用该工具移动画面。
- 缩放工具：单击即可放大窗口的显示比例，按住Alt键单击即可缩小显示比例。

图13-28

知识精讲：详解"镜头校正"滤镜

使用数码相机拍摄照片时经常会出现诸如桶形失真、枕形失真、晕影和色差等问题，"镜头校正"滤镜可以快速修复常见的镜头瑕疵，也可以用来旋转图像，或修复由于相机在垂直或水平方向上倾斜而导致的图像透视错误现象（该滤镜只能处理 8位/通道和16位/通道的图像）。执行"滤镜>镜头校正"菜单命令，可打开"镜头校正"对话框，如图13-29所示。

图13-29

- 移去扭曲工具▦：使用该工具可以校正镜头桶形失真或枕形失真。
- 拉直工具▦：绘制一条直线，以将图像拉直到新的横轴或纵轴。
- 移动网格工具▦：使用该工具可以移动网格，以将其与图像对齐。
- 抓手工具▦/缩放工具▦：这两个工具的使用方法与工具箱中的相应工具完全相同。

下面讲解"自定"面板中的参数选项，如图13-30所示。

- 几何扭曲："移去扭曲"选项主要用来校正镜头桶形

失真或枕形失真。数值为正时，图像将向外扭曲；数值为负时，图像将向中心扭曲，如图13-31所示。

- 色差：用于校正色边。在进行校正时，放大预览窗口的图像，可以清楚地查看色边校正情况。
- 晕影：校正由于镜头缺陷或镜头遮光处理不当而导致边缘较暗的图像。"数量"选项用于设置沿图像边缘变亮或变暗的程度，如图13-32所示；"中点"选项用来指定受"数量"数值影响的区域的宽度。

图13-30　　　　　　　　　图13-31

图13-32

Photoshop CC 入门与实战经典（实例版）

● **变换**："垂直透视"选项用于校正由于相机向上或向下倾斜而导致的图像透视错误，设置"垂直透视"为 - 100时，可以将其变换为俯视效果，设置"垂直透视"为100时，可以将其变换为仰视效果，如图13-33所示；"水平透视"选项用于校正图像在水平方向上的透视效果，如图13-34所示；"角度"选项用于旋转图像，以针对相机歪斜加以校正，如图13-35所示；"比例"选项用来控制镜头校正的比例。

图13-33

图13-34

图13-35

知识精讲：详解"液化"滤镜

"液化"滤镜是修饰图像和创建艺术效果的强大工具，常用于数码照片修饰，例如人像身型调整，面部结构调整等。"液化"命令的使用方法比较简单，但功能相当强大，可以创建推、拉、旋转、扭曲和收缩等变形效果。执行"滤镜>液化"菜单命令，打开"液化"对话框，默认情况下"液化"窗口以简洁的基础模式显示，很多功能处于隐藏状态，选中右侧面板中的"高级模式"复选框可以显示出完整的功能，如图13-36所示。

图13-36

🎨 工具

在"液化"对话框的左侧排列着多种工具，其中包括变形工具、蒙版工具和视图平移缩放工具。

● **向前变形工具** 💧：可以向前推动像素，如图13-37所示。
● **重建工具** ✍：用于恢复变形的图像。在变形区域单击或拖曳鼠标进行涂抹时，可以使变形区域的图像恢复到原来的效果，如图13-38所示。

图13-37　　　　　图13-38

● **平滑工具** ✍：用来平滑调整后的图像边缘。
● **顺时针旋转扭曲工具** 🔄：拖曳鼠标可以顺时针旋转像素，如图13-39(a)所示。如果按住Alt键进行操作，则可以逆时针旋转像素，如图13-39(b)所示。

(a)　　　　　　　　(b)

图13-39

● **褶皱工具** 🔹：可以使像素向画笔区域的中心移动，使图像产生内缩效果，如图13-40所示。

355

◎ 膨胀工具 ：可以使像素向画笔区域中心以外的方向移动，使图像产生向外膨胀的效果，如图13-41所示。

图13-40　　　　　图13-41

◎ 左推工具 ：当向上拖曳鼠标时，像素会向左移动；当向下拖曳鼠标时，像素会向右移动，如图13-42所示。按住Alt键向上拖曳鼠标时，像素会向右移动；按住Alt键向下拖曳鼠标时，像素会向左移动。

图13-42

◎ 冻结蒙版工具 ：如果需要对某个区域进行处理，并且不希望操作影响到其他区域，可以使用该工具绘制出冻结区域（该区域将受到保护而不会发生变形）。例如，在图像上绘制出冻结区域，然后使用向前变形工具 处理图像，被冻结起来的像素就不会发生变形，如图13-43所示。

◎ 解冻蒙版工具 ：使用该工具在冻结区域涂抹，可以将其解冻，如图13-44所示。

图13-43　　　　　　　　图13-44

◎ 抓手工具 /缩放工具 ：这两个工具的使用方法与工具箱中的相应工具完全相同。

工具选项

在"工具选项"选项组中，可以设置当前使用的工具的各种属性，如图13-45所示。

◎ 画笔大小：用来设置扭曲图像的画笔的大小。

◎ 画笔密度：控制画笔边缘的羽化范围。画笔中心产生的效果最强，边缘处最弱。

◎ 画笔压力：控制画笔在图像上产生扭曲的速度。

◎ 画笔速率：设置使工具（例如旋转扭曲工具）在预览图像中保持静止时扭曲所应用的速度。

◎ 光笔压力：当计算机配有压感笔或数位板时，选中该复选框可以通过压感笔的压力来控制工具。

图13-45

重建选项

"重建选项"选项组中的参数主要用来设置重建方式，以及如何撤销所执行的操作，如图13-46所示。

◎ 重建：单击该按钮，可以应用重建效果。

◎ 恢复全部：单击该按钮，可以取消所有的扭曲效果。

图13-46

蒙版选项

如果图像中包含选区或蒙版，可以通过"蒙版选项"选项组来设置蒙版的保留方式，如图13-47所示。

◎ 替换选区 ：显示原始图像中的选区、蒙版或透明度。

◎ 添加到选区 ：显示原始图像中的蒙版，以便可以使用冻结蒙版工具 添加到选区。

◎ 从选区中减去 ：从当前的冻结区域中减去通道中的像素。

◎ 与选区交叉 ：只使用当前处于冻结状态的选定像素。

◎ 反相选区 ：使用选定像素使当前的冻结区域反相。

◎ 无：单击该按钮，可以使图像全部解冻。

◎ 全部蒙住：单击该按钮，可以使图像全部冻结。

◎ 全部反相：单击该按钮，可以使冻结区域和解冻区域反相。

图13-47

视图选项

"视图选项"选项组主要用来显示或隐藏图像、网格、蒙版和背景。另外，还可以设置网格大小和颜色、蒙版颜色、背景模式和不透明度，如图13-48所示。

- 显示图像：控制是否在预览窗口中显示图像。
- 显示网格：选中该复选框可以在预览窗口中显示网格，通过网格可以更好地查看扭曲，如图13-49所示分别是扭曲前的网格和扭曲后的网格。选中该复选框后，下面的"网格大小"选项和"网格颜色"选项才可用，这两个选项主要用来设置网格的密度和颜色。
- 显示蒙版：控制是否显示蒙版。可以在下面的"蒙版颜色"选项中修改蒙版的颜色，如图13-50所示是蓝色蒙版效果。
- 显示背景：如果当前文档中包含多个图层，可以在"使用"下拉列表框中选择其他图层来作为查看背景；"模式"选项主要用来设置背景的查看方式；"不透明度"选项主要用来设置背景的不透明度。

图13-48　　　　　　　　　　　　图13-49　　　　　　　　　　　　图13-50

005 练习——使用"液化"滤镜为美女瘦身

案例文件	练习实例——使用"液化"滤镜为美女瘦身.psd
视频教学	练习实例——使用"液化"滤镜为美女瘦身.flv
难易指数	★★★★★
知识掌握	掌握"液化"滤镜的使用方法

案例效果

本案例处理前后的对比效果如图13-51所示。

操作步骤

步骤01 按Ctrl+O组合键，打开素材文件，如图13-52所示。

图13-51　　　　　　　　　图13-52

步骤02 在绘制图像过程中为了不破坏原图像，选择"背景"图层，将其拖曳到"创建新图层"按钮上建立副本，如图13-53所示。

图13-53

步骤03 执行"滤镜>液化"菜单命令，在弹出的对话框中首先单击左侧的"向前变形工具"按钮，设置"画笔大小"为200，"画笔密度"为80，"画笔压力"为80，在画面中针对腰身曲线和上臂部分进行涂抹，达到瘦身的目的，如图13-54所示。

图13-54

步骤04 继续单击"向前变形工具"按钮，将"画笔大小"设置为450，从人像手臂两侧的画面边缘部分向中心拖动，使人像整体更加苗条一些，如图13-55所示。

步骤05 由于经过变形后的画面边缘出现弧形效果，所以需要使用裁剪工具对画面大小进行调整，如图13-56所示。

步骤06 最终效果如图13-57所示。

图13—55

图13—56　　　　图13—57

006 练习——使用"液化"滤镜雕琢完美脸形

案例文件	练习实例——使用"液化"滤镜雕琢完美脸形.psd
视频教学	练习实例——使用"液化"滤镜雕琢完美脸形.flv
难易指数	★★★★★
技术要点	"液化"滤镜

案例效果

本案例处理前后的对比效果如图13-58所示。

图13—58

操作步骤

步骤01 打开素材文件,执行"滤镜>液化"菜单命令,如图13-59所示。

图13—59

步骤02 单击"向前变形工具"按钮,在"工具选项"选项组中设置"画笔大小"为300,"画笔密度"为35,"画笔压力"为50。在人像面部边缘处单击并向内拖动鼠标以达到

瘦脸的效果,单击"确定"按钮结束操作,方向如图13-60所示。

图13—60

步骤03 导入艺术字素材,最终效果如图13-61所示。

图13—61

知识精讲:详解"油画"滤镜

使用"油画"滤镜命令可以为普通照片添加油画效果。"油画"滤镜最大的特点就是笔触鲜明,整体感觉厚重,有质感。执行"滤镜>油画"命令,打开"油画"对话框,如图13-62所示。

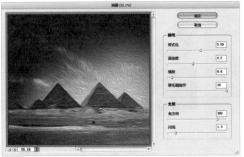

图13-62

知识精讲：详解"消失点"滤镜

"消失点"滤镜可以在包含透视平面（如建筑物的侧面、墙壁、地面或任何矩形对象）的图像中进行透视校正操作。在修饰、仿制、复制、粘贴或移去图像内容时，Photoshop可以准确确定这些操作的方向。执行"滤镜>消失点"菜单命令，可打开"消失点"对话框，如图13-63所示。

图13-63

○ 编辑平面工具：用于选择、编辑、移动平面的节点以及调整平面的大小，如图13-64(a)所示是一个创建的透视平面，如图13-64(b)所示是使用该工具修改后的透视平面。

(a)　　　　　　(b)

图13-64

○ 创建平面工具：用于定义透视平面的4个角节点，如图13-65所示。创建好4个角节点以后，可以使用该工具对节点进行移动、缩放等操作。如果按住Ctrl键拖曳边节点，可以拉出一个垂直平面，如图13-66所示。另外，如果节点的位置不正确，可以按BackSpace键删除该节点。

图13-65　　　　　　　　　图13-66

 技巧提示

> 如果要结束对角节点的创建，不能按Esc键，否则会直接关闭"消失点"对话框，这样所做的一切操作都将丢失。另外，删除节点也不能按Delete键（不起任何作用），只能按BackSpace键。

○ 选框工具：使用该工具可以在创建好的透视平面上绘制选区，以选中平面上的某个区域，如图13-67(a)所示。建立选区以后，将光标放置在选区内，按住Alt键拖曳选区，可以复制图像，如图13-67(b)所示。如果按住Ctrl键拖曳选区，则可以用源图像填充该区域。

(a)　　　　　　　　(b)

图13-67

○ 图章工具：使用该工具时，按住Alt键在透视平面内单击，可以设置取样点，如图13-68(a)所示，然后在其他区域拖曳鼠标即可进行仿制操作，如图13-68(b)所示。

(a)　　　　　　　　　(b)

图13-68

(a)　　　　　　　　　(b)

图13-69

◎ 画笔工具 ✐：该工具主要用来在透视平面上绘制选定的颜色。

◎ 变换工具 ▦：该工具主要用来变换选区，其作用相当于执行"编辑>自由变换"菜单命令，如图13-69(a)所示是利用选框工具 ▣ 复制的图像，如图13-69(b)所示是利用变换工具 ▦ 对选区进行变换以后的效果。

◎ 吸管工具 ✐：可以使用该工具在图像上拾取颜色，以用作画笔工具 ✐ 的绘画颜色。

◎ 测量工具 ▤：使用该工具可以在透视平面中测量项目的距离和角度。

◎ 抓手工具 ✋/缩放工具 🔍：这两个工具的使用方法与工具箱中的相应工具完全相同。

 技巧提示

单击"图章工具"按钮 ▣ 后，在对话框的顶部可以设置该工具修复图像的"模式"。如果要绘画的区域不需要与周围的颜色、光照和阴影混合，可以选择"关"选项；如果要绘画的区域需要与周围的光照混合，同时又需要保留样本像素的颜色，可以选择"明亮度"选项；如果要绘画的区域需要保留样本像素的纹理，同时又要与周围像素的颜色、光照和阴影混合，可以选择"开"选项。

13.3 "风格化"滤镜组

"风格化"滤镜组可以置换图像像素、查找并增加图像的对比度，产生绘画或印象派风格的效果。"风格化"滤镜组中包含9种滤镜："查找边缘"、"等高线"、"风"、"浮雕效果"、"扩展"、"拼贴"、"曝光过度"、"凸出"和"照亮边缘"滤镜。

知识精讲："查找边缘"滤镜

使用"查找边缘"滤镜可以自动查找图像像素对比度变换强烈的边界，将高反差区变亮，低反差区变暗，而其他区域则介于两者之间。同时，硬边会变成线条，柔边会变粗，从而形成一个清晰的轮廓。如图13-70所示为原始图像与使用"查找边缘"滤镜后的效果。

图13-70

007 练习——使用"查找边缘"滤镜模拟线描效果

案例文件	练习实例——使用"查找边缘"滤镜模拟线描效果.psd
视频教学	练习实例——使用"查找边缘"滤镜模拟线描效果.flv
难度级别	★★★★★
技术要点	查找边缘滤镜

案例效果

本案例处理前后的对比效果如图13-71所示。

图13-71

操作步骤

步骤01 打开本书配套光盘中的风景素材文件，如图13-72所示。

步骤02 复制"背景"图层，设置"图层"面板中的混合模式为"叠加"，"不透明度"为75%，如图13-73所示。

图13-72   图13-73

步骤03 继续复制"背景"图层，执行"滤镜>风格化>查找边缘"菜单命令，设置"图层"面板中的混合模式为"颜色减淡"，"不透明度"为57%，如图13-74所示。

步骤04 导入本书配套光盘中的前景素材文件，摆放在画面的边缘部分，最终效果如图13-75所示。

图13-74

图13-75

知识精讲："等高线"滤镜

"等高线"滤镜用于查找主要亮度区域，并为每个颜色通道勾勒主要亮度区域，以获得与等高线图中的线条类似的效果。如图13-76所示是原始图像、应用该滤镜后的效果以及"等高线"对话框。

- 色阶：用来设置区分图像边缘亮度的级别。
- 边缘：用来设置处理图像边缘的位置。选择"较低"选项时，可以在基准亮度等级以下的轮廓上生成等高线；选择"较高"选项时，可以在基准亮度等级以上的轮廓上生成等高线。

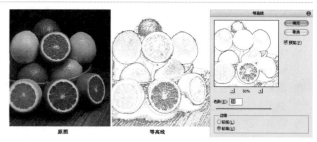

图13-76

知识精讲："风"滤镜

"风"滤镜可以在图像中放置一些细小的水平线条来模拟风吹效果。如图13-77所示为原始图像、应用"风"滤镜后的效果以及"风"对话框。

原图   效果图   "风"滤镜

图13-77

- 方法：包括"风"、"大风"和"飓风"3种等级，如图13-78所示分别为这3种等级的效果。
- 方向：用来设置风源的方向，包括"从右"和"从左"两种。

风　　　　　　　　　　　　　大风　　　　　　　　　　　　　飓风

图13—78

答疑解惑——如何制作垂直效果的"风"？

　　使用"风"滤镜只能制作向右或向左的风吹效果。如果要在垂直方向上制作风吹效果，就需要先旋转画布，然后再应用"风"滤镜，最后将画布旋转到原始位置即可。

知识精讲："浮雕效果"滤镜

　　"浮雕效果"滤镜可以通过勾勒图像或选区的轮廓和降低周围颜色值来生成凹陷或凸起的浮雕效果。如图13-79所示为原始图像、应用"浮雕效果"滤镜后的效果以及"浮雕效果"对话框。

- 角度：用于设置浮雕效果的光线方向。光线方向会影响浮雕的凸起位置。
- 高度：用于设置浮雕效果的凸起高度。
- 数量：用于设置"浮雕效果"滤镜的作用范围。数值越高，边界越清晰（小于40%时，图像会变灰）。

原图　　　　　　　　　　效果图

图13—79

008 练习——使用"浮雕效果"滤镜制作金币

案例文件	练习实例——使用"浮雕效果"滤镜制作金币 .psd
视频教学	练习实例——使用"浮雕效果"滤镜制作金币 .flv
难易指数	★★★★★
技术要点	"浮雕效果"滤镜

案例效果

本案例效果如图13-80所示。

图13—80

操作步骤

步骤01 打开本书配套光盘中的背景素材文件，新建图层组1，导入本书配套光盘中的人像素材文件，如图13-81所示。

图13—81

步骤02 单击工具箱中的椭圆选框工具，按Shift键绘制人像头部的正圆选区，按Shift+Ctrl+I组合键选择反向选区，按Delete键删除多余部分，如图13-82所示。

步骤03 在"人像"图层下方新建图层，按Ctrl键载入人像选区并填充白色，执行"自由变换"命令，等比例扩大，如图13-83所示。

图13-82　　　　　　　图13-83

步骤04 单击工具箱中的横排文字工具，选择合适的字体及大小输入文字，在选项栏中单击"变形文字"按钮，在弹出的"变形文字"对话框中设置"样式"为"扇形"，"弯曲"为－29%，单击"确定"按钮结束操作，如图13-84所示。

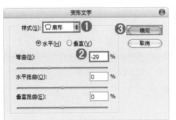

图13-84

步骤05 用同样的方法输入人像上方的英文，设置其"弯曲"为60%，单击"确定"按钮结束操作，如图13-85所示。

步骤06 新建图层组2，导入边框素材，复制图层组1并合并图层组，适量调整大小后将其放在边框上，隐藏图层组1，执行"滤镜>风格化>浮雕效果"菜单命令，在弹出的对话框中设置"角度"为135度，"高度"为10像素，"数量"为149%，单击"确定"按钮结束操作，如图13-86所示。

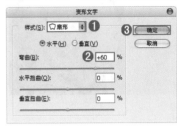

图13-85

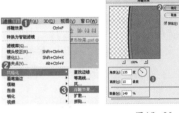

图13-86

步骤07 单击"图层"面板中的"添加图层样式"按钮，在弹出的菜单中选择"斜面和浮雕"样式，在打开的对话框中设置其"大小"为5像素；选中"渐变叠加"样式，设置其"混合模式"为"正片叠底"，"角度"为120度，单击"确定"按钮结束操作，如图13-87所示。

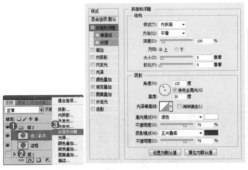

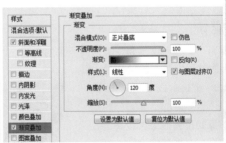

图13-87

步骤08 创建一个新的"曲线"调整图层，在"调整"面板中调整曲线形状以增强凹凸感，并在"曲线"调整图层上单击鼠标右键执行"创建剪贴蒙版"命令，使其只对该图层起作用，如图13-88所示。

步骤09 合并所有的硬币图层，执行"滤镜>渲染>光照效果"菜单命令，在弹出的对话框中设置光照角度，调整颜色为黄色，"光泽"为100，单击"确定"按钮结束操作，此时硬币变为金色，如图13-89所示。

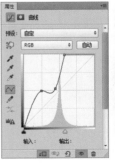

图13-88

第13章 滤镜与增效工具的使用

363

步骤10 最后为硬币添加图层样式，单击"图层"面板上的"添加图层样式"按钮，在弹出的菜单中选择"投影"样式，在打开的对话框中设置其"距离"为50像素，"大小"为38像素，单击"确定"按钮结束操作，再单击工具箱中的减淡工具 ，适当调整减淡画笔的大小，在人像上侧进行适当涂抹，最终效果如图13-90所示。

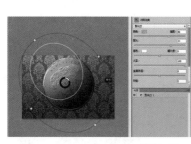   

图13-89　　　　　　　　　　　　　　　　　　　　　　　　　　图13-90

知识精讲："扩散"滤镜

"扩散"滤镜可以通过使图像中相邻的像素按指定的方式有机移动，让图像形成一种类似于透过磨砂玻璃观察物体时的分离模糊效果。如图13-91所示为原始图像、应用"扩散"滤镜以后的效果以及"扩散"对话框。

- 正常：使图像的所有区域都进行扩散处理，与图像的颜色值没有任何关系。
- 变暗优先：用较暗的像素替换亮部区域的像素，并且只有暗部像素产生扩散。
- 变亮优先：用较亮的像素替换暗部区域的像素，并且只有亮部像素产生扩散。
- 各向异性：使用图像中较暗和较亮的像素产生扩散效果，即在颜色变化最小的方向上搅乱像素。

图13-91

知识精讲："拼贴"滤镜

"拼贴"滤镜可以将图像分解为一系列小块，并使其偏离原来的位置，以产生不规则拼砖的图像效果。如图13-92所示为原始图像、应用"拼贴"滤镜以后的效果以及"拼贴"对话框。

- 拼贴数：用来设置在图像每行和每列中要显示的贴块数。
- 最大位移：用来设置拼贴偏移原始位置的最大距离。
- 填充空白区域用：用来设置填充空白区域的方法。

图13-92

 **读书笔记**

009 练习——制作趣味拼图

案例文件	练习实例——制作趣味拼图.psd
视频教学	练习实例——制作趣味拼图.flv
难易指数	★★★★★
技术要点	拼贴滤镜、渐隐滤镜

案例效果

本案例处理前后的对比效果如图13-93所示。

图13-93

操作步骤

步骤01 执行"文件>打开"菜单命令，打开人像素材文件，如图13-94所示。

图13-94

步骤02 执行"滤镜>风格化>拼贴"菜单命令，然后在弹出的"拼贴"对话框中设置"拼贴数"为10，"填充空白区域用"为"背景色"，如图13-95所示。

图13-95

步骤03 执行"编辑>渐隐拼贴"菜单命令，然后在弹出的"渐隐"对话框中设置"不透明度"为80%，"模式"为"柔光"，最终效果如图13-96所示。

图13-96

知识精讲："曝光过度"滤镜

"曝光过度"滤镜可以混合负片和正片图像，类似于显影过程中将摄影照片短暂曝光的效果。如图13-197所示为原始图像及应用"曝光过度"滤镜以后的效果。

图13-97

知识精讲："凸出"滤镜

"凸出"滤镜可以将图像分解成一系列大小相同且有机重叠放置的立方体或椎体，以生成特殊的3D效果。如图13-98所示为原始图像、应用"凸出"滤镜以后的效果以及"凸出"对话框。

- 🔵 **类型**：用来设置三维方块的形状，包括"块"和"金字塔"两种，效果如图13-99所示。
- 🔵 **大小**：用来设置立方体或金字塔底面的大小。
- 🔵 **深度**：用来设置凸出对象的深度。"随机"选项表示为每个块或金字塔设置一个随机的任意深度；"基于色阶"选项表示使每个对象的深度与其亮度相对应，亮度越亮，图像越凸出。
- 🔵 **立方体正面**：选中该复选框后，将失去图像的整体轮廓，生成的立方体上只显示单一的颜色，如图13-100所示。
- 🔵 **蒙版不完整块**：使所有图像都包含在凸出的范围之内。

图13-98　　　　　　　　　　　　　　　图13-99　　　　　　　　　　图13-100

13.4 "模糊"滤镜组

"模糊"滤镜组可以柔化图像中的选区或整个图像，使其产生模糊效果。"模糊"滤镜组包含13种滤镜："表面模糊"、"动感模糊"、"方框模糊"、"高斯模糊"、"进一步模糊"、"径向模糊"、"镜头模糊"、"模糊"、"平均"、"特殊模糊"和"形状模糊"滤镜、"场景模糊"、"倾斜偏移"、"倾斜偏移"。

知识精讲：场景模糊

使用"场景模糊"滤镜可以使画面呈现出不同区域不同模糊程度的效果。执行"滤镜>模糊>场景模糊"命令，在画面中单击放置多个"图钉"，选中每个图钉并通过调整模糊数值即可使画面产生渐变的模糊效果。模糊调整完成后，在"模糊效果"面板中还可以针对模糊区域的"光源散景"、"散景颜色"、"光照范围"进行调整，如图13-101所示。

- 模糊：用于设置模糊强度。
- 光源散景：用于控制光照亮度，数值越大高光区域的亮度就越高。
- 散景颜色：通过调整数值控制散景区域颜色的程度。
- 光照范围：通过调整滑块用色阶来控制散景的范围。

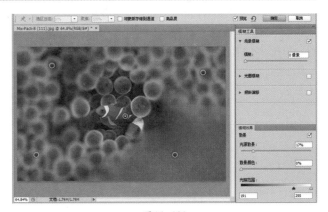

图13-101

知识精讲：光圈模糊

使用"光圈模糊"命令可将一个或多个焦点添加到图像中。我们可以根据不同的要求而对焦点的大小与形状、图像其余部分的模糊数量以及清晰区域与模糊区域之间的过渡效果进行相应的设置。执行"滤镜>模糊>光圈模糊"命令，在"模糊工具"面板中可以对"光圈模糊"的数值进行设置，数值越大模糊程度也越大。在"模糊效果"面板中还可以针对模糊区域的"光源散景"、"散景颜色"、"光照范围"进行调整，如图13-102所示。也可以将光标定位到控制框上，调整控制框的大小以及圆度。调整完成后单击选项栏中的"确定"按钮即可，如图13-103所示。

图13-102　　　　　　　　　　　　　　　图13-103

知识精讲：倾斜偏移

移轴摄影，即移轴镜摄影，泛指利用移轴镜头创作的作品，所拍摄的照片效果就像是缩微模型一样，非常特别。如图13-104所示。

图13-104

对于没有昂贵移轴镜头的摄影爱好者来说，如果要实现移轴效果的照片，可以使用"倾斜偏移"滤镜轻松地模拟"移轴摄影"滤镜。执行"滤镜>模糊>倾斜偏移"命令，通过调整中心点的位置可以调整清晰区域的位置，调整控制框可以调整清晰区域的大小，如图13-105所示。

- 模糊：用于设置模糊强度。
- 扭曲度：用于控制模糊扭曲的形状。
- 对称扭曲：选中该复选框可以从两个方向应用扭曲。

图13-105

知识精讲："表面模糊"滤镜

"表面模糊"滤镜可以在保留边缘的同时模糊图像，可以用该滤镜创建特殊效果并消除杂色或粒度。如图13-106所示为原始图像、应用"表面模糊"滤镜以后的效果以及"表面模糊"对话框。

- 半径：用于设置模糊取样区域的大小。
- 阈值：控制相邻像素色调值与中心像素值相差多大时才能成为模糊的一部分。色调值差小于阈值的像素将被排除在模糊之外。

图13-106

010 练习——使用"表面模糊"滤镜模拟绘画效果

案例文件	练习实例——使用"表面模糊"滤镜模拟绘画效果.psd
视频教学	练习实例——使用"表面模糊"滤镜模拟绘画效果.flv
难度级别	★★★★★
技术要点	"表面模糊"滤镜

案例效果

本案例效果如图13-107所示。

操作步骤

步骤01 打开本书配套光盘中的素材文件，如图13-108所示。

图13-107　　　　　　　　　　图13-108

步骤02 执行"滤镜>模糊>表面模糊"菜单命令,在弹出的"表面模糊"对话框中设置"半径"为100像素,"阈值"为19色阶,单击"确定"按钮结束操作,如图13-109所示。

图13-109

步骤03 多次执行"滤镜>模糊>表面模糊"菜单命令,调整到满意效果为止,如图13-110所示。

图13-110

步骤04 单击"图层"面板中的"调整图层"按钮,在弹出的菜单中执行"色相/饱和度"菜单命令,在弹出的"属性"面板中选择"全图",设置其"饱和度"为18,如图13-111所示。

图13-111

步骤05 新建图层并填充白色,单击工具箱中的圆角矩形工具,单击选项栏中的"路径"按钮,设置其"半径"为15px,绘制圆角矩形路径,单击鼠标右键执行"建立选区"命令,按Delete键删除多余部分,制作白色边框,如图13-112所示。

图13-112

步骤06 使用同样的方法制作蓝色边框,最后输入文字放在右下角,最终效果如图13-113所示。

图13-113

知识精讲:"动感模糊"滤镜

"动感模糊"滤镜可以沿指定的方向(-360°~360°)以指定的距离(1~999)进行模糊,所产生的效果类似于在固定的曝光时间内拍摄一个高速运动的对象。如图13-114所示为原始图像、应用"动感模糊"滤镜以后的效果以及"动感模糊"对话框。

● 角度:用来设置模糊的方向。

● 距离:用来设置像素模糊的程度。

图13-114

011 练习——使用"动感模糊"滤镜制作极速赛车

案例文件	练习实例——使用"动感模糊"滤镜制作极速赛车.psd
视频教学	练习实例——使用"动感模糊"滤镜制作极速赛车.flv
难易指数	★★★★★
技术要点	"动感模糊"滤镜

案例效果

本案例效果如图13-115所示。

操作步骤

步骤01 打开本书配套光盘中的赛车素材文件,如图13-116所示。在摄影或设计中,为了表现一个物体运动速度之快,通常会以附近模糊的景物作为衬托,在Photoshop中可以使用"动感模糊"滤镜进行模拟。

图13-115　　　　　　　图13-116

步骤02 按Ctrl+J组合键复制一个"图层1"图层，然后执行"滤镜>模糊>动感模糊"菜单命令，接着在弹出的"动感模糊"对话框中设置"角度"为30度，"距离"为140像素，效果如图13-117所示。

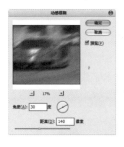

图13-117

步骤03 由于只需要让背景产生运动模糊效果，而现在汽车也被模糊，因此下面还需要进行相应调整。执行"窗口>历史记录"菜单命令，打开"历史记录"面板，然后标记好"动感模糊"步骤，接着选择"复制图层"步骤，此时画面恢复未添加滤镜之前的效果，如图13-118所示。

图13-118

步骤04 选择历史记录画笔工具 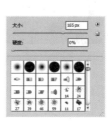，然后在选项栏中选择一种柔边画笔，并设置"大小"为165px，硬度为0，接着在图像的背景区域涂抹，绘制出动感模糊效果，如图13-119所示。

图13-119

步骤05 导入前景素材，最终效果如图13-120所示。

图13-120

知识精讲："方框模糊"滤镜

"方框模糊"滤镜可以基于相邻像素的平均颜色值来模糊图像，生成的模糊效果类似于方块模糊。如图13-121所示为原始图像、应用"方框模糊"滤镜以后的效果以及"方框模糊"对话框。

其中"半径"选项调整用于计算指定像素平均值的区域大小。数值越大，产生的模糊效果越好。

图13-121

知识精讲："高斯模糊"滤镜

"高斯模糊"滤镜可以向图像中添加低频细节，使图像产生一种朦胧的模糊效果。如图13-122所示为原始图像、应用"高斯模糊"滤镜以后的效果以及"高斯模糊"对话框。

其中"半径"选项调整用于计算指定像素平均值的区域大小。数值越大，产生的模糊效果越好。

图13-122

012 练习——使用"高斯模糊"滤镜模拟微距效果

案例文件	练习实例——使用"高斯模糊"滤镜模拟微距效果.psd
视频教学	练习实例——使用"高斯模糊"滤镜模拟微距效果.flv
难度级别	★★★★★
技术要点	"高斯模糊"滤镜、历史画笔工具

案例效果

本案例处理前后的对比效果如图13-123所示。

操作步骤

步骤01 打开本书配套光盘中的素材文件，如图13-124所示，为了强化前景花朵的视觉冲击感，可以适当模拟微距摄影的效果进行表现。

图13-123　　　　　　　　图13-124

步骤02 执行"滤镜>模糊>高斯模糊"菜单命令，在弹出的"高斯模糊"对话框中设置"半径"为3.5像素，单击"确定"按钮结束操作，如图13-125所示。

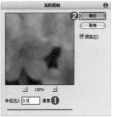

图13-125

步骤03 进入"历史记录"面板，标记最后一项"高斯模糊"，并回到上一步骤状态下。单击工具箱中的历史记录画笔工具，适当调整画笔大小，对前面花朵进行适当涂抹，如图13-126所示。

图13-126

步骤04 导入本书配套光盘中的前景艺术字素材，调整大小并摆放在右下角，最终效果如图13-127所示。

图13-127

知识精讲："进一步模糊"滤镜

"进一步模糊"滤镜可以平衡已定义的线条和遮蔽区域的清晰边缘旁边的像素，使变化显得柔和（该滤镜属于轻微模糊滤镜，并且没有参数设置对话框）。如图13-128所示为原始图像，以及应用"进一步模糊"滤镜以后的效果。

图13-128

知识精讲："径向模糊"滤镜

"径向模糊"滤镜用于模拟缩放或旋转相机时所产生的模糊，产生的是一种柔化的模糊效果。如图13-129所示为原始图像、应用"径向模糊"滤镜以后的效果以及"径向模糊"对话框。

图13-129

- **数量**：用于设置模糊的强度。数值越大，模糊效果越明显。
- **模糊方法**：选中"旋转"单选按钮时，图像可以沿同心圆环线产生旋转的模糊效果；选中"缩放"单选按钮时，可以从中心向外产生反射模糊效果，如图13-130所示。

图13-130

- **中心模糊**：将光标放置在设置框中，使用鼠标左键拖曳可以定位模糊的原点，原点位置不同，模糊中心也不同。如图13-131所示分别为不同原点的旋转模糊效果。
- **品质**：用来设置模糊效果的质量。"草图"的处理速度较快，但会产生颗粒效果；"好"和"最好"的处理速度较慢，但是生成的效果比较平滑。

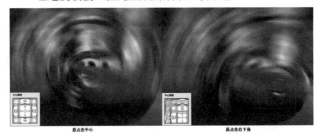

图13-131

知识精讲："镜头模糊"滤镜

使用"镜头模糊"滤镜可以向图像中添加模糊，模糊效果取决于模糊的"源"设置。如果图像中存在Alpha通道或图层蒙版，则可以为图像中的特定对象创建景深效果，使这个对象在焦点内，而使另外的区域变得模糊。例如，如图12-132(a)所示是一张普通人物照片，图像中没有景深效果，如果要模糊背景区域，就可以将该区域存储为选区蒙版或Alpha通道，如图13-132(b)所示。这样在应用"镜头模糊"滤镜时，将"源"设置为"图层蒙版"或Alpha1通道，就可以模糊选区中的图像，即模糊背景区域，如图13-133所示。

(a)　　　　　　　　(b)

图13-132

图13-133

执行"滤镜>模糊>镜头模糊"菜单命令，可打开"镜头模糊"对话框，如图13-134所示。

图13-134

- **预览**：用来设置预览模糊效果的方式。选择"更快"选项，可以提高预览速度；选择"更加准确"选项，可以查看模糊的最终效果，但生成的预览时间较长。
- **深度映射**：从"源"下拉列表框中可以选择使用Alpha通道或图层蒙版来创建景深效果（前提是图像中存在Alpha通道或图层蒙版），其中通道或蒙版中的白色区域将被模糊，而黑色区域则保持原样；"模糊焦距"选项用来设置位于焦点内的像素的深度；"反相"选项用来反转Alpha通道或图层蒙版。
- **光圈**：该选项组用来设置模糊的显示方式。"形状"选项用来选择光圈的形状；"半径"选项用来设置模糊的数量；"叶片弯度"选项用来设置对光圈边缘进行平滑处理的程度；"旋转"选项用来旋转光圈。
- **镜面高光**：该选项组用来设置镜面高光的范围。"亮度"选项用来设置高光的亮度；"阈值"选项用来设置亮度的停止点，比停止点值亮的所有像素都被视为镜面高光。

○ 杂色："数量"选项用来在图像中添加或减少杂色；"分布"选项用来设置杂色的分布方式，包括"平均"和"高斯分布"两种；如果选中"单色"复选框，则添加的杂色为单一颜色。

013 练习——使用"镜头模糊"滤镜使图像主题更突出

案例文件	练习实例——使用"镜头模糊"滤镜使图像主题更突出.psd
视频教学	练习实例——使用"镜头模糊"滤镜使图像主题更突出.flv
难度级别	★★★★★
技术要点	"镜头模糊"滤镜、历史记录画笔工具

案例效果

本案例效果如图13-135所示。

操作步骤

步骤01 打开本书配套光盘中的素材文件，如图13-136所示。如果画面中包含多个大小接近的对象时很容易造成画面主体不突出的情况。

图13-135　　　　　图13-136

步骤02 执行"滤镜>模糊>镜头模糊"菜单命令，在弹出的"镜头模糊"对话框中设置"旋转"为14，"亮度"为91，单击"确定"按钮结束操作，如图13-137所示。

图13-137

步骤03 进入"历史记录"面板，标记最后一项"镜头模糊"，并回到上一步骤状态下，单击工具箱中的历史记录画笔工具，适当调整画笔大小，选择一个圆形柔角画笔，对除去右侧黑白卡通形象以外的区域进行涂抹，最终效果如图13-138所示。

图13-138

知识精讲："模糊"滤镜

"模糊"滤镜用于在图像中有显著颜色变化的地方消除杂色，它可以通过平衡已定义的线条和遮蔽区域的清晰边缘旁边的像素来使图像变得柔和（该滤镜没有参数设置对话框）。如图13-139所示为原始图像，以及应用"模糊"滤镜以后的效果。

图13-139

知识精讲："平均"滤镜

"平均"滤镜可以查找图像或选区的平均颜色，再用该颜色填充图像或选区，以创建平滑的外观效果（该滤镜没有参数设置对话框）。如图13-140所示为原始图像以及框选一块区域并应用"平均"滤镜以后的效果。

 技巧提示

"模糊"滤镜与"进一步模糊"滤镜都属于轻微模糊滤镜。相比于"进一步模糊"滤镜，"模糊"滤镜的模糊效果要低3～4倍。

图13-140

知识精讲： "特殊模糊"滤镜

"特殊模糊"滤镜可以精确地模糊图像。如图13-141所示为原始图像、应用"特殊模糊"滤镜以后的效果以及"特殊模糊"对话框。

- 半径：用来设置要应用模糊的范围。
- 阈值：用来设置像素具有多大差异后才会被模糊处理。
- 品质：设置模糊效果的质量，包括"低"、"中"和"高"3种。
- 模式：选择"正常"选项，不会在图像中添加任何特殊效果；选择"仅限边缘"选项，将以黑色显示图像，以白色描绘出图像边缘像素亮度值变化强烈的区域；选择"叠加边缘"选项，将以白色描绘出图像边缘像素亮度值变化强烈的区域，如图13-142所示。

原图　　　　　　　　　效果图

图13-141

正常　　　　　　　　仅限边缘　　　　　　　　叠加边缘

图13-142

知识精讲： "形状模糊"滤镜

"形状模糊"滤镜可以用设置的形状来创建特殊的模糊效果。如图13-143所示为原始图像、应用"形状模糊"滤镜以后的效果以及"形状模糊"对话框。

- 半径：用来调整形状的大小。数值越大，模糊效果越好。
- 形状列表：在形状列表中选择一个形状，可以使用该形状来模糊图像。单击形状列表右侧的三角形图标，可以载入预设的形状或外部的形状，如图13-144所示。

原图　　　　　　　效果图

图13-143

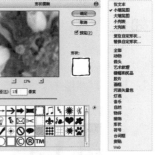

图13-144

13.5 "扭曲"滤镜组

"扭曲"滤镜组可以对图像进行几何扭曲，创建3D或其他整形效果。在处理图像时，这些滤镜可能会占用大量内存。"扭曲"滤镜组包含12种滤镜："波浪"、"波纹"、"玻璃"、"海洋波纹"、"极坐标"、"挤压"、"扩散亮光"、"切变"、"球面化"、"水波"、"旋转扭曲"和"置换"滤镜。

知识精讲： "波浪"滤镜

"波浪"滤镜可以在图像上创建类似于波浪起伏的效果。如图13-145所示为原始图像、应用"波浪"滤镜以后的效果以及"波浪"对话框。

- 生成器数：用来设置波浪的强度。
- 波长：用来设置相邻两个波峰之间的水平距离，包括"最小"和"最大"两个选项，其中"最小"数值不能超过"最大"数值。

- 波幅:设置波浪的宽度(最小)和高度(最大)。
- 比例:设置波浪在水平方向和垂直方向上的波动度。
- 类型:选择波浪的形态,包括"正弦"、"三角形"和"方形"3种形态,如图13-146所示。

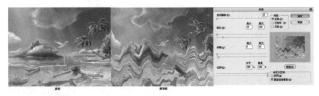

图13-145

- 随机化:如果对波浪效果不满意,可以单击该按钮,以重新生成波浪效果。
- 未定义区域:用来设置空白区域的填充方式。选中"折回"单选按钮,可以在空白区域填充溢出的内容;选中"重复边缘像素"单选按钮,可以填充扭曲边缘的像素颜色。

图13-146

知识精讲:"波纹"滤镜

"波纹"滤镜与"波浪"滤镜类似,但只能控制波纹的数量和大小。如图13-147所示为原始图像、应用"波纹"滤镜以后的效果以及"波纹"对话框。

- 数量:用于设置产生波纹的数量。
- 大小:选择所产生波纹的大小。

图13-147

知识精讲:"极坐标"滤镜

"极坐标"滤镜可以将图像从平面坐标转换到极坐标,或从极坐标转换到平面坐标。如图13-148所示为原始图像以及"极坐标"对话框。

图13-148

- 平面坐标到极坐标:使矩形图像变为圆形图像,如图13-149所示。
- 极坐标到平面坐标:使圆形图像变为矩形图像,如图13-150所示。

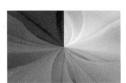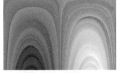

图13-149　　　　图13-150

014 练习——使用"极坐标"滤镜制作极地星球

案例文件	练习实例——使用"极坐标"滤镜制作极地星球.psd
视频教学	练习实例——使用"极坐标"滤镜制作极地星球.flv
难度级别	☆☆☆
技术要点	"极坐标"滤镜

案例效果

本案例效果如图13-151所示。

图13-151

操作步骤

步骤01 打开素材文件,按住Alt键并双击"背景"图层,将其转换为普通图层,如图13-152所示。

图13-152

步骤02 执行"滤镜>扭曲>极坐标"菜单命令,在弹出的"极坐标"对话框中单击"确定"按钮结束操作,如图13-153所示。

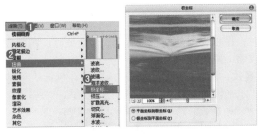

图13-153

步骤03 按Ctrl+T组合键执行"自由变换"命令，将当前图层进行横向缩放，按Ctrl+Enter组合键结束操作，如图13-154所示。

图13-154

步骤04 单击工具箱中的矩形选框工具，绘制一个矩形选区，然后按Shift+F5组合键将选区填充为蓝色，如图13-155所示。

步骤05 单击工具箱中的椭圆选框工具，绘制与极地星球大小相同的圆形选区，单击鼠标右键执行"羽化"菜单命令，在弹出的对话框中设置"羽化半径"为25像素，按Delete键删除多余部分，最终效果如图13-156所示。

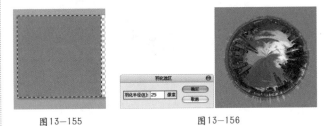

图13-155　　　　　　　　　　图13-156

知识精讲："挤压"滤镜

"挤压"滤镜可以将选区内的图像或整个图像向外或向内挤压。如图13-157所示为原始图像以及"挤压"对话框。

⬤ 数量：用来控制挤压图像的程度。当数值为负值时，图像会向外挤压；当数值为正值时，图像会向内挤压，如图13-158所示。

图13-157

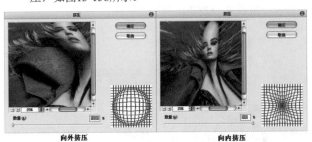

向外挤压　　　　　　　　　　向内挤压

图13-158

知识精讲："切变"滤镜

"切变"滤镜可以沿一条曲线扭曲图像，通过拖曳调整框中的曲线可以应用相应的扭曲效果。如图13-159所示为原始图像以及"切变"对话框。

图13-159

⬤ 曲线调整框：可以通过控制曲线的弧度来控制图像的变形效果，如图13-160所示为不同的变形效果。

⬤ 折回：在图像的空白区域中填充溢出图像之外的图像内容，如图13-161(a)所示。

⬤ 重复边缘像素：在图像边界不完整的空白区域填充扭曲边缘的像素颜色，如图13-161(b)所示。

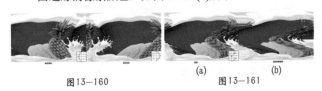

图13-160　　　　　(a)　　　　(b)

图13-161

知识精讲："球面化"滤镜

"球面化"滤镜可以将选区内的图像或整个图像扭曲为球形。如图13-162所示为原始图像、应用"球面化"滤镜以后的效果以及"球面化"对话框。

数量：用来设置图像球面化的程度。当设置为正值时，图像会向外凸起；当设置为负值时，图像会向内收缩，如图13-163所示。

模式：用来选择图像的挤压方式，包括"正常"、"水平优先"和"垂直优先"3种方式。

图13-162

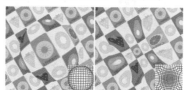

图13-163

015 练习——使用"球面化"滤镜制作气球

案例文件	练习实例——使用"球面化"滤镜制作气球.psd
视频教学	练习实例——使用"球面化"滤镜制作气球.flv
难度级别	★★★★
技术要点	"球面化"滤镜

案例效果

本案例效果如图13-164所示。

操作步骤

步骤01 按Ctrl+N组合键新建一个大小为1500×2000像素的文档，如图13-165所示。

图13-164

图13-165

步骤02 新建一个图层组并在其中创建新图层，使用矩形选框工具绘制矩形选区，设置前景色为紫色（R：87，G：50，B：147），按Alt+Delete组合键填充矩形选区为紫色，如图13-166所示。

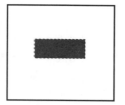

图13-166

步骤03 执行"图层>图层样式>内发光"菜单命令，在弹出的对话框中设置"不透明度"为75%，颜色为白色，"大小"为5像素，如图13-167所示。

步骤04 复制并粘贴出多个颜色的色块，分别按Ctrl+U组合键调整色块颜色，并依次摆放在一条直线上，如图13-168所示。

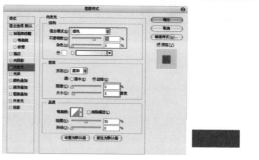

图13-167　　　　　　　图13-168

步骤05 按Ctrl+E组合键合并当前组为一个图层，按Ctrl+T组合键执行"自由变换"命令，单击选项栏中的"变形"按钮，设置"变形"为"膨胀"，"弯曲"为20%，如图13-169所示。

步骤06 单击工具箱中的减淡工具，将彩条中心部分进行减淡，模拟出凸起效果，然后使用加深工具将右侧部分加深，如图13-170所示。

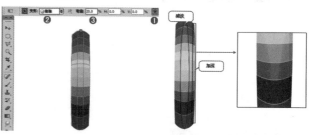

图13-169　　　　　　　图13-170

步骤07 创建新图层，使用钢笔工具在左侧绘制一个闭合路径，单击鼠标右键执行"建立选区"菜单命令，将其填充为黑色，然后设置图层"不透明度"为25%，如图13-171所示。

图13-171

步骤08 多次按Ctrl+J组合键复制出多个彩条，排列好并合并为一个图层，如图13-172所示。

图13-172

步骤09 连续执行两次"滤镜>扭曲>球面化"菜单命令，进行两次球面化，如图13-173所示。

步骤10 按Ctrl+T组合键执行"自由变换"命令，单击鼠标右键执行"变形"命令，对形状进行调整，如图13-174所示。

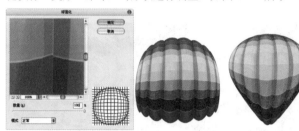

图13-173　　　　　　　　图13-174

步骤11 复制多个气球，并分别按Ctrl+U组合键，调整为不同的颜色然后导入背景素材，效果如图13-175所示。

步骤12 下面绘制气球上的线。创建新图层，首先设置画笔"大小"为2px，"硬度"为0，设置前景色为白色，如图13-176所示。

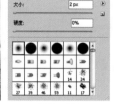

图13-175　　　　　　　　图13-176

步骤13 使用钢笔工具绘制直线路径，单击鼠标右键执行"描边路径"菜单命令，在弹出的"描边路径"对话框中设置"工具"为"画笔"，如图13-177所示。

步骤14 多次使用描边路径的方法绘制气球线，最终效果如图13-178所示。

图13-177　　　　　　　　图13-178

知识精讲："水波"滤镜

　　"水波"滤镜可以使图像产生真实的水波波纹效果。如图13-179所示为原始图像（创建了一个矩形选区）以及"水波"对话框。

- 数量：用来设置波纹的数量。当设置为负值时，将产生下凹的波纹；当设置为正值时，将产生上凸的波纹，如图13-180所示。
- 起伏：用来设置波纹的数量。数值越大，波纹越多。
- 样式：用来选择生成波纹的方式。选择"围绕中心"选项时，可以围绕图像或选区的中心产生波纹；选择"从中心向外"选项时，波纹将从中心向外扩散；选择"水池波纹"选项时，可以产生同心圆形状的波纹，如图13-181所示。

图13-179　　　　　　　　　　　　　　　　图13-180

图绕中心　　　　　　　　　　　　从中心向外　　　　　　　　　　　　水池波纹

图13—181

知识精讲："旋转扭曲"滤镜

　　"旋转扭曲"滤镜可以顺时针或逆时针旋转图像，旋转将围绕图像的中心进行处理。如图13-182所示为原始图像以及"旋转按钮"对话框。

原图

图13—182

　　◎ 角度：用来设置旋转扭曲方向。当设置为正值时，会沿顺时针方向进行扭曲；当设置为负值时，会沿逆时针方向进行扭曲，如图13-183所示。

顺时针扭曲　　　　　　逆时针扭曲

图13—183

知识精讲："置换"滤镜

　　"置换"滤镜可以以另外一个PSD文件的亮度值使当前图像的像素重新排列，并产生位移效果。如图13-184所示为"置换"对话框。

　　◎ 水平比例/垂直比例：可以用来设置水平方向和垂直方向所移动的距离。单击"确定"按钮可以载入PSD文件，然后用该文件扭曲图像。
　　◎ 置换图：用来设置置换图像的方式，包括"伸展以适合"和"拼贴"两种方式。选中"伸展以适合"单选按钮时，置换图的尺寸会自动调整为与当前图像相同大小；选中"拼贴"单选按钮时，则以拼贴的方式来填补空白区域。
　　◎ 未定义区域：可以选择一种方式，在图像边界不完整的空白区域填入边缘的像素颜色。

图13—184

⓪⑯练习——使用"置换"滤镜制作水晶心

案例文件	练习实例——使用"置换"滤镜制作水晶心.psd
视频教学	练习实例——使用"置换"滤镜制作水晶心.flv
难度级别	★★★
技术要点	"置换"滤镜

案例效果

　　本案例处理前后的对比效果如图13-185所示。

操作步骤

步骤01 打开素材文件，按Ctrl+J组合键复制出"背景副本"图层，将"背景"图层隐藏，如图13-186所示。
步骤02 执行"滤镜>扭曲>置换"菜单命令，在弹出的对话

　　框中设置"水平比例"和"垂直比例"均为100，单击"确定"按钮后在弹出的对话框中拾取之前准备好的PSD格式的心形素材文件，如图13-187所示。

图13—185　　　　　　　　　　图13—186

图13-187

 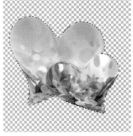

图13-189

步骤03 拾取完毕后可以看到原图以心形的弧度呈现出立体效果，如图13-188所示。

图13-188

步骤05 显示出"背景"图层，并对其执行"滤镜>模糊>高斯模糊"菜单命令，在弹出的对话框中设置"半径"为50像素，并适当提亮背景，最终效果如图13-190所示。

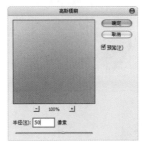 

图13-190

步骤04 使用钢笔工具沿心形的外边缘绘制轮廓路径，按Ctrl+Enter组合键将路径转换为选区，并为该图层添加图层蒙版，使多余的部分隐藏，如图13-189所示。

13.6 "锐化"滤镜组

　　"锐化"滤镜组可以通过增强相邻像素之间的对比度来聚集模糊的图像。其中包含6种滤镜：USM锐化、防抖、进一步锐化、锐化、锐化边缘和智能锐化。

知识精讲：　"USM锐化"滤镜

　　"USM锐化"滤镜可以查找图像颜色发生明显变化的区域，然后将其锐化。如图13-191所示为原始图像、应用"USM锐化"滤镜以后的效果以及"USM锐化"对话框。

- 数量：用来设置锐化效果的精细程度。
- 半径：用来设置图像锐化的半径范围大小。
- 阈值：只有相邻像素之间的差值达到所设置的"阈值"数值时才会被锐化。该值越大，被锐化的像素就越少。

原图　　　　　　　　　　　　　　　　效果图

图13-191

知识精讲："防抖"滤镜

"防抖"功能是用来修补相机抖动而产生的画面模糊。如图13-192所示为原图，如图13-193所示为使用"防抖"滤镜修复后的图片。

打开一张素材图片，执行"滤镜>锐化>防抖"命令，在打开的"防抖"窗口中软件会分析相机在拍摄过程中的移动方向，然后应用一个反向补偿，消除模糊画面。如图13-194所示。

图13-192

图13-193

图13-194

- 模糊评估工具 ：该工具用来确定所需锐化的区域。
- 模糊方向工具 ：用来更改模糊区域的大小。
- 抓手工具 ：用来移动图像在窗口中显示的位置。
- 缩放工具 ：用来放大或缩小图像在窗口中显示的大小。按住Alt键时可以切换为"缩小镜"。
- 模糊描摹边界：用来指定模糊描摹的边界。
- 源杂色：用来指定源图像杂质。单击倒三角按钮可以显示"自动"、"低"、"中"和"高"四个选项。如图13-195所示。
- 平滑：用来减少锐化导致的杂色。
- 伪像抑制：用来抑制较大的伪像。
- 高级：单击该按钮可以在缩览图中观查模糊评估区域的效果。如图13-196所示。选择缩览图单击"删除描摹"按钮 即可删除模糊评估区域。单击"添加建议的模糊描摹"按钮 ，可以智能添加需要模糊描摹的区域。

图13-195

图13-196

- 细节：用来观察模糊区域的细节，如图13-197所示。单击"取消停放细节"按钮 ，可以将细节窗口弹出，如图13-198所示。

图13-197

图13-198

读书笔记

知识精讲："进一步锐化"滤镜

"进一步锐化"滤镜可以通过增加像素之间的对比度使图像变得清晰，但锐化效果不是很明显（该滤镜没有参数设置对话框）。如图13-199所示为原始图像以及应用两次"进一步锐化"滤镜以后的效果。

图13-199

知识精讲："锐化"滤镜

"锐化"滤镜与"进一步锐化"滤镜一样（该滤镜也没有参数设置对话框），都可以通过增加像素之间的对比度使图像变得清晰，但是其锐化效果没有"进一步锐化"滤镜的锐化效果明显，应用一次"进一步锐化"滤镜，相当于应用3次"锐化"滤镜。如图13-200所示为原始图像以及应用"锐化"滤镜之后的效果。

图13-200

知识精讲："锐化边缘"滤镜

"锐化边缘"滤镜只锐化图像的边缘，同时会保留图像整体的平滑度（该滤镜没有参数设置对话框）。如图13-201所示为原始图像以及应用"锐化边缘"滤镜以后的效果。

图13-201

知识精讲："智能锐化"滤镜

"智能锐化"滤镜的功能比较强大，它具有独特的锐化选项，可以设置锐化算法、控制阴影和高光区域的锐化量。如图13-202所示为原始图像、应用"智能锐化"滤镜以后的效果以及"智能锐化"对话框。

原图　　　　　　　　　效果图

图13-202

设置基本选项

在"智能锐化"对话框中选中"基本"单选按钮，可以设置"智能锐化"滤镜的基本锐化功能。

- 设置：单击"存储当前设置的拷贝"按钮，可以将当前设置的锐化参数存储为预设参数；单击"删除当前设置"按钮，可以删除当前选择的自定义锐化配置。
- 数量：用来设置锐化的精细程度。数值越大，越能强化边缘之间的对比度，如图13-203所示分别是设置"数量"为100%和500%时的锐化效果。
- 半径：用来设置受锐化影响的边缘像素的数量。数值越大，受影响的边缘就越宽，锐化的效果也越明显，如图13-204所示分别是设置"半径"为3像素和6像素时的锐化效果。
- 移去：选择锐化图像的算法。选择"高斯模糊"选项，可以使用"USM锐化"滤镜的方法锐化图像；选择"镜头模糊"选项，可以查找图像中的边缘和细节，并对细节进行更加精细的锐化，以减少锐化的光晕；选择"动感模糊"选项，可以激活下面的"角度"选项，通过设置"角度"值可以减弱由于相机或对象移动而产生的模糊效果。
- 更加准确：选中该复选框，可以使锐化效果更加精确。

图13-203

图13-204

设置高级选项

在"智能锐化"对话框中选中"高级"单选按钮，可以设置"智能锐化"滤镜的高级锐化功能。高级锐化功能包括"锐化"、"阴影"和"高光"3个选项卡，如图13-205所示。

- 渐隐量：用于设置阴影或高光中的锐化程度。
- 色调宽度：用于设置阴影或高光中色调的修改范围。
- 半径：用于设置每个像素周围的区域的大小。

图13-205

017 练习——模糊图像变清晰

案例文件	练习实例——模糊图像变清晰.psd
视频教学	练习实例——模糊图像变清晰.flv
难易指数	★★★★★
技术要点	智能锐化

案例效果

本案例处理前后的对比效果如图13-206所示。

图13-206

操作步骤

步骤01 打开素材文件，如图13-207所示。

图13-207

步骤02 执行"滤镜>锐化>智能锐化"菜单命令，在弹出的对话框中设置"数量"为20%，"半径"为64像素，单击"确定"按钮结束操作，如图13-208所示。

图13-208

步骤03 继续执行"滤镜>锐化>锐化边缘"菜单命令，此时可以看到人像头发部分更加锐利，如图13-209所示。

步骤04 导入前景素材文件，效果如图13-210所示。

图13-209　　　　图13-210

13.7 "视频"滤镜组

"视频"滤镜组包含两个滤镜："NTSC颜色"和"逐行"滤镜。这两个滤镜可以处理使用隔行扫描方式的设备中提取的图像。

知识精讲："NTSC颜色"滤镜

"NTSC颜色"滤镜可以将色域限制在电视机重现可接受的范围内，以防止过饱和颜色渗到电视扫描行中。

知识精讲："逐行"滤镜

"逐行"滤镜可以移去视频图像中的奇数或偶数隔行线，使在视频上捕捉的运动图像变得平滑。如图13-211所示是"逐行"对话框。

图13-211

- 消除：用来控制消除逐行的方式，包括"奇数场"和"偶数场"两种方式。
- 创建新场方式：用来设置消除场以后用何种方式来填充空白区域。选中"复制"单选按钮，可以复制被删除部分周围的像素来填充空白区域；选中"插值"单选按钮，可以利用被删除部分周围的像素，通过插值的方法进行填充。

13.8 "素描"滤镜组

"素描"滤镜组可以将纹理添加到图像上，通常用于模拟速写和素描等艺术效果。"素描"滤镜组位于"滤镜库"中，包含14种滤镜效果，如图13-212所示。

图13-212

 技巧提示

"素描"滤镜组中的大部分滤镜在绘制图像时都需要使用到前景色和背景色。因此，设置不同的前景色和背景色，可以得到不同的艺术效果。

知识精讲："半调图案"滤镜

"半调图案"滤镜可以在保持连续的色调范围的同时模拟半调网屏效果。如图13-213所示为原始图像及"半调图案"对话框。

图13-213

- 大小：用来设置网格图案的大小。
- 对比度：用来设置前景色与图像的对比度。
- 图案类型：用来设置生成的图案的类型，包括"圆形"、"网点"和"直线"3种类型，如图13-214所示。

图形　　　　　　　　　　　　　网点　　　　　　　　　　　　　直线

图13-214

知识精讲："便条纸"滤镜

"便条纸"滤镜可以创建类似于手工制作的纸张构建的图像效果。如图13-216所示为原始图像、应用"便条纸"滤镜以后的效果以及滤镜参数面板。

- 图像平衡：用来调整高光区域与阴影区域面积的大小。
- 粒度：用来设置图像中生成颗粒的数量。
- 凸现：用来设置颗粒的凹凸程度。

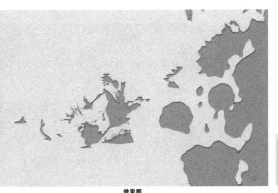

原图　　　　　　　　　　　　　　　　　　　　效果图

图13-216

知识精讲："粉笔和炭笔"滤镜

"粉笔和炭笔"滤镜可以制作粉笔和炭笔效果，其中炭笔使用前景色绘制，粉笔使用背景色绘制。如图13-217所示为原始图像、应用"粉笔和炭笔"滤镜以后的效果以及滤镜参数面板。

- 炭笔区：用来设置炭笔涂抹的区域大小。
- 粉笔区：用来设置粉笔涂抹的区域大小。
- 描边压力：用来设置画笔的笔触大小。

知识精讲："铬黄"滤镜

"铬黄"滤镜可以用来制作具有擦亮效果的铬黄金属表面。如图13-218所示为原始图像、应用"铬黄"滤镜以后的效果以及滤镜参数面板。

- 细节：用来设置生成的铬黄的细节的多少。
- 平滑度：用来控制铬黄效果的平滑程度。

原图　　　　　　　　　　　　　　　　　　　　　　效果图

图13-217

原图　　　　　　　　　　　　　　　　　　　　　效果图

图13-218

知识精讲："绘图笔"滤镜

　　"绘图笔"滤镜可以使用细线状的油墨描边以捕捉原始图像中的细节。如图13-219所示为原始图像以及"绘图笔"滤镜参数面板。

　　描边长度：用来设置笔触的描边长度，即生成的线条的长度。

　　明/暗平衡：用来调节图像的亮部与暗部的平衡。

　　描边方向：用来设置生成的线条的方向，包括"右对角线"、"水平"、"左对角线"和"垂直"4个方向，如图13-220所示。

图13-219

图13-220

知识精讲："基底凸现"滤镜

　　"基底凸现"滤镜可以通过变换图像，使其呈现浮雕的雕刻状和突出光照下变化各异的表面，其中图像的暗部区域呈现为前景色，而浅色区域呈现为背景色。如图13-221所示为原始图像、应用"基底凸现"滤镜以后的效果以及滤镜参数面板。

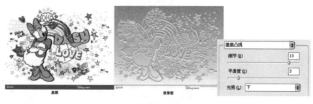

图13-221

- 细节：用来设置图像细节的保留程度。
- 平滑度：用来设置凸现效果的光滑度。
- 光照：用来设置凸现效果的光照方向。

知识精讲："石膏效果"滤镜

　　"石膏效果"滤镜可以模拟出类似石膏效果的图像。如图13-222所示为原始图像、应用"石膏效果"滤镜以后的效果以及滤镜参数面板。

图13-222

- 图像平衡：用来设置前景色和背景色的混合比例。数值越大，前景色所占的比例越大。
- 平滑度：用来设置图像边缘的平滑程度。
- 光照：用来设置光照的方向。

知识精讲："水彩画纸"滤镜

　　"水彩画纸"滤镜可以利用有污点的画笔在潮湿的纤维纸上绘画，使颜色产生流动效果并相互混合。如图13-223所示为原始图像、应用"水彩画纸"滤镜以后的效果以及滤镜参数面板。

图13-223

- 纤维长度：用来控制在图像中生成的纤维的长度。
- 亮度/对比度：用来控制图像的亮度和对比度。

知识精讲："撕边"滤镜

　　"撕边"滤镜可以重建图像，使之呈现由粗糙、撕破的纸片组成状，再使用前景色与背景色为图像着色。如图13-224所示为原始图像、应用"撕边"滤镜以后的效果以及滤镜参数面板。

- 图像平衡：用来设置前景色和背景色的混合比例。数值越大，前景色所占的比例越大。
- 平滑度：用来设置图像边缘的平滑程度。
- 对比度：用来设置图像的对比程度。

图13-224

知识精讲："炭笔"滤镜

　　"炭笔"滤镜可以产生色调分离的涂抹效果，其中图像中的主要边缘以粗线条进行绘制，而中间色调则用对角描边进行素描。另外，炭笔采用前景色，背景采用纸张颜色。如图13-225所示为原始图像、应用"炭笔"滤镜以后的效果以及滤镜参数面板。

- 炭笔粗细：用来控制炭笔笔触的粗细程度。
- 细节：用来控制图像细节的保留程度。
- 明/暗平衡：用来设置前景色和背景色之间的混合程度。

图13-225

知识精讲："炭精笔"滤镜

"炭精笔"滤镜可以在图像上模拟出浓黑和纯白的炭精笔纹理，在暗部区域使用前景色，在亮部区域使用背景色。如图13-226所示为原始图像以及"炭精笔"滤镜参数面板。

- 前景色阶/背景色阶：用来控制前景色和背景色之间的平衡关系。
- 纹理：用来选择生成纹理的类型，包括"砖形"、"粗麻布"、"画布"和"砂岩"4种类型，如图13-227所示。
- 缩放：用来设置纹理的缩放比例。
- 凸现：用来设置纹理的凹凸程度。

- 光照：用来控制光照的方向。
- 反相：选中该复选框后，可以反转纹理的凹凸方向。

图13-227

图13-226

知识精讲："图章"滤镜

"图章"滤镜可以简化图像，常用于模拟橡皮或木制图章效果（该滤镜用于黑白图像时效果最佳）。如图13-228所示为原始图像、应用"图章"滤镜以后的效果以及滤镜参数面板。

- 明/暗平衡：用来设置前景色和背景色之间的混合程度。
- 平滑度：用来设置图章效果的平滑程度。

图13-228

知识精讲："网状"滤镜

"网状"滤镜可以通过模拟胶片乳胶的可控收缩和扭曲来创建图像，使图像在阴影区域呈现为块状，在高光区域呈现为颗粒。如图13-229所示为原始图像、应用"网状"滤镜以后的效果以及滤镜参数面板。

- 浓度：用来设置网眼的密度。数值越大，网眼越密集。
- 前景色阶/背景色阶：用来控制前景色和背景色的色阶。

图13-229

知识精讲："影印"滤镜

"影印"滤镜可以模拟影印图像效果。如图13-230所示为原始图像、应用"影印"滤镜以后的效果以及滤镜参数面板。

- 细节：用来控制图像细节的保留程度。
- 暗度：用来控制图像暗部区域的深度。

图13-230

13.9 "纹理"滤镜组

"纹理"滤镜组可以向图像中添加纹理质感，常用来模拟具有深度感物体的外观。"纹理"滤镜组位于"滤镜库"中，包含6种滤镜效果，如图13-231所示。

图13-231

知识精讲："龟裂缝"滤镜

"龟裂缝"滤镜可以将图像应用在一个高凸现的石膏表面上，以沿着图像等高线生成精细的网状裂缝。如图13-232所示为原始图像、应用"龟裂缝"滤镜以后的效果以及滤镜参数面板。

图13-232

- 裂缝间距：用于设置生成的裂缝的间隔。
- 裂缝深度：用于设置生成的裂缝的深度。
- 裂缝亮度：用于设置生成的裂缝的亮度。

知识精讲："颗粒"滤镜

"颗粒"滤镜可以模拟多种颗粒纹理效果。如图13-233所示为原始图像以及"颗粒"滤镜参数面板。

- 强度：用于设置颗粒的密度。数值越大，颗粒越多。
- 对比度：用于设置图像中的颗粒的对比度。

图13-233

◉ 颗粒类型：用于选择颗粒的类型，包括"常规"、"柔和"、"喷洒"、"结块"、"强反差"、"扩大"、"点刻"、"水平"、"垂直"和"斑点"，效果如图13-234所示。

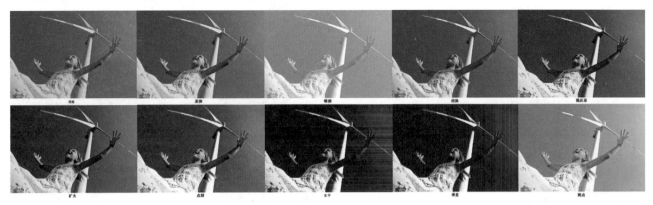

图13-234

知识精讲："马赛克拼贴"滤镜

"马赛克拼贴"滤镜可以将图像用马赛克碎片拼贴起来。如图13-235所示为原始图像、应用"马赛克拼贴"滤镜以后的效果以及滤镜参数面板。

◉ 拼贴大小：用来设置马赛克拼贴碎片的大小。
◉ 缝隙宽度：用来设置马赛克拼贴之间的缝隙宽度。
◉ 加亮缝隙：用来设置马赛克拼贴缝隙的亮度。

图13-235

知识精讲："拼缀图"滤镜

"拼缀图"滤镜可以将图像分解为用图像中该区域的主色填充的正方形。如图13-236所示为原始图像、应用"拼缀图"滤镜以后的效果以及滤镜参数面板。

◉ 方形大小：用来设置方形色块的大小。
◉ 凸现：用来设置色块的凹凸程度。

图13-236

知识精讲："染色玻璃"滤镜

"染色玻璃"滤镜可以将图像重新绘制成用前景色勾勒的单色的相邻单元格色块。如图13-237所示为原始图像、应用"染色玻璃"滤镜以后的效果以及滤镜参数面板。

◉ 单元格大小：用来设置每个玻璃小色块的大小。
◉ 边框粗细：用来控制每个玻璃小色块的边界的粗细程度。
◉ 光照强度：用来设置光照的强度。

图13-237

知识精讲："纹理化"滤镜

"纹理化"滤镜可以将选定或外部的纹理应用于图像。如图13-238所示为原始图像以及滤镜参数面板。

🔵 纹理：用来选择纹理的类型，包括"砖形"、"粗麻布"、"画布"和"砂岩"4种类型（单击右侧的 图标，可以载入外部的纹理），如图13-239所示。

🔵 缩放：用来设置纹理的尺寸大小。

🔵 凸现：用来设置纹理的凹凸程度。

🔵 光照：用来设置光照的方向。

🔵 反相：用来反转光照的方向。

图13-239

图13-238

13.10 "像素化"滤镜组

"像素化"滤镜组可以将图像进行分块或平面化处理。"像素化"滤镜组包含7种滤镜，如图13-240所示。

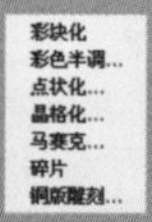

图13-240

知识精讲："彩块化"滤镜

"彩块化"滤镜可以将纯色或相近色的像素结成相近颜色的像素块（该滤镜没有参数设置对话框），常用来制作手绘图像、抽象派绘画等艺术效果。如图13-241所示为原始图像，以及应用"彩块化"滤镜以后的效果。

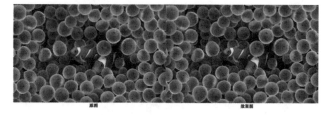

图13-241

知识精讲："彩色半调"滤镜

"彩色半调"滤镜可以模拟在图像的每个通道上使用放大的半调网屏的效果。如图13-242所示为原始图像、应用"彩色半调"滤镜以后的效果以及"彩色半调"对话框。

🔵 最大半径：用来设置生成的最大网点的半径。

🔵 网角（度）：用来设置图像各个原色通道的网点角度。

图13-242

知识精讲："点状化"滤镜

"点状化"滤镜可以将图像中的颜色分解成随机分布的网点，并使用背景色作为网点之间的画布区域。如图13-243所示为原始图像、应用"点状化"滤镜以后的效果以及"点状化"对话框。

其中"单元格大小"选项用来设置每个多边形色块的大小。

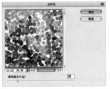

图13-243

知识精讲："晶格化"滤镜

"晶格化"滤镜可以使图像中颜色相近的像素结块形成多边形纯色。如图13-244所示为原始图像、应用"晶格化"滤镜以后的效果以及"晶格化"对话框。

其中"单元格大小"选项用来设置每个多边形色块的大小。

图13-244

知识精讲："马赛克"滤镜

"马赛克"滤镜可以使像素结为方形色块，创建出类似于马赛克的效果。如图13-245所示为原始图像、应用"马赛克"滤镜以后的效果以及"马赛克"对话框。

其中"单元格大小"选项用来设置每个多边形色块的大小。

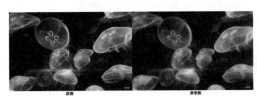

图13-245

018 练习——使用"马赛克"滤镜制作LED屏幕效果

案例文件	练习实例——使用"马赛克"滤镜制作LED屏幕效果.psd
视频教学	练习实例——使用"马赛克"滤镜制作LED屏幕效果.flv
难度级别	★★★★★
技术要点	"马赛克"滤镜、图案图章工具、"曲线"菜单命令

案例效果

本案例效果如图13-246所示。

操作步骤

步骤01 打开本书配套光盘中的屏幕素材文件，如图13-247所示。

图13-246　　　　　　　图13-247

步骤02 新建一个图层组，然后导入跑车素材文件，将其放置在屏幕的内框中，如图13-248所示。

步骤03 执行"滤镜>像素化>马赛克"菜单命令，在弹出的对话框中设置"单元格大小"为10方形，如图13-249所示。

图13-248　　　　　　　图13-249

技巧提示

此处的数值意味着滤镜将以10像素大小的方格组成图像。

步骤04 为了模拟LED屏幕上的像素点效果，下面创建一个10×10像素的新文件。创建新图层，然后单击椭圆工具◯，设置前景色为白色。按Shift键绘制出一个正圆形，并单击"背景"图层的眼睛图标隐藏"背景"图层，如图13-250所示。

步骤05 执行"编辑>定义图案"菜单命令，在弹出的对话框中将图案命名为"10px的圆"，如图13-251所示。

图13-250　　　　　　　　　　图13-251

步骤06 回到原文档中。创建新图层"图层1"，单击图案图章工具 ，然后在选项栏上选择新定义的白色圆形图案，设置画笔"大小"为400像素，在屏幕上的区域进行涂抹绘制，如图13-252所示。

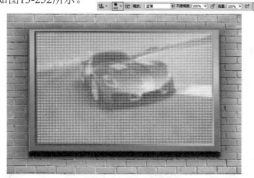

图13-252

步骤07 按住 Ctrl键单击缩略图载入圆点图层选区。接着创建新图层"图层2"，按Ctrl+Shift+I组合键进行反向选择，设置前景色为黑色，按Alt+Delete组合键填充颜色为黑色（需要将白色斑点图层"图层1"隐藏），如图13-253所示。

步骤08 使用横排文字工具 输入艺术文字，如图13-254所示。

图13-253　　　　　　　　　　图13-254

步骤09 为图层组添加一个图层蒙版，使用黑色画笔涂抹四周边角部分，模拟出暗角效果，如图13-255所示。

步骤10 创建新的"曲线"调整图层，在"调整"面板中建立两个控制点，然后调整好曲线的样式。将曲线图层蒙版填充为黑色。然后使用白色柔角画笔绘制一个圆点，按Ctrl+T组合键执行"自由变换"命令，将圆点放大使边缘变虚，如图13-256所示。

图13-255

步骤11 最终效果如图13-257所示。

图13-256

图13-257

知识精讲："碎片"滤镜

"碎片"滤镜可以将图像中的像素复制4次，然后将复制的像素平均分布，并使其相互偏移（该滤镜没有参数设置对话框）。如图13-258所示为原始图像以及应用"碎片"滤镜以后的效果。

原图　　　　　　　　　　　　效果图

图13-258

知识精讲："铜版雕刻"滤镜

"铜版雕刻"滤镜可以将图像转换为黑白区域的随机图案或彩色图像中完全饱和颜色的随机图案。如图13-259所示为原始图像以及"铜版雕刻"对话框。

其中"类型"选项用于选择铜版雕刻的类型，包括"精细点"、"中等点"、"粒状点"、"粗网点"、"短直线"、"中长直线"、"长直线"、"短描边"、"中长描边"和"长描边"10种类型。

图13-259

13.11 "渲染"滤镜组

"渲染"滤镜组可以在图像中创建云彩图案、3D形状、折射图案和模拟光反射效果。"渲染"滤镜组包含5种滤镜："分层云彩"、"光照效果"、"镜头光晕"、"纤维"和"云彩"滤镜。

知识精讲："分层云彩"滤镜

"分层云彩"滤镜可以将云彩数据与现有的像素以"差值"方式进行混合（该滤镜没有参数设置对话框）。首次应用该滤镜时，图像的某些部分会被反相成云彩图案，如图13-260所示。

图13-260

知识精讲："光照效果"滤镜

"光照效果"滤镜的功能相当强大，不仅可以在 RGB 图像上产生多种光照效果。也可以使用灰度文件的凹凸纹理图产生类似 3D 的效果，并存储为自定样式以在其他图像中使用。执行"滤镜>渲染>光照效果"命令，打开"光照效果"窗口，如图13-261所示。

在选项栏中的"预设"下拉列表中包含多种预设的光照效果，选中某一项即可更改当前画面效果，如图13-262所示。

- 两点钟方向点光：即具有中等强度 (17) 和宽焦点 (91) 的黄色点光。
- 蓝色全光源：即具有全强度 (85) 和没有焦点的高处蓝色全光源。

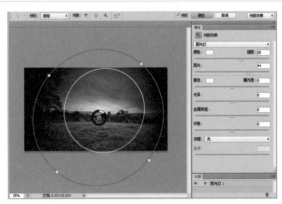

图13-261

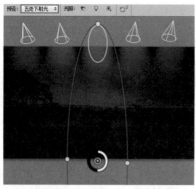

图13-262

● 圆形光：即四个点光。"白色"为全强度 (100) 和集中焦点 (8) 的点光。"黄色"为强强度 (88) 和集中焦点 (3) 的点光。"红色"为中等强度 (50) 和集中焦点 (0) 的点光。"蓝色"为全强度 (100) 和中等焦点 (25) 的点光。

● 向下交叉光：即具有中等强度 (35) 和宽焦点 (100) 的两种白色点光。

● 交叉光：即具有中等强度 (35) 和宽焦点 (69) 的白色点光。

● 默认：即具有中等强度 (35) 和宽焦点 (69) 的白色点光。

● 五处下射光/五处上射光：即具有全强度 (100) 和宽焦点 (60) 的下射或上射的五个白色点光。

● 手电筒：即具有中等强度 (46) 的黄色全光源。

● 喷涌光：即具有中等强度 (35) 和宽焦点 (69) 的白色点光。

● 平行光：即具有全强度 (98) 和没有焦点的蓝色平行光。

● RGB 光：即产生中等强度 (60) 和宽焦点 (96) 的红色、蓝色与绿色光。

● 柔化直接光：即两种不聚焦的白色和蓝色平行光。其中白色光为柔和强度 (20)，而蓝色光为中等强度 (67)。

● 柔化全光源：即中等强度 (50) 的柔和全光源。

● 柔化点光：即具有全强度 (98) 和宽焦点 (100) 的白色点光。

● 三处下射光：即具有柔和强度 (35) 和宽焦点 (96) 的右边中间白色点光。

● 三处点光：即具有轻微强度 (35) 和宽焦点 (100) 的三个点光。

● 载入：若要载入预设，需要单击下拉列表中的"载入"在弹出的窗口中选择文件并单击"确定"按钮即可。

● 存储：若要存储预设，需要单击下拉列表中的"存储"，在弹出的窗口中选择储存位置并命名该样式，然后单击"确定"按钮。存储的预设包含每种光照的所有设置，并且无论何时打开图像，存储的预设都会出现在"样式"菜单中。

● 删除：若要删除预设，需要选择该预设并单击下拉列

表中的"删除"。

● 自定：若要创建光照预设，需要从"预设"下拉列表中选择"自定"，然后单击"光照"图标以添加点光、点测光和无限光类型。按需要重复，最多可获得 16 种光照。

在选项栏中单击"光源"右侧的按钮即可快速在画面中添加光源，单击"重置当前光照"按钮即可对当前光源进行重置。如图13-263所示分别为三种光源的对比效果。

图13-263

● 聚光灯：投射一束椭圆形的光柱。预览窗口中的线条定义光照方向和角度，而手柄定义椭圆边缘。若要移动光源则需要在外部椭圆内拖动光源。若要旋转光源需要在外部椭圆外拖动光源。若要更改聚光角度则需要拖动内部椭圆的边缘。若要扩展或收缩椭圆则需要拖动四个外部手柄中的一个。按住 Shift 键并拖动，可使角度保持不变而只更改椭圆的大小。按住 Ctrl 键并拖动可保持大小不变并更改点光的角度或方向。若要更改椭圆中光源填充的强度，请拖动中心部位强度环的白色部分。

● 点光：像灯泡一样使光在图像正上方向的各个方向照射。若要移动光源，需要将光源拖动到画布上的任何地方。若要更改光的分布（通过移动光源使其更近或更远来反射光），需要拖动中心部位强度环的白色部分。

● 无限光：像太阳一样使光照射在整个平面上。若要更改方向，则需要拖动线段末端的手柄。若要更改亮度，则需要拖动光照控件中心部位强度环的白色部分。

创建光源后，在属性面板中即可对该光源进行光源类型和参数的设置，在灯光类型下拉列表中可以对光源类型进行更改，如图13-264所示。

● 强度："强度"选项用来设置灯光的光照大小。

● 颜色：单击后面的颜色图标，可以在弹出的"选择光照颜色"对话框中设置灯光的颜色。

● 聚光：用来控制灯光的光照范围。该选项只能用于聚光灯。

● 着色：单击以填充整体光照。

● 曝光度：用来控制光照的曝光效果。数值为负值时，可以减少光照；数值为正值时，可以

图13-264

增加光照。

- 光泽：用来设置灯光的反射强度。
- 金属质感：用于设置反射的光线是光源色彩，还是图像本身的颜色。该数值越高，反射光越接近反射体本身的颜色；该值越低，反射光越接近光源颜色。
- 环境：漫射光，使该光照如同与室内的其他光照（如日光或荧光）相结合一样。选取数值 100 表示只使用此光源，或者选取数值 -100 以移去此光源。
- 纹理：在下拉列表中选择通道，为图像应用纹理通道。
- 高度：启用"纹理"后，该选项可以用。可以控制应用纹理后凸起的高度，拖动"高度"滑块将纹理从"平滑"(0) 改变为"凸起"(100)。

在"光源"面板中显示当前场景中包含的光源，如果需要删除某个灯光，单击"光源"面板右下角的"回收站"图标以删除光照，如图13-265所示。

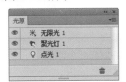

图13-265

在"光照效果"工作区中，使用"纹理通道"可以将 Alpha 通道添加到图像中的灰度图像（称作凹凸图）来控制光照效果。向图像中添加 Alpha 通道，在"光照效果"工作区中，从"属性"面板的"纹理"下拉列表中选择一种通道，拖动"高度"滑块即可观察到画面将以纹理所选通道的黑白关系发生从"平滑"(0) 到"凸起"(100)的变化，效果如图13-266所示。

图13-266

知识精讲："镜头光晕"滤镜

"镜头光晕"滤镜可以模拟亮光照射到相机镜头所产生的折射效果。如图13-267所示为原始图像以及"镜头光晕"对话框。

图13-267

- 镜头类型：用来选择镜头光晕的类型，包括"50-300毫米变焦"、"35毫米聚焦"、"105毫米聚焦"和"电影镜头"4种类型，如图13-269所示。

- 预览窗口：在该窗口中可以通过拖曳十字线来调节光晕的位置。
- 亮度：用来控制镜头光晕的亮度，其取值范围为10%~300%。如图13-268所示分别是设置"亮度"值为100%和200%时的效果。

亮度为100%　　　　亮度为200%

图13-268

50-300毫米变焦　　　35毫米聚焦　　　105毫米聚焦　　　电影镜头

图13-269

019 练习——使用"光照效果"滤镜

案例文件	练习实例——使用"光照效果"滤镜.psd
视频教学	练习实例——使用"光照效果"滤镜.flv
难度级别	★★★
技术要点	"光照效果"滤镜

案例效果

本案例效果如图13-270所示。

操作步骤

步骤01 打开本书配套光盘中的背景素材文件，并将风景素材放在上方，如图13-271所示。

图13-270

图13-271

步骤02 执行"滤镜>渲染>光照效果"菜单命令,设置其"样式"为平行光,单击"确定"按钮结束操作,如图13-272所示。

步骤03 单击工具箱中的多边形套索工具,在左上角和右下角绘制两个三角形选区,并按Delete键删除,如图13-273所示。

步骤04 导入前景艺术字素材文件,最终效果如图13-274所示。

图13-272

图13-273   图13-274

知识精讲:"纤维"滤镜

"纤维"滤镜可以根据前景色和背景色来创建类似编织的纤维效果。如图13-275所示为应用"纤维"滤镜以后的效果以及"纤维"对话框。

⬤ **差异**:用来设置颜色变化的方式。较小的数值可以生成较长的颜色条纹;较大的数值可以生成较短且颜色分布变化较大的纤维,如图13-276所示。

⬤ **强度**:用来设置纤维外观的明显程度。

⬤ **随机化**:单击该按钮,可以随机生成新的纤维。

图13-275

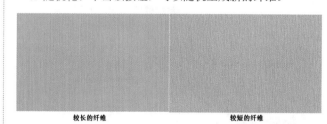

较长的纤维   较短的纤维

图13-276

知识精讲:"云彩"滤镜

"云彩"滤镜可以根据前景色和背景色随机生成云彩图案(该滤镜没有参数设置对话框)。如图13-277所示为应用"云彩"滤镜以后的效果。

图13-277

 读书笔记

⓪②⓪ 练习——使用滤镜制作油画风景照片

案例文件	练习实例——使用滤镜制作油画风景照片.psd
视频教学	练习实例——使用滤镜制作油画风景照片.flv
难易指数	★★★★★
技术要点	"玻璃"滤镜、"绘画涂抹"滤镜、"成角线条"滤镜、"纹理化"滤镜、"浮雕效果"滤镜

案例效果

本案例处理前后的对比效果如图13-278所示。

图13-278

操作步骤

步骤01 打开本书配套光盘中的素材文件，如图13-279所示。

图13-279

步骤02 首先对图像的颜色进行调整，创建新的"色相/饱和度"调整图层，在"调整"面板中设置"饱和度"为26，如图13-280所示。

图13-280

步骤03 下面制作油画效果。按住Ctrl键选择"色相/饱和度"与"背景"图层，将其拖曳到"创建新图层"按钮上建立副本。按Ctrl+E组合键将其合并为一个图层，然后执行"滤镜>滤镜库"命令，在滤镜库窗口中单击扭曲组的玻璃滤镜，设置"扭曲度"为2，"平滑度"为2，"纹理"选择"画布"，"缩放"为65%，如图13-281所示。

图13-281

 技巧提示

在绘制完成玻璃效果后，先不要单击"确定"按钮，因为下面的步骤还要在该滤镜中完成。

步骤04 在滤镜库右下角单击"新建效果图层"按钮，再选择"艺术效果>绘画涂抹"滤镜，设置"画笔大小"为3，"锐化程度"为1，如图13-282所示。

图13-282

步骤05 同样单击"新建效果图层"按钮，然后选择"画笔描边>成角的线条"滤镜，设置"方向平衡"为45，"描边长度"为2，"锐化程度"为1，如图13-283所示。

步骤06 再次创建一个新的效果图层，选择"纹理>纹理化"滤镜，设置"纹理"为"画布"，"缩放"为75%，"凸现"为2，设置完成后单击"确定"按钮，如图13-284所示。

图13-283

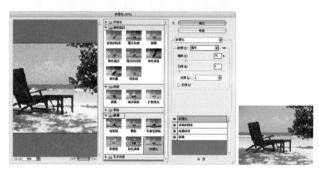

图13-284

步骤07 选择绘制完成的图层,将其拖曳到"创建新图层"按钮上建立副本。执行"图像>调整>去色"菜单命令,如图13-285所示。

图13-285

步骤08 将该图层的混合模式设置为"叠加",如图13-286所示。

图13-286

步骤09 执行"滤镜>风格化>浮雕效果"菜单命令,在弹出的对话框中设置"角度"为162度,"高度"为3像素,"数量"为220%,如图13-287所示。

图13-287

步骤10 设置"副本1"图层的"不透明度"为45%,效果如图13-288所示。

图13-288

步骤11 创建一个新的"曲线"调整图层,在"属性"面板中将画面提亮,效果如图13-289所示。

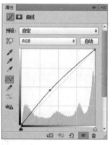

图13-289

步骤12 导入背景素材,放在"图层"面板的最顶部,最终效果如图13-290所示。

图13-290

021 练习——打造塑料质感人像

案例文件	练习实例——打造塑料质感人像.psd
视频教学	练习实例——打造塑料质感人像.flv
难度级别	★★★★★
技术要点	"塑料包装"滤镜、"智能锐化"滤镜

案例效果

本案例处理前后的对比效果如图13-291所示。

图13-291

操作步骤

步骤01 打开本书配套光盘中的人像素材文件,按Ctrl+J组合键复制出一个人像图层并命名为"塑料包装",如图13-292所示。

图13-292

步骤02 对"塑料包装"图层执行"滤镜>艺术效果>塑料包装"菜单命令,在弹出的对话框中设置"高光强度"为10,"细节"为1,"平滑度"为15,此时图像表面出现类似塑料质感的高光效果,如图13-293所示。

图13-293

步骤03 为"塑料包装"图层添加图层蒙版,使用黑色柔角画笔涂抹人像以外的部分,使其隐藏,如图13-294所示。

图13-294

步骤04 将"塑料包装"图层的混合模式设置为"浅色","不透明度"设置为70%,使塑料质感更加柔和,如图13-295所示。

图13-295

步骤05 按Shift+Ctrl+Alt+E组合键盖印当前图像效果,执行"滤镜>锐化>智能锐化"菜单命令,在弹出的对话框中设置"数量"为130%,"半径"为3像素,以增强画面冲击力,如图13-296所示。

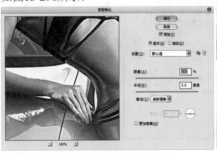

图13-296

步骤06 创建一个新的"可选颜色"调整图层,在"属性"面板中设置"颜色"为"黑色",调整其"黄色"为-30%,此时画面暗部倾向于紫色,最后使用横排文字工具在画面底部输入文字,最终效果如图13-297所示。

图13-297

知识精讲："涂抹棒"滤镜

"涂抹棒"滤镜可以使用较短的对角描边涂抹暗部区域，以柔化图像。如图13-298所示为原始图像、应用"涂抹棒"滤镜以后的效果以及滤镜参数面板。

- 描边长度：用来设置涂抹棒画笔笔触的长度。数值越大，生成的线条越长。
- 高光区域：用来设置图像高光区域的大小。
- 强度：用来设置图像的明暗对比程度。

图13-298

13.12 "杂色"滤镜组

"杂色"滤镜组可以添加或移去图像中的杂色，有助于将选择的像素混合到周围的像素中。"杂色"滤镜组包含5种滤镜："减少杂色"、"蒙尘与划痕"、"去斑"、"添加杂色"和"中间值"滤镜。

知识精讲："减少杂色"滤镜

"减少杂色"滤镜可以基于影响整个图像或各个通道的参数设置来保留边缘并减少图像中的杂色。如图13-299所示为原始图像、应用"减少杂色"滤镜以后的效果以及"减少杂色"对话框。

图13-299

设置基本选项

在"减少杂色"对话框中选中"基本"单选按钮，可以设置"减少杂色"滤镜的基本参数。

- 强度：用来设置应用于所有图像通道的明亮度杂色的减少量。
- 保留细节：用来控制保留图像的边缘和细节（如头发）的程度。数值为100%时，可以保留图像的大部分细节，但是会将明亮度杂色减到最低。
- 减少杂色：移去随机的颜色像素。数值越大，减少的颜色杂色越多。
- 锐化细节：用来设置移去图像杂色时锐化图像的程度。
- 移去JPEG不自然感：选中该复选框后，可以移去因JPEG压缩而产生的不自然块。

设置高级选项

在"减少杂色"对话框中选中"高级"单选按钮，可以设置"减少杂色"滤镜的高级参数。其中"整体"选项卡与基本参数完全相同，"每通道"选项卡可以基于"红"、"绿"、"蓝"通道来减少通道中的杂色，如图13-300所示。

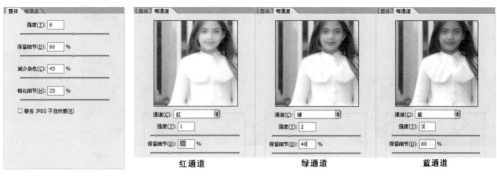

红通道　　　　　　　绿通道　　　　　　　蓝通道

图13-300

知识精讲："蒙尘与划痕"滤镜

　　"蒙尘与划痕"滤镜可以通过修改具有差异化的像素来减少杂色，可以有效去除图像中的杂点和划痕。如图13-301所示为原始图像、应用"蒙尘与划痕"滤镜以后的效果以及"蒙尘与划痕"对话框。

　　◎ 半径：用来设置柔化图像边缘的范围。
　　◎ 阈值：用来定义像素的差异有多大才被视为杂点。数值越大，消除杂点的能力越弱。

原图　　　　　　　　　　　　　　效果图

图13-301

知识精讲："去斑"滤镜

　　"去斑"滤镜可以检测图像的边缘（发生显著颜色变化的区域），并模糊边缘外的所有区域，同时会保留图像的细节（该滤镜没有参数设置对话框）。如图13-302所示为原始图像以及应用"去斑"滤镜以后的效果。

原图　　　　　　　　　　　效果图

图13-302

知识精讲："添加杂色"滤镜

　　"添加杂色"滤镜可以在图像中添加随机像素，也可以用来修缮图像中经过重大编辑的区域。如图13-303所示为原始图像、应用"添加杂色"滤镜以后的效果以及"添加杂色"对话框。

　　◎ 数量：用来设置添加到图像中的杂点的数量。
　　◎ 分布：选中"平均分布"单选按钮，可以随机向图像中添加杂点，杂点效果比较柔和；选中"高斯分布"单选按钮，可以沿一条钟形曲线分布杂色的颜色值，以获得斑点状的杂点效果。
　　◎ 单色：选中该复选框后，杂点只影响原有像素的亮度，像素的颜色不会发生改变。

原图　　　　　　　　　　　　　　　　　效果图

图13-303

022 练习——使用"添加杂色"滤镜制作雪天效果

案例文件	练习实例——使用"添加杂色"滤镜制作雪天效果.psd
视频教学	练习实例——使用"添加杂色"滤镜制作雪天效果.flv
难易指数	★★★★★
技术要点	"添加杂色"滤镜

案例效果

本例主要使用"添加杂色"滤镜制作出杂点的效果，并使用"色阶"命令调整杂点的密度，然后调整该图层混合模式使其呈现雪花的效果，并使用"动感模糊"滤镜制作雪花下落的效果，如图13-304所示。

图13-304

操作步骤

步骤01 打开本书配套光盘中的素材文件，如图13-305所示。

图13-305

步骤02 创建新图层"图层1"，填充为黑色。执行"滤镜>杂色>添加杂色"菜单命令，在弹出的"添加杂色"对话框中设置"数量"为10%，选中"高斯分布"单选按钮，选中"单色"复选框，效果如图13-306所示。

图13-306

步骤03 由于此时画面中的白色杂点太小，所以需要使用矩形选框工具在画面中框选"图层1"图层中的一部分，使用复制和粘贴功能复制出一个"图层1 副本"并命名为"图层2"，使用"自由变换"命令将"图层2"图层放大到与画布相同的大小，并隐藏"图层1"图层，此时可以看到白色杂点尺寸变大了，如图13-307所示。

图13-307

步骤04 执行"图像>调整>色阶"菜单命令，在弹出的"色阶"对话框中将"输入色阶"的黑色滑块向右侧滑动，调整"输入色阶"值为107：1.00：255。此时画面中的杂点密度降低了很多，如图13-308所示。

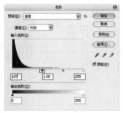

图13-308

 技巧提示

雪点的大小是不同的，使用"色阶"命令调节雪点后，可以绘制出大小不同、疏密不同的接近真实效果的雪点。

步骤05 在"图层"面板中，将该图层的"混合模式"设置为"滤色"，并为图层添加一个图层蒙版，在图层蒙版中使用黑色画笔绘制动物的部分，如图13-309所示。

图13-309

技巧提示

　　为了打造出有层次感的雪天效果，在第一层中将雪点制作得较小。绘制出由远到近的效果，并将该层雪放置在底层。

步骤06　使用同样的方法制作稍大一些的雪点。打开"图层1"图层，在图像中框选"图层1"图层中的一部分，使用复制和粘贴功能复制出一个新图层"图层3"。使用"自由变换"命令，调整"图层3"图层的大小。执行"图像>调整>色阶"菜单命令，在弹出的"色阶"对话框中调整"输入色阶"为120：1.00：255，并将该图层的混合模式设置为"滤色"，如图13-310所示。

图13-310

步骤07　使用同样的方法制作近处的尺寸较大的雪花。框选"图层1"图层中的一部分，复制出一个新图层"图层4"。使用"自由变换"命令放大图层使其与画面大小相同。执行"图像>调整>色阶"菜单命令，在弹出的"色阶"对话框中，调整"输入色阶"为130：1.00：255。将该图层的混合模式设置为"滤色"，并为图层添加一个图层蒙版，在图层蒙版中使用黑色画笔涂抹远处雪景区域，如图13-311所示。

步骤08　最终效果如图13-312所示。

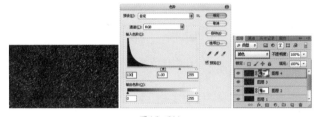

图13-311

图13-312

知识精讲："中间值"滤镜

　　"中间值"滤镜可以混合选区中像素的亮度来减少图像的杂色。该滤镜会搜索像素选区的半径范围以查找亮度相近的像素，并且会去除与相邻像素差异太大的像素，然后用搜索到的像素的中间亮度值来替换中心像素。如图13-313所示为原始图像、应用"中间值"滤镜以后的效果以及"中间值"对话框。

　　其中"半径"用于设置搜索像素选区的半径范围。

图13-313

13.13 "其他"滤镜组

　　"其他"滤镜组中，有些滤镜允许用户自定义滤镜效果，有些滤镜可以修改蒙版、在图像中使选区发生位移和快速调整图像颜色。"其他"滤镜组包含5种滤镜："高反差保留"、"位移"、"自定"、"最大值"和"最小值"滤镜。

知识精讲："高反差保留"滤镜

"高反差保留"滤镜可以在具有强烈颜色变化的地方按指定的半径来保留边缘细节，并且不显示图像的其余部分。如图13-314所示为原始图像、应用"高反差保留"滤镜以后的效果以及"高反差保留"对话框。

其中"半径"选项用来设置滤镜分析处理图像像素的范围。数值越大，所保留的原始像素就越多；当数值为0.1像素时，仅保留图像边缘的像素。

图13-314

知识精讲："位移"滤镜

"位移"滤镜可以在水平或垂直方向上偏移图像。如图13-315所示为原始图像、应用"位移"滤镜以后的效果以及"位移"对话框。

- 水平：用来设置图像像素在水平方向上的偏移距离。数值为正值时，图像会向右偏移，同时左侧会出现空缺。
- 垂直：用来设置图像像素在垂直方向上的偏移距离。数值为正值时，图像会向下偏移，同时上方会出现空缺。
- 未定义区域：用来选择图像发生偏移后填充空缺区域的方式。选中"设置为背景"单选按钮时，可以用背景色填充空缺区域；选中"重复边缘像素"单选按钮时，可以在空缺区域填充扭曲边缘的像素颜色；选中"折回"单选按钮时，可以在空缺区域填充溢出图像之外的图像内容。

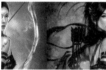

图13-315

知识精讲："自定"滤镜

"自定"滤镜可以设计用户自己的滤镜效果。该滤镜可以根据预定义的"卷积"数学运算来更改图像中每个像素的亮度值。如图13-316所示是"自定"对话框。

图13-316

知识精讲："最大值"滤镜

"最大值"滤镜对于修改蒙版非常有用。该滤镜可以在指定的半径范围内，用周围像素的最高亮度值替换当前像素的亮度值。"最大值"滤镜具有阻塞功能，可以展开白色区域，而阻塞黑色区域。如图13-317所示为原始图像、应用"最大值"滤镜以后的效果以及"最大值"对话框。

其中"半径"选项用来设置用周围像素的最高亮度值来替换当前像素的亮度值的范围。

图13-317

知识精讲："最小值"滤镜

"最小值"滤镜对于修改蒙版非常有用。该滤镜具有伸展功能，可以扩展黑色区域，而收缩白色区域。如图13-318所示为原始图像、应用"最小值"滤镜以后的效果以及"最小值"对话框。

其中"半径"选项用来设置滤镜扩展黑色区域、收缩白色区域的范围。

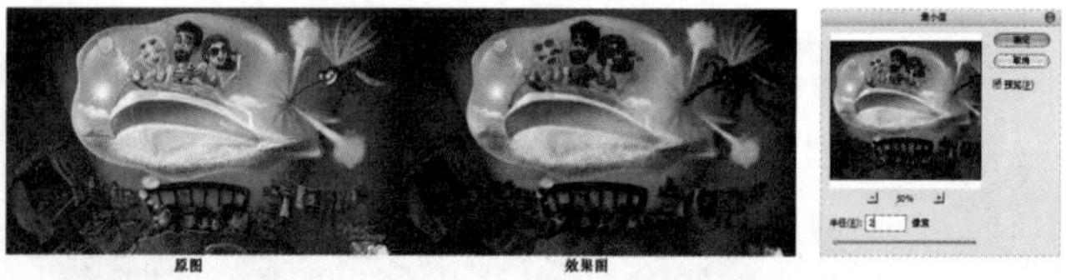

图13-318

13.14 Digimarc滤镜组

Digimarc滤镜组可以在图像中添加数字水印，使图像的版权通过Digimarc ImageBridge技术的数字水印受到保护。该滤镜组包括"读取水印"和"嵌入水印"两种滤镜。

答疑解惑——数字水印是什么？

"数字水印"是一种以杂色方式嵌入到图像中的数字代码，通过肉眼观察不到。嵌入数字水印以后，无论对图像进行何种操作，水印都不会丢失。

023 理论——嵌入水印

"嵌入水印"滤镜可以在图像中添加版权信息。如图13-319所示是"嵌入水印"对话框。在嵌入水印之前，必须先在Digimarc Corporation公司进行注册，以获得一个Digimarc标识号，然后将这个标识号同著作版权信息一并嵌入到图像中（注意，这个操作需要支付一定的费用），如图13-320所示。

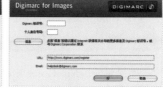

图13-319　　　　　　　　图13-320

024 理论——读取水印

"读取水印"滤镜主要用来读取图像中的数字水印内容，如图13-321所示。当一个图像中含有数字水印信息时，在状态栏和图像文档窗口的最左侧会显示一个字母C。

图13-321

13.15 外挂滤镜与增效工具

外挂滤镜也就是通常所说的第三方滤镜，是由第三方厂商或个人开发的一类增效工具。外挂滤镜以其种类繁多、效果明显而备受Photoshop用户的喜爱。

增效工具也就是"插件"，是由Adobe Systems或其他软件开发者与Adobe Systems合作开发的软件程序，旨在增强Photoshop的功能。

在安装Photoshop CC时，"Web照片画廊"、"联系表"、"图片包"、"抽出滤镜"、"图案生成器"等工具不会出现在安装界面中，而是作为插件由用户自定义安装。

Photoshop可容纳大量的增效工具。但是，如果所安装增效工具模块的列表太长，Photoshop可能无法在相应的菜单中显示所有增效工具。如果发生这种情况，新安装的增效工具将会出现在"滤镜>其他"菜单下。

技巧提示

如果安装盘中没有增效工具，可以登录Adobe官方网站进行下载安装。

025 理论——安装外挂滤镜

外挂滤镜与内置滤镜不同，它需要用户手动安装。根据外挂滤镜的不同类型，可以选用下面两种方法中的一种来进行安装。

- 如果是封装的外挂滤镜，可以直接按正常方法进行安装。

- 如果是普通的外挂滤镜，需要将文件安装到Photoshop安装文件夹下的Plug-in文件夹中。
  安装完成外挂滤镜后，在"滤镜"菜单的最底部就可以观察到外挂滤镜，如图13-322所示。

图13-322

技巧提示

本章选用目前运用比较广泛的Nik Color Efex Pro 3.0滤镜进行介绍。

知识精讲：专业调色滤镜——Nik Color Efex Pro 3.0

Nik Color Efex Pro 3.0滤镜是美国nik multimedia公司出品的基于Photoshop上的一套滤镜插件。其complete版本包含75个不同效果的滤镜，可以轻松地制作出多种特殊效果，例如彩色转黑白效果、反转负冲效果以及各种暖调滤镜、颜色渐变滤镜、天空滤镜、日出日落滤镜等效果。

如果要使用Nik Color Efex Pro 3.0滤镜制作各种特殊效果，只需在其左侧内置的滤镜库中选择相应的滤镜即可。同时，每一个滤镜都具有很强的可控性，可以任意调节方向、角度、强度、位置，从而得到更精确的效果，如图13-323所示。

从细微的图像修正到颠覆性的视觉效果，Nik Color Efex Pro 3.0滤镜都提供了一套相当完整的插件。Nik Color Efex Pro 3.0滤镜允许用户为照片添加原来没有的东西，如"岱赭"滤镜可以将白天拍摄的照片变成夜晚背景，如图13-324所示。

图13-323　　　　　　　　　　　　　　图13-324

026 练习——使用外挂滤镜快速打造复古色调

案例文件	练习实例——使用外挂滤镜快速打造复古色调.psd
视频教学	练习实例——使用外挂滤镜快速打造复古色调.flv
难易指数	★★★★★
技术要点	Nik Color Efex Pro 3.0滤镜的使用

案例效果

本案例处理前后的对比效果如图13-325所示。

图13-325

操作步骤

步骤01 ▶ 打开本书配套光盘中的素材文件,执行"滤镜>Nik Software>Color Efex Pro 3.0 Complete"菜单命令,打开Color Efex Pro 3.0对话框,如图13-326所示。

步骤02 ▶ 在对话框左侧的滤镜组中选择"交叉冲印"滤镜,然后在右侧的"方法"下拉列表中选择"负片正冲 - T04",最终效果如图13-327所示。

图13-326

图13-327

知识精讲:智能磨皮滤镜——Imagenomic Portraiture

Portraiture 是一款Photoshop 的插件,用于人像图片润色,可减少人工选择图像区域的重复劳动。它能智能地对图像中的皮肤材质、头发、眉毛、睫毛等部位进行平滑和减少疵点处理,如图13-328所示。

图13-328

知识精讲：认识"图片包"

利用"文件>自动>图片包"菜单命令，可以将原始图像的多个副本放在一个单一页面上，如图13-329(a)所示；也可以在同一页面上放置多张不同的图像，如图13-329(b)所示。

知识精讲：认识"联系表"

执行"文件>自动>联系表"菜单命令，可以在一页上显示一系列缩略图来轻松地预览一组图像，并可对其编目，如图13-330所示。

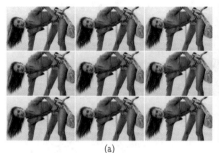
(a)

(b)

图13-329

图13-330

知识精讲：详解"抽出"滤镜

"抽出"滤镜的功能非常强大，它可以隔离前景对象，通常用来抠取图像。即使对象的边缘很复杂，甚至无法确定，都可以使用"抽出"滤镜将其抠取出来，如图13-331所示。

技巧提示

在Adobe Photoshop中，默认状态下是没有"抽出"滤镜的，需要使用时可以下载外挂安装程序。

图13-331

- 边缘高光器工具：当抽出对象时，Photoshop会将对象的背景抹除为透明，即删除背景。使用边缘高光器工具可以沿着对象边缘绘制出要抽取的边缘轮廓，如图13-332所示。
- 填充工具：使用该工具可以填充需要保留的区域，使其受保护而不被删除，如图13-333所示。
- 橡皮擦工具：在使用边缘高光器工具绘制对象边缘时，如果绘制错误，可以使用橡皮擦工具将其擦除，然后重新绘制，如图13-334所示。

图13-332

图13-333

图13-334

- 吸管工具 ✏：只有在参数设置区域选中"强制前景"复选框后，该工具才可用，主要用来强制前景的颜色。
- 清除工具 ✏/边缘修饰工具 ✏：绘制出边缘高光，并填充颜色以后，单击"预览"按钮，进入预览模式，清除工具和边缘修饰工具才可用。使用清除工具可以清除细节区域；使用边缘修饰工具可以修饰图像的边缘，使其更加清晰。
- 缩放工具 🔍/抓手工具 ✋：这两个工具的使用方法与工具箱中的相应工具完全相同。
- 工具选项："画笔大小"选项用来设置工具的笔刷大小；"高光"选项用来设置边缘高光器工具绘制高光的颜色；"填充"选项用来设置填充工具填充保护区域时的颜色；如果需要高光显示定义的精确边缘，可以选中"智能高光显示"复选框。

> **技巧提示**
>
> "画笔大小"选项是一个全局参数。比如设置"画笔大小"为10，那么边缘高光器工具 ✏、橡皮擦工具 ✏、清除工具 ✏和边缘修饰工具 ✏的画笔大小都为10。

- 抽出：如果图像的前景或背景包含大量纹理，则应该选中"带纹理的图像"复选框；"平滑"选项用来设置边缘轮廓的平滑程度；从"通道"列表中选择Alpha通道，可以基于Alpha通道中存储的选区进行高光处理；如果对象非常复杂或者缺少清晰的内部，则应该选中"强制前景"复选框。
- 预览："显示"选项用来设置预览的方式，包括"原稿"和"抽出的"两种方式；"效果"选项用来设置查看抽出对象的背景；"显示高光"和"显示填充"复选框用来设置是否在预览时显示边缘高光和填充效果，如图13-335所示。

图13-335

027 练习——使用"抽出"滤镜为人像换背景

案例文件	练习实例——使用抽出滤镜为人像换背景.psd
视频教学	练习实例——使用抽出滤镜为人像换背景.flv
难度级别	★★★★★
技术要点	"抽出"滤镜的使用

案例效果

本案例处理前后的对比效果如图13-336所示。

图13-336

操作步骤

步骤01 打开本书配套光盘中的素材文件，如图13-337所示。

步骤02 执行"滤镜>抽出"菜单命令，打开"抽出"对话框，然后设置"画笔大小"为30，接着使用边缘高光器工具

✏沿人像的边缘轮廓绘制出高光，如图13-338所示。

图13-337   图13-338

步骤03 使用填充工具 🪣在人物轮廓内部单击鼠标，以填充保护区域，如图13-339所示。

步骤04 接着单击"预览"按钮，观察是否完全抽取，如果完全抽取了人像，单击"确定"按钮执行抽取操作，如图13-340所示。

步骤05 完成人像的"抽出"滤镜操作后，创建一个新的"自然饱和度"调整图层，在"调整"面板中设置"自然饱和度"为-78，并使用黑色柔角画笔涂抹嘴唇部分，使之还原为原始颜色，如图13-341所示。

步骤06 ▶ 再次创建一个"亮度/对比度"调整图层，在"调整"面板中设置"亮度"为－23，"对比度"为37，如图13-342所示。

步骤07 ▶ 导入背景素材文件，将其放置在最底层位置。导入前景素材，将其放在最顶端，并设置其混合模式为"正片叠底"，最终效果如图13-343所示。

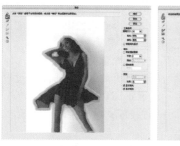

图13-339

图13-340

图13-343

图13-341

图13-342

知识精讲：详解"图案生成器"滤镜

"图案生成器"滤镜可以将图像中的某一部分复制到剪贴板，然后利用剪贴板中的内容生成无数种图案效果。执行"滤镜>图案生成器"菜单命令，打开"图案生成器"对话框，如图13-344所示。

- 矩形选框工具▣：使用该工具可以在预览框中绘制样本图案。
- 抓手工具✋/缩放工具🔍：这两个工具的使用方法与工具箱中的相应工具完全相同。
- 生成：单击该按钮，可以用选区中的图案生成图像。
- 拼贴生成：该选项组中的参数可以用来控制图案的宽度、高度、位移、数量、平滑度和细节。另外，还可以使用剪贴板中的内容来生成图像。
- 预览："显示"选项主要用来选择预览图像的方式；选中"拼贴边界"复选框，可以在生成的拼贴边界上显示出边界颜色（边界颜色可以任意设置）。

图13-344

Web图形处理与切片

Photoshop在网页制作中是必不可少的工具，不仅可以用于制作页面广告、边框、装饰等，还能够通过Web工具进行设计和优化Web图形或页面元素，以及制作交互式按钮图形和Web照片画面廊。

由于网页会在不同的操作系统或在不同的显示器中浏览，而不同操作系统和不同浏览器之间同时同的浏览器对颜色的编码显示也不同，所以在制作网页时就需要使用"Web安全色"。Web安全色是指能在所有显示器的颜色都有一些细微的差别，不的，所以在制作网页时就需要使用"Web安全色"。Web安全色能够在不同操作系统和不同浏览器之中同时正常显示颜色。

本章学习要点：

- 认识Web安全色
- 掌握切片工具的使用方法
- 掌握创建、编辑切片的方法
- Web图形的优化和输出

14.1 了解Web安全色

Photoshop在网页制作中是必不可少的工具，不仅可以用于制作页面广告、边框、装饰等，还能够通过Web工具进行设计和优化Web图形或页面元素，以及制作交互式按钮图形和Web照片画廊。如图14-1所示为部分优秀网页作品。

由于网页会在不同的操作系统或在不同的显示器中浏览，而不同操作系统的颜色都有一些细微的差别，不同的浏览器对颜色的编码显示也不同，确保制作出的网页颜色能够在所有显示器中显示相同的效果是非常重要的，所以在制作网页时就需要使用"Web安全色"。Web安全色是指能在不同操作系统和不同浏览器之中同时正常显示颜色。

图14—1

001 理论——将非安全色转化为安全色

在"拾色器"对话框中选择颜色时，在所选颜色右侧出现警告图标，就说明当前选择的颜色不是Web安全色。单击该图标，即可将当前颜色替换为与其最接近的Web安全色，如图14-2所示。

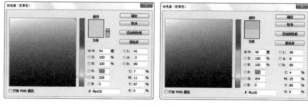

图14—2

002 理论——在安全色状态下工作

在"拾色器"对话框中选择颜色时，可以选中 "只有Web颜色"复选框，这样就可以始终在Wed安全色下工作，如图14-3所示。

图14—3

在使用"颜色"面板设置颜色时，可以在其面板菜单中执行"Web颜色滑块"菜单命令，"颜色"面板会自动切换为"Web颜色滑块"模式，并且可选颜色数量明显减少，如图14-4所示。

图14—4

也可以在其面板菜单中执行"建立Web安全曲线"命令，便会发现底部的四色曲线图出现明显的"阶梯"效果，并且可选颜色数量同样减少了很多，如图14-5所示。

图14—5

14.2 切片的创建与编辑

为了保证网页浏览的流畅，在网页制作中往往不会直接使用整张大尺寸的图像。通常情况下都会将整张图像"分割"为多个部分，这就需要使用"切片技术"。"切片技术"就是将一整张图切割成若干小块，并以表格的形式加以定位和保存，如图14-6所示。

图14-6

知识精讲：什么是切片

在Photoshop中存在两种切片，分别是"用户切片"和"基于图层的切片"。"用户切片"是使用切片工具 ✂ 创建的切片；而"基于图层的切片"是通过图层创建的切片。用户切片和基于图层的切片由实线定义，而自动切片则由虚线定义。创建新的切片时会生成附加的自动切片来占据图像的区域，自动切片可以填充图像中用户切片或基于图层的切片未定义的空间，如图14-7所示。每一次添加或编辑切片时，都会重新生成自动切片。

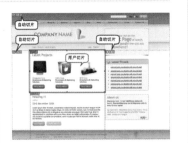

图14-7

技巧提示

如果切片处于隐藏状态，执行"视图>显示>切片"菜单命令可以显示切片。

知识精讲：详解切片工具

使用切片工具 ✂ 创建切片时，可以在其选项栏中设置切片的创建样式，如图14-8所示。

- ● 正常：可以通过拖曳鼠标来确定切片的大小。
- ● 固定长宽比：可以在后面"宽度"和"高度"文本框中设置切片的宽高比。
- ● 固定大小：可以在后面"宽度"和"高度"文本框中设置切片的固定大小。
- ● 基于参考线的切片：创建参考线以后，单击该按钮可以从参考线创建切片。

图14-8

知识精讲：详解切片选择工具

使用切片选择工具 ✂ 可以对切片进行选择、调整堆叠顺序、对齐与分布等操作，其选项栏如图14-9所示。

图14-9

- ● 调整切片堆叠顺序：创建切片以后，最后创建的切片处于堆叠顺序中的最顶层。如果要调整切片的堆叠顺序，可以利用"置为顶层"按钮 █、"前移一层"按钮 █、"后移一层"按钮 █ 和"置为底层"按钮 █ 来完成。

- ● 提升：单击该按钮，可以将所选的自动切片或图层切片提升为用户切片。

- ● 划分：单击该按钮，可以打开"划分切片"对话框，

在该对话框中可以对所选切片进行划分。

- ● 对齐与分布切片：选择多个切片后，可以单击相应的按钮来对齐或分布切片。

- ● 隐藏自动切片：单击该按钮，可以隐藏自动切片。

- ● "为当前切片设置选项"按钮 █：单击该按钮，可在弹出的"切片选项"对话框中设置切片的名称、类型、指定URL地址等。

知识精讲：设置切片选项

切片选项主要包括对切片名称、尺寸、URL、目标等属性的设置。在使用切片工具状态下双击某一切片或选择某一切片并在选项栏中单击"为当前切片设置选项"按钮 █，可以打开"切片选项"对话框，如图14-10所示。

● 切片类型：设置切片输出的类型，即在与HTML文件一起导出时，切片数据在Web中的显示方式。选择"图像"选项时，切片包含图像数据；选择"无图像"选项时，可以在切片中输入HTML文本，但无法导出图像，也无法在Web中浏览；选择"表"选项时，切片导出时将作为嵌套表写入到HTML文件中。

● 名称：用来设置切片的名称。

● URL：设置切片链接的Web地址（只能用于"图像"切片）。在浏览器中单击切片图像时，即可链接到这里设置的网址和目标框架。

● 目标：设置目标框架的名称。

● 信息文本：设置哪些信息出现在浏览器中。

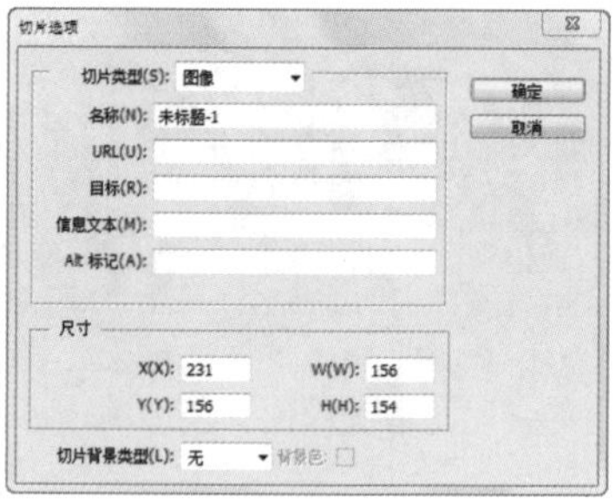

● Alt标记：设置选定切片的Alt标记。Alt文本在图像下载过程中取代图像，并在某些浏览器中作为工具提示出现。

● 尺寸：X、Y选项用于设置切片的位置，W、H选项用于设置切片的大小。

● 切片背景类型：选择一种背景色来填充透明区域（用于"图像"切片）或整个区域（用于"无图像"切片）。

图14-10

003 理论——利用切片工具创建切片

创建切片的方法有三种，可以使用切片工具直接创建切片，另外还可以基于参考线或者图层创建切片。下面介绍使用切片工具创建切片的方法。

操作步骤

步骤01 打开素材文件，单击切片工具 ，然后在选项栏中设置"样式"为"正常"，如图14-11所示。

步骤02 与绘制选区的方法相似，在图像中拖曳鼠标创建一个矩形选框，如图14-12所示。

步骤03 释放鼠标左键就可以创建一个用户切片，而用户切片以外的部分将生成自动切片，如图14-13所示。

图14-11

图14-12

图14-13

🧑 **技巧提示**

切片工具与矩形选框工具有很多相似之处。例如使用切片工具创建切片时，按住Shift键可以创建正方形切片；按住Alt键可以从中心向外创建矩形切片；按住Shift+Alt组合键，可以从中心向外创建正方形切片。

004 理论——基于参考线创建切片

在包含参考线的文件中可以创建基于参考线的切片，具体方法如下。

操作步骤

步骤01 打开素材文件，如图14-14所示。

步骤02 按Ctrl+R组合键显示出标尺，然后分别从水平标尺和垂直标尺上拖曳出参考线，以定义切片的范围，如图14-15所示。

步骤03 单击工具箱中的切片工具 ，然后在选项栏中单击"基于参考线的切片"按钮，即可基于参考线的划分方式创建出切片，切片效果如图14-16所示。

图14-14 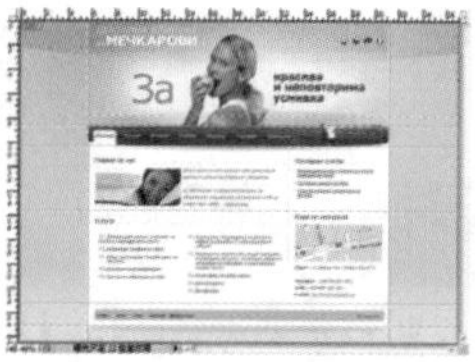   图14-15

图14-16

005 理论——基于图层创建切片

下面介绍基于图层创建切片的方法。

操作步骤

步骤01 打开一个包含两个图层的素材文件，如图14-17所示。

图14-17

步骤02 选择"图层1"图层，执行"图层>新建基于图层的

切片"菜单命令，就可以创建包含该图层所有像素的切片，如图14-18所示。

步骤03 基于图层创建切片以后，当对图层进行移动、缩放、变形等操作时，切片会跟随该图层进行自动调整。如图14-19所示为移动和缩放图层后切片的变化效果。

图14-18　　　　　　　　　图14-19

006 理论——选择、移动与调整切片

下面介绍选择、移动与调整切片的方法。

操作步骤

步骤01 使用切片工具 在图像上创建两个用户切片，如图14-20所示。

图14-20

步骤02 单击工具箱中的切片选择工具 ，在图像中单击选中一个切片，如图14-21所示。

步骤03 按住Shift键的同时单击其他切片进行加选，如图14-22所示。

图14-21　　　　　　　　图14-22

007 理论——复制和粘贴切片

如果要复制切片，可以在使用切片选择工具状态下按住Alt键，光标变为 形状时拖曳即可复制出新的切片，如图14-25所示。

步骤04 如果要移动切片，可以先选择切片，然后拖曳鼠标即可，如图14-23所示。

 技巧提示

　　如果在移动切片时按住Shift键，可以在水平、垂直或45°角方向进行移动。

步骤05 如果要调整切片的大小，可以拖曳切片定界点进行调整，如图14-24所示。

图14-23　　　　　　　　图14-24

图14-25

008 理论——删除切片

操作步骤

步骤01 使用切片选择工具 选择一个或多个切片以后，按 Delete键或Backspace键可以删除切片，如图14-26所示。

图14-27

图14-26

步骤02 执行"视图>清除切片"菜单命令可以删除所有的用户切片和基于图层的切片，如图14-27所示。

步骤03 选择切片以后，单击鼠标右键，在弹出的快捷菜单中选择"删除切片"菜单命令也可以删除切片，如图14-28所示。

图14-28

 技巧提示

删除了用户切片或基于图层的切片后，将会重新生成自动切片以填充文档区域。

删除基于图层的切片并不会删除相关图层，但是删除与基于图层的切片相关的图层会删除该基于图层的切片（无法删除自动切片）。

如果删除一个图像中的所有用户切片和基于图层的切片，将会保留一个包含整个图像的自动切片。

009 理论——锁定切片

执行"视图>锁定切片"菜单命令，可以锁定所有的用户切片和基于图层的切片，如图14-29所示。

锁定切片以后，将无法对切片进行移动、缩放或其他更改。在切片上近处操作时会弹出对话框提示无法移动，想要解除锁定切片可以再次执行"视图>锁定切片"菜单命令，如图14-30所示。

图14-29　　　　　　　图14-30

010 理论——将自动切片转换为用户切片

要为自动切片设置不同的优化设置，则必须将其转换为用户切片。

使用切片选择工具 选择一个或多个要转换的自动切片，如图14-31所示。

然后在选项栏中单击"提升"按钮即可将所选的自动切片或图层切片提升为用户切片，如图14-32所示。

图14-31

图14-32

011 理论——划分切片

可以将切片沿水平方向、垂直方向或同时沿这两个方向划分。

使用切片选择工具选中某一切片，然后在选项栏中单击"划分"按钮，打开"划分切片"对话框，如图14-33所示。

图14-33

选中"水平划分为"复选框后，可以在水平方向上划分切片，设置"水平划分为"为"2个纵向切片，均匀分隔"，此时切片被分割为两个等大的切片，如图14-34所示。

图14-34

如果设置为"200像素/切片"方式，那么该切片将会被切分为多个200像素/切片和一个较小的切片，如图14-35所示。

图14-35

选中"垂直划分为"复选框后可在垂直方向上划分切片。方法与水平划分相同，如图14-36所示。

"预览"选项用于控制是否在画面中预览切片的划分结果。

图14-36

012 理论——组合切片

使用组合切片命令，Photoshop会通过连接组合切片的外边缘创建的矩形来确定所生成切片的尺寸和位置，将多个切片组合成一个单独的切片。使用切片选择工具选择多个切片，单击鼠标右键，然后在弹出的快捷菜单中选择"组合切片"命令，所选的切片即可组合为一个切片。

技巧提示

组合切片时，如果组合切片不相邻，或者比例、对齐方式不同，则新组合的切片可能会与其他切片重叠。组合切片将采用选定的切片系列中的第1个切片的优化设置，并且始终为用户切片，而与原始切片是否包含自动切片无关。

操作步骤

步骤01 打开素材文件，使用切片工具创建两个切片，如图14-37所示。

步骤02 使用切片选择工具同时选中这两个切片（按住Shift键可以加选），如图14-38所示。

步骤03 接着单击鼠标右键，执行"组合切片"命令，如图14-39所示。

步骤04 此时这两个切片会组合成一个单独的切片，如图14-40所示。

图14-37　　　　　　图14-38

图14-39　　　　　　图14-40

013 理论——导出切片

使用"存储为Web和设备所用格式"命令可以导出和优化切片图像。该命令会将每个切片存储为单独的文件并生成显示切片所需的HTML或CSS代码。执行"文件>存储为Web和设备所用格式"菜单命令，设置参数并单击"存储"按钮，在打开的对话框中选择存储位置及类型，如图14-41所示。

图14-41

014 练习——为网页划分切片

案例文件	练习实例——为网页划分切片.psd
视频教学	练习实例——为网页划分切片.flv
难易指数	★★★★★
技术要点	切片工具的使用

案例效果

本案例效果如图14-42所示。

图14-42

操作步骤

步骤01 打开设计制作完毕的网页图片，观察其网页布局，如图14-43所示。

图14-43

步骤02 选择切片工具 ，划分主页图片，如图14-44所示。

图14-44

步骤03 继续使用同样的方法划分网页顶栏和底栏的几个切片，如图14-45所示。

图14-45

步骤04 划分完毕后执行"文件>存储为Web和设备所用格式"菜单命令，设置合适的参数并单击"存储"按钮，在弹出的对话框中选择存储路径即可，如图14-46所示。

图14-46

14.3 网页翻转按钮

在网页中按钮的使用非常常见，并且按钮"按下"、"弹起"或将光标放在按钮上都会出现不同的效果，这就是"翻转"。要创建翻转，至少需要两个图像，一个用于表示处于正常状态的图像；另一个用于表示处于更改状态的图像。如图14-47所示为播放器中按钮翻转的效果。

图14-47

015 练习——创建网页翻转按钮

案例文件	练习实例——创建网页翻转按钮.psd
视频教学	练习实例——创建网页翻转按钮.flv
难易指数	★★★★★
技术掌握	掌握如何创建网页翻转按钮

案例效果

本案例效果如图14-48所示。

操作步骤

步骤01 常见的按钮翻转效果有很多，例如改变按钮颜色、改变按钮方向、改变按钮内容等。首先创建一个500×500像素大小的文档，使用椭圆选框工具绘制椭圆，填充红色，如图14-49所示。

图14-48　　图14-49

步骤02 添加图层样式，在"图层样式"对话框中选中"投影"样式，设置"混合模式"为"正片叠底"，"不透明度"为75%，"角度"为120度，"距离"为9像素，"扩展"为27%，"大小"为18像素，如图14-50所示。

步骤03 选中"内阴影"样式，设置"混合模式"为"正片

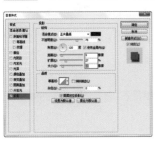

图14-50

图14-51

叠底"，颜色为白色，"不透明度"为75%，"角度"为120度，"距离"为51像素，"阻塞"为29%，"大小"为90像素，如图14-51所示。

步骤04 选中"描边"样式，设置"大小"为5像素，"位置"为"外部"，"混合模式"为"变亮"，"不透明度"为100%，"填充类型"为"渐变"，"样式"为"线性"，"角度"为107度，"缩放"为100%，如图14-52所示。

步骤05 单击工具箱中的圆角矩形工具，在选项栏中设置绘制模式为形状，设置"半径"为8像素，"颜色"为白色，绘制矩形，如图14-53所示。

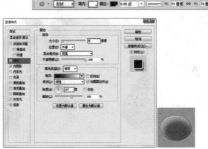

图14-53

图14-52

步骤06 再次使用钢笔工具在右侧绘制一个圆角三角形，并填充白色，如图14-54所示。

步骤07 复制第一个按钮的所在图层，将三角形删除，横向放大圆角矩形并复制一个圆角矩形，第二个按钮效果如图14-55所示。

图14-54　图14-55

14.4 Web图形输出

知识精讲：详解"存储为Web和设备所用格式"

创建切片后对图像进行优化可以减小图像的大小，而较小的图像可以使Web服务器更加高效地存储、传输和下载图像。执行"文件>存储为Web和设备所用格式"菜单命令，打开"存储为Web和设备所用格式"对话框，在该对话框中可以对图像进行优化和输出，如图14-56所示。

- **显示方式**：选择"原稿"选项卡，窗口中只显示没有优化的图像；选择"优化"选项卡，窗口中只显示优化的图像；选择"双联"选项卡，窗口中会显示优化前和优化后的图像；选择"四联"选项卡，窗口中会显示图像的4个版本，除了原稿以外的3个图像可以进行不同的优化，如图14-57所示。

- **抓手工具** / **缩放工具** ：使用抓手工具 可以移动查看图像；使用缩放工具 可以放大图像窗口，按住Alt键单击窗口则会缩小显示比例。

- **切片选择工具** ：当一张图像上包含多个切片时，可以使用该工具选择相应的切片，以进行优化。

- **吸管工具** / **吸管颜色** ：使用吸管工具 在图像上单击，可以拾取单击处的颜色，并显示在"吸管颜色"图标中。

- **切换切片可见性** ：激活该按钮，在窗口中才能显示出切片。

- **优化菜单**：在该菜单中可以存储优化设置、设置优化文件大小等，如图14-58所示。

- **颜色表**：将图像优化为GIF、PNG-8、WBMP格式时，可以在"颜色表"中对图像的颜色进行优化设置。

图14—56

- **颜色表菜单**：该菜单中包含与颜色表相关的一些命令，可以删除颜色、新建颜色、锁定颜色或对颜色进行排序等。

- **图像大小**：将图像大小设置为指定的像素尺寸或原稿大小的百分比。

- **状态栏**：这里显示光标所在位置的图像的颜色值等信息。

- **在浏览器中预览优化图像**：单击 按钮，可以在Web浏览器中预览优化后的图像。

图14—57 　　　　　　　　　　　　　　　　　　　　　　图14—58

知识精讲：Web图形优化格式详解

　　不同的格式的图像文件其质量与大小也不同，合理选择优化格式，可以有效地控制图形的质量。可供选择的Web图形的优化格式包括GIF格式、JPEG格式、PNG-8格式、PNG-24和WBMP格式。

优化为GIF格式

　　GIF是用于压缩具有单调颜色和清晰细节的图像的标准格式，它是一种无损的压缩格式。GIF文件支持8位颜色，因此它可以显示多达256种颜色。如图14-59所示是GIF格式的设置选项。

图14—59

- **设置文件格式**：设置优化图像的格式。

- **减低颜色深度算法/颜色**：设置用于生成颜色查找表的方法，以及在颜色查找表中使用的颜色数量。如图14-60所示分别是设置"颜色"为8和128时的优化效果。

- **仿色算法/仿色**："仿色"是指通过模拟计算机的颜色来显示提供的颜色的方法。较高的仿色百分比可以使图像生成更多的颜色和细节，但是会增加文件的大小。

- 透明度/杂边：设置图像中的透明像素的优化方式。如图14-61所示分别为：背景透明的图像；选中"透明度"复选框，并设置"杂边"颜色为橘黄色时的图像效果；选中"透明度"复选框，但没有设置"杂边"颜色时的图像效果；取消选中"透明度"复选框，并设置"杂边"颜色为橘黄色时的图像效果。

- 交错：当正在下载图像文件时，在浏览器中显示图像的低分辨率版本。

图14-60

图14-61

- Web靠色：设置将颜色转换为最接近Web面板等效颜色的容差级别。数值越大，转换的颜色越多。如图14-62所示是设置"Web靠色"为80%和20%时的图像效果。

- 损耗：扔掉一些数据来减小文件的大小，通常可以将文件减小5%~40%，设置5~10的"损耗"值不会对图像产生太大的影响。如果设置的"损耗"值大于10，文件虽然会变小，但是图像的质量会下降。如图14-63所示是设置"损耗"值为10与60时的图像效果。

图14-62

图14-63

优化为PNG-8格式

PNG-8格式与GIF格式一样，可以有效地压缩纯色区域，同时保留清晰的细节。PNG-8格式也支持8位颜色，因此它可以显示多达256种颜色。如图14-64所示是PNG-8格式的参数选项。

优化为JPEG格式

JPEG格式是用于压缩连续色调图像的标准格式。将图像优化为JPEG格式的过程中，会丢失图像的一些数据。如图14-65所示是JPEG格式的参数选项。

- 压缩方式/品质：选择压缩图像的方式。后面的"品质"数值越大，图像

图14-64   图14-65

的细节越丰富，但文件也越大。如图14-66所示是分别设置"品质"数值为0和100时的图像效果。

🔘 连续：在Web浏览器中以渐进的方式显示图像。

🔘 优化：创建更小但兼容性更低的文件。

🔘 嵌入颜色配置文件：在优化文件中存储颜色配置文件。

🔘 模糊：创建类似于"高斯模糊"滤镜的图像效果。数值越大，模糊效果越明显，但会减小图像的大小。在实际工作中，"模糊"值最好不要超过0.5。如图14-67所示是设置"模糊"为1和6时的图像效果。

🔘 杂边：为原始图像的透明像素设置一个填充颜色。

图14-66

图14-67

优化为PNG-24格式

　　PNG-24格式可以在图像中保留多达256个透明度级别，适合于压缩连续色调图像，但它所生成的文件比JPEG格式生成的文件要大得多，如图14-68所示。

优化为WBMP格式

　　WBMP格式是用于优化移动设备图像的标准格式，其参数选项如图14-69所示。WBMP格式只支持1位颜色，即WBMP图像只包含黑色和白色像素。如图14-70所示分别是原始图像和WBMP图像。

图14-68

图14-69　　　　　　　图14-70

知识精讲：Web图形输出设置

　　在"存储为Web和设备所用格式"对话框右上角的优化菜单中选择"编辑输出设置"菜单命令，可以打开"输出设置"对话框，在这里可以对Web图形进行输出设置。直接在"输出设置"对话框中单击"确定"按钮即可使用默认的输出设置，也可以选择其他预设进行输出，如图14-71所示。

图14-71

14.5 导出到Zoomify

　　Photoshop可以导出高分辨的JPEG文件和HTML文件，然后可以将这些文件上传到Web服务器上，以便查看者平移和缩放该图像的更多细节。执行"文件>导出>Zoomify"菜单命令，可以打开"Zoomify™导出"对话框，在该对话框中可以设置导出图像和文件的相关选项，如图14-72所示。

图14-72

🔘 模板：设置在浏览器中查看图像的背景和导航。

🔘 输出位置：指定文件的位置和名称。

🔘 图像拼贴选项：设置图像的品质。

🔘 浏览器选项：设置基本图像在查看者的浏览器中的像素宽度和高度。

Chapter 15

第15章

视频与动画

动画是在一段时间内显示的一系列图像或帧，每一帧较前一帧都有轻微的变化，当连续、快速地浏览这些帧时就会产生运动动画或发生其他变化。在Photoshop CC中可以导入视频文件或者序列图像，并对其使用绘制工具、添加蒙版、应用滤镜、变化、图层样式和混合模式等进行修饰编辑。另外还可以通过修改图像图层来产生运动和变化创建基于帧的动画，或创建基于时间轴的动画。

本章学习要点：

了解Photoshop中视频处理方法

掌握动态素材的导入与输出

掌握时间轴动画的创建方法

掌握帧动画的创建方法

15.1 了解Photoshop的视频处理功能

动画是在一段时间内显示的一系列图像或帧，如图15-1所示。每一帧较前一帧都有轻微的变化，当连续、快速地浏览这些帧时就会产生运动或发生其他变化。在Photoshop CC中可以导入视频文件或者序列图像，并对其使用绘制工具、添加蒙版、应用滤镜、变化、图层样式和混合模式等进行修饰编辑。另外还可以通过修改图像图层来产生运动和变化创建基于帧的动画，或创建基于时间轴的动画。

图15-1

知识精讲：认识视频图层

视频图层与普通图层相似，差别在于视频图层的缩略图右下角带有■图标，而且视频图层也可以在图层面板中显示缩略图。打开一个动态视频文件或图像序列文件，Photoshop会自动创建视频图层。编辑视频图层可以像编辑普通图层一样使用画笔、仿制图章等工具在各个帧上绘制和修饰，也可以在视频图层上创建选区或应用蒙版，如图15-2所示。

图15-2

知识精讲：认识时间轴动画面板

执行"窗口>动画"菜单命令，打开"动画"面板。在Photoshop CC默认情况下显示的是时间轴模式的"动画"面板。时间轴模式下的"动画"面板显示了文档图层的帧持续时间和动画属性，如图15-3所示。如果当前"动画"面板是帧模式"动画"面板，可以单击"转换为时间轴动画"按钮切换到时间轴模式"动画"面板。

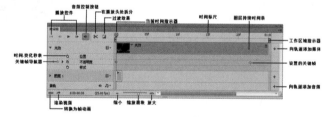

图15-3

- 播放控件：其中包括转到第一帧、转到上一帧、播放和转到下一帧。是用于控制视频播放的按钮。
- 时间-变化秒表：启用或停用图层属性的关键帧设置。
- 关键帧导航器：轨道标签左侧的箭头按钮用于将当前时间指示器从当前位置移动到上一个或下一个关键帧。单击中间的按钮可添加或删除当前时间的关键帧。
- 音频控制按钮：该按钮的使用可以关闭或启用音频的播放。
- 在播放头处拆分：该按钮的使用可以在时间指示器所在位置拆分视频或音频。
- 过渡效果：单击该按钮并执行下拉菜单中的相应命令，可以为视频添加过渡效果，创建专业的淡化和交叉淡化效果。
- 当前时间指示器：拖曳当前时间指示器可以浏览帧或更改当前时间或帧。
- 时间标尺：根据当前文档的持续时间和帧速率，水平测量持续时间或帧计数。
- 图层持续时间条：指定图层在视频或动画中的时间位置。
- 工作区域指示器：拖曳位于顶部轨道任一端的蓝色标签，可以标记要预览或导出的动画或视频的特定部分。
- 向轨道添加媒体/音频：单击该按钮，可以打开一个对话框将视频或音频添加到轨道中。
- "转换为帧动画"按钮：单击该按钮，可以将"动画"面板切换到帧动画模式。

知识精讲：认识帧动画面板

在Photoshop标准版中，"动画"面板以帧模式出现，而在Photoshop CC 则是以时间轴模式的"动画"面板显示，此时可以单击"转换为帧动画"按钮 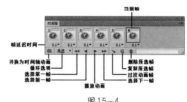 切换到帧模式的"动画"面板。帧模式的"动画"面板显示动画中的每个帧的缩略图。使用面板底部的工具可浏览各个帧、设置循环选项、添加和删除帧以及预览动画，如图15-4所示。

图15-4

- 当前帧：当前选择的帧。
- 帧延迟时间：设置帧在回放过程中的持续时间。
- 循环选项：设置动画在作为动画GIF文件导出时的播放次数。
- 选择第一帧：单击该按钮，可以选择序列中的第1帧作为当前帧。
- 选择上一帧：单击该按钮，可以选择当前帧的前一帧。
- 播放动画：单击该按钮，可以在文档窗口中播放动画。如果要停止播放，可以再次单击该按钮。

- 选择下一帧：单击该按钮，可以选择当前帧的下一帧。
- 过渡动画帧：在两个现有帧之间添加一系列帧，通过插值方法使新帧之间的图层属性均匀。
- 复制所选帧：通过复制"动画"面板中的选定帧向动画添加帧。
- 删除所选帧：将所选择的帧删除。
- 转换为时间轴动画：将帧模式的"动画"面板切换到时间轴模式的"动画"面板。

15.2 创建视频文档和视频图层

对已有视频文件进行编辑只需打开或导入即可，如果需要制作新的视频文件，则需要创建视频文档或视频图层。

001 理论——创建视频文档

与创建普通文档相同，需要执行"文件>新建"菜单命令，打开"新建"对话框，然后在"预设"下拉列表中选择"胶片和视频"选项。新建的文档带有非打印参考线，可以划分出图像的动作安全区域和标题安全区域，如图15-5所示。

图15-5

技巧提示

创建"胶片和视频"类型文档时，可在"大小"下拉列表中选择合适的特定视频的预设大小，如NTSC、PAL、HDTV，如图15-6所示。

图15-6

002 理论——新建视频图层

创建视频图层的方法有两种，一种是创建空白的视频图层；另一种是以类似导入的方式将其他视频文件作为现有文件的视频图层。

操作步骤

步骤01 新建一个文档，然后执行"图层>视频图层>新建空白视频图层"菜单命令，可以新建一个空白的视频图层，如图15-7所示。

步骤02 执行"图层>视频图层>从文件新建视频图层"菜单命令，可以将视频文件或图像序列以视频图层的形式导入到打开的文档中，如图15-8所示。

图15-7

图15-8

第15章 视频与动画

15.3 视频文件的打开与导入

003 理论——打开视频文件

在Photoshop CC中可以像打开图片文件一样直接打开视频文件，执行"文件>打开"菜单命令，选择一个Photoshop支持的视频文件，此时打开的文件中会自动生成一个视频图层，如图15-9所示。

 技巧提示

另外，还可以从 Bridge中直接打开视频。在Bridge中选择视频文件以后，执行"文件>打开方式>Adobe Photoshop CC"菜单命令，即可在Photoshop CC中打开该视频文件。

图15-9

技术拓展：Photoshop可以打开的视频格式

在通常情况下，Photoshop CC可以打开多种QuickTime视频格式的视频文件和图像序列，例如MPEG-1(.mpg 或 .mpeg)、MPEG-4(.mp4或.m4v)、MOV、AVI等。如果计算机中安装了MPEG-2编码器，还支持MPEG-2格式。注意，在QuickTime版本过低或者没有安装QuickTime的情况下会出现视频文件无法打开的现象。

004 理论——导入视频文件

在 Photoshop CC中，可以直接打开视频文件，也可以将视频文件导入到已有文件中。导入的视频文件将作为图像帧序列的模式显示。

操作步骤

步骤01 打开已有文件，执行"文件>导入>视频帧到图层"菜单命令，然后在弹出的"打开"对话框中选择动态视频素材，如图15-10所示。

步骤02 单击"载入"按钮，此时Photoshop会弹出"将视频导入图层"对话框，如图15-11所示。

步骤03 如果要导入所有的视频帧，可以在"将视频导入图层"对话框选中"从开始到结束"单选按钮，效果如图15-12所示。

步骤04 如果要导入部分视频帧，可以在"将视频导入图层"对话框选中"仅限所选范围"单选按钮，然后按住Shift键的同时拖曳时间滑块，设置导入的帧范围，如图15-13所示。

图15-10

图15-11　　　　　　　図15-12　　　　　　　図15-13

005 理论——导入图像序列

动态素材的另外一种常见的存在形式就是图像序列，当导入包含序列图像文件的文件夹时，每个图像都会变成视频图层中的帧。序列图像文件应该位于同一个文件夹中（只包含要用作帧的图像），并按顺序命名（例如，filename001、filename002、filename003等），如图15-14所示。如果所有文件具有相同的像素尺寸，则有可能成功创建动画。

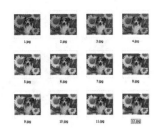

图15-14

操作步骤

步骤01 执行"文件>打开"菜单命令，在打开的对话框中选择序列文件所在文件夹，接着在该文件夹中选择一张除最后一张图像以外的其他图像，并选中"图像序列"复选框，单击"打开"按钮，如图15-15所示。

图15-15

步骤02 Photoshop会弹出"帧速率"对话框，设置动画的帧速率为25，如图15-16所示。

图15-16

技巧提示

帧速率也称为fps（Frames Per Second的缩写——帧/秒），是指每秒钟刷新的图片的帧数，也可以理解为图形处理器每秒钟能够刷新几次。对影片内容而言，帧速率指每秒所显示的静止帧格数。要生成平滑连贯的动画效果，帧速率一般不小于8fps；而电影的帧速率为24fps。捕捉动态视频内容时，此数字越高越好。

步骤03 在"帧速率"对话框中单击"确定"按钮，此时Photoshop会自动生成一个视频图层，另外，在时间轴模式的"动画"面板中也可以单击"播放"按钮▶观察导入的图像序列的动态效果，如图15-17所示。

图15-17

技巧提示

如果要观看图像序列的动画效果，可以在"动画"面板中拖曳当前时间指示器。如图15-18所示分别是0:00:00:00和0:00:00:05时的画面效果。

图15-18

15.4 编辑视频图层

在 Photoshop CC中可以对打开的视频文件进行多种方式的编辑，例如对视频文件应用滤镜、蒙版、变换、图层样式和混合模式等，如图15-19所示。

图15-19

技巧提示

有些操作虽然可以对打开的视频文件起作用，但是很多时候是只针对当前帧而不是整个视频。例如想要对视频文件进行颜色调整，对当前视频文件执行"图像>调整>色相/饱和度"菜单命令调整了颜色，但是在切换到另一帧时又回到之前的状态，如图15-20所示。这时可以在该视频图层上方创建"色相/饱和度"调整图层来解决这个问题，如图15-21所示。

图15-20 图15-21

006 理论——校正像素长宽比

像素长宽比用于描述帧中的单一像素的宽度与高度的比例，不同的视频标准使用不同的像素长宽比。计算机显示器上的图像是由方形像素组成的，而视频编码设备是由非方形像素组成的，这就会导致它们在交换图像时造成图像扭曲。如果要校正像素的长宽比，可以执行"视图>像素长宽比校正"菜单命令，这样就可以在显示器上准确地查看DV和D1视频格式的文件。如图15-22所示分别为发生扭曲的图像和校正像素长宽比的图像。

图15-22

技术拓展：像素长宽比和帧长宽比的区别

像素长宽比用于描述帧中的单一像素的宽度与高度的比例；帧长宽比用于描述图像宽度与高度的比例。例如，DV NTSC的帧长宽比为4：3，而典型的宽银幕的帧长宽比为16：9。

007 理论——插入、复制和删除空白视频帧

在空白视频图层中可以插入、复制或删除空白视频帧。

在"动画"面板中选择空白视频图层，然后将当前时间指示器拖曳到所需帧位置。执行"图层>视频图层"菜单下的"插入空白帧"、"删除帧"、"复制帧"菜单命令，可以分别在当前时间位置插入一个空白帧、删除当前时间处的视频帧、添加一个处于当前时间的视频帧的副本，如图15-23所示。

图15-23

008 理论——替换素材

在Photoshop CC中，即使移动或重命名源素材也会保持视频图层和源文件之间的链接。如果链接由于某种原因断开，"图层"面板中的图层上会出现警告图标 。要重新建立视频图层与源文件之间的链接，需要使用"替换素材"命令。

如需要重新链接到源文件或替换视频图层的内容，可以选中该图层，然后执行"图层>视频图层>替换素材"菜单命令，如图15-24所示。

然后在弹出的对话框中选择相应的视频或图像序列文件即可，如图15-25所示。

图15-24 图15-25

技巧提示

"替换素材"命令可以将视频图层中的视频帧或图像序列帧替换为不同的视频或图像序列源中的帧。

009 理论——恢复视频帧

在Photoshop CC中，如果要放弃对帧视频图层和空白视频图层所做的编辑，可以在"动画"面板中选择该视频图层，然后将当前时间指示器拖曳到该视频帧的特定帧上，接着执行"图层>视频图层>恢复帧"菜单命令。如果要恢复视频图层或空白视频图层中的所有帧，可以执行"图层>视频图层>恢复所有帧"菜单命令，在弹出的提示对话框中单击"扔掉"按钮即可，如图15-26所示。

图15-26

010 练习——制作不透明度动画

案例文件	练习实例——制作不透明度动画.psd
视频教学	练习实例——制作不透明度动画.flv
难易指数	★★★★★
技术掌握	掌握不透明度动画的制作方法

案例效果

将视频文件作为视频图层导入到文档中之后，可以对视频图层的位置、不透明度、样式进行调整，并且可以通过调整这些属性的数值来制作关键帧动画。本例主要是针对不透明度动画的制作方法进行练习，效果如图15-27所示。

图15-27

操作步骤

步骤01 按Ctrl+O组合键，然后在弹出的"打开"对话框中打开人像素材序列的文件夹，接着在该文件夹中选择第1张图像，并选中"图像序列"复选框，单击"打开"按钮，接着在弹出的"帧速率"对话框中设置"帧速率"为25，如图15-28所示。

图15-28

步骤02 导入背景素材，然后将其放置在视频图层的下一层，如图15-29所示。

图15-29

步骤03 在"动画"面板中选择"图层1"图层，然后单击该图层前面的▶图标，展开其属性列表，接着将当前时间指示器拖曳到第0:00:00:01帧的位置，最后单击"不透明度"属性前面的"时间-变化秒表"图标◎，为其设置一个关键帧，如图15-30所示。

图15-30

步骤04 将当前时间指示器拖曳到第0:00:00:03帧的位置，然后在"图层"面板中设置"图层1"图层的"不透明度"为30%，此时"动画"面板中会自动生成一个关键帧，如图15-31所示。

图15-31

步骤05 单击"播放"按钮，可以观察到人像越来越淡，而背景越来越明显，效果如图15-32所示。

图15-32

步骤06 执行"文件>存储为"菜单命令，在弹出的对话框中首先将工程文件进行存储，设置合适的文件名并存储为PSD格式，如图15-33所示。

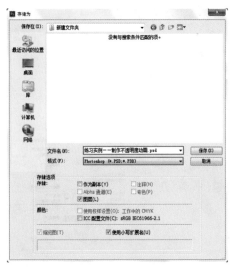

图15-33

图15-34

步骤07 执行"文件>导出>渲染视频"菜单命令，在弹出的"渲染视频"对话框"位置"栏中设置输出的文件名以及存储路径；在中间栏中设置导出的文件类型、格式、大小等，继续在"范围"组中选中"所有帧"单选按钮；最后单击"渲染"按钮开始输出，最终得到一个名为"渲染.mov"的视频文件，如图15-34所示。

011 练习——制作效果动画

案例文件	练习实例——制作效果动画.psd
视频教学	练习实例——制作效果动画.flv
难易指数	★★★★★
技术掌握	掌握效果动画的制作方法

案例效果

本案例效果如图15-35所示。

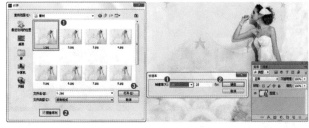

图15-35

操作步骤

步骤01 按Ctrl+O组合键，然后在弹出的"打开"对话框中打开人像素材序列的文件夹，接着在该文件夹中选择第1张图像，并选中"图像序列"复选框，单击"打开"按钮，接着在弹出的"帧速率"对话框中设置"帧速率"为25，如图15-36所示。

图15-36

步骤02 导入花朵素材文件，然后将其放置在视频图层的上方，如图15-37所示。

图15-37

步骤03 在"动画"面板中选择"图层1"图层，然后单击该图层前面的▶图标，展开其属性列表，接着将当前时间指示器拖曳到第0:00:00:02帧位置，最后单击"样式"属性前面的"时间-变化秒表"图标为其设置一个关键帧，如图15-38所示。

图15-38

步骤04 将当前时间指示器拖曳到第0:00:00:05帧位置，然后为"图层1"图层添加"渐变叠加"图层样式，设置"不透明度"为47%，"渐变"为七彩渐变，如图15-39(a)所示。此时"动画"面板中会自动生成一个关键帧，如图15-39(b)所示。

步骤05 单击"播放"按钮，可以观察到人像越来越淡，而七彩的渐变颜色越来越明显，效果如图15-40所示。

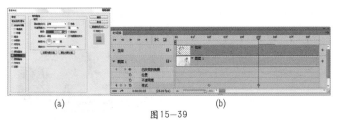

(a)　　　　　　　(b)

图15-39

图15-40

15.5 创建与编辑帧动画

012 练习——创建帧动画

案例文件	练习实例——创建帧动画.psd
视频教学	练习实例——创建帧动画.flv
难易指数	★★★★★
技术掌握	掌握帧动画的制作方法

案例效果

在帧模式下，可以在"动画"面板中创建帧动画，每个帧表示一个图层配置。本例主要是针对帧动画的制作方法进行练习，效果如图15-41所示。

图15-41

操作步骤

步骤01 打开本书配套光盘中的素材文件，如图15-42所示。

步骤02 导入金鱼素材，放在杯子底部，并将新生成的图层命名为"金鱼"，如图15-43所示。

步骤03 执行"窗口>动画"菜单命令，打开时间轴模式的"动画"面板，并单击左下角的"转换为帧动画"按钮 将面板转换为帧模式的"动画"面板，如图15-44所示。

图15-42　　图15-43　　　　图15-44

步骤04 在"动画"面板中设置帧延迟时间为0.5秒，如图15-45所示。

步骤05 然后设置循环次数为"永远"，如图15-46所示。

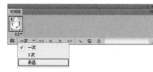

图15-45　　　　　　　图15-46

步骤06 单击"复制所选帧"按钮 ，复制一个动画帧，如图15-47所示。

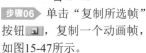

图15-47

步骤07 然后在"图层"面板中按Ctrl+J组合键复制一个"金鱼副本"图层，按Ctrl+T组合键执行"自由变换"命令，将金鱼进行水平翻转并旋转到合适角度，如图15-48所示。

图15-48

步骤08 继续单击"复制所选帧"按钮 ，复制一个动画帧，然后在"图层"面板中再次按Ctrl+J组合键复制一个"金鱼副本2"图层，接着按Ctrl+T组合键执行"自由变换"命令，最后调整好"金鱼副本"图层的位置和大小，如图15-49所示。

步骤09 重复上面的操作，再次制作两个动画帧，如图15-50所示。

图15-49　　　　　　　图15-50

步骤10 单击"播放"按钮 ，可以进行动画的预览，效果如图15-51所示。

图15-51

步骤11 执行"文件>存储为Web和设备所用格式"菜单命令，然后将动画存储为GIF格式并适当优化图像，如图15-52所示。

图15-52

知识精讲：帧动画图层的属性

打开动画帧面板后，"图层"面板发生了一些变化，出现了"统一"按钮以及"传播帧1"选项，如图15-53所示。

图15-53

技巧提示

在"图层"面板菜单中执行"动画选项"命令，可以对"统一"按钮和"传播帧1"选项的显示和隐藏进行控制，如图15-54所示。

图15-54

- 自动：在"动画"面板打开时显示"统一"按钮。
- 总是显示：无论是在打开还是关闭"动画"面板时都显示"统一"按钮。
- 总是隐藏：无论是在打开还是关闭"动画"面板时都隐藏"统一"按钮。

- 统一： ："统一"按钮包括"统一图层位置"按钮 、"统一图层可见性"按钮 和"统一图层样式"按钮 。使用这些按钮决定如何将对现用动画帧中的属性所做的更改应用于同一图层中的其他帧。当激活某个统一按钮时，将在现用图层的所有帧中更改该属性；当取消激活该按钮时，更改将仅应用于现用帧。

- ☑ 传播帧1："传播帧1"选项用于控制是否将第一帧中的属性的更改应用于同一图层中的其他帧。选中该复选框后，如果更改第一帧中的属性，现用图层中的所有后续帧都会发生与第一帧相关的更改，并保留已创建的动画。

技巧提示

也可以按住Shift键并选择图层中任何连续的帧组，然后更改任何选定帧的某个属性也可以达到"传播帧"的目的。

知识精讲：编辑动画帧

在"动画"面板中选择一个或多个帧以后（按住Shift键或Ctrl键可以选择多个连续和非连续的帧），在面板菜单中可以执行新建帧、删除单帧、删除动画、拷贝/粘贴单帧、反向帧等操作，如图15-55所示。

- 新建帧：创建新的帧，功能与 按钮相同。
- 删除单帧/删除多帧：删除当前所选的一帧，如果当前选择的是多帧，则此命令为"删除多帧"，如图15-56所示。

技巧提示

在帧模式的"动画"面板中，按住Ctrl键可以选择任意多个帧；按住Shift键可以选择连续的帧。

- 删除动画：删除全部动画帧。
- 拷贝单帧/拷贝多帧：复制当前所选的一帧，如果当前选择的是多帧，则此命令为"拷贝多帧"。拷贝帧与拷贝图层不同，可以理解为具有给定图层配置的图像副本。在拷贝帧时，拷贝的是图层的配置（包括每一图层的可见性设置、位置和其他属性），如图15-57所示。
- 粘贴单帧/粘贴多帧：之前复制的是单个帧，此处显示"粘贴单帧"；之前复制的是多个帧，此处则显示"粘贴多帧"。粘贴帧就是将之前复制的图层的配置

图15-55　　　　　图15-56

图15-57

应用到目标帧。选择此命令后弹出"粘贴帧"对话框，在这里可以对粘贴方式进行设置，如图15-58所示。

- 选择全部帧：执行该命令可一次性选中所有帧，如图15-59所示。

- 转到：快速转到下一帧/上一帧/第一帧/最后一帧，如图15-60所示。

图15-58   图15-59   图15-60

- 过渡：在两个现有帧之间添加一系列帧，通过插值方法使新帧之间的图层属性均匀。可以选中需要过渡的帧，单击"过渡"按钮 或执行"过渡"命令，在弹出的对话框中设置合适的参数，如图15-61所示。

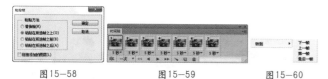

图15-61

- 反向帧：将当前所有帧的播放顺序翻转。如图15-62所示为对比效果。

图15-62

- 优化动画：完成动画后，应优化动画以便快速下载到Web浏览器。执行该命令后，弹出"优化动画"对话框，如图15-63所示。选中"外框"复选框可以将每一帧裁剪到相对于上一帧发生了变化的区域。使用该选项创建的动画文件比较小，但是与不支持该选项的GIF编辑器不兼容。选中"去除多余像素"复选框可以使帧中与前一帧保持相同的所有像素变为透明的。为了有效去除多余像素，必须选中"优化"面板中的"透明度"复选框。使用"去除多余像素"选项时，需要将帧处理方法设置为"自动"。

- 从图层建立帧：在包含多个图层并且只有一帧的文件中，执行该命令可以创建与图层数量相等的帧，并且每一帧所显示的内容均为单一图层效果，如图15-64所示。

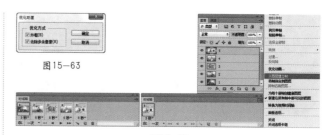

图15-63

图15-64

- 将帧拼合到图层：使用该命令会以当前视频图层中的每个帧的效果创建单一图层，如图15-65所示。在需要将视频帧作为单独的图像文件导出时，或在图像堆栈中需要使用静态对象时都可以使用该命令。

图15-65

- 跨帧匹配图层：在多个帧之间匹配各个图层的位置、可视性、图层样式等属性，这些帧之间既可以是相邻的，也可以是不相邻（即跨帧）的。

- 为每个新帧创建新图层：每次创建帧时使用该命令自动将新图层添加到图像中。新图层在新帧中是可见的，但在其他帧中是隐藏的。如果创建的动画要求将新的可视图素添加到每一帧，可使用该命令以节省时间。

- 新建在所有帧中都可见的图层：选择该命令后，新建图层自动在所有帧上显示；取消选择该命令，新建图层只在当前帧显示。

- 转换为时间轴：选择该命令即可将面板转换为时间轴模式的"动画"面板。

- 面板选项：将打开"动画面板选项"对话框，在该对话框中可以对"动画"面板的缩略图显示方式进行设置，如图15-66所示。

- 关闭：关闭"动画"面板。

- 关闭选项卡组：关闭"动画"面板所在选项卡组。

图15-66

15.6 存储、预览与输出

制作完成的视频动画需要通过预览来观看制作效果，为了便于浏览视频动画，还需要将视频动画进行渲染输出成方便观看的文件。

013 理论——预览视频

在Photoshop CC中，可以在文档窗口中预览视频或动画，Photoshop会使用RAM在编辑会话期间预览视频或动画。当播放帧或拖曳当前时间指示器预览帧时，Photoshop会自动对这些帧进行高速缓存，以便在下一次播放它们时能够更快地回放。如果要预览视频效果，可以在"动画"面板中单击"播放"按钮 ▶ 或按Space键（即空格键）来播放或停止播放视频，如图15-67所示。

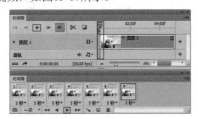

图15-67

技巧提示

打开"存储为Web和设备所用格式"对话框，然后在左下角单击"预览"按钮可以在Web浏览器中预览该动画，以更准确地查看为Web创建的预览效果，如图15-68所示。

图15-68

014 理论——存储工程文件

在Photoshop CC中，可以将视频和动画存储为QuickTime影片或PSD文件。如果未将工程文件渲染输出为视频，则最好将工程文件存储为PSD文件，以保留之前所做的编辑操作。执行"文件>存储"或者"文件>存储为"菜单命令均可将其存储为PSD格式文件，如图15-69所示。

图15-69

015 理论——存储为GIF动态图像

编辑完成视频图层之后，执行"文件>存储为Web和设备所用格式"菜单命令即可将动画存储为GIF文件，以便在Web上观看，如图15-70所示。

图15-70

016 理论——视频渲染输出

在Photoshop CC中，可以将时间轴动画与视频图层一起导出。执行"文件>导出>渲染视频"菜单命令，可以将视频导出为QuickTime影片或图像序列，如图15-71所示。

◎ 位置：在"位置"选项组中可以设置文件的名称和位置。

◎ 文件选项：在"文件选项"选项组中可以设置渲染文件的格式，包含QuickTime和图像序列。另外，还可以设置图像序列的起始编号以及文件的大小。

◎ 范围：在"范围"选项组中可以设置要渲染的帧范围，包括"所有帧"、"帧内"和"当前所选帧"3种方式。

◎ 渲染选项：在"渲染选项"选项组中可以设置Alpha通道的渲染方式以及视频的帧速率。

图15-71

017 练习——创建动画并渲染输出

案例文件	练习实例——创建动画并渲染输出.psd
视频教学	练习实例——创建动画并渲染输出.flv
难易指数	★★★★★
技术掌握	掌握时间轴动画制作方法

案例效果

本例主要是针对时间轴动画制作方法进行练习，效果如图15-72所示。

图15-72

操作步骤

步骤01 打开本书配套光盘中的素材文件，按住Alt键双击"背景"图层将其转换为普通图层，如图15-73所示。

步骤02 下面执行"窗口>时间轴"命令，打开时间轴动画面板，将鼠标移至图层持续时间条的右侧，如图15-74所示，按住左键并拖曳，将时间条拖曳为0：00：01：00。

图15-73　　　　图15-74

步骤03 单击设置面板，执行"设置时间轴帧速率"命令，设置"帧速率"为30，如图15-75所示。

步骤04 导入音符素材，放在人像图层的上方，并将新生成的图层更名为"音符"，如图15-76所示。

步骤05 使用移动工具 将"音符"图层拖曳到如图15-77所示的位置。

步骤06 在"动画"面板中展开"音符"图层的属性，然后将当前时间指示器拖曳到第0:00:00:00帧位置，接着单击"位置"属性前面的"时间-变化秒表"图标 为其设置一个关键帧，如图15-78所示。

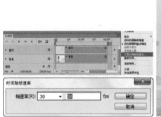

图15-75　　　　　　　　图15-76

图15-77　　　　　　　　图15-78

步骤07 将当前时间指示器拖曳到第0:00:00:07帧位置，然后使用移动工具将"音符"图层拖曳到如图15-79(a)所示的位置，此时在"动画"面板中会生成第2个位置关键帧，如图15-79(b)所示。

步骤08 将当前时间指示器拖曳到第0:00:00:14帧位置，然后将"音符"图层拖曳到如图15-80(a)所示的位置，此时在"动画"面板中会生成第3个位置关键帧，如图15-80(b)所示。

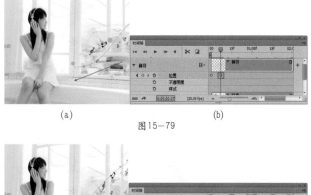

(a)   (b)

图15-79

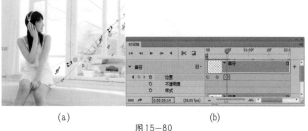

(a)   (b)

图15-80

步骤09 将当前时间指示器拖曳到第0:00:00:22帧位置,然后将"音符"图层拖曳到如图15-81(a)所示的位置,此时在"动画"面板中会生成第4个位置关键帧,如图15-81(b)所示。

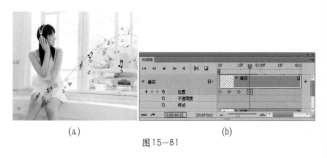

(a)   (b)

图15-81

步骤10 将当前时间指示器拖曳到第0:00:00:29帧位置,然后将"音符"图层拖曳到如图15-82(a)所示的位置,此时在"动画"面板中会生成第5个位置关键帧,如图15-82(b)所示。

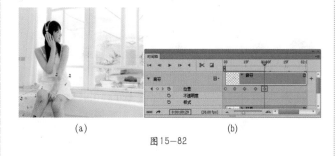

(a)   (b)

图15-82

步骤11 单击面板底部的"播放"按钮即可预览当前动画效果,如图15-83所示。

图15-83

步骤12 执行"文件>存储为"菜单命令,在弹出的对话框中首先将工程文件进行存储,设置合适的文件名并存储为PSD格式,如图15-84所示。

步骤13 执行"文件>存储为Web和设备所用格式"菜单命令,在弹出的对话框中设置参数后单击"存储"按钮即可将动画存储为GIF格式的动态图像,如图15-85所示。

图15-84   图15-85

步骤14 下面需要将制作好的动画输出为图像序列文件,执行"文件>导出>渲染视频"菜单命令,在弹出的"渲染视频"对话框中设置输出的文件名以及存储路径;在"文件选项"选项组中选择"Photoshop图像序列"选项,设置"起始编号"为1,"位数"为2,"大小"为"文档大小";继续在"范围"选项组中选中"所有帧"单选按钮;最后单击"渲染"按钮开始输出,最终得到图像序列文件,如图15-86所示。

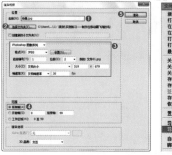

图15-86

3D功能的应用

从Photoshop CS3版本开始，Photoshop分为两个版本：标准版和扩展版（Extended），在扩展版中包含了3D功能。Adobe Photoshop CC内含Extended功能，可以打开多种三维软件创建的模型，例如3ds Max、MAYA、Alias等。在Photoshop中打开3D文件时，原有的纹理、渲染以及光照信息都会被保留，并且可以通过移动3D模型，或对其制作动画、更改渲染模式、编辑或添加光照，或将多个3D模型合并为一个3D场景等操作来编辑3D文件。

本章学习要点：

掌握3D工具的使用方法

"凸纹"命令的使用

编辑3D纹理的方法

16.1 什么是3D功能

从Photoshop CS3版本开始，Photoshop分为两个版本：标准版和扩展版（Extended），在扩展版中包含了3D功能。Adobe Photoshop CC内含Extended功能，可以打开多种三维软件创建的模型，例如3ds MaX、MAYA、Alias等。在Photoshop中打开3D文件时，原有的纹理、渲染以及光照信息都会被保留，并且可以通过移动3D模型，或对其制作动画、更改渲染模式、编辑或添加光照，或将多个3D模型合并为一个3D场景等操作来编辑3D文件，如图16-1所示。

在Photoshop中导入或创建3D模型后，都会在"图层"面板出现相应的3D图层，并且模型的纹理显示在3D图层下的条目中，用户可以将纹理作为独立的2D文件打开并编辑，或使用Photoshop绘图工具和调整工具直接在模型上编辑纹理，如图16-2所示。

图16-1　　　　　　　　　　　　　　　　　　　　　　图16-2

技术拓展：3D文件主要组成部分详解

- 网格：每个3D模型都由成千上万个单独的多边形框架结构组成，网格也就是通常所说的模型。3D模型通常至少包含一个网格，也可能包含多个网格。如图16-3所示分别为模型的渲染效果与网格效果。
- 材质：一个模型可以由一种或多种材质构成，这些材质控制整个模型的外观或局部的外观。在纹理映射的子组件中，可以通过调整子组件的积累效果来创建或编辑模型的材质。如图16-4所示为同一模型不同材质的效果。
- 光源：光源用于照亮场景和模型。Photoshop CC中的光源包括无限光、聚光灯和点光3种类型。可以移动和调整现有光照的颜色和强度，并且可以将新光照添加到3D场景中。如图16-5所示为不同光照的效果。

图16-3　　　　　　　　　　　　图16-4　　　　　　　　　　　　图16-5

16.2 熟悉3D工具

在Photoshop CC中打开3D文件后，在选项栏中可以看到一组3D工具，如图16-6所示。使用3D工具可以对3D对象进行旋转、滚动、平移、滑动和缩放操作。

图16-6

知识精讲：认识3D轴

当选择任意3D对象时，都会显示出3D轴，可以通过3D轴以另一种操作方式控制选定对象。将光标放置在任意轴的锥尖上，单击并向相应方向拖动即可沿X/Y/Z轴移动对象；单击轴间内弯曲的旋转线框，在出现的旋转平面的黄色圆环上单击并拖动即可旋转对象；单击并向上或向下拖动3D轴中央的立方块即可等比例调整对象大小，如图16-7所示。

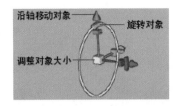

图16-7

技巧提示

想要正常的使用3D功能需要启用"图形处理器"。执行"编辑>首选项>性能"命令，然后在"图形处理器设置"选项组下选中"使用图形处理器"复选框，如图16-8所示。开启该功能后无需重启Photoshop，在下一次打开文档时就可以选中"显示取样环"复选框。

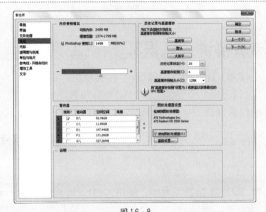

图16-8

知识精讲：熟悉3D对象工具

在"3D"面板中选中3D对象时，选项栏中会显示出3D对象工具："3D对象旋转工具""3D对象滚动工具""3D对象平移工具""3D对象滑动工具""3D对象比例工具"。使用这些工具对3D模型进行调整时，发生改变的只有模型本身，场景不会发生变化，如图16-11所示。导入3D模型文件，单击选项栏中的3D对象工具，如图16-9所示。

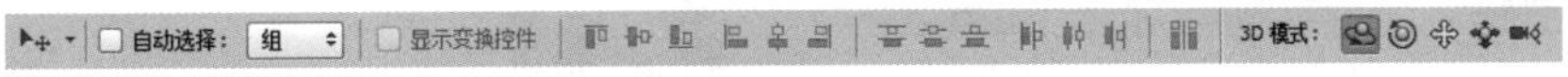

图16-9

● **3D对象旋转工具**：使用"3D对象旋转工具"上下拖曳光标，可以围绕X轴旋转模型；在两侧拖曳光标，可以围绕Y轴旋转模型；如果按住Alt键的同时拖曳光标，可以滚动模型。如图16-10所示分别为围绕X轴旋转、围绕Y轴旋转。

● **3D对象滚动工具**：使用"3D对象滚动工具"在两侧拖曳光标，可以围绕Z轴旋转模型。

图16-10

● **3D对象平移工具**：使用"3D对象平移工具"在两侧拖曳光标，可以在水平方向上移动模型；上下拖曳光标，可以在垂直方向上移动模型；如果按住Alt键的

同时拖曳光标，可以沿X/Z方向移动模型。如图16-11所示为在水平方向上移动与在垂直方向上移动。

图16-11

● **3D对象滑动工具**：使用"3D对象滑动工具"在两侧拖曳光标，可以在水平方向上移动模型；上下拖曳光标，可以将模型移近或移远；如果按住Alt键的同时拖曳光标，可以沿X/Y方向移动模型，如图16-12所示。

● **3D对象比例工具**：使用"3D对象比例工具"上下拖曳光标，可以放大或缩小模型；如果按住Alt键的同时拖曳光标，可以沿Z轴方向缩放模型，如图16-13所示为等比例缩放与沿Z轴缩放。

图16-12

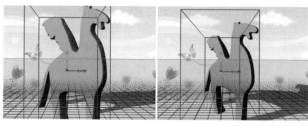

图16-13

知识精讲：认识3D相机工具

使用3D相机工具可以改变相机视图，在3D面板中选中"当前视图"时，选项栏中会显示出3D相机工具，包括3D旋转相机工具、3D滚动相机工具、3D平移相机工具、3D移动相机工具、3D缩放相机工具，使用3D相机工具操作3D视图时，3D对象的位置保持固定不变，如图16-14所示。

图16-14

● **3D旋转相机工具**：使用"3D旋转相机工具"拖曳光标，可以沿X或Y轴方向环绕移动相机；如果按住Alt键的同时拖曳光标，可以滚动相机，如图16-15所示。

图16-15

图16-17

● **3D滚动相机工具**：使用"3D滚动相机工具"拖曳光标，可以滚动相机，如图16-16所示。

图16-16

图16-18

● **3D缩放相机工具**：使用"3D缩放相机工具"拖曳光标，可以更改3D相机的视角（最大视角为180），如图16-19所示。

● **3D平移相机工具**：使用"3D平移相机工具"拖曳光标，可以沿X或Y方向平移相机；如果按住Alt键的同时拖曳光标，可以沿X或Z方向平移相机，如图16-17所示。

● **3D移动相机工具**：使用"3D移动相机工具"拖曳光标，可以步进相机（Z轴转换和Y轴旋转）。如果按住Alt键的同时拖曳光标，可以沿Z/X方向步览（Z轴平移和X轴旋转），如图16-18所示。

图16-19

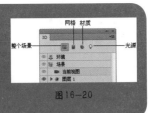

16.3 熟悉3D面板

执行"视图>3D"菜单命令，可以打开3D面板。在"图层"面板中选择3D图层后，3D面板中会显示与之关联的组件。在3D面板的顶部可以切换"场景"、"网格"、"材质"和"光源"组件的显示，如图16-20所示。

图16-20

知识精讲：3D场景设置

单击"场景"按钮 即可切换到"3D场景"面板。在该面板中可以更改渲染模式、选择要在其上绘制的纹理或创建横截面等，如图16-21所示。

- 条目：单击选择条目中的选项，可以在"属性"面板中进行相关的设置。
- 创建新光照 ：单击创建新光照按钮，在弹出的下拉菜单中单击相关命令，即可创建相应的光照。
- 删除光照 ：选择光照选项，单击删除光照按钮，即可将选中的光照删除。

图16-21

知识精讲：了解相机视图

选择3D面板中的"当前视图"选项，调整3D相机时，在"属性"面板 "视图"下拉列表中相关选项，可以以不同的视角来观察模型，不同角度的对比图如图16-22所示。

单击"属性"面板中的"透视"按钮 ，调整"景深"参数，如图16-23所示，可以使一部分对象处于焦点范围内，从而变得清晰。其他对象处于焦点范围外，从而变得模糊。

单击"属性"面板中的"正交"按钮 ，调整"缩放"参数，如图16-24所示，可以调整模型，使其远离或靠近观察者。

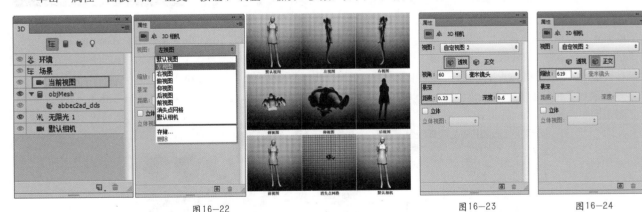

图16-22　　　　　　　　　　　　　　　　　　　图16-23　　　　　图16-24

知识精讲：3D网格设置

单击3D面板顶部的"网格"按钮 ，可以切换到3D网格面板，可以在"属性"面板中进行相关的设置，如图16-25所示。

- 捕捉阴影：控制选定的网格是否在其表面上显示其他网格所产生的阴影。
- 投影：控制选定的网格是否投影到其他网格表面上。
- 不可见：选中该复选框后，可以隐藏网格，但是会显示其表面的所有阴影。

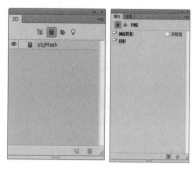

图16-25

知识精讲：3D材质设置

初次接触3D材质的制作时可能会与惯常的2D思维不太相同，3D材质的调整主要是从材质本身的物理属性出发进行分析。常见的物理属性包括：物体本身固有的属性（颜色、花纹等）、物体是否透明、凹凸、是否具有明显反射、是否是发光物体等。以木桌材质为例，首先想到的一定是木纹的表面（漫射属性）；既然是木质那么一定不会透明（不透明度属性）；木质表面应该会有些许的木纹凹凸效果（凹凸属性）；剖光的木桌也会有一些反射现象等（反射属性）。经过这样的分析，比对3D材质面板的参数设置很容易就模拟出相应的材质。如图16-26所示为部分常见物体的属性分析。

图16-26

单击3D面板顶部的"材质"按钮，可以切换到"3D材质"面板。在材质面板中列出了当前3D文件中使用的材质，可以在"属性"面板中更改"漫射""不透明度""凹凸""反射""发光"等属性调整材质效果。当然，3D材质面板还包含多个预设材质可供编辑使用，单击材质缩览图的下拉图标，可以打开预设的材质类型，如图16-27所示。

- 纹理映射下拉菜单：单击该按钮，可以弹出一个下拉菜单，在该菜单中可以创建、载入、打开、移去以及编辑纹理映射的相关属性。

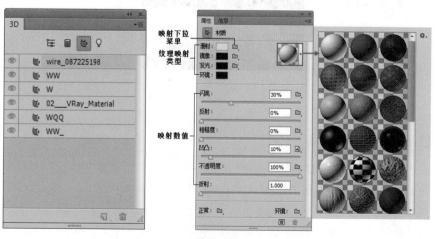

图16-27

技术拓展：纹理映射类型详解

- **漫射**：设置材质的颜色。漫射映射可以是实色，也可以是任意2D内容。

- **不透明度**：用来设置材质的不透明度。

- **凹凸**：通过灰度图像在材质表面创建凹凸效果，而并不修改网格。凹凸映射是一种灰度图像，其中较亮的值可以创建比较突出的表面区域，较暗的值可以创建平坦的表面区域。

- **正常**：与凹凸映射纹理一样，正常映射会增加模型表面的细节。

- **环境**：储存3D模型周围环境的图像。环境映射会作为球面全景来应用。

- **反射**：增加3D场景、环境映射和材质表面上的其他对象的反射效果。

- **发光**：设置不依赖于光照即可显示的颜色，即创建从内部照亮3D对象的效果。

- **光泽**：设置来自光源的光线经过表面反射时，折回到人眼中的光线数量。

- **闪亮**：定义"光泽"设置所产生的反射光的散射。低反光度（高散射）可以产生更明显的光照，但焦点不足；高反光度（低散射）可以产生不明显、更亮、更耀眼的高光，如图16-28所示。

- **镜像**：设置镜面高光的颜色。

图16-28

- **环境**：设置在反射表面上可见的环境光的颜色。该颜色与用于整个场景的全局环境色相互作用。

- **折射**：增加3D场景、环境映射和材质表面上其他对象的反折射效果。

知识精讲：3D光源设置

光在真实世界中是必不可少的，万事万物都是因光的存在才能够被肉眼观察到。在3D软件中，灯光也是必不可少的一个组成部分，不仅是为了照亮场景，更能够起到装饰点缀的作用。单击3D面板顶部的"光源"按钮，可以切换到3D光源面板，可以在"属性"面板中进行相关设置，如图16-29所示。

图16-29

- **预设**：包含多种内置光照效果，切换即可观察到预览效果，如图16-30所示分别是预设的"翠绿"、"火焰"和"忧郁紫色"光源效果。

- **类型**：设置光照的类型，包括"点光"、"聚光灯"、"无限光"和"基于图像"4种，如图16-31所示分别是"点光"、"聚光灯"和"无限光"效果。

图16-30

图16-31

- **强度**：用来设置光照的强度。数值越大，灯光越亮，如图16-32所示分别是"强度"为47%和150%时的对比效果。

- **颜色**：用来设置光源的颜色。单击"颜色"选项右侧的色块可以打开"选择光照颜色"对话框，在该对话框中可以自定义光照的颜色，如图16-33所示分别是光照颜色为红色和绿色时的对比效果。

图16-32

图16-33

● 阴影：选中该复选框后，可以从前景表面到背景表面、从单一网格到其自身或从一个网格到另一个网格产生投影。

● 柔和度：对阴影边缘进行模糊，使其产生衰减效果。

16.4 创建3D对象

001 理论——从3D文件新建图层

执行"3D>从3D文件新建图层"菜单命令，在弹出的"打开"对话框中选择要打开的文件即可，打开的3D文件作为3D图层出现在"图层"面板中，如图16-34所示。

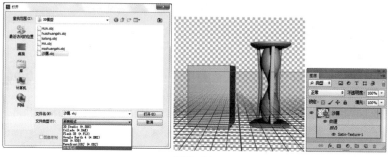

图16-34

技巧提示

执行"文件>打开"菜单命令或将3D文件拖曳到Photoshop中均可将其作为3D对象打开。

答疑解惑——Photoshop CC可以打开哪些格式的3D文件?

使用Photoshop CC可以打开和处理由 Adobe Acrobat 3DVersion 8、3ds MaX、Alias、MAYA以及Google Earth等软件创建的3D文件，支持的3D文件格式包含U3D、3DS、OBJ、KMZ和DAE。

002 理论——创建3D明信片

在这里"3D明信片"是指将一张2D图像转换为3D对象，并可以以三维的模式对该图像进行调整。

操作步骤

步骤01 选中一个图层，执行"3D>从图层新建3D明信片"菜单命令，即可将一张普通图像创建为3D明信片，如图16-35所示。

步骤02 创建3D明信片以后，原始的2D图层会作为3D明信片对象的"漫射"纹理映射在"图层"面板中。另外，使用3D对象旋转工具 可以对3D明信片进行旋转操作，以观察不同的角度，如图16-36所示。

图16-35   图16-36

003 理论——创建内置3D形状

打开一张素材图像，执行"3D>从图层新建网格>网格预设"菜单命令，在弹出的对话框中选择一个形状后，2D图像将转换为3D图层并且得到一个3D模型，如图16-37所示。

该模型可以包含一个或多个网格，如图16-38所示分别为菜单命令中的模型效果。

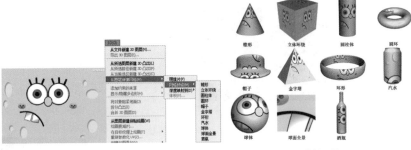

图16-37　　　　　　　　　　图16-38

004 理论——创建3D网格

"从灰度新建网格"命令是将原有图像的灰度转换为深度映射，将明度值转换为较亮的值将生成表面上凸起的区域，转换成较暗的值将生成凹下的区域，从而制作出深浅不一的表面。执行"3D>从图层新建网格>深度映射到"菜单下的命令，即可创建对应的3D网格效果，如图16-39所示。

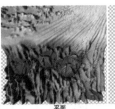

平面　　　　　双面平面　　　　圆柱体　　　　球体

图16-39

知识精讲：创建3D凸纹

凸纹是一种金属加工技术，在该技术中通过对对象表面朝相反方向进行锻造，来对对象表面进行塑形和添加图案。而在Photoshop中，"凸纹"菜单命令可以将2D对象转换到3D网格中，并在3D空间中精确地进行凸出、膨胀和调整操作。创建一个像素选区，执行"3D>从当前选区新建3D凸出"命令，打开"3D"对话框，单击相关的选项，在属性面板上进行相应的设置，如图16-40所示。

图16-40

005 练习——破旧质感立体文字

案例文件	练习实例——破旧质感立体文字.psd
视频教学	练习实例——破旧质感立体文字.flv
难度级别	★★★★★
技术要点	3D凸纹、图层蒙版、图层样式、画笔工具

案例效果

本案例效果如图16-41所示。

操作步骤

步骤01 打开本书配套光盘中破旧木板素材文件，如图16-42所示。

图16-41　　　　　　　图16-42

步骤02 单击工具箱中的横排文字工具,在选项栏中设置合适的字体、字号,设置颜色为朱红色,分别在图像中心输入两个字母,如图16-43所示。

图16-43

步骤03 下面为文字制作立体效果,按Ctrl+J组合键复制出文字副本图层。选择"e副本"图层执行"3D>从所选图层新建3D凸出"命令,在"3D"面板中单击文字条目,在"属性"面板中单击"变形"按钮,设置"凸出深度"数值为-359,"锥度"数值为100%。调整3D文字角度,如图16-44所示。

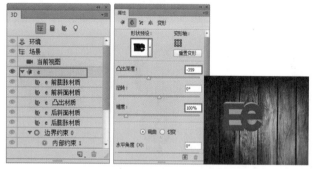

图16-44

步骤04 改变立体文字侧面颜色,首先改变文字侧面,双击"3D"面板中的"e凸出材质"条目,在"属性"面板中单击漫射下拉菜单,执行"新建纹理"命令,进入新文档,使用"渐变填充工具"为其填充红色系渐变,再回到3D图层,文字侧面自动生成红色立面,如图16-45所示。

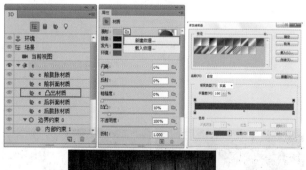

图16-45

技巧提示

由于字体的原因,文字的笔画相连,导致中间的空隙部分出现错误,这个问题将会在后面解决。

步骤05 双击"3D"面板中的"e前膨胀材质"条目,在"属性"面板中执行"新建纹理"命令,进入新文档,同样填充红色系渐变,新建图层,载入文字选区,填充浅红色,回到3D图层,此时可以看到文字正面空隙的错误部分被填充为暗红色,如图16-46所示。

图16-46

步骤06 按Ctrl+J组合键复制出一个3D文字副本图层,然后单击鼠标右键执行"栅格化3D"命令,使用自由变换工具调整大小和角度,如图16-47所示。

图16-47

技巧提示

如果不将3D图层栅格化,不仅在操作过程中会造成不流畅的问题,而且很多功能也不能使用。

步骤07 在3D图层下方新建图层"图层7",用于制作投影。在"图层7"图层中使用画笔工具绘制出阴影效果,为了使阴影更加柔和,可以执行"滤镜>模糊>高斯模糊"菜单命令,设置"半径"为20像素,接着设置其图层的不透明度为80%。如图16-48所示。

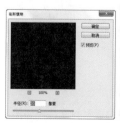

图16-48

步骤08 接着使用魔棒工具，在选项栏中选中"连续"复选框，设置"容差值"为15，依次选中文字上的立面选区，然后使用复制和粘贴的功能复制出一个独立图层，接着使用Ctrl+M组合键打开"曲线"对话框，调整曲线形状，压暗立面部分，如图16-49所示。

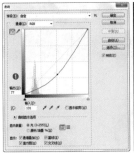

图16-49

步骤09 继续使用魔棒工具选择出文字图层的正面部分选区。新建图层"图层5"，并单击工具箱中的渐变工具，设置渐变颜色为从深红色到黄色的渐变，渐变类型设置为线性。在文字上自左上到右下填充渐变，并设置图层不透明度为62%，如图16-50所示。

图16-50

步骤10 对"图层5"图层执行"图层>图层样式>斜面和浮雕"菜单命令，打开"图层样式"对话框，设置"样式"为"内斜面"，"深度"为100%，"大小"为8像素，接着在"阴影"选项组中设置"高光模式"为滤色，"阴影模式"为"正片叠底"，高光颜色为粉色，阴影颜色为黑色，再选中"纹理"复选框，并选择一个合适的纹理，设置"缩放"为100%，"深度"为100%，此时文字正面出现凹凸的纹理质感，如图16-51所示。

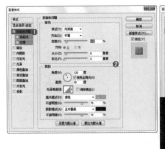

图16-51

步骤11 导入裂痕素材文件，然后再选择文字图层并按Ctrl键将文字载入选区，再回到素材图层，为图层添加一个图层蒙版，并将该图层的混合模式设置为"正片叠底"，如图16-52所示。

图16-52

步骤12 在文字图层使用魔棒工具选择文字图层正面选区，然后在顶部创建新图层，使用渐变工具设置调整渐变颜色为黄色渐变，"渐变类型"为"线性"，并由下而上拖曳绘制渐变，最后将该图层的混合模式设置为"叠加"，最终效果如图16-53所示。

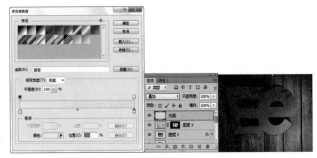

图16-53

 读书笔记

16.5 编辑3D对象

对于3D对象也可以进行多种编辑，例如将多个3D对象合并为一个、将3D图层转换为普通图层或智能对象，甚至可以按之前所讲过的动画知识制作简单的3D动画。当然也可以为3D文件添加一个或多个2D图层作为装饰以创建复合效果。如图16-54(a)所示是卡通形象模型，可以修改模型颜色，或为其添加一个背景图像，如图16-54(b)所示。

(a)　　　　　(b)
图16-54

006 理论——合并3D对象

选择多个3D图层后，执行"3D>合并3D图层"菜单命令，可以将所选3D图层合并为一个3D图层，如图16-55所示。

合并后每个3D文件的所有网格和材质都包含在合并后的图层中，如图16-56所示。

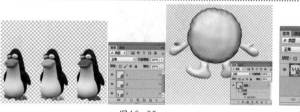

图16-55 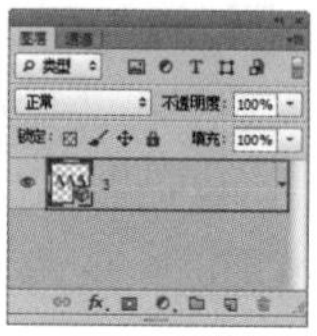　　　　　　　　　图16-56

技巧提示

3D对象合并后可能会出现位置移动的情况，合并后的每部分都显示在3D面板网格中，可以使用其中的3D工具选择并重新调整各个网格的位置。

007 理论——将3D图层转换为2D图层

选择一个3D图层以后，在其图层名称上单击鼠标右键，然后在弹出的快捷菜单中选择"栅格化3D"菜单命令，可以将3D内容在当前状态下进行栅格化，如图16-57所示。将3D图层转换为2D图层以后，就不能够再次编辑3D模型的位置、渲染模式、纹理以及光源。栅格化的图像会保留3D场景的外观，但格式会变成平面化的 2D 格式的普通图层，如图16-58所示。

图16-57 　　　　　　　图16-58

008 理论——将3D图层转换为智能对象

将3D图层转换为智能对象后，可以将变换或智能滤镜等其他调整应用于智能对象。双击图层缩略图，可以重新打开打开智能对象图层以编辑原始3D场景，应用于智能对象的任何变换或调整会随之应用于3D内容。在3D图层上单击鼠标右键，然后在弹出的快捷菜单中选择"转换为智能对象"命令，可以将3D图层转换为智能对象，这样可以保留包含在3D图层中的3D信息，如图16-59所示。

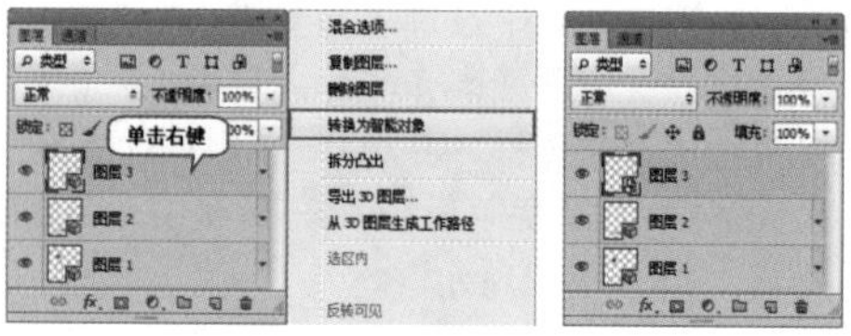

图16-59

009 理论——创建3D动画

在Photoshop中使用时间轴"动画"面板同样可以将3D对象创建为动画。在3D图层中，可以对3D对象或相机位置、3D渲染设置、3D横截面等属性制作动画效果。例如使用3D对象或相机工具可以实时移动模型或3D相机，Photoshop可以在位置移动或相机移动之间创建帧过渡，以创建平滑的运动效果；更改渲染模式从而可以在某些渲染模式之间产生过渡效果；旋转相交平面以实时显示更改的横截面；更改帧之间的横截面设置，在动画中高亮显示不同的模型区域。如图16-60所示为在空间中移动3D模型并实时改变其显示方式的动画效果。

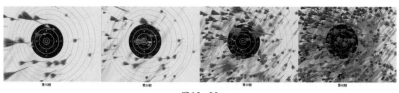

第10帧　　　　第20帧　　　　第30帧　　　　第40帧

图16-60

技巧提示

　　3D动画的制作思路和方法与平面动画相同，具体的制作方法可以参考动画章节的内容。

16.6 3D纹理绘制与编辑

　　使用Photoshop中打开的3D文件时，纹理将作为2D文件与3D模型一起导入到Photoshop中。这些纹理会显示在3D图层的下方，并按照漫射、凹凸和光泽度等类型编组显示。也可以使用绘画工具和调整工具对纹理进行编辑，或者创建新的纹理。

010 理论——编辑2D格式的纹理

　　在3D材质面板中选择包含纹理的材质，然后单击"漫射"选项后面的"编辑漫射纹理"按钮，在弹出的快捷菜单中选择"编辑纹理"菜单命令，如图16-61所示。

　　纹理可以作为智能对象在独立的文档窗口中打开，这样就可以在纹理上进行绘画或导入素材图像等操作，如图16-62所示。

图16-61

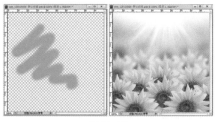

图16-62

技巧提示

　　在"图层"面板中双击纹理可以快速地将纹理作为智能对象在独立的文档窗口中打开，如图16-63所示。

图16-63

011 理论——显示或隐藏纹理

　　在"图层"面板中单击"纹理"左侧的👁图标，可以控制纹理的显示与隐藏，如图16-64所示。

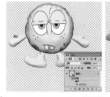

图16-64

012 理论——创建UV叠加

　　"UV映射"是指将2D纹理映射中的坐标与3D模型上的特定坐标相匹配，使2D纹理正确地绘制在3D模型上。双击"图层"面板中的纹理条目，可以在单独的文档窗口中打开纹理文件，如图16-65所示。执行"3D>创建绘图叠加"菜单下的命令，UV叠加将作为附加图层添加到纹理的"图层"面板中，如图16-66所示。

　　● 选择"线框"命令，则显示UV映射的边缘数据，如图16-67所示。

　　● 选择"着色"命令，则显示使用实色渲染模式的模型区域，如图16-68所示。

　　● 选择"正常"命令，则显示转换为RGB值的几何常值，如图16-69所示。

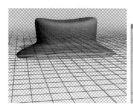

图16-65　　　　　　　　图16-66

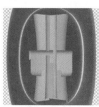

图16-67　　　　　图16-68　　　　　图16-69

013 理论——重新参数化纹理映射

打开3D文件时如果出现模型表面纹理产生多余的接缝、图案拉伸或区域挤压等扭曲的情况，这是因为3D文件的纹理没有正确映射到网格。

执行"3D>重新参数化UV"菜单命令，可以将纹理重新映射到模型，以校正扭曲并创建更有效的表面覆盖，如图16-70所示。

执行"重新参数化"命令后弹出对话框，如图16-71所示。单击"确定"后会再弹出一个对话框。选择"低扭曲度"选项可以使纹理图案保持不变，但是会在模型表面产生较多接缝；选择"较少接缝"选项，可以使模型上出现的接缝数量最小化，但是会产生更多的纹理拉伸或挤压。

图16-70

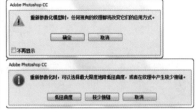

图16-71

014 理论——创建重复纹理的拼贴

重复纹理是由网格图案中完全相同的拼贴构成。重复纹理可以提供更逼真的模型表面覆盖、使用更少的存储空间，并且可以提高渲染性能。可以将任意的2D文件转换成拼贴绘画，在预览多个拼贴如何在绘画中相互作用之后，可以存储一个拼贴以作为重复纹理。

知识精讲：在3D模型上绘制纹理

在Photoshop CC Extended中可以像绘制2D图像一样使用绘画工具直接在3D模型上进行绘画，并且可以使用选区工具选择特定的模型区域，在选定区域内绘制。

选择绘画表面

在对包含隐藏区域的模型上绘画时，可以使用选区工具在3D模型上制作一个选区，以限定要绘画的区域，然后在3D菜单下选择相应的命令，将部分模型进行隐藏，如图16-72所示。

● **选区内**：选择该命令后，只影响完全包含在选区内的图形，如图16-73所示。取消选择该命令后，将隐藏选区所接触到的所有多边形。

● **反转可见**：使当前可见表面不可见，而使不可见表面可见。

● **显示所有**：使所有隐藏的表面都可见。

图16-72

图16-73

设置绘画衰减角度

在模型上绘画时，绘画衰减角度控制着表面在偏离正面视图弯曲时的油彩使用量。衰减角度是根据正常或根据朝向用户的模型表面突出部分的直线来计算的，如图16-74所示。执行"3D>绘画衰减"菜单命令，可以打开"3D绘画衰减"对话框，如图16-75所示。

● **最小角度**：设置绘画随着接近最大衰减角度而渐隐的范围。例如，如果最大衰减角度是45°，最小衰减角度是30°，那么在30°和45°的衰减角度之间，绘画不透明度将会从100减少到0。

● **最大角度**：最大绘画衰减角度在0°~90°之间。设置为0°时，绘画仅应用于正对前方的表面，没有减弱角度。设置为90°时，绘画可以沿着弯曲的表面（如球面）延伸至其可见边缘。在45°角设置时，绘画区域限制在未弯曲到大于45°的球面区域。

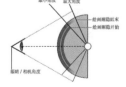

图16-74

图16-75

🔵 标识可绘画区域

因为模型视图不能提供与2D纹理之间的一一对应，所以直接在模型上绘画与直接在2D纹理映射上绘画是不同的，这就可能导致无法明确判断是否可以成功地在某些区域绘画。执行"3D>选择可绘画区域"菜单命令，即可方便地选择模型上可以绘画的最佳区域。

知识精讲：使用3D材质吸管工具

在Photoshop中打开一个3D模型素材文件，如图16-76所示。

单击工具箱中的"材质吸管工具"按钮🖾，将光标移至中间的足球上，单击左键，对材质进行取样，如图16-77所示。此时在"属性"面板上可以显示出所选材质，从而进行相关编辑，如图16-77所示。

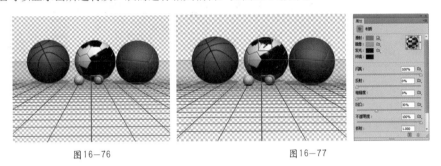

图16-76　　　　　　　　　　　　　　图16-77

知识精讲：使用3D材质拖放工具

在Photoshop中打开一个3D模型素材文件，如图16-78所示。

单击工具箱中的"材质拖放工具"按钮🖾，在选项栏中打开材质下拉列表，单击并选择一种材质，将光标移至模型上，单击鼠标，即可将选中的材质应用到模型中，如图16-79所示。

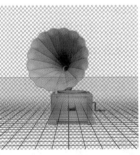

图16-78　　　　　　　　　　　　　　图16-79

16.7 渲染3D模型

"渲染"是使用三维软件制图的最后一个步骤，与操作时预览的效果不同，渲染需要在完成模型、光照、材质的设置之后进行，以得到最终的精细的3D图像。在"3D渲染设置"对话框中可以进行指定如何绘制3D模型。

知识精讲：渲染设置

单击"3D"面板中的"场景"按钮，选择"场景"条目示。在"属性"面板中分别选中"预设"复选框、"横截面"复选框、"表面"复选框、"线条"复选框和"点"复选框以后，可以调整与之相关的一些参数，如图16-80所示。

横截面

"表面样式"选项的使用可以创建角度与模型相交的平面截面，方便用户切入到模型内部进行内容的查看，如图16-81所示。

图16—80　　　　　　图16—81

- 切片：可以选择沿x、y、z三种轴向来创建切片。
- 倾斜：可以将平面朝向任意可能的倾斜方向旋转至360°。
- 位移：可以沿平面的轴进行平面的移动，从而不改变平面的角度。
- 平面：选中"平面"复选框可以显示创建横截面的相交平面，同时可以设置平面的颜色。
- 不透明度：在"不透明度"选项内键入数字，可以对平面的不透明度进行相应的设置。
- 相交线：选中"相交线"复选框，会以高亮显示横截面平面相交的模型区域，同时可以设置相交线的颜色。
- 侧面A/B：单击"侧面A"按钮🔲或"侧面B"按钮🔲，可以显示横截面A侧或横截面B侧。
- 互换横截面侧面🔲：单击"互换横截面侧面"按钮🔲，可将模型的显示区更改为相交平面的反面。

表面

选中"属性"面板中的"表面"复选框后，可以通过对"样式"改变从而设置模型表面的现实方式，如图16-82所示。下面是11种样式的对比效果，如图16-83所示。

- 纹理：在"纹理"选项中可以对模型进行指定的纹理映射。

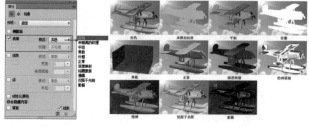

图16—82　　　　　　图16—83

线条

选中"属性"面板中的"线条"复选框，可以在"样式"的下拉列表中选择显示方式，并且可以对颜色、"宽度"和"角度阈值"进行调整，如图16-84所示。下面是4种样式的对比效果，如图16-85所示。

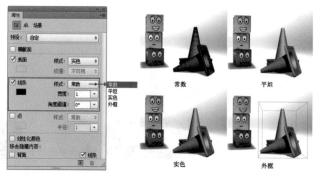

图16—84　　　　　　图16—85

点

选中"属性"面板中的"点"复选框，可以在"样式"的下拉列表中选择显示方式，并且可以对颜色和"半径"进行调整，如图16-86所示。下面是4种样式的对比效果，如图16-87所示。

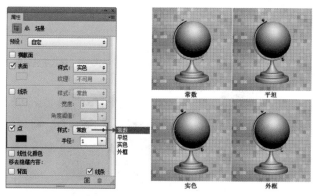

图16—86　　　　　　图16—87

015 理论——连续渲染选区

通常在测试渲染效果时只需渲染场景中的一小部分即可判断整个模型的最终渲染效果，此时可以使用选区工具在模型上制作一个选区，如图16-88所示。

执行"3D>渲染"菜单命令，即可渲染选中的区域，可以看到渲染之后的模型光感与阴影更加真实，如图16-89所示。

016 理论——恢复连续渲染

在渲染3D选区或整个模型时，如果进行了其他操作，Photoshop会终止渲染操作，这时可以执行"3D>恢复渲染"菜单命令来重新渲染3D模型。

图16-88　　　　　　　图16-89

16.8 存储和导出3D文件

制作完成的3D文件可以像普通文件一样进行存储，也可以将3D图层导出为特定格式的3D文件。

017 理论——导出3D图层

如果要导出3D图层，可以在"图层"面板中选择相应的3D图层，然后执行"3D>导出3D图层"菜单命令，如图16-90所示。

打开"存储为"对话框，在"格式"下拉列表中可以选择将3D图层导出为Collada、Wavefront/OBJ、U3D或Google Earth 4格式的文件，如图16-91所示。

图16-90　　　　　　　图16-91

018 理论——存储3D文件

如果要保留3D模型的位置、光源、渲染模式和横截面，可以执行"文件>存储为"菜单命令，打开"存储为"对话框，然后选择PSD、PSB、TIFF或PDF格式进行保存。

知识精讲：在"首选项"对话框中设置3D选项

执行"编辑>首选项>常规"菜单命令或按Ctrl+K组合键，可以打开"首选项"对话框。在"首选项"对话框左侧选择3D选项，如图16-92所示。

- 可用于3D的VRAM：显示Photoshop 3D Forge可以使用的显存量。
- 3D叠加：设置网格、材质、光照、所选光照、约束、所选约束和连续渲染拼贴的颜色，以便在操作3D对象时高亮显示可用的3D组件。
- 交互式渲染：设置3D对象交互渲染时Photoshop渲染的方式。
- 地面：设置操作3D对象时，可用的地面的平面大小、网格间距和颜色。
- 光线跟踪：设置光线跟踪渲染3D对象时的高品质阈值。
- 3D文件载入：设置载入3D文件时，现用光源和默认漫射纹理的限制数量。

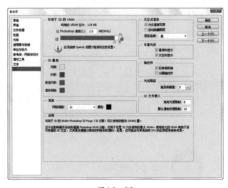

图16-92

019 综合——3D炫彩广告文字

案例文件	综合实例——3D炫彩广告文字.psd
视频教学	综合实例——3D炫彩广告文字.flv
难度级别	▲▲▲▲▲
技术要点	3D凸纹、图层蒙版、图层样式、色相/饱和度调整图层

案例效果

本案例效果如图16-93所示。

操作步骤

步骤01 打开本书配套光盘中的背景素材文件，如图16-94所示。

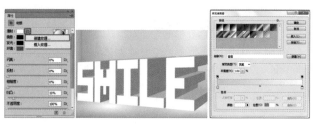

| 图16-93 | 图16-94 |

图16-98

步骤02 创建新组，命名为"文字"。 设置前景色为白色，单击横排文字工具，在选项栏中选择一种合适的字体和字号，在画布上输入"SMILE"文字，如图16-95所示。

步骤03 接着在文字图层上单击鼠标右键执行"栅格化文字"命令，然后使用"自由变换"命令，调整文字透视效果。在"图层"面板中选中文字图层，按Ctrl+J组合键复制出一个"smile 副本"图层，如图16-96所示。

步骤06 在3D图层下方新建图层"smile 副本2"，载入3D图层选区并在新建图层中填充黑色。然后执行"滤镜>模糊>高斯模糊"菜单命令，在弹出的对话框中设置半径为20像素，接着设置其图层的"不透明度"为75%，模拟出立体文字的阴影效果，如图16-99所示。

| 图16-95 | 图16-96 |

图16-99

步骤04 选择"smile"图层，执行"3D>从所选图层新建3D凸出"命令，在"3D"面板中单击文字条目。在"属性"面板中单击"变形"按钮，设置"凸出深度"数值为-1092，"锥度"数值为100%，此时文字出现透视效果，调整合适角度，如图16-97所示。

步骤07 在文字组中创建新的图层组。下面导入彩条素材文件，然后选择最初复制的"smile副本"图层。使用魔棒工具选择字母"E"的选区（在选项栏中取消选中"连续"复选框），再选择彩条素材图层，为图层添加一个图层蒙版，这样文字E上出现了彩条效果，如图16-100所示。

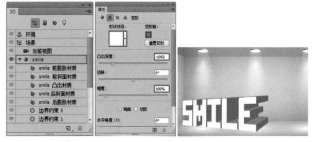

图16-97

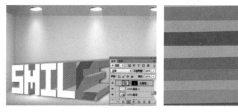

图16-100

 技巧提示

执行"3D>凸纹>当前选区"菜单命令时，图层必须是普通图层。

步骤05 下面需要改变立体文字侧面颜色，单击"3D"面板中的"smile凸出材质"条目，在属性面板中单击漫射的下拉菜单按钮，执行"新建纹理"命令。进入新文档，使用"渐变工具"，将其填充灰白色渐变，再回到3D图层，文字侧面自动生成渐变效果，如图16-98所示。

步骤08 对彩条图层执行"图层>图层样式>斜面和浮雕"菜单命令，打开"图层样式"对话框，然后在"结构"选项组中设置"样式"为"枕状浮雕"，"深度"为80%，"大小"为5像素，接着在"阴影"选项组中设置"角度"为120度，"高度"为30度，高光的颜色为白色，阴影的颜色为灰色，如图16-101所示。

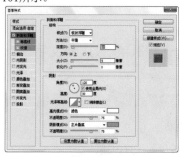

图16-101

步骤09 选中"描边"样式，然后设置"大小"为13像素，"位置"为"居中"，"颜色"为白色，如图16-102所示。

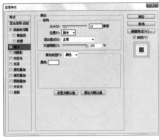

图16-102

步骤10 字母E的彩色效果制作完成，继续使用同样的方法制作出其他文字。如果想要制作出不同颜色的文字，可以对彩条素材使用"色相/饱和度"命令进行颜色调整。如图16-103所示。

图16-103

步骤11 下面用同样方法制作出顶部和右下方的立体文字，效果如图16-104所示。

步骤12 导入光斑素材文件，放置在文字图层上方，如图6-105所示。

图16-104　　　　　　　　图16-105

步骤13 执行"图层>新建调整图层>色相/饱和度"菜单命令，创建新的"色相/饱和度"调整图层，在"属性"面板中设置"饱和度"为+29，最终效果如图16-106所示。

图16-106

⓪⓶⓪ 综合——创意3D立体字海报

案例文件	综合实例——创意3D立体字海报.psd
视频教学	综合实例——创意3D立体字海报.flv
难度级别	★★★★★
技术要点	3D凸纹　自由变换

案例效果

本案例效果如图16-107所示。

操作步骤

步骤01 打开本书配套光盘中的背景素材文件，如图16-108所示。

图16-107　　　　　　　　图16-108

步骤02 创建新组，命名为"文字"。单击横排文字工具，在选项栏中选择一种合适的字体和字号，颜色设置为蓝色，在画布顶部输入字母，如图16-109所示。

图16-109

步骤03 对文字图层执行"编辑>自由变换"菜单命令，将文字旋转到合适角度，如图16-110所示。

步骤04 使用同样的方法调整不同的字号、不同的颜色，输入其他文字，并旋转到不同角度，如图16-111所示。

图16-110　　　　　　　　图16-111

步骤05 接着需要对文字制作立体效果，选中其中一个文字图层，执行"3D>从所选图层新建3D凸出"命令，在"3D"面板中单击文字条目。在"属性"面板中单击"变形"按钮，设置"凸出深度"数值为-2500，"锥度"数值为73%，如图16-112所示。

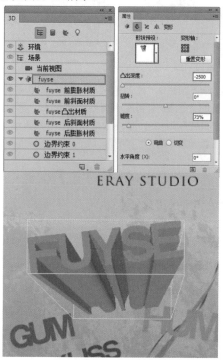

图16-112

步骤06 单击工具箱中的3D对象旋转工具，对文字进行适当旋转，并摆放到合适位置，如图16-113所示。

步骤07 使用同样的方法将其他文字制作出立体效果，如图16-114所示。

图16-113　　　　　图16-114

步骤08 下面需要对3D文字进行变形，首先在其中一个3D图层上单击鼠标右键执行"栅格化"命令，将该图层转换为普通图层，然后对该图层执行"自由变换"命令，再单击鼠标右键执行"变形"命令，调整定界框中的控制点，将文字制作出弯曲的效果，如图16-115所示。

图16-115

步骤09 为了增强文字的立体感，可以单击加深工具，在选项栏中选择一个圆形柔角画笔，设置"范围"为"高光"，"曝光度"为50%。取消选中"保护色调"复选框，并在文字的下半部分进行加深，如图16-116所示。

图16-116

步骤10 使用同样的方法将其他3D文字进行栅格化、变形和加深局部的操作，如图16-117所示。

步骤11 最后导入前景喷溅的油漆素材，最终效果如图16-118所示。

图16-117　　　　　图16-118

动作与任务自动化

Photoshop中的"动作"是指用于对一个或多个文件执行一系列命令的操作。使用其相关功能可以记录使用过的操作，然后快速地对某个文件进行指定操作或者对一批文件进行相同处理。使用"动作"进行自动化处理，不仅能够确保操作结果的一致性，而且能够避免重复操作，从而节省处理大量文件的时间。

本章学习要点:

- 掌握如何使用动作实现自动化操作
- 掌握批处理文件的方法

17.1 管理与使用"动作"

知识精讲：认识"动作"

Photoshop中的"动作"是指用于对一个或多个文件执行一系列命令的操作。使用其相关功能可以记录使用过的操作，然后快速地对某个文件进行指定操作或者对一批文件进行相同处理。使用"动作"进行自动化处理，不仅能够确保操作结果的一致性，而且能够避免重复操作，从而节省处理大量文件的时间。

知识精讲：认识"动作"面板

执行"窗口>动作"菜单命令或按快捷键Alt+F9，可以打开"动作"面板。"动作"面板是进行文件自动化处理的核心工具之一，在其中可以进行"动作"的记录、播放和编辑等操作。"动作"面板的布局与"图层"面板很相似，同样可以对动作进行重新排列、复制、删除、重命名和分类管理等操作，如图17-1所示。

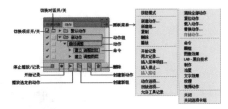

图17-1

- 切换项目开/关☑：如果动作组、动作和命令前显示有该图标，代表该动作组、动作和命令可以执行；如果没有该图标，代表不可以被执行。
- 切换对话开/关▣：如果命令前显示该图标，表示动作执行到该命令时会暂停，并打开相应命令的对话框，此时可以修改命令的参数，单击"确定"按钮可以继续执行后面的动作；如果动作组和动作前出现该图标，并显示为红色▣，则表示该动作中有部分命令设置了暂停。
- 动作组/动作/命令：动作组是一系列动作的集合，而动作是一系列操作命令的集合。
- "停止播放/记录"按钮■：用来停止播放动作和停止记录动作。
- "开始记录"按钮●：单击该按钮，可以开始录制动作。
- "播放选定的动作"按钮▶：选择一个动作后，单击该按钮可以播放该动作。
- "创建新组"按钮■：单击该按钮，可以创建一个新的动作组，以保存新建的动作。
- "创建新动作"按钮■：单击该按钮，可以创建一个新动作。
- "删除"按钮■：选择动作组、动作和命令后单击该按钮，可以将其删除。

单击"动作"面板右上角的■图标，可以打开"动作"面板的菜单。在"动作"面板的菜单中，可以进行切换动作的显示状态、记录/插入动作、加载预设动作等操作，如图17-2所示。

- 按钮模式：执行该命令，可以将动作切换为按钮状态，如图17-3所示。再次执行该命令，可以切换到普通显示状态。
- 动作基本操作：执行这些命令可以新建动作或动作组、复制/删除动作或动作组以及播放动作。
- 记录、插入操作：执行这些命令可以记录动作、插入菜单项目、插入停止以及插入路径。
- 选项设置：执行这些命令可以设置动作和回放的相关选项。
- 清除、复位、载入、替换、存储动作：执行这些命令可以清除全部动作、复位动作、载入动作、替换和存储动作。
- 预设动作组：执行这些命令可以将预设的动作组添加到"动作"面板中。

图17-2   图17-3

001 理论——在动作中插入菜单项目

在Photoshop中，可以对完成的动作进行调整，例如可以向动作中插入菜单项目、停止和路径。插入菜单项目是指在动作中插入菜单中的命令，这样可以将很多不能录制的命令插入到动作中。

操作步骤

步骤01 若要在"曲线"命令后面插入"曝光度"命令，可以选择该命令后在面板菜单中执行"插入菜单项目"命令，如图17-4所示。

步骤02 打开"插入菜单项目"对话框，如图17-5所示。

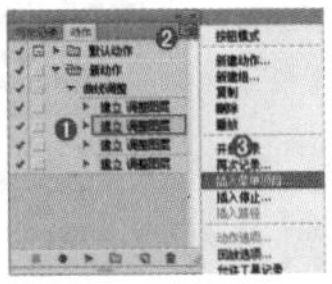

图17-4　　　　　　　　　图17-5

步骤03 执行"图像>调整>曝光度"菜单命令，如图17-6所示；然后在"插入菜单项目"对话框中单击"确定"按钮，

就可以将"曝光度"命令插入到相应命令的后面，如图17-7所示。

图17-6 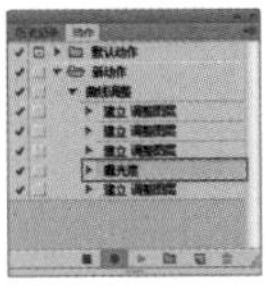　　　　　　　　　图17-7

步骤04 添加新的菜单命令后，可以在"动作"面板中双击新添加的菜单命令，在弹出的对话框中设置相应的参数即可，如图17-8所示。

图17-8

002 理论——在动作中插入停止

前面的章节中提到过并不是所有的操作都能够被记录下来，这时就需要使用"插入停止"命令。插入停止是指让动作播放到某一个步骤时自动停止，并弹出提示。这样就可以手动执行无法记录为动作的操作，例如使用画笔工具绘制或者使用加深、减淡、锐化、模糊等工具。

操作步骤

步骤01 选择一个命令，然后在面板菜单中执行"插入停止"命令，如图17-9所示。

步骤02 在弹出的"记录停止"对话框中输入提示信息，并选中"允许继续"复选框，单击"确定"按钮，如图17-10所示。

步骤03 此时"停止"动作就会插入到"动作"面板中。在"动作"面板中播放选定的动作，播放到"停止"动作时，Photoshop会弹出一个"信息"对话框，如图17-11所示。

如果单击"继续"按钮，则不会停止，并继续播放后面的动作；如果单击"停止"按钮，则会停止播放当前动作。

图17-9

图17-10 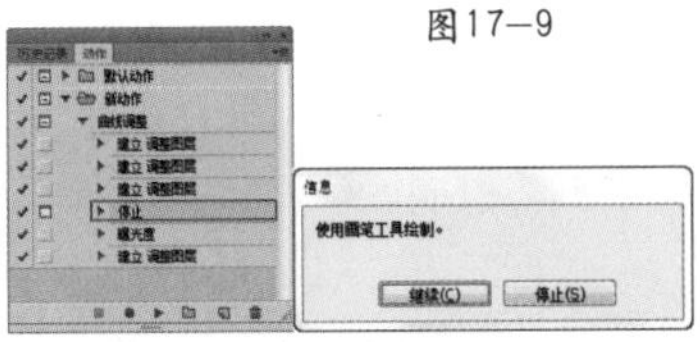　　　　　　　　　图17-11

003 理论——在动作中插入路径

由于在自动记录时，路径形状是不能够被记录的，而使用"插入路径"命令则可以将路径作为动作的一部分包含在动作中。插入的路径可以是钢笔工具和形状工具创建的路径，也可以是从Illustrator中粘贴的路径。

操作步骤

步骤01 首先在文件中绘制需要使用的路径，然后在"动作"面板中选择一个命令，执行面板菜单中的"插入路径"命令，如图17-12所示。

步骤02 在"动作"面板中出现"设置工作路径"命令，在对文件执行动作时会自动添加该路径，如图17-13所示。

图17-12　　　　　　　　　图17-13

 技巧提示

如果记录下的动作会被用于不同大小的画布，为了确保所有的命令和画笔描边能够按相关的画布大小比例而不是基于特定的像素坐标记录，可以在标尺上单击鼠标右键，在弹出的快捷菜单中选择"百分比"命令，将标尺单位转变为百分比，如图17-14所示。

使用厘米作为标尺单位　　　　　使用百分比作为标尺单位

图17-14

004 理论——播放动作

播放动作就是对图像应用所选动作或者动作中的一部分。

如果要对文件播放整个动作，可以选择该动作的名称，然后在"动作"面板中单击"播放选定的动作"按钮 ▶（如图17-15所示），或从面板菜单中执行"播放"命令。如果为动作指定了快捷键，则可以按该快捷键自动播放动作。

如果要对文件播放动作的一部分，可以选择要开始播放的命令，然后在"动作"面板中单击"播放选定的动作"按钮 ▶，如图17-16所示，或从面板菜单中执行"播放"命令。

如果要对文件播放单个命令，可以选择该命令，然后按住Ctrl键的同时在"动作"面板中单击"播放选定的动作"按钮 ▶，或按住Ctrl键双击该命令。

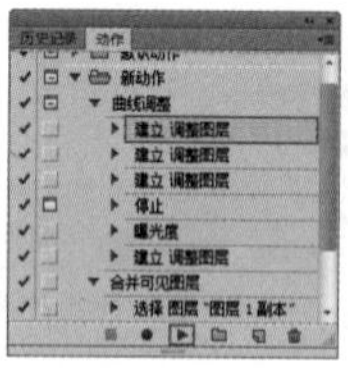

图17-15 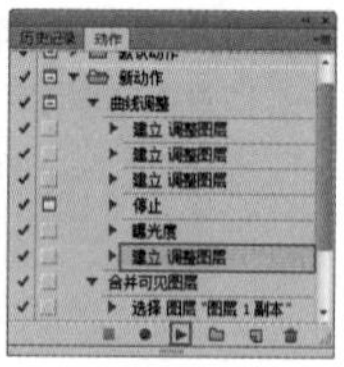　　　　图17-16

技巧提示

为了避免使用动作后得到不满意的结果而多次撤销，可以在运行一个动作之前打开"历史记录"面板，创建一个当前效果的快照。如果需要撤销操作，只需要单击之前创建的快照即可快速还原使用动作之前的效果。

005 理论——调整回放速度

在"回放选项"对话框中可以设置动作的播放速度，也可以将其暂停，以便对动作进行调试。在"动作"面板的菜单中执行"回放选项"命令可以打开"回放选项"对话框，如图17-17所示。

选中"加速"单选按钮时，计算机屏幕不出现应用动作的过程，而直接显示结果。

选中"逐步"单选按钮时，则会在播放动作时显示每个命令的处理结果，然后执行动作中的下一个命令。

选中"暂停"单选按钮时，可以在后面设置时间来指定播放动作时各个命令的间隔时间。

图17-17

006 理论——调整动作排列顺序

与在"图层"面板中调整图层顺序相似，使用鼠标左键单击选中动作或动作组并将其拖曳到合适的位置上，释放鼠标即可调整动作的排列顺序，如图17-18所示。

图17-18

007 理论——复制动作

方法01 将动作或命令拖曳到"动作"面板下面的"创建新动作"按钮 上即可复制动作或命令，如图17-19所示。

方法02 如果要复制动作组，可以将动作组拖曳到"动作"面板下面的"创建新组"按钮 上，如图17-20所示。

方法03 另外，还可以通过在面板菜单中执行"复制"命令来复制动作、动作组和命令，如图17-21所示。

技巧提示

在"动作"面板中按住Alt键选择一个动作并进行拖动也能够复制该动作。

图17-19　　　图17-20　　　图17-21

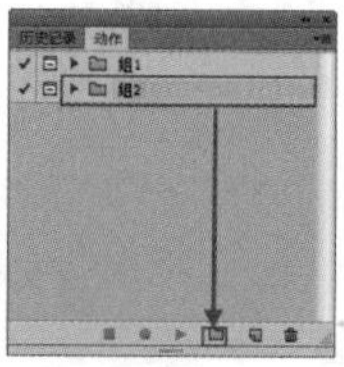

008 理论——删除动作

方法01 要删除单个动作、动作组或命令，可以选中要删除的动作、动作组或命令，将其拖曳到"动作"面板下面的"删除"按钮 上，或是在面板菜单中执行"删除"命令，如图17-22所示。

Photoshop CC 入门与实战经典(实例版)

方法02 如果需要删除多个动作，则可以在"动作"面板中按住Shift键来选择连续的动作步骤，或者按住Ctrl键选择非连续的动作，然后单击"删除"按钮即可，如图17-23所示。

方法03 如果要删除"动作"面板中的所有动作，可以在面板菜单中执行"清除全部动作"命令，如图17-24所示。

图17-22　　　　　图17-23　　　　　图17-24

009 理论——重命名动作

方法01 如果要重命名某个动作或动作组，可以双击该动作或动作组的名称，然后重新输入名称即可，如图17-25所示。

方法02 还可以在面板菜单中执行"动作选项"或"组选项"命令来重命名，如图17-26所示。

010 理论——存储动作组

将动作组存储为一个独立的文件，可以方便在其他设备中使用和传输。如果要将记录的动作存储起来，可以在面板菜单中执行"存储动作"命令，如图17-27所示，然后将动作组存储为ATN格式的文件，如图17-28所示。

图17-25　　　　　　　　　　图17-26　　　　　　　　　　　　图17-27　　　　图17-28

 技巧提示

按住 Ctrl+Alt 组合键的同时执行"存储动作"命令，可以将动作存储为TXT文本，在该文本中可以查看动作的相关内容，但是不能载入到Photoshop中。

011 理论——载入动作组

为了快速地制作某些特殊效果，可以在网站上下载相应的动作库，下载完毕后需要将其载入到Photoshop中。在面板菜单中执行"载入动作"命令，然后选择硬盘中的动作组文件即可完成载入，如图17-29所示。

012 理论——复位动作

在面板菜单中执行"复位动作"命令，可以将"动作"面板中的动作恢复到默认的状态，如图17-30所示。

013 理论——替换动作

在面板菜单中执行"替换动作"命令，可以将"动作"面板中的所有动作替换为硬盘中的其他动作，如图17-31所示。

图17-29　　　　　　　图17-30　　　　　　　图17-31

014 练习——录制与应用动作

案例文件	无
视频教学	练习实例——录制与应用动作.flv
难易指数	★★★★★
技术要点	录制动作、播放动作

案例效果

在Photoshop中，并不是所有工具和命令操作都能够被直接记录下来，但使用选框工具、套索工具、魔棒工具、裁剪、切片、魔术橡皮擦、渐变、油漆桶、文字、形状、注释、吸管和颜色取样器等工具进行操作时，都可被记录下来。"历史记录"面板、"色板"面板、"颜色"面板、"路径"面板、"通道"面板、"图层"面板和"样式"面板中的操作也可以记录为动作。如图17-32所示为本案例效果。

图17-32

操作步骤

步骤01 打开素材文件，执行"窗口>动作"菜单命令或按Alt+F9组合键，打开"动作"面板，如图17-33所示。

图17-33

步骤02 在"动作"面板中单击"创建新组"按钮，然后在弹出的"新建组"对话框中设置"名称"为"新动作"，最后单击"确定"按钮，即可创建一个新动作组，如图17-34所示。

图17-34

步骤03 在"动作"面板中单击"创建新动作"按钮，然后在弹出的"新建动作"对话框中设置"名称"为"曲线调整"，为了便于查找，可以将"颜色"设置为"蓝色"，最后单击"记录"按钮，开始记录操作，如图17-35所示。

图17-35

步骤04 按Ctrl+M组合键打开"曲线"对话框调整曲线形状，增强画面对比度，此时在"动作"面板中将出现"曲线"动作，如图17-36所示。

图17-36

步骤05 按Ctrl+U组合键打开"色相/饱和度"对话框，然后选择"全图"，设置"饱和度"为15，如图17-37所示。

步骤06 此时图像调整完成，按Shift+Ctrl+S组合键存储文件，在"动作"面板中单击"停止播放/记录"按钮停止记录，如图17-38所示。

图17-37   图17-38

步骤07 关闭当前文档，然后打开照片素材文件，如图17-39所示。

步骤08 在"动作"面板中选择"曲线调整"动作，并单击播放按钮，此时Photoshop会按照前面记录的动作处理图像，最终效果如图17-40所示。

图17-39   图17-40

17.2 自动化处理大量文件

知识精讲：详解"批处理"对话框

在实际操作中，很多时候需要对大量的图像进行相同的处理，例如调整多张数码照片的尺寸、统一调整色调、制作大量的证件照等，这时就可以通过使用Photoshop中的批处理功能来完成大量重复的操作。"批处理"命令可以对一个文件夹中的所有文件运行动作，从而提高工作效率并实现图像处理的自动化，如图17-41所示。

操作步骤

步骤01 执行"文件>自动>批处理"菜单命令，打开"批处理"对话框，如图17-42所示。

步骤02 在"播放"选项组中需要选择要用来处理文件的动作，如图17-43所示。

步骤03 在"源"选项组中需要选择要处理的文件，如图17-44所示。

原 图　　　　　　　　批量处理后

图17—41

图17—42

图17—44

- 选择"文件夹"选项并单击下面的"选择"按钮时，可以在弹出的对话框中选择一个文件夹。
- 选择"导入"选项时，可以处理来自扫描仪、数码相机、PDF文档的图像。
- 选择"打开的文件"选项时，可以处理当前所有打开的文件。
- 选择Bridge选项时，可以处理Adobe Bridge中选定的文件。
- 选中"覆盖动作中的'打开'命令"复选框时，在批处理时可以忽略动作中记录的"打开"命令。
- 选中"包含所有子文件夹"复选框时，可以将批处理

应用到所选文件夹中的子文件夹。

- 选中"禁止显示文件打开选项对话框"复选框时，在批处理时不会打开"文件选项"对话框。
- 选中"禁止颜色配置文件警告"复选框时，在批处理时会关闭颜色方案信息的显示。

步骤04 在"目标"选项组中可以设置完成批处理以后文件的保存位置，如图17-45所示。

图17—45

- 选择"无"选项时，表示不保存文件，文件仍处于打开状态。
- 选择"存储并关闭"选项时，可以将文件保存在原始文件夹中，并覆盖原始文件。
- 选择"文件夹"选项并单击下面的"选择"按钮时，可以指定用于保存文件的文件夹。

技巧提示

当设置"目标"为"文件夹"选项时，下面将出现一个"覆盖动作中的'存储为'命令"复选框。如果动作中包含"存储为"命令，则应该选中该复选框，这样在批处理时，动作中的"存储为"命令将引用批处理的文件，而不是动作中指定的文件名和位置。

步骤05 当设置"目标"为"文件夹"选项时，可以在"文件命名"选项组中设置文件的命名格式以及文件的兼容性（包括Windows、Mac OS和Unix），如图17-46所示。

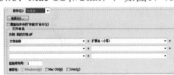

图17—46

图17—43

015 练习——批处理图像文件

案例文件	无
视频教学	练习实例——批处理图像文件.flv
难易指数	★★★★★
技术要点	载入动作、批处理

案例效果

本例将对4张图像进行批处理，如图17-47所示。对多个图像文件进行批处理，首先需要创建或载入相关"动作"，然后执行"文件>自动>批处理"菜单命令进行相应设置即可。

操作步骤

步骤01 无需打开素材图像，但是需要载入已有的动作素材，在"动作"面板的菜单中执行"载入动作"命令，然后在弹出的"载入"对话框中选择已有的动作素材文件，如图17-48所示。

原图　　　　　　　　批处理后

图17—47

步骤02 执行"文件>自动>批处理"菜单命令，打开"批处理"对话框，然后在"播放"选项组中选择上一步载入的"动作素材"动作，并设置"源"为"文件夹"，接着单击下面的"选择"按钮，在弹出的对话框中选择本书配套光盘中的"系列照"文件夹，如图17-49所示。

图17—48

图17—49

步骤03 设置"目标"为"文件夹",然后单击下面的"选择"按钮,接着设置好文件的保存路径,最后选中"覆盖动作中的'存储为'命令"复选框,如图17-50所示。

图17—50

步骤04 在"批处理"对话框中单击"确定"按钮,Photoshop会自动处理文件夹中的图像,并将其保存到设置好的文件夹中,如图17-51所示。

图17—51

 技巧提示

要改进批处理的性能,可以执行"编辑>首选项>性能"菜单命令,在打开的对话框中减小"历史记录状态"的数目,如图17-52所示。

接着在"历史记录"面板菜单中选择"历史记录选项"命令,在打开的对话框中取消选中"自动创建第一幅快照"复选框,如图17-53所示。

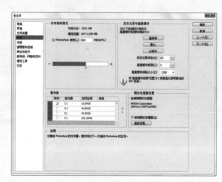

图17—52

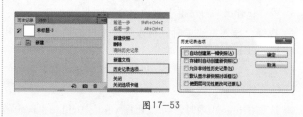

图17—53

知识精讲:了解图像处理器

使用"图像处理器"命令可以方便并且批量地转换图像文件格式、调整文件大小和质量。执行"文件>脚本>图像处理器"菜单命令,打开"图像处理器"对话框,在该对话框中,可以将一组文件转换为JPEG、PSD或TIFF文件格式中的一种,或者将文件同时转换为这3种格式,如图17-54所示。

- 选择要处理的图像:选择需要处理的文件,也可以选择一个文件夹中的文件。如果选中"打开第一个要应用设置的图像"复选框,将对所有图像应用相同的设置。

技巧提示

通过图像处理器应用的设置是临时性的,只能在图像处理器中使用。如果未在图像处理器中更改图像的当前Camera Raw设置,则会使用这些设置来处理图像。

图17—54

- 选择位置以存储处理的图像:选择处理后的文件的存储路径。
- 文件类型:设置将文件处理成何种类型,包括JPEG、PSD和TIFF3种类型。可以将文件处理成其中一种类型,也可以将文件处理成2种或3种类型。
- 首选项:在该选项组中可以选择动作来运用处理程序。

技巧提示

设置好参数以后，可以单击"存储"按钮将当前配置存储起来，在下次需要使用该配置时，就可以单击"载入"按钮来载入保存的参数配置。

17.3 脚本与数据驱动图形

知识精讲：认识"脚本"

Photoshop 提供了多个默认事件，这些事件集中在"文件>脚本"菜单下，如图17-55所示。可以使用事件（如在Photoshop中打开、存储或导出文件）来触发JavaScript或Photoshop动作。另外，也可以使用任何可编写脚本的Photoshop事件来触发脚本或动作。Photoshop可以通过脚本来支持外部自动化。在Windows操作系统中，可以使用支持COM自动化的脚本语言，例如VB Script；在Mac OS操作系统中，可以使用允许发送Apple事件的语言，例如AppleScript。这些语言不是跨平台的，但可以控制多个应用程序，例如Photoshop、Illustrator和Microsoft Office。

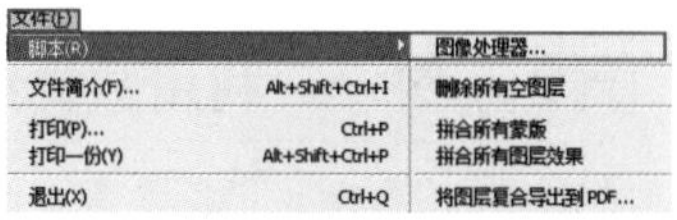

图17-55

知识精讲：认识"数据驱动图形"

利用数据驱动图形，可以快速准确地生成图像的多个版本，以用于印刷项目或Web项目。可以通过从Photoshop中导出来生成图形，也可以创建在Adobe GoLive或Adobe Graphics Server等其他程序中使用的模板上。

知识精讲：定义变量

变量是指用来定义模板中将发生变化的元素。可以定义3种类型的变量，分别是可见性变量、像素替换变量和文本替换变量，如图17-56所示。可以通过执行"图像>变量>定义"菜单命令，在打开的"变量"对话框中定义变量，如图17-57所示。

- 图层：选择用于定义变量的图层，"背景"图层不能定义变量。
- 变量类型：设置需要定义的变量类型。"可见性"表示显示或隐藏图层的内容；"像素替换"表示使用其他图像文件中的像素来替换当前图层中的像素；"文本替换"表示替换文字图层中的文本字符串。

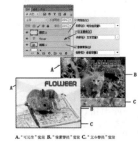

A. "可见性"变换 B. "像素替换"变换 C. "文本替换"变换

图17-56

图17-57

知识精讲：定义数据组

数据组是指变量及其相关数据的集合。执行"图像>变量>数据组"菜单命令，打开"变量"对话框，在该对话框中可以设置数据组的相关选项，如图17-58所示。

"数据组"选项组。

- 单击"转到上一个数据组"按钮◀，可以切换到前一个数据组。
- 单击"转到下一个数据组"按钮▶，可以切换到后一个数据组。
- 单击"基于当前数据组创建新数据组"按钮，可以创建一个新数据组。
- 单击"删除此数据组"按钮，可以删除选定的数据组。

"变量"选项组。在该选项组中可以调整变量的数据。

- 对于可见性变量，选中"可见"单选按钮，可以显示图层的内容。

图17-58

○ 对于像素替换变量▣，单击"选择文件"按钮，可以选择需要替换的图像文件。

○ 对于文本替换变量 **T**，可以在"值"文本框中输入一个文本字符串。

016 理论——预览和应用数据组

创建模板图像和数据组以后，执行"图像>应用数据组"菜单命令，可打开"应用数据组"对话框，如图17-59所示。从列表中选择数据组，然后选中"预览"复选框，可以在文档窗口中预览图像。单击"应用"按钮，可以将数据组的内容应用于基本图像，同时所有变量和数据组保持不变。

图17-59

017 理论——导入与导出数据组

执行"文件>导入>变量数据组"菜单命令或在数据组的"变量"对话框中单击"导入"按钮，可以导入在文本编辑器或电子表格程序中创建的数据组。定义变量及一个或多个数据组后，执行"文件>导出>数据组作为文件"菜单命令，可以按批处理模式使用数据组将图像导出为PSD文件。

018 练习——利用数据组替换图像

案例文件	无
视频教学	练习实例——利用数据组替换图像.flv
难易指数	★★★★★
技术要点	定义变量、导入数据组文件

本例将使用数据组替换图像文件的部分内容，从而达到快速制作大量版式相同而内容不同的图像的目的。使用本例的思路能够快速制作类似日历、员工卡等数量众多、内容繁杂的项目，本案例效果如图17-60所示。

案例效果

图17-60

操作步骤

步骤01 首先需要制作好模板文件，为了便于操作可以将非变量图层合并为一个背景图层，从文件中可以看到需要更改的内容，包括个人资料的文字部分和照片部分，如图17-61所示。

图17-61

图17-62

步骤02 下面开始为图像定义变量，也就是在Photoshop中指定哪些内容是需要改变的。执行"图像>变量>定义"命令，如图17-62所示。

步骤03 在弹出的"变量"对话框中首先需要在"图层"下拉列表框中选择一个变量文字图层"布兰妮"，然后选中"文本替换"复选框，并在"名称"文本框中输入"姓名"，如图17-63所示。

技巧提示

定义过变量的图层名称后会显示"*"。

图17-63

步骤04 用同样的方法定义列表中的其他文字变量图层。为"购物"定义变量类型为"文本替换"，"名称"为"爱好"；为"歌手"定义变量类型为"文本替换"，"名称"为"职业"；为"1981"定义变量类型为"文本替换"，

"名称"为"年份"。最后选择"照片"图层，由于该图层为人像照片，所以需要设置变量类型为"像素替换"，并设置名称为"照片"，"方法"为"限制"，如图17-64所示。

步骤05 此时在"图层"下拉列表框中可以看到所有的变量均被定义完毕，如图17-65所示。

图17-64

图17-65

步骤06 变量定义完成后需要制作"数据组"，数据组需要在"记事本"程序中制作。创建空白"记事本"文件，命名为"变量"，并输入所需内容，如图17-66所示。

图17-66

技巧提示

第一行为变量项目，以下所有行为变量值。

第一行中的项目名称必须与在"变量"对话框中为每个图层定义的变量名称完全一致。

文件中的项目用制表符隔开而不是空格（按键盘上的Tab键即可输入制表符）。

像素替换变量一般是用一个外部图像替换，变量值应该是一个图像的相对路径或绝对路径，如果图像与数据组文件保存在同一目录下，使用相对路径即可。

步骤07 数据组文本完成之后需要将文本存储为*.txt文件或*.csv文件。*.txt格式的数据组文件最好用ANSI编码存储，如图17-67所示。准备好需要使用的照片素材，放置在"照片"文件夹内，如图17-68所示。

图17-67

图17-68

步骤08 执行"图像>变量>数据组"菜单命令，在弹出的"变量"对话框中单击右侧的"导入"按钮，并在弹出的"导入数据组"对话框中单击"选择文件"按钮，拾取之前创建的数据组文本，选中"将第一列用作数据组名称"复选框，单击"确定"按钮完成操作，如图17-69所示。

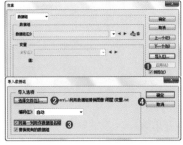

图17-69

步骤09 数据组导入成功后选中面板右侧的"预览"复选框，然后在"数据组"下拉列表框中选择一个数据组即可预览该数据的结果图像，单击"确定"按钮完成当前操作，如图17-70所示。

图17-70

步骤10 执行"图像>应用数据组"菜单命令，观察预览结果，确定正确后单击"应用"按钮将数据应用到文件，如图17-71所示。

图17-71

步骤11 执行"文件>导出>数据组作为文件"菜单命令，在弹出的"将数据组作为文件导出"对话框中选择输出文件存储的位置，并选择所有数据组，单击"确定"按钮开始导出，如图17-72所示。

图17-72

步骤12 Photoshop将开始自动创建PSD文件，最终效果如图17-73所示。

图17-73

Chapter 18

第18章

打印与输出

在Photoshop中，可以将图像发送到多种设备，以便直接在纸上打印图像或将图像转换为胶片上的正片或负片图像。在后一种情况下，可以将图像分成4个印版，即图像的青色（C）、黄色（Y）、洋红（M）和黑色（K）印版。在打印彩色图像时打印机通常需要将图像分成4个印版，以便通过机械印刷机进行印刷。将图像分成两种或多种颜色的过程称为颜色墨打印并相互对齐后，这些颜色组合起来可以重现出原始的图片，使用适当油分色，从中创建印版的胶片称为分色版。

本章学习要点：

掌握打印的基本设置

了解色彩管理与输出

18.1 打印图像

在Photoshop中，可以将图像发送到多种设备，以便直接在纸上打印图像或将图像转换为胶片上的正片或负片图像。在后一种情况下，可使用胶片创建主印版，以便通过机械印刷机进行印刷。在打印彩色图像时打印机通常需要将图像分成4个印版，即图像的青色（C）、黄色（Y）、洋红（M）和黑色（K）印版。使用适当油墨打印并相互对齐后，这些颜色组合起来可以重现出原始的图片，如图18-1所示。将图像分成两种或多种颜色的过程称为颜色分色，从中创建印版的胶片称为分色版。

图18-1

知识精讲：设置打印基本选项

文件在打印之前需要对其印刷参数进行设置。执行"文件>打印"菜单命令，打开"打印"对话框，在该对话框中可以预览打印作业的效果，并且可以对打印机、打印份数、输出选项和色彩管理等进行设置，如图18-2所示。

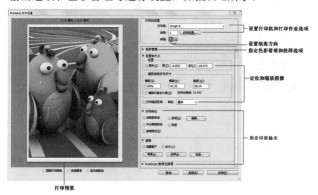

图18-2

- ◎ 打印机：在下拉列表中可以选择打印机。

- ◎ 份数：设置要打印的份数。

- ◎ 打印设置：单击该按钮，可以打开一个属性对话框，如图18-3所示。在该对话框中可以设置纸张的方向、页面的打印顺序和打印页数。

图18-3

- ◎ "横向打印纸张"按钮 / "纵向打印纸张"按钮 ：将纸张方向设置为横向或纵向。

- ◎ 位置：选中"居中"复选框，可以将图像定位于可打印区域的中心；取消选中"居中"复选框，可以在"顶"和"左"文本框中输入数值来定位图像，也可以在预览区域中移动图像进行自由定位，从而打印部分图像，如图18-4所示。

图18-4

- ◎ 缩放后的打印尺寸：如果选中"缩放以适合介质"复选框，可以自动缩放图像到适合纸张的可打印区域；如果取消选中"缩放以适合介质"复选框，可以在"缩放"文本框中输入图像的缩放比例，或在"高度"和"宽度"文本框中设置图像的尺寸，如图18-5所示。

图18-5

知识精讲：创建颜色陷印

"陷印"又称"扩缩"或"补漏白"，主要是为了弥补因印刷不精确而造成的相邻的不同颜色之间留下的无色空隙，如图18-6所示。

不包含陷印的未对齐对象　　包含陷印的未对齐对象

图18-6

> **技巧提示**
>
> 肉眼观察印刷品时，会出现一种深色距离较近，浅色距离较远的错觉。因此，在处理陷印时，需要使深色下的浅色不露出来，而保持上层的深色不变。

执行"图像>陷印"菜单命令，可以打开"陷印"对话框，其中"宽度"选项表示印刷时颜色向外扩张的距离，如图18-7所示。

图18-7

> **技巧提示**
>
> 只有图像的颜色为CMYK颜色模式时，"陷印"命令才可用。另外，图像是否需要陷印一般由印刷商决定，如果需要陷印，印刷商会告诉用户要在"陷印"对话框中输入的数值。

18.2 色彩管理与输出

在"打印"对话框中，不仅可以对打印参数进行设置，还可以对打印图像的色彩以及对输出的打印标记和函数进行设置。

知识精讲：指定色彩管理

在"打印"对话框右侧选择"色彩管理"选项，然后便可以对打印颜色进行设置，如图18-8所示。

● **颜色处理**：设置是否使用色彩管理。如果使用色彩管理，则需要确定将其应用到程序中还是打印设备中。

● **打印机配置文件**：选择适用于打印机和将要使用的纸张类型的配置文件。

● **渲染方法**：指定颜色从图像色彩空间转换到打印机色彩空间的方式，共有"可感知"、"饱和度"、"相对比色"、"绝对比色"4个选项。"可感知"渲染将尝试保留颜色之间的视觉关系，色域外颜色转变为可重现颜色时，色域内的颜色可能会发生变化。因此，如果图像的色域外颜色较多，可感知渲染是最理想的选择。"相对比色"渲染可以保留较多的原始颜色，是色域外颜色较少时的最理想选择。

> **技巧提示**
>
> 一般情况下，打印机的色彩空间要小于图像的色彩空间。因此，通常会造成某些颜色无法重现，而所选的渲染方法将尝试补偿这些色域外的颜色。

图18-8

知识精讲：指定印前输出

可以在"打印"对话框的"打印标记"与"函数"组中指定页面标记和其他输出内容，如图18-9所示。

● **角裁剪标志**：在要裁剪页面的位置打印裁剪标记。可以在角上打印裁剪标记。在PostScript打印机上，选择该选项也将打印星形色靶。

- 说明：打印在"文件简介"对话框中输入的任何说明文本（最多约300个字符）。
- 中心裁剪标志：在要裁剪页面的位置打印裁切标记。可以在每条边的中心打印裁切标记。
- 标签：在图像上方打印文件名。如果打印分色，则将分色名称作为标签的一部分进行打印。
- 套准标记：在图像上打印套准标记（包括靶心和星形靶）。这些标记主要用于对齐PostScript打印机上的分色。
- 药膜朝下：使文字在药膜朝下（即胶片或像纸上的感光层背对）时可读。在正常情况下，打印在纸上的图像是药膜朝上打印的，感光层正对时文字可读。打印在胶片上的图像通常采用药膜朝下的方式打印。
- 负片：打印整个输出（包括所有蒙版和任何背景色）的反相版本。

 技巧提示

　　"负片"与"图像>调整>反相"菜单命令不同，"负片"是将输出转换为负片。尽管正片胶片在许多国家/地区很普遍，但是如果将分色直接打印到胶片，可能需要负片。

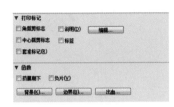

图18-9

- 背景：选择要在页面上的图像区域外打印的背景色。
- 边界：在图像周围打印一个黑色边框。
- 出血：在图像内而不是在图像外打印裁剪标记。

 读书笔记

精通人像照片精修

本章学习要点：

- 美白磨皮
- 还原粉嫩肌肤
- 塑造S型优美曲线
- 魔幻风格彩妆

拍摄照片后经常会因为各种原因而对照片效果不满意，可能是主观的，也可能是客观的，使用Photoshop对照片进行精修会让你实现满意的效果。如粗糙的皮肤、明显的皱纹、大小眼等，这种原因的各种方法。本章将讲解照片精修

001 美白磨皮

案例文件	美白磨皮.psd
视频教学	美白磨皮.flv
难度级别	★★★★★
技术要点	仿制图章、液化滤镜、Portraiture 2滤镜、调整图层

案例效果

本案例修复前后对比效果如图19-1所示。

操作步骤

步骤01 打开本书配套光盘中的素材文件，可以看到人像肤色不仅偏暗，而且面部有多处皱纹，面部外轮廓也需要进行调整，如图19-2所示。

图19-1　　　　　　图19-2

步骤02 首先对面部瑕疵进行修复。单击工具箱中的仿制图章工具，按Alt键吸取周围皮肤颜色，在皱纹上进行适当的涂抹，以掩盖皱纹，如图19-3所示。

图19-3

步骤03 下面需要对面部外轮廓进行调整。执行"滤镜>液化"菜单命令，单击"向前变形"按钮，在工具选项中设置"画笔大小"为950，"画笔密度"为80，"画笔压力"为68，调整面颊两侧的形状，单击"确定"按钮结束操作，如图19-4所示。

图19-4

步骤04 下面需要对人像进行磨皮，这里使用到的是非常著名的磨皮滤镜Portraiture 2。执行"滤镜>Imagenomic>Portraiture"菜单命令，打开外挂滤镜，使用吸管工具吸取皮肤区域，适当调整数值，可以看到皮肤部分变得非常光滑，如图19-5所示。

说明：对人像皮肤进行磨皮时一般使用磨皮滤镜，此滤镜为外挂滤镜，需用户从网络中下载，然后将其直接放在Photoshop安装文件夹中的滤镜（Plug-Ins）目录中即可。重新启动Photoshop即可在"滤镜"菜单中查看。

图19-5

步骤05 下面需要对肤色进行调整。单击"图层"面板中的"调整图层"按钮，执行"曲线"命令，在弹出的"属性"面板中设置RGB曲线形状将画面提亮，如图19-6所示。

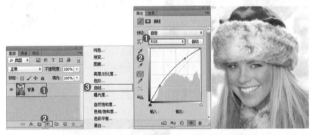

图19-6

步骤06 设置前景色为黑色，单击工具箱中的画笔工具，在曲线调整图层蒙版中涂抹面部以外的区域，如图19-7所示。

图19-7

步骤07 再次创建"可选颜色"调整图层，在弹出的"属性"面板中设置"颜色"为黄色，设置其"青色"为47%，"洋红"为－37%，"黄色"为－76%，"黑色"为－34%，同样使用黑色柔角画笔工具在调整图层蒙版中涂抹皮肤以外的区域，如图19-8所示。

步骤08 再次创建"曲线"调整图层，在弹出的"属性"面板中设置RGB曲线形状，为蒙版填充黑色，然后使用白色柔角画笔工具涂抹颧骨的区域，如图19-9所示。

步骤09 再次创建"自然饱和度"调整图层，在弹出的"属性"面板中设置其"自然饱和度"为+90，增强画面整体饱和度，最终效果如图19-10所示。

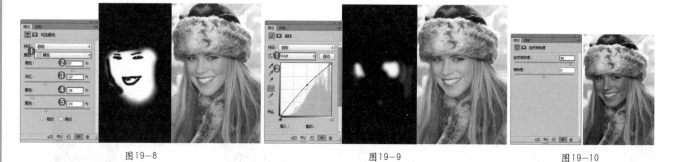

图19-8　　　　　　　　　　图19-9　　　　　　　　　　图19-10

002 打造超细腻质感肌肤

案例文件	打造超细腻质感肌肤.psd
视频教学	打造超细腻质感肌肤.flv
难易指数	★★★★★
知识掌握	污点修复画笔工具、仿制图章工具、高斯模糊、液化滤镜

案例效果

本案例修复前后对比效果如图19-11所示。

图19-11

操作步骤

步骤01 按Ctrl+O组合键，打开素材文件，从图像中可以看出人像肤色偏暗，而且有一些斑点，如图19-12所示。

图19-12

步骤02 首先单击污点修复画笔工具 ，在选项栏中打开画笔选取器，调整画笔"大小"为12像素，"硬度"为0%，"间距"为25%，然后单击面部斑点处将斑点去除，如图19-13所示。

图19-13

步骤03 眼袋与鼻翼处偏暗，下面进行调整。单击仿制图章工具，在选项栏中单击"画笔预设"拾取器，设置画笔"大小"为35像素，"硬度"为0%，调整"不透明度"为50%。"流量"为50%，然后按Alt键吸取源，最后对眼袋与鼻翼处进行绘制涂抹，如图19-14所示。

图19-14

步骤04 下面需要对人像进行磨皮操作，使肤色更加均匀。执行"滤镜>模糊>高斯模糊"菜单命令，在弹出的高斯模糊对话框中，设置"半径"为5像素，此时画面整体呈现模糊效果，如图19-15所示。

图19-15

步骤05 高斯模糊后面部皮肤细腻了很多，但是其他部分也被模糊了，所以需要打开"历史记录"面板，标记高斯模糊操作，并回到上一步。然后单击历史记录画笔工具 ，回到人像图层中，对皮肤部分进行绘制涂抹，如图19-16所示。

图19-16

图19-17

步骤06 下面需要将图像整体提亮。创建新的"曲线"调整图层，并在RGB模式下单击建立两个控制点，设置"输入"为104，"输出"为68；另一个设置"输入"为188，"输出"为142，如图19-17所示。

步骤07 按Ctrl + Alt + Shift + E 组合键盖印图层，然后执行"滤镜>液化"菜单命令，在弹出的"液化"对话框中，单击"向前变形"按钮，设置"画笔大小"为200，"画笔密度"为80，"画笔压力"为80，对人像面部进行调整，最终效果如图19-18所示。

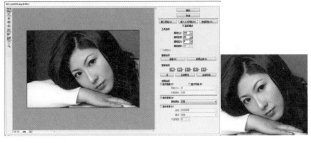

图19-18

003 还原粉嫩肌肤

案例文件	还原粉嫩肌肤.psd
视频教学	还原粉嫩肌肤.flv
难度级别	★★★★★
技术要点	曲线，可选颜色

案例效果

本案例修复前后对比效果如图19-19所示

图19-19

操作步骤

步骤01 打开本书配套光盘中的素材文件，从图中可以看出人像皮肤部分偏色比较明显，如图19-20所示。

图19-20

步骤02 执行"图层>新建调整图层>曲线"菜单命令，创建新的"曲线"调整图层，在RGB模式下建立两个控制点，调整好曲线的形状，然后将曲线蒙版填充黑色，使用白色画笔涂抹出人像皮肤部分，此时肤色亮度提高，但是偏色问题依然存在，如图19-21所示。

图19-21

步骤03 从画面中可以发现人像肤色偏黄的成分较多，而且如果想要使肤色倾向于粉嫩的颜色，"红色"的成分也需要调整。创建新的"可选颜色"调整图层，选择红色，设置"洋红"为 - 42%，"黄色"为 - 63%，"黑色"为+45%；然后选择黄色，设置"洋红"为 - 28%，"黄色"为 - 56%，"黑色"为+20%；再将曲线蒙版填充黑色，使用白色画笔涂抹出人像皮肤部分，此时可以看到肤色呈现出粉嫩的颜色，如图19-22所示。

步骤04 最终效果如图19-23所示。

图19-22

图19-23

004 去除皱纹还原年轻态

案例文件	去除皱纹还原年轻态.psd
视频教学	去除皱纹还原年轻态.flv
难度级别	★★★★★
技术要点	仿制图章工具

案例效果

本案例修复前后对比效果如图19-24所示。

图19-24

操作步骤

步骤01 打开本书配套光盘中的素材文件，可以看到人像面部，眼睛周围和嘴角处有非常明显的皱纹，不太美观，如图19-25所示。

步骤02 按Ctrl+J组合键复制出一个人像副本，然后单击仿制图章工具，在选项栏中设置画笔"大小"为99像素，选择一个柔角笔刷，并设置"不透明度"为50%，"流量"为50%，如图19-26所示。

 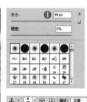

图19-25　　　　　　图19-26

步骤03 首先处理面部左下角的皱纹，按住Alt键在皱纹附近的区域单击选取用于仿制的像素，然后在皱纹处涂抹以修复皱纹，如图19-27所示。

图19-27

步骤04 使用修补工具在眼睛周围处的细纹上绘制一个皱纹的选区，然后将选区拖动到正常的皮肤部分，可以看到皱纹被修复，如图19-28所示。

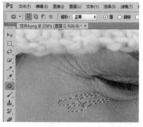

图19-28

步骤05 同样使用修补工具修复眼角处的皱纹，此时可以看到眼睛周围细纹被抹去，如图19-29所示。

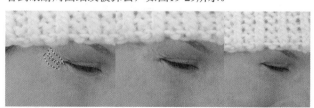

图19-29

步骤06 继续在右眼下眼袋处绘制选区，并向下拖动，以修复有眼袋处的皱纹，如图19-30所示。

步骤07 下面开始处理鼻子下方的两条皱纹。使用修补工具在皱纹处绘制选区，并拖动到正常皮肤上，如图19-31所示。

图19-30   图19-31

步骤08 同样的方法修复另外一条皱纹，如图19-32所示。

图19-32

步骤09 此时人像面部皱纹修复完成，为了使皮肤更加细腻，可以使用磨皮滤镜进行磨皮。执行"滤镜>Imagenomic>Portraiture"菜单命令，打开外挂滤镜，使用吸管工具吸取皮肤区域，并适当调整数值，可以看到皮肤部分变得非常光滑，如图19-33所示。

图19-33

步骤10 导入光效素材，设置混合模式为"滤色"，再导入艺术字素材放在左下角，最终效果如图19-34所示。

图19-34

005 还原洁白牙齿

案例文件	还原洁白牙齿.psd
视频教学	还原洁白牙齿.flv
难度级别	★★★★★
技术要点	液化滤镜、曲线调整图层、自然饱和度调整图层

案例效果

本案例修复前后对比效果如图19-35所示。

图19-35

操作步骤

步骤01 打开本书配套光盘中的素材文件，可以看到素材中的儿童牙齿不太整齐，而且颜色偏黄，如图19-36所示。

图19-36

步骤02 首先使用液化滤镜调整牙齿形状，执行"滤镜>液化"菜单命令，在弹出的对话框中单击"向前变形"按钮，在工具选项中设置"画笔大小"为31，"画笔密度"为80，"画笔压力"为68，调整人像牙齿形状完成后单击"确定"按钮结束操作，如图19-37所示。

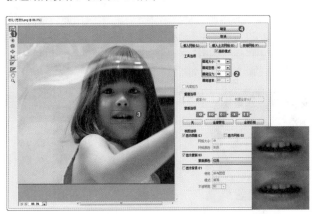

图19-37

步骤03 单击"图层"面板中的"新建调整图层"按钮，执行"曲线"命令，在弹出的"属性"面板中将RGB曲线提亮，将"红"曲线压暗，如图19-38所示。

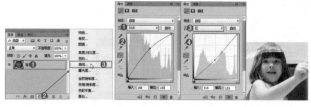

图19-38

步骤04 由于此处创建的"曲线"调整图层只需要针对牙齿部分进行调整，所以需要在该"曲线"调整图层蒙版中填充黑色，然后使用白色画笔工具涂抹牙齿区域，此时可以看到只有牙齿部分受到了曲线调整图层的作用，如图19-39所示。

步骤05 载入"曲线"调整图层蒙版的选区，并再次创建"自然饱和度"调整图层，设置其"自然饱和度"数值为－61，此时"自然饱和度"调整图层也是针对于选区内部的牙齿进行调整，最终效果如图19-40所示。

图19-39　　　　　　　图19-40

006 增加眼睛神采

案例文件	增加眼睛神采.psd
视频教学	增加眼睛神采.flv
难度级别	★★★★★
技术要点	仿制图章工具，高斯模糊滤镜，画笔工具，调整图层

案例效果

本案例修复前后对比效果如图19-41所示。

图19-41

操作步骤

步骤01 打开本书配套光盘中的人像素材文件，可以看到人像的眼睛细节不明显、对比度较低，如图19-42所示。

步骤02 首先使用加深与减淡工具增强眼睛的对比度。单击工具箱中的加深工具，在选项栏中设置合适的画笔样式以及大小，设置"范围"为"阴影"，设置"曝光度"为20%，然后涂抹人像眼睛中的暗部区域，如图19-43所示。

图19-42　　　　　　　图19-43

步骤03 继续单击工具箱中的减淡工具，在选项栏中设置合适的画笔样式以及大小，设置"范围"为"中间调"，设置"曝光度"为20%，然后涂抹人像眼睛中的亮部区域，如图19-44所示。

步骤04 按Ctrl+J组合键复制出一个人像副本。单击工具箱中的仿制图章工具，在选项栏中设置画笔"大小"为26像素，"硬度"为0，设置画笔"不透明度"为50%，"流量"为50%。按住Alt键吸取干净皮肤部分的像素，最后在皮肤的色块处进行涂抹，如图19-45所示。

图19-44　　　　　　　图19-45

步骤05 然后执行"滤镜>模糊>高斯模糊"菜单命令，在弹出的高斯模糊对话框中设置"半径"为2像素，此时画面呈现模糊的效果，如图19-46所示。

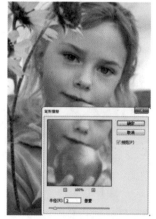

图19-46

步骤06 接着在"历史记录"面板中标记最后一项高斯模糊操作，并返回到上一步操作状态下，然后使用历史记录画笔工具在人像皮肤部位涂抹，使皮肤变得更柔和，如图19-47所示。

步骤07 创建新图层，设置前景色为白色，然后单击画笔工具，选择一个柔角画笔，在选项栏中调整"不透明度"为50%，在眼球位置上绘制出高光弧，如图19-48所示。

图19-47　　　　　　　　　图19-48

步骤08 接着新建图层，使用画笔工具在人像眼睛处绘制出高光，设置图层"不透明度"为60%，如图19-49所示。

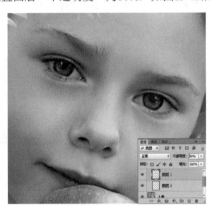

图19-49

步骤09 创建新的"色相/饱和度"调整图层，设置"饱和度"为+28，然后将调整图层的蒙版填充黑色，使用白色画笔涂抹出人像的眼球，如图19-50所示。

图19-50

步骤10 创建新的"可选颜色"调整图层，设置"颜色"为"红色"，调整"洋红"为-27%，"黄色"为-6%，然后将蒙版填充为黑色，使用白色画笔涂抹出人像的眼球，如图19-51所示。

图19-51

步骤11 创建新的"曲线"调整图层，调整好曲线形状，然后将蒙版填充黑色，使用白色画笔涂抹出人像的眼球，此时眼部被提亮，与皮肤亮度产生差别，如图19-52所示。

步骤12 最终效果如图19-53所示。

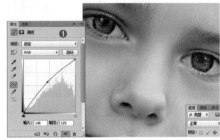

图19-52　　　　　　　　　图19-53

007 打造淡雅彩妆

案例文件	打造淡雅彩妆.psd
视频教学	打造淡雅彩妆.flv
难度级别	★★★★★
技术要点	减淡工具、曲线、色相/饱和度、画笔工具、钢笔工具

案例效果

本案例修复前后对比效果如图19-54所示。

操作步骤

步骤01 打开本书配套光盘中的素材文件，如图19-55所示。

图19-54　　　　　　　　　图19-55

步骤02 按Ctrl+J组合键复制出一个人像副本图层，然后单击减淡工具，在选项栏中设置减淡"范围"为"中间调"，"曝光度"为10%，选择一个柔角画笔工具，将眼球下半部分的反光弧擦出来，如图19-56所示。

步骤03 接着继续使用减淡工具在下眼睑处绘制出高光效果，如图19-57所示。

图19-56　　　　　　　　　图19-57

479

步骤04 创建新的"亮度/对比度"调整图层,设置"对比度"为40,然后在蒙版中使用黑色画笔涂抹人像皮肤部分,如图19-58所示。

图19-58

步骤05 创建新的"曲线"调整图层,调整曲线形状,增强对比度,然后将蒙版填充为黑色,使用白色画笔涂抹出人像的眼球,此时眼睛部分的对比度增强,使眼睛更加具有神采,如图19-59所示。

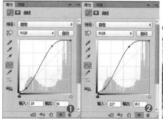 

图19-59

步骤06 创建新的"色相/饱和度"调整图层,设置"色相"为﹣62,然后将蒙版填充为黑色,使用白色画笔涂抹出人像的眼球,使眼球变为紫色调,如图19-60所示。

图19-60

步骤07 创建新图层,设置前景色为白色,然后单击画笔工具,选择柔角画笔,在选项栏中调整"不透明度"为10%,在眼球下半部分绘制出高光,如图19-61所示。

步骤08 导入放射素材文件,放置在左眼眼球的位置。设置图层的混合模式为"正片叠底",调整"不透明度"为

60%,然后添加图层蒙版,使用黑色画笔涂抹去掉眼球以外的部分,为眼睛增加细节,如图19-62所示。

图19-61

图19-62

步骤09 按Ctrl+J组合键复制出一个副本图层放在右眼上面,如图19-63所示。

图19-63

步骤10 创建新图层开始制作眼线,首先使用钢笔工具绘制出一个眼线路径,然后单击鼠标右键执行"建立选区"命令,在弹出的"建立选区"对话框中设置"羽化半径"为1,设置前景色为黑色,然后按Alt+Delete组合键填充选区为黑色,如图19-64所示。

图19-64

步骤11 载入睫毛笔刷素材,设置前景色为黑色,然后单击画笔工具,在选项栏中设置画笔笔刷为睫毛笔刷,设置"大小"为206像素,为人像双眼绘制出睫毛,如图19-65所示。

步骤12 最终效果如图19-66所示。

图19-65　　　　　　　图19-66

008 校正宝宝大小眼

案例文件	校正宝宝大小眼.psd
视频教学	校正宝宝大小眼.flv
难度级别	★★★★★
技术要点	液化滤镜

案例效果

本案例修复前后对比效果如图19-67所示。

图19-67

操作步骤

步骤01 打开本书配套光盘中的素材文件，从图中能够明显地看出人像的两只眼睛大小不同，如图19-68所示。

图19-68

步骤02 执行"滤镜>液化"菜单命令，单击"膨胀"按钮，在工具选项中设置"画笔大小"为91，"画笔密度"为35，"画笔速率"为47，然后单击调大宝宝左边的眼睛，如图19-69所示。

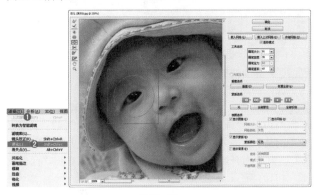

图19-69

步骤03 由于液化之后会造成局部模糊，单击工具箱中的锐化工具 Δ，在左眼处进行涂抹锐化，如图19-70所示。

图19-70

步骤04 下面需要对人像皮肤进行磨皮。由于皮肤中"红"占很大的比例，所以需要进入"通道"面板，按住Ctrl键单击"红"通道缩略图载入选区，回到"图层"面板中。对照片执行"滤镜>Imagenomic>Portraiture"菜单命令，对宝宝面部进行磨皮处理，如图19-71所示。

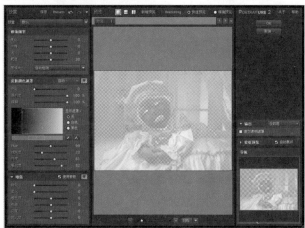

图19-71

步骤05 磨皮之后需要对画面进行适当的锐化，按Shift+Ctrl+I组合键，选择"红"通道的反相选区，然后执行"滤镜>锐化>智能锐化"菜单命令，设置其"数量"为190%，"半径"为0.5像素，单击"确定"按钮结束操作，如图19-72所示。

图19-72

步骤06 单击"图层"面板中的"新建调整图层"按钮，执行"曲线"命令，在弹出的"属性"面板中设置RGB曲线形状，将画面提亮，如图19-73所示。

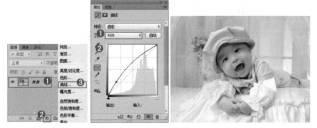

图19-73

009 塑造S型优美曲线

案例文件	塑造S型优美曲线 .psd
视频教学	塑造S型优美曲线 .flv
难度级别	★★★★★
技术要点	液化滤镜的使用

案例效果

本案例主要使用液化滤镜调整人像身形，效果如图19-76所示。

操作步骤

步骤01 打开本书配套光盘中的素材文件，如图19-77所示。

图19-76　　　　　图19-77

步骤02 执行"滤镜>液化"菜单命令，单击"向前变形"

步骤07 再次创建"自然饱和度"调整图层，设置"自然饱和度"为82，然后单击工具箱中的画笔工具，设置前景色为黑色，适当调整画笔的大小及透明度，涂抹调整图层对花的影响，如图19-74所示。

图19-74

步骤08 导入本书配套光盘中的前景素材文件，最终效果如图19-75所示。

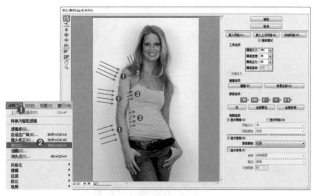

图19-75

按钮，在工具选项中设置"画笔大小"为391，"画笔密度"为35，"画笔压力"为68，调整人像左臂及侧身部分，如图19-78所示。

图19-78

步骤03 继续调整人像肚子及右臂部分，使人物看起来更瘦些，如图19-79所示。

步骤04 单击"褶缩"按钮，在工具选项中设置"画笔大小"为391，"画笔密度"为35，"画笔速率"为47，调整人像手指及手腕部分，让手臂看起来更纤细，如图19-80所示。

步骤05 下面开始精细地调整面部结构，再次单击"向前变形"按钮，在工具选项中设置"画笔大小"为166，"画笔密度"为35，"画笔压力"为100，调整人像头部及颈部，并向上提拉眉毛部位调整比例，如图19-81所示。

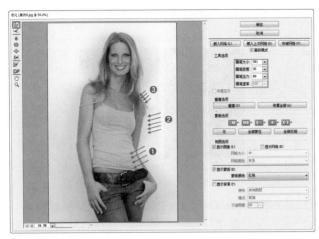

图19-79

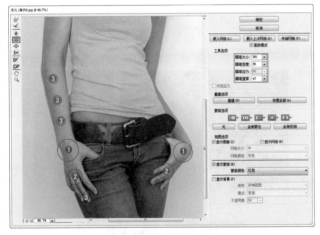

图19-80

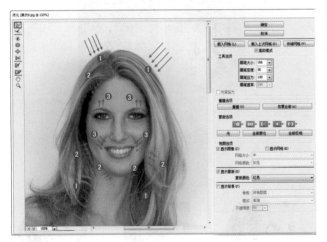

图19-81

 技巧提示

　　调整时使用的画笔参数并不固定,需要根据修改区域的尺寸进行调整。

步骤06 由于液化之后会造成局部模糊,需要单击工具箱中的锐化工具△,在眼部进行涂抹锐化,如图19-82所示。

图19-82

步骤07 单击"图层"面板中的"新建调整图层"按钮,执行"曲线"命令,在弹出的"属性"面板中设置RGB曲线形状,使画面提亮,如图19-83所示。

图19-83

步骤08 单击工具箱中的画笔工具✐,设置前景色为黑色,适当调整画笔的大小及透明度,涂抹调整图层对人像以外区域的影响,如图19-84所示。

步骤09 再次创建"可选颜色"调整图层,设置"颜色"为"黄色",并设置其"黄色"数值为﹣50%,"黑色"数值为﹣43%,然后单击画笔工具✐,涂抹调整图层对人像以外的影响,如图19-85所示。

图19-84　　　　　　　图19-85

步骤10 导入本书配套光盘中的杂志前景素材文件,单击"图层"面板中的"添加图层蒙版"按钮,然后使用画笔工具✐适当涂抹顶部遮住人像头部的区域,最终效果如图19-86所示。

图19-86

010 打造九头身完美比例

案例文件	打造九头身完美比例.psd
视频教学	打造九头身完美比例.flv
难易指数	★★★★★
知识掌握	矩形选框工具、自由变换

案例效果

本案例处理前后对比效果如图19-87所示。

图19-87

操作步骤

步骤01 按Ctrl+N组合键新建一个文档，具体参数设置如图19-88所示。

步骤02 按Ctrl+O组合键打开素材文件，然后将其拖曳到当前文档中，并放置在顶部位置，如图19-89所示。

图19-88　　　　　图19-89

步骤03 人像身高很大程度取决于腿部的长度，而想要制作长腿效果需要对下半身进行分布拉长，因为直接拉长下半身可能会导致脚部过长。首先使用矩形选框工具，在脚部的位置绘制一个矩形选区，如图19-90所示。

步骤04 使用移动工具，将矩形选区向下移，如图19-91所示。

图19-90　　　　　图19-91

步骤05 然后再使用矩形选框工具，在人像的小腿处绘制一个矩形选区，然后按Ctrl+T组合键执行"自由变换"命令，选择底部中间点并向下拖曳到鞋的位置，如图19-92所示。

步骤06 最后进行整体调整，取消所有选区，然后按Ctrl+T组合键执行"自由变换"命令，向下拖曳到底部位置，此时可以看到人像不仅身高增加了很多，而且更"苗条"了，效果如图19-93所示。

图19-92

图19-93

011 奇幻金鱼彩妆

案例文件	奇幻金鱼彩妆.psd
视频教学	奇幻金鱼彩妆.flv
难易指数	★★★★★
技术掌握	曲线、色相/饱和度、图层样式以及混合模式

案例效果

本案例处理前后对比效果如图19-94所示。

操作步骤

步骤01 打开本书配套光盘中的人像素材文件，如图19-95所示。

图19-94　　　　　　　图19-95

步骤02 创建新的"色相/饱和度"调整图层，并调整相应参数，设置蒙版背景为黑色，画笔为白色，绘制人像右眼影和唇色，如图19-96所示。

图19-96

步骤03 创建新组，命名为"鱼"。导入金鱼素材文件，放在眼睛的位置，设置"混合模式"为"颜色加深"，然后添加图层蒙版，使用黑色画笔涂抹去除覆盖眼珠的区域，如图19-97所示。

图19-97

步骤04 导入鱼2素材文件，并多次复制，分别摆放在人像服装与头发的位置，其混合模式均为"正片叠底"，并且需要为每个金鱼图层添加图层蒙版，使用黑色画笔涂抹掉多余部分，如图19-98所示。

图19-98

 技巧提示

在摆放过程中需要多次使用到"自由变换"命令调整大小角度等，配合"变形"命令使用可达到更好的效果。

步骤05 创建新的"曲线"调整图层，在弹出的"属性"面板中调整RGB曲线形状，使画面变亮，如图19-99所示。

图19-99

步骤06 创建新组并命名为"面部"。创建新图层，设置前景色为白色，单击工具箱中的画笔工具，设置其"大小"为2像素，"硬度"为0，在嘴唇四周绘制白色的高光，然后

适当降低"流量"和"不透明度"数值，绘制嘴唇中间以增强质感，如图19-100所示。

步骤07 创建新图层，设置前景色为黑色，导入睫毛笔刷素材，在眼睛处单击绘制出睫毛，适当调整形状后复制出副本，放置在另一侧，如图19-101所示。

图19-100　　　　　图19-101

步骤08 为了使睫毛与眼妆的色调搭配，需要为睫毛图层添加图层样式，执行"图层>图层样式>渐变叠加"菜单命令，在弹出的"图层样式"对话框中设置"混合模式"为"正常"，"不透明度"为100%，渐变样式为黑→褐→黄色渐变，"样式"为"线性"，"角度"为94，如图19-102所示。

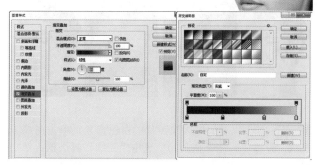

图19-102

 技巧提示

其中一个睫毛图层的图层样式编辑完成后可以在图层样式上单击鼠标右键执行"拷贝图层样式"命令，并在另一个睫毛图层上单击鼠标右键执行"粘贴图层样式"命令。

步骤09 导入瞳孔素材文件，放在眼球的位置，为其添加图层蒙版，使用黑色画笔擦去瞳孔以外的多余部分，并设置图层"不透明度"为44%，如图19-103所示。

图19-103

步骤10 设置前景色为橘红色，新建图层，在眉毛处绘制，并设置该图层"混合模式"为"柔光"，"不透明度"为75%，如图19-104所示。

步骤11 最后导入前景素材文件，最终效果如图19-105所示。

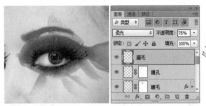

图19-104　　　　　　　　图19-105

012 魔幻风格彩妆

案例文件	魔幻风格彩妆.psd
视频教学	魔幻风格彩妆.flv
难度级别	★★★★★
技术要点	"添加杂色"滤镜、混合模式、钢笔工具、调整图层、画笔工具

案例效果

本案例处理前后对比效果如图19-106所示。

操作步骤

步骤01 打开本书配套光盘中的背景素材文件，新建一个"人像"图层组并导入人像素材文件，如图19-107所示。

图19-106　　　　　　　　图19-107

步骤02 首先需要去除人像照片的白色背景，单击魔棒工具，设置"容差"值为20，选中"连续"复选框，在白色背景处单击载入背景选区，按Ctrl+Shift+I组合键选择出反向选区，然后为图层添加蒙版，此时背景部分被隐藏，如图19-108所示。

步骤03 创建新的"曲线"调整图层，在"属性"面板中调整好曲线的形状。然后将"曲线"调整图层蒙版填充为黑色，使用白色画笔大概涂抹出人像的头发区域，使"曲线"调整图层只针对头发起作用，如图19-109所示。

图19-108　　　　　　　　图19-109

步骤04 下面开始调整唇色。创建新的"色相/饱和度"调整图层，在"属性"面板中设置"色相"为-51，"饱和度"为+65，"明度"为-9，然后将蒙版填充为黑色，使用白色画笔涂抹出人像的嘴唇，如图19-110所示。

图19-110

步骤05 创建新的"色阶"调整图层，在"属性"面板中设置数值为31：1.00：255，然后将蒙版填充为黑色，使用白色画笔涂抹出人像的嘴唇，如图19-111所示。

图19-111

步骤06 下面开始制作嘴唇上闪耀的亮片效果。创建新图层，填充为黑色。执行"滤镜>杂色>添加杂色"菜单命令，设置"数量"为40%，选中"平均分布"单选按钮，选中"单色"复选框，将该图层的混合模式设置为"柔光"，然后将蒙版填充为黑色，使用白色画笔涂抹出人像的嘴唇，如图19-112所示。

图19-112

步骤07 新建图层，设置前景色为紫色（R：71，G：1，B：19），按Alt+Delete组合键填充为紫色，然后将图层的混合模式设置为"滤色"，将蒙版填充为黑色，使用白色画笔涂抹出人像指甲和手链部分，使指甲和手链变为与背景颜色相称的紫色，如图19-113所示。

步骤08 导入花朵素材文件，放置到肩部制作纹身。将图层的"混合模式"设置为"叠加"，调整"不透明度"为94%，添加图层蒙版，使用黑色画笔涂抹多余部分，如图19-114所示。

图19-113　　　　　　图19-114

步骤09 创建一个新的"头饰"图层组，复制花朵素材，然后按Ctrl+T组合键执行"自由变换"命令，调整好角度和位置，如图19-115所示。

步骤10 在花朵图层下方新建图层作为投影，载入花朵选区并填充为黑色，执行"滤镜>模糊>高斯模糊"菜单命令，在弹出的"高斯模糊"对话框中设置"半径"为30像素，如图19-116所示。

步骤11 下面多次按Ctrl+J组合键复制出多个头饰花朵，按Ctrl+T组合键调整其他花朵大小，效果如图19-117所示。

步骤12 接着导入树藤素材文件，多次复制并摆放在花朵周围，如图19-118所示。

步骤13 新建图层，设置前景色为深黄色，使用圆形柔角画笔在眼睛周围涂抹，并设置图层"混合模式"为"颜色加深"，调整"不透明度"为50%，如图19-119所示。

图19-115　　　　　　　　图19-116

图19-117　　　图19-118　　　图19-119

步骤14 复制一个唇部亮片图层并放置到左眼组中。将蒙版填充为黑色，并使用白色画笔涂抹，然后调整好大小，将图层的"混合模式"设置为"滤色"，调整"不透明度"为55%，然后添加图层蒙版，使用黑色画笔涂抹多余部分，如图19-120所示。

图19-120

步骤15 创建新图层，设置前景色为紫色，使用圆形柔角画笔在眼睛周围涂抹出紫色眼影效果，接着设置图层"混合模式"为"正片叠底"，如图19-121所示。

步骤16 按Ctrl+J组合键复制出一个紫色眼影图层，并将图层的"混合模式"设置为"深色"，调整"不透明度"为71%，如图19-122所示。

图19-121　　　　　　　　图19-122

步骤17 继续创建新图层，为眼部添加其他彩妆颜色，如图19-123所示。

步骤18 创建新图层，单击画笔工具 ✎，设置前景色为黑色，在选项栏中选择一个合适的碎片笔刷，并设置"大小"为200像素，然后在眼部进行绘制，并设置图层混合模式为"差值"，如图19-124所示。

步骤19 设置前景色为绿色，单击工具箱中的画笔工具 ✎，选择一个圆形柔角画笔，设置画笔"不透明度"与"流量"均为20%，在眉毛部分进行涂抹，如图19-125所示。

图19-123　　　　　图19-124　　　　　图19-125

步骤20 导入彩色瞳孔素材文件，放置在眼球上。为其添加图层蒙版，使用黑色画笔涂抹去掉多余部分，调整"不透明度"为40%，此时瞳孔上出现丰富的细节，如图19-126所示。

步骤21 单击工具箱中的钢笔工具 ✐，在上眼睑处绘制眼线路径，单击鼠标右键执行"建立选区"命令，在弹出的对话框中设置"羽化半径"为3像素，并填充黑色，如图19-127所示。

图19-126　　　　　　　　图19-127

步骤22 用同样的方法绘制白色眼线，效果如图19-128所示。

步骤23 继续使用黄色画笔在眼角绘制金黄色高光效果，如图19-129所示。

图19-128　　　　　　　　图19-129

步骤24 设置前景色为黑色，创建新图层，单击画笔工具 ✎，选择载入的睫毛笔刷，设置"大小"为196像素，为人像绘制出上睫毛，然后载入选区并为其填充从黑色到紫色的渐变，如图19-130所示。

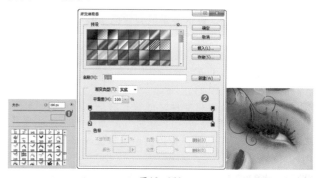

图19-130

步骤25 继续使用画笔工具 ✎，并找到合适的睫毛笔刷绘制黑色下睫毛，如图19-131所示。

步骤26 用同样的方法在右眼为人像绘制出有右眼妆，然后导入钻石素材，将其放置在眉毛上面，如图19-132所示。

图19-131　　　　　　　　图19-132

步骤27 导入光效素材，放置在底部手的附近，并将图层"混合模式"设置为"滤色"，最终效果如图19-133所示。

图19-133

Chapter 20
第20章

精通特效合成

拍摄照片后可以使用Photoshop对其设置各种特效，如素描效果、水彩画效果、怀旧风格招贴效果等，本章将通过几个具体的实例介绍不同特效的制作方法。

本章学习要点：

素描效果的制作

立拍得LOMO照片效果的制作

怀旧风格招贴效果的制作

霓虹光效和火焰人像的制作

001 逼真的素描效果

案例文件	逼真的素描效果.psd
视频教学	逼真的素描效果.flv
难度级别	
技术要点	"黑白"、"亮度/对比度"、"曲线"调整图层、画笔工具

案例效果

本案例处理前后对比效果如图20-1所示。

操作步骤

步骤01 打开本书配套光盘中的素材文件，如图20-2所示。

图20-1   图20-2

步骤02 执行"窗口>调整"菜单命令，打开"调整"图层面板，单击"黑白"按钮创建"黑白"调整图层，在"属性"面板中设置"红色"为40，"黄色"为60，"绿色"为40，"青色"为60，"蓝色"为20，"洋红"为48，此时画面变为黑白效果，如图20-3所示。

图20-3

步骤03 创建新的"亮度/对比度"调整图层，在"属性"面板中设置"亮度"为 - 37，"对比度"为26，使画面对比度增强，如图20-4所示。

图20-4

步骤04 创建"曲线"调整图层，在"属性"面板中建立两个控制点，将曲线形状调整为S形，增强画面对比度，如图20-5所示。

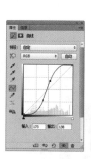

图20-5

步骤05 单击"曲线"图层蒙版，单击画笔工具 ，设置前景色为黑色，然后在选项栏中选择一种线条画笔笔刷，在蒙版中涂抹人像高光区域，并设置图层"不透明度"为30%，如图20-6所示。

图20-6

步骤06 单击"图层"面板底部的"新建图层"按钮 创建新图层，填充白色。然后为白色图层添加图层蒙版，设置前景色为黑色，使用同样的画笔设置在白色图层的蒙版中适当涂抹，使底部黑白照片显示出来。此时人像照片出现素描效果，如图20-7所示。

步骤07 最后单击画笔工具 ，选择一个较小的硬角圆形画笔，在右下角绘制出手写签名，最终效果如图20-8所示。

图20-7

图20-8

002 立拍得LOMO照片效果

案例文件	立拍得LOMO照片效果.psd
视频教学	立拍得LOMO照片效果.flv
难易指数	★★★★★
知识掌握	掌握"图层样式"、"高斯模糊"、"色相/饱和度"与"曲线"的设置方法

案例效果

本案例效果如图20-9所示。

操作步骤

步骤01 按Ctrl+N组合键新建一个文档,具体参数设置如图20-10所示。

图20-9　　　　　图20-10

步骤02 打开本书配套光盘中的纸张底纹素材文件,然后将其拖曳到当前文档中,如图20-11所示。

图20-11

步骤03 使用矩形选框工具绘制一个矩形选区,并为"纸张"图层添加一个图层蒙版,此时选区以外的部分被隐藏,如图20-12所示。

图20-12

步骤04 执行"图层>图层样式>投影"菜单命令,打开"图层样式"对话框,然后设置"混合模式"为"正片叠底","不透明度"为75%,"角度"为120度,"距离"为5像素,"大小"为5像素,如图20-13所示。

步骤05 在"图层样式"对话框左侧选择"描边"样式,然后设置"大小"为1像素,"位置"为"外部","颜色"为深蓝色(R:41,G:42,B:59),此时纸张出现投影和描边效果,如图20-14所示。

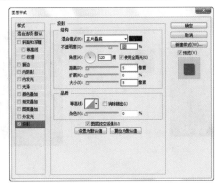

图20-13

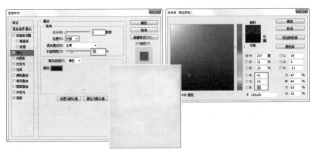

图20-14

步骤06 导入照片素材文件,将图层命名为"原图",使用矩形选框工具,绘制一个矩形选区,并为图层添加一个图层蒙版,如图20-15所示。

图20-15

步骤07 由于原图表面有些噪点,可以执行"滤镜>模糊>表面模糊"菜单命令,在弹出的"表面模糊"对话框中设置"半径"为5像素,"阈值"为15色阶,此时可以看到照片表面细节减少了很多,如图20-16所示。

图20-16

491

步骤08 创建新的"图层1"，使用矩形选框工具绘制一个矩形选区，设置前景色为蓝色（R：25，G：0，B：148），按Alt+Delete组合键填充选区，如图20-17所示。

图20—17

步骤09 在"图层"面板中，将该图层的混合模式设置为"变亮"，单击鼠标右键执行"创建剪贴蒙版"命令，使其只对原图做调整，如图20-18所示。

图20—18

步骤10 下面对画面整体进行颜色的调整。创建新的"曲线"调整图层，在"属性"面板中首先选择"红"通道。在红色曲线上单击建立两个控制点，将曲线形状调整为S型，同样单击鼠标右键执行"创建剪贴蒙版"命令，如图20-19所示。

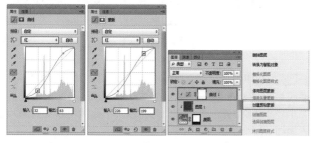

图20—19

步骤11 接着选择"绿"通道，在曲线上添加两个控制点，调整曲线形状，如图20-20所示。

步骤12 最后选择"蓝"通道，调整曲线形状，如图20-21所示。

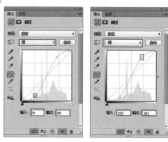

图20—20　　　　　　　　　图20—21

步骤13 回到RGB模式下，在曲线上添加控制点，调整曲线形状，使画面变亮，此时画面呈现出复古感较强的色调，如图20-22所示。

图20—22

步骤14 创建新的"色相/饱和度"调整图层，在"属性"面板中设置"饱和度"为﹣59，"明度"为﹣100。同样单击鼠标右键执行"创建剪贴蒙版"命令，并在图层蒙版上使用黑色柔角画笔在画面中心部分绘制柔角圆形，使调整图层只对照片的四角起作用，如图20-23所示。

步骤15 导入底部艺术字素材，最终效果如图20-24所示。

图20—23　　　　　　　　　图20—24

003 怀旧风格招贴效果

案例文件	怀旧风格招贴效果.psd
视频教学	怀旧风格招贴效果.flv
难度级别	
技术要点	图层样式，"去色"图像，混合模式，画笔工具

案例效果

本案例效果如图20-25所示。

操作步骤

步骤01 打开本书配套光盘中的模板素材文件，如图20-26所示。

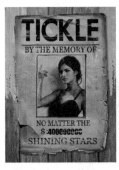

图20—25　　　　　　　图20—26

步骤05 导入人像素材文件，命名为"人像1"。按Ctrl+J组合键复制出一个图层并命名为"人像2"。首先隐藏"人像2"图层，选择"人像1"图层，执行"图像>调色>去色"命令，然后设置图层"混合模式"为"颜色加深"，调整图层的"不透明度"为75%，此时可以看到人像照片与背景混为一体，如图20-30所示。

步骤02 新建图层"白"，设置前景色和背景色均为白色，单击工具箱中的画笔工具 ✐，选择一个干画笔，并设置合适的大小，在画面上半部分进行涂抹，设置图层"不透明度"为55%，如图20-27所示。

步骤06 选择"人像2"图层，设置图层"混合模式"为"柔光"，调整图层"不透明度"为75%，并为图层添加图层蒙版，使用黑色画笔涂抹背景区域，如图20-31所示。

图20—27

图20—30　　　　　　　图20—31

步骤03 导入旧纸张素材文件。执行"图像>图层样式>投影"命令，设置"混合模式"为"正片叠底"，"不透明度"为75%，"角度"为30度，"距离"为14像素，"大小"为27像素，此时旧纸张素材出现投影效果，如图20-28所示。

步骤07 新建一个"文字"图层组，然后单击横排文字工具 Ｔ，在选项栏中选择一种字体，并在画面顶部输入文字，然后添加图层蒙版，使用黑色画笔在文字图层蒙版中进行涂抹，制作出残缺的文字效果，如图20-32所示。

步骤04 设置前景色为黑色，然后单击画笔工具 ✐，调整较小的笔尖大小，在画面中绘制，如图20-29所示。

步骤08 用同样的方法输入其他文字，并添加图层蒙版，模拟出破旧感的招贴，最终效果如图20-33所示。

图20—28　　　　　　　图20—29

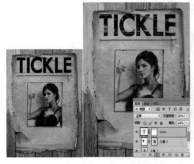

图20—32　　　　　　　图20—33

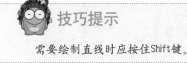

技巧提示

需要绘制直线时应按住Shift键。

004 柔和淡雅水彩画效果

案例文件	柔和淡雅水彩画效果.psd
视频教学	柔和淡雅水彩画效果.flv
难易指数	
技术掌握	色彩平衡、可选颜色、自然/饱和度

案例效果

本案例处理前后对比效果如图20-34所示。

图20-34

操作步骤

步骤01 首先执行"文件>新建"菜单命令，在弹出的对话框中设置图像参数，然后打开本书配套光盘中的素材文件，如图20-35所示。

图20-35

步骤02 首先对人像轮廓进行调整。执行"滤镜>液化"菜单命令，在弹出的"液化"对话框中单击"向前变形"按钮，设置合适的画笔大小，然后在人像上涂抹，如图20-36所示。

图20-36

步骤03 由于需要模拟的是手绘效果，所以照片上的细节需要适当地去除。单击工具箱中的模糊工具，在选项栏中设置合适的画笔大小，在人像头发以及裙子部分进行涂抹，然后使用仿制图章工具去除裙子上的褶皱部分，使人像整体呈现朦胧效果，如图20-37所示。

步骤04 在"图层"面板顶部新建一个图层"盖印"，按

Ctrl + Alt + Shift + E 组合键盖印当前图像效果，并为其添加图层蒙版，使用黑色画笔涂抹去除人像背景和裙子的下半部分，如图20-38所示。

图20-37　　　　　　　图20-38

步骤05 使用矩形选框工具框选裙子下半部分的选区，使用复制和粘贴功能将其复制为一个独立的"裙子"图层，向下移动并按Ctrl+T组合键执行"自由变换"命令，然后单击鼠标右键执行"变形"命令，调整裙子下半部分的形状，使之与裙子上半部分相接，如图20-39所示。

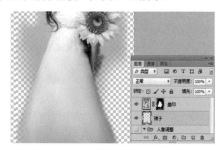

图20-39

步骤06 创建"图层1"图层，填充青灰色，放在"裙子"图层下面，作为人像背景，然后使用画笔工具为四周添加暗角，如图20-40所示。

步骤07 按Ctrl + Alt + Shift + E 组合键盖印当前图像效果，使用矩形选框工具框选下半部分，并按Ctrl+T组合键执行"自由变换"命令拉长下半部分，使人像显得更加高挑，如图20-41所示。

图20-40　　　　　　　图20-41

步骤08 创建新图层，使用渐变工具填充渐变颜色，并设置"混合模式"为"柔光"，然后添加图层蒙版，使用画笔擦出脸部，如图20-42所示。

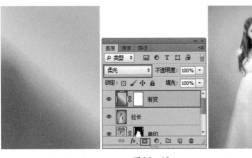

图20-42

步骤09 当前画面偏灰，下面对画面颜色进行调整。创建新的"可选颜色"调整图层，在"属性"面板中设置"颜色"为"中性色"，调整其"黄色"为-28；设置"颜色"为"黑色"，调整其"黄色"为-76，调整"黑色"为-17。将该调整图层蒙版填充为黑色，使用白色画笔绘制人像头发部分，使头发部分倾向于紫色，如图20-43所示。

图20-43

步骤10 创建新的"可选颜色"调整图层，在"属性"面板中设置"颜色"为"中性色"，调整其"青色"为-55，"洋红"为37，"黄色"为26，"黑色"为5；将调整图层蒙版填充为黑色，使用白色画笔绘制人像脸部，如图20-44所示。

图20-44

步骤11 创建新的"色相/饱和度"调整图层，在"属性"面板中设置"色相"为-38，"饱和度"为-11。将蒙版填充为黑色，使用白色画笔绘制花朵部分，使花朵变色，如图20-45所示。

步骤12 创建新的"可选颜色"调整图层，在"属性"面板中设置"颜色"为"中性色"，调整"青色"为59，"洋红"为12，"黄色"为-33；在图层蒙版中填充黑色，使用白色画笔涂抹花朵上的叶子部分，如图20-46所示。

图20-45　　　　　　　图20-46

步骤13 创建新的"色彩平衡"调整图层，在"属性"面板中设置"色调"为"中间调"，设置"青色"为+52、"洋红"为0、"黄色"为0；在图层蒙版中自右上到左下填充黑到白的渐变，如图20-47所示。

图20-47

步骤14 创建新的"可选颜色"调整图层，设置"颜色"为"中性色"，调整其"青色"为-2，"洋红"为39，"黄色"为6，"黑色"为0；设置"颜色"为黑色，调整其"青色"为0，"洋红"为0，"黄色"为-60，"黑色"为51，将蒙版填充为黑色，然后使用白色画笔涂抹绘制头发部分，如图20-48所示。

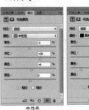

图20-48

步骤15 导入艺术字和边框素材文件，如图20-49所示。

步骤16 最后进行整体颜色的调整，创建新的"自然饱和度"调整图层，在"属性"面板中设置"自然饱和度"为-100，最终效果如图20-50所示。

图20-49　　　　　　　图20-50

005 炫彩霓虹光效人像

案例文件	炫彩霓虹光效人像.psd
视频教学	炫彩霓虹光效人像.flv
难度级别	★★★★☆
技术要点	样式的使用、图层蒙版、混合模式

案例效果

本案例效果如图20-51所示。

图20-51

操作步骤

步骤01 首先启动Adobe Photoshop CC，设置背景颜色为黑色。按Ctrl+N组合键，在弹出的"新建"对话框中设置"宽度"为1333像素，"高度"为2000像素，"背景内容"为"背景色"，如图20-52所示。

步骤02 导入人像素材文件，为了使人像素材与背景融合，需要为人像素材添加图层蒙版，并在图层蒙版中使用黑色柔角画笔绘制人像四周，如图20-53所示。

图20-52　　　　　图20-53

步骤03 导入光效素材文件，放在画面的右上角，为其添加图层蒙版，并使用黑色画笔擦除过亮光效，使图像与背景更好地融合，并设置图层混合模式为"滤色"，如图20-54所示。

步骤04 创建新图层组并命名为"底部文字"，单击工具箱中的横排文字工具，在画面中单击并输入单词"silly"，如图20-55所示。

图20-54　　　　　图20-55

步骤05 执行"编辑>预设>预设管理器"菜单命令，打开预设管理器，设置"预设类型"为"样式"，并载入样式素材文件，如图20-56所示。

图20-56

步骤06 执行"窗口>样式"菜单命令，打开"样式"面板，选中刚才输入的文字图层，然后单击新载入的样式，即可为当前文字赋予相应的样式，如图20-57所示。

步骤07 继续使用横排文字工具在底部输入其他几组文字，如图20-58所示。

图20-57　　　　　图20-58

步骤08 创建新图层组并命名为"主体"，导入雾素材文件并放置在人像下半部分，然后输入文字，如图20-59所示。

图20-59

步骤09 下面开始制作主体文字。单击横排文字工具，在选项栏中设置合适的字体及字号，设置颜色为白色，在画面中央输入文字，然后执行"编辑>自由变换"菜单命令，将文字适当旋转，如图20-60所示。

步骤10 复制文字图层建立文字副本，隐藏原始文字图层，在文字副本图层上单击鼠标右键，执行"转换为形状"命令，如图20-61所示。

图20-60　　　　　　　图20-61

步骤11 此时文字图层转换为形状，可以使用钢笔工具在文字上添加描点，然后改变文字形状，如图20-62所示。

图20-62

步骤12 下面为变形文字添加图层样式。执行"图层>图层样式>投影"菜单命令，在弹出的对话框中设置"混合模式"为"正片叠底"，设置"不透明度"为75%，"角度"为120度，"距离"为15像素，"大小"为4像素，如图20-63所示。

图20-63

步骤13 导入光效素材图案，载入变形文字选区，再回到光效图案图层中，单击"图层"面板底部的"添加图层蒙版"按钮，为光效图层添加图层蒙版，使其只显示选区以内的区域，然后将该图层向左下移动一些，如图20-64所示。

图20-64

步骤14 设置前景色为粉红色，新建图层，使用钢笔工具绘制出缠绕在文字上的丝带路径，并单击鼠标右键，执行"填充路径"命令，在弹出的对话框中设置"内容"选项组的"使用"为"前景色"，如图20-65所示。

图20-65

步骤15 最终效果如图20-66所示。

图20-66

006 炙热的火焰人像

案例文件	炙热的火焰人像 .psd
视频教学	炙热的火焰人像 .flv
难度级别	
技术要点	"照亮边缘"滤镜、混合模式的使用、画笔工具、钢笔工具

案例效果

本案例处理前后对比效果如图20-67所示。

图20-67

操作步骤

步骤01 打开本书配套光盘中的人像素材文件，如图20-68所示。

步骤02 创建新的"色相/饱和度"调整图层，在"属性"面板中设置"色相"为11，"饱和度"为83，然后在图层蒙版中填充黑色，使用白色画笔涂抹出头发的部分，如图20-69所示。

图20-68　　　　　　　　图20-69

步骤03 按下Ctrl+Alt+Shift+E组合键盖印当前图像效果，执行"滤镜>滤镜库"命令，在弹出的滤镜库窗口中单击"照亮边缘"滤镜，设置边缘宽度为2，边缘亮度为6，平滑度为5，如图20-70所示。

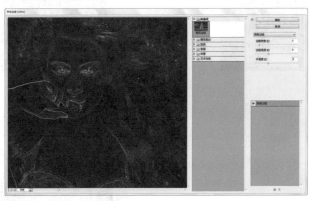

图20-70

步骤04 接着设置图层的混合模式为"滤色"，并添加图层蒙版，使用黑色画笔涂抹多余部分，如图20-71所示。

图20-71

步骤05 新建一个图层组并命名为"火焰"。导入火焰素材文件，按Ctrl+T组合键执行"自由变换"命令，调整大小和位置；然后添加图层蒙版，使用黑色画笔涂抹边缘区域，摆放在头发的位置；设置图层的混合模式为"滤色"，如图20-72所示。

图20-72

步骤06 多次复制火焰素材或者提取火焰中的部分元素，依次摆放在头发周围，使其呈现出燃烧的效果，如图20-73所示。

图20-73

步骤07 单击工具箱中的钢笔工具 ，在人像服装部分绘制闭合路径，导入服装素材并摆放在合适的位置，然后按Ctrl+Enter组合键将路径转换为选区，并以当前选区为服装素材添加图层蒙版，如图20-74所示。

图20-74

步骤08 继续导入火焰花朵素材，摆放在合适的位置作为文身，并在"图层"面板中设置其"混合模式"为"滤色"，"不透明度"为44%。并为其添加图层蒙版，使用黑色画笔涂抹去除多余部分，如图20-75所示。

图20-75

步骤09 导入火焰文字素材文件，调整大小及角度后放置在胳膊上，然后设置图层的"混合模式"为"滤色"，调整"不透明度"为85%，制作出手臂上的文身，如图20-76所示。

图20-76

步骤10 新建一个图层组，并命名为"面妆"。导入面部文身素材文件，放在人像面部偏右侧的位置，设置"混合模式"为"滤色"，"不透明度"为65%；并为其添加图层蒙版，使用黑色画笔在蒙版中涂抹去除多余部分，如图20-77所示。

图20-77

步骤11 下面导入瞳孔素材文件，调整好大小后放在左眼眼球上；然后为其添加图层蒙版，使用黑色画笔涂抹去掉顶部多余部分；再按Ctrl+J组合键复制出一个放置在右眼上，如图20-78所示。

步骤12 创建新图层"下眼妆‐黄"，设置前景色为黄色，单击工具箱中的画笔工具 ，选择一个圆形柔角画笔，在选项栏中设置画笔"不透明度"与"流量"均为30%，在下眼睑处涂抹绘制出黄色的眼妆效果，如果绘制得不均匀，可以执行"滤镜>模糊>高斯模糊"菜单命令使其过渡更加柔和，如图20-79所示。

图20-78   图20-79

步骤13 创建新图层"下眼妆‐绿"，设置前景色为绿色，使用同样方法再绘制一层绿色的下眼影，如图20-80所示。

步骤14 继续新建图层"上眼妆紫"，设置前景色为紫罗兰色，同样使用圆形柔角画笔在上眼睑处涂抹绘制两侧的眼影，如图20-81所示。

图20-80   图20-81

步骤15 在"图层"面板中设置该图层的"混合模式"为"正片叠底"，此时可以看到紫色眼影与人像上眼睑融合，如图20-82所示。

图20-82

步骤16 下面单击工具箱中的钢笔工具 ，在左眼上眼睑处绘制一个闭合路径，然后使用路径选择工具 选中该路径并按住Alt键移动复制出另外一条路径，移动到右眼睑处并单击鼠标右键，执行"变换路径"命令，进行水平翻转后摆放在合适位置。然后再单击鼠标右键，执行"建立选区"命令，设置"羽化半径"为5像素，如图20-83所示。

步骤17 得到选区后设置前景色为黑色，新建图层，按Alt+Delete组合键填充当前选区，如图20-84所示。

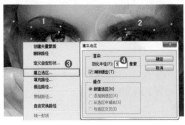

图20-83   图20-84

步骤18 新建睫毛图层，设置前景色为黑色，单击画笔工具 ，在画笔预设面板中找到睫毛笔刷，在眼睛上绘制出长长的睫毛，如图20-85所示。

图20-85

技巧提示

首先需要执行"编辑>预设>预设管理器"菜单命令，打开预设管理器，选择画笔并载入笔刷素材文件后才能在画笔预设面板中找到相应的笔刷素材。

步骤19 复制睫毛图层，并摆放在左侧眼睛的位置，如图20-86所示。

步骤20 用同样的方法，在画笔预设面板中找到下睫毛笔刷并绘制在合适的位置上，如图20-87所示。

图20-86　　　　　　　图20-87

步骤21 创建新图层，单击画笔工具 选择羽毛笔刷，在左侧眼部绘制出羽毛并适当旋转，然后复制出一个羽毛图层，将两个羽毛旋转并缩放摆在一起，放在左侧外眼角的位置，如图20-88所示。

图20-88

步骤22 复制这两个羽毛并进行垂直翻转和水平翻转，摆放在右侧眼睛的下眼睑处，如图20-89所示。

步骤23 执行"图层>图层样式>渐变叠加"菜单命令，设置"渐变"为黑黄红色渐变，"样式"为"线性"，"角度"为90度，如图20-90所示。

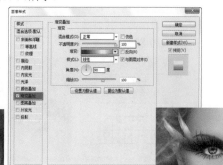

图20-89　　　　　　　图20-90

步骤24 设置前景色为白色，单击画笔工具 ，选择一个较小的圆形柔角画笔，并在下眼睑内侧制作出白色眼线效果，如图20-91所示。

步骤25 导入钻石素材文件，摆放在眉骨上，如图20-92所示。

图20-91　　　　　　　图20-92

步骤26 创建新的"色相/饱和度"调整图层，在"属性"面板中设置"色相"为5，"饱和度"为21，然后在图层蒙版中使用黑色画笔涂抹出头发部分，如图20-93所示。

图20-93

步骤27 最终效果如图20-94所示。

图20-94

Chapter 21
第21章

精通平面设计

平面设计是Photoshop软件的一个非常重要的应用，广泛应用于广告设计、报纸杂志排版设计、招贴设计、杂志大图排版、欧美风格招贴设计、文艺精装书装帧设计等。本章将分别介绍Photoshop在婚纱摄影版式设计和巧克力包装设计中的应用。

本章学习要点：
- 婚纱摄影版式设计
- 杂志大图排版设计
- 文艺精装书装帧设计
- 音乐网站主页设计
- 巧克力包装设计

001 婚纱摄影版式设计

案例文件	婚纱摄影版式设计.psd
视频教学	婚纱摄影版式设计.flv
难度级别	★★★★★
技术要点	"照片滤镜"、"可选颜色"调整图层、混合模式、钢笔工具、描边命令

案例效果

本案例效果如图21-1所示。

操作步骤

步骤01 打开本书配套光盘中的背景素材文件，如图21-2所示。

图21-1　　　　　　　　图21-2

步骤02 创建新组，导入主体照片素材文件，为照片添加图层蒙版，使用黑色柔角画笔在人像边缘的区域进行涂抹擦除，如图21-3所示。

图21-3

步骤03 由于照片整体倾向于冷色调，为了使其与背景图相融合，需要执行"图层>新建调整图层>照片滤镜"菜单命令，创建"照片滤镜"调整图层，在"属性"面板的"滤镜"下拉列表中选择"黄"，设置"浓度"为25%，添加图层蒙版，使用黑色画笔绘制人像区域，如图21-4所示。

图21-4

步骤04 导入墨迹素材文件，放在人像上方，设置混合模式为"划分"，"不透明度"为37%，如图21-5所示。

图21-5

步骤05 导入手绘花朵素材文件，放在画面左上角，设置混合模式为"柔光"，添加图层蒙版，使用黑色画笔擦除挡住人像的部分，如图21-6所示。

图21-6

步骤06 创建新组，导入第二个照片素材，缩放到合适大小，摆放在右侧，如图21-7所示。

图21-7

步骤07 为该图层添加图层蒙版，填充黑色，使用白色柔角画笔绘制人像主体部分，使其显示出来，如图21-8所示。

图21-8

步骤08 新建图层，单击工具箱中的钢笔工具，在人像外边缘绘制外框的路径，按Ctrl+Enter组合键将路径快速转换为选区，单击鼠标右键执行"编辑>描边"命令，打开"描边"对话框，设置"宽度"为3像素，"颜色"为土黄色，"位置"为居中，如图21-9所示。

图21-9

步骤09 按Ctrl+J组合键，复制一个描边图层，并按Ctrl+T组合键执行"自由变换"命令，按住Alt+Shift组合键进行缩放，如图21-10所示。

图21-10

步骤10 单击工具箱中的竖排文字工具，在选项栏中选择篆书字体，设置合适的大小，设置颜色为黑色，在画面中输入文字，如图21-11所示。

步骤11 最后输入两个主体文字，适当变形并摆放在直排文字的左侧，最终效果如图21-12所示。

图21-11

图21-12

第21章 精通平面设计

002 茗茶广告设计

案例文件	茗茶广告设计.psd
视频教学	茗茶广告设计.flv
难度级别	
技术要点	渐变工具、文字工具、自由变换工具

案例效果

本案例效果如图21-13所示。

操作步骤

步骤01 执行"文件>新建"命令，在弹出的对话框中设置"宽度"为3000像素，"高度"为2000像素，"分辨率"为300像素/英寸，新建空白文件，并在文件中创建图层组"背景"，如图21-14所示。

图21-13

图21-14

步骤02 在"背景"组中新建图层"渐变"，单击工具箱中的渐变工具，在选项栏中设置渐变方式为"线性渐变"，设置颜色为一种青绿色系的渐变，在画面中拖曳填充，如图21-15所示。

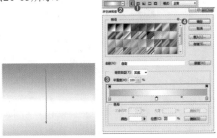
图21-15

步骤03 新建图层"杂色"，设置前景色为黑色，按Alt+Delete组合键填充当前画面为黑色，执行"滤镜>杂色>添加杂色"命令，设置"数量"为47%，单击"确定"按钮结束操作，在"图层"面板中设置混合模式为"滤色"，此时可以看到黑色部分被隐藏，如图21-16所示。

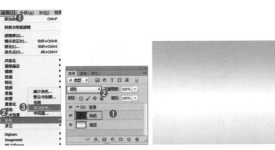
图21-16

技巧提示

由于添加杂色滤镜需要在包含内容的图层进行操作，如果直接对渐变色的"背景"图层操作则破坏了该图层，也不利于后期更改。而新建的空白图层又不能进行该滤镜操作，所以需要先将图层填充为黑色，然后使用"滤色"混合模式去除图层中的黑色成分即可。

步骤04 导入水墨画素材，放置在画面右侧，单击"图层"面板中的"添加图层蒙版"按钮，设置前景色为黑色，使用圆形柔角画笔在水墨画上方进行适当的涂抹，再在"图层"面板中设置其"不透明度"为75%，如图21-17所示。

503

图21-17

步骤05 导入圆形墨迹素材，由于背景是白色的，所以将该图层混合模式设置为"正片叠底"，以使背景部分隐藏，如图21-18所示。

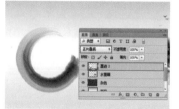

图21-18

步骤06 导入花朵素材文件，放在左侧墨迹的上方，如图21-19所示。

图21-19

步骤07 单击工具箱中的椭圆选框工具，在选项栏中设置"羽化"为50像素，在花朵下方绘制椭圆形选区，设置前景色为黑色，按Alt+Delete组合键填充当前羽化选区，作为花朵的阴影，如图21-20所示。

图21-20

步骤08 导入另外一个墨迹素材，放置在画面右侧，并导入茶杯素材放置在墨迹的上方，如图21-21所示。

图21-21

步骤09 为茶杯素材添加图层蒙版，使用黑色画笔在蒙版中涂抹，使茶杯部分与墨迹融为一体，如图21-22所示。

步骤10 新建图层组"文字"，单击工具箱中的横排文字工具，在画面右下方绘制一个文本框，如图21-23所示。

图21-22　　　　　　　　图21-23

步骤11 在选项栏中选择合适的字体及字号，设置文字颜色为绿色，在文本框中输入文字；打开"字符"面板，设置合适的字间距；打开"段落"面板，设置文本对齐方式，如图21-24所示。

图21-24

步骤12 继续使用横排文字工具，更改字体、字号、颜色等属性，在刚才的段落文字左侧单击并输入文字，如图21-25所示。

图21-25

步骤13 导入黑色书法文字素材，放置在如图21-26所示的位置。

步骤14 导入白色书法文字素材，放置在左侧花朵图层的下方，复制一个白色书法文字图层，并调整大小摆放置在右下角，如图21-27所示。

图21-26　　　　　　　　图21-27

步骤15 下面开始制作罐装茶叶的立体效果。将茶叶包装正面素材文件拖曳到画面中，在"图层"面板中右击该素材执行"栅格化图层"命令，如图21-28所示。

图21-28

步骤16 使用矩形选框工具▢框选包装素材的中部，并复制、粘贴为一个独立的图层，将原始包装图层隐藏，如图21-29所示。

图21-29

步骤17 对上一步创建的图层按Ctrl+T组合键执行"自由变换"命令，调整合适大小，并单击鼠标右键执行"变形"命令，调整瓶子的形状，使其产生圆柱体的突起效果，如图21-30所示。

步骤18 单击工具箱中的减淡工具◉，涂抹瓶身部分，如图21-31所示。

图21-30　　　　　　　　图21-31

步骤19 新建图层制作瓶子底部，单击工具箱中的钢笔工具◈，绘制出瓶底的形状，按Ctrl+Enter组合键将路径转换为选区，为其填充渐变，并将该图层摆放置在瓶身图层的下方，如图21-32所示。

图21-32

步骤20 显示出包装正面素材文件，并使用矩形选框工具▢框选并复制出一部分绿色的底纹，放置在瓶子的上方，如图21-33所示。

步骤21 对其使用"自由变换"命令，进行适当的变形，如图21-34所示。

步骤22 使用工具箱中的加深工具◉和减淡工具◉在瓶盖部分涂抹出立体效果，如图21-35所示。

图21-33　　　　图21-34　　　　图21-35

步骤23 选择瓶盖图层，单击工具箱中的椭圆形选框工具◯，在瓶盖顶部绘制出一个椭圆选区，并复制、粘贴出一个独立图层，使用加深工具◉将其压暗，制作出瓶盖顶部向内凹陷的效果，如图21-36所示。

图21-36

步骤24 新建图层，保持刚才的椭圆选区，单击鼠标右键执行"描边"命令，设置描边"宽度"为2像素，"颜色"为白色，位置居外，如图21-37所示。

步骤25 对白色描边执行"滤镜>模糊>高斯模糊"命令，设置"半径"为2像素，如图21-38所示。

图21-37　　　　　　　　图21-38

步骤26 新建图层，绘制瓶身上的阴影，设置前景色为黑色，将瓶身的部分合并为一个图层后载入选区，单击工具箱中的画笔工具◈，在画笔预设中选择一个圆形柔角画笔，设置其"大小"为600像素，"硬度"为0，在选项栏中设置"不透明度"与"流量"均为10%，在瓶身一侧和偏右的部分涂抹，模拟出阴影效果，如图21-39所示。

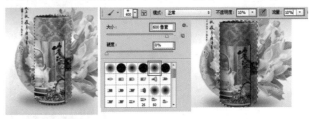

图21-39

步骤27 设置前景色为白色，用同样的方法涂抹出高光效果，如图21-40所示。

步骤28 新建图层，同样使用钢笔工具 ✐，绘制出瓶盖环线的形状，转换为选区后填充为深绿色，如图21-41所示。

步骤29 继续在其中绘制出较细的闭合路径，转换为选区后填充金色系渐变，如图21-42所示。

步骤30 最终效果如图21-43所示。

图21-40　　　　　图21-41　　　　　图21-42

图21-43

003 杂志大图排版

案例文件	杂志大图排版.psd
视频教学	杂志大图排版.flv
难易指数	★★★★★
技术要点	钢笔工具、自由变换、文字工具

案例效果

本案例效果如图21-44所示。

图21-44

操作步骤

步骤01 设置背景色为黑色，按Ctrl+N组合键新建一个大小为4907×3400像素的文档，"背景内容"设置为"背景色"，将底纹风景照片素材文件拖曳到文件中，然后调整好大小和位置，如图21-45所示。

图21-45

步骤02 设置风景素材图层的"不透明度"为16%，如图21-46所示。

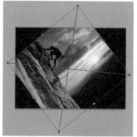

图21-46

步骤03 创建"图层1"图层，设置前景色为土黄色，单击画笔工具 ✐，在画笔预设中选择一个圆形硬角画笔，设置画

笔"大小"为10像素，"硬度"为100%；单击工具箱中的钢笔工具 ✐，在画面中使用钢笔工具 ✐绘制出多条路径，单击鼠标右键执行"描边路径"命令，设置工具为"画笔"，为路径填充颜色，如图21-47所示。

图21-47

步骤04 新建一个图层组，在其中创建"图层2"图层。使用多边形套索工具 ✐绘制出一个多边形选区，并将其填充为棕色（R：109，G：100，B：82），然后调整"不透明度"为84%，效果如图21-48所示。

图21-48

步骤05 采用同样的方法制作出其他色块，效果如图21-49所示。

步骤06 创建"照片"图层组，然后导入主体风景照片素材，调整好大小和角度，如图21-50所示。

步骤07 继续导入其他风景素材文件，分别放置在另外一个矩形框中，并调整好大小和位置，如图21-51所示。

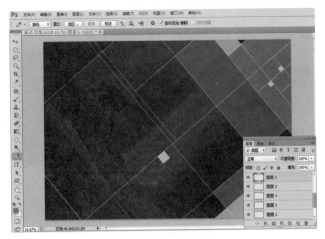

图21-49

图21-50

图21-51

步骤08 新建一个为100×100像素的空白文件，为了便于观察将背景填充为黑色，打开"画笔"面板，选择一个圆形硬角画笔，设置"大小"为2像素，"硬度"为100%，间距为300%，设置前景色为白色；使用画笔工具在画布中按住Shift键绘制水平的虚线，多次复制排列到整个画面中；隐藏黑色背景，将所有斑点图层合并，框选并执行"编辑>定义图案"菜单命令，将白色斑点底纹定义为图案，如图21-52所示。

图21-52

步骤09 回到原文件中，新建图层"网点"，执行"编辑>填充"菜单命令，设置"使用"为"图案"，选择新定义的图案，如图21-53所示。

图21-53

步骤10 设置"网点"图层的"不透明度"为40%，为图层添加图层蒙版，使用黑色画笔绘制涂抹中间区域，如图21-54所示。

图21-54

步骤11 创建"文字"图层组，单击横排文字工具 T，在选项栏中选择一种字体，设置"大小"为213点，"颜色"为棕色，输入"DALE"文字，并使用"自由变换"命令调整文字的位置和角度，如图21-55所示。

图21-55

步骤12 用同样的方法输入其他文字，并旋转到合适角度，如图21-56所示。

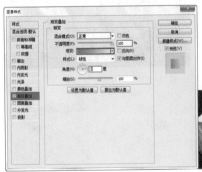

图21-56

步骤13 选择"埃及幻想"图层，执行"图层>图层样式>渐变叠加"菜单命令，设置"混合模式"为"正常"，"不透明度"为100%，编辑一种金色系渐变，设置"角度"为9度，此时文字出现渐变效果，如图21-57所示。

图21-57

步骤14 在"埃及幻想"文字图层样式上单击鼠标右键执行"拷贝样式"命令，在"来自沙漠的"图层上单击鼠标右键执行"粘贴样式"命令，使之产生相同的图层样式，最终效果如图21-58所示。

图21-58

004 欧美风格招贴设计

案例文件	欧美风格招贴设计 .psd
视频教学	欧美风格招贴设计 .flv
难度级别	★★★★★
技术要点	复制并重复上次变换、"样式"面板的使用

案例效果

本案例效果如图21-59所示。

图21-59

操作步骤

步骤01 按Ctrl+N组合键，在弹出的"新建"对话框中设置"宽度"为2901像素，"高度"为1982像素，如图21-60所示。

图21-60

步骤02 选择渐变工具，在"渐变编辑器"窗口中设置渐变颜色，并在选项栏中设置渐变类型为"径向渐变"，然后在文档中由中心向下拖曳，如图21-61所示。

图21-61

步骤03 创建新组并命名为"分层"，然后在"分层"组中创建两个新组，分别命名为"文字"和"背景"，如图21-62所示。

图21-62

步骤04 首先制作"背景"组。创建新图层，命名为"底色"，使用矩形选框工具框选矩形选区，与制作背景相同，选择渐变工具，在选项栏中设置渐变类型为"径向渐变"，在"渐变编辑器"窗口中编辑从紫色到黑色的渐变，然后进行填充，如图21-63所示。

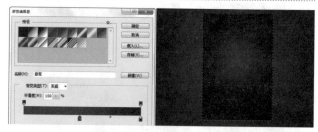

图21-63

步骤05 创建新图层。使用多边形套索工具绘制一个三角形选区，并为其填充粉红色。对该图层进行自由变换操作，将中心点固定到三角形底部的端点上，将三角形适当旋转并确定。完成后按Ctrl + Shift+ Alt +T组合键多次复制图层并重复上一次变换操作，这样即可得到放射性的效果，如图21-64所示。

图21-64

步骤06 将旋转复制的三角形图层命名为"放射线"，然后使用矩形选框工具绘制一个矩形选区，按Ctrl + Shift + I组合键反向选择选区，按Delete键将其删除，如图21-65所示。

步骤07 设置"放射线"图层的"不透明度"为15%，导入矢量电视素材文件，放置在画面当中，此时效果如图21-66所示。

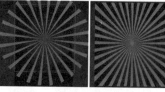

图21-65　　　　　　　　图21-66

步骤08 导入光效素材文件，设置"混合模式"为"滤色"，如图21-67所示。

图21-67

步骤09 下面制作"文字"组中的内容。单击工具箱中的横排文字工具 T，在选项栏中设置合适的字体、字号，设置颜色为白色，在画面中输入主体文字"FASHION"，如图21-68所示。

步骤10 执行"编辑>预设>预设管理器"菜单命令，在弹出的对话框中选择"样式"，然后载入图层样式素材文件。执行"窗口>样式"菜单命令，打开"样式"面板，可以看到新载入的样式，选中文字图层并在"样式"面板中单击相应样式即可，此时可以看到文字上出现绚丽的样式，如图21-69所示。

图21-68　　　　　　　　图21-69

步骤11 用同样的方法更改字体、字号等属性，输入第二排文字，并为其添加同样的样式，如图21-70所示。

图21-70

步骤12 继续使用横排文字工具 T，使用不同的字体在下方输入其余文字，如图21-71所示。

步骤13 复制并合并"分层"组，命名为"图层1"，复制"图层1"两次，分别命名为"图层2"和"图层3"，如图21-72所示。

图21-71　　　　　图21-72

步骤14 首先制作"图层1"的倒影效果，复制"图层1"，命名为"倒影1"。执行"自由变换"命令，单击鼠标右键执行"垂直翻转"命令，然后为其添加图层蒙版，使用黑色柔角画笔涂抹去除多余倒影部分，降低"不透明度"为22%，如图21-73所示。

图21-73

步骤15 下面制作"图层2"。为了突出前方的"图层1"，首先需要使用"自由变换"命令，将"图层2"缩小并放置在右面，如图21-74所示。

图21-74

步骤16 对"图层2"执行"滤镜>模糊>高斯模糊"菜单命令，设置"半径"为2.6像素，降低"不透明度"为85%，如图21-75所示。

图21-75

步骤17 采用制作"图层1"倒影的方法制作"图层2"倒影"倒影2"。继续使用同样的方法编辑左边的"图层3"，设置高斯模糊半径为5.2像素，降低"不透明度"为60%，如图21-76(a)所示；制作"倒影3"，降低"不透明度"为13%，如图21-76(b)所示。

(a)　　　　　　　　　　　　　　　　　　　(b)

图21-76

步骤18 导入前景气泡素材文件，设置"混合模式"为"线性光"，如图21-77所示。

图21-77

步骤19 最后需要将画面提亮，创建"曲线"调整图层，在"属性"面板中调整曲线形状使画面变亮，最终效果如图21-78所示。

图21-78

005 文艺精装书装帧设计

案例文件	文艺精装书装帧设计.psd
视频教学	文艺精装书装帧设计.flv
难度级别	
技术要点	图层混合模式、自由变换

案例效果

本案例效果如图21-79所示。

操作步骤

步骤01 创建空白文件，新建图层组"正面"，单击工具箱中的矩形选框工具，绘制出书面大小的选区；新建图层，单击工具箱中的渐变工具，在选项栏中设置渐变方式为"线性渐变"，在"渐变编辑器"窗口中编辑一种由白到浅灰色的渐变，单击"确定"按钮结束操作，在画布中由左下角向右上角拖曳填充，如图21-80所示。

图21-79

图21-80

步骤02 导入一张水墨效果的素材，在"图层"面板中设置其混合模式为"减去"，放置在左下角，如图21-81所示。

图21-81

步骤03 下面需要制作主体的书法文字，如果找不到合适的字体素材，可以使用以下方法：单击工具箱中的横排文字工具，选择一种接近书法的字体，输入"藏"字，在"图层"面板中单击鼠标右键执行"栅格化文字"命令；再执行"滤镜>液化"命令，在"液化"对话框中将文字进行微调，单击"确定"按钮结束操作，使文字看起来更具有书法字体的效果，如图21-82所示。

图21-82

步骤04 导入印章素材，调整大小并摆放在封面的左下角，如图21-83所示。

图21-83

步骤05 导入底图素材，放置在左半部分，为了使其融入背景色中，需要在"图层"面板中设置其"混合模式"为"叠加"，如图21-84所示。

步骤06 导入一张同样是紫色系的手绘花朵素材，使用矩形选框工具绘制所需选区，单击"图层"面板中的"添加图层蒙版"按钮，隐藏多余的部分，如图21-85所示。

图21-84

图21-85

步骤07 继续导入封面左上角的底纹素材，在"图层"面板中设置其"不透明度"为40%，如图21-86所示。

步骤08 导入右上角花底纹素材，在"图层"面板中设置其"混合模式"为"变亮"，"不透明度"为45%，单击"添加图层蒙版"按钮，再单击工具箱中的画笔工具 ，设置前景色为黑色，适当涂抹多余的部分，如图21-87所示。

图21-86   图21-87

步骤09 单击工具箱中的直排文字工具 ，在选项栏中设置合适的字体、字号，在右上角输入直排文字，如图21-88所示。

图21-88

步骤10 用同样方法输入下方的文字，并在"图层"面板中设置其"不透明度"为47%，在"段落"面板中设置合适的对齐方式，如图21-89所示。

图21-89

步骤11 导入书法文字素材"秋夕"，放置在封面右半部分，设置其"混合模式"为"柔光"，如图21-90所示。

图21-90

步骤12 下面需要制作书脊的部分。新建图层组"侧面"，使用制作书籍正面的底纹素材，以同样的混合模式进行摆放，并使用矩形选框工具 框选需要保留的区域并删除多余的部分，如图21-91所示。

步骤13 继续复制封面中的主体文字，放置在书脊中合适的位置，如图21-92所示。

图21-91   图21-92

步骤14 下面开始制作立体效果。新建图层组"书籍"，合并图层组"正面"，执行"自由变换"命令，单击鼠标右键执行"扭曲"命令，调整封面的透视角度，如图21-93所示。

步骤15 使用同样的方法调整书脊形状，使其与书籍封面形成立体效果，如图21-94所示。

图21-93   图21-94

步骤16 新建图层，使用钢笔工具 绘制精装书封皮的厚度形状，单击鼠标右键执行"建立选区"命令，使用画笔工具 在左半部分绘制深紫色，在右半部分绘制浅紫色，如图21-95所示。

步骤17 同样使用钢笔工具 绘制书页的闭合路径，填充为米黄色，并使用画笔工具 绘制出书页，如图21-96所示。

Photoshop CC 入门与实战经典（实例版）

| 图21-95 | 图21-96 |

技巧提示

单击画笔工具 ，按F5键打开画笔预设面板，在画笔预设中选择一种硬边圆画笔，调整"大小"为5像素，"间距"为180%，选中"平滑"复选框，按住Shift键绘制笔直的虚线。执行"自由变换"命令，拉伸虚线的长度，放置在书页上，制作真实的书页效果，如图21-97所示。

图21-97

步骤18 新建图层，设置前景色为浅灰色，单击工具箱中的多边形套索工具 ，绘制出正面折痕选区，并按Alt+Delete组合键填充当前选区，如图21-98所示。

步骤19 使用同样的办法制作其他折痕，使书籍看起来更真实，如图21-99所示。

步骤20 导入背景素材文件，摆放在"图层"面板的最底部，如图21-100所示。

| 图21-98 | 图21-99 | 图21-100 |

步骤21 下面制作书籍的倒影效果。复制"正面"图层，执行"自由变换"命令，单击鼠标右键执行"垂直翻转"命令，然后将其旋转，使其与书籍底面相接，如图21-101所示。

图21-101

步骤22 执行"滤镜>液化"命令，在"液化"对话框中单击"向前变形"按钮，调整画面使其产生水中的扭曲效果，单击"确定"按钮结束操作。回到"图层"面板中设置"不

透明度"为83%，单击"添加图层蒙版"按钮，使用黑色柔角画笔在蒙版中擦掉多余部分，如图21-102所示。

步骤23 复制书籍正面的文字图层，放置在背景上，如图21-103所示。

| 图21-102 | 图21-103 |

步骤24 单击"图层"面板中的"添加图层样式"按钮，在弹出的菜单中选择"投影"样式，在打开的对话框中设置其"混合模式"为"正常"，颜色为黑色，"不透明度"为70%，"距离"为3像素，"大小"为10像素，如图21-104所示。

图21-104

步骤25 选中"颜色叠加"样式，设置其"混合模式"为"正常"，颜色为白色，"不透明度"为100%，单击"确定"按钮结束操作，如图21-105所示。

图21-105

步骤26 导入前景花朵素材文件，最终效果如图21-106所示。

图21-106

006 音乐网站页面设计

案例文件	音乐网站页面设计.psd
视频教学	音乐网站页面设计.flv
难度级别	★★★★★
技术要点	文字工具、圆角矩形工具、钢笔工具

案例效果

本案例效果如图21-107所示。

图21-107

操作步骤

步骤01 执行"文件>新建"命令，创建一个空白文件。由于在整个页面的制作中将会产生相当多的图层，为了在后期修改时便于管理，在制作过程中需要将网站页面分解为多个模块，并建立图层组分别管理。首先在"图层"面板中新建图层组"背景"，再新建"图层1"并填充为白色作为底色；再次创建图层，单击工具箱中的矩形选框工具，在画面下方绘制矩形选区并填充黑色作为底栏，如图21-108所示。

步骤02 单击工具箱中的横排文字工具，设置颜色为白色，选择合适的字体及字号，在黑色底栏中输入文字，如图21-109所示。

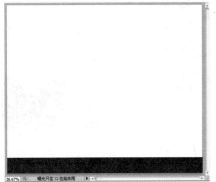

图21-108   图21-109

步骤03 导入底部的素材图标，调整大小及位置，如图21-110所示。

步骤04 新建图层组"框1"，再新建图层，设置前景色为

浅灰色，单击工具箱中的圆角矩形工具，在选项栏中设置绘制模式为"像素"，设置"半径"为10像素，在画面中绘制一个灰色圆角矩形，如图21-111所示。

图21-110   图21-111

步骤05 单击鼠标右键执行"描边"命令，在弹出的对话框中设置描边"颜色"为灰色，"宽度"为3像素，单击"确定"按钮结束操作，如图21-112所示。

步骤06 继续新建图层，用同样的方法制作其他小一点的边框，并导入素材图片，调整大小及位置，如图21-113所示。

图21-112   图21-113

步骤07 新建图层，单击工具箱中的多边形套索工具，绘制出三角形的选区，并填充为灰色，多次复制并放置在3个较小的圆角矩形中，如图21-114所示。

步骤08 单击横排文字工具，在选项栏中选择合适的字体、字号、颜色，输入相应文字，如图21-115所示。

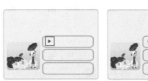

图21-114   图21-115

步骤09 复制两次"框1"图层组，分别命名为"框2"和"框3"，并放置在同一水平线上，然后依次更改"框2"和"框3"中的内容，如图21-116所示。

图21-116

步骤10 单击工具箱中的单行选框工具，在画面中按住Shift键绘制多条较细的选区，并填充灰色，如图21-117所示。

图21-117

步骤11 新建图层组"中部"，使用钢笔工具 ✍ 绘制出箭头形状的闭合路径，单击鼠标右键执行"建立选区"命令；然后新建图层并使用画笔工具 ✍ 在箭头的上半部分绘制较浅的红色，在下半部分绘制较深的红色，如图21-118所示。

图21-118

步骤12 单击"图层"面板中的"添加图层样式"按钮，在弹出的菜单中选择"描边"样式，在打开的对话框中设置其"大小"为2像素，"颜色"为深红色，如图21-119所示。

步骤13 复制箭头图层，按Ctrl+T组合键执行"自由变换"命令，单击鼠标右键执行"水平翻转"命令，向右移动摆放在如图21-120所示的位置。

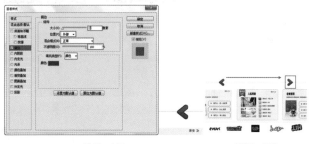

图21-119　　　　　　　图21-120

步骤14 设置前景色为灰色，单击工具箱中的圆角矩形工具 ▣，在选项栏中设置绘制模式为"形状" ▣，"半径"为10像素，在灰色的线上绘制合适大小的圆角矩形，如图21-121所示。

步骤15 用同样的办法绘制其他圆角矩形，并使用横排文字工具 Ｔ 输入文字，如图21-122所示。

图21-121　　　　　　　图21-122

步骤16 导入背景素材，放置在画布居中的位置，继续新建图层，单击工具箱中的圆角矩形工具 ▣，在画布中央的位置绘制黑色圆角矩形，如图21-123所示。

图21-123

步骤17 导入光效素材，载入黑色圆角矩形选区，并为导入的光效素材添加图层蒙版。单击画笔工具 ✍，将前景色设置为黑色，并在图层蒙版上进行适当的涂抹，使光效素材部分变淡，如图21-124所示。

图21-124

步骤18 新建图层制作圆角矩形的光泽部分，使用钢笔工具 ✍ 绘制出高光的路径，单击鼠标右键执行"建立选区"命令，得到光泽部分的选区。再单击工具箱中的渐变工具 ▣，在选项栏中设置渐变方式为"线性渐变"，在"渐变编辑器"窗口中编辑一种白色到透明的渐变，在选区中由左上角向右下角拖曳填充，如图21-125所示。

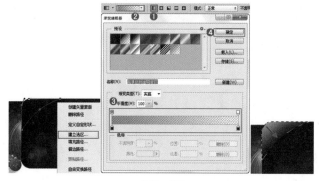

图21-125

 技巧提示

光泽部分的选区也可以这样制作：首先载入黑色圆角矩形选区，然后单击工具箱中的椭圆选框工具，并在选项栏中激活"从选区中减去"按钮，然后绘制较大的椭圆形，得到光泽选区，如图21-126所示。

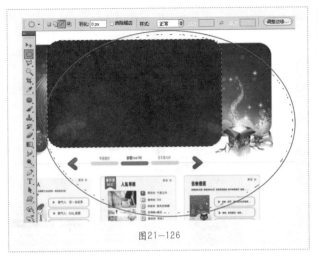

图21-126

步骤19 导入素材文件，放置在黑色圆角矩形的右侧，如图21-127所示。

步骤20 使用文字工具输入相应文字，如图21-128所示。

图21-127　　　　　　　　　图21-128

步骤21 为标题文字添加描边和外发光的图层样式，如图21-129所示。

图21-129

步骤22 下面开始制作导航菜单。新建图层组"菜单"，并在其中新建图层"浅灰"。使用矩形选框工具绘制矩形选区，单击渐变工具，在选项栏中设置渐变方式为"对称渐变"，在"渐变编辑器"窗口中编辑一种灰色系渐变，在选区中由上向下拖曳填充，如图21-130所示。

图21-130

步骤23 新建图层"底"，设置前景色为深灰色，单击画笔工具，按住Shift键在渐变矩形下方绘制一条直线，如图21-131所示。

步骤24 新建图层，使用矩形选框工具在顶部绘制矩形选区，并填充黑色，如图21-132所示。

步骤25 单击工具箱中的圆角矩形工具，在导航菜单上绘制一个圆角矩形路径，如图21-133所示。

图21-131　　　　图21-132　　　　　图21-133

步骤26 在选项栏中单击矩形工具，并激活从"路径中间减去"按钮，在圆角矩形的上半部分进行绘制，如图21-134所示。

步骤27 按Ctrl+Enter组合键将路径转换为选区，此时可以得到半个圆角矩形的选区，新建图层并填充浅灰色，如图21-135所示。

图21-134　　　　　　　　图21-135

步骤28 单击鼠标右键执行"描边"命令，设置"宽度"为3像素，"颜色"为红色，"位置"为"内部"，如图21-136所示。

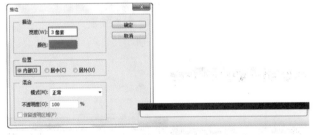

图21-136

步骤29 对当前图层执行"图层>图层样式>投影"菜单命令，设置"混合模式"为"正片叠底"，颜色为红色，"不透明度"为60%，"距离"为3像素，"大小"为5像素，如图21-137所示。

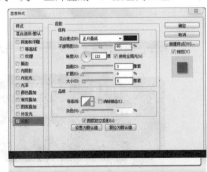

图21-137

步骤30 新建图层，设置前景色为白色，单击圆角矩形工具 ，在选项栏中设置绘制模式为像素，绘制合适的圆角矩形。单击"图层"面板中的"添加图层样式"按钮，在弹出的菜单中选择"内阴影"样式，在打开的对话框中设置"不透明度"为34%，"角度"为145度，"距离"为3像素，"大小"为9像素，单击"确定"按钮结束操作。复制出另外一个相同的白色圆角矩形，如图21-138所示。

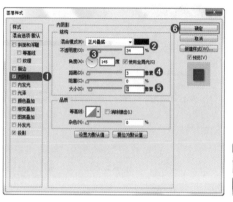

图21-138

步骤31 用同样的方法绘制其他颜色的圆角矩形，如图21-139所示。

图21-139

步骤32 新建图层，使用钢笔工具 绘制闭合路径，单击鼠标右键执行"建立选区"命令，使用渐变工具 为选区填充玫红色系渐变。然后设置前景色为粉色，单击画笔工具 ，选择一个3像素的柔角圆形画笔，在图形上方按住Shift键绘制水平的高光效果，如图21-140所示。

图21-140

步骤33 使用横排文字工具 在顶端输入文字，如图21-141所示。

图21-141

步骤34 下面开始制作顶栏。新建图层组"顶"，新建图层，设置前景色为白色，单击圆角矩形工具 ，在选项栏中单击"像素"按钮，设置"半径"为10像素，绘制大小适合的白色圆角矩形，单击鼠标右键执行"描边"命令，在弹出的对话框中设置描边"颜色"为红色，"宽度"为5像素，单击"确定"按钮结束操作，如图21-142所示。

图21-142

步骤35 新建图层，同样使用圆角矩形工具 ，绘制红色的圆角矩形，单击"添加图层样式"按钮，在弹出的菜单中选择"渐变叠加"样式，在打开的对话框中设置"渐变"为红色系渐变；选中"描边"样式，设置其"大小"为3像素，"颜色"为红色，此时按钮出现突起效果，如图21-143所示。

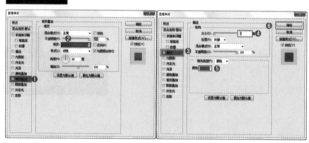

图21-143

步骤36 单击工具箱中的横排文字工具 ，设置合适大小及样式，输入"Music Radio "，单击"图层"面板下方的"添加图层样式"按钮，在弹出的菜单中选择"渐变叠加"样式，在打开的对话框中设置"渐变"为粉色系渐变；选中"描边"样式，设置"大小"为1像素，"位置"为"外部"，单击"确定"按钮结束操作，如图21-144所示。

步骤37 新建图层，使用钢笔工具 绘制音符的闭合路径，单击鼠标右键执行"建立选区"命令，单击渐变工具 ，在选项栏中设置渐变方式为"线性渐变"，选择七彩渐变，单击"确定"按钮结束操作，在选区中由上向下拖曳填充，如图21-145所示。

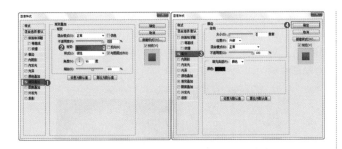

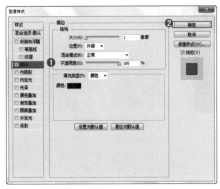

图21-144

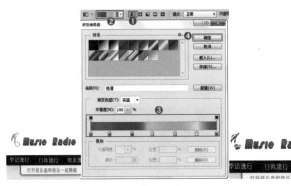

图21-145

图21-146

步骤38 单击"添加图层样式"按钮,在弹出的菜单中选择"描边"样式,在打开的对话框中单击"确定"按钮结束操作,如图21-146所示。

步骤39 使用横排文字工具 T 输入其他文字,并导入右上角图案,最终效果如图21-147所示。

图21-147

007 巧克力包装设计

案例文件	巧克力包装设计.psd
视频教学	巧克力包装设计.flv
难度级别	★★★★★
技术要点	钢笔工具、渐变工具、"添加杂色"滤镜、图层样式

案例效果

本案例效果如图21-148所示。

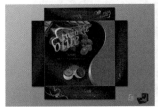

图21-148

操作步骤

步骤01 按Ctrl+N组合键新建一个空白文件,单击渐变工具 ,在选项栏编辑一种从深灰色到浅灰色的渐变,设置渐变类型为线性渐变,在画布中进行填充,如图21-149所示。

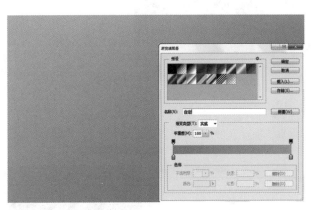

图21-149

步骤02 创建新图层,填充为黑色,然后执行"滤镜>杂色>添加杂色"菜单命令,在弹出的对话框中设置"数量"为12.5%,"分布"为"平均分布",将该图层的"混合模式"设置为"滤色",如图21-150所示。

图21—150

步骤03 下面开始制作巧克力包装的平面效果。新建"正面"图层组，在其中创建新图层，使用矩形选框工具▣绘制一个矩形选框并填充为黑色，如图21-151所示。

图21—151

步骤04 创建新图层，设置前景色为蓝色（R：73，G：93，B：121）。使用画笔工具，选择一个圆形柔角画笔，在矩形选区下半部分涂抹。为了使蓝色区域柔和一些，可以执行"滤镜>模糊>高斯模糊"菜单命令，在弹出的"高斯模糊"对话框中设置"半径"为30像素，如图21-152所示。

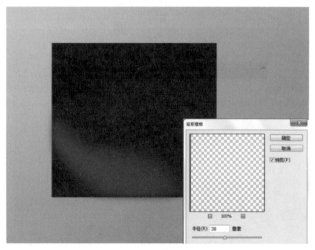

图21—152

步骤05 导入巧克力素材文件，单击魔棒工具▨，在选项栏中设置"容差"为10，选中"连续"复选框，选择背景区域，按Delete键将背景部分删除，如图21-153所示。

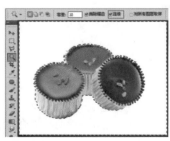
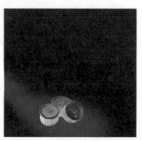

图21—153

步骤06 在"巧克力"图层下方新建图层"巧克力阴影"，单击工具箱中的画笔工具▨，在选项栏中选择一个圆形柔角画笔，设置画笔"流量"与"不透明度"均为50%，在巧克力底部绘制阴影效果，如图21-154所示。

图21—154

步骤07 创建新图层，使用钢笔工具▨在右侧绘制出一个闭合路径，单击鼠标右键执行"建立选区"命令，设置前景色为蓝色（R：50，G：102，B：183），按Alt+Delete组合键填充，如图21-155所示。

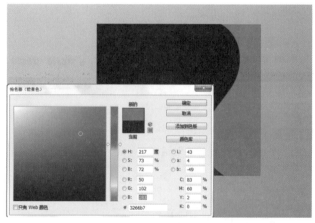

图21—155

步骤08 接着导入底纹素材文件，选择上一图层并按Ctrl键载入选区，再回到当前图层，按Ctrl+Shift+I组合键反向选择选区，按Delete键，删除多余部分，再设置图层的"不透明度"为25%，如图21-156所示。

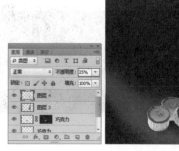

图21—156

步骤09 导入榛子巧克力素材文件，摆放在左上角，使用魔棒工具▨选择背景区域并删除，再设置该图层的"不透明度"为80%，如图21-157所示。

图21-157

步骤10 创建新图层，使用钢笔工具在底色与右侧花纹图案中间绘制一个闭合路径，单击鼠标右键执行"建立选区"命令，然后使用渐变工具 为其填充金色系渐变，如图21-158所示。

图21-158

步骤11 创建图层组LOGO，单击横排文字工具 ，在选项栏中设置合适的字体、字号，设置颜色为白色，在画面中输入"blue"，然后单击鼠标右键执行"转换为形状"命令，此时该文字图层转换为形状，可以直接使用钢笔工具与路径选择工具等矢量工具调整文字形状，如图21-159所示。

图21-159

步骤12 继续输入另外一个单词，放置在blue上方，如图21-160所示。

步骤13 选择logo组，按Ctrl+E组合键合并当前组为一个图层。执行"图层>图层样式>斜面和浮雕"菜单命令，设置"样式"为"内斜面"，"方法"为"平滑"，"深度"为103%，"大小"为1像素，"角度"为"126"度，"高度"为30度，如图21-161所示。

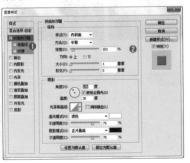

图21-160　　　　　图21-161

步骤14 在"图层样式"对话框左侧选中"描边"样式，然后设置"大小"为5像素，"位置"为"外部"，"填充类型"为"渐变"，设置渐变颜色为从深黄色到黄色渐变，"样式"为"线性"，此时LOGO文字出现金属质感，如图21-162所示。

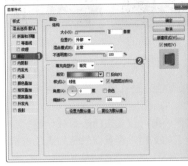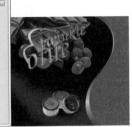

图21-162

步骤15 在LOGO下方继续输入文字。执行"图层>图层样式>渐变叠加"菜单命令，设置"不透明度"为100%，调整渐变颜色为从褐色到黄色渐变，"样式"为"线性"，"角度"为180度，如图21-163所示。

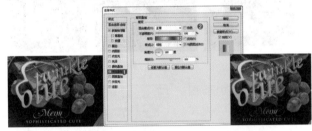

图21-163

步骤16 在"图层"面板顶部新建图层"金边"，载入黑色底色的选区，执行"编辑>描边"菜单命令，设置"宽度"为10像素，"颜色"为白色，"位置"为"内部"，如图21-164所示。

图21-164

步骤17 载入"金边"图层选区，然后使用渐变工具 为其填充金色系渐变，此时出现金色边框效果，如图21-165所示。

步骤18 下面开始制作另外4个立面的平面图，隐藏"正面"组中的其他图层，只保留底色和蓝色图层，使用矩形选框工具 框选中间的一部分，按Ctrl+Shift+C组合键将选区中显示的内容复制为一个独立的图层，适当缩放后分别放置在顶部和底部，如图21-166所示。

步骤19 按Ctrl+J组合键复制出一个副本图层，执行"编辑>变换>旋转90度"菜单命令，作为左右两侧的立面，如图21-167所示。

图21-165　　　　图21-166　　　　图21-167

步骤20 复制正面中的LOGO图层和其他素材并分别放置在其他立面上。至此，巧克力包装设计的平面图就制作完成了，如图21-168所示。

步骤21 下面开始制作立体效果。首先按Ctrl+N组合键新建一个大小为2500×1530像素的文档，设置前景色为黑色，按Alt+Delete组合键填充画布为黑色，如图21-169所示。

步骤22 首先制作一个直立的包装盒，将正面的图层组合并为一个图层，按Ctrl+T组合键执行"自由变换"命令，调整好大小和透视角度，如图21-170所示。

图21-168　　　　图21-169　　　　图21-170

步骤23 执行"图层>图层样式>内阴影"菜单命令，打开"图层样式"对话框，设置"角度"为-45度，"距离"为16像素、"大小"为18像素，如图21-171所示。

图21-171

步骤24 选中"斜面和浮雕"样式，设置"样式"为"描边浮雕"，"方法"为"雕刻柔和"，"深度"为215%，"大小"为2像素；设置"角度"为-45度，"高度"为32度，其他参数设置如图21-172所示。

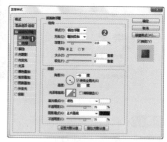

图21-172

步骤25 选中"描边"样式，设置"大小"为6像素，"位置"为内部，"填充类型"为"渐变"，设置渐变颜色为从深黄色到黄色渐变，"样式"为"线性"，如图21-173所示。

步骤26 复制"立面"图层组并合并为一个图层，选择其中一个立面，按Ctrl+T组合键执行"自由变换"命令，单

击鼠标右键执行扭曲命令，调整控制点位置作为侧面，如图21-174所示。

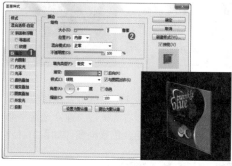

图21-173　　　　　　　　图21-174

步骤27 载入侧面部分选区，创建新图层，单击渐变工具，选择一种从黑色到透明的渐变，在图层中的选区部分自上而下填充渐变，并设置图层的"不透明度"为70%，可以看到侧面出现背光的阴影效果，如图21-175所示。

图21-175

步骤28 用同样的方制作顶部的立面，可以看到一个包装盒制作完成，如图21-176所示。

步骤29 再次使用同样的方法制作一个平放的包装盒，将其放置在前面，如图21-177所示。

步骤30 在黑色背景图层上方新建图层，设置前景色为蓝色，使用较大的圆形柔角画笔绘制出蓝色的光晕，如图21-178所示。

图21-176　　　　图21-177　　　　图21-178

步骤31 导入前景素材，最终效果如图21-179所示。

图21-179

Chapter 22

第22章

精通视觉创意设计

创意设计即把简单的东西或想法不断延伸而给予的另一种表现方式，包括产品设计、包装设计、平面设计等内容。创意设计除了具备设计的一般要素外，还需要融入"与众不同的设计理念——创意"。本章将通过几个具体实例介绍视觉创意设计的方法。

本章学习要点：
- 数码产品创意广告设计
- 蜗牛城堡设计
- 创意饮品合成制作
- 童话季节的制作

001 系带的苹果

案例文件	系带的苹果.psd
视频教学	系带的苹果.flv
难度级别	★★★★★
技术要点	"色相/饱和度"、"曲线"调整图层，"高斯模糊"命令，"自由变换"命令

案例效果

本案例效果如图22-1所示。

操作步骤

步骤01 按Ctrl+N组合键，在弹出的"新建"对话框中设置"宽度"为1864像素，"高度"为2832像素，如图22-2所示。

图22-1　　　　　　　图22-2

步骤02 选择渐变工具 ，在"渐变编辑器"窗口中设置灰白色系渐变，设置渐变类型为径向渐变，在画布中进行填充，如图22-3所示。

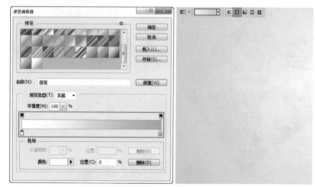

图22-3

步骤03 导入青苹果素材文件作为"苹果左"图层。按Ctrl+J组合键复制图层并命名为"苹果右"，使用套索工具 绘制苹果的右半边选区，并添加图层蒙版使"苹果右"图层只保留右半部分，如图22-4所示。

图22-4

步骤04 创建"色相/饱和度"调整图层，在"属性"面板中设置"色相"为 - 59，在调整图层上单击鼠标右键执行"创建剪贴蒙版"命令，苹果右侧变成红色，如图22-5所示。

图22-5

步骤05 创建"曲线"调整图层，在"属性"面板中建立两个控制点，然后调整好曲线的样式，单击鼠标右键执行"创建剪贴蒙版"命令，提亮苹果右侧，如图22-6所示。

图22-6

步骤06 在"苹果左"图层下面创建新图层，命名为"投影"，使用黑色半透明画笔绘制苹果底部的阴影效果，如图22-7所示。

图22-7

步骤07 单击工具箱中的套索工具 ，在红苹果交界处绘制一个比较窄的选区，按Ctrl+Shift+C组合键复制这部分区域，并粘贴为一个新的图层，向左移动一些并使用加深工具 涂抹使其变暗，如图22-8所示。

图22-8

步骤08 按Ctrl＋J组合键复制图层，执行"图像>模糊>高斯模糊"菜单命令，在弹出的对话框设置"半径"为8像素，如图22-9所示。

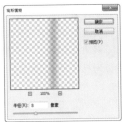

图22-9

步骤09 创建新组"鞋带"，导入鞋素材文件，使用钢笔工具勾勒出部分鞋带轮廓。按Ctrl+Enter组合键建立选区，然后按Ctrl＋Shift＋I组合键选择反向选区，按Delete键删除多余部分，适当缩放并摆放在苹果中央，如图22-10所示。

图22-10

步骤10 为鞋带图层添加图层样式，在"图层样式"对话框中选中"投影"样式，设置"混合模式"为"正片叠底"，

"不透明度"为75%，"角度"为120度，"距离"为8像素，"大小"为13像素，如图22-11所示。

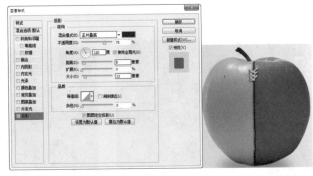

图22-11

步骤11 多次按Ctrl＋J组合键复制鞋带图层，依次向下排列，如图22-12所示。

步骤12 合并"鞋带"图层组，对合并后的图层按Ctrl+T组合键执行"自由变换"命令，调整位置后。单击鼠标右键执行"变形"命令，调整鞋带的外轮廓，模拟出膨胀的效果，如图22-13所示。

步骤13 最后输入相应文字，最终效果如图22-14所示。

图22-12   图22-13   图22-14

002 数码产品创意广告

案例文件	数码产品创意广告.psd
视频教学	数码产品创意广告.flv
难易指数	★★★★★
知识掌握	"渐变工具"、"图层样式"、"自由变换"和"3D文字"的运用

案例效果

本案例效果如图22-15所示。

图22-15

操作步骤

步骤01 按Ctrl+N组合键新建一个文档，具体参数设置如图22-16所示。

图22-16

步骤02 单击渐变工具，在选项栏中设置渐变类型为"线性渐变"，编辑一种深灰到浅灰的渐变，并在"背景"图层中的选区部分自上而下填充渐变颜色，如图22-17所示。

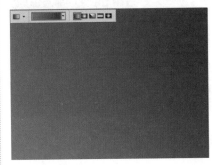

图22-17

步骤03 打开本书配套光盘中的花纹素材文件,然后将其拖曳到当前文档中,并将新生成的图层更名为"花纹",如图22-18所示。

图22-18

步骤04 单击"图层"面板底部的"创建新组"按钮,创建一个新组,并命名为"手机",然后导入手机素材放置到画布右侧,如图22-19所示。

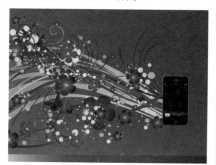

图22-19

步骤05 在"手机"图层组下方新建图层。设置前景色颜色为灰色,载入手机选区并按Alt+Delete组合键将其填充为灰色。继续使用减淡工具将中间部分减淡处理,将副本向左侧移动,使手机呈现立体效果,如图22-20所示。

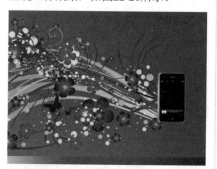

图22-20

步骤06 导入人像照片素材,将其缩放到与手机屏幕大小相适应,如图22-21所示。

图22-21

步骤07 新建图层"反光",使用钢笔工具在屏幕右侧一角处绘制出一个闭合路径,单击鼠标右键执行"建立选区"命令。继续单击渐变工具,在选项栏中设置渐变类型为"线性渐变",并在"渐变编辑器"窗口中编辑一种白色到透明的渐变,在选区中填充该渐变用于模拟手机屏幕反光效果,然后设置其图层的"不透明度"为65%,效果如图22-22所示。

图22-22

 技巧提示

如果在"渐变编辑器"窗口的预设选项组中没有找到需要的渐变类型,可拖动滑块调整渐变颜色,然后单击"确定"按钮。所调整的渐变将自动生成在预设中。

步骤08 选择"手机"图层组,按Ctrl+T组合键执行"自由变换"命令,调整手机角度,然后单击鼠标右键执行"透视"命令,单击右侧控制点向中间拖曳,制作出透视效果,如图22-23所示。

图22-23

步骤09 单击"图层"面板中的"创建新组"按钮,创建一个新组并命名为"文字"组。单击横排文字工具,在选项栏中选择一个字体,并设置字号大小为300点,字体颜色为粉色,最后在画布中间输入文字"E",如图22-24所示。

图22-24

步骤10 选择字母"E"层,执行"3D>从所选图层创建3D凸出"命令,此时字母E出现3D效果,如图22-25所示。

图22-25

步骤11 打开"3D"面板,单击"3D"面板中该文字的"E凸出材质"条目,如图22-26所示。在属性面板中单击漫射的下拉菜单按钮,执行"新建纹理"命令,进入新文档后填充粉色到黑色的渐变,如图22-26所示。

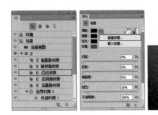

图22-26

步骤12 点击原文件回到文字图层中,此时可以看到文字的立面出现渐变效果,效果如图22-27所示。

图22-27

步骤13 下面为文字正面制作花纹效果,同样单击"3D"面板中该文字的"E前膨胀材质"条目,如图22-28所示。在属性面板中单击漫射的下拉菜单按钮,执行"新建纹理"命令,如图22-28所示。在新文档中导入花纹素材覆盖在文字上,设置其图层的"不透明度"为65%,效果如图22-28所示。

图22-28

步骤14 创建新图层,使用渐变工具在花纹上填充白色到透明的渐变,如图22-29所示。

步骤15 回到原文件中可以看到文字正面出现了花纹和受光的效果,如图22-30所示。

图22-29

图22-30

步骤16 下面为3D文字图层添加投影效果,执行"图层>图层样式>投影"菜单命令,打开"图层样式"对话框,设置"混合模式"为"正片叠底","不透明度"为75%,"角度"为120度,"距离"为5像素,"大小"为5像素,如图22-31所示。

图22-31

步骤17 使用同样的方法制作出其他文字,效果如图22-32所示。

图22-32

步骤18 创建新图层"光",放在"手机"图层的下方。在工具箱中单击画笔工具 ✐,在选项栏中单击打开"画笔预设"选取器,选择一个柔角画笔,设置"大小"为180像素,再在选项栏中设置"不透明度"为50%,"流量"为

50%,使用粉色和白色在手机边缘处绘制出发光的效果,并设置其图层的"不透明度"为86%,效果如图22-33所示。

图22-33

步骤19 导入背景素材,将其放置在图层最下方,最终效果如图22-34所示。

图22-34

003 创意奢侈品海报

案例文件	创意奢侈品海报.psd
视频教学	创意奢侈品海报.flv
难度级别	★★★★★
技术要点	"复制并重复上次变换"命令的使用

案例效果

本案例效果如图22-35所示。

操作步骤

步骤01 打开本书配套光盘中的背景文件,如图22-36所示。

图22-35

图22-36

步骤02 导入人像素材文件,使用钢笔工具 ✐ 勾勒出人像轮廓,然后按Ctrl+Enter组合键载入路径的选区,按Ctrl+Shift+I组合键选择反向选区,并按Delete键将其删除,此时人像被抠了出来,如图22-37所示。

图22-37

步骤03 导入花纹素材文件,放置在人像右侧肩膀上。将该图层的"混合模式"设置为"正片叠底",设置图层的"不透明度"为68%,作为人像纹身,如图22-38所示。

图22-38

步骤04 在人像的下一层新建一个"高跟鞋"图层组,然后导入高跟鞋素材文件,调整好大小和角度,如图22-39所示。

步骤05 接着按Ctrl+J组合键复制出一个高跟鞋副本,按Ctrl+T组合键执行"自由变换"命令,将中心点定位到人像左侧肩膀的位置,然后旋转高跟鞋角度。完成变换后按Ctrl+Shift+Alt+T组合键执行"复制并重复上一次变换"命令,复制出呈扇形排布的高跟鞋,如图22-40所示。

图22-39

图22-40

步骤06 继续新建一个"香水"图层组，然后导入香水素材，使用同样的方法制作出旋转的香水，如图22-41所示。

图22-41

步骤07 下面导入化妆品翅膀素材文件，调整好大小和角度，并将该图层放置在"香水"图层组的下一层中，如图22-42所示。

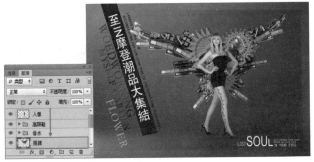

图22-42

步骤08 下面开始制作翅膀阴影。新建图层，按住Ctrl键单击"翅膀"图层缩略图载入选区，设置前景色为黑色，按Alt+Delete组合键为选区填充黑色，然后执行"滤镜>模糊>高斯模糊"菜单命令，在弹出的"高斯模糊"对话框中设置"半径"为35像素。再按Ctrl+T组合键执行"自由变换"命令，调整翅膀投影的透视效果，并移动到地面的位置，最后设置图层的"不透明度"为28%，如图22-43所示。

图22-43

步骤09 设置前景色为黑色，单击画笔工具 ，在选项栏中单击"画笔预设"拾取器，选择一个柔角画笔，设置"大小"为197像素，并调整"不透明度"为50%，"流量"为

50%。在人像鞋子底部进行涂抹，模拟出阴影效果，并将该图层放置在翅膀阴影的下一层，如图22-44所示。

图22-44

步骤10 最后进行颜色的调整，执行"图层>新建调整图层>曲线"菜单命令，创建新的曲线调整图层，在"属性"面板中首先调整"红"通道曲线，在曲线上单击创建一个控制点，设置"输入"值为134，"输出"值为130；再回到RGB通道中创建两个控制点，调整曲线形状，最终效果如图22-45所示。

图22-45

---

004 蜗牛城堡

案例文件	蜗牛城堡.psd
视频教学	蜗牛城堡.flv
难度级别	★★★★☆
技术要点	"曲线"、"自然饱和度"调整图层，加深工具，镜头光晕

案例效果

本案例处理前后对比效果如图22-46所示。

图22—46

操作步骤

步骤01 按Ctrl+N组合键，在弹出的"新建"对话框中设置宽度为2438像素，高度为1708像素，背景内容为"透明"，单击"确定"按钮新建一个文件，如图22-47所示。

图22—47

步骤02 创建新图层组并命名为"蜗牛"，导入蜗牛素材文件，添加图层蒙版，使用多边形套索工具在蜗牛壳上勾勒出两处破碎的洞，在蒙版中填充黑色使这部分隐藏，如图22-48所示。

图22—48

步骤03 导入相机素材文件，放在蜗牛图层的下方，使相机隐藏在蜗牛壳中，如图22-49所示。

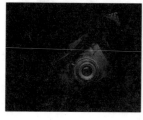

图22—49

步骤04 为了使破碎的壳效果更逼真，下面制作破洞的截面效果。载入破洞部分选区，执行"选择>修改>边界"菜单命令，在弹出的对话框中设置"宽度"为5像素，得到边界选区，如图22-50所示。

图22—50

步骤05 新建图层，设置前景色为（R：87，G：35，B：16），按Alt+Delete组合键进行填充，如图22-51所示。

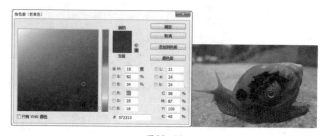

图22—51

 技巧提示

为了使立面效果更加真实，可以使用加深工具适当添加中间调和阴影。首先建立"立面"选区，然后单击加深工具，在选项栏中设置"范围"为"阴影"，"曝光度"为50%，涂抹选区边缘处即可，如图22-52所示。

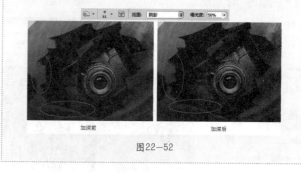

加深前　　　　　　　加深后

图22—52

步骤06 设置前景色为黑色，创建新组并命名为"裂痕"，载入裂痕笔刷素材文件，选择不同笔刷的形状，在缺口边缘处绘制出裂痕效果，如图22-53所示。

图22—53

步骤07 创建新图层，命名为"裂口高光"，使用白色画笔在裂口外边沿绘制，并设置图层的混合模式为"变亮"，"不透明度"为10%，如图22-54所示。

图22-54

步骤08 导入天空素材文件，添加图层蒙版，使用黑色画笔涂抹出蜗牛的部分，如图22-55所示。

图22-55

步骤09 创建新组并命名为"前景"，导入建筑和相机素材并摆放在蜗牛壳上，如图22-56所示。

图22-56

步骤10 接着导入另一个相机素材文件，使用钢笔工具勾勒出需要保留的相机轮廓，按Ctrl+Enter组合键将路径转换为选区后为其添加图层蒙版，使背景部分隐藏，如图22-57所示。

图22-57

技巧提示

　　为了使相机素材图片产生插进壳中的效果，需要在相机图层下方新建图层，绘制出选区并填充黑色当做阴影效果，如图22-58所示。

图22-58

步骤11 导入前景植物素材文件，效果如图22-59所示。

步骤12 继续导入光效素材，放置在蜗牛附近，设置"混合模式"为"滤色"，如图22-60所示。

图22-59　　　　　　　　图22-60

步骤13 创建新图层，填充黑色，并执行"滤镜>渲染>镜头光晕"菜单命令，在弹出的对话框中设置"亮度"为115%，并设置图层的"混合模式"为"滤色"，如图22-61所示。

图22-61

步骤14 创建"曲线"调整图层，在"属性"面板中建立3个控制点，然后调整好曲线的样式，如图22-62所示。

图22-62

步骤15 创建"自然饱和度"调整图层，在"属性"面板中设置"自然饱和度"为100，最终效果如图22-63所示。

图22-63

005 森林魔法师

案例文件	森林魔法师.psd
视频教学	森林魔法师.flv
难易指数	★★★★★
知识掌握	混合模式、液化工具、图层样式

案例效果

本案例效果如图22-64所示。

图22-64

操作步骤

步骤01 按Ctrl+N组合键新建一个文档，具体参数设置如图22-65所示。

步骤02 打开本书配套光盘中的人像素材文件，然后将其拖曳到当前文档中，并将新生成的图层更名为"原图"，如图22-66所示。

图22-65　　　　　图22-66

步骤03 在工具箱中单击魔棒工具，在选项栏中设置"容差"为32，在人像背景区域单击，将整个背景区域添加到选区中，然后按Delete键删除背景部分，如图22-67所示。

图22-67

步骤04 导入背景素材文件，将新生成的图层更名为"背景"；导入前景草地素材文件，将新生成的图层更名为"前景"，如图22-68所示。

图22-68

步骤05 将"人像"图层移动到"背景"图层的上方，按Ctrl+T组合键执行"自由变换"命令，单击鼠标右键执行"水平翻转"命令，调整人像角度与位置，如图22-69所示。

图22-69

步骤06 由于人像素材尺寸有限，肩膀以下画面缺失，所以需要导入黑纱素材，按Ctrl+T组合键执行"自由变换"命令，调整纱的大小和位置，如图22-70所示。

图22-70

步骤07 创建新的"色相/饱和度"调整图层，并在该图层上单击鼠标右键执行"创建剪贴蒙版"命令，使其只对"人像"图层做调整，在"调整"目标中设置"色相"为-131，"饱和度"为-6，"明度"为-47。在图层的蒙版上使用黑色画笔涂抹人像部分，只保留帽子，此时帽子变为了紫色，如图22-71所示。

图22-71

步骤08 再次创建新的"色相/饱和度"调整图层，并在该图层上单击鼠标右键执行"创建剪贴蒙版"命令，使其只对"人像"图层做调整。在"属性"面板中选择"红色"通道，设置"饱和度"为-8，"明度"为+36；再选择"黄色"通道，设置"饱和度"为+3，"明度"为+100。在图层的蒙版上中填充黑色，使用白色画笔涂抹人像皮肤区域，如图22-72所示。

图22-72

步骤09 下面需要对人像唇色进行调整，创建"色相/饱和度"调整图层，并在该图层上单击鼠标右键执行"创建剪贴蒙版"命令，使其只对人像图层做调整。在"属性"面板中选择"红色"通道，设置色相为-2，饱和度为98，明度为-48；再选择"黄色"通道，设置饱和度为+3，明度为+100。在图层的蒙版上中填充黑色，使用白色画笔涂抹人像嘴唇区域，此时人像嘴唇变为艳红色，如图22-73所示。

步骤10 选择制作完成的"唇色"色相/饱和度图层，单击并拖曳到"创建新图层"按钮上建立副本，加深颜色效果，如图22-74所示。

图22-73　　　　　　　　图22-74

步骤11 下面制作人像的眼影部分，创建新的"色相/饱和度"调整图层，在"属性"面板中设置"色相"为+57。在图层的蒙版上填充黑色，使用白色画笔涂抹人像眼窝区域，此时人像上眼睑出现绿色眼影效果，如图22-75所示。

图22-75

步骤12 载入刚才创建的"色相/饱和度"调整图层蒙版选区，创建新的"曲线"调整图层，调整曲线形状，将眼妆压暗，如图22-76所示。

图22-76

步骤13 下面需要使用外挂睫毛画笔为眼部画上睫毛。新建图层，单击画笔工具，设置前景色为黑色，在选项栏中单击打开"画笔预设"拾取器，找到睫毛图案，设置"大小"为140像素，在画面中单击绘制出睫毛，适当进行自由变换使其与人像眼睛形状相吻合，如图22-77所示。

图22-77

技巧提示

在"画笔预设"拾取器中单击 ▶ 图标，在弹出的快捷菜单中执行"载入画笔"命令，选择相应的外挂笔刷文件即可将其载入，如图22-78所示。

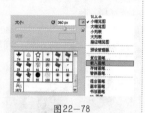

图22-78

步骤14 为了增强画面的奇幻效果，可以将人像的帽子变为尖顶的效果。单击选中"人像"图层，使用矩形选框工具框选帽子顶部，并使用复制和粘贴功能复制出一个独立图层，放在"人像"图层下方。然后按Ctrl+T组合键执行"自由变换"命令，单击鼠标右键执行"变形"命令，调整其形状，如图22-79所示。

图22-79

步骤15 同样需要对这部分帽子颜色进行调整，创建新的"色相/饱和度"调整图层，并在该图层上单击鼠标右键执行"创建剪贴蒙版"命令，在"属性"面板中设置"色相"为－131，"饱和度"为－6，"明度"为－47。只对帽子补角做调整，如图22-80所示。

图22-80

步骤16 下面为帽子内部添加颜色，新建图层，设置前景色为绿色（R：45，G：89，B：0），使用画笔工具，在帽子内部绘制涂抹，如图22-81所示。

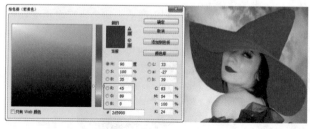

图22-81

步骤17 在"图层"面板中，将该图层的混合模式设置为"变暗"，设置"不透明度"为68%，效果如图22-82所示。

图22-82

步骤18 新建图层"斑点"，设置前景色为黄色（R：230，G：215，B：10），单击工具箱中的画笔工具 ，选择一个圆形硬角画笔，在帽子上面单击绘制出多个不连续的黄色圆点。将该图层的"混合模式"设置为"变亮"，设置"不透明度"为100%，效果如图22-83所示。

图22-83

步骤19 将"人像"图层组合并为一个单独的图层，执行"滤镜>液化"菜单命令，设置"画笔大小"为271，"画笔密度"为50，"画笔速率"为80，使用向前变形工具、皱缩等工具对帽子形状以及人像轮廓进行调整，效果如图22-84所示。

图22-84

步骤20 导入远处草地素材，将新生成的图层更名为"背景草"，放置在"人像"图层的下方，如图22-85所示。

图22-84

图22-85

步骤21 下面开始制作艺术字部分，单击"图层"面板中的"创建新组"按钮，创建一个新图层组，并命名为"花纹艺术字"。单击横排文字工具 T ，在选项栏中选择一个较粗的字体，并设置字号为48点，颜色为黑色，在画布中间输入英文ERAY，如图22-86所示。

图22-86

步骤22 用同样的方法制作出其他文字，并适当地调整位置，如图22-87所示。

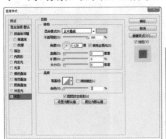

图22-87

步骤23 选择ERAY图层，执行"图层>图层样式>投影"菜单命令，打开"图层样式"对话框，然后设置"混合模式"为"正片叠底"，"颜色"为黄色（R：230，G：216，B：3），"角度"为－138度，"距离"为5像素，"大小"为5像素，如图22-88所示。

图22-88

步骤24 在"图层"面板中选择ERAY图层，单击鼠标右键执行"拷贝图层样式"命令，并在其他文字图层上单击鼠标右键执行"粘贴图层样式"命令，此时其他文字图层也出现了相同的图层样式，如图22-89所示。

图22-89

步骤25 导入花纹素材，摆放在合适位置，如图22-90所示。

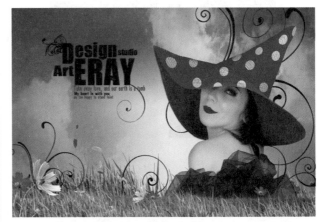

图22-90

步骤26 最后创建一个"亮度/对比度"调整图层，在"属性"面板中设置"对比度"为40，最终效果如图22-91所示。

图22-91

案例文件	创意饮品合成.psd
视频教学	创意饮品合成.flv
难度级别	★★★★★
技术要点	图层混合模式、魔棒工具

案例效果

本案例效果如图22-92所示。

操作步骤

步骤01 按Ctrl+N组合键，创建一个新的空白文件，单击工具箱中的渐变工具■，在选项栏中编辑一种绿色系渐变，设置渐变类型为径向渐变，在画布中进行填充作为背景色，如图22-93所示。

图22-92　　　　　图22-93

步骤02 下面开始绘制光线，首先新建图层，设置前景色为白色，单击工具箱中的画笔工具■，选择一个圆形画笔，设置"大小"为1像素，"硬度"为100%。单击自由钢笔工具■，在选项栏中的自由钢笔选项中设置"曲线拟合"为10像素，如图22-94所示。

图22-94

步骤03 由于"曲线拟合"的数值设置得较高，所以使用自由钢笔工具可以很轻易地绘制出比较圆滑的曲线。单击鼠标右键执行"描边路径"命令，在弹出的对话框中设置"工具"为"画笔"，如图22-95所示。

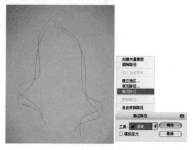

图22-95

步骤04 此时可以看到路径上出现了白色的描边，单击鼠标右键执行"删除路径"命令，如图22-96所示。

图22-96

步骤05 继续使用画笔工具，将笔尖大小调整稍大一些，并在光线上单击绘制出光斑，如图22-97所示。

步骤06 继续新建图层，设置前景色为黄色，单击工具箱中的画笔工具■，选择一个较大的圆形柔角画笔，设置其"不透明度"与"流量"均为40%，并在画面中心绘制，如图22-98所示。

图22-97　　　　　图22-98

步骤07 下面导入放射效果背景素材，设置其混合模式为"滤色"，"不透明度"为65%，为其添加图层蒙版，使用黑色半透明柔角画笔涂抹四周，如图22-99所示。

图22-99

Photoshop CC 入门与实战经典(实例版)

技巧提示

　　这里所使用的放射性素材的制作在之前的章节中进行过讲解，具体制作步骤请参考"第21章实例004欧美风格招贴设计"中的讲解。

步骤08 新建图层"浅绿"，单击工具箱中的钢笔工具，在画面的底部绘制如图22-100(a)所示的路径，单击鼠标右键执行"建立选区"命令，转换为选区后为其填充绿色，如图22-100(b)所示。

步骤09 按Ctrl+J组合键复制"浅绿"图层，并命名为"深绿"，将该图层向下适当移动，载入选区并填充为较深的绿色，如图22-101所示。

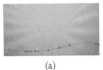

(a)　　　　　(b)

图22-100　　　　　图22-101

步骤10 复制"浅绿"和"深绿"图层，执行"编辑>变换>垂直翻转"菜单命令，并移动到画面顶部，如图22-102所示。

步骤11 导入商标素材，放置在画面左下角。单击工具箱中的横排文字工具，在画面下半部分绘制出文本框，然后在选项栏中设置合适的字体、字号、对齐方式、颜色，并在文本框中输入段落文字，如图22-103所示。

图22-102　　　　　图22-103

步骤12 下面导入水花素材文件，在"图层"面板中设置其"混合模式"为"变暗"，为其添加图层蒙版，使用黑色画笔涂抹多余的部分使其隐藏，如图22-104所示。

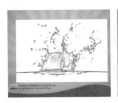

图22-104

步骤13 下面导入饮料素材，由于瓶子素材的背景为白色，单击工具箱中的魔棒工具，在选项栏中设置"容差"为20，选中"连续"复选框。在白色背景处单击载入背景选区，如图22-105所示。

步骤14 单击鼠标右键执行"选择反向"命令，得到瓶子选区，以当前选区为该图层添加图层蒙版，此时可以看到背景部分被隐藏，如图22-106所示。

图22-105　　　　　图22-106

步骤15 执行"图层>新建调整图层>色相/饱和度"菜单命令，在"属性"面板中设置"色相"为-32，"饱和度"为-2。再在该调整图层上单击鼠标右键执行"创建剪贴蒙版"命令，使其只对"饮料"图层起作用，如图22-107所示。

图22-107

步骤16 复制并合并"饮料"图层和调整图层，命名为"倒影"，对其执行"编辑>变换>垂直翻转"菜单命令，并将其摆放在饮料瓶的下方。设置其"不透明度"为36%，并使用黑色画笔涂抹底部，如图22-108所示。

图22-108

步骤17 下面导入商标素材,摆放在饮料瓶上。设置该图层"混合模式"为"浅色",并为其添加图层蒙版,使用黑色柔角画笔涂抹商标两侧,使其与饮料瓶的弧度相匹配,如图22-109所示。

图22-109

步骤18 导入柠檬水花素材,摆放在瓶子的下半部分,设置该图层"混合模式"为"变暗","不透明度"为53%,添加图层蒙版,涂抹多余部分,使之融合到饮料瓶中,如图22-110所示。

图22-110

步骤19 单击工具箱中的画笔工具✎,设置前景色为深灰色。在"瓶子"图层下方新建图层,单击工具箱中的画笔工具✎,选择一个圆形柔角画笔在瓶子底部绘制阴影效果,如图22-111所示。

步骤20 导入柠檬素材,摆放在瓶子的后方,如图22-112所示。

图22-111　　　　图22-112

步骤21 导入光效素材文件,摆放在瓶子的右半部分,设置其"混合模式"为"滤色",使黑色部分被隐藏,如图22-113所示。

图22-113

步骤22 导入柠檬素材,按Ctrl+T组合键执行"自由变换"命令,适当旋转素材。单击工具箱中的魔棒工具✦,在选项栏中激活"添加到选区"按钮,设置"容差"为20,选中"连续"复选框,在白色背景处单击得到背景部分选区,按Delete键删除白色背景,如图22-114所示。

图22-114

步骤23 下面开始为柠檬制作倒影。将柠檬复制出一个图层,将其进行垂直翻转并摆放在之前的柠檬的下方,擦除多余部分,如图22-115所示。

步骤24 单击工具箱中的画笔工具✎,设置前景色为深灰色。在"瓶子"图层下方新建图层,单击工具箱中的画笔工具,选择一个圆形柔角画笔在柠檬底部绘制阴影效果,如图22-116所示。

图22-115　　　　图22-116

步骤25 导入树叶、青蛙、蝴蝶等前景素材文件,如图22-117所示。

图22-117

步骤26 导入水花素材文件，由于水花素材文件大部分区域为白色，所以可以将其"混合模式"设置为"划分"，如图22-118所示。

图22-118

步骤27 继续导入光效素材文件，设置其混合模式为"滤色"，"不透明度"为66%，为其添加图层蒙版，使用黑色画笔涂抹光效素材图层，如图22-119所示。

图22-119

步骤28 导入气泡素材，由于气泡素材的背景也是黑色的，所以设置其混合模式为"滤色"可以将背景隐藏，如图22-120所示。

图22-120

步骤29 最后创建一个"曲线"调整图层，在"属性"面板中调整曲线形状增强画面对比度，最终效果如图22-121所示。

 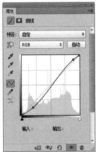

图22-121

007 童话季节

案例文件	童话季节.psd
视频教学	童话季节.flv
难度级别	★★★★☆
技术要点	画笔工具、外挂笔刷、自由变换、渐变、图层混合模式

案例效果

本案例处理前后对比效果如图22-122所示。

图22-122

操作步骤

步骤01 首先打开背景素材，如图22-123所示。

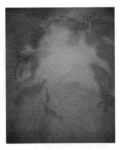

图22-123

 **技巧提示**

背景部分素材的制作方法也很简单，主要使用旧纸张质地的素材与墨水印记素材相混合，即可得到兼有纸张纹理又有墨水印记的效果，多种颜色的效果可以通过新建彩色图层并进行混合模式的适当设置即可得到。

步骤02 打开树木素材，使用钢笔工具 ✎ 绘制出一个闭合路径，单击鼠标右键执行"建立选区"命令，按 Ctrl+Shift+I 组合键反向选择选区，再按Delete键将其删除，图像被完整抠了出来，如图22-124所示。

 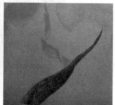

图22-124

步骤03 执行"编辑>操控变形"菜单命令，单击鼠标添加图钉，然后通过调整图钉的位置改变树干为所需要的形状。调整完成后按Enter键结束，如图22-125所示。

步骤04 复制出另外一部分树干，使用同样的方法进行变形并摆放在顶部，如图22-126所示。

  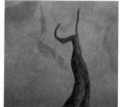

图22-125　　　　　　　　图22-126

 技巧提示

在制作操控变形效果之后，图像容易出现模糊效果，可以执行"滤镜>锐化"菜单命令，以使图像更清晰。如果需要多次执行"锐化"命令，可以按Ctrl+F组合键。

步骤05 新建图层，设置前景色为橙色。单击工具箱中的画笔工具 ✎，在"画笔预设"拾取器中选择一个合适笔刷，并设置"大小"为135像素，在树干的部分进行涂抹，制作出不规则的绘画效果，如图22-127所示。

步骤06 使用同样的方法，分别设置前景色为黄色和绿色，绘制另外的不规则线条，如图22-128所示。

步骤07 下面导入瓢虫素材，摆放在树干上，如图22-129所示。

图22-127　　　　　图22-128　　图22-129

步骤08 导入泥土素材，摆放在图像最下方，在"图层"面板中为其添加图层蒙版，使用黑色填充蒙版，并使用较小的白色画笔在最底部进行涂抹，制作出土层效果，如图22-130所示。

 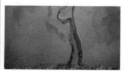

图22-130

步骤09 下面导入草地花朵素材，摆放在树干底部，同样添加图层蒙版，在底部区域使用黑色画笔适当涂抹使其与沙土进行融合，如图22-131所示。

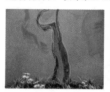 

图22-131

步骤10 继续导入手绘感强烈的叶子素材，摆放在合适的位置，如图22-132所示。

步骤11 导入人像素材，执行"自由变换"命令，然后单击鼠标右键执行"变形"命令，人像图层上出现网格，将右下角的控制点向下拖动即可改变人像形态，如图22-133所示。

图22-132　　　　　　　图22-133

步骤12 变换完毕后按Enter键结束操作，单击工具箱中的钢笔工具 ，绘制人像外轮廓，按Ctrl+Enter组合键将路径转换为选区，得到人像选区后在"图层"面板为其添加图层蒙版，此时可以看到白色的背景部分被完全隐藏，如图22-134所示。

图22-134

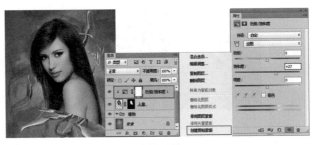

图22-135

步骤13 下面需要对人像颜色进行调整。由于背景部分的饱和度较高，所以也需要对"人像"图层创建一个"色相/饱和度"调整图层，并在该图层上单击鼠标右键执行"创建剪贴蒙版"命令，然后调整其"饱和度"为27，如图22-135所示。

步骤14 再次创建新图层，使用多种颜色画笔在人像右侧面颊和肩膀处绘制不同颜色，如图22-136所示。

图22-136

 技巧提示

不规则的彩色区域也可以使用这种方法进行制作：新建图层后首先使用矩形选框工具 绘制矩形，然后单击渐变工具 ，设置七彩渐变颜色，由上向下拖曳。最后使用涂抹工具 在渐变颜色上涂抹以达到颜色混合的目的，如图22-137所示。

图22-137

步骤15 下面设置"色彩"图层的"混合模式"为"颜色加深"，此时可以看到彩色色块混合到人像面部上，如图22-138所示。

图22-138

图22-139

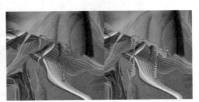

图22-140

技巧提示

为了使融化效果更真实，可以使用吸管工具吸取附近皮肤的颜色进行填充。

步骤16 单击工具箱中的画笔工具 ，设置前景色为白色，选择较小的柔角圆形画笔，设置较低的"不透明度"和"流量"，在嘴唇上绘制出光泽的效果，如图22-139所示。

步骤17 下面开始模拟人像融化的效果，这一部分主要使用钢笔工具绘制出融化滴出液体的闭合路径，将其转换为选区后填充肉色，如图22-140所示。

步骤18 单击工具箱中的加深工具 ，在融化的液体部分边缘处进行涂抹，使其更具有立体感，并使用减淡工具 在中心部分适当涂抹，制作出突出效果。再使用同样的方法制作出其他融化部分，如图22-141所示。

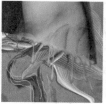

图22-141

步骤19 下面开始制作头发部分。新建图层，由于这里需要制作的是比较夸张的纷飞的长发，所以需要载入素材文件中的头发笔刷素材，单击画笔工具，选择合适的头发样式笔刷，使用吸管工具吸取头发颜色，然后在新建的图层中单击绘制出一缕长发，如图22-142所示。

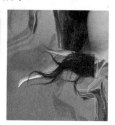

图22-142

步骤20 下面需要对这部分长发进行编辑，由于这一部分需要放置在画面的左下部，因此首先对其执行"自由变换"命令，适当拉长，并摆放到合适的位置。完成变形后需要使用柔角橡皮擦工具擦去与原始头发交界处部分，使头发过渡更柔和，如图22-143所示。

图22-143

步骤21 使用同样的方法制作出另外的长发。在制作过程中需要注意的是每部分长发的颜色都需要使用吸管工具吸取最近区域的颜色，这样既能保持长发的真实性，又不会使颜色单调，如图22-144所示。

图22-144

步骤22 为了强化人像照片的手绘感，下面需要绘制一些表层的发丝。新建图层组，并在其中新建图层，设置前景色为红灰色，单击画笔工具 ✐，选择一个圆形画笔，设置其"大小"为1像素，"硬度"为100%。继续使用钢笔工具 ✐ 绘制

发丝的路径，单击鼠标右键执行"描边路径"命令，在弹出的"描边路径"对话框中设置"工具"为"画笔"，选中"模拟压力"复选框，如图22-145所示。

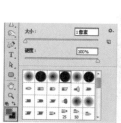

图22-145

技巧提示

为了使"模拟压力"选项可用，需要在"画笔"面板中选中"形状动态"复选框，并设置"控制"选项为"钢笔压力"，如图22-146所示。

图22-146

步骤23 描边路径结束后可以单击鼠标右键选择"删除路径"命令，此时可以看到两端细中间粗的发丝效果，如图22-147所示。

步骤24 使用同样的方法绘制其他发丝。发丝的绘制切忌泛泛地排列，需要注意发丝的走向和层次感，最好是将头部分为多个区域进行绘制，如图22-148所示。

图22-147   图22-148

技巧提示

在发丝颜色的选择上可以吸取该区域的颜色，然后选择接近的偏亮一些的颜色即可。

步骤25 下面导入喷溅素材，放在人像肩膀附近，如图22-149所示。

图22-149

步骤26 新建图层，单击工具箱中的钢笔工具 ✐，绘制出撕纸边缘效果的闭合路径，并将其转换为选区后填充灰色到白色的渐变，如图22-150所示。

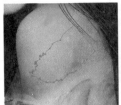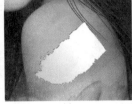

图22-150

步骤27 为该图层添加"内阴影"的图层样式，设置颜色为黑色，"混合模式"为"正片叠底"，"不透明度"为63%，"角度"为135度，"距离"为5像素，"大小"为5像素，如图22-151所示。

图22-151

步骤28 继续使用同样的方法绘制出内部深灰色的撕裂效果并导入卷边素材，如图22-152所示。

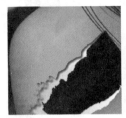

图22-152

步骤29 最后导入蝴蝶和光斑素材，放在人像肩膀撕裂的部分，如图22-153所示。

步骤30 最终效果如图22-154所示。

图22-153　　　　图22-154

 技巧提示

　　蝴蝶光斑素材的制作方法也不复杂，主要需要使用到多种颜色和形态的蝴蝶、大小、形态摆放得疏密有致即可。光斑部分的制作则应用到"画笔"面板中画笔的"间距"，"形状动态"以及"散布"选项。

008 机械美女

案例文件	机械美女.psd
视频教学	机械美女.flv
难度级别	★★★★★
技术要点	图层样式、"塑料包装"滤镜、"高斯模糊"滤镜

案例效果

本案例处理前后对比效果如图22-155所示。

图22-155

操作步骤

步骤01 创建新文件，新建一个"人像"图层组，并导入人像素材放在其中。使用钢笔工具 ✐绘制人像外轮廓闭合路径，按Ctrl+Enter组合键建立选区并以当前选区为人像添加图层蒙版，使背景部分隐藏，如图22-156所示。

步骤02 为了制作出机械的效果，首先需要将人像的身体进行"拆分"。继续使用钢笔工具 ✐在人像腰部勾勒出选区，然后按Ctrl+Enter组合键将路径转换为选区，接着在图层蒙版中将选区填充黑色，如图22-157所示。

图22-156　　　　　　图22-157

步骤03 继续使用钢笔工具或者使用黑色画笔工具在蒙版中绘制手臂关节和手指关节的部分,如图22-158所示。

图22-158

步骤04 人像的身体被分为几个部分,为了使剖面效果更真实,需要在剖面处制作出相应的结构和厚度。新建一个"分解"图层组,然后新建图层。以腹部区域为例,人类腹腔部分可以看做是一个比较扁的圆柱体,所以切面应该是接近椭圆形的。使用钢笔工具绘制出一个闭合路径,单击鼠标右键执行"建立选区"命令,接着使用吸管工具吸取皮肤颜色,按Alt+Delete组合键为选区填充颜色,再使用加深工具加深边缘部分颜色,如图22-159所示。

步骤05 使用同样的方法制作出两侧胳膊部分以及手指部分的剖面效果,如图22-160所示。

图22-159　　　　　　　图22-160

步骤06 继续新建图层,使用钢笔工具在腹部剖面处绘制出一个椭圆路径,单击鼠标右键执行"建立选区"命令。接着设置前景色为黑色,按Alt+Delete组合键填充颜色为黑色,制作出中空的效果,如图22-161所示。

图22-161

步骤07 新建图层,在黑洞的上面使用钢笔工具绘制出一个路径,填充黑色,然后为其添加"渐变叠加"样式,在打开的对话框中设置"渐变"为黑白灰交替的"渐变","样式"为线性,"角度"为176度。此时填充的部分出现金属质感,如图22-162所示。

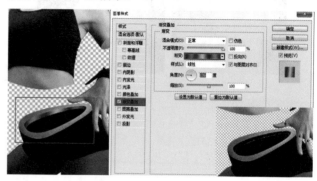

图22-162

步骤08 使用同样的方法制作出手臂关节的空心效果,如图22-163所示。

步骤09 继续新建一个"手"图层组,然后在其中建新图层,并采用绘制腰部的方法继续制作出手部分解效果,如图22-164所示。

 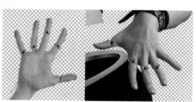

图22-163　　　　　　　图22-164

步骤10 按Ctrl+J组合键复制一个人像,然后执行"滤镜>滤镜库"命令,在弹出滤镜库窗口中选择"艺术效果"滤镜组中的"塑料包装",设置"高光强度"为12,"细节"为5,"平滑度"为7,如图22-165所示。

图22-165

步骤11 接着为图层添加一个图层蒙版,在图层蒙版中使用黑色画笔涂抹人像皮肤部分,如图22-166所示。

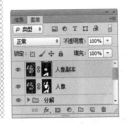

图22-166

图22-170

步骤12 调整衣服的色调。新建"曲线"调整图层,并在该调整图层上单击鼠标右键执行"新建剪贴蒙版"命令,使其只对"人像副本"图层进行调整,在"属性"面板中调整好曲线的样式,接着在图层蒙版中使用黑色画笔涂抹多余部分,如图22-167所示。

步骤16 使用同样的方法导入另外一部分素材,使用钢笔工具抠除背景部分,然后按Ctrl+T组合键执行"自由变换"命令,调整其大小和位置,如图22-171所示。

图22-167

图22-171

步骤13 导入背景素材,放在图层最底部,如图22-168所示。

步骤14 下面开始合成机械元素,在这里需要使用到大量的机械素材,在选取素材的过程中需要注意素材质感、受光方向等属性的匹配问题。新建一个"机械"图层组,导入机械素材文件,旋转到合适角度后放在腹部区域,使用钢笔工具按腰部黑洞的大小勾勒出机械素材的轮廓,然后按Ctrl+Enter组合键载入路径的选区,接着为其添加一个选区蒙版,使选区以外的部分隐藏,如图22-169所示。

步骤17 继续使用钢笔工具在腰部上方绘制出闭合路径,转换为选区后填充灰白交替的渐变效果,模拟出金属镶边效果,如图22-172所示。

步骤18 导入齿轮素材,放在人像右胸部分,单击工具箱中的椭圆选框工具,在选项栏中单击"添加到选区"按钮,多次框选绘制出3个齿轮的选区,如图22-173所示。

图22-168　　　　　　　图22-169

图22-172　　　　　　图22-173

步骤15 下面导入放在腹部剖面上方的素材,旋转到合适角度,然后为其添加图层蒙版,使用黑色画笔涂抹背景以及多余的区域,如图22-170所示。

步骤19 隐藏"齿轮"图层,然后新建图层,设置前景色为黑色,按Alt+Delete组合键填充黑色,如图22-174所示。

步骤20 单击钢笔工具 ✐ 在边缘处绘制出立面效果的闭合路径，转换为选区后填充黑色，如图22-175所示。

图22-174　　　　　　图22-175

步骤21 选中"立面"图层，执行"图层>图层样式>投影"菜单命令，在弹出的对话框中设置投影颜色为黑色，"混合模式"为"正片叠底"，"角度"为18度，"扩展"为29%，"大小"为5像素，如图22-176所示。

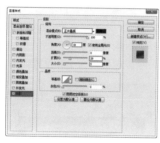

图22-176

步骤22 选中"渐变叠加"样式，编辑一种黑色和灰色交替的渐变，设置"角度"为102度，此时这一部分呈现出凹陷效果，如图22-177所示。

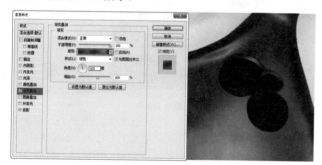

图22-177

步骤23 显示出"齿轮"图层，单击工具箱中的魔棒工具 ✦，在选项栏中设置"容差"为5，取消选中"连续"复选框，然后单击选中白色背景部分，单击鼠标右键执行"选择反向"命令选择反向选区，并为其添加图层蒙版，使白色背景部分隐藏，如图22-178所示。

图22-178

步骤24 继续导入右臂机械素材，使用套索工具 ◯ 绘制选区并为其添加图层蒙版，使背景部分隐藏，如图22-179所示。

步骤25 继续使用同样的方法制作左侧手肘和右侧小指部分，如图22-180所示。

图22-179　　　　　　图22-180

步骤26 分别导入金属电线、齿轮以及金属零件素材，多次复制并变形制作出头部装饰，如图22-181所示。

图22-181

> 🧑 **技巧提示**
>
> 金属线的不同弧度可以使用"操控变形"命令进行调整，首先旋转到合适的角度，执行"编辑>操控变形"菜单命令，然后在金属线上单击添加适量图钉，调整图钉位置即可改变金属线的形状，按Enter键完成操作，如图22-182所示。
>
>
>
> 图22-182

步骤27 下面开始制作投影。按Ctrl+J组合键复制一个人像，然后将其放置在下一层，按住Ctrl键单击缩略图，载入其选区，设置前景色为黑色，然后按Alt+Delete组合键用前景色填充选区，将投影向右移动一段距离，并适当调整角度，如图22-183所示。

图22-183

步骤28 执行"滤镜>模糊>高斯模糊"菜单命令，然后在弹出的"高斯模糊"对话框中设置"半径"为45像素，使投影边缘产生虚化效果，最后设置其图层的"不透明度"为35%，如图22-184所示。

图22-184

步骤29 新建一个新的"线"图层组，新建图层。首先设置画笔为白色的4像素圆形画笔，然后使用钢笔工具 绘制一个路径，单击鼠标右键执行"描边路径"命令，接着在弹出的对话框中设置"工具"为"画笔"，选中"模拟压力"复选框，单击"确定"按钮后即可以当前设置的画笔进行描边，如图22-185所示。

图22-185

步骤30 使用同样的方法制作出另外的链接到手指的线条，如图22-186所示。

步骤31 导入按钉素材，摆放在之前绘制的线头处，如图22-187所示。

图22-186　　　　图22-187

步骤32 使用同样的方法摆放其他的按钉，如图22-188所示。

图22-188

步骤33 输入艺术字，效果如图22-189所示。

图22-189

步骤34 调整画面的整体明暗关系。新建"曲线"调整图层，在"属性"面板中调整好曲线的样式，接着使用黑色画笔在蒙版的中间区域涂抹，使四周变暗，而中间变亮，最终效果如图22-190所示。

图22-190

 **读书笔记**

Photoshop CC 常用快捷键速查

工具快捷键

工具	快捷键
移动工具	V
矩形选框工具	M
椭圆选框工具	M
套索工具	L
多边形套索工具	L
磁性套索工具	L
快速选择工具	W
魔棒工具	W
吸管工具	I
颜色取样器工具	I
标尺工具	I
注释工具	I
裁剪工具	C
透视裁剪工具	C
切片工具	C
切片选择工具	C
污点修复画笔工具	J
修复画笔工具	J
修补工具	J
内容感知移动工具	J
红眼工具	J
画笔工具	B
铅笔工具	B
颜色替换工具	B
混合器画笔工具	B
仿制图章工具	S
图案图章工具	S
历史记录画笔工具	Y
历史记录艺术画笔工具	Y
橡皮擦工具	E
背景橡皮擦工具	E
魔术橡皮擦工具	E
渐变工具	G
油漆桶工具	G
减淡工具	O
加深工具	O
海绵工具	O
钢笔工具	P
自由钢笔工具	P
横排文字工具	T
直排文字工具	T
横排文字蒙版工具	T
直排文字蒙版工具	T
路径选择工具	A
直接选择工具	A
矩形工具	U
圆角矩形工具	U
椭圆工具	U
多边形工具	U
直线工具	U
自定形状工具	U
抓手工具	H
旋转视图工具	R
缩放工具	Z
默认前景色/背景色	D
前景色/背景色互换	X
切换标准/快速蒙版模式	Q
切换屏幕模式	F
切换保留透明区域	/
减小画笔大小	[
增加画笔大小	]
减小画笔硬度	{
增加画笔硬度	}

应用程序菜单快捷键

"文件" 菜单

命令	快捷键
新建	Ctrl+N
打开	Ctrl+O
在 Bridge 中浏览	Alt+Ctrl+O
打开为	Alt+Shift+Ctrl+O
关闭	Ctrl+W
关闭全部	Alt+Ctrl+W
关闭并转到 Bridge	Shift+Ctrl+W
存储	Ctrl+S
存储为	Shift+Ctrl+S
存储为 Web 所用格式	Alt+Shift+Ctrl+S
恢复	F12
文件简介	Alt+Shift+Ctrl+I
打印	Ctrl+P
打印一份	Alt+Shift+Ctrl+P
退出	Ctrl+Q

"编辑" 菜单

命令	快捷键
还原/重做	Ctrl+Z
前进一步	Shift+Ctrl+Z
后退一步	Alt+Ctrl+Z
渐隐	Shift+Ctrl+F
剪切	Ctrl+X
拷贝	Ctrl+C
合并拷贝	Shift+Ctrl+C
粘贴	Ctrl+V
原位粘贴	Shift+Ctrl+V
贴入	Alt+Shift+Ctrl+V
填充	Shift+F5
内容识别比例	Alt+Shift+Ctrl+C
自由变换	Ctrl+T
再次变换	Shift+Ctrl+T
颜色设置	Shift+Ctrl+K
键盘快捷键	Alt+Shift+Ctrl+K
菜单	Alt+Shift+Ctrl+M
首选项>常规	Ctrl+K

"图像" 菜单

命令	快捷键
调整>色阶	Ctrl+L
调整>曲线	Ctrl+M
调整>色相/饱和度	Ctrl+U
调整>色彩平衡	Ctrl+B
调整>黑白	Alt+Shift+Ctrl+B
调整>反相	Ctrl+I
调整>去色	Shift+Ctrl+U
自动色调	Shift+Ctrl+L
自动对比度	Alt+Shift+Ctrl+L
自动颜色	Shift+Ctrl+B
图像大小	Alt+Ctrl+I
画布大小	Alt+Ctrl+C

"图层" 菜单

命令	快捷键
新建>图层	Shift+Ctrl+N
新建>通过拷贝的图层	Ctrl+J
新建>通过剪切的图层	Shift+Ctrl+J
创建/释放剪贴蒙版	Alt+Ctrl+G
图层编组	Ctrl+G
取消图层编组	Shift+Ctrl+G
排列>置为顶层	Shift+Ctrl+]
排列>前移一层	Ctrl+]
排列>后移一层	Ctrl+[
排列>置为底层	Shift+Ctrl+[
合并图层	Ctrl+E
合并可见图层	Shift+Ctrl+E

"选择" 菜单

命令	快捷键
全部	Ctrl+A
取消选择	Ctrl+D
重新选择	Shift+Ctrl+D
反向	Shift+Ctrl+I
所有图层	Alt+Ctrl+A
查找图层	Alt+Shift+Ctrl+F
调整边缘	Alt+Ctrl+R
修改>羽化	Shift+F6

"滤镜" 菜单

命令	快捷键
上次滤镜操作	Ctrl+F
自适应广角	Shift+Ctrl+A
镜头校正	Shift+Ctrl+R
液化	Shift+Ctrl+X
消失点	Alt+Ctrl+V

"视图" 菜单

命令	快捷键
校样颜色	Ctrl+Y
色域警告	Shift+Ctrl+Y
放大	Ctrl++
缩小	Ctrl+-
按屏幕大小缩放	Ctrl+0
实际像素	Ctrl+1
显示额外内容	Ctrl+H
显示>目标路径	Shift+Ctrl+H
显示>网格	Ctrl+'
显示>参考线	Ctrl+;
标尺	Ctrl+R
对齐	Shift+Ctrl+;
锁定参考线	Alt+Ctrl+;

"窗口" 菜单

命令	快捷键
动作	F9
画笔	F5
图层	F7
信息	F8
颜色	F6

"帮助" 菜单

命令	快捷键
Photoshop 帮助	F1

面板菜单快捷键

"3D" 面板

命令	快捷键
渲染	Alt+Shift+Ctrl+R

"历史记录" 面板

命令	快捷键
前进一步	Shift+Ctrl+Z
后退一步	Alt+Ctrl+Z

"图层" 面板

命令	快捷键
新建图层	Shift+Ctrl+N
创建/释放剪贴蒙版	Alt+Ctrl+G
合并图层	Ctrl+E
合并可见图层	Shift+Ctrl+E

续表

精 品 图 书　　推 荐 阅 读

《CAD/CAM/CAE 自学视频教程》是一套面向自学的 CAD 行业应用入门类丛书，该丛书由 Autodesk 中国认证考试中心首席专家组织编写，科学、专业、实用性强。

丛书细分为入门、建筑、机械、室内装潢设计、电气设计、园林设计、建筑水暖电等。每个品种都尽可能通过实例讲述，并结合行业案例，力求"好学"、"实用"。

另外，本丛书还配套自学视频光盘，为读者配备了极为丰富的学习资源，具体包括以下内容：

- ◐ 应用技巧汇总
- ◐ 典型练习题
- ◐ 常用图块集
- ◐ 快捷键速查
- ◐ 疑难问题汇总
- ◐ 全套图纸案例
- ◐ 快捷命令速查
- ◐ 工具按钮速查

ISBN 978-7-302-35397-3　　定价：79.80元

ISBN 978-7-302-35355-3　　定价：59.80元

ISBN 978-7-302-35182-5　　定价：59.80元

ISBN 978-7-302-35181-8　　定价：79.80元

ISBN 978-7-302-35180-1　　定价：69.80元

ISBN 978-7-302-35179-5　　定价：69.80元

ISBN 978-7-302-35123-8　　定价：59.80元

ISBN 978-7-302-35122-1　　定价：69.80元

（本系列丛书在各地新华书店、书城及当当网、亚马逊、京东商城有售）

精品图书　推荐阅读

"CAD/CAM/CAE 技术视频大讲堂"丛书系清华社"视频大讲堂"重点大系的子系列之一，由国家一级注册建筑师组织编写，继承和创新了清华社"视频大讲堂"大系的编写模式、写作风格和优良品质。本系列丛书集软件功能、技巧技法、应用案例、专业经验于一体，可以说超细、超全、超好学、超实用！具体表现在以下几个方面：

- ■☞ 大型高清同步视频演示讲解，可反复观摩，让学习更为快捷、高效
- ■☞ 大量中小精彩实例，通过实例学习更深入，更有趣
- ■☞ 每本书均配有不同类型的设计图集及配套的视频文件，积累项目经验

ISBN 978-7-302-27137-6　定价：59.80元

ISBN 978-7-302-27146-8　定价：69.80元

ISBN 978-7-302-27158-1　定价：69.80元

ISBN 978-7-302-27304-2　定价：59.80元

ISBN 978-7-302-27698-2　定价：59.80元

ISBN 978-7-302-27735-4　定价：59.80元

ISBN 978-7-302-28160-3　定价：69.80元

ISBN 978-7-302-28349-2　定价：59.80元

ISBN 978-7-302-28930-2　定价：69.80元

ISBN 978-7-302-28759-9　定价：69.80元

ISBN 978-7-302-28856-5　定价：69.80元

ISBN 978-7-302-28766-7　定价：59.80元

（本系列丛书在各地新华书店、书城及当当网、亚马逊、京东商城有售）

精品图书 推荐阅读

成就职场精英
享爱美好生活

　　"高效办公视频大讲堂"系列丛书为清华社"视频大讲堂"大系中的子系列，是一套旨在帮助职场人士高效办公的从入门到精通类丛书。全系列包括 8 个品种，含行政办公、数据处理、财务分析、项目管理、商务演示等多个方向，适合行政、文秘、财务及管理人员使用。全系列均配有高清同步视频讲解，可帮助读者快速入门，在成就精英之路上助你一臂之力。另外，本系列丛书还有如下特点：

1. 职场案例 + 拓展练习，让学习和实践无缝衔接
2. 应用技巧 + 疑难解答，有问有答让你少走弯路
3. 海量办公模板，让你工作事半功倍
4. 常用实用资源随书送，随看随用，真方便

ISBN 978-7-302-29127-5
定价: 59.80元

ISBN 978-7-302-29203-6
定价: 59.80元

ISBN 978-7-302-29325-5
定价: 59.80元

ISBN 978-7-302-29326-2
定价: 59.80元

ISBN 978-7-302-29479-5
定价: 59.80元

ISBN 978-7-302-29532-7
定价: 59.80元

ISBN 978-7-302-29689-8
定价: 59.80元

ISBN 978-7-302-29731-4
定价: 59.80元

（本系列丛书在各地新华书店、书城及当当网、亚马逊、京东商城有售）

精品图书　推荐阅读

"画卷"系列是一套图形图像软件从入门到精通类丛书。全系列包括 12 个品种，含平面设计、3d、数码照片处理、影视后期制作等多个方向。全系列唯美、实用、好学，适合专业入门类读者使用。该系列丛书还有如下特点：

1. 同步视频讲解，让学习更轻松更高效
2. 资深讲师编著，让图书质量更有保障
3. 大量中小实例，通过多动手加深理解
4. 多种商业案例，让实战成为终极目的
5. 超值学习套餐，让学习更方便更快捷

（本系列丛书在各地新华书店、书城及当当网、亚马逊、京东商城有售）